Kristalline Nickelfläche, elektronenoptisch abgebildet
Übersichtsbild einer glühenden Kathode aus 13 Einzelaufnahmen zusammengesetzt — Bildausschnitt: rund 2 × 3 mm — Vergrößerung 50 × ⟨s. S. 268⟩

GEOMETRISCHE ELEKTRONENOPTIK

GRUNDLAGEN UND ANWENDUNGEN

VON

E. BRÜCHE UND O. SCHERZER

MIT EINEM TITELBILD UND 403 ABBILDUNGEN

BERLIN
VERLAG VON JULIUS SPRINGER
1934

ISBN 978-3-642-50355-9 ISBN 978-3-642-50664-2 (eBook)
DOI 10.1007/978-3-642-50664-2

Softcover reprint of the hardcover 1st edition 1934

Vorwort.

Die Optik ist in zwei weitgehend voneinander unabhängige Gebiete unterteilt: In die *Wellenoptik*, die sich mit der Wellennatur der Lichtstrahlung und den hiermit in unmittelbarem Zusammenhang stehenden Erscheinungen wie Interferenz und Beugung befaßt, und in die *geometrische Optik*, die die Strahlengänge in brechenden Medien durch Anwendung geometrischer Gesetzmäßigkeiten übersichtlich zu beschreiben sucht, um hieraus praktische Konsequenzen für den Bau optischer Apparate zu ziehen.

Während bei der Lichtstrahlung Wellenoptik und geometrische Optik schon seit Jahrhunderten bestehen, ist mit dem Aufbau der entsprechenden Disziplinen bei der Elektronenstrahlung erst vor kaum zehn Jahren begonnen worden. Die Entdeckung, daß auch bei Elektronen Beugungserscheinungen auftreten, gab die Anregung zum Ausbau der *Wellenoptik des Elektrons*. Die Erkenntnis von BUSCH, daß eine Magnetspule sich in ihrer Wirkung wie eine Linse verhält, regte die Entwicklung der *geometrischen Elektronenoptik* an.

Es ist eigentlich verwunderlich, daß die geometrische Elektronenoptik, die keines neuen experimentellen Befundes zu ihrer Entwicklung bedurfte, nicht schon Jahrzehnte früher ihre Ausbildung erfahren hat, war doch bereits in den Arbeiten HAMILTONS eine unmittelbare theoretische Vorarbeit für eine quasi-optische Behandlung von Korpuskelstrahlengängen in Feldern geleistet und wiesen doch die verschiedenen praktischen Anwendungen der Strahlengänge mit Korpuskeln den Forscher immer wieder auf die bestehende Analogie hin, wie es in der Entlehnung optischer Bezeichnungen seinen Ausdruck findet. — Selbst die grundlegende Arbeit von BUSCH, die den mathematischen Existenzbeweis der magnetischen Linse brachte, führte noch nicht unmittelbar zum Ausbau der geometrischen Elektronenoptik, wenn sie zweifellos auch Fundament und Antrieb der neueren Entwicklung darstellt.

Den nächsten Schritt vorwärts bedeutete die Erkenntnis, daß man brauchbare Elektronenlinsen ebenfalls mit elektrischen Feldern herzustellen vermag. War die magnetische Linse nur hinsichtlich der Gesamtwirkung ein Analogon zur Glaslinse gewesen, während der Strahlengang sich im einzelnen wesentlich von dem der Glaslinse unterschied, so erwies sich die elektrische Linse als ein Analogon auch hinsichtlich des Strahlenverlaufes im einzelnen. So trat der *magnetischen Elektronenoptik* mit ihren Eigentümlichkeiten hinsichtlich Konstanz der Elektronengeschwindigkeit, Bahnverschraubung und Bildverdrehung die *elektrische Elektronenoptik* als eigentliches Analogon zur geometrischen Lichtoptik an die Seite.

Doch auch diese engere Analogie hätte kaum zum weiteren Ausbau der geometrischen Elektronenoptik veranlassen können, wenn nicht erstens experimentell gezeigt worden wäre, daß — was kaum zu erwarten war[1] — die

[1] Als die ersten Abbildungen von Oxydkathoden mit allen vom Lichtbild gewohnten Feinheiten erhalten wurden, waren nicht nur wir selbst überrascht, sondern auch Herr DAVISSON, der damals bereits die Brennweitenformel der Lochblendenlinse kannte, sowie Herr RUPP und Herr KNOLL, die bereits magnetische Blendenabbildungen erzielt hatten.

Erzielung einwandfreier Abbildungen mit Elektronen nicht an sekundären Effekten scheitert, und wenn nicht zweitens die ferne Hoffnung auf die Überschreitung der Auflösungsgrenze des Mikroskops bestanden hätte.

Heute ist der Beweis einwandfreier Abbildungen mit der elektrischen und magnetischen Elektronenlinse erbracht. Hierdurch sowie durch die Nützlichkeit der geometrischen Elektronenoptik für verschiedene Gebiete der Physik und Technik hat sie ihre Daseinsberechtigung erwiesen. Es gilt nun, diese Lehre auszubauen sowie das Material auf Gebieten, die man ebenfalls zur geometrischen Elektronenoptik rechnen wird (BRAUNsche Röhre, Massenspektrograph usw.), zu ordnen, um neue praktisch wertvolle Folgerungen ziehen zu können.

Wir stehen zur Zeit auf jener Stufe, wo die erste stürmische Entwicklung in die ruhigen Bahnen systematischer Feinarbeit übergehen muß. Die Verfasser glauben, daß eine organische Darstellung, die eine Übersicht über das bereits Erreichte, über die großen Zusammenhänge dieses Gebietes und die nächsten Aufgaben ermöglicht, einen merklichen Impuls für die Weiterentwicklung geben kann. Die Verfasser hoffen daher auch, daß die zu dieser Übersicht erforderliche Arbeit, die wegen der zahlreichen vorgefundenen Lücken wesentlich größer war, als es zunächst schien, ebenso nutzbringend angewandt ist, wie wenn drängende Spezialfragen ausführlich studiert worden wären.

Das Buch zerfällt in die beiden Teile: Grundlagen und Anwendungen. Wenn daher auch der erste Teil vorwiegend theoretisch, der zweite vorwiegend experimentell sein mußte, so haben wir uns doch bemüht, experimentelles und theoretisches Material möglichst organisch zu verarbeiten. Wir waren ferner bestrebt, die Betrachtungen möglichst anschaulich zu bringen und die Mathematik nur dort in stärkerem Maße heranzuziehen (Theorie der Elektronenlinse), wo es unbedingt erforderlich war. — Die einzelnen Überlegungen sind meist so weit durchgeführt, daß der Interessierte die Fragen angreifen und zu praktischen Konsequenzen ergänzen kann. Das gilt insbesondere von der Theorie der Elektronenlinse und von der BRAUNschen Röhre. Ein Anhang, in dem die Fragen des Maßsystems usw. zusammengestellt sind, vielfache, durch eckige Klammern kenntliche Verweise auf das Literaturverzeichnis am Schlusse des Buches und auf andere Buchteile sowie eine einfache Gliederung sollen den praktischen Wert der Monographie erhöhen.

Bei der Tendenz des Buches, den ersten abgeschlossenen Überblick über die geometrische Elektronenoptik zu geben, wenden wir uns weniger an den Studierenden, wenn wir auch hoffen, daß manches, so das einleitende Kapitel über Welle und Korpuskel, ihm vielleicht einige Grundgedanken heutiger Physik näherzubringen vermag. Wir wenden uns vorwiegend an die Gruppe von Physikern, die an dem Ausbau der Elektronenoptik arbeiten will, und an den größeren Kreis von Physikern und Technikern, die bei ihren Arbeiten die Elektronenoptik benutzen muß. Wir bitten den Leser, uns auf Fehler aufmerksam zu machen und auch sonst Anregungen zum Ausbau der Elektronenoptik zu geben.

Das vorliegende Buch ist in weiten Teilen eine Gemeinschaftsarbeit. Dank der verständnisvollen Förderung durch unseren Institutsleiter Prof. RAMSAUER war es in den letzten Jahren möglich, in unserem physikalischen Laboratorium verschiedene elektronenoptische Arbeiten durchzuführen, so außer denen der Verfasser die Untersuchungen von G. DOBKE, W. HENNEBERG, H. JOHANNSON[1], W. KNECHT[1], J. POHL[1], E.-F. RICHTER und H. P. v. WALTER. Das Buch gibt

[1] Dissertationsarbeit.

daher gleichzeitig einen Überblick über einen Teil der neueren Arbeiten unseres Institutes.

Bei einigen Rechnungen halfen Dr. W. HEIMANN sowie die Ferienpraktikanten cand. phil. A. GÜTTLER und cand. phys. LISA SCHIEB. Ferner unterstützte uns Dipl.-Ing. LUISE ODRICH bei der Fertigstellung des Manuskriptes, bei dem Sachregister und bei den Korrekturen. Ihnen allen gebührt unser Dank, vorwiegend aber Dr. W. HENNEBERG, der unermüdlich tätig war, die großen Lücken, die das darzustellende Material zeigte, zu schließen — der Abschnitt IIIc über Zylinderlinsen ist fast ausschließlich von ihm bearbeitet — und dem Buch zum schnellen Erscheinen zu verhelfen. Außerdem sei Herrn Dr. ALBERTI und Herrn Prof. GEHRTS für die Durchsicht der Kapitel V bzw. VI in der ersten Fassung gedankt.

Dank gebührt auch dem Verlag, der der wesentlichen Überschreitung des veranschlagten Umfanges, die im Interesse einer abgerundeten Darstellung notwendig wurde, verständnisvolle Nachsicht entgegenbrachte und der das Buch mit der bei ihm bekannten Sorgfalt herstellte. Schließlich haben wir der AEG-Pressestelle zu danken, die außer vorhandenen Druckstöcken 50 neue Stöcke zur Verfügung stellte[1].

So möge denn diese Monographie der Weiterentwicklung der Mikroskopie, der Metallurgie, der Massenspektrographie, dem Fernsehen und anderen Disziplinen, die von der Entwicklung der geometrischen Elektronenoptik berührt werden, von Nutzen sein! Möge sie neue physikalische Arbeiten und technische Entwicklungen anregen helfen und so auch einen bescheidenen Anteil an der Lösung größerer Fragen haben!

Berlin, im März 1934,
AEG-Forschungsinstitut.

E. BRÜCHE. O. SCHERZER.

[1] Noch einige Worte zur Ausstattung. Wir haben — und das muß ausdrücklich betont werden, um uns Vorwürfe zu ersparen — unseren Ehrgeiz nicht darin gesehen, nur von uns entworfene Abbildungen zu verwenden. Wir haben vielmehr — im Interesse des Käufers — von den bereits vorhandenen Druckstöcken des Verlages und der AEG-Pressestelle reichen Gebrauch gemacht, oft auch dann, wenn wir glaubten, daß eine Abbildung durch eine Veränderung für unsere Zwecke gewinnen würde. Eine Liste auf S. 320 gibt darüber näheren Aufschluß. Bei neuen Strichätzungen haben wir gelegentlich das in der Physik viel zu wenig benutzte Rasterverfahren verwendet.

Inhaltsverzeichnis.

A. Grundlagen

B. Anwendungen

Bedeutung der Buchstaben . . . . s. S. XII.
Vorzeichen . . . .
Einheiten . . . . s. Anhang S. 313.
Zahlenwerte . . . .

Bedeutung der Buchstaben.

z	Koordinate in Richtung der optischen Achse.	
$r = \sqrt{x^2 + y^2}$	Koordinate in radialer Richtung.	
a	Gegenstandsweite.	
b	Bildweite.	
f	Brennweite.	
$L = a + b$	Gesamtlänge des Strahlenganges.	
A	Gegenstandshöhe bzw. Gegenstandsdurchmesser.	
B	Bildhöhe bzw. Bilddurchmesser.	
A_0	Scharf abgebildeter Gegenstandsbereich (Durchmesser).	
B_0	Scharfer Bildbereich (Durchmesser).	
$V = B/A = B_0/A_0 = b/a$	Vergrößerung.	
V_e	Vergrößerung des elektr. erzeugten Bildes.	
V_m	Vergrößerung des magn. erzeugten Bildes.	
Θ_e	Ablenkwinkel im elektrischen Feld.	
Θ_m	Ablenkwinkel im Magnetfeld.	
$\varphi = \varphi(z, r)$	Raumpotential am Punkte z, r	im el. magn. CGS-System.
$\Phi = \Phi(z) = \Phi(z, 0)$	Potential auf der optischen Achse	
ε	Austrittsenergie der Elektronen	
$U = U(z)$	Potential	auf Kathode bezogen und in Volt gemessen.
U_A	Anodenpotential	
U_L	Linsenpotential	
E_L	Linsenpotential, auf Anode bezogen,	in Volt gemessen.
u	Potentialdifferenz	
ϱ	Raumladung.	
$\mathfrak{E} = -\operatorname{grad} \varphi$	Elektrische Feldstärke.	im el. magn. CGS-System.
$\mathfrak{H}$	Magnetische Feldstärke.	
$\mathfrak{A}$	Vektorpotential ($\mathfrak{H} = \operatorname{rot} \mathfrak{A}$).	
v	Lineargeschwindigkeit der Elektronen in cm/sec.	
$c = 3 \cdot 10^{10}$ cm/sec	Lichtgeschwindigkeit.	
$n = \beta = \frac{v}{c}$	Elektronenoptischer Brechungsindex bei $v \ll c$.	
$m = 9{,}03 \cdot 10^{-27}$ g	Elektronen-Ruhmasse.	
$e = 1{,}59 \cdot 10^{-20}$ el. magn. CGS.	Elektronenladung	
$= 1{,}59 \cdot 10^{-19}$ Coulomb,		
$\frac{e}{m} = 1{,}76 \cdot 10^{7}$ el. magn. CGS	Spezifische Ladung des Elektrons	
$= 1{,}76 \cdot 10^{8}$ Coulomb/g		
m_β	Elektronenmasse bei $\beta = \frac{v}{c}$.	

A. Grundlagen.

Die Erscheinungen, die physikalischer Messung zugänglich sind, hat man bisher durch Wechselwirkung zwischen drei Arten von Partikeln beschrieben: den Protonen, den Elektronen und den Lichtquanten[1]. Die beiden ersten Partikelarten sind Träger von Ladung und Masse. Wir wissen — oder nehmen zum mindesten mit gutem Recht an — daß alle wägbare Materie aus ihnen zusammengesetzt ist. Die Lichtquanten hingegen tragen keine Ladung und unterscheiden sich von den beiden erstgenannten Partikeln vor allem dadurch, daß ihre Existenz daran geknüpft ist, daß sie „mit Lichtgeschwindigkeit" durch den Raum fliegen. Sie übertragen einen gewissen Energiebetrag und eine diesem Energiebetrag proportionale Masse vom Orte ihres Entstehens zum Orte ihres Verschwindens. Je nach der Größe dieses Energiebetrages bezeichnen wir sie als elektromagnetische Strahlung, sichtbares Licht, Röntgenstrahlen usw.

Trotz des weitgehenden Unterschiedes zwischen geladenen Partikeln und Lichtquanten besteht eine auffällige Ähnlichkeit in den Gesetzen, die ihre Bewegung bestimmen. Diese Ähnlichkeit herauszuarbeiten wird unsere erste Aufgabe sein.

Wenn solche Ähnlichkeiten bestehen, so wird man vermuten können, daß der systematische Vergleich zwischen Elektronen- und Lichtbewegung geeignet ist, neue Gesichtspunkte sowohl für das Arbeiten mit Elektronenstrahlung als auch für die Konstruktion optischer Apparate zu ergeben. Es wird unsere zweite Aufgabe sein, auf diese Konsequenzen aufmerksam zu machen. Dabei wird vorwiegend die Lehre von der Elektronenbewegung Nutzen ziehen, die der altersgrauen Optik als jugendliches Gebiet zur Seite tritt.

Wir wollen die *Elektronen*bewegung in makroskopischen Feldern nach den Gesichtspunkten der *geometrischen* Optik behandeln und haben daher dieses Buch „*Geometrische Elektronenoptik*" genannt. Diese Bezeichnung, die früher [48, S. 24][2] zur Unterstreichung der engen Analogie zwischen der Lehre von der Geometrie der Lichtstrahlen und der Geometrie der Elektronenstrahlen eingeführt wurde, ist der zusammenfassende Ausdruck[3] für die verschiedenen der Optik entlehnten Bezeichnungen und Betrachtungsweisen, die schon seit langem für diese und jene Einzelerscheinung üblich geworden sind. So bezeichnete bereits vor 40 Jahren GOLDSTEIN [169, S. 263] seine Hohlkathoden als „*Spiegel*" und sprach von der „*Apertur*" eines Kathodenstrahlbündels [IV, 11][2]. ASTON [14]

---

[1] In letzter Zeit sind dazu noch die Neutronen und positiven Elektronen [III, 14 Abb. 93 und VII, 16] gekommen, von denen wir jedoch hier nicht zu sprechen brauchen. Ihre Berücksichtigung würde für unsere optischen Probleme nichts Neues bringen.

[2] Zitate werden als eckige Klammern gegeben. Sie beziehen sich entweder auf das Literaturverzeichnis am Schlusse des Buches, z. B. [23] oder [23, S. 11], oder auf Kapitel und Abschnitt dieses Buches, z. B. [V, 3]. Kapitel und Abschnitt sind am Kopf jeder Seite angegeben.

[3] Wir sind kürzlich darauf aufmerksam gemacht worden, daß die ältere Physikergeneration die Bezeichnung „Geometrische Elektronenoptik" als ein Plagiat empfinde, da man schon früher (besonders im Jahrbuch für Radioaktivität und Elektronik) von „Optik der Elektronen" gesprochen habe, worunter man die LORENTZsche Dispersionstheorie verstand. Wir vermögen nicht die Berechtigung dieses Vorwurfs einzusehen und werden, da uns der Gegenvorschlag „Kathodenstrahloptik" auch sonst keine Verbesserung zu sein scheint, bei der eingeführten Bezeichnung „Geometrische Elektronenoptik" oder abgekürzt „Elektronenoptik" verbleiben.

nannte seinen Apparat zur Isotopentrennung „Massen-*Spektrograph*" [VII, 17], Busch [79, S. 587] sprach von einer „*Linse*" für Elektronen und Rusch [339] von einem „Elektronen-*Monochromator*". Die Bezeichnungen „Magnetische *Spektroskopie*" und „Magnetischer *Spektrograph*" sind seit langem allgemein eingebürgert.

Am interessantesten ist uns in dieser Hinsicht ein Ausspruch Lenards [258, S. 25], den er im Hinblick auf Crookes' Demonstrationsversuche bei seinem Nobelvortrag 1906 tat: „Die hier erwähnten Strahlbeobachtungen hatten seinerzeit (1894) offenbar erst besonders die Aufmerksamkeit darauf gelenkt, daß man mit Kathodenstrahlen im Vakuum ebenso saubere, sozusagen *geometrisch-optische Versuche* ausführen könne wie mit Lichtstrahlen."

I. Allgemeine Grundlagen der Elektronenoptik.

In dem einleitenden ersten Kapitel wollen wir einen Überblick über die allgemeinen Probleme der Licht- und Elektronenstrahlung geben. Dabei werden wir uns bemühen, die Analogie zwischen beiden Gebieten Schritt für Schritt hervortreten zu lassen. — Die allgemeine Analogie, die sich nicht nur auf die Geometrie der Bahnen beschränkt, ist bereits den ersten Forschern, die sich mit der Natur der Kathodenstrahlen beschäftigten, aufgefallen. So betonte Hertz [195], daß es verschiedene Arten von Kathodenstrahlen gibt, „welche den Farben des Lichts entsprechen und solche sich unterscheiden nach Phosphoreszenzanregung, Absorbierbarkeit und Ablenkbarkeit durch den Magnet". Hinsichtlich des Durchgangs der Kathodenstrahlung durch Materie sagte Lenard [258]: „So wie die diffuse Ausbreitung der Kathodenstrahlen in Gasen überhaupt, so hat auch insbesondere die hier beobachtete Erscheinung ihr bekanntes optisches Analogon."

a) Welle und Korpuskel.

1. Die formale Analogie zwischen Licht- und Elektronenstrahlen. Es ist seit langer Zeit bekannt, daß das Licht der Sterne auf seinem Weg durch die Erdatmosphäre krumme Bahnen beschreibt, oder daß ein Lichtstrahl, der waagerecht in die Übergangsschicht zwischen zwei ineinander diffundierenden Flüssigkeiten (etwa Glyzerin und Wasser) eintritt, eine Krümmung erfährt. Die Krümmung erfolgt stets nach derjenigen Richtung, in der der Brechungsindex zunimmt. Dies erinnert uns an die Tatsache, daß ein Elektron, das sich in einem beliebigen elektrischen Felde bewegt, stets eine Beschleunigung und damit eine Bahnkrümmung nach derjenigen Seite erfährt, auf der das elektrostatische Potential zunimmt. Wir werden daher vermuten, daß bei einem Vergleich von Licht- und Elektronenbahnen sich Brechungsindex und Potential irgendwie zuordnen lassen.

Um den Zusammenhang zu erkennen, vergleichen wir zwei spezielle Arten von Licht- und Elektronenbahnen, die besonders weitgehende Ähnlichkeit haben: Den Durchgang eines Lichtstrahles durch die Trennungsfläche zweier Medien mit verschiedenem Brechungsindex und den Durchgang eines Elektronenstrahles durch eine Schicht, in der sich das elektrostatische Potential und damit die Elektronengeschwindigkeit sprunghaft ändert. Im Falle des Lichtstrahls wird der Knick, den der Strahl erfährt (Abb. 1a) durch das Snelliussche Brechungsgesetz

$$\frac{\sin i_1}{\sin i_2} = \frac{n_2}{n_1}$$

bestimmt.

Für den Fall des Elektrons (Abb. 1 b) denken wir uns die Anfangsgeschwindigkeit zerlegt in die rechtwinkligen Komponenten v_y (senkrecht zur Schicht) und v_x (parallel zur Schicht). Da die Geschwindigkeit v_x beim Durchgang durch die Schicht keine Änderung erfährt, gilt:

$$v_{1x} = v_{2x}.$$

Damit wird

$$\sin i_1 = \frac{v_{1x}}{v_1}; \qquad \sin i_2 = \frac{v_{2x}}{v_2} = \frac{v_{1x}}{v_2};$$

und es entsteht durch Division das „*elektronenoptische Brechungsgesetz*“:

$$\frac{\sin i_1}{\sin i_2} = \frac{v_2}{v_1}.$$

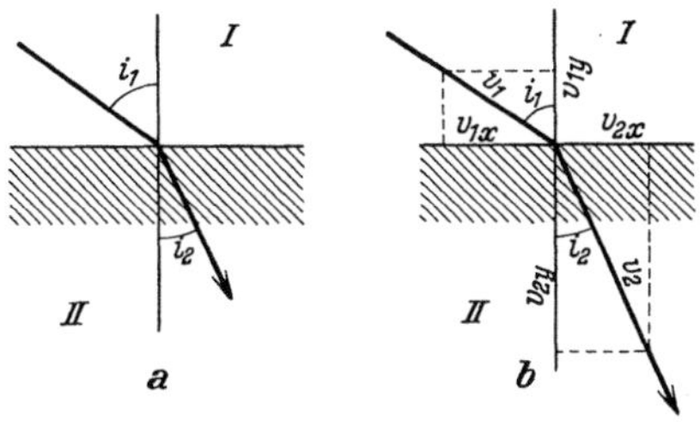

a) Lichtstrahlen b) Elektronenstrahlen

Abb. 1. Brechung an einer Grenzfläche.

Wir haben also den gleichen Zusammenhang zwischen Einfalls- und Austrittswinkel wie im optischen Fall, wobei sich Brechungsindex und Elektronengeschwindigkeit entsprechen[1]. Hierauf hat zuerst BETHE [33, 34] hingewiesen, der diese Gesetzmäßigkeit bei der Theorie der Elektonenbeugung an Metallen benutzte. Geht man von der Geschwindigkeit zu der in Volt gemessenen Elektronenenergie U [Anhang f] über, so erhält man das Brechungsgesetz in der gebräuchlicheren Form

$$\frac{\sin i_1}{\sin i_2} = \sqrt{\frac{U_2}{U_1}} = \sqrt{1 + \frac{u}{U_1}},$$

wobei wir den Potentialsprung $U_2 - U_1$ mit u bezeichneten.

Kehren wir zu der allgemeinen Betrachtung zurück und fragen wir, wie weit die Korrespondenz zwischen v und n auch im Falle beliebiger Ortsabhängigkeit des Brechungsindex bzw. beliebiger elektrostatischer Felder erhalten bleibt. Dazu machen wir folgende Überlegung: Die Krümmung der Bahn erfolgt stets in der durch die Bahntangente und den Gradienten des Brechungsindex bzw. des Potentials bestimmten Ebene. Die Bahnen sind also miteinander identisch, wenn die Krümmungs*radien* an jeder Stelle übereinstimmen. Für den Krümmungsradius ϱ eines Lichtstrahls im inhomogenen Medium gilt das schon im vorigen Jahrhundert bekannte Gesetz [407]

$$\frac{1}{\varrho} = \frac{1}{n} \,|\operatorname{grad} n\,| \cos i,$$

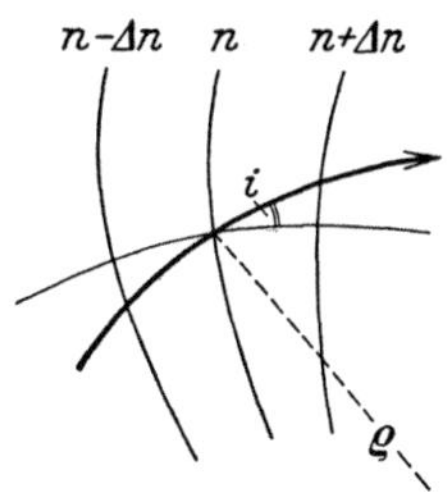

Abb. 2. Brechung eines Lichtstrahls im inhomogenen Medium.

worin i den Winkel zwischen dem Lichtstrahl und der Richtung des Gradienten bedeutet (Abb. 2). Für die Elektronenbahn erhalten wir, indem wir die Zentrifugalkraft $m\frac{v^2}{\varrho}$ gleich der Normalkomponente der elektrischen Kraft[2] $e \cos i \operatorname{grad} \varphi = \cos i \operatorname{grad}\left(\frac{m}{2} v^2\right)$ setzen, wo m die Masse des Elektrons und φ

[1] Die Betrachtung ist natürlich nicht auf *Elektronen*strahlen beschränkt, sondern gilt für jede Korpuskelstrahlung, wenn wir beim Durchgang durch eine Grenzfläche Konstanz der Geschwindigkeitskomponente parallel zur Grenzfläche voraussetzen. Während jedoch die Konstanz der Parallelkomponente bei NEWTONS Korpuskeltheorie des Lichtes ein Postulat war, ist sie in der Elektronenoptik eine Folge der Bewegungsgesetze des Elektrons.

[2] Die Kraft $\mathfrak{K}$ ist $\mathfrak{K} = -e\mathfrak{E} = e \operatorname{grad} \varphi$, wenn wir, wie immer in diesem Buch, unter e den Absolutwert der Elektronenladung verstehen und die elektrische Feldstärke mit $\mathfrak{E}$, das zugehörige Potential mit φ bezeichnen.

das räumlich veränderliche elektrische Potential bedeutet:

$$m \frac{v^2}{\varrho} = m v \cos i \operatorname{grad} v \,,$$

$$\frac{1}{\varrho} = \frac{1}{v} \cos i \operatorname{grad} v \,.$$

Es besteht also auch hier vollständige Übereinstimmung der Krümmungsradien und damit des ganzen Bahnverlaufes, wenn wir den Brechungsindex n und die für jeden Punkt des Raumes aus der Energiegleichung[1]

$$\frac{m}{2} v^2 - \frac{m}{2} v_0^2 = e(\varphi - \varphi_0)$$

sich ergebende Elektronengeschwindigkeit v miteinander identifizieren[2].

Daß die beiden Größen verschiedene Dimensionen haben, braucht uns an sich nicht zu stören, da ja in der geometrischen Optik ein konstanter Faktor beim Brechungsindex unwesentlich ist. Trotzdem wollen wir zur Erzielung auch dimensionsmäßiger Übereinstimmung und, um nicht in allen folgenden Formeln eine überzählige unbestimmte Konstante von der Dimension einer Geschwindigkeit mitschleppen zu müssen, für den Brechungsindex[1] der Elektronenstrahlen schreiben

$$n = \frac{v}{c} \tag{1}$$

und unter c die Geschwindigkeit des Lichtes im Vakuum $c = 3 \cdot 10^{10}$ cm/sec verstehen.

Nach dieser Definition erhalten wir für n in dem praktisch üblichen Geschwindigkeitsbereich kleine Zahlenwerte, doch fällt dieser Umstand gegenüber dem obenerwähnten Vorzug nicht ins Gewicht, zumal wir noch den Vorteil haben, daß unser Brechungsindex mit dem gebräuchlichen Geschwindigkeitsmaß β (Teile der Lichtgeschwindigkeit) übereinstimmt. —

Wir können nunmehr Bahnen, die uns aus der geometrischen Lichtoptik bekannt sind, auch mit Elektronen realisieren, sofern wir nur das elektrische Potential so wählen, daß es der Gleichung

$$\varphi = \varphi_0 + \frac{m}{2e}(v^2 - v_0^2) = \varphi_0 + \text{const} \cdot (n^2 - n_0^2) \tag{2}$$

genügt. Umgekehrt lassen sich die Gesetze der Elektronenbewegung auf den Lichtstrahlenverlauf in inhomogenen Medien übertragen, wenn wir den Brechungsindex n wählen gemäß der Gleichung

$$n = \text{const} \cdot v = \text{const} \cdot \sqrt{v_0^2 + \frac{2e}{m}(\varphi - \varphi_0)} \,.$$

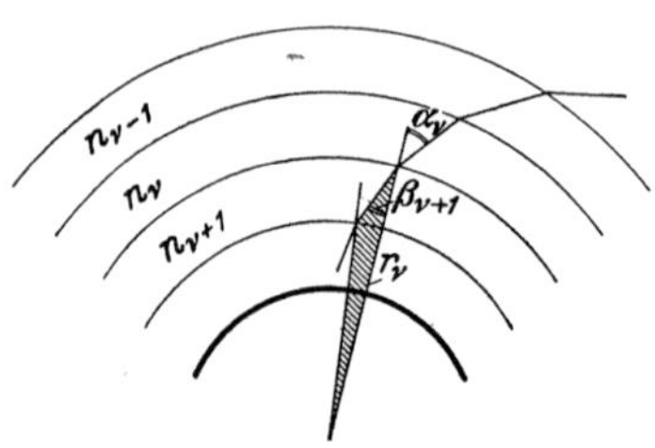

Abb. 3. Strahlenbrechung in der Erdatmosphäre.

Betrachten wir als Beispiel für den Übergang von der Strahlenbrechung zur Korpuskelbewegung den Verlauf eines Lichtstrahls in der Erdatmosphäre, die wir uns als geschichtetes Medium mit sprunghaften Änderungen des Brechungsindex vorstellen wollen (Abb. 3). An der Trennungsfläche zwischen den Brechungsindizes n_ν und $n_{\nu+1}$ gilt nach dem Brechungsgesetz

$$n_{\nu+1} \sin \beta_{\nu+1} = n_\nu \sin \alpha_\nu \,.$$

[1] Die hier benutzten Formeln für die Energie und den Brechungsindex sind Näherungsformeln für den Fall, daß die Elektronengeschwindigkeit gegenüber der Lichtgeschwindigkeit klein ist. Die allgemeineren Ausdrücke werden wir später [I, 6] kennenlernen.

[2] Der Index Null kennzeichnet bei dieser und den folgenden Gleichungen stets die Werte an der Stelle, von der aus man die Bahn verfolgt.

Andererseits besagt der Sinussatz für das in der Abb. 3 schraffierte Dreieck

$$r_\nu \sin\beta_{\nu+1} = r_{\nu+1} \sin\alpha_{\nu+1}\,,$$

so daß sich durch Elimination von $\sin\beta_{\nu+1}$ die Relation ergibt:

$$n_\nu r_\nu \sin\alpha_\nu = n_{\nu+1} r_{\nu+1} \sin\alpha_{\nu+1}\,.$$

Das heißt aber, die Größe $n r \sin\alpha$ ist längs des ganzen Strahles konstant.

Das zugehörige mechanische Gesetz erhalten wir, indem wir n durch v ersetzen:

$$v r \sin\alpha = \text{const}\,.$$

Dies ist aber nichts anderes als der für jede mechanische Bewegung im zentralsymmetrischen Felde gültige Flächensatz (2. KEPLERsches Gesetz).

Als zweites Beispiel betrachten wir einen Übergang von der Korpuskelbewegung zur Strahlenbrechung, indem wir danach fragen, wie geartet ein allein höhenabhängiges Brechungsfeld sein muß, damit die Lichtstrahlen Parabelbahnen beschreiben. Diese Frage läßt sich aus der Kenntnis der Elektronenbewegung im Ablenkkondensator[1] sogleich dahin beantworten, daß sich das Potential linear und daher die Geschwindigkeit des Elektrons bzw. der Brechungsindex des Lichtes mit der Wurzel aus der Höhe ändern muß.

Es ließen sich hier noch andere Beispiele für den engen Zusammenhang zwischen den beiden Bahnarten anführen[2], doch wollen wir uns sogleich nach den tieferen Gründen für diese Analogie umsehen.

2. Das FERMATsche Prinzip und das Prinzip der kleinsten Wirkung. Die im vorigen Abschnitt aufgezeigte Analogie findet ihren prägnantesten Ausdruck in der Gegenüberstellung des auf FERMAT bzw. JOHANN BERNOULLI zurückgehenden Prinzips der kürzesten Lichtzeit und des von LAGRANGE herrührenden Prinzips der kleinsten Wirkung. Das Prinzip der kürzesten Lichtzeit sagt aus, daß ein Lichtstrahl seinen Weg stets so wählt, daß er sein Ziel in möglichst kurzer Zeit erreicht. Für seine „Geschwindigkeit"[3] gilt dabei die Beziehung $c' = c/n$, wo c die Lichtgeschwindigkeit im Vakuum und n wieder den Brechungsindex bedeutet. Es soll also das zwischen irgend zwei Punkten der Strahlbahn genommene Integral

$$S = \int dt = \int \frac{ds}{c'} = \frac{1}{c}\int n\,ds \tag{3}$$

einen möglichst kleinen Wert annehmen. In ganz entsprechender Weise verlangt das Prinzip der kleinsten Wirkung, daß für jede mechanische Bewegung die „Wirkung", definiert durch das Integral

$$S = \int 2E_{\text{kin}}\,dt = \int m v^2 \cdot \frac{ds}{v} = m\int v\,ds\,, \tag{4}$$

einen möglichst kleinen Wert annehmen soll. Für die kinetische Energie E_{kin} und die Geschwindigkeit v sind dabei die an jedem Punkt des Raumes durch

---

[1] Oder aus den Gesetzen des schiefen Wurfs.

[2] Ein anderes früher gegebenes Beispiel [58, S. 54] über die Sammlung der von einem Punkte der Erdatmosphäre ausgehenden elektromagnetischen Strahlung macht so unwahrscheinliche Voraussetzungen, daß wir hier nicht darauf zurückkommen wollen.

[3] Daß wir den Quotienten c/n als „Geschwindigkeit" eines Lichtstrahls bezeichnen, ist historisch bedingt. Wie sich der scheinbare Widerspruch mit der Definition des Brechungsindex von Elektronen $n = \frac{v}{c}$, also $v = c \cdot n$ löst, werden wir später [I, 4] sehen.

den Energiesatz vorgeschriebenen Werte zu nehmen. Stellen wir die beiden Variationsforderungen

$$\int n\,ds = \text{Min} \tag{5}$$

und

$$\int v\,ds = \text{Min} \tag{6}$$

einander gegenüber, so erkennen wir sofort ihre Identität in dem Falle, daß n und v einander proportional gewählt werden.

Diese Gegenüberstellung wurde schon von HAMILTON [186, 187] vor 100 Jahren vorgenommen. Die Betrachtungen, die er daran anschloß, sind heute wieder aktuell, nicht nur, weil sie die Grundlagen liefern für die Übertragung optischer Gesichtspunkte auf Probleme der Elektronenbewegung, sondern vor allem, weil sie die Brücke bilden zwischen den so widerspruchsvoll anmutenden Auffassungen der Materie als ein Konglomerat von Wellen einerseits und als eine Vielheit von Korpuskeln andererseits[1]. Wir wollen versuchen, etwas tiefer in HAMILTONS Gedankengänge einzudringen.

Da bei gegebenem Anfangs- und Endpunkt der Weg, über den die Integrale (3) und (4) zu erstrecken sind, durch die Minimalforderung festgelegt wird, sind die Größen S bei gegebenem optischen Medium bzw. gegebenem Potentialfeld nur noch Funktionen von Anfangs- und Endpunkt des Strahles bzw. der Bahn. Im optischen Falle bedeutet die ,,charakteristische Funktion" S einfach die Zeit, die das Licht braucht, um vom Anfangs- zum Endpunkt zu gelangen. Sie ist verwandt mit dem von BRUNS [70] diskutierten ,,Eikonal", das durch Spezialisierung aus ihr hervorgeht [234]. Wird das Licht von einem einzigen Punkte ausgesandt, so sind die Flächen $S = \text{const}$, auf denen wegen der geforderten Minimaleigenschaft des Integrals (3) die Bahn des Lichtstrahls senkrecht steht, die Wellenflächen des Lichts. Damit erkennen wir die Bedeutung der hier eingeführten Funktionen S für die Lösung mechanischer und optischer Probleme: Die Flächen $S = \text{const}$ sind die orthogonalen Trajektorien der Bahnkurven bzw. der Lichtwege. Diese Tatsache eröffnet uns einen neuen Weg zur Festlegung der gesuchten Bahnkurven bzw. Lichtwege, der unter Umständen mathematisch einfacher sein kann als der direkte Weg über die Bewegungsgleichungen.

Bei der Berechnung von S geht man meist so vor: Da der Integrationsweg senkrecht zu den Flächen $S = \text{const}$ verläuft, erhalten wir durch Gradientenbildung aus (3) die partielle Differentialgleichung

$$|\text{grad}\, S| = \frac{n}{c}, \tag{7}$$

aus der sich in manchen Fällen S berechnen läßt und die besonders für allgemeine Diskussionen über Strahlengänge von Wichtigkeit ist.

Ebenso entsteht aus (4) die in der Astronomie viel verwendete HAMILTONsche partielle Differentialgleichung der Mechanik:

$$|\text{grad}\, S| = m\,v, \tag{8}$$

die besonders nach ihrer von JAKOBI durchgeführten Erweiterung auf allgemeine Koordinaten ihre Fruchtbarkeit bei der Behandlung komplizierter Störungsprobleme bewiesen hat.

Wir wollen an einem einfachen Beispiel den Zusammenhang zwischen den Flächen $S = \text{const}$ und den dazu orthogonalen Bahnkurven anschaulich machen.

---

[1] Eine klare und schöne Diskussion dieser Zusammenhänge findet sich in SCHRÖDINGERS Nobelvortrag [362a].

Wir betrachten wieder [I, 1] die Bewegung eines Elektrons in einem homogenen elektrischen Feld mit dem Potential $\varphi = -\mathfrak{E}y$. Die zugehörige partielle Differentialgleichung (8) lautet somit, wenn wir der Einfachheit halber e, m, $\mathfrak{E}$ und die Geschwindigkeit v_0 im Koordinatenursprung gleich 1 setzen[1],

$$(\operatorname{grad} S)^2 = \left(\frac{\partial S}{\partial x}\right)^2 + \left(\frac{\partial S}{\partial y}\right)^2 = v^2 = 1 - 2y. \tag{9}$$

Zu dieser Differentialgleichung wollen wir nun diejenige Lösung $S = S(x, y)$ suchen, die einer Schar von aus dem Koordinatenanfangspunkt austretenden Partikeln entspricht. Das bedeutet, daß die Flächen $S = \text{const}$ für kleine Werte von x und y kreisförmig um den Nullpunkt verlaufen sollen[2]. Es bleibe dem Leser überlassen, sich von der Richtigkeit der Lösung

$$S^2 = \tfrac{2}{9}\left(1 - y \mp \sqrt{1 - 2y - x^2}\right)\left(2 - 2y \pm \sqrt{1 - 2y - x^2}\right)^2$$

durch Einsetzen in die Differentialgleichung (9) zu überzeugen. Wir wollen hier nur verraten, daß man diese partikuläre Lösung am einfachsten dadurch erhält, daß man das „Wirkungsintegral“ $S = \int v\, ds$ längs den nach den Methoden der elementaren Mechanik bestimmten Bahnen berechnet. In Abb. 4 haben wir die Flächen $S = \text{const}$ dargestellt. Wie der Augenschein lehrt, und wie man durch Rechnung unschwer bestätigt, ergeben sich also als Orthogonaltrajektorien tatsächlich die bekannten Parabelbahnen.

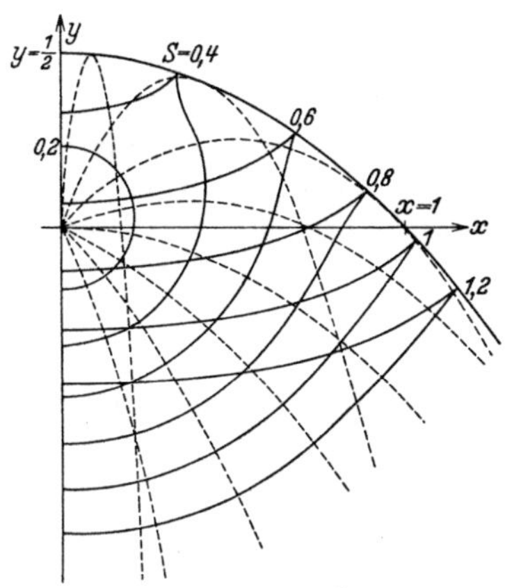

——— Flächen $S = \text{const}$.
-------- Bahnkurven.

Abb. 4. Elektronen im homogenen Feld (Schiefer Wurf).

Optisch können wir Abb. 4 deuten als die Schar der Wellenflächen des vom Koordinatenanfangspunkt ausgehenden Lichtes in einem waagerecht geschichteten Medium mit dem Brechungsindex:

$$n = \text{const}\sqrt{1 - 2y}.$$

Die Einhüllende der Parabelbahnen spielt dabei die Rolle einer Brennlinie (Kaustik).

Unser Beispiel zeigt somit in besonders schöner Weise die Verwandtschaft zwischen Flächen konstanter Wirkung und optischen Wellenflächen, auf die wir wegen ihrer Bedeutung für die moderne Entwicklung der Atomphysik im nächsten Abschnitt nochmals zurückkommen werden. Es zeigt aber auch, daß nicht in allen Fällen, besonders nicht in solchen, die von Natur aus einfach sind, durch Anwendung der HAMILTONschen Mechanik bzw. des Eikonals eine Vereinfachung der Rechnung erzielt wird.

3. Die Doppelnatur des Lichtes. In den beiden vorhergehenden Abschnitten faßten wir Licht und Elektron als Korpuskeln auf. Diese Vorstellung reicht jedoch weder beim Licht noch beim Elektron aus, um alle beobachteten Erscheinungen zu deuten. Während sich diese Erkenntnis beim Licht bereits zur Zeit NEWTONS durchzusetzen begann und zur Wellentheorie des Lichtes führte, ist die entsprechende Erkenntnis beim Elektron erst wenige Jahre alt.

---

[1] Wir verzichten damit allerdings auf die Kontrollierbarkeit der Dimensionen.

[2] Die Forderung, daß die durch S dargestellten Partikeln von *einem* Punkte ausgehen, ist meist sehr unbequem und in den praktischen Fällen der Astronomie oft gar nicht notwendig. In unserem Falle trägt sie jedoch wesentlich zur Erhöhung der Anschaulichkeit bei.

Die Schwierigkeit für die NEWTONsche Lichtkorpuskeltheorie waren Interferenzbeobachtungen, die stets auf einen Wellenvorgang hinweisen. Bereits YOUNG hatte im Schatten eines schmalen Schirmes eine Reihe dunkler und heller Streifen beobachtet, die verschwanden, wenn er das Licht auf der einen Seite des Schirmes abblendete. Noch deutlicher, weil einfacher, ist der klassische Spiegelversuch FRESNELS, bei dem zwei durch Spiegelung einer Quelle L erzeugte virtuelle Lichtpunkte L_1 und L_2 kohärente Strahlenbündel aussandten (Abb. 5), die dann auf einem Schirm S Interferenzen ergaben. Die Feststellung YOUNGS: „Licht zu Licht gehäuft, ergibt unter Umständen Dunkelheit“, ist aus der einfachen Korpuskularvorstellung nicht zu verstehen und gab damit den Anstoß zu der Entwicklung einer Wellentheorie des Lichtes.

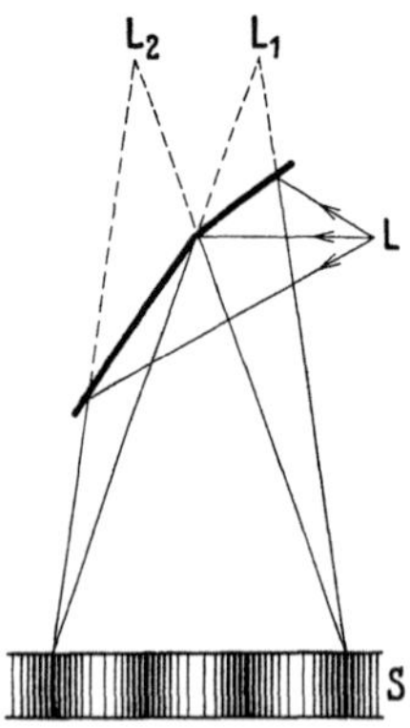

Abb. 5. FRESNELS Spiegelversuch.

Vom Standpunkte einer möglichst einfachen Formulierung der Naturgesetze ist es befriedigend, daß alle Einzelheiten dieser Wellentheorie, insbesondere das Verhalten der Lichtwelle an den Grenzflächen zwischen verschiedenen Medien, mit den Eigenschaften der aus MAXWELLS Grundgleichungen der Elektrodynamik sich ergebenden schnellen elektromagnetischen Schwingungen in vollkommenem Einklang stehen, so daß sich die Lichtausbreitung einfach als eine spezielle Form elektromagnetischer Vorgänge deuten läßt. Die wellenoptische Deutung des Brechungsindex n ist dabei

$$n = \frac{c}{c'},$$

worin c die Lichtgeschwindigkeit im Vakuum und c' die Geschwindigkeit bedeutet, mit der die Phase der Welle in der betreffenden Substanz fortschreitet[1]. Während c für alle Wellenlängen den gleichen Wert $c = 3 \cdot 10^{10}$ cm/sec hat, ist c' bekanntlich von Wellenlänge und Medium abhängig.

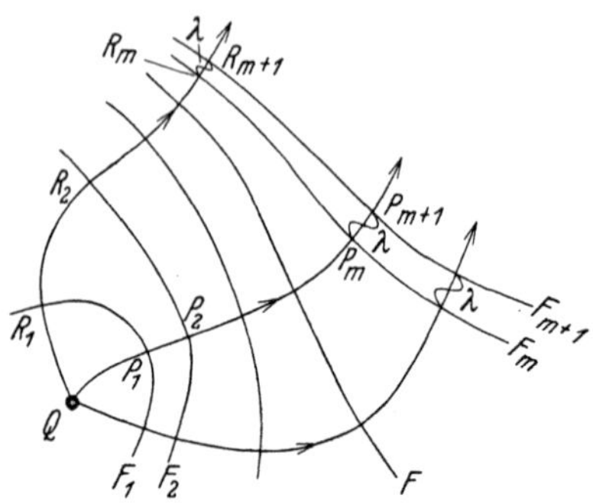

Abb. 6. Wellenflächen und Lichtwege.

Zugunsten der Wellenauffassung spricht ferner, daß sich die im zweiten Abschnitt besprochenen Gesetzmäßigkeiten der Bahnen des Lichtes, insbesondere das FERMATsche Prinzip, aus der Wellenauffassung verstehen lassen. Wir werden sehen, daß FERMATS Prinzip des kürzesten Lichtweges $\int n\,ds = \text{Min}$ nur eine mathematische Umschreibung des aus der Wellentheorie wohlbekannten HUYGHENSschen Prinzips ist, nach dem der Lichtweg stets senkrecht zu den Wellenflächen (Flächen konstanter Phase) verläuft. Voraussetzung ist dabei nur, daß der Brechungsindex sich im Bereich einer Wellenlänge nicht merklich ändert:

Es sei F_m diejenige Wellenfläche, die m Wellenlängen von einer Quelle Q „entfernt“ liegt[2] (Abb. 6), wobei die Entfernung nach HUYGHENS auf einem Wege zu messen ist, der auf allen geschnittenen Wellenflächen senkrecht steht. Die folgende Fläche F_{m+1} erhalten wir, indem wir in jedem Punkte von F_m senkrecht zu F_m um das Stück $ds = \lambda$ weitergehen. Für beliebige zu den

[1] Genaueres über den Begriff der „Phasengeschwindigkeit“ im folgenden Abschnitt [I, 4].

[2] Dieselben Überlegungen ließen sich auch durchführen, wenn wir an Stelle von Q eine Wellenfläche F_0 angenommen hätten.

Flächen F orthogonale Lichtwege $Q P_1 P_2 \ldots P_{m+1}$ und $Q R_1 R_2 \ldots R_{m+1}$ ist also

$$\int_Q^{P_{m+1}} \frac{ds}{\lambda} = \int_Q^{R_{m+1}} \frac{ds}{\lambda} = \ldots = m + 1 = \text{const}.$$

Halten wir nun den Anfangspunkt Q und den Endpunkt P fest und variieren den Integrationsweg, so machen wir uns leicht klar, daß dadurch der Wert des Integrals zwar vergrößert, aber nicht verkleinert werden kann, so daß für die Lichtwege und nur für diese Wege das Integral $\int \frac{ds}{\lambda}$ ein Minimum wird:

$$\int \frac{ds}{\lambda} = \text{Min}. \tag{10}$$

Diese aus dem Prinzip von HUYGHENS gewonnene Bedingung erinnert bereits in ihrem Aussehen an das FERMATsche Prinzip (6). Wenn wir nun λ mittels der Beziehung $\lambda = \frac{c'}{\nu} = \frac{c}{n\nu}$ durch n ausdrücken, finden wir $\int \frac{ds}{\lambda} = \frac{\nu}{c} \int n\, ds$.

Gl. (10) läßt sich also schreiben

$$\int n\, ds = \text{Min}.$$

Das ist nichts anderes als das FERMATsche Prinzip. Zugleich sehen wir, daß die Flächen gleicher Lichtzeit $S = \text{const}$ und die Wellenflächen F identisch sind, ein Ergebnis, das wir im vorigen Abschnitt durch die gelegentliche Bezeichnung ,,Wellenflächen" für die Flächen $S = \text{const}$ bereits angedeutet haben.

Da die Wellentheorie demnach sowohl die Interferenzgesetze liefert als auch das FERMATsche Prinzip, aus dem sich alle Gesetze der geometrischen Optik ableiten lassen, hat es den Anschein, als ob die Welle wirklich der umfassendere Begriff sei, der den Korpuskelbegriff bei der Beschreibung des Lichtes völlig überflüssig macht.

Mancher Leser wird fragen, weshalb denn heute das Wort Lichtquant noch gebraucht wird, und weshalb auch am Anfang dieses Buches der Begriff der Licht*korpuskel* in den Vordergrund gestellt wurde. Wie die *Interferenz* zum Aufgeben der primitiven Korpuskelvorstellung zwang, so mußte die klassische Wellentheorie des Lichtes verlassen werden, da sie den *lichtelektrischen Effekt* nicht zu deuten vermochte:

Fällt Licht auf eine Metallplatte, so gehen von ihr Elektronen aus. Verändert man die Intensität des auftreffenden Lichtes, so ändert sich zwar die Zahl der pro Sekunde emittierten Elektronen, aber nicht die Energie des einzelnen Elektrons. Auch bei noch so geringen Lichtintensitäten setzt die Elektronenemission gleichzeitig mit der Belichtung ein, und zwar auch dann, wenn nach der Wellentheorie des Lichtes auf einen Bereich von der Größenordnung eines Atoms noch gar nicht so viel Energie aufgefallen sein kann wie zur Emission eines Elektrons erforderlich ist. Dagegen erweist sich die Elektronenenergie als sehr stark abhängig von der Frequenz des aufgestrahlten Lichtes[1].

Genaue Untersuchungen haben ergeben, daß die maximale kinetische Energie der ausgelösten Elektronen (z. B. gemessen durch Gegenspannungskurven)

---

[1] Eine plastische Veranschaulichung dieser Verhältnisse stellt das Schütteln eines Apfelbaumes dar (aus dem Kolleg Prof. BUCHWALD, Danzig). Schütteln wir mit einer bestimmten Frequenz, so fallen nur die Äpfel herunter, die gerade in Resonanz geraten. Durch kräftigeres Schütteln werden wir mehr Äpfel der gleichen Größe, aber keine größeren oder kleineren ablösen können. Sind die Äpfel so am Baum gewachsen, daß unten die großen und oben die kleinen Äpfel hängen, so werden, wenn die Massen der Äpfel nach oben rasch genug abnehmen, beim langsamen Schütteln Äpfel kleiner Energie, beim schnellen Schütteln Äpfel hoher Energie auf den Boden fallen.

linear mit der Frequenz des auffallenden Lichtes ansteigt (Abb. 7). Die zahlenmäßige Auswertung besagt, daß die maximale kinetische Energie des Elektrons, vermehrt um die zu seiner Ablösung erforderliche Arbeit, stets gleich der Größe $h\nu$ ist, wo h die von PLANCK aus den Gesetzen der Hohlraumstrahlung abgeleitete universelle Konstante, das ,,elementare Wirkungsquantum"[1], und ν die Frequenz des auffallenden Lichtes bedeutet. Das Licht verhält sich also so, als bestünde es aus einzelnen Partikeln, deren jede die Energie

$$E = h\nu \tag{11}$$

mit sich führt.

Zahlenmäßig ist $h = 6{,}55 \cdot 10^{-27}\,\mathrm{g \cdot cm^2/sec}$. Wegen der Kleinheit des Wirkungsquantums sind bei den in der drahtlosen Telegraphie verwendeten Frequenzen die Energiebeträge $h\nu$ der Lichtquanten noch so klein, daß es mit den gegenwärtigen experimentellen Hilfsmitteln nicht möglich ist, die Existenz einzelner Quanten in der Strahlung der Sender nachzuweisen. Bei Röntgen- und γ-Strahlen und erst recht bei der extrem kurzwelligen Höhenstrahlung dagegen ist es möglich, in geeigneten Zählern das Eintreffen jedes einzelnen Lichtquantes zu registrieren.

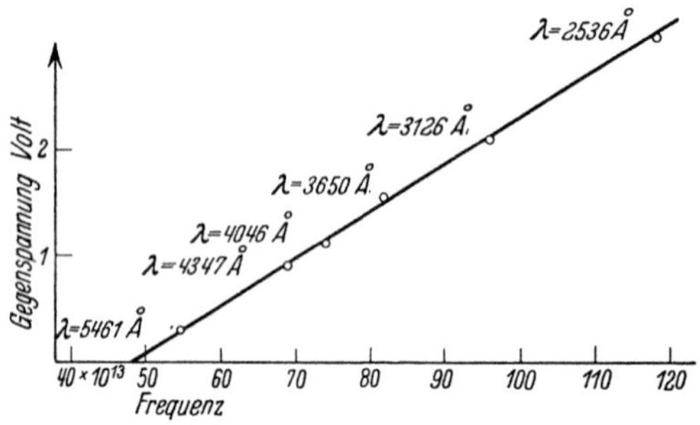

Abb. 7. Höchstenergie photoelektrisch ausgelöster Elektronen in Abhängigkeit von der Frequenz des auffallenden Lichtes [275].

Durch den lichtelektrischen Effekt gelangten die Physiker in eine schlimme Lage: Die Interferenzerscheinungen sind aus der Partikelauffassung nicht zu verstehen, der lichtelektrische Effekt besiegelt das Scheitern der Wellentheorie. Eine dritte Auffassung, die die beiden Erscheinungen erklärt und von unserer Anschauung in ähnlicher Weise erfaßt wird wie die Begriffe Korpuskel und Welle, ist bis heute nicht entwickelt.

Den bis jetzt besten Ausweg aus dem Dilemma schlug 1905 EINSTEIN [123] vor. Die ,,Lichtquanten", Partikel von der Energie $E = h\nu$ und der Masse $\frac{h\nu}{c^2}$, sollen das wirklich Reale am Licht sein, während das elektromagnetische Feld der Lichtwelle nicht mit Energie und Masse behaftet ist und nur als ,,Gespensterfeld" den Lichtquanten den Weg zeigt, den sie einzuschlagen haben. Die einzelnen Lichtquanten sind über das von der Lichtwelle bestrichene Gebiet ,,statistisch" verteilt. Die elektromagnetische Energiedichte gibt dabei ein Maß für die Wahrscheinlichkeit, ein Lichtquant an einer bestimmten Stelle anzutreffen; der elektromagnetische Strahlungsdruck wird zum Mittelwert des Druckes, den die Lichtquanten beim Auftreffen auf ein Hindernis ausüben[2].

HEISENBERG [192] konnte zeigen, daß diese statistische Umdeutung aller elektromagnetischen Größen dann und nur dann widerspruchsfrei ist, wenn man sich darauf beschränkt, dem Lichtquant nur solche Eigenschaften zuzuschreiben, die sich aus der dem Lichtquantenstrom zugeordneten Welle ableiten

[1] Der Name *Wirkungs*quantum für die Größe h rührt daher, daß h dieselbe Dimension $\mathrm{g \cdot cm^2/sec}$ besitzt wie die durch Gl. (4) definierte Wirkungsfunktion S.

[2] Wir haben hier ähnliche Verhältnisse vor uns wie bei einem Gas, wo die makroskopisch gemessenen Größen wie Druck und Temperatur auch nur Mittelwerte darstellen. Der Druck ist der Mittelwert der Kräfte, die die einzelnen auf die Gefäßwand auftreffenden Moleküle ausüben; die Temperatur wird gegeben durch die mittlere kinetische Energie der Gasmoleküle.

lassen. Da die Gleichung dieser Welle keine Lösung besitzt, die nur in einem beliebig kleinen Raumbereich von Null verschieden ist und die fortschreitet, ohne im Laufe der Zeit ihre räumliche Ausdehnung zu vergrößern, müssen wir darauf verzichten, dem Lichtquant gleichzeitig einen definierten Ort und eine definierte Fortpflanzungsrichtung zuzuschreiben. Wir müssen uns vielmehr damit begnügen, den Ort und die Geschwindigkeitsrichtung des Lichtquants mit einer gewissen Unbestimmtheit anzugeben. Wir wollen die genauere Diskussion dieses Punktes zurückstellen, bis wir die analogen Eigenschaften des Elektrons kennengelernt haben und die Folgerungen für Licht und Elektron gemeinsam untersuchen können [I, 7].

4. **Wellen- und Korpuskelgeschwindigkeit des Lichtes.** Wir behaupteten früher einerseits, daß Lichtquanten stets mit Lichtgeschwindigkeit durch den Raum fliegen, und berichteten andererseits von dem Ergebnis der Wellentheorie des Lichtes, daß sich die Phase der Welle mit der Geschwindigkeit $c' = c/n$ fortbewege, wobei n sowohl mit dem Orte als mit der Frequenz variieren und, was wir dort nicht erwähnten, in Ausnahmefällen auch kleiner als 1 sein kann. Mit welcher Geschwindigkeit läuft nun ein Lichtsignal tatsächlich durch den Raum?

In der Theorie des Lichtes spielen die folgenden Geschwindigkeiten eine Rolle:

1. Die Geschwindigkeit c des Lichtquants, die immer $3 \cdot 10^{10}$ cm/sec beträgt und die als Vakuumlichtgeschwindigkeit oder kurzweg als „Lichtgeschwindigkeit" bezeichnet wird.

2. Die Phasengeschwindigkeit $c' = c/n$, das ist die Geschwindigkeit, mit der sich die Phase (z. B. die Nullstelle) einer einzelnen monochromatischen Welle fortbewegt.

3. Die Gruppengeschwindigkeit v, das ist die Geschwindigkeit, mit der sich eine Wellengruppe fortbewegt.

4. Die Signalgeschwindigkeit s, mit der das Energiemaximum eines Signals fortschreitet.

5. Die Kopf- oder Frontgeschwindigkeit, mit der sich die ersten Vorläufer eines Wellenzuges (Signals) fortpflanzen.

Diese Geschwindigkeiten und ihre Zusammenhänge sind für das Verständnis der Optik von so großer Bedeutung, daß wir ausführlicher darauf eingehen wollen. Dazu wollen wir uns zunächst in einfacher Weise den Begriff der Gruppengeschwindigkeit näher zu bringen suchen.

Als einfachste Form einer Wellengruppe seien zwei Wellenzüge 1 und 2 mit den wenig unterschiedlichen Frequenzen $\nu = \nu_1$ und $\nu + d\nu = \nu_2$ gegeben. Diese beiden Wellenzüge bedingen bei der Überlagerung eine Schwebung (Abb. 8a). Laufen die Wellen im Vakuum, wo $n = 1$, also c' für beide Wellen gleich groß ist, so wandern sie ohne Verschiebung zueinander mit ihrer Schwebung fort. Laufen die Wellen dagegen in einem Medium, wo z. B. $\frac{dn}{d\nu} > 0$ ist, d. h. $n_2 > n_1 = n$, so gilt für die Phasengeschwindigkeiten $c_2' < c_1'$. Zeichnen wir nun die Wellen mit ihrer Schwebung zu verschiedenen Zeiten (Abb. 8b), so finden wir, daß das Maximum der Schwebung hinter den forteilenden Einzelwellen zurückbleibt. Die „Gruppengeschwindigkeit" v ist in diesem Falle kleiner als die „Phasengeschwindigkeit" c'.

Mathematisch sieht die soeben durchgeführte Betrachtung folgendermaßen aus. Die in der x-Richtung fortschreitende ebene Welle 1 der Wellenlänge

$$\lambda = \frac{c'}{\nu} = \frac{c}{n\,\nu} \tag{12}$$

wird durch

$$\cos 2\pi\nu\left(\frac{n}{c}\,x - t\right),$$

also durch den reellen Teil von

$$e^{2\pi i\nu\left(\frac{n}{c}x - t\right)} = e^{2\pi i\left(\frac{x}{\lambda} - \nu t\right)}$$

dargestellt. Für die Welle 2 der benachbarten Frequenz $\nu + d\nu$ lautet der entsprechende Ausdruck, wenn wir $n_2 = n + \frac{dn}{d\nu}\,d\nu$ setzen und quadratische Glieder in $d\nu$ vernachlässigen:

$$e^{2\pi i(\nu + d\nu)\left(\frac{1}{c}\left[n + \frac{dn}{d\nu}d\nu\right]x - t\right)} = e^{2\pi i\nu\left(\frac{n}{c}x - t\right)}\,e^{2\pi i\,d\nu\left[\frac{dn\,\nu}{d\nu}\frac{x}{c} - t\right]}.$$

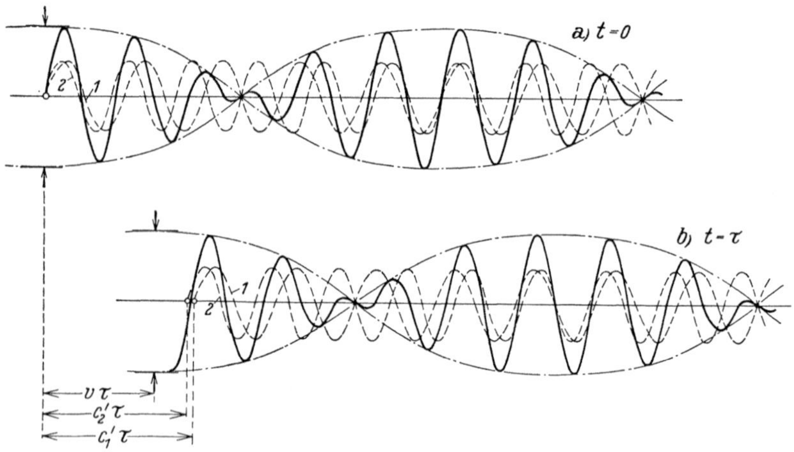

Abb. 8. Fortschreiten eines Wellenzuges.

Durch Addition der beiden Schwingungen entsteht

$$\left(1 + e^{2\pi i\,d\nu\left[\frac{dn\,\nu}{d\nu}\frac{x}{c} - t\right]}\right)e^{2\pi i\nu\left(\frac{n}{c}x - t\right)}. \tag{13}$$

Die Exponentialfunktion am Ende ist für die Phase der resultierenden Schwingungen maßgebend, der davorstehende Klammerausdruck bestimmt die Größe der Amplitude. Das Maximum von (13) liegt zu jedem Zeitpunkt dort, wo die eckige Klammer im Exponenten zu Null wird, d. h. bei

$$x = v\,t\,; \quad v = \frac{c\,d\nu}{d\,(n\,\nu)} = \frac{c'}{1 + \frac{\nu}{n}\frac{d\,n}{d\,\nu}}. \tag{14}$$

Das Maximum der Schwebung bewegt sich mit der Geschwindigkeit v durch den Raum, v ist also die gesuchte Gruppengeschwindigkeit.

Wir haben soeben mit zwei überlagerten Schwingungen gerechnet und die Bewegung der auftretenden Schwebungsbäuche betrachtet. Bei Überlagerung von mehr als zwei Schwingungen wird der erste Faktor der Gl. (13) mehrgliedrig, er enthält jedoch auch jetzt noch die Zeit nur in Form der eckigen Klammer im Exponenten. D. h. solange wir unseren Näherungsansatz für n_2 machen und von den quadratischen Gliedern in $d\nu$ absehen dürfen (glatter Verlauf von n als

Funktion von ν), bewegen sich die Stellen konstanter Amplitude bei jeder beliebigen Überlagerung von Lichtschwingungen benachbarter Frequenz mit der durch (14) gegebenen Gruppengeschwindigkeit v fort.

Da wir nach dem FOURIERschen Theorem ein monochromatisches Lichtsignal von endlicher, aber im Vergleich zur Schwingungsperiode des Lichtes großer Dauer als Überlagerung von (unendlich vielen) reinen Sinusschwingungen benachbarter Frequenz und von unbegrenzter Dauer auffassen dürfen, haben wir bis jetzt also folgendes Resultat: Für Frequenzen, bei denen der Verlauf der Kurve $n = n(\nu)$ glatt ist, sind Signal- und Gruppengeschwindigkeit identisch.

Anders ist es für Frequenzen, in deren Nähe eine Eigenschwingung von Atomen des Mediums liegt. Dort ändert sich n so stark und ungleichmäßig, daß die Vernachlässigung der höheren Differentialquotienten nicht mehr statthaft ist. In diesem Falle unterscheidet sich, wie SOMMERFELD [384] gezeigt hat, die Signalgeschwindigkeit von der Gruppengeschwindigkeit, und zwar bleibt die Signalgeschwindigkeit auch dann kleiner als die Lichtgeschwindigkeit, wenn die Gruppengeschwindigkeit beliebig groß oder gar negativ wird.

Dieses Resultat ist deshalb von besonderem Interesse, weil die Widerspruchsfreiheit der Relativitätstheorie verlangt, daß kein Signal mit Überlichtgeschwindigkeit fortschreiten kann. Den genaueren Zusammenhang zwischen Brechungsindex, Gruppengeschwindigkeit und Signalgeschwindigkeit in der Nähe einer Atomfrequenz hat BRILLOUIN [42] festgelegt. Wir erkennen aus seinen Kurven (Abb. 9), daß die Signalgeschwindigkeit die Lichtgeschwindigkeit günstigstenfalls erreicht, aber nicht überschreitet.

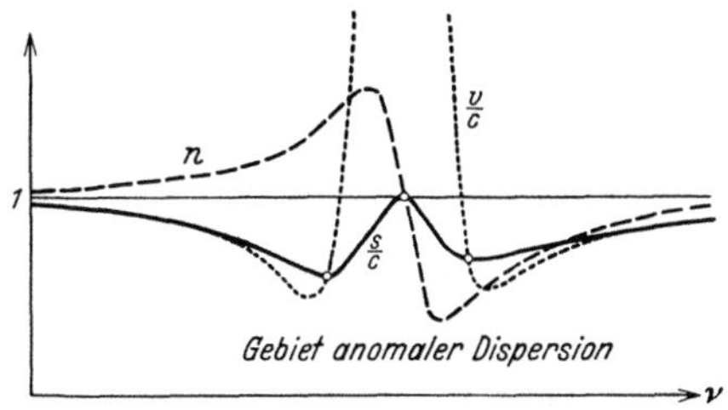

Abb. 9. Verlauf von Brechungsindex n, Gruppengeschwindigkeit v und Signalgeschwindigkeit s im Gebiet anomaler Dispersion [42].

Wir haben nun noch den Begriff der Kopf- oder Frontgeschwindigkeit zu klären. Dazu müssen wir bedenken, daß das Signal nicht seine ursprüngliche Form behält, sondern im Laufe der Bewegung allmählich auseinanderfließt (eine Wirkung der in unserer Überlegung vernachlässigten, in $d\nu$ quadratischen Glieder). Infolge dieses Auseinanderfließens gehen dem eigentlichen Signal, das den Hauptteil der Energie mit sich führt, einige Vorläufer voraus. Der erste dieser Vorläufer, also der Kopf des Wellenzuges, führt dabei nur einen verschwindend kleinen Bruchteil der Gesamtenergie mit und bewegt sich, wie SOMMERFELD [384] gezeigt hat, stets mit der Vakuumlichtgeschwindigkeit c durch das Medium.

Wir wiederholen, daß wir — abgesehen von der wenig interessierenden Frontgeschwindigkeit und von der „Lichtgeschwindigkeit" — bei der Fortpflanzung unseres Signals drei Geschwindigkeiten zu unterscheiden haben:

Phasengeschwindigkeit	$c' = c/n \lesseqgtr c$
Gruppengeschwindigkeit	$v \lesseqgtr c$
Signalgeschwindigkeit	$s \leqq c$

Es erscheint zunächst etwas unheimlich, daß die Phasen- oder die Gruppengeschwindigkeit unter Umständen größer sein soll als die wahre Fortpflanzungsgeschwindigkeit s des Signals. Doch denken wir etwa an zwei Männer, die hintereinander marschieren und dabei ein gespanntes Seil vorwärtstragen und von denen der hintere Seilwellen zum vorderen sendet. Wohl ist die Geschwindigkeit der einzelnen Wellen sehr groß, aber trotzdem kommen sie nicht vor dem Seil ans Ziel.

Wie vertragen sich nun diese aus der Wellentheorie abgeleiteten Vorstellungen mit der *Korpuskel*theorie des Lichtes, nach der die Lichtquanten stets mit Lichtgeschwindigkeit [I, 3] fortschreiten sollen? Im Innern der Materie, denn nur dort ist $s < c$, werden die Bahnen der Lichtquanten nicht dauernd geradlinig sein, sondern infolge der Streuung an den Molekülen dauernde Richtungsänderungen[1] erfahren. Nur einige wenige Lichtquanten werden die Chance haben, das Medium ohne wirksame Zusammenstöße mit Molekülen zu passieren und so den Kopf des Lichtsignals zu bilden. Für die große Mehrzahl der Quanten wird, obwohl sie dauernd mit Lichtgeschwindigkeit fliegen, die mittlere Geschwindigkeit in Richtung der Wellennormalen kleiner sein. Daß durch die vielfachen Richtungsänderungen keine Zerstreuung auftritt, die über die durch die MAXWELLschen Gleichungen geforderte Streuung hinausgeht, dafür sorgt das „Gespensterfeld" der Lichtwelle[2]. Wie es dieses Kunststück fertig bringt, wissen wir nicht, doch wird uns der Vorgang etwas plausibler, wenn wir daran denken, daß die unter der Wirkung der Lichtwelle kohärent schwingenden Atome ein ähnliches System darstellen, wie es in der drahtlosen Telegraphie vielfach zu Richtstrahlungsversuchen benützt wird.

Die genannte Richtungsablenkung der Lichtquanten durch die Atome reicht für das Verständnis des Durchganges von Lichtquanten durch Materie nur aus, solange $\frac{dn}{d\nu} = 0$ ist. Denn nur in diesem Falle ist $v = c'$, und die Wellengruppe, also beispielsweise die in Abb. 8 dargestellte Schwebung, bewegt sich als Ganzes ohne Änderung der Form fort.

Um das im Anfang dieses Abschnittes besprochene Verhalten der Wellengruppe korpuskular zu verstehen, müssen wir, da die Strahlungsenergie der Zahl der Lichtquanten proportional ist, annehmen, daß in den Raumgebieten, in denen von einem ruhenden Beobachter aus gesehen die Schwingungsamplitude im Anwachsen begriffen ist, Lichtquanten zur Anregung der Atome verbraucht werden. Denn da sich zwei aufeinanderfolgende Nullstellen der Schwingung mit der Phasengeschwindigkeit, die Umhüllende der Schwingungen aber mit der im Normalfalle kleineren Gruppengeschwindigkeit fortbewegt, muß in den genannten Raumgebieten die zwischen den beiden Nullstellen eingeschlossene Strahlungsenergie im Abnehmen begriffen sein. Da sie nach dem Energiesatz nicht einfach verschwinden kann, müssen wir annehmen, daß sie zur Anregung der Atome verwendet wird. Nach dem Vorüberziehen des Amplitudenmaximums liegen die Verhältnisse gerade umgekehrt. Die Zahl der angeregten Atome geht allmählich zurück, die Lichtquanten werden frei und das „Gespensterfeld" der Lichtwelle ordnet sie in die allgemeine Fortschreitungsbewegung ein.

Durch unsere Überlegungen ist gezeigt, daß sich die Lichtquantenvorstellung sehr gut mit der von der Lichtgeschwindigkeit verschiedenen Fortpflanzungsgeschwindigkeit des Lichtsignals vereinigen läßt. In gleicher Weise ließe sich nun auch noch zeigen, daß sich durch eine Abänderung der Wellentheorie des Lichtes im Sinne der allgemeinen quantenmechanischen Gesetze auch solche Erscheinungen wellenmäßig erklären lassen, die, wie die besprochene lichtelektrische Wirkung, lange Jahre für die Wellentheorie ein unüberwindliches

---

[1] In diesem Zusammenhang interessieren natürlich nur die Streuprozesse, die ohne Änderung der Frequenz vor sich gehen.

[2] Die Übereinstimmung mit dem Ergebnis der Wellentheorie gilt nur für den zeitlichen Mittelwert der Streuung. In den statistischen Schwankungen der gestreuten Intensität macht sich der Korpuskelcharakter der Lichtquanten sehr wohl bemerkbar.

Hindernis zu bedeuten schienen, doch wollen wir hierauf wegen der Unanschaulichkeit dieser abgeänderten Wellentheorie nicht näher eingehen.

Es hat heute den Anschein, als wären korpuskulare und Wellenauffassung des Lichtes einander vollkommen gleichwertig, und als wäre es in allen Fällen nur eine Frage der Bequemlichkeit, welcher Auffassung man sich bei der Erklärung oder bei der Vorausberechnung eines Experimentes bedient. So befriedigend diese Tatsache in mancher Hinsicht ist, so raubt sie uns doch für den Augenblick jede Möglichkeit einer Entscheidung zwischen den beiden Auffassungen, und die Frage: Was *ist* denn nun eigentlich das Licht? ist trotz der weitgehenden mathematischen Beherrschung des ganzen Fragenkomplexes heute unentschiedener denn je.

5. **Das Elektron als Welle.** Wir sahen [I, 3], wie die Auffassung des Lichtes als Wellenbewegung zu der Forderung

$$S = q_1 \int \frac{ds}{\lambda} = \text{Min} \quad \text{mit} \quad q_1 = \frac{c}{\nu} \tag{15}$$

führte, die mit dem FERMATschen Prinzip $S = \int n\, ds = \text{Min}$ identisch ist. Wir fragen nun, ob wir nicht auch das Prinzip der kleinsten Wirkung [I, 2] unserem Verständnis näher bringen können, indem wir es auf einen Wellenvorgang zurückführen[1].

In formaler Hinsicht ist dies ohne weiteres möglich. Wir brauchen dazu nur Gl. (5) für die HAMILTONsche Funktion in Analogie zu Gl. (15) umzuschreiben in

$$S = m \int v\, ds = q_2 \int \frac{ds}{\lambda}, \tag{16}$$

wobei q_2 eine zunächst noch unbestimmte Konstante sein soll, und werden dann diese Gleichung in Analogie zu (15) so deuten, daß dem Fortschreiten des Elektrons irgendein Wellenvorgang zugrunde liegt, dessen „Phase" zu S proportional ist. Für die „Wellenlänge" λ dieses Wellenvorganges finden wir aus (16) sofort

$$\lambda = \frac{q_2}{m v}. \tag{17}$$

Machen wir nun noch die Festsetzung, daß das Elektron senkrecht zu den „Wellenflächen" $S = \text{const}$ fortschreiten soll, so gilt in genauer Analogie zu dem für das Licht Gesagten [I, 3], daß das durch diesen Wellenvorgang bestimmte Fortschreiten der Bedingung

$$\int \frac{ds}{\lambda} = \frac{m}{q_2} \int v\, ds = \text{Min},$$

also dem Prinzip der kleinsten Wirkung und damit den üblichen NEWTONschen Bewegungsgesetzen entspricht, d. h. auch ein als Welle aufgefaßtes Elektron wird sich in der gewohnten Weise benehmen. Allerdings erhalten wir die altgewohnten Bahngesetze nur, solange die Wellenlänge klein genug ist[2], denn sonst wird die „Elektronen*welle*" unter Umständen Beugungserscheinungen zeigen, die in der Korpuskularauffassung nicht enthalten waren und deren Auftreten von uns zunächst auch nicht beabsichtigt ist. Wir können diese Schwierigkeit vermeiden und uns auf die NEWTONschen Gesetze beschränken, indem wir unsere fingierte Wellenlänge beliebig klein machen. Dies erreichen wir dadurch,

[1] SCHRÖDINGERS zweite Abhandlung [362]. Vgl. auch FLAMM [141].

[2] Genauer: Die durch den Energiesatz, d. h. also durch das an jeder Stelle des Raumes herrschende elektrische Potential, bestimmte Elektronengeschwindigkeit v soll sich im Bereich einer Wellenlänge prozentual nur wenig ändern.

daß wir dem Proportionalitätsfaktor q_2 einen genügend kleinen Zahlenwert, im Grenzfall den Wert Null, beilegen.

Während der unbefangene Leser diese formale Umdeutung der Korpuskelbewegung in eine Wellenerscheinung verfolgt hat, wird ihm wohl der Gedanke gekommen sein, ob das alles nur eine mathematische Spielerei zur Erreichung formaler Analogien sei oder ob diesem Übergang auch physikalische Bedeutung zukomme. Die Frage nach der Wellennatur des Elektrons ist positiv entschieden, sobald wir bei Elektronen typische Wellenerscheinungen, nämlich Interferenzen und Beugung, finden.

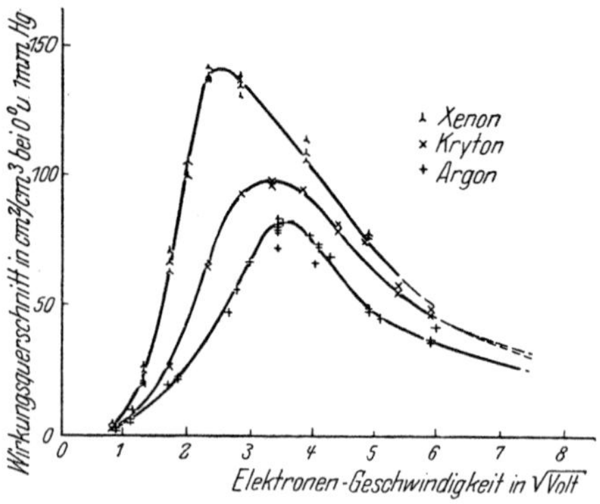

Abb. 10. Erste Wirkungsquerschnittsmessungen an Edelgasmolekülen nach RAMSAUER [297/299].

Bereits vor über 10 Jahren wurden Erscheinungen gefunden, deren Deutung auf Grund der NEWTONschen Mechanik nicht gelingen wollte. Im Jahre 1921 fand RAMSAUER [297, 298], daß der „Wirkungsquerschnitt" des Argonatoms gegenüber Elektronen kleiner Geschwindigkeit (1 Volt) wesentlich geringer ist als gegenüber Elektronen höherer Geschwindigkeit (Abb. 10). Zwei Jahre später beobachteten DAVISSON und KUNSMAN [101], daß langsame Elektronen an Metallkristallen in bestimmten Richtungen besonders gut reflektiert werden (Abb. 11).

Durch diese Experimente und durch Schwierigkeiten beim Ausbau der BOHRschen Atomtheorie war das Vertrauen zur damaligen Auffassung des Elektrons erschüttert worden. Die notwendige grundlegende Umgestaltung unserer physikalischen Vorstellungen bahnte DE BROGLIE [43] an, der auf Grund formaler Überlegungen dem Elektron eine Welle zuordnete. Daß seine Hypothese möglicherweise imstande sei, die beiden bisher unverständlichen Experimente zu deuten, wurde dann von ELSASSER [128] erkannt.

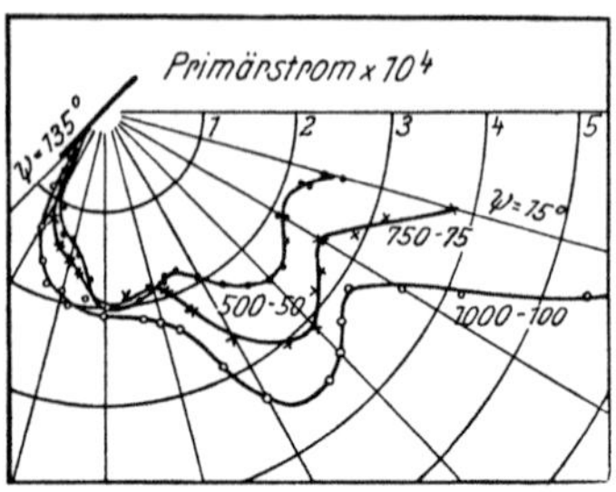

Abb. 11. Erste Streuungsmessungen an Platin nach DAVISSON und KUNSMAN [101].

Oben, als wir die Elektronenwelle formal einführten, mußten wir uns λ und q_2 beliebig klein vorstellen, um *keine* Wellenerscheinungen, sondern nur die klassischen Bewegungsgesetze zu erhalten. Jetzt, da wir vermuten, daß die Elektronenwelle nicht nur formaler Natur ist, sondern bei Experimenten eine Rolle spielt, schließen wir, daß λ und q_2 nicht unendlich klein sind. Daß das richtig ist, bewiesen die Versuche von DAVISSON und GERMER [99, 100], die die Wellennatur des Elektrons durch Reflexion am Kristallgitter eines Nickel-Einkristalls sicherstellten. Debye-Scherrer-Ringe erzielte als erster G. P. THOMSON [400] beim Durchgang schneller Elektronen durch dünne Folien (Abb. 12), woraus er die Wellenlänge für Elektronen bestimmte. Er konnte damit den durch Gl. (17) gegebenen Zusammenhang zwischen λ und v nachprüfen und fand für die Proportionalitätskonstante[1] den Wert $q_2 = 6{,}55 \cdot 10^{-27}$ erg sec. Das ist aber der

[1] Beugungserscheinungen bei Elektronenwellen treten auf, wenn sich die Elektronen durch Felder bewegen, die sich auf Strecken von der Größenordnung der Elektronenwellenlänge stark ändern (Atomfelder).

Wert des PLANCKschen Wirkungsquantums h, der uns schon früher [I, 3] begegnet ist[1].

Da alle Versuche[2], die außerordentlich charakteristischen Beugungserscheinungen[3] der Elektronen an Kristallen (Abb. 13, 14) in anderer Weise als durch

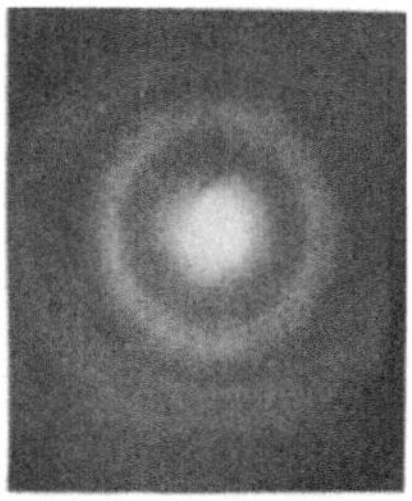

Abb. 12. Erste DEBYE-SCHERRER-Aufnahme mit Elektronen an Gold nach G. P. THOMSON [400].

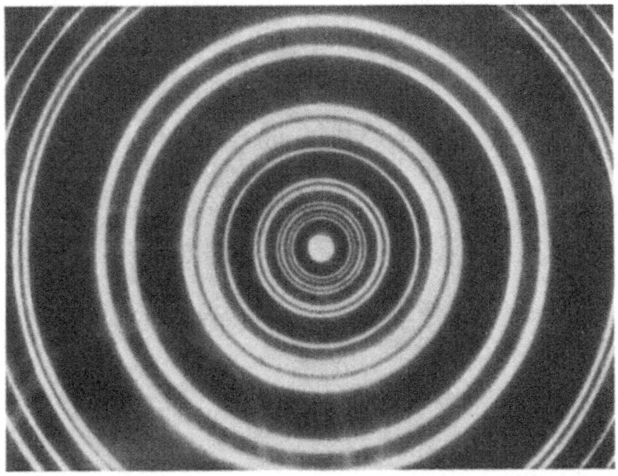

Abb. 13. Neuere DEBYE-SCHERRER-Aufnahme mit Elektronen an Gold nach RUPP [337].

die Wellenauffassung des Elektrons zu erklären, gescheitert sind, und da, wie wir weiter unten sehen werden, die Wellenauffassung der Materie noch eine

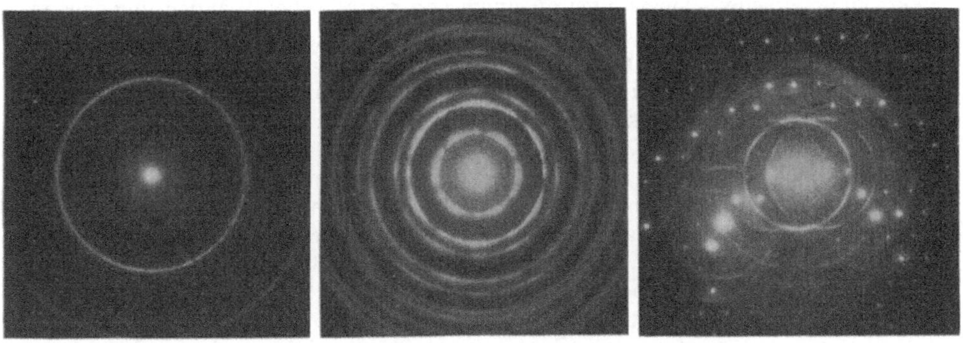

Dünne Schicht — Dickere Schicht, stärkeres Hervortreten der Faserstruktur — Übergang zum Einkristallbild

Abb. 14. Studium der Schichtstruktur durch DEBYE-SCHERRER-Aufnahmen mit Elektronen. Verschiedene Strukturbilder von CdJ_2-Schichten auf Glimmer nach KIRCHNER [231].

Menge weiterer Vorteile bietet, hat sie bereits in den ersten Jahren nach ihrem Entstehen allgemeine Anerkennung gefunden. Wir ordnen damit heute einem

[1] Schon in seiner ersten Abhandlung schloß DE BROGLIE [43] aus der Annahme, daß die Energie des Elektrons wie die des Lichtquants durch $h\nu$ gegeben sei, und aus relativistischen Invarianzforderungen auf $q_2 = h$.

[2] Bei langsamen Elektronen sind Beugungsexperimente besonders von RUPP durchgeführt worden, wodurch die Versuche mit schnellen Elektronen eine wichtige Ergänzung erhielten. RUPP untersuchte als erster den Durchgang langsamer Elektronen durch dünne Folien [334 bis 338] und die Reflexion an einem optischen Gitter [335].

[3] Man beachte den Fortschritt in der Aufnahmetechnik bei den Abb. 12 und 13 (vgl. auch Abb. 21a).

im elektrischen Felde mit der Geschwindigkeit v fortschreitenden Elektron eine Welle von der durch

$$\lambda = \frac{h}{m\,v} \tag{18}$$

gegebenen Wellenlänge zu und verlangen, daß sich die Bewegung des Elektrons in gleicher Weise nach der für eine solche Welle geltenden Gleichung

$$\Delta\psi + \frac{4\pi^2}{\lambda^2}\psi = 0 \tag{19}$$

richtet, wie die des Lichtquants nach der aus der MAXWELLschen Gleichung folgenden Wellengleichung[1]. Dabei gilt für Elektronen zahlenmäßig, wenn wir λ in Å und v als Beschleunigungspotential U (Energie) in Volt messen:

$$\lambda = \frac{12{,}3}{\sqrt{U}}.$$

Bezeichnen wir die konstante Summe aus kinetischer und potentieller Energie des Elektrons mit W, also

$$W = \frac{m}{2}v^2 - e\varphi = \frac{m}{2}v_0^2 - e\varphi_0, \tag{20}$$

so geht bei Benützung von Gl. (20) unsere Wellengleichung (19) über in die „Schrödingergleichung":

$$\Delta\psi + \frac{8\pi^2 m}{h^2}(W + e\varphi)\,\psi = 0\,. \tag{21}$$

Von den vielen aus Gl. (21) zu ziehenden Konsequenzen, durch die die Wellenauffassung ihre Fruchtbarkeit bewiesen hat, sei hier nur eine hervorgehoben. Sind elektromagnetische Schwingungen in einem von metallischen Wänden umgebenen Hohlraum eingeschlossen, so sind in diesem Hohlraum, wenn wir von den durch die Erwärmung der Metallflächen bedingten Energieverlusten absehen, eine Reihe stehender Schwingungen möglich, deren Frequenzen durch Form und Größe des Hohlraumes bestimmt sind. Die Wirkung der metallischen Wände kommt dabei in der Schwingungsgleichung dadurch zum Ausdruck, daß in ihnen der Brechungsindex einen komplexen Wert annimmt, und daß demzufolge die Wellenamplitude im Innern der Wände rasch abnimmt. Ein nicht reeller Brechungsindex kann nun auch im „elektronenoptischen" Falle auftreten, nämlich in den Raumgebieten, in denen die durch Gl. (18) definierte Wellenlänge, zu der er umgekehrt proportional ist, imaginär wird. Setzen wir beispielsweise für φ das von einem Proton herrührende Potential e/r ein und wählen wir $\varphi_0 = e/r_0$, $v_0 = 0$, so ist λ nur reell, solange $r < r_0$ ist, d. h. wir haben hier einen kugelförmigen Hohlraum vor uns, dessen Wände durch ein sich bis ins Unendliche erstreckendes Gebiet mit imaginärem Brechungsindex gebildet werden. Die genauere Untersuchung, die von SCHRÖDINGER [361] durchgeführt wurde, ergab nun, daß in Analogie zum elektromagnetischen Falle auch dieser Hohlraum Eigenschwingungen besitzt, und zwar ist Gl. (21) gerade dann die Gleichung einer Eigenschwingung, wenn W gleich der (negativen) Ionisierungsarbeit eines der nach der BOHRschen Atomtheorie möglichen Zustände des Wasserstoffatoms gewählt wird. Wir können demnach die stationären Zustände des

[1] Daß in die Wellengleichung des Lichts die Feldstärken, also Vektorgrößen, eingehen, während wir hier mit dem Skalar auskommen, hängt mit der raschen Ausbreitungsgeschwindigkeit der Lichtwellen zusammen. Für Elektronengeschwindigkeiten in der Nähe der Lichtgeschwindigkeit wird Gl. (19) ungültig, da sie die Relativitätskorrektion nicht berücksichtigt. Sie ist, wie DIRAC [114] gezeigt hat, dann durch eine nicht mehr skalare Gleichung zu ersetzen.

Wasserstoffatoms direkt als die stationären Zustände der dem Elektron zugeordneten Welle deuten. Die weitere Verfolgung dieses Gedankenganges führte im Verlauf weniger Jahre zu einer durchgreifenden Umgestaltung unserer Vorstellungen vom Bau der Atome, durch die es gelang, das BOHRsche Atommodell von weitaus den meisten der ihm anhaftenden Mängel zu befreien.

Es ist hier nicht der Ort, auf diese Fragen näher einzugehen. Wir wollen uns des weiteren nur noch bemühen, das bis jetzt entstandene Bild von der Analogie zwischen Licht und Elektron etwas abzurunden.

6. Die Frequenz der Elektronenwelle. Bis jetzt haben wir uns beim Elektron, wie ja auch anfangs beim Licht, nur mit der Geometrie der Bahnkurven und der Wellenflächen beschäftigt. Um etwas über den zeitlichen Verlauf der Wellenbewegung zu erfahren, müssen wir uns überlegen, welche *Frequenz* wir der Elektronenwelle zuschreiben wollen. Es liegt nahe, diese Frequenz in Analogie zu der entsprechenden Gl. (11) für Licht durch die Gleichung

$$E = h\nu \tag{22}$$

festzusetzen und unter E die durch Gl. (20) gegebene Energie W des Elektrons zu verstehen. In der Tat reicht diese Annahme aus, solange die Geschwindigkeit des durch die Welle dargestellten Elektrons klein gegen die Lichtgeschwindigkeit ist. Dagegen ist es bei schnellen Elektronen wegen der zu fordernden Invarianz gegenüber Lorentz-Transformationen[1] notwendig, in W die kinetische Energie durch den die relativistische Massenveränderlichkeit des Elektrons mitberücksichtigenden Ausdruck

$$E_{\text{kin}} = mc^2\left(\frac{1}{\sqrt{1-\beta^2}} - 1\right) \qquad \text{mit } \beta = \frac{v}{c} \tag{23}$$

zu ersetzen, der für kleine Werte von β in $\frac{m}{2}v^2$ übergeht. Ferner ist es bequem, zu W noch die Ruhenergie mc^2 des Elektrons hinzuzunehmen. Dabei bedeutet m die Masse des ruhenden Elektrons und c wieder die Lichtgeschwindigkeit. Unsere in diesem Sinne abgeänderte Gleichung für die Frequenz ν der Elektronenwelle lautet also

$$h\nu = E = \frac{mc^2}{\sqrt{1-\beta^2}} - e\varphi\,. \tag{24}$$

Da das Potential φ nur bis auf eine additive Konstante festgelegt ist, ist auch ν nur bis auf eine additive Konstante bestimmt[2]. Wir müssen daraus den Schluß ziehen, daß die Frequenz der Elektronenwelle keine so konkrete Bedeutung haben kann wie die Frequenz der Lichtquelle. In der Tat, während

[1] Die „Lorentz-Transformation" sagt aus, daß man beim Übergang von einem Koordinatensystem zu einem anderen, das sich gegenüber dem ersten mit konstanter Geschwindigkeit v bewegt, auch die Zeit in bestimmter Weise mitzutransformieren habe. Ist $v \ll c$, so geht die Lorentz-Transformation in die wohlbekannte Galilei-Transformation der klassischen Mechanik über. Für schnelle Teilchen hat man Invarianz der Bewegungssätze gegen Lorentz-Transformationen zu fordern, eine Forderung, der die MAXWELLschen Gleichungen der Elektrodynamik bereits genügen. — Die Lorentz-Transformation entstand, als die Versuche von MICHELSON, den Einfluß des „Ätherwindes" auf die Ausbreitung des Lichts zu messen, negativ ausfielen.

[2] Dadurch, daß man die Konstante in φ stets so wählt, daß φ im Unendlichen verschwindet, wird dieses Paradoxon noch nicht beseitigt. Man hat dann immer noch die Tatsache, daß die Frequenz, die einem Wellenvorgang in einem geschlossenen Metallkasten zugeordnet ist, von dem Potential abhängt, auf das der Kasten aufgeladen ist, ganz im Gegensatz zu den üblichen Vorstellungen vom FARADAYschen Käfig. Bei den praktischen Anwendungen werden wir die Mehrdeutigkeit in der Weise beseitigen, daß wir den Nullpunkt des Potentials dorthin verlegen, wo die Elektronengeschwindigkeit Null ist.

es prinzipiell möglich ist, durch rhythmisches Hin- und Herbewegen eines geladenen Konduktors eine Lichtwelle von bekannter Frequenz zu erzeugen, läßt sich die Frequenz der Elektronenwelle weder vorgeben noch bestimmen. In alle mit dem Experiment vergleichbaren Resultate der Wellentheorie gehen vielmehr nur die von der willkürlichen Konstanten unabhängigen Differenzen zwischen zwei Elektronenfrequenzen ein.

Aus Gründen der Lorentz-Invarianz haben wir in Gl. (18) unter m die wirkliche Masse m_β des Elektrons zu verstehen; sie ist gleich $m/\sqrt{1-\beta^2}$, wenn das Elektron die Geschwindigkeit $v = c\beta$ hat. Da wir nun in Gl. (23) unter m die Masse der *ruhenden* Elektrons verstehen wollten, haben wir Gl. (18) in

$$\lambda = \frac{h}{m_\beta v} = \lambda_0 \frac{\sqrt{1-\beta^2}}{\beta}; \quad \lambda_0 = \frac{h}{m c} \tag{25}$$

abzuändern[1], was sich in den meisten Fällen wegen der Kleinheit von β nicht merklich von dem Ausdruck Gl. (18) unterscheidet.

Nachdem wir nun aus den Gl. (25) und (24) die Wellenlänge λ und die Frequenz ν der Elektronenwelle kennen, lassen sich alle anderen Größen wie der Brechungsindex, die Phasengeschwindigkeit, die Gruppengeschwindigkeit in ganz analoger Weise wie beim Licht ableiten.

Nach Gl. (11) wird die Phasengeschwindigkeit

$$c' = \lambda \nu = \frac{c^2}{v} - \frac{e\varphi}{m v} \sqrt{1-\beta^2}.$$

Daraus finden wir den Brechungsindex[2]

$$n = \frac{c}{c'} = \frac{c}{\lambda \nu} = \frac{v}{c - \frac{e\varphi}{mc}\sqrt{1-\beta^2}}$$

oder mit Gl. (24)

$$n = \frac{1}{h\nu} \sqrt{(h\nu + e\varphi)^2 - m^2 c^4}.$$

Nach Gl. (14) ist die Gruppengeschwindigkeit

$$c \frac{d\nu}{d(n\nu)} = \frac{c}{\frac{d(n\nu)}{d\nu}}.$$

Benutzen wir die letzte Form für n, so wird daraus

$$\frac{c \cdot \sqrt{(h\nu + e\varphi)^2 - m^2 c^4}}{h\nu + e\varphi},$$

und das ist nach Gl. (24) gerade die Elektronengeschwindigkeit v. Wir finden also, daß die Gruppengeschwindigkeit für Elektronen stets gleich der Teilchengeschwindigkeit ist; das ist der Grund, weshalb wir auch beim Licht die Gruppengeschwindigkeit mit v bezeichneten.

Wir gelangen so zu der folgenden Gegenüberstellung der Eigenschaften von Lichtquant und Elektron:

[1] λ_0 ist aus der Theorie des Compton-Effektes als „Compton-Wellenlänge" bekannt.

[2] Wie schon wiederholt erwähnt, kann man den Brechungsindex noch mit einer beliebigen Konstanten multiplizieren, ohne dadurch die Bewegungsgesetze abzuändern. Das Hinzufügen einer additiven Konstanten φ_0 zu φ bedeutet wegen des Bestehens der Gl. (24) die Multiplikation von n mit der Konstanten $\left(1 - \frac{e\varphi_0}{E}\right)$.

Tabelle 1.

	Lichtquant	Elektron allgemein	Elektron $v \ll c;\ e\varphi \ll m c^2$
Gesamtenergie E (konstant)	$h\nu$	$\frac{m c^2}{\sqrt{1-\beta^2}} - e\varphi$	$m c^2 + \frac{m}{2} v^2 - e\varphi$
Masse	$h\nu/c^2$	$m/\sqrt{1-\beta^2}$	m
Ruhmasse m	0	m	m
Frequenz ν	ν	$\frac{E}{h}$	$\frac{m c^2}{h}$
Wellenlänge λ	$\frac{c}{n\nu}$	$\frac{h}{m v}\sqrt{1-\beta^2} = \frac{h c}{\sqrt{(h\nu + e\varphi)^2 - m^2 c^4}}$	$\boxed{\frac{h}{m v}}$
Phasengeschwindigkeit $c' = \lambda\nu$ . .	$\frac{c}{n}$	$\frac{c^2}{v} - \frac{e\varphi}{m v}\sqrt{1-\beta^2}$	$\frac{c^2}{v}$
Brechungsindex $n = c/c' = c/\lambda\nu$	n	$\frac{v}{c - \frac{e\varphi}{m v}\sqrt{1-\beta^2}} = \frac{1}{h\nu}\sqrt{(h\nu + e\varphi)^2 - m^2 c^4}$	$\boxed{\beta = \frac{v}{c}}$
Gruppengeschwindigkeit $v = c\frac{d\nu}{d(n\nu)}$ . .	$c\frac{d\nu}{d(n\nu)}$	$c\cdot\frac{\sqrt{(h\nu + e\varphi)^2 - m^2 c^4}}{h\nu + e\varphi} = v$	$\boxed{v}$

Es sei besonders darauf hingewiesen, daß die Phasengeschwindigkeit c' der Elektronenwelle um so größer wird, je kleiner die Elektronengeschwindigkeit v ist, während die Gruppengeschwindigkeit, also die Geschwindigkeit, mit der eine Wellengruppe oder, wie man auch sagt, ein „Wellenpaket" fortschreitet, mit der Fluggeschwindigkeit des Elektrons identisch ist. Ferner ersehen wir aus der Tabelle, daß die Größen, auf die es bei der Bestimmung der Elektronenbahnen und des zeitlichen Ablaufs der Bewegung eines Wellenpaketes ankommt, nämlich die Wellenlänge λ und die Gruppengeschwindigkeit v, von der Willkür in der Wahl des Potentialnullpunktes frei sind.

Der Brechungsindex und die Energie sind jedoch von der Wahl des Potentialnullpunktes abhängig. Setzen wir zur Vermeidung dieser Willkür fest, daß der Potentialnullpunkt dort liegen soll, wo die kinetische Energie der Elektronen Null ist, bei Glühelektronen also auf der Kathode, so erhalten wir aus Gl. (24) und (23)

$$E = h\nu = m c^2; \quad E_{\text{kin}} = e\varphi = m c^2\left(\frac{1}{\sqrt{1-\beta^2}} - 1\right); \tag{26}$$

die Energie des Elektrons wird also gleich seiner Ruhenergie, die kinetische gleich der potentiellen. Damit vereinfacht sich auch die Formel für den Brechungsindex

$$n = \frac{1}{m c^2}\sqrt{(m c^2 + e\varphi)^2 - m^2 c^4} = \sqrt{2\frac{e\varphi}{m c^2} + \frac{e^2\varphi^2}{m^2 c^4}}$$

oder wenn wir $\beta = \frac{v}{c}$ mit Hilfe von Gl. (26) einführen:

$$n = \frac{\beta}{\sqrt{1-\beta^2}}. \tag{27}$$

7. Verträglichkeit von Wellen- und Korpuskelvorstellung. Welle und Korpuskel ordnen wir einander zu durch die Vorschrift, daß das Quadrat der Wellenamplitude an jeder Stelle als die Wahrscheinlichkeit zu deuten ist, die Korpuskel an dieser Stelle anzutreffen. Hinsichtlich der Verträglichkeit der beiden verschiedenen Auffassungen, Wellen- und Korpuskelauffassung, gilt auch für das Elektron, was wir schon [I, 4] über das Lichtquant sagten: Die Anschauungen sind verträglich, sofern wir die Welle nur als ein magisches Feld ohne Besitz von Energie, Ladung und Impuls deuten. Die Aufgabe dieses Feldes ist es, den Elektronen den Weg zu zeigen, oder genauer gesagt, uns die mathematische Beherrschung der Elektronenbewegung zu ermöglichen. Wir müssen ferner darauf verzichten, dem Elektron Eigenschaften zuzuschreiben, die sich nicht auch in der Sprechweise der Wellenauffassung formulieren lassen.

Diese so selbstverständlich erscheinende Einschränkung hat eine bedeutungsvolle Konsequenz. Es sei ein in der x-Richtung fortschreitendes Elektron gegeben, und es sei die Wahrscheinlichkeit, dieses Elektron *zwischen* den beiden sich mitbewegenden Ebenen $x = x_1$ und $x = x_2$ anzutreffen, sehr groß. Dann wird seine Wellenfunktion etwa in der in Abb. 15 dargestellten Weise von x abhängen. Sicher ist dabei, daß die Amplitude außerhalb des Raumes zwischen den beiden Ebenen sehr klein ist. Denken wir uns das durch die Abbildung dargestellte „Wellenpaket“ in seine Teilwellen zerlegt (Fourier-Zerlegung), so müssen bei dieser Zerlegung Wellen auftreten, die sich auf der Strecke $\Delta x = x_2 - x_1$ mindestens um eine halbe Wellenlänge unterscheiden, da sich ja sonst die Teilwellen nicht im Außenraum durch Interferenz aufheben könnten. Ist also N die ungefähre Anzahl der zwischen x_1 und x_2 liegenden Wellenlängen, so muß das Wellenpaket Wellen enthalten, deren Wellenlängen sich mindestens um den Betrag

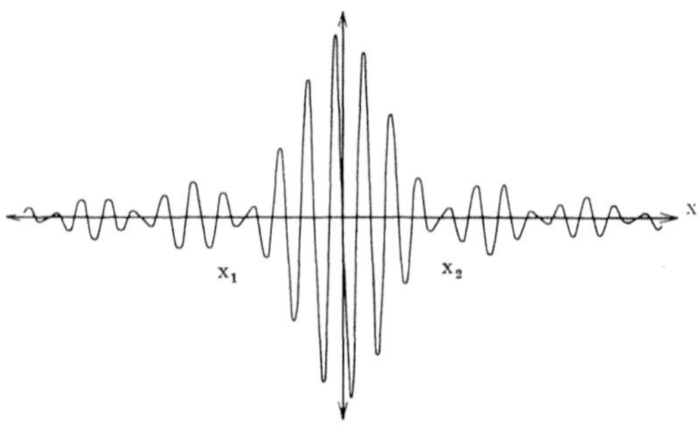

Abb. 15. Wellenpaket [141].

$$\Delta\lambda = \frac{\lambda}{2}\cdot\frac{1}{N} = \frac{\lambda}{2}\cdot\frac{\lambda}{x_2 - x_1} = \frac{\lambda^2}{2\Delta x}$$

unterscheiden, oder, mit anderen Worten, die Angabe der Elektronenwellenlänge, die wir nach Abb. 15 machen können, ist um mindestens einen Betrag von der Größe $\Delta\lambda$ unsicher. Wir können dies auch so formulieren: Bei einem auf die Strecke Δx eingeengten Wellenzug gilt für die Unsicherheit $\Delta\lambda$ der Wellenlänge stets

$$\Delta\lambda\cdot\Delta x \geq \frac{\lambda^2}{2}. \tag{28}$$

Da die Wellenlänge λ des Elektrons nach Gl. (18)[1] mit der Geschwindigkeit v des Elektrons zusammenhängt, gilt:

$$\Delta v = \frac{h}{m}\Delta\left(\frac{1}{\lambda}\right) = \frac{h}{m}\frac{\Delta\lambda}{\lambda^2};$$

[1] Wir wollen annehmen, daß die Elektronengeschwindigkeit klein gegen die Lichtgeschwindigkeit ist, so daß wir Gl. (18) an Stelle von (25) verwenden dürfen.

das bedeutet, daß die Unsicherheit in der Kenntnis der Wellenlänge sich auch auf die Kenntnis der Elektronengeschwindigkeit überträgt. Aus den beiden letzten Gleichungen erkennen wir, daß wir dem Wellenbild die Elektronengeschwindigkeit v nur bis auf einen Betrag von der Größenordnung Δv entnehmen können, für den gilt:

$$m \cdot \Delta v \cdot \Delta x \geqq \frac{h}{2}. \tag{29}$$

Die Unsicherheit in der Geschwindigkeit wird also um so größer, je kleiner der Bereich ist, auf den der Wellenzug zusammengedrängt ist. Andererseits können wir über den Ort des Elektrons aus dem Wellenbild nur erfahren, daß sich das Elektron irgendwo zwischen x_1 und x_2 befindet. Über seinen genauen Ort läßt das Bild keinen Schluß zu, und wir müssen somit Δx als die Unsicherheit in der Kenntnis der x-Koordinate des Elektrons deuten. Da wir aber dem Elektron keine Eigenschaften zuschreiben wollen und dürfen, die sich nicht auch aus dem Wellenbild ableiten lassen, müssen wir ein für allemal darauf verzichten, einem Elektron gleichzeitig genaue Werte seiner Geschwindigkeit und seiner Lagekoordinaten zuzuschreiben. Wir müssen vielmehr stets damit rechnen, daß die Unsicherheiten Δv und Δx in den beiden Größen durch Gl. (29) nach unten begrenzt sind.

Wir können die korpuskulare Deutung der für jede Art von Wellen geltenden Gl. (28) auch so durchführen, daß sie sowohl für Lichtquanten im Vakuum ($n = 1$) wie für beliebig schnelle Elektronen gilt. Führen wir nämlich den als Masse mal Geschwindigkeit definierten Impuls p der Partikel ein, so entnehmen wir aus Tabelle 1 in beiden Fällen

$$p = \frac{h}{\lambda}, \quad \text{also} \quad \Delta p = \frac{h\,\Delta\lambda}{\lambda^2},$$

und wir erhalten an Stelle von Gl. (28)

$$\Delta x \cdot \Delta p \geqq \frac{h}{2}. \tag{30}$$

Die Gl. (29) und (30) und eine Reihe ähnlich gebauter Gleichungen sind durch Heisenbergs grundlegende Arbeiten [192] unter dem Namen „Ungenauigkeitsrelationen" bekanntgeworden. Sie sind der am meisten hervorstechende Zug in der modernen Entwicklung der Quantentheorie. Die gesamte moderne Quantentheorie wäre hinfällig oder müßte zum mindesten gründlich umgebaut werden, wenn es ein Experiment gäbe, das eine genauere Kenntnis von Ort und Geschwindigkeit ermöglicht, als Gl. (29) zuläßt. Heisenberg hat eine Anzahl bekannter Experimente einer kritischen Betrachtung unterzogen und konnte zeigen, daß unter ihnen keines ist, das nicht mit den Ungenauigkeitsrelationen verträglich ist.

Wenn nun aber die Unsicherheit in der Kenntnis von Ort und Geschwindigkeit der Elektronen prinzipiell nicht unter ein endliches Maß herabgesetzt werden kann, so ist es auch bei der besten überhaupt möglichen Kenntnis der Anfangsbedingungen eines bewegten mechanischen Systems nicht möglich, mit Sicherheit anzugeben, wie sich das System im weiteren Verlauf seiner Bewegung verhalten wird. Wenn man will, kann man das so formulieren, daß durch die moderne Entwicklung der Physik das Kausalitätsprinzip in seiner Gültigkeit eingeschränkt wird. Dieses Gesetz behauptet bekanntlich, daß man beliebig genaue Aussagen über den Ablauf eines Bewegungsvorganges machen kann, wenn sich nur die Kenntnis des Anfangszustandes hinreichend weit an die bestmögliche Kenntnis dieses Zustandes annähert[1].

[1] Näheres über diese Fragen findet man in dem Buch von Max Planck [290a].

Die Einschränkung des Kausalitätsprinzips macht sich natürlich nur bei solchen Vorgängen bemerkbar, bei denen die beteiligten Massen, Entfernungen und Geschwindigkeiten so klein sind, daß die durch Gl. (29) bestimmten Ungenauigkeiten eine Rolle spielen. Das gilt für die Physik der Atome und in einigen Fällen für die Physik der Lichtquanten. Für den Ablauf makroskopischer Vorgänge ist Gl. (29) gänzlich ohne Belang. Ja sogar für die Bewegung von Elektronen in makroskopisch ausmeßbaren Potentialfeldern, mit der wir uns in den folgenden Kapiteln beschäftigen werden, spielen die Ungenauigkeitsrelationen noch keine Rolle, so daß wir dort stets mit unbedingter Kausalität und nach den altgewohnten NEWTONschen Bewegungsgesetzen rechnen dürfen. Erst, wenn wir das Elektronenmikroskop so verbessert haben werden, daß wir mit der Auflösungsgrenze in atomare Dimensionen der Objekte kommen, müssen wir auch in der Elektronenoptik die Ungenauigkeitsrelation berücksichtigen [VI, 22].

Was die Verträglichkeit aller Experimente mit den Ungenauigkeitsrelationen anbelangt, so gilt hier dasselbe, was wir schon am Ende von [I, 4] für das Licht feststellten. Würden die Gl. (29) oder (30) durch ein Experiment verletzt, so wüßten wir, daß die Wellenauffassung den Eigenschaften des Elektrons nicht vollkommen gerecht wird. Würden Gleichungen von ähnlichem Typus, auf die der Ausbau der Korpuskeltheorie führt, verletzt, so könnte das Elektron keine Korpuskel sein. Da diese Relationen aber durch kein Experiment verletzt werden, sind wir jeder Entscheidungsmöglichkeit über die „wirkliche" Natur der Materie beraubt. Trotz dieser klaffenden Lücke gibt uns die moderne Entwicklung der Physik keinen Grund zu Mißtrauen, denn Wellen- und Korpuskelauffassung führen bei konsequenter Anwendung stets zu demselben Resultat.

b) Zur Analogie zwischen Licht und Elektron.

8. **Beispiele für die Wellen- und Korpuskelnatur von Licht und Materie.** In den vorangehenden Abschnitten haben wir uns mehr mit der prinzipiellen Seite des dem Licht und den Elektronen gemeinsamen Dualismus zwischen Welle und Korpuskel befaßt und nur gelegentlich auf Experimente verwiesen. Hier wollen wir nun spezielle Experimente zusammenstellen, in denen der Dualismus besonders deutlich zum Ausdruck kommt, und durch sie zeigen, daß sich in dem einen Falle die Korpuskelauffassung, in dem anderen die Wellenauffassung zur Beschreibung von Bewegungsvorgängen besser eignet. Dabei wollen wir von dem Experiment von COMPTON-SIMON ausgehen, bei dem die Wellenlänge λ gegenüber dem Durchmesser d des Atoms, mit dem die Welle in Wechselwirkung tritt, klein ist. Dann seien die Versuche von KULENKAMPFF und LUTZE betrachtet, bei denen die Wellenlänge schon in die Größenordnung des gestoßenen Atoms kommt. Schließlich sei auf die Beugungsexperimente an Atomen und Kristallgittern eingegangen, bei denen Wellenlänge λ und Atomdurchmesser d bzw. Gitterabstand d gleiche Größenordnung haben. Die Unterschiede in der Größe von λ/d bedingen auch Unterschiede in der Behandlung der einzelnen Versuche.

Wilson- und Compton-Simon-Experiment ($\lambda \ll d$). Schickt man die von radioaktiven Substanzen ausgesandten schnellen geladenen Korpuskeln — es können Elektronen (β-Strahlen) oder α-Teilchen sein — durch unterkühlten Wasserdampf, so beobachtet man bei geeigneter Beleuchtung deutlich sichtbare Strichspuren (Abb. 16a). Diese Spuren kommen dadurch zustande, daß die Elektronen beim Zusammenstoß mit Gasmolekülen Ionen bilden und so eine Kette von Kondensationskernen für die sich im unterkühlten Dampf bildenden Wassertröpfchen erzeugen (Wilson-Experiment). Schickt man an Stelle der materiellen α- oder β-Strahlung die elektromagnetische γ-Strahlung einer radioaktiven Substanz durch den unterkühlten Wasserdampf, so werden zwar nicht so viele Ionen gebildet, daß eine sichtbare Bahn entsteht, doch kann man aus den Nebel-

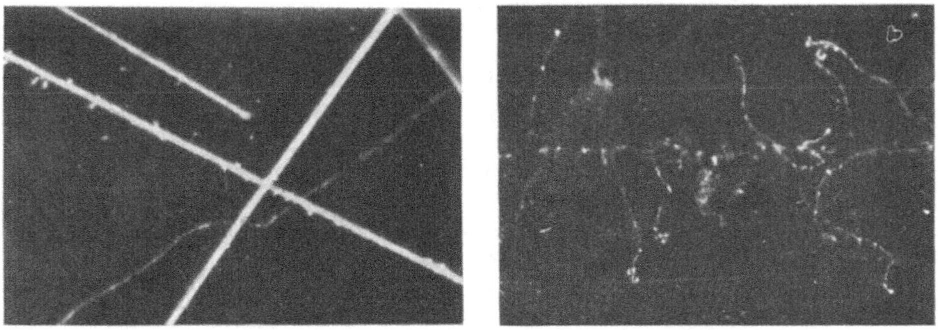

a) Nebelspur eines α-Strahls [436] b) Nebelspur eines Röntgenstrahls [437]

Abb. 16. Durchgang von Strahlung durch die Wilson-Kammer.

spuren der ausgelösten Sekundärelektronen (Abb 16b) unmittelbar auf den vom Lichtquant zurückgelegten Weg schließen.

Wollte man den ersten dieser Versuche nicht unter Verwendung der Korpuskelvorstellung beschreiben, so müßte man das Elektron durch eine komplizierte Wellenform ersetzen, wie sie anläßlich der Richtstrahlversuche der drahtlosen Telegraphie (Nadelstrahlung) diskutiert wird. Aber auch bei dem zweiten Versuch ermöglichte die Auffassung der Strahlteilchen als Korpuskeln eine wesentlich einfachere und anschaulichere Beschreibung als die Wellenauffassung, wie man es aus der von Compton und Simon [85] durchgeführten Auswertung solcher Aufnahmen deutlich ersieht. Gelingt es nämlich (Abb. 17), die Nebelspur des bei einer *einzelnen* Ionisation gebildeten Sekundärelektrons so genau festzulegen, daß seine Anfangsrichtung gegen die Einfallsrichtung des Lichtes und seine Reichweite und damit Anfangsgeschwindigkeit v bekannt wird, und gelingt es ferner, die Ablenkungsrichtung Θ des gestreuten Lichtquants zu ermitteln[1], so lassen sich im Falle sehr harter Primärstrahlung Energie- und Impulssatz der Mechanik anwenden und prüfen. Dann können nämlich Impuls und Energie (Bindung im Atom) des Elektrons vor dem Stoß vernach-

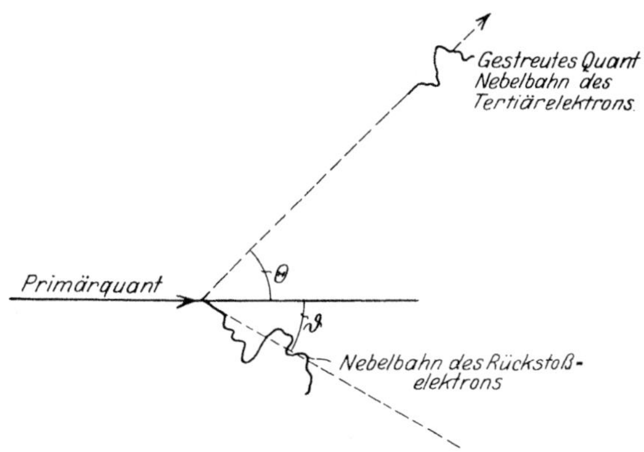

Abb. 17. Zum Versuch von Compton-Simon.

[1] Das gestreute Lichtquant bewegt sich, wie wir es aus anderen Experimenten und aus theoretischen Erwägungen wissen, geradlinig bis zu einer abermaligen Ionisation fort, die wir an der frei im Raume beginnenden Nebelspur des dadurch ausgelösten Teilchens erkennen.

lässigt werden, d. h. wir sehen das Elektron vor dem Stoß als ruhend und frei an. So erhalten wir

$$h\nu = h\nu' + m c^2\left(\frac{1}{\sqrt{1-\beta^2}} - 1\right);$$

$$\frac{h\nu}{c} = \frac{h\nu'}{c}\cos\Theta + \frac{m v}{\sqrt{1-\beta^2}}\cos\vartheta,$$

$$0 = \frac{h\nu'}{c}\sin\Theta + \frac{m v}{\sqrt{1-\beta^2}}\sin\vartheta.$$

Dabei sind $\frac{h\nu}{c}$ bzw. $\frac{h\nu'}{c}$ die Impulse des streuenden Lichtquants der Frequenz ν bzw. ν' vor und nach dem Stoß. Die obigen Gleichungen werden durch die Versuche bestätigt.

Versuche von Kulenkampff und von Lutze ($\lambda \lessgtr d$). Bei weicher Primärstrahlung werden der von den Bindungskräften herrührende Impuls und die Bindungsenergie des Elektrons so wesentlich, daß zur Behandlung des Prozesses Impuls und Energie der gebundenen Elektronen berücksichtigt werden müssen. Da wir diese Größen nicht kennen, ist der einzelne Stoßprozeß uninteressant. Dagegen erlaubt der statistische Mittelwert gewisse Schlüsse. Der Impuls der stoßenden Partikel wird jetzt dadurch zum Ausdruck kommen, daß die sekundären Partikeln vorzugsweise nach vorn herausgeworfen werden. KULENKAMPFF [248] hat den Vorgang untersucht, daß ein Elektron beim Zusammenstoß mit einem Aluminiumatom unter Emission eines Lichtquants vollständig gebremst wird (Abb. 18a). LUTZE [267] führte entsprechende Versuche mit Lichtstrahlen und Argonatomen durch, bei denen das Lichtquant beim Herausstoßen eines Photoelektrons vollständig absorbiert wurde (Abb. 18b). Die Abbildungen geben die mittlere Richtungsverteilung der aus dem Atom herausfliegenden Partikeln als Anzahl pro Sekunde und Raumwinkelbereich. Die beiden Kurven sind zum Verwechseln ähnlich, und in der Tat zeigt die theoretische Behandlung des Problems, daß in dem Falle, daß die umgesetzte Energie die Bindungsenergie der Atomelektronen wesentlich übersteigt, der Verlauf beider Kurven gleich sein muß.

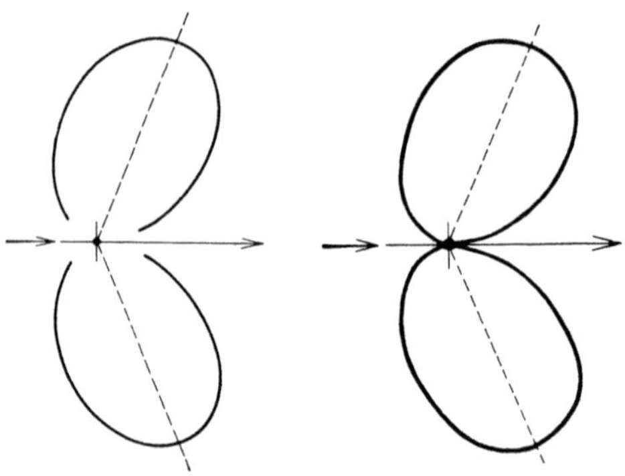

a) Von Elektronen ausgelöste Röntgenstrahlen nach KULENKAMPFF [248]   b) Von Licht ausgelöste Elektronen nach LUTZE [267]

Abb. 18. Intensitätsverteilung von Streustrahlung.

Ramsauer-Effekt und Lichtverlust bei der Durchstrahlung von Suspensionen ($\lambda \approx d$). Eine andere Gruppe von Erscheinungen gehört ebenfalls hierher, die sich von den soeben erwähnten Experimenten dadurch unterscheidet, daß bei ihnen nicht nur die Absorption, sondern jegliche Wechselwirkung (Reflexion, Geschwindigkeitsverlust) zwischen den stoßenden Teilchen erfaßt wird. Senden wir Elektronen durch eine Gasschicht von bekannter Dicke und bekanntem Druck, so können wir aus der Differenz zwischen hineingesandter und der unverändert durchgekommenen Elektronenmenge den „Wirkungsquerschnitt" der Gasmoleküle berechnen. RAMSAUER führte diese Versuche mit langsamen Elektronen durch und fand dabei die Kurven Abb. 10, bei deren Umzeichnung auf Elektronenwellenlänge als Abszisse und Wirkungsradius des einzelnen Atoms als Ordinate wir Abb. 19a erhalten, nach der das Edelgasatom dann am stärksten mit den einfallenden Elektronen in Wechselwirkung tritt, wenn sein Durchmesser d und die Elektronenwellenlänge λ von gleicher Größenordnung sind. Das Analogon zu diesen Experimenten ist der Intensitätsverlust, den ein Lichtstrahl beim Durchgang durch Flüssigkeiten mit suspensierten Teilchen erfährt. Solche Messungen sind oft durchgeführt worden. Sie stehen im Einklang mit den in Abb. 19b dargestellten theoretischen Kurven von Mie [273], die ähnliche Maxima wie Ramsauers Kurven zeigen.

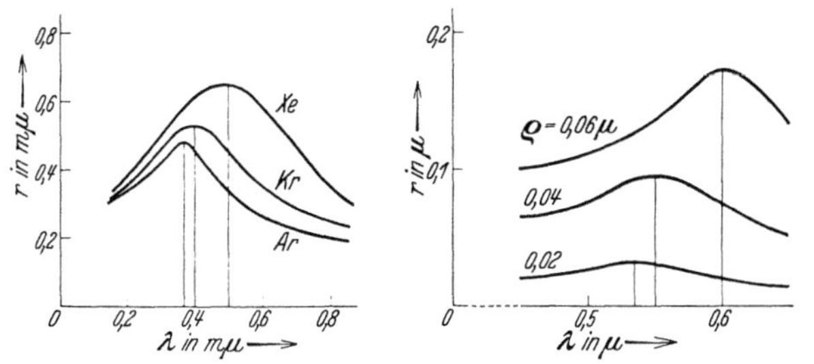

a) Edelgase gegenüber Elektronenwellen [299] (experimentell)   b) Goldkügelchen (Radius ρ) gegenüber Lichtwellen [273] (theoretisch)

Abb. 19. Wirkungsradien.

Beugung an kleinen Einzelkörperchen ($\lambda \approx d$). Noch deutlicher wird die Verwandtschaft in der Wechselwirkung zwischen Gasmolekel und Elektron einerseits, zwischen suspendierten Teilchen und Licht andererseits, wenn wir nur die Ablenkungswirkungen in ihrer statistischen Verteilung untersuchen.

Werden Elektronen oder Lichtquanten an einem Hindernis elastisch gestreut, dessen Ausdehnung von der Größenordnung ihrer Wellenlänge ist, so ist die mittlere Verteilung ihrer Austrittsrichtungen über den Winkelraum nicht gleichmäßig, sondern es treten eigenartige Maxima und Minima auf. Für Elektronen wurde diese Erscheinung besonders von Arnot [9], Bullard und Massey [72] einerseits und von Ramsauer und Kollath [301, 302] andererseits untersucht. Abb. 20a zeigt z. B. die Winkelverteilung von 7-Volt-Elektronen, die an Kryptonatomen gestreut sind [302]. Die Analogie für Licht ist die in der bereits erwähnten Arbeit von Mie [273] theoretisch untersuchte Streuung von Lichtquanten an suspendierten Goldteilchen[1]. Auch hier treten, wie Abb. 20b zeigt, ähnliche Maxima und Minima auf, die später von Schaefer und Merzkirch [349] im Modellversuch (Beugung langer elektromagnetischer Wellen an Metalldrähten) auch experimentell erzielt wurden.

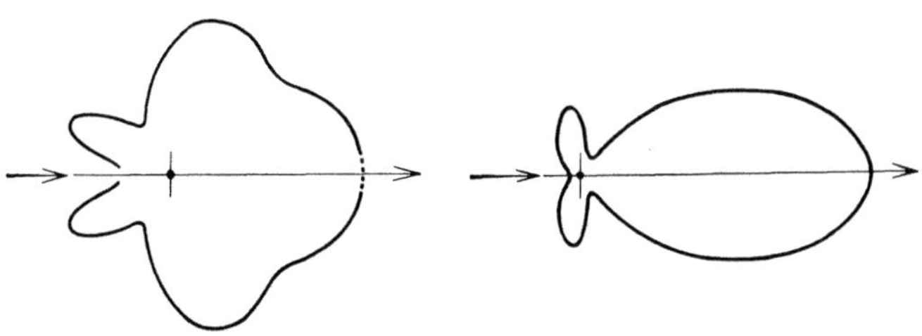

a) Elektronen an Kryptonatomen [302] (experimentell)   b) Licht an Goldkügelchen [273] (theoretisch)

Abb. 20. Winkelabhängigkeit der Streuung.

Die letztgenannten Erscheinungsgruppen bilden das Übergangsgebiet zu den Vorgängen, bei denen die wellenmäßige Beschreibung sehr viel einfacher ist als die korpuskulare. Zwar läßt sich der Tatbestand noch ganz gut in den Ausdrücken der Korpuskeltheorie beschreiben, doch wird die Erklärung oder, besser gesagt, die mathematische Durchrechnung unter Beibehaltung der Korpuskelauffassung

[1] Wollte man die Erscheinung an Atomen untersuchen, so müßte man Lichtwellenlängen von der Größenordnung der Atomdimensionen verwenden. Die Energie solcher Lichtquanten liegt in der Größenordnung 10^4 Elektronenvolt, in einem Gebiet, in dem nur ein ganz kleiner Teil der Lichtquanten kohärent, d. h. ohne Wellenlängenänderung, gestreut wird.

wegen des Auftretens unanschaulicher Quantengesetze, die unter dem Namen „Vertauschungsrelationen" bekanntgeworden sind, vollkommen unverständlich. Bedienen wir uns dagegen der Sprechweise der Wellentheorie, so gewinnen wir sofort den Anschluß an die Beugung von Lichtwellen an kleinen Körpern, bei der sich die in manchen Richtungen austretenden Wellen durch Interferenz gegenseitig vernichten, und die Erscheinungen verlieren ihren fremdartigen Charakter.

Beugung an Molekülen ($\lambda \approx d$). Noch deutlicher als bei der soeben erwähnten elastischen Streuung an kleinsten, beliebig verteilten Körpern wird der Wert der wellenmäßigen Betrachtung für Elektron und Lichtquant, wenn wir zu den eigentlichen Beugungsvorgängen kommen, bei denen die Streuprozesse an geordnet verteilten Körperchen, z. B. den Atomen regelmäßig gebauter Moleküle erfolgen. Solch ein Fall liegt z. B. bei CCl_4 vor, dessen Chloratome

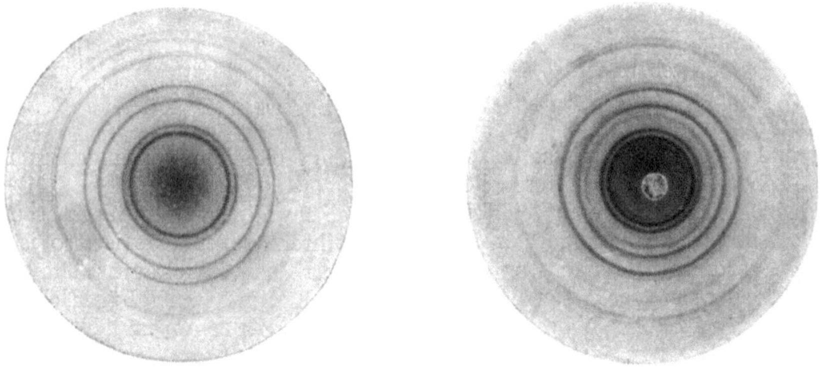

a) Elektronen b) Röntgenstrahlen

Abb. 21. Debye-Scherrer-Ringe beim Durchgang von Strahlung durch eine dünne Folie eines kubisch zentrierten Kristalls (aus Mark und Wierl [268a]: Die experimentellen und theoretischen Grundlagen der Elektronenbeugung).

in ihrer regelmäßigen Lagerung als Beugungszentren zu wirken vermögen, wie es Debye [103] für Röntgenstrahlen, Mark und Wierl [268a] für Elektronenstrahlen gezeigt haben. Es ergaben sich übereinstimmende Beugungsbilder.

Beugung am Kristallgitter ($\lambda \approx d$). Wegen der Kleinheit der Elektronenwelle führt man meist Beugungsversuche mit Elektronen ähnlich wie mit der kurzwelligen Röntgenstrahlung an Kristallgittern durch. Am besten geeignet ist hierzu das Debye-Scherrer-Verfahren. Dabei läßt man einen Röntgen- oder Elektronenstrahl durch eine sehr dünne vielkristalline Folie senkrecht hindurchtreten. Es summieren sich dann die Wirkungen für die Reflexion günstig[1] gelegener Kristalltrümmer, so daß auf einem hinter und parallel der Folie aufgestellten Schirm um den Durchstoßpunkt des direkten Strahls Beugungsringe zu sehen sind. Solche Beugungsringe eines Elektronenstrahls und eines Röntgenstrahls wenig verschiedener Wellenlänge sind in Abb. 21 einander gegenübergestellt. Die beiden Aufnahmen, die beim Strahlendurchtritt durch eine dünne Silberfolie erhalten wurden, sind praktisch gleichartig.

Wollten wir allzu konservativ an der Korpuskelvorstellung des Elektrons festhalten, so wären wir in der mathematischen Behandlung der Elektronen-Beugungsbilder in Gestalt und Intensitätsverteilung auf die Verwendung eines völlig unanschaulichen Formelapparates angewiesen, während uns die Wellen-

[1] Die Kristalle, für die gerade die Braggsche Bedingung erfüllt ist, geben Beiträge zum Ring.

auffassung in gleicher Weise für Elektronen- und Röntgenstrahlen das gewünschte Resultat in der bekannten eleganten Weise zu erhalten gestattet.

9. Totalreflexion und Reflexion von Elektronen an einer Potentialschwelle. Während wir bisher experimentelle Beispiele betrachtet haben, bei denen sich die Analogie zwischen Licht und Elektronen unmittelbar zeigen ließ, wollen wir in diesem Abschnitt eine *theoretische* Konsequenz der Wellenvorstellung bei Licht und Elektronen kennenlernen, die ebenfalls die Analogie in eindrucksvoller Weise hervortreten läßt. Wir werden sehen, daß die Theorie der Totalreflexion und die GAMOWsche Theorie des Atomzerfalls einander analog sind.

Aus der Wellentheorie des Lichtes ist bekannt, daß immer dann eine teilweise Reflexion an der Trennungsfläche zwischen zwei Medien stattfindet, wenn sich der Brechungsindex auf einer Strecke ändert, die klein ist gegen die Wellenlänge, daß die Welle jedoch ungeschwächt durch Gebiete geht, in denen sich der Brechungsindex hinreichend langsam ändert. Ferner ist bekannt, daß beim Übergang in ein Medium mit kleinerem Brechungsindex der nach dem Brechungsgesetz berechnete Austrittswinkel i_2 imaginär wird, sobald $\sin i_1 > \frac{n_2}{n_1}$ ist. In diesem Falle ist nach den Sätzen der geometrischen Optik Totalreflexion zu erwarten. Dagegen lehrt die Wellentheorie, daß Totalreflexion nicht eintritt, sobald das zweite Medium — z. B. ein Luftspalt zwischen zwei Glasflächen — nur eine dünne Schicht ist, deren Dicke nicht wesentlich größer ist als eine Wellenlänge. Jetzt geht durch den Luftspalt ein Bruchteil der Strahlung hindurch, der um so größer wird, je kleiner die Spaltbreite gegenüber der Wellenlänge ist[1]. Die mathematische Behandlung ergibt, daß die Intensität der durchgehenden Strahlung im Grenzfalle verschwindender Spaltdicke gegen die Anfangsintensität geht, im Falle zunehmender Spaltdicke exponentiell gegen Null geht. Eine quantitative experimentelle Prüfung dieser Theorie wäre für Lichtwellen wegen der kleinen Wellenlänge des Lichtes äußerst schwierig, sie wurde von SCHAEFER und GROSS [348] deshalb mit elektrischen Wellen durchgeführt und lieferte ausgezeichnete Übereinstimmung zwischen Theorie und Experiment.

Die soeben besprochenen Erscheinungen müssen auch bei Elektronen auftreten. An Stellen, wo sich der Brechungsindex, d. h. das Potential sehr stark ändert, werden die Elektronen teilweise reflektiert. Totalreflektion tritt dann ein, wenn die kinetische Energie des Elektrons kleiner ist als die zu überwindende Potentialdifferenz. Berechnen wir formal die kinetische Energie des Elektrons nach Durchschreiten dieser zu hohen Potentialdifferenz, so erhalten wir einen negativen Wert für die Bewegungsenergie. Das bedeutet, daß der aus dem Brechungsgesetz zu berechnende Austrittswinkel imaginär wird.

Deuten wir nun das Elektron als Welle und nehmen wir an, daß das Gebiet negativer kinetischer Energie sehr schmal sei. Dann gilt nach der Wellenmechanik, wie oben für Lichtwelle und Luftspalt, daß für das Elektron eine von Null verschiedene Wahrscheinlichkeit für die Durchquerung des schmalen, nach der klassischen Mechanik verbotenen Gebietes besteht. Auf Grund dieser wellenmechanischen Vorstellungen hat GAMOW [150] versucht, den radioaktiven Zerfall zu erklären: Die im Atomkern befindlichen Elektronen sollen eine Energie besitzen, die an sich für das Verlassen des Atomkerns ausreicht, sollen aber durch eine sie umschließende Potentialwand am Austritt verhindert werden (Abb. 22). Es besteht dann eine von Null verschiedene Wahrscheinlichkeit, daß das Elektron doch eines Tages durch die Potentialwand hindurch aus dem

[1] Das hat zur Folge, daß ein Sprung in einer Linse oder einem Prisma nur dann merkliche Reflexionen hervorrufen kann, wenn seine Dicke von der Größenordnung der Wellenlänge oder größer ist.

Atomkern herausfliegt und als radioaktiver β-Strahl der Beobachtung zugänglich wird. Die radioaktiven Elemente wären nach dieser Auffassung dann diejenigen, bei denen die Potentialwand im Vergleich zur Elektronenenergie so ,,niedrig" und so ,,dünn" ist, daß in den der Beobachtung zur Verfügung stehenden Zeiten eine beobachtbare Anzahl[1] von β-Strahlen emittiert wird.

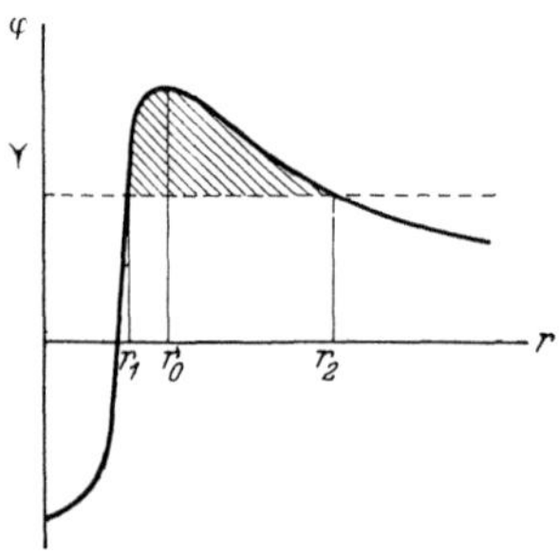

Abb. 22. Potentialverlauf in einem radioaktiven Atomkern nach GAMOW (r = Abstand von Kernmittelpunkt) [150].

10. Lichtpolarisation und Elektronenspin. Durch die Angabe von Frequenz und Fortschreitungsrichtung sind die Eigenschaften einer Lichtwelle bzw. eines Lichtquants noch nicht vollständig charakterisiert. Fällt einfarbiges Licht auf eine Turmalinplatte, die parallel zur kristallographischen Hauptachse geschnitten ist, so geht im allgemeinen ein Teil des Lichtes durch die Platte hindurch. Bringen wir nun aber hinter der Platte eine zweite gleichartig geschnittene Platte an, deren Achse gegenüber der ersten um 90^0 verdreht ist, so geht nur ein Bruchteil des auffallenden Lichtes durch die zweite Platte hindurch, der um so kleiner ist, je dicker die Platten sind. Drehen wir eine der beiden Platten um 90^0, so daß ihre Achsen parallel stehen, so geht das Licht durch die zweite Platte fast ungehindert hindurch. Das zwischen den Platten gelegene Stück des Lichtstrahls hat dabei stets gleiche Frequenz und gleiche Richtung, und trotzdem hängt es von der Stellung der ersten Platte ab, ob der Strahl durch die zweite Platte hindurchgeht oder nicht. Es muß also dem Lichtstrahl noch irgendeine weitere physikalische Eigenschaft zukommen, die durch die Stellung der ersten Platte beeinflußt wird.

Diese Eigenschaft wird bekanntlich als Polarisation des Lichtes bezeichnet. Rein phänomenologisch ist die ,,Polarisationsrichtung" des durch eine Turmalinplatte hindurchgegangenen Lichtes definiert als die Richtung, die senkrecht zur Kristallachse der Platte, des ,,Polarisators", weist. In der elektromagnetischen Lichttheorie erscheint die Polarisationsrichtung als die Richtung, *in* der der magnetische Vektor und *senkrecht* zu der der elektrische Vektor (,,Lichtvektor") der Lichtwelle schwingt. Vom Lichtquantenstandpunkt aus erscheint sie als eine Größe, die das Lichtquant hinsichtlich seiner Fähigkeit, die zweite Platte, den ,,Analysator", zu durchsetzen, charakterisiert: Steht die Polarisationsrichtung des Lichtquants auf der Achsenrichtung des Analysators senkrecht, so ist die Wahrscheinlichkeit des Durchgangs gleich eins[2]. Stimmen die beiden Richtungen überein, so ist die Durchgangswahrscheinlichkeit bei genügender Plattendicke Null. Bilden die Richtungen miteinander den Winkel ϑ, so ist die Wahrscheinlichkeit des Durchganges $\sin^2\vartheta$.

Ganz ähnlich liegen die Verhältnisse bei den Elektronen, nur daß hier noch keine so klaren und eindeutigen Untersuchungen vorliegen. Auch ein Elektron ist durch die Angabe seiner Energie und seiner Flugrichtung noch nicht vollständig charakterisiert. Es müßte nach der heutigen Auffassung prinzipiell möglich sein, bei der Streuung von Elektronen gleicher Energie an Atomen abweichende Richtungsverteilungen der gestreuten Elektronen zu erhalten, je nachdem, wie der Primärstrahl ,,polarisiert" ist. Als ,,Polarisationsrichtung" fungiert dabei die Richtung des mechanischen Drehimpulses und des diesem

[1] Die Anzahl muß so groß sein, daß die β-Strahlen gegenüber den von der Höhenstrahlung herrührenden Elektronenstrahlen ins Gewicht fallen.

[2] Wir sehen von der geringen Absorption dieses Strahles im Innern der Platte ab, während für die polarisierende Wirkung der Platte gerade die starke Absorption des anderen Strahles verantwortlich ist.

gleichgerichteten magnetischen Momentes des Elektrons. Durch diese beiden Momente erhält das Elektron eine gewisse Ähnlichkeit mit einem Kreisel oder mit einem magnetischen Dipol. Zwar sind die Momente direkter Messung nicht zugänglich, doch haben wir aus den Gesetzmäßigkeiten des Atombaus über sie sichere Kunde.

Der Grund, warum sich der Einfluß der Polarisation des Elektrons oder, wie man auch sagt, des Elektronendralles oder Elektronenspins, nicht in so einfacher Weise ermitteln läßt wie beim Licht, liegt in erster Linie darin, daß sich der Spin des Elektrons erst bemerkbar macht, wenn die Geschwindigkeit des Elektrons mit der Lichtgeschwindigkeit vergleichbar ist. Bei so hohen Geschwindigkeiten ist aber die Wellenlänge des Elektrons so kurz, daß die atomistische Struktur der Materie sich in einer den Polarisationseinfluß überdeckenden diffusen Zerstreuung des Strahls bemerkbar macht.

11. **Grenzen der Analogie.** Bisher haben wir uns bemüht, die *Ähnlichkeiten* in den Bewegungsgesetzen von Elektronen und Licht aufzuzeigen. Es ist nun an der Zeit, auf die *Unterschiede* hinzuweisen, die zwischen den beiden Partikelsorten bestehen.

Die Analogie zwischen der Bewegung von Elektronen und Lichtquanten wäre vollständig, wenn es gelänge, *eine* Gleichung aufzustellen, die das Verhalten *beider* Partikeln zu beschreiben gestattet. In ihr würden die Unterschiede zwischen Elektron und Lichtquant nur in den verschiedenen Werten der Konstanten ihren Ausdruck finden. Die Aufstellung einer solchen Gleichung ist bisher nicht gelungen und kann wegen gewisser Unterschiede, die wir jetzt im einzelnen besprechen wollen, auch nicht gelingen.

Die beiden grundlegenden Unterschiede zwischen Lichtquant und Elektron sind folgende: Das Elektron führt eine Ladung mit sich, das Lichtquant nicht. Das Lichtquant hat stets die Geschwindigkeit c, die Geschwindigkeit des Elektrons kann alle Werte zwischen Null und c annehmen[1]. Beide Unterschiede bilden keine unüberbrückbare Schwierigkeit für eine gemeinsame Gleichung. Die Ladung bewirkt lediglich, daß in den Gleichungen für das Elektron das elektrische Potential, in den Gleichungen des Lichtquants der optische Brechungsindex auftritt. Die variable Geschwindigkeit des Elektrons findet beim Licht ihr Gegenstück in der Variabilität der Fortschreitungsgeschwindigkeit der Energie [I, 4].

Tiefergehend ist der Unterschied, daß die Lösungen der Wellengleichung des Lichtes reell sind, während die Amplitude der Elektronenwellen komplex ist[2]. Zwar finden sich unter den Lösungen der Wellengleichung des Elektrons auch solche, die reell sind, doch sind nur diejenigen physikalisch sinnvoll, die sich aus Partikularlösungen mit der Zeitabhängigkeit $e^{i\omega t}$ mit gleichem Vorzeichen von ω aufbauen lassen[3], und diese Lösungen sind notwendig komplexe Funktionen der Zeit. Doch auch dieser Unterschied zwingt uns noch nicht, die Hoffnung auf eine einheitliche Behandlung von Licht und Elektron aufzugeben, denn er könnte ja immerhin durch eine Unvollkommenheit in der bisherigen mathematischen Behandlung des Problems begründet sein.

Der wesentlichste Unterschied zwischen den beiden Bewegungsarten ist folgender: Die aus den Elektronenwellen ableitbare Strömung der Elektronen ist

---

[1] Man kann dies auch so formulieren: Das Elektron hat eine endliche Ruhmasse, das Lichtquant die Ruhmasse Null.

[2] D. h. sie enthält in jeder Schreibweise die komplexe Einheit $i = \sqrt{-1}$.

[3] In neuester Zeit werden die Partikularlösungen mit entgegengesetztem Vorzeichen von ω, deren Auftreten in der relativistischen Wellentheorie des Elektrons unvermeidlich ist, mit den positiven Elektronen [III 14, Abb. 93] in Zusammenhang gebracht [115].

quellenfrei, dagegen können die Lichtquanten, wie wir in [I, 4] gesehen haben, beim Durchgang durch ein Medium mit frequenzabhängigem Brechungsindex nach Maßgabe der Wellengleichung absorbiert und wieder freigegeben werden[1]. Aus diesem Grunde werden die Intensitätsverhältnisse bei der Beugung und Streuung von Licht und Elektronen stets verschiedenartig ausfallen und sich nicht durch eine gleichartige Wellengleichung darstellen lassen. Vielleicht verschwindet dieser Unterschied, wenn man die Bewegung von Elektronen durch ein Medium untersucht, das imstande ist, Elektronen vorübergehend zu binden[2], doch liegen hierüber keine Untersuchungen vor.

Unterschiede zwischen Elektron und Lichtquant zeigen sich auch bei der Polarisation. Zwar wird in beiden Fällen die Polarisation durch Angabe einer Richtung beschrieben [I, 10], doch ist beim Lichtquant diese Richtung stets senkrecht zur Fortschreitungsrichtung, während sie beim Elektron beliebig im Raume liegen kann. Ferner ist beim Lichtquant eine Richtung der Polarisation mit der dazu entgegengesetzten Richtung gleichwertig, während beim Elektron auch die Angabe des Richtungs*sinnes* wesentlich ist.

Wir sehen also, daß die Analogie versagt, sobald wir Erscheinungen untersuchen, die nicht bloß von dem Vorliegen eines Wellenvorganges abhängen. Hierher gehören z. B. die Intensitätsfragen bei der teilweisen Reflexion an Sprungstellen des Brechungsindex [I, 9] und bei der Beugung und Streuung an Hindernissen von der Größenordnung der Wellenlänge, ferner die durch Polarisation bedingte Doppelbrechung.

Diejenigen Erscheinungen dagegen, die nur durch die Tatsache der Wellenbewegung bedingt sind, wie das Auftreten der Beugungserscheinungen und insbesondere der Strahlverlauf in dem Grenzfall, daß der Brechungsindex in Bereichen von der Größenordnung der Wellenlänge praktisch konstant ist, also die gesamte *geometrische* Optik, sind für Licht und Elektronen absolut gleichartig. —

Angesichts der Fruchtbarkeit der Wellenauffassung des Elektrons wird der Leser der Wellentheorie der Materie wohl das Durcheinander verzeihen, in das sie unsere Vorstellung vom Mikrokosmos zunächst gebracht hat. Er braucht nicht zu befürchten, daß wir in diesem Buche noch viel von Elektronenwellen sprechen; denn die Ungenauigkeitsrelationen als Kriterium dafür, welchen Spielraum wir Elektronen und Lichtquanten für ihre Abweichungen vom Verhalten einer „klassischen" Korpuskel einräumen müssen, erlauben uns die Feststellung, daß wir es bei den praktischen Anwendungen der heutigen Elektronenoptik stets mit dem Grenzfall zu tun haben, in dem sich das Elektron klassisch verhält. Wie bei der Lichtstrahlung die „geometrische Optik" eine selbständige Disziplin ist, auf die die „physikalische Optik" nur in Grenzgebieten (z. B. Auflösung des Mikroskops) Einfluß gewinnt, so ist auch die „geometrische Elektronenoptik", die das Thema unseres Buches bildet, ein durchaus selbständiges Gebiet. Nachdem wir auf die Analogie zwischen Licht und Elektron auch in allgemeiner Hinsicht deutlich hingewiesen haben, können wir daher für die uns vorzugsweise interessierende Bewegung von Elektronen in makroskopischen Feldern das Elektron als Korpuskel betrachten. Damit nutzen wir den Vorteil aus, den die höhere Anschaulichkeit der Korpuskelvorstellung gegenüber der etwas verschwommenen

[1] Auch im materiefreien Raum stößt die exakte Formulierung der Teilchendichte beim Licht auf Schwierigkeiten [288].

[2] Etwa ein Molekülgas, das die beim Einfangen des Elektrons frei gewordene Energie in Form von Molekülschwingungen aufspeichert und einige Zeit darauf zur Wiederaussendung des Elektrons verwendet. Von den Zusammenstößen der Moleküle untereinander und von der Möglichkeit der Lichtemission müßte dabei wohl abgesehen werden.

Wellenvorstellung bietet. Wir wollen dabei jedoch in Erinnerung behalten, daß diese Partikel gelegentlich den Ehrgeiz hat, sich so zu benehmen, daß man sie für eine Welle halten möchte, und daß ihre Bewegungsgesetze so von den klassischen abweichen, daß sie ihr dieses Verhalten auch erlauben bzw. vorschreiben.

c) Geometrische Licht- und Elektronenoptik.

12. Isotrope Medien. Wir sahen, daß die Analogie zwischen Licht- und Elektronenbewegung ihre Grenzen erst bei der Behandlung der Intensitätsfragen findet, wo die Absorbierbarkeit der Lichtquanten eine Rolle spielt, und bei den Fragen, die mit Spin und Polarisation zusammenhängen. Solange wir Absorption und Polarisation außer acht lassen und insbesondere, solange wir uns auf die Betrachtung des geometrischen Verlaufs der Strahlen in elektrischen Feldern beschränken, ist die Analogie vollständig. Das gilt, wie wir später erkennen werden, in gewissem Sinne auch noch für den Fall anisotroper Medien (Kristalloptik) und beliebiger elektrischer und magnetischer Felder. Fürs erste wollen wir aber von dieser Erweiterung absehen und uns auf Folgerungen beschränken, die sich aus der Analogie zwischen der *Optik isotroper Medien* und der *elektrischen Elektronenoptik* ziehen lassen.

Da die Bahnen eines Elektrons in einem durch die Potentialfunktion φ gekennzeichneten elektrischen Felde genau so verlaufen wie die Lichtstrahlen in einem Medium, dessen Brechungsindex an jeder Stelle mit der durch das Potential bestimmten Elektronengeschwindigkeit v durch die Gl. (1)

$$n = \frac{v}{c}$$

verknüpft ist, ist der Verlauf der Elektronenbahnen sofort bekannt, wenn das entsprechende optische Problem gelöst ist. Diese Tatsache gestattet uns zwei wichtige Aussagen über den Verlauf von Elektronenstrahlen in einem axialsymmetrischen Kraftfeld und über ihre Berechnungsmethoden.

Möglichkeit der Elektronenlinse. Denken wir uns das einem axialsymmetrischen elektrischen Kraftfeld zugehörige optische Brechungsfeld mit kontinuierlich veränderlichem Brechungsindex durch ein Brechungsfeld ersetzt, dessen Brechungsindex zwischen zwei benachbarten Äquipotentialflächen konstant ist und sich an diesen Flächen sprunghaft ändert, so haben wir eine achsensymmetrische (zentrierte) Folge von gekrümmten, brechenden Flächen vor uns, genau wie in einem optischen Linsensystem. Wir dürfen also versichert sein, daß ein solches Potentialfeld die Elektronenstrahlen in genau der gleichen Weise beeinflußt wie ein aus sehr vielen Linsen bestehendes optisches System, in dem die einzelnen Linsen ohne Luftzwischenraum aneinander angrenzen und in dem sich der Brechungsindex beim Übergang von einer Linse zur anderen nur ganz wenig ändert. Wir dürfen ferner erwarten, daß ein solches „elektrisches Linsensystem", das wir auch einfach als „elektrische Elektronenlinse" bezeichnen werden [II, 8], die von einem Punkte ausgehenden Elektronenstrahlen wieder in einem Punkt zusammenführt. Weiter wird das System bei sehr exakter Ausführung eine Gruppe von Elektronen aussendenden Punkten, die in einer zur Systemachse senkrechten Ebene gelegen sind, durch dieses System wieder als Gruppe von Punkten abbilden, genau wie eine Gruppe von Lichtpunkten durch ein optisches Linsensystem. Aus dieser allgemeinen Erwägung ziehen wir den wichtigen Schluß, daß es möglich sein muß, Elektronen emittierende oder von Elektronen durchstrahlte Flächen in vergrößertem oder verkleinertem Maßstabe abzubilden. Dieser Schluß wird, wie wir im Kapitel VI sehen werden, durch das Experiment bestätigt.

Möglichkeit der mathematischen Behandlung der Elektronenlinse. Solange wir uns auf die Betrachtung von Strahlen beschränken, die in unmittelbarer Nähe der Achse verlaufen, können wir die gekrümmten Rotationsflächen als Kugelflächen auffassen und erhalten so die Brennweite des Systems, indem wir in den optischen Formeln für die Brennweite einer Folge von Kugelflächen den Grenzübergang zu einer unendlichen Anzahl von brechenden Flächen machen. Auf diesen Grenzübergang, der erstmals von PICHT[1] [290] durchgeführt wurde, werden wir im folgenden Abschnitt genauer eingehen.

Interessiert man sich für die Bildfehler einer Linse, etwa für die sphärische Aberration, so muß man den Verlauf von Strahlen untersuchen, deren Achsenabstand nicht mehr vernachlässigbar klein ist. In diesem Falle lassen sich für die Elektronenlinsen die üblichen optischen Formeln für Folgen von Kugelflächen nicht mehr anwenden, denn die natürlichen brechenden Flächen der Elektronenlinse weichen wesentlich von der Kugelform ab. Dagegen bleiben diejenigen allgemeinen optischen Gesetze, die von der Voraussetzung kugelförmiger Brechungsflächen frei sind, in vollem Umfange bestehen. Dies gilt insbesondere für die SEIDELsche Theorie der Bildfehler[2]. Wir können also auch von einer elektrischen Linse sagen: Ihre Fehler dritter Ordnung sind die sphärische Aberration, der Astigmatismus, die Bildfeldwölbung, das Koma und die Verzeichnung.

Die Berechnung der Bildfehler nach der SEIDELschen Theorie, wie sie GLASER [161, 162] durchführte, bietet gegenüber der elementaren Berechnung der Elektronenbahnen den Vorteil größerer mathematischer Eleganz und Geschlossenheit. Auch liefert sie sämtliche Bildfehler auf einmal, so daß sie die Gewähr bietet, daß kein Koeffizient übersehen wird. Sie ist jedoch infolge des verwendeten umfangreichen mathematischen Formelapparates und infolge der Rechnung mit Wellenflächen [I, 3] statt mit Strahlen für den Nichtmathematiker und Nichtoptiker sehr unübersichtlich. Wir wollen deshalb auf sie nicht eingehen, sondern in einem späteren Kapitel [III, 21] die Bildfehler aus der Bahngleichung für die abbildenden Elektronen ableiten. Diese letztere Methode liegt infolge ihrer unmittelbaren Anschaulichkeit dem Physiker und Techniker wesentlich näher als die immer etwas abstrakt anmutende Eikonalmethode.

Für die zahlenmäßige Berechnung der Bildfehler ist es natürlich ganz gleichgültig, welche Methode man benützt, da die der Zahlenrechnung zugrunde gelegte Endformel unabhängig von dem Wege sein muß, auf dem sie abgeleitet wurde.

13. Optische Ableitung der Brennweite einer Elektronenlinse. Als Beispiel für die Übertragung optischer Formeln auf Elektronenlinsen werde die Brennweite einer kurzen Elektronenlinse in Anlehnung an die Ableitungen PICHTS [290] gegeben. Zu diesem Zwecke gilt es zunächst, die Formel für das zugehörige optische Problem zu finden.

Nach der gedachten Zerlegung des kontinuierlichen Brechungsfeldes in viele schmale Gebiete mit konstantem Brechungsindex bildet jede Sprungstelle des Brechungsindex eine Linse mit der Brechkraft (reziproken Brennweite)

$$\frac{1}{f} = \frac{\Delta n}{n \cdot \varrho}, \tag{31}$$

[1] PICHT weist auch darauf hin, daß sich die von GULLSTRAND [179] für das menschliche Auge abgeleiteten Formeln infolge des Zusammenhanges zwischen n und v ohne weiteres auf die Elektronenoptik übertragen lassen.

[2] Vgl. z. B. M. BORN: Optik. Berlin: Julius Springer 1933.

wobei ϱ den Krümmungsradius der Fläche mit konstantem Brechungsindex bedeutet. Diese altbekannte Formel läßt sich leicht aus Abb. 23 ableiten. Unter Berücksichtigung des Umstandes, daß alle eingezeichneten Winkel als klein zu betrachten sind, entnimmt man aus ihr sofort:

$$\frac{r}{f} = \operatorname{tg}(\alpha - \beta) \approx \alpha - \beta; \quad \frac{1}{f} = \frac{\alpha - \beta}{r}.$$

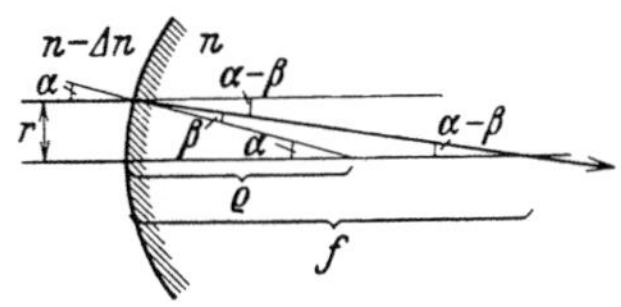

Abb. 23. Zur Linsenberechnung.

Das Brechungsgesetz [I, 1] sagt aus:

$$\frac{\beta}{\alpha} = \frac{n - \Delta n}{n} = 1 - \frac{\Delta n}{n}, \quad \text{also } \alpha - \beta = \frac{\alpha \Delta n}{n}.$$

Berücksichtigen wir schließlich noch, daß $r = \varrho \cdot \alpha$ ist, so erhalten wir durch Einsetzen

$$\frac{1}{f} = \frac{\alpha \Delta n}{n \varrho \alpha} = \frac{\Delta n}{n \varrho}.$$

Die Brechkraft der ganzen Linse setzt sich in erster Annäherung aus den Brechkräften sämtlicher Sprungstellen additiv zusammen gemäß der Formel

$$\left(\frac{1}{f}\right)_L = \frac{1}{n_2} \sum \frac{n_\nu}{f_\nu} = \frac{1}{n_2} \sum \frac{\Delta n_\nu}{\varrho_\nu},$$

wobei n_2 den Brechungsindex an der Austrittsseite der Linse bedeutet. Gehen wir nun zur Grenze unendlich vieler Sprungstellen mit unendlich kleinem Δn_ν über, wie es der Annahme eines kontinuierlich veränderlichen Brechungsindex entspricht, so wird aus der Summe das Integral

$$\left(\frac{1}{f}\right)_L = \frac{1}{n_2} \int_{n_1}^{n_2} \frac{dn}{\varrho} = \frac{1}{n_2} \int_{z_1}^{z_2} \frac{1}{\varrho} \frac{dn}{dz} dz, \tag{32}$$

wobei z_1 und z_2 die Koordinaten der Linsenenden und n_1 und n_2 die dort herrschenden Brechungsindizes sind.

Um von dieser optischen Formel zu ihrem elektronenoptischen Gegenstück überzugehen, brauchen wir nach [I, 1] nur den Brechungsindex durch die Elektronengeschwindigkeit oder durch const $\cdot \sqrt{\Phi}$ zu ersetzen. Wir erhalten

$$\left(\frac{1}{f}\right)_L = \frac{1}{\sqrt{\Phi_2}} \int_{z_1}^{z_2} \frac{1}{\varrho} \frac{d\sqrt{\Phi}}{dz} \cdot dz = \frac{1}{2\sqrt{\Phi_2}} \int_{z_1}^{z_2} \frac{\Phi'}{\varrho \sqrt{\Phi}} dz.$$

Dabei bedeutet Φ den Wert des Potentials φ auf der Achse an der Stelle z, Φ' seine Ableitung nach der in der Achsenrichtung gemessenen Koordinate z. ϱ ist nunmehr der Krümmungsradius der Äquipotentialflächen.

Ist die Linse frei von Raumladungen, so können wir ϱ aus einer später [II, 12] abzuleitenden Gleichung entnehmen, wodurch die Formel für die Brechkraft in

$$\left(\frac{1}{f}\right)_L = \frac{1}{4\sqrt{\Phi_2}} \int_{z_1}^{z_2} \frac{\Phi''}{\sqrt{\Phi}} dz \tag{33}$$

übergeht. Genau die gleiche Formel werden wir in [III, 5] aus der Bewegungsgleichung der Elektronen ableiten.

14. Magnetische Elektronenoptik und Kristalloptik. Bisher haben wir uns bei der Betrachtung der Elektronenbewegung stets auf den Fall beschränkt, daß wir es mit einem rein elektrischen Felde zu tun hatten. Komplizierter sind die Fälle, in denen außer dem elektrischen Feld auch ein magnetisches Feld vorhanden ist. Bewegt sich elektrische Ladung in einem Magnetfeld, so wirkt auf sie eine Kraft, die der Ladung, der Geschwindigkeit und der senkrecht zur Bewegungsrichtung gerichteten Komponente der magnetischen Feldstärke proportional ist. Die Richtung der Kraft steht senkrecht auf der Richtung der Geschwindigkeit und auf der Richtung der Feldstärke. Unter Benützung des üblichen Symbols für das Vektorprodukt können wir also für die auf ein *Elektron* wirkende Kraft schreiben[1]

$$\mathfrak{K} = -e[\mathfrak{v}, \mathfrak{H}].$$

Die maximale Kraftwirkung, die bei gegebener Geschwindigkeit und gegebener Feldstärke möglich ist, tritt auf, wenn sich das Elektron senkrecht zu den Kraftlinien bewegt. Ruht das Elektron oder fliegt es in der Richtung der Kraftlinien, so wird es durch das magnetische Feld überhaupt nicht beeinflußt.

Ist außer dem magnetischen Feld noch ein elektrisches Feld vorhanden, so addieren sich die vom elektrischen und vom magnetischen Feld herrührenden Kraftwirkungen vektoriell, und wir erhalten für die auf das Elektron wirkende Kraft den zuerst von LORENTZ angegebenen Ausdruck

$$\mathfrak{K} = -e\mathfrak{E} - e[\mathfrak{v}, \mathfrak{H}]. \tag{34}$$

Die vom Elektron unter dem Einfluß dieser Kraft ausgeführte Bewegung ist im allgemeinen recht komplizierter Natur.

Um ein Beispiel vor Augen zu haben, wollen wir zunächst einen relativ einfachen Fall betrachten. Die Kraftlinien eines homogenen elektrischen und eines homogenen magnetischen Feldes mögen aufeinander senkrecht stehen, und das Elektron möge zur Zeit $t = 0$ seine Bewegung im Koordinatenanfangspunkt von der Ruhe aus beginnen. Die elektrische Feldstärke $\mathfrak{E}$ habe die Richtung der negativen x-Achse ($\mathfrak{E} = \mathfrak{E}_x = -E$), die magnetische Feldstärke $\mathfrak{H}$ die Richtung der z-Achse ($\mathfrak{H} = \mathfrak{H}_z = H$). Für die Komponenten der Kraft $\mathfrak{K}$ gilt nunmehr nach Gl. (34)

$$\begin{aligned} m\ddot{x} &= \mathfrak{K}_x = eE - e\dot{y}H, \\ m\ddot{y} &= \mathfrak{K}_y = \qquad + e\dot{x}H, \\ m\ddot{z} &= \mathfrak{K}_z = 0. \end{aligned}$$

Da somit $\ddot{z}$ identisch verschwindet, behalten z und $\dot{z}$ dauernd den Wert Null, den sie zu Anfang der Bewegung hatten, d. h. die Bewegung des Elektrons verläuft in der xy-Ebene. Die beiden ersten Gleichungen, die diese Bewegung bestimmen, können wir zu einer einzigen zusammenfassen, wenn wir die komplexe Variable $u = x + iy$ einführen ($i = \sqrt{-1}$), und die mit i multiplizierte zweite Gleichung zur ersten addieren. Es entsteht so

$$m\ddot{u} = eE + eiH\dot{u}.$$

Diejenige Lösung dieser linearen Differentialgleichung, die unseren Anfangsbedingungen ($u = \dot{u} = 0$ für $t = 0$) genügt, lautet[2]

$$u = \frac{mE}{eH^2}\left(1 - e^{+i\frac{e}{m}Ht} + i\frac{e}{m}Ht\right).$$

Um von u zu den Koordinaten x, y unseres Massenpunktes zurückzugelangen,

---

[1] Man beachte, daß seine Ladung $-e$ ist, vgl. S. 3, Anm. 2.

[2] Eine Verwechslung der Elektronenladung e in e/m mit der Basis e der natürlichen Logarithmen ist nicht zu befürchten.

brauchen wir nur den Real- und den Imaginärteil dieser Gleichung getrennt zu betrachten:

$$\left.\begin{aligned} x &= \frac{m}{e}\frac{E}{H^2}\left(1 - \cos\frac{e}{m}Ht\right), \\ y &= \frac{E}{H}t - \frac{m}{e}\frac{E}{H^2}\sin\frac{e}{m}Ht. \end{aligned}\right\} \tag{35}$$

Wir finden also, daß die x-Koordinate des Elektrons stets zwischen Null und $\frac{2mE}{eH^2}$ liegt, während die y-Koordinate dauernd zunimmt. Das heißt, das Elektron schreitet nicht, wie man zunächst erwartet, in der Richtung des elektrischen Feldes, sondern senkrecht zu den Kraftlinien beider Felder fort. Die Geschwindigkeit dieses Fortschreitens ist im Mittel gleich E/H. Die in Abb. 24 dargestellte Bahnkurve ist eine Zykloide, d. h. eine Kurve, wie sie die auf dem Umfang eines Rades gelegenen Punkte beschreiben, wenn das Rad auf einer Ebene rollt. Eine solche Kurve mußten wir bei unserem Beispiel auch erwarten, denn nach der speziellen Relativitätstheorie gibt es, wenn das elektrische Feld nicht zu groß ist, ein bewegtes Koordinatensystem, in dem das elektrische Feld verschwindet, nämlich das System, das sich mit der Geschwindigkeit $v = E/H$ senkrecht zu beiden Feldern bewegt[1]. In diesem Felde bilden die Elektronenbahnen Kreise, die mit konstanter Geschwindigkeit durchlaufen werden, so daß durch Überlagerung der beiden Bewegungen eine Rollkurve zustande kommen muß.

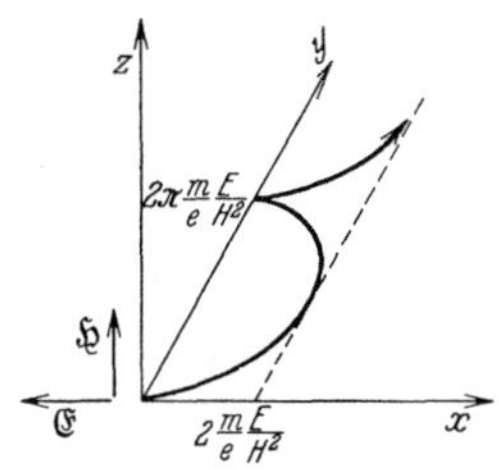

Abb. 24. Zykloidenbahn im kombinierten elektrisch-magnetischen Felde.

Sowohl diese Überlegung als auch die vorangehende Rechnung läßt sich leicht auf den Fall erweitern, daß das Elektron zu Anfang nicht in Ruhe ist, doch wollen wir hierauf nicht näher eingehen. Wir wollen uns hier vielmehr die Frage vorlegen, wie sich diese komplizierten Bewegungsformen in unsere optische Umdeutung der Elektronenbewegungsgesetze einordnen lassen.

Da sich die Elektronenbahnen in einem beliebigen, zeitlich konstanten elektromagnetischen Feld, abgesehen von der Umgebung einiger singulärer Bahnen, bei einer stetigen Änderung der Anfangsbedingungen der Bahn stetig ändern, ist der Weg dieser Einordnung ohne weiteres vorgezeichnet. Aus Hamiltons grundlegenden Arbeiten [186 bis 189] ist bekannt, daß sich ein System von solchen Bahnen umdeuten läßt in ein System von Strahlen in einem Medium, dessen Brechungsindex im allgemeinsten Falle nicht nur vom Orte, sondern auch von der Strahlrichtung abhängt. Wir werden also den Brechungsindex symbolisch in der Form

$$n = n(\mathfrak{r}, \mathfrak{s})$$

schreiben, wobei der Vektor $\mathfrak{r} = (x, y, z)$ den Raumpunkt und der Einheitsvektor $\mathfrak{s}$ die Richtung der Strahltangente andeuten sollen.

Daß der Brechungsindex auch von der Strahl*richtung* abhängen kann, ist durchaus nicht neu. Die Kristalloptik rechnet schon seit langem mit Brechungsexponenten von diesem Typus. Da in einem Kristall die beim Lichtdurchgang mitschwingenden Elektronen in verschiedenen Richtungen verschieden leicht verschiebbar sind, ist die Dielektrizitätskonstante der Kristalle im allgemeinen von der Richtung der elektrischen Feldstärke abhängig. Sie ist also kein Skalar wie im isotropen Medium, sondern ein Tensor. Dies hat zur Folge, daß Feld-

[1] In dem bewegten System ruht natürlich das Elektron nicht zur Zeit $t = 0$.

stärke $\mathfrak{E}$ und Verschiebung $\mathfrak{D}$ nicht mehr die gleiche Richtung haben, und daß die zu $\mathfrak{E}$ und $\mathfrak{H}$ senkrechte Energieströmung in einer Lichtwelle nicht mehr senkrecht zu den durch die Vektoren $\mathfrak{D}$ und $\mathfrak{H}$ hindurchgelegten Wellenflächen (Flächen konstanter Phase) erfolgt. Infolge der Richtungsabhängigkeit der Dielektrizitätskonstanten wird ferner die Phasengeschwindigkeit und damit auch der ihr umgekehrt proportionale Brechungsindex richtungsabhängig.

Ein richtungsabhängiger Brechungsindex tritt ferner bei der Untersuchung des Strahlenganges in bewegten Medien auf [146].

Wir wollen hier auf die komplizierte Ableitung des richtungsabhängigen elektronenoptischen Brechungsindex [159] nicht eingehen, sondern sogleich angeben, wie die unrelativistische Formel (1) und die relativistische Formel (27) bei Vorhandensein eines Magnetfeldes zu ergänzen sind.

Bedeutet $\mathfrak{A}$ das durch $\mathfrak{H} = \operatorname{rot}\mathfrak{A}$ definierte und in [II, 17] genauer diskutierte Vektorpotential, so gilt für langsame Elektronen

$$n = n(\mathfrak{r}, \mathfrak{s}) = \frac{v}{c} - \frac{e}{mc}(\mathfrak{s}, \mathfrak{A}), \tag{36}$$

während der Brechungsindex für beliebig schnelle Elektronen durch

$$n = \frac{\beta}{\sqrt{1-\beta^2}} - \frac{e}{mc}(\mathfrak{s}, \mathfrak{A}) \tag{37}$$

gegeben ist. Da das magnetische Feld die Energie des Elektrons nicht beeinflußt, ist der Zusammenhang zwischen $\beta = \frac{v}{c}$ und dem gegen Kathode gemessenen Potential φ nach wie vor durch den Energiesatz (26)

$$e\varphi = \frac{mc^2}{\sqrt{1-\beta^2}} - mc^2$$

gegeben, der für langsame Teilchen in die gewohnte Form

$$e\varphi = \frac{m}{2}v^2$$

übergeht.

Um zu kontrollieren, ob das Zusatzglied $\frac{e}{mc}(\mathfrak{s}, \mathfrak{A})$ in Gl. (36) tatsächlich den magnetischen Bestandteil der auf das Elektron wirkenden Kraft richtig wiedergibt, denken wir uns φ und damit auch v konstant und $\mathfrak{A}$ durch den Ansatz

$$\mathfrak{A} = A_x = ay$$

gegeben. Diesem Ansatz entspricht ein homogenes Magnetfeld in der z-Richtung:

$$\mathfrak{H} = \mathfrak{H}_z = \operatorname{rot}\mathfrak{A} = -\frac{\partial A_x}{\partial y} = -a \qquad H = |\mathfrak{H}| = a.$$

Für ein in der x-Richtung[1] fliegendes Elektron gilt nach Gl. (36)

$$n = \frac{v}{c} - \frac{eA_x}{mc} = \frac{v}{c} - \frac{eay}{mc} = \frac{v}{c} - \frac{ey}{mc}H; \quad |\operatorname{grad} n| = \frac{eH}{mc}.$$

Setzen wir dies in die Gleichung für den Krümmungsradius [I, 1] ein, so erhalten wir den richtigen Krümmungsradius der Elektronenbahn

$$\varrho = \frac{n}{|\operatorname{grad} n|} = \frac{mv}{eH}, \tag{38}$$

[1] Wir wählen die Richtung von $\mathfrak{A}$ als Flugrichtung, damit bei der Gradientenbildung das Differential des Einheitsvektors $\mathfrak{s}$ senkrecht auf $\mathfrak{A}$ steht und deshalb nicht berücksichtigt zu werden braucht.

wie er sich auch aus der Gleichgewichtsbedingung zwischen der Zentrifugalkraft $\frac{m v^2}{\varrho}$ und der aus Gl. (34) zu entnehmenden magnetischen Kraft $e v H$ ergibt:

$$\frac{mv^2}{\varrho} = e v H; \quad \varrho = \frac{m v}{e H}.$$

Die Formeln (36) und (37) für den Brechungsindex geben die Möglichkeit, die mathematische Behandlung der elektrisch-magnetischen Linse in ähnlicher Weise wie die der rein elektrischen Linse an die bekannten Methoden der Lichtoptik anzuschließen. Auf diesem Wege wurde von W. GLASER [159 bis 162] eine Theorie der Elektronenlinsen entwickelt, die alle Daten der Linsen einschließlich der Linsenfehler zu berechnen gestattet.

Wir wollen hier aus den gleichen Gründen wie bei der rein elektrischen Linse nicht auf diese sich eng an die höhere Optik anlehnende Theorie eingehen, sondern in einem späteren Kapitel [III, 21] eine Methode entwickeln, die — zwar mit weniger Eleganz, aber dafür unter Verwendung einer dem Physiker und Techniker geläufigeren Rechenmethode — dieselben Ergebnisse abzuleiten gestattet.

Es sei hier noch eine Eigentümlichkeit erwähnt, die das magnetische Feld mit sich bringt. Während in der Lichtoptik und in der rein elektrischen Elektronenoptik das Bild gegenüber dem Gegenstand entweder überhaupt nicht oder um 180^0 verdreht ist, kann der Drehwinkel bei Mitwirkung eines Magnetfeldes beliebige Werte annehmen, wie zuerst BUSCH [79] auf theoretischem Wege feststellte. Dieser Drehwinkel hat für achsenferne und für stark geneigte Strahlen einen etwas anderen Wert als für achsennahe, wenig geneigte Strahlen. Die dadurch hervorgerufene Verwaschung des Bildes wollen wir mit GLASER als „Bildzerdrehung" bezeichnen. Bei den experimentellen Untersuchungen ist dieser neue, dem Magnetfeld eigentümliche Linsenfehler bisher bis auf wenige Sonderfälle (Abb. 109) nicht störend in Erscheinung getreten, so daß wir auch nicht mehr von ihm sprechen werden.

15. Folgerungen aus der Thermodynamik. Zum Schlusse dieses Kapitels wollen wir noch auf einige Ergebnisse der Thermodynamik eingehen, die sich ohne weiteres auf die Optik und Elektronenoptik übertragen lassen.

Die Thermodynamik verlangt bekanntlich, daß Wärme niemals vom kälteren zum wärmeren Körper fließt, ohne daß äußere Arbeit geleistet wird. Denken wir uns etwa einen Wärme ausstrahlenden Körper A und einen kälteren Körper B mit einem beliebigen optischen System dazwischen, so darf es nicht möglich sein, daß die von dem Körper A ausgehende Wärmestrahlung den Körper B auf eine höhere Temperatur als die des Körpers A aufheizt. Die „Temperatur"[1] der vom Körper A ausgehenden Strahlung darf sich also beim Durchgang durch das optische System nicht erhöhen. Sehen wir von Absorption und Streuung im Innern des optischen Systems ab, so ist der Strahlengang reversibel, und die Thermodynamik verlangt, daß bei gleicher Temperatur von A und B der Körper B durch die von A kommende Strahlung nicht abgekühlt wird, d. h. die Temperatur der Strahlung darf sich nun beim Durchgang durch das optische System auch nicht erniedrigen.

Wir gelangen also zu dem Schluß: Durchsetzt Strahlung irgendein beliebiges (nicht absorbierendes) optisches System, so hat sie an jeder Stelle vor, in und hinter dem System die gleiche Temperatur. Um aus diesem reichlich

[1] Auch der Strahlung, dem „Lichtquantengas", kommt eine gewisse Temperatur zu. Die Strahlung ist so lange imstande, Wärme an ihre Umgebung abzugeben, als ihre Temperatur die der Umgebung übertrifft.

allgemeinen Satz Schlüsse ziehen zu können, benötigen wir zunächst die Verknüpfung zwischen Brechungsindex und Strahlungsdichte für eine bestimmte Temperatur. Die Theorie der Hohlraumstrahlung lehrt, daß die Temperatur desjenigen Teiles der Strahlung, dessen Frequenz zwischen ν und $\nu + d\nu$ gelegen ist, nur von der Größe ϱ abhängt, wobei ϱ so definiert ist, daß $\varrho\, d\nu\, d\omega$ die räumliche Energiedichte desjenigen Teiles der Strahlung ist, dessen Frequenz zwischen ν und $\nu + d\nu$ und dessen Fortschreitungsrichtung in einem Kegel vom Raumwinkel $d\omega$ gelegen ist[1].

Da infolge der Linearität der Wellengleichung des Lichtes die einzelnen Bestandteile der Strahlung voneinander unabhängig sind, muß auch für den herausgegriffenen Bestandteil die Forderung der Temperaturkonstanz und damit der Unveränderlichkeit von ϱ erfüllt sein. Betrachten wir nun denjenigen Bruchteil der herausgegriffenen Strahlung, der in der Zeit t die zum Strahl senkrechte Fläche dq_0 passiert, so muß ferner nach dem Energiesatz die Energie $\varrho\, d\nu\, d\omega\, dq \cdot ct$ dieses Bruchteils für das durch das optische System entworfene Bild dq der Fläche dq_0 dieselbe sein wie für die Fläche dq_0 selbst. Wegen der Gleichheit von ϱ, t und $d\nu$ heißt das aber, daß die Größe

$$dq\, d\omega$$

in Bild und Gegenstand dieselbe ist.

Haben wir also beispielsweise ein optisches System vor uns, das den Querschnitt eines Strahlenbüschels auf ein Viertel verringert, so verlangt die Thermodynamik, daß das optische System gleichzeitig die Winkeldivergenz $d\omega$ des Strahls auf das Vierfache erhöht. In der Tat überzeugt man sich leicht, daß die in Abb. 25 dargestellte einfache Linse, die im Verhältnis 2 : 1 verkleinert (Querschnittsverringerung 4 : 1), den gezeichneten Strahlenkegel auf den doppelten Öffnungswinkel, also den vierfachen Raumwinkel, erweitert. Unser thermodynamischer Schluß ist die Erweiterung dieses hier fast trivialen Resultats auf beliebige optische Systeme.

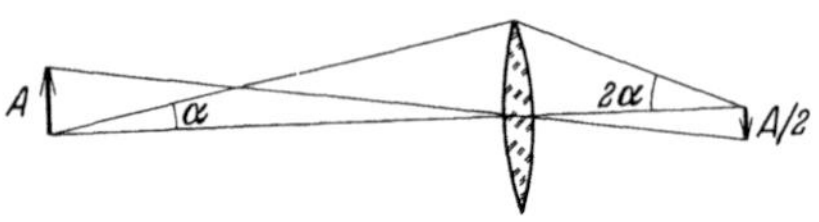

Abb. 25. Schema eines Strahlenganges.

In gleicher Weise folgt aus der Konstanz von $d\omega\, dq$, daß ein optisches System, das ein Strahlenbündel gleichrichtet, indem es die Winkelunterschiede der einzelnen Strahlen verringert, notwendig den Querschnitt des Strahlenbündels erhöht. Auch hierfür liefert Abb. 25 ein Beispiel, wenn man den Strahlengang von rechts nach links verfolgt.

Stehen die beiden herausgegriffenen Flächen dq_0 und dq zueinander nicht in der Beziehung von Bild und Gegenstand, so wird den Querschnitt dq im allgemeinen auch Strahlung innerhalb des herausgegriffenen Richtungskegels durchfließen, die den Querschnitt dq_0 nicht passiert hat, d. h. für den Querschnitt dq ist die durchfließende Energie $\varrho\, d\varphi\, d\omega\, dq \cdot ct$ *größer* als für den Querschnitt dq_0. Aus

$$\varrho\, d\nu\, d\omega\, dq\, ct \geqq \varrho_0\, d\nu_0\, d\omega_0\, dq_0\, ct \tag{39}$$

folgt aber wegen $\varrho = \varrho_0$, $d\nu = d\nu_0$:

$$dq\, d\omega \geqq dq_0\, d\omega_0\,.$$

[1] Vgl. die PLANCKsche Strahlungsformel $\varrho = \dfrac{2h\nu^3\, d\nu\, d\omega}{c^3\left(e^{\frac{h\nu}{kT}} - 1\right)}$.

In Worten: Das Produkt aus Strahlquerschnitt und Winkeldivergenz kann nicht kleiner werden, als es auf dem Strahler war[1].

Unsere nächste Aufgabe ist nun die, dieses unter der Voraussetzung des Brechungsindex 1 in Gegenstand- und Bildraum abgeleitete Resultat auf Gebiete unterschiedlicher Brechungsindizes zu erweitern. Betrachten wir dazu zwei Strahler von gleicher Temperatur, zwischen denen sich der Brechungsindex von n_0 auf n ändert (Abb. 26). Die Änderung des Brechungsindex möge dabei so stetig erfolgen, daß an der in der Abbildung gestrichelt eingezeichneten Begrenzungsfläche keine Reflexionen eintreten [I, 9]. Denken wir uns nun das System im thermodynamischen Gleichgewicht und greifen wir diejenigen Strahlen heraus, deren Frequenzen zwischen ν_0 und $\nu_0 + d\nu$ und deren Richtungen in dem die eingezeichnete Richtung umgebenden Winkelbereich $d\alpha_0\, d\beta_0$ gelegen sind ($d\alpha_0$ in der Zeichenebene, $d\beta_0$ kleiner Winkel gegen die Zeichenebene), so schaffen diese Strahlen in der Zeit t die Energie

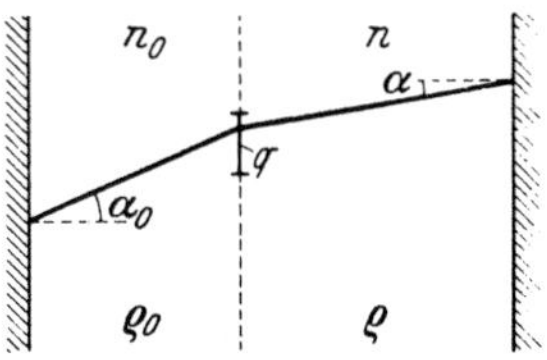

Abb. 26. Zum Strahlungsaustausch.

$$\varrho_0\, d\alpha_0\, d\beta_0 \cdot q \cos\alpha_0 \cdot c\, t\, d\nu_0$$

von links und rechts durch das Gebiet q der Trennungsfläche hindurch. Da thermodynamisches Gleichgewicht herrschen soll, ist diese Energie gleich der von rechts nach links durch die gleiche Fläche fließenden Energie, die links der Trennungsfläche in den betrachteten Richtungskegel $d\alpha_0\, d\beta_0$ fällt:

$$\varrho_0\, d\nu_0\, d\alpha_0\, d\beta_0\, q \cos\alpha_0 \cdot c\, t = \varrho\, d\nu\, d\alpha\, d\beta\, q \cos\alpha \cdot c\, t\,.$$

Da die Frequenz durch die Brechung nicht geändert werden kann, ist $d\nu = d\nu_0$. Ferner gilt nach dem Brechungsgesetz [I, 1]:

$$n_0 \sin\alpha_0 = n \sin\alpha\,, \quad \text{also} \quad n_0 \cos\alpha_0\, d\alpha_0 = n \cos\alpha\, d\alpha\,,$$
$$n_0\, \beta_0 = n\, \beta\,, \quad \text{also} \quad n_0\, d\beta_0 = n\, d\beta\,.$$

Setzen wir dies in die vorige Gleichung ein, so erhalten wir

$$\frac{\varrho}{\varrho_0} = \frac{n^2}{n_0^2}\,. \tag{40}$$

Diese Beziehung muß von der speziellen Anordnung, die wir betrachtet haben, unabhängig sein. Denn, wäre es möglich, mit Hilfe irgendeines optischen Systems Strahlen von dem einen Strahler zum anderen zu bringen, für die dieses Gesetz nicht gilt, so würden diese Strahlen das thermodynamische Gleichgewicht stören und zwischen den beiden Strahlern Temperaturdifferenzen schaffen. Diese Temperaturdifferenzen ließen sich zur Gewinnung von Arbeit ausnützen und das Perpetuum mobile (zweiter Art) wäre fertig.

Setzen wir Gl. (40) in Gl. (39) ein, so finden wir die gesuchte Verknüpfung zwischen Strahlquerschnitt, Winkeldivergenz und Brechungsindex

$$n^2\, d q\, d\omega \geqq n_0^2\, d\omega_0\, d q_0\,, \tag{41}$$

in der das Gleichheitszeichen wieder für den Fall gilt, daß dq das Bild von dq_0 ist.

Infolge der Ableitbarkeit aus der Thermodynamik, die als eine Art Gesetzmäßigkeit höherer Ordnung über der gesamten Mechanik und Optik steht, gilt

[1] Man kann an Stelle der Ungleichung die Gleichung $dq\, d\omega = dq_0\, d\omega_0$ schreiben, wenn man unter $d\omega$ nicht die Winkeldivergenz des ganzen Büschels, sondern den Mittelwert der an den einzelnen Punkten des Querschnitts gemessenen Winkeldivergenz der zum betrachteten Büschel gehörigen Strahlen versteht.

diese Beziehung nicht nur für die Abbildung durch zentrierte Linsensysteme, wo sie in der Form

$$n\,\alpha\,d\alpha = n_0\,\alpha_0\,d\alpha_0$$

als HELMHOLTZ*scher Satz* bekannt ist, sondern auch für ganz beliebige nichtzentrierte Systeme mit isotropen und anisotropen Medien.

Bisher haben wir nur immer vom Licht gesprochen. Wegen der engen Analogie zwischen geometrischer Licht- und Elektronenoptik läßt sich aber diese Beziehung ohne weiteres auch auf die Bewegung von Elektronen übertragen[1]. Wir erhalten unter Benützung von Gl. (1):

$$v^2\,d q\,d\omega \geqq v_0^2\,d\omega_0\,d q_0\,, \tag{42}$$

wobei das Gleichheitszeichen wieder für den Fall der Abbildung gilt. Da $\int d\omega$ als räumlicher Winkel nicht größer als 2π werden kann, ist es also unmöglich, die von einer Kathode (Fläche q_0) mit endlicher Geschwindigkeit v_0 in beliebigen Richtungen ($\int d\omega_0 \approx 2\pi$) ausgehenden Elektronen durch einen Querschnitt $q < q_0 \frac{v_0^2}{v^2}$ hindurchzuführen [V, 2].

II. Die brechenden Medien der Elektronenoptik.

Nachdem wir im ersten Kapitel die Analogien und Unterschiede zwischen Lichtquanten und Elektronen im allgemeinen, zwischen den Lichtstrahlengängen und den Elektronenbahnen im besonderen kennengelernt haben, sollen nun die praktischen Konsequenzen aus den bestehenden Analogien gezogen werden. Dabei mögen in diesem Kapitel zunächst die brechenden Medien der Elektronenoptik, d. h. das elektrische und magnetische Feld, genauer diskutiert und eine Klassifikation der verschiedenen Felder gegeben werden, wie es den Bedürfnissen der praktischen Elektronenoptik entspricht.

a) Allgemeines über elektronenoptische Medien.

1. Schattenwurf und Lochkamera. HITTORF [200], der Entdecker der Kathodenstrahlen, stellte bereits „die geradlinige Fortpflanzung des Glimmens“[2] fest. Er fand diese Erscheinung besonders deutlich, wenn die Strahlung von einer punktförmigen Kathode ausging und beobachtete dann auch den Schattenwurf der Strahlung. „Befindet sich unter solchen Verhältnissen irgendein Gegenstand in dem mit Glimmlicht erfüllten Raume, so wirft er einen scharfen Schatten auf die fluoreszierende Wand, indem er eben den Lichtkegel, der von der Kathode als Spitze um seine Oberfläche geht, davon ausschließt.“ Weitere Versuche in dieser Richtung stammen von GOLDSTEIN und in besonders schöner Form von CROOKES [91, 92], dessen Experiment mit einem Schatten werfenden Kreuz (Abb. 27) als Demonstrationsversuch auch heute noch beliebt ist.

Hatten bereits diese Versuche den geometrisch-optischen Charakter der Kathodenstrahlung gezeigt, so wurde er noch deutlicher, als LENARD [258, 259] seine bekannten Untersuchungen mit dem Fensterrohr ausführte.

---

[1] Man kann die Beziehung auch in ähnlich allgemeiner Weise für Elektronen direkt ableiten. Wenn ein statistisches Gleichgewicht zwischen Elektronen möglich sein soll, so muß die Phasenraumdichte der Elektronen in einem Elektronenstrahlbündel bei beliebigen Beeinflussungen des Bündels unverändert bleiben, woraus Gl. (42) unmittelbar folgt. Infolge dieser Ableitung überträgt sich Gl. (42) auch auf den Fall, daß Beugung mit im Spiele ist. Ferner verschwinden die Bedenken, die man hinsichtlich der Übertragung von Gl. (41) auf die spezielle Art der Anisotropie, wie sie ein Magnetfeld hervorruft, hegen könnte.

[2] Die Bezeichnung „Kathodenstrahlen“ wurde erst 7 Jahre später von GOLDSTEIN [163] eingeführt.

Breiten sich Strahlen geradlinig aus, so müssen sich auch mit ihnen, in gleicher Weise wie mit Licht, Abbildungen strahlender Körper *ohne* brechende Medien erzielen lassen. Man hat nur vor den Strahler eine möglichst enge Blende und dahinter einen Schirm aufzustellen, um die „Lochkamera"-Abbildung des Strahlers zu erhalten.

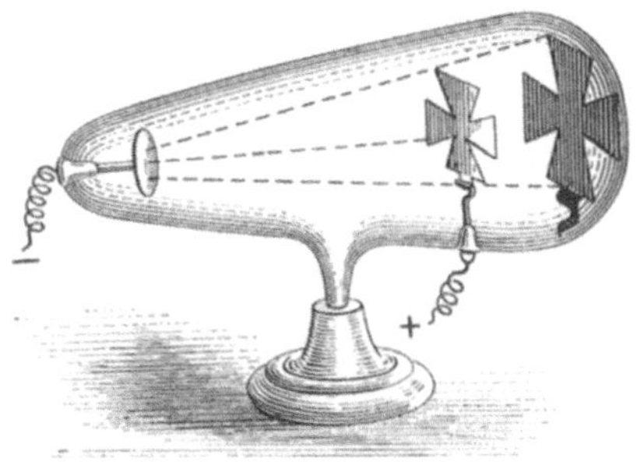

Abb. 27. Schattenwurf von Kathodenstrahlen [92].

Knoll und Ruska [245] haben in neuerer Zeit einige derartige Versuche durchgeführt. Sie brachten in dem Rohr eines Hochspannungsoszillographen eine geeignete Blende an, die gleichzeitig als Anode diente. Der Abstand von der kalten Kathode, deren Brennfleck rund 2 mm Durchmesser hatte, betrug ca. 15 cm; die Elektronenenergie 50 kV. Von den erhaltenen Abbildungen zeigt Abb. 28a das Lochkamerabild des Kathodenflecks in 12facher Vergrößerung, das mit einer Rechteckblende von 0,22 × 0,07 mm erhalten wurde. Auf der Aufnahme ist deutlich die verschiedene Abbildungsschärfe in den beiden Achsenrichtungen des Blendenrechtecks zu erkennen. Ein anderes Bild, das in achtfacher Vergrößerung durch eine Blende mit kreuzförmig angeordneten Kreislöchern (0,1 mm Durchmesser) erhalten wurde, gibt Abb. 28b.

Reine Lochkamerabilder sind diese Aufnahmen allerdings insofern nicht, als das vor der Kathode liegende Beschleunigungsfeld eine sammelnde und richtende Wirkung auf die Kathodenstrahlen ausübt [III, 8]. Diese Richtwirkung zeigt sich bei Abb. 28b z. B. daran, daß die äußeren Lochkamerabilder von dem emittierenden Ring nur noch einen Punkt abbilden[1]. Wollte man Lochkameraexperimente in reiner Form durchführen, so wäre z. B. ein Netz mit *diffuser* Strahlung zu durchleuchten und dann durch die Lochblende abzubilden.

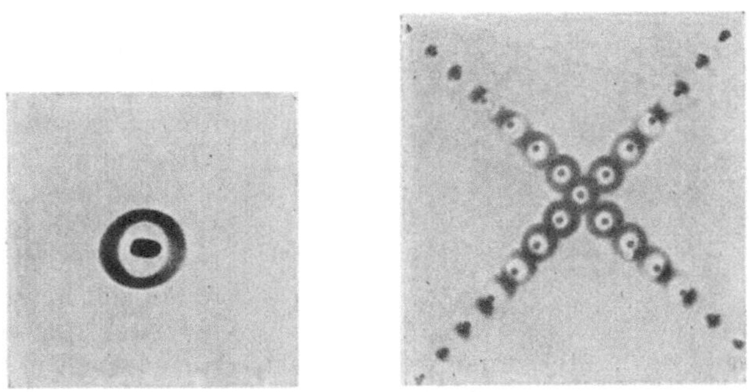

a) durch Rechteckblende b) durch ein Kreuz kleiner Kreislochblenden

Abb. 28. Lochkamerabilder des Kathodenflecks eines Hochspannungs-Oszillographen [245].

Jedenfalls zeigen die beschriebenen Abbildungen, daß sich mit Elektronenstrahlen tatsächlich Bilder einfacher selbstemittierender Objekte herstellen lassen. Wir werden daher versuchen, den von der Lichtoptik vorgezeichneten Weg zu gehen, indem wir Linsen und ähnliche Hilfsmittel auch bei Elektronenstrahlen einführen.

2. Nachbildung von Brechungselementen durch Doppelschichten. Daß eine Grenzfläche zwischen zwei Gebieten verschiedenen Potentials als brechende Fläche für Elektronenstrahlen wirkt, sahen wir bereits [I, 1]. Eine solche

[1] Man könnte versuchen, sich aus den verschiedenen Lochkamerabildern geradezu ein Profilbild der durch die Entladung zerfressenen Kathodenoberfläche abzuleiten [VI, 19].

Doppelschicht kann man als Kondensator mit unendlich nahen Platten, auffassen. Es liegt daher nahe, die aus der Lichtoptik bekannten Gebilde wie Linse und Prisma in der Weise unmittelbar auf das elektrische Gebiet zu übertragen, daß man die Grenzflächen der Glaslinsen durch gewölbte Kondensatoren mit möglichst nahen Platten nachbildet [245].

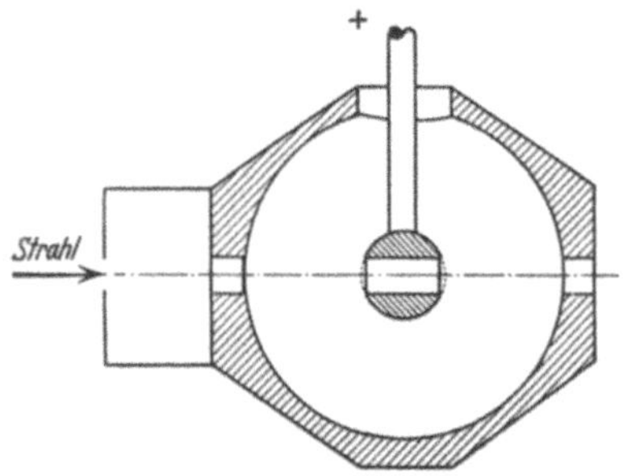

Abb. 29. Kugelkondensator als „Linse" für Elektronen [245].

So einfach und verlockend dieser Gedanke scheint, so schwer, ja unmöglich, ist seine praktische Durchführung. Die Herstellung von Grenzflächen aus dünnsten Folien wird wegen der zu großen Absorption, ganz abgesehen von Herstellungsschwierigkeiten, kaum in Spezialfällen Erfolg versprechen[1]. Es bleibt die Anwendung von Kondensatoren aus Metallnetzen, jedoch hat diese Lösung für Abbildungszwecke natürlich nur dann Wert, wenn es gelingt, die Störung des Feldes, die jeder Netzfaden und jedes Loch bedingen, durch Wahl feinster Metallnetze klein zu machen. Was wir mit den heutigen Mitteln herzustellen vermögen, entspricht Glaslinsen mit groben Unebenheiten an der Oberfläche (Butzenscheiben!)[2].

Knoll und Ruska [245] haben einige Versuche mit Linsen unter Verwendung von Netzen durchgeführt, aus denen man diese Mängel sehr deutlich erkennt. Sie verwandten den in Abb. 29 dargestellten Kugelkondensator, dessen mittlere Elektrode entsprechend durchbohrt und dann durch Netze in ihrer Kugelform wiederhergestellt war. Abb. 30a zeigt das mit dieser Anordnung erhaltene Bild der in Abb. 30b dargestellten T-Blende[3], die von rückwärts mit Kathodenstrahlen „beleuchtet" wurde.

a) mit Kugelkondensator-„Linse"

b) mit magnetischer Linse.

Abb. 30. Elektronenbild einer T-Blende [245].

Es ist anzunehmen, daß die Abbildung bei Verwendung einer eigentlichen Netzlinse, in der die Netze nahe aneinander angeordnet sind („Doppelschicht"), noch wesentlich schlechter sein wird. Man wird daher Linsen unter Verwendung von Netzen nur dort anwenden können, wo es vorzugsweise auf die *Konzentration* eines Strahlenbündels ankommt. So scheint es den Verfassern auch nicht unmöglich, daß die für den Hochspannungsoszillographen vorgeschlagene Verwendung einer Elektronenlinse mit Netz [239] einen Erfolg bedeutet, zumal wenn man feinmaschige[4] Netze wählt, und wenn die Linse selbst nicht zu klein ist [V, 18].

Ruska [340, S. 650] hat diesem Mangel der Netzlinsen die Parallelverschiebung der Strahlung infolge der endlichen Dicke der „Feldschicht" als zweiten

[1] Schon gar nicht kommt in Frage, die Linse als Ganzes aus Metall auszubilden und den an der Oberfläche eines Metalls vorhandenen Potentialsprung zu verwerten.

[2] Anm. b. d. Korr. Trotzdem werden auch heute noch allen Ernstes solche „Netzlinsen" zu Abbildungszwecken diskutiert. Vgl. v. Ardenne [7a] und die Bemerkung dazu von Brüche [63].

[3] Das in Abb. 30b wiedergegebene Bild der T-Blende ist ebenfalls ein Elektronenbild, aufgenommen mit einer einwandfrei abbildenden magnetischen Linse.

[4] Heute teilt Knoll [240] nicht nur die Anschauung der Verfasser [64, S. 355], daß Kugelkondensatoren und Netzlinsen für Abbildungszwecke wertlos sind, sondern vertritt sogar die Anschauung, daß diese Sammelelemente auch bei Braunschen Röhren auszuscheiden seien.

Unterschied gegenüber der Glaslinse zur Seite gestellt, während er die Absorption der Netzdrähte mit der Lichtabsorption von Glaslinsen verglich. Ferner hat RUSKA darauf hingewiesen, daß sich z. B. mit einer bikonvexen Netzlinse nicht nur Sammel-, sondern ebenso auch Zerstreuungswirkungen erzielen lassen[1] (Abb. 31a und b). Der Grund dafür liegt darin, daß sich der Brechungsindex im Innern der Netzlinse durch Spannungsumkehr größer oder kleiner als der des umgebenden Raumes machen läßt. Die Lichtoptik besitzt die Möglichkeit, den Brechungsindex der Linse kleiner zu machen als den der Umgebung, nur in Ausnahmefällen (z. B. Unterwasserphotographie). Schließlich kann die erste ,,Feldschicht" der Netzlinse — wir nehmen eine idealisierte Netzlinse an — auch eine Reflexion der Strahlen bedingen (Abb. 31c).

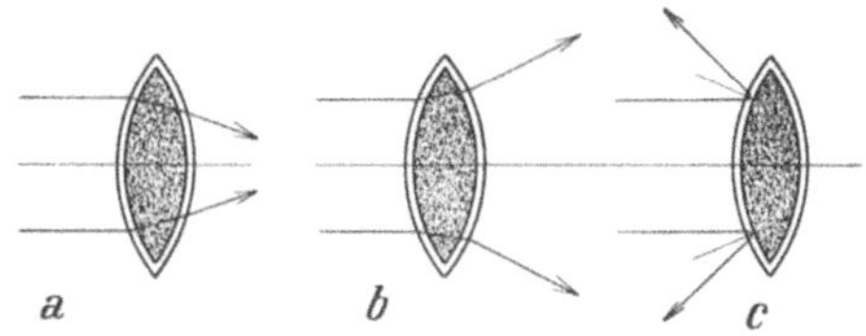

Abb. 31. Wirkung einer Elektronenlinse, die aus Doppelschichten gebildet ist.

In Abb. 32 ist versucht, diese Eigentümlichkeiten einer der lichtoptischen Linse nachgebildeten Elektronenlinse in einer schematischen Darstellung zusammenzufassen. Dazu ist eine sphärische Grenzfläche vom Krümmungsradius ϱ zugrunde gelegt, deren Innenbelegung das wählbare Potential E_L hat, während die in Volt gemessene Energie der ankommenden Elektronen mit U bezeichnet sei[2]. In der Abbildung wurde die Brennweite der Grenzfläche für verschiedene E_L aufgetragen. Ist zunächst $E_L = 0$, so ist $f = \infty$. Mit wachsendem E_L werden die Elektronen immer mehr zur Normalen der Grenzfläche gerichtet, so daß bei unbegrenzt wachsendem E_L die Brennweite schließlich den Wert ϱ erreicht. Wählen wir nun E_L negativ, so wirkt die Grenzfläche zerstreuend, d. h. die Brennweite ist negativ. Bei Erhöhung des negativen Potentials wird die Brennweite immer kleiner, bis schließlich die Elektronen das Gegenfeld nicht mehr zu durchdringen vermögen. Die Grenzfläche wird zum Konvexspiegel, dessen Brennweite sich durch Erhöhung des negativen Potentials natürlich nicht mehr verändert, sondern stets die Größe $\varrho/2$ hat.

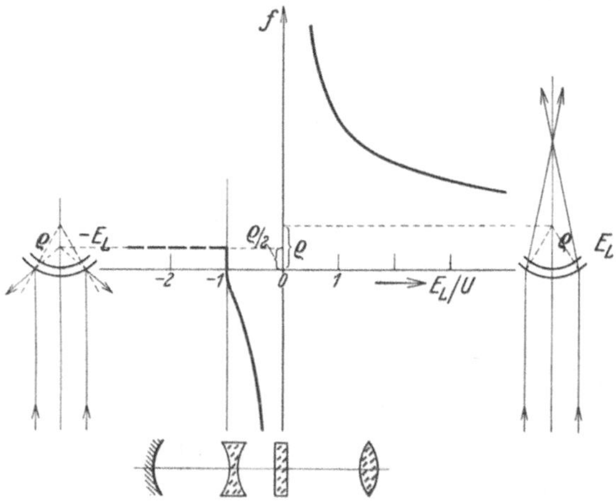

Abb. 32. Brennweitenkurve einer sphärischen Doppelschicht.

Für denjenigen Leser, der sich für die Ableitung der in Abb. 32 dargestellten Brennweitenkurve interessiert, sei noch folgendes nachgetragen: Wir benutzen die ,,optische" Abb. 23, in der wir nur statt der verschiedenen Brechungsindizes $n - \Delta n$ und n die verschiedenen Elektronengeschwindigkeiten v_1 und v_2

[1] Die Verallgemeinerung, daß dies, wie es verschiedene Autoren vermuteten, für jede Elektronenlinse gelte, ist falsch [III, 5].

[2] Wir werden auch fernerhin unter U die in Volt gemessene Energie verstehen [Anhang f], wobei wir in Erinnerung behalten, daß in Wirklichkeit erst eU die Energie des Elektrons darstellt.

zu setzen haben, denen die Potentiale φ_1 und φ_2 bzw. die Voltenergien U und $U + E_L$ entsprechen. Da die Tangentialkomponente der Geschwindigkeit bei der Brechung nicht geändert wird, gilt

$$v_1 \sin \alpha = v_2 \sin \beta .$$

Nun ist für achsennahe Strahlen

$$\alpha \approx \operatorname{tg} \alpha = \frac{r}{\varrho}\,; \quad \alpha - \beta \approx \operatorname{tg}(\alpha - \beta) = \frac{r}{f}\,, \quad \text{also} \quad \beta = \frac{r}{\varrho} - \frac{r}{f}\,,$$

und aus der ersten Gleichung erhalten wir

$$f = \frac{v_2 \varrho}{v_2 - v_1} = \frac{\varrho}{1 - \frac{v_1}{v_2}} = \frac{\varrho}{1 - \sqrt{\frac{U}{U + E_L}}}\,.$$

3. Aufbau von Brechungselementen durch inhomogene Medien [58]. Weder die Lochkameraabbildung noch die Abbildung durch Netzlinsen konnten uns befriedigen. Sie zeigen jedoch, daß die Analogien zwischen lichtoptischen Strahlengängen und den Korpuskelbewegungen nicht nur theoretischer Natur sind, sondern sich auch bis zu einem gewissen Grade praktisch ausnützen lassen. Der Weg, den wir zu gehen haben, ist jetzt, nachdem wir die Netzlinsen und Linsen, die aus Folien aufgebaut werden, als unbrauchbar ausgeschieden haben, klar. Wir werden nicht danach streben, das Potentialfeld in gekünstelte Formen zu zwingen, sondern versuchen, uns der Natur anzupassen. Das bedeutet, daß wir uns in der Elektronenoptik gänzlich auf das in der praktischen Lichtoptik vernachlässigte Gebiet der inhomogenen Medien einzustellen haben. Die Medien der Elektronenoptik sind diejenigen elektrischen und magnetischen Felder, die nicht durch Elektroden im Gebiet des Strahlenganges gestört sind, also quellen- und wirbelfreie Felder.

In der geometrischen Elektronenoptik ist es unsere Aufgabe, von der wir im nächsten Kapitel ausführlich sprechen werden, aus den herstellbaren ladungs- und stromfreien Feldern geeignete Feldanordnungen herauszusuchen. Es sei vorgreifend erwähnt, daß bei den elektrischen Feldern dem Felddurchgriff durch ein Kreisloch, bei den magnetischen Feldern dem Feld einer Spule besondere Bedeutung zukommt. Wir werden sehen, daß diese Felder als die elementarsten Linsentypen der geometrischen Elektronenoptik aufzufassen sind.

Mit dem grundsätzlichen Verzicht auf die Erzwingung von willkürlichen Feldern und der Begnügung mit natürlichen Potentialfeldern legen wir uns — oder richtiger — müssen wir uns eine tiefgreifende Beschränkung auferlegen. In der praktischen Lichtoptik war man es gewöhnt, Gebiete mit verschiedenem Brechungsindex in einer zweckmäßig gewählten Grenzfläche (meist Kugelfläche geeigneter Krümmung) aneinander grenzen zu lassen, um dadurch Abbildungskorrektionen durchzuführen. In der elektrischen Elektronenoptik ist dagegen infolge der Bedingung[1]

$$\operatorname{div} \operatorname{grad} \varphi = \Delta \varphi = 0 \tag{1}$$

durch Form und Potential der Elektroden bereits das ganze Potentialfeld festgelegt. Daß das eine lichtoptisch unbekannte Beschränkung ist, sieht man am besten daraus, daß bereits mit der Wahl des Brechungsindex (Potentials) längs der optischen Achse schon die Krümmung aller brechenden Flächen fest-

[1] Die Formel besagt dasselbe, wie der Satz am Ende des vorletzten Absatzes: Es sollen keine Ladungen im Strahlengang verteilt sein. — Näheres über das benutzte mathematische Symbol Δ siehe [II, 10].

gelegt ist [II, 12]. — In dieser Beschränkung ist auch der Grund dafür zu sehen, daß keine einfache elektronenoptische Zerstreuungslinse möglich scheint, die in ein Gebiet mit konstantem Brechungsindex eingelagert ist [III, 5].

Wenn man auf die Güte der Abbildung keinen sehr großen Wert zu legen braucht, wie z. B. bei der BRAUNschen Röhre, kann man auch Raumladungen zulassen. Dann gilt für das Potentialfeld an Stelle von Gl. (1) die Beziehung

$$\operatorname{div} \operatorname{grad} \varphi = \Delta \varphi = -4\pi c^2 \varrho\,, \tag{2}$$

in der ϱ die Dichte der positiven Raumladungen bedeutet. Dieser Fall, von dem wir in Kapitel IV gesondert sprechen wollen, möge bei den weiteren Betrachtungen dieses Kapitels unberücksichtigt bleiben.

Weiterhin wollen wir uns zunächst auf die elektrischen Potentialfelder als elektronenoptische Medien beschränken, denn hinsichtlich der Korpuskelbewegung in magnetischen Feldern besteht, wie wir [I, 14] sahen, keine so unmittelbare Analogie mit den Lichtstrahlengängen.

4. Eigenschaften elektronenoptischer Medien [58]. Zum Aufbau der konstruktiven *Lichtoptik* sind Medien erforderlich, die zwei Bedingungen zu erfüllen haben. Erstens müssen sie für die Strahlung weitgehend durchlässig sein, und zweitens müssen sie sich untereinander genügend stark im Brechungsindex unterscheiden. Glücklicherweise gibt es solche Stoffe. Es sind das Luft, Wasser, Glas, Diamant usw. Daß auch die Luft in der Reihe der durchsichtigen Stoffe steht, erscheint als ein besonders glücklicher Zufall[1].

In der Elektronenoptik liegen die Verhältnisse anders. Hier sind die beiden Forderungen dadurch voneinander unabhängig geworden, daß wir zur Strahlenbrechung nicht die Eigenschaften *materieller* Körper, sondern die von elektrisch-magnetischen Feldern benutzen. Da sich die elektrisch-magnetischen Felder auch im Vakuum herstellen lassen, haben die Medien der Elektronenoptik vor den optischen Medien gänzlich fehlende Absorption und eine weit größere Freiheit in der Wahl des Brechungsindex voraus, für den es keine prinzipielle Einschränkung gibt. Nur in einem Spezialfall der Feldherstellung liegen die Verhältnisse hinsichtlich der Absorption ähnlich wie in der Lichtoptik. Stellen wir nämlich das brechende Potentialfeld durch Raumladungen her, so haben wir einen Intensitätsverlust zu erwarten, der den gleichen Gesetzen folgt, wie die Absorption und Zerstreuung von Licht in Glas, und der zuweilen sehr stark ins Gewicht fällt.

Der prinzipielle Vorteil der Materiefreiheit elektronenoptischer Medien, der auch darin zum Ausdruck kommt, daß sich ein brechendes elektrisches und ein brechendes magnetisches Feld an der *gleichen* Raumstelle anordnen lassen, wird leider durch einen sekundären Umstand wieder kompensiert. Wollten wir etwa versuchen, die Unabhängigkeit des Feldes von der Materie auszunützen, indem wir den Feldraum mit Materie, etwa mit Luft, erfüllen, so würden unsere Strahlen absorbiert werden. Es gibt keinen materiellen Stoff, der für Elektronenstrahlung des interessierenden Geschwindigkeitsbereiches einigermaßen durchlässig wäre. Wir müssen die elektronenoptischen Experimente in Räumen durchführen, die bis auf kleine Bruchteile eines Millimeters Quecksilbersäule evakuiert sind, was die Herstellung und Veränderung von Strahlengängen sehr erschwert.

Einen weiteren Unterschied zwischen den Medien der Licht- und der Elektronenoptik, nämlich die durch die geforderte Quellen- und Wirbelfreiheit des

[1] Im Grunde genommen ist das natürlich kein Zufall, sondern wir Erdbewohner interessieren uns in „unserer“ Optik gerade für diejenigen Strahlen, die durch das uns umgebende Medium hindurchgehen und denen die Natur auch unser Auge angepaßt hat.

Feldes auferlegte Beschränkung in der Wahl des Brechungsfeldes, haben wir schon im vorigen Abschnitt besprochen und als Nachteil erkannt.

Diesen Nachteilen steht ein Vorteil gegenüber. Während nämlich in der Lichtoptik die Brechungseigenschaft einer Anordnung nur ausnahmsweise — z. B. bei der Kristallinse des Auges — geändert werden kann, sind solche Änderungen in der Elektronenoptik in allen Fällen möglich, und zwar in so weiten Grenzen, daß sich mit einer Elektrodenanordnung durch Wahl verschiedener Potentiale (bzw. Ströme) sehr verschiedene optische Wirkungen erzielen lassen. So kann eine elektronenoptische Linse zum ,,Spiegel'' werden, wie es bei Abb. 31, 32 bereits erläutert wurde. Da ferner Potentialänderungen praktisch trägheitslos durchführbar sind, ergeben sich besondere Möglichkeiten. So ist z. B. eine entsprechende Anordnung wie die Fernsehröhre, bei der ein Strahl durch zwei Ablenkelemente mit schnell pendelndem Brechungsindex geschickt wird, so daß er ein quadratisches Feld viele Male in der Sekunde geordnet überstreicht, in der Lichtoptik unbekannt.

5. **Charakterisierung der Brechungseigenschaft.** Ein lichtoptisches Medium wird durch die Kurve charakterisiert, die die Abhängigkeit des Brechungsindex von der Frequenz der Strahlung gibt (Abb. 9). Solche ,,Dispersionskurve'' ist für jedes brechende Medium anders, denn die Frequenzabhängigkeit des Brechungsindex ist in der Lichtoptik durch die von der Art des Stoffes abhängige Lage der Resonanzfrequenzen der Moleküle bedingt.

In der Elektronenoptik, deren Medien nicht materieller Natur sind, verschwindet diese Mannigfaltigkeit der Dispersionskurven. Die elektrische Elektronenoptik hat nur eine sehr einfache Frequenzkurve des Brechungsindex.

Im ersten Kapitel sahen wir, daß bei kleinen Elektronengeschwindigkeiten dem Brechungsindex n der Optik die Geschwindigkeit v der Elektronen entspricht. Es lag daher nahe, v einfach als elektronenoptischen Brechungsindex zu bezeichnen. Um auf eine dimensionslose Größe zu kommen, definierten wir statt dessen in [I, 1] Gl. (1) als Brechungsindex

$$n = \beta \quad \text{mit} \quad \beta = \frac{v}{c}, \tag{3}$$

wobei c die Lichtgeschwindigkeit bedeutet. Diese Beziehung stellt eine Näherungsformel für den Fall dar, daß die kinetische Energie des Elektrons klein gegen seine Ruhenergie mc^2 ist. Da dieser Ruhenergie eine Spannung von ungefähr einer halben Million Volt entspricht, ist die Formel (3) in den meisten Fällen anwendbar.

Sind die Elektronen dagegen schnell (etwa über 30000 Volt), so haben wir mit $E = h\nu$ die allgemeine Formel aus Tabelle 1 (S. 21):

$$n = \frac{m c v}{E \sqrt{1 - \beta^2}} = \frac{1}{E} \sqrt{(E + e\varphi)^2 - m^2 c^4} \tag{4}$$

zu benützen. E bedeutet dabei gemäß [I, 6] Gl. (24) die Gesamtenergie des Elektrons, d. h. die Summe aus seiner kinetischen und seiner potentiellen Energie, vermehrt um seine Eigenenergie mc^2. Diese Formel hat den Nachteil, daß nach ihr der Berechnungsindex nicht nur von der Geschwindigkeit abhängt, sondern auch von der durch den Nullpunkt des Potentials mitbedingten Gesamtenergie. Diese Mehrdeutigkeit läßt sich jedoch bis zu einem gewissen Grade beseitigen, wenn man den bis jetzt noch willkürlichen Potentialnullpunkt dorthin legt, wo die kinetische Energie des Elektrons gerade Null ist. Durch diese ,,Eichung'' des Potentialfeldes wird die kinetische Energie, abgesehen vom

Vorzeichen, gleich der potentiellen Energie, und die Gesamtenergie E wird gleich mc^2. Damit geht aber Gl. (4) über in

$$n = \frac{\beta}{\sqrt{1-\beta^2}} = \sqrt{\frac{2e\varphi}{mc^2} + \frac{e^2\varphi^2}{m^2c^4}}\,. \tag{5}$$

Setzen wir für e, m und c die Zahlenwerte ein und gehen wir von dem Potential φ zu der in Volt gemessenen Elektronenenergie U (die ja[1] nach unserer Eichung des Feldes zahlenmäßig gleich dem in Volt gemessenen Potential ist) über, so finden wir

$$n = 0{,}00198\,\sqrt{U + 0{,}98\cdot 10^{-6}\,U^2}$$

und

$$\beta = \frac{n}{\sqrt{1+n^2}} \approx \begin{cases} 0{,}00198\,\sqrt{U} & \text{für kleine } U\ (U \ll 10^6)\,, \\ 1 - 0{,}13\,\dfrac{10^{12}}{U^2} & \text{für große } U\ (U \gg 10^6)\,. \end{cases}$$

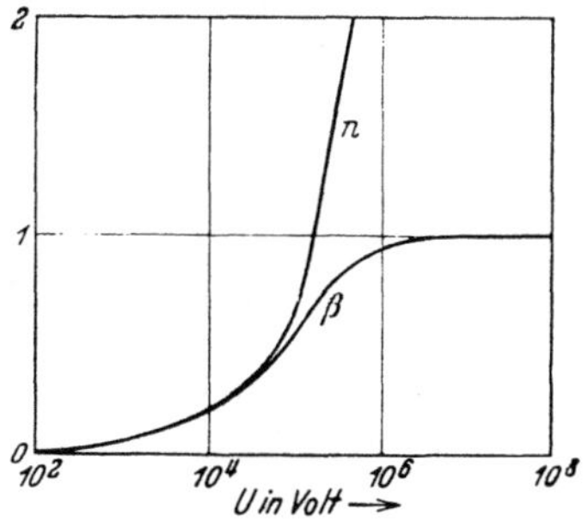

Abb. 33. Brechungsindex n und „Geschwindigkeit" $\beta = \frac{v}{c}$ der Elektronen in Abhängigkeit von der Voltenergie U.

In Tabelle 2 haben wir einige Zahlenwerte für U, β, n und die DE BROGLIE-Wellenlänge $\lambda = \lambda_0/n$, [I, 6] Gl. (25), zusammengestellt[2]. Der Veranschaulichung des Zusammenhanges dient Abb. 33. Man erkennt daraus, daß unterhalb 30 kV die Größen n und β praktisch identisch sind, während oberhalb von 1000 kV keinerlei Ähnlichkeit im Kurvenverlauf mehr besteht.

Tabelle 2.

U in Volt	$\beta = \frac{v}{c}$	$n = \frac{\beta}{\sqrt{1-\beta^2}}$	$\lambda = \frac{\lambda_0}{n}$ in Å
1	0,00198	0,00198	12,2
10	0,00626	0,00626	3,87
10^2	0,0198	0,0198	1,22
10^3	0,0626	0,0626	0,387
10^4	0,195	0,199	0,122
10^5	0,548	0,655	0,0369
$2{,}12\cdot 10^5$	$\frac{1}{2}\sqrt{2} = 0{,}707$	1,000	$\lambda_0 = 0{,}0242$
10^6	0,941	2,78	0,00869
10^7	0,9987	19,6	$0{,}123\cdot 10^{-2}$
10^8	0,999987	196	$0{,}123\cdot 10^{-3}$

6. **Beeinflussung der Medien durch die Strahlung.** Es ist in der Lichtoptik fast eine Selbstverständlichkeit, daß die Lichtstrahlung die Medien nicht verändert. In der Elektronenoptik ist diese Voraussetzung zur Erzielung unverzerrter Strahlengänge und Abbildungen nicht in aller Strenge erfüllt und bedarf daher von Fall zu Fall der Nachprüfung.

Eine Rückwirkung der Elektronen auf das Feld besteht nicht nur, wenn sich der Elektronenstrahl durch einen mit wenig Gas gefüllten Raum bewegt und durch Ionenbildung das Potentialfeld verändert [IV, a], sondern auch im vollständigen Vakuum, denn die Elektronen erzeugen elektrische und magnetische Felder, die sich dem ursprünglichen Feld überlagern und dadurch die optischen

[1] Dabei erinnern wir uns nochmals der Abmachung [Anhang f], daß wir der Kürze halber einfach U an Stelle von eU als Voltenergie des Elektrons bezeichnen.

[2] Vgl. auch LENARD [260]. Ausführliche Tabellen s. FOURNIER [144], KLEMPERER [233, S. 14] und RUPP [337].

Eigenschaften einer gewählten Anordnung ändern. Beispielsweise wird bei einer Abbildungsanordnung (Elektronenmikroskop), wo die Dichteverteilung der abbildenden Elektronen von der Verteilung der Elektronenemission auf der abzubildenden Fläche abhängt, die „Optik" von der Art des abzubildenden Gegenstandes abhängig sein. Wir werden jedoch sehen, daß die durch die Elektronen hervorgerufene Feldverzerrung in allen heute praktisch interessierenden Fällen zu vernachlässigen ist.

Zu diesem Zwecke wollen wir etwas genauer auf die Art dieser Feldverzerrung und die durch sie bedingte Wechselwirkung zwischen den Strahlelektronen eingehen und als einfachstes Beispiel zunächst den Fall zweier parallel fliegenden Elektronen im feldfreien Raum betrachten. Wäre ein Elektron allein vorhanden, so würde es dauernd geradeaus fliegen. Wegen der Anwesenheit des zweiten Elektrons ist es aber der Wirkung zweier Kräfte ausgesetzt: Der elektrostatischen Abstoßungskraft, mit der es von jenem abgestoßen wird, und der Wirkung der von der Bewegung des zweiten Elektrons herrührenden magnetischen Feldstärke, die seine Bahn zum zweiten Elektron hinzukrümmen sucht. („Zwei gleichgerichtete Ströme ziehen sich an.") Welche der beiden Kräfte wird überwiegen? Die Antwort finden wir am einfachsten in folgender Weise:

Nach der speziellen Relativitätstheorie herrschen in einem Koordinatensystem, das sich relativ zum ruhenden Beobachter mit gleichförmiger Geschwindigkeit bewegt, die gleichen Naturgesetze wie für einen ruhenden Beobachter. Lassen wir also einen Beobachter neben den beiden Elektronen herfliegen und fragen wir ihn, welche Kräfte zwischen den Elektronen wirken, so wird er, da ja von ihm aus gesehen die beiden Elektronen ruhen, zwischen ihnen nur die elektrostatischen Abstoßungskräfte beobachten. Er wird uns also mitteilen, daß die beiden Elektronen ihren Abstand dauernd vergrößern. Damit ist es aber sicher, daß auch vom ruhenden Beobachter aus gesehen die ursprünglich parallel fliegenden Elektronen ihren Abstand vergrößern, d. h. die elektrischen Abstoßungskräfte sind größer als die magnetische Anziehung.

Zur quantitativen Durchrechnung verallgemeinern wir unser Beispiel ein wenig, indem wir von einer Vielzahl gleich schneller, parallel fliegender Elektronen, d. h. einem Strahl ausgehen. Wir fragen, um wieviel sich dieser Strahl vom Anfangsradius r_0 nach einer bestimmten Strecke verbreitert haben wird. Dabei nehmen wir an, daß die Strahlverbreiterung $\Delta = \frac{r}{r_0} - 1$ so klein sei[1], daß wir die im Querschnitt konstante Elektronendichte (Anzahl der Elektronen im Kubikzentimeter) auch längs der Strahlbahn als konstant betrachten dürfen.

Denken wir uns zunächst, daß wir mit den Elektronen mitfliegen, so ruhen für uns die Elektronen, und wir brauchen nur die zwischen ihnen herrschenden elektrostatischen Abstoßungskräfte in Rechnung zu stellen. Bezeichnet N die Elektronendichte, so ist die Zahl der elektrischen Kraftlinien, die den Mantel eines Zylinders von der Länge 1 und dem Radius r durchsetzen, in elektrostatischen Einheiten gleich $4\pi Ne \cdot r^2\pi$ oder, wenn wir, wie immer in diesem Buch, in elektromagnetischen Einheiten rechnen, gleich $4\pi Ner^2\pi c^2$. Die (nach innen gerichtete) elektrische Feldstärke im Abstand r als die Zahl der Kraftlinien pro Flächeneinheit wird demnach

$$\mathfrak{E} = 4\pi Ne \frac{r^2\pi}{2\pi r} c^2 = 2\pi Nerc^2.$$

[1] Eine Ableitung ohne diese Vernachlässigung findet sich bei WATSON [410] und McGREGOR-MORRIS u. MINES [176].

Die Elektronen setzen sich also in radialer Richtung in Bewegung, wobei für die Beschleunigung $\ddot{r}$ gilt[1]:

$$m\ddot{r} = e\mathfrak{E} = 2\pi N e^2 r c^2 .$$

Nehmen wir die rechte Seite als konstant an, wie es erlaubt ist, da sich r ja nur wenig ändern soll, so folgt für die zeitliche Vergrößerung des Achsenabstandes r eines Elektrons, das ursprünglich den Achsenabstand r_0 hatte, durch zweimalige Integration

$$r = r_0\left(1 + \frac{\pi N e^2 c^2}{m} t^2\right).$$

Die Zeit, nach der der Achsenabstand gerade auf das $(1+\Delta)$fache angewachsen ist, ist $t = \sqrt{\frac{m\Delta}{\pi N e^2 c^2}}$. In diesem Ausdruck kommt r_0 nicht mehr vor, die Zeit ist also für alle Elektronen des Strahles gleich.

Gehen wir nun zu einem Koordinatensystem über, in dem sich die Gesamtheit der Elektronen mit der Geschwindigkeit v bewegt, so entspricht dieser Zeit t nach den LORENTZschen Formeln eine Zeit $t_1 = t/\sqrt{1-\beta^2}$, also eine Wegstrecke

$$s = t_1 v = \frac{t v}{\sqrt{1-\beta^2}} = \frac{v}{\sqrt{1-\beta^2}} \sqrt{\frac{m\Delta}{\pi N e^2 c^2}}$$

in der Strahlrichtung. Der Dichte N entspricht eine Elektronendichte $N_1 = N/\sqrt{1-\beta^2}$, also eine Stromdichte

$$i = N_1 e v = \frac{N v e}{\sqrt{1-\beta^2}} .$$

Eliminieren wir N aus diesen Gleichungen, so erhalten wir die folgende Beziehung zwischen der relativen Strahlverbreiterung Δ, der durchlaufenen Wegstrecke s und der Stromdichte i:

$$\Delta = \frac{\pi e c^2}{m} \frac{\sqrt{(1-\beta^2)^3}}{v^3} s^2 i ,$$

oder, wenn wir von elektromagnetischen CGS-Einheiten zu Volt und Ampere übergehen und die kleine Größe β streichen:

$$\Delta = 2{,}4 \cdot 10^{6} \frac{s j}{U^{3/2}} . \qquad (6)$$

Um eine Vorstellung davon zu erhalten, wie groß die Abstoßungen sind, wollen wir einmal zahlenmäßig ausrechnen, wie groß die Strahlverbreiterung unter den folgenden Annahmen wird: $s = 24$ cm, Elektronenenergie $U = 500$ Volt, spez. Stromstärke $j = 10^{-3}$ Amp/cm². Das sind Werte, wie sie z. B. für BRAUNsche Niederspannungsröhren Gültigkeit haben. Wir erhalten aus unserer Formel $\Delta = 1$.

Wenn auch unsere Formel bei dem Resultat, daß der Strahldurchmesser sich verdoppelt hat, an sich gar nicht mehr anwendbar ist, so wird doch die Größenordnung richtig sein[2], so daß wir eine Vorstellung von den erheblichen Kräften der positiven Raumladungen erhalten, die bei den oft wesentlich größeren Strahlströmen erforderlich sind, um den Elektronenstrahl in der Niederspannungsröhre zusammenzuhalten.

---

[1] Wir setzen dabei voraus, daß die radiale Geschwindigkeit $\dot{r}$ klein gegen die Lichtgeschwindigkeit ist.

[2] Das wird durch eine von KNOLL u. RUSKA [245, S. 610] berechnete Tafel bestätigt.

Die der soeben durchgeführten Zahlenrechnung zugrunde gelegten Daten sind mit denen für das elektrische Elektronenmikroskop identisch. Bei flüchtiger Betrachtung scheint es also, als ob die Elektronenabstoßung auch hier sehr erheblichen Einfluß hätte. Wir müssen jedoch bedenken, daß wir es beim Elektronenmikroskop nicht mit Strahlengängen zu tun haben, bei denen die Elektronen, wie wir es bei der Rechnung voraussetzten, während der ganzen Strecke s in unmittelbarer Nachbarschaft nebeneinander herfliegen. Vielmehr wird hier nur in unmittelbarer Nähe der Kathode, wo die Strahlung noch auf engem Querschnitt vereinigt ist, eine Beeinflussung stattfinden.

Der Strahlengang im elektrischen Immersionsobjektiv [III, 8] wird sich durch das Schema Abb. 34 annähern lassen, wobei die Abstoßungswirkungen auf dem Wegstück s_2 und s_3 eine Bildvergrößerung, auf dem Stück s_1 eine Bildverkleinerung bedingen werden. Fragen wir zunächst danach, welche Strahlverbreiterung die Abstoßungskräfte auf dem Stück s_3 bedingen. Wir nehmen jetzt K' als Kathode an und denken uns die Elektronen von dem virtuellen Punkte P kommend. Der Bündelöffnungswinkel α ist dabei aus Gegenstandsweite $s_2 + s_3 = 24$ cm und Bildgröße $B = 4$ cm zu $\alpha \approx 10^0$ bekannt.

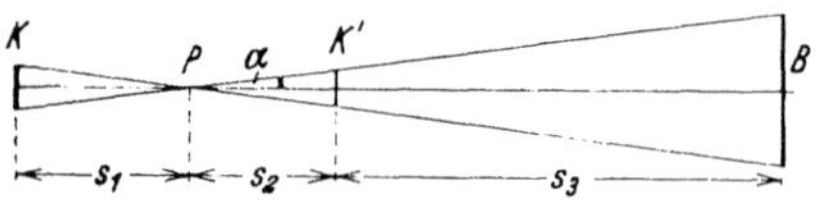

Abb. 34. Schema des Strahlenganges im elektrischen Immersionsobjektiv.

Da sich die Wirkung des Magnetfeldes nur in dem Auftreten der Wurzel $\sqrt{1-\beta^2}$ äußert, können wir es gänzlich vernachlässigen, d. h. im Ruhsystem rechnen. Die Elektronendichte nimmt jetzt nach dem Schirm zu ab. Bezeichnen wir die Breite des Bündels bei K' mit r_0 ($= 1/2$ Gegenstandsdurchmesser) und im Abstand z von P mit r, so gilt für die Elektronendichte:

$$N = N_0 \left(\frac{r_0}{r}\right)^2,$$

wobei N_0 die Dichte an der Stelle K' ist. Dadurch ändert sich die radiale Bewegungsgleichung in:

$$m \ddot{r} = e\mathfrak{E} = e\, 2\pi N e r c^2 = 2\pi e^2 c^2 N_0 \frac{r_0^2}{r}.$$

Nehmen wir wieder an, daß die Strahlverbreiterung relativ klein sei, so können wir auf der rechten Seite für r den ohne die elektrischen Abstoßungskräfte auftretenden Abstand r_1 einsetzen, nämlich (Abb. 34):

$$r_1 = r_0 + \alpha z = r_0 + \alpha v_z t = r_0 + \alpha v t, \tag{7}$$

wobei wir weiter annehmen, daß α so klein ist, daß wir $v_z = v \cos\alpha$ gleich v setzen durften. Zweimalige Integration ergibt dann

$$\begin{aligned} r &= r_0 + \alpha v t + \frac{2\pi e^2 c^2 N_0 r_0^2}{m \alpha^2 v^2} (r_0 + \alpha v t) \left[\ln \frac{r_0 + \alpha v t}{r_0} - \frac{\alpha v t}{r_0 + \alpha v t}\right] \\ &= r_1 + \frac{2\pi e^2 c^2 N_0 r_0^2}{m \alpha^2 v^2}\, r_1 \left[\ln \frac{r_1}{r_0} - \frac{\alpha z}{r_1}\right]. \end{aligned}$$

Hier setzen wir wieder $i = N_0 e v$ ein und bilden das Verhältnis Δ der durch die Abstoßungskräfte verursachten Strahlverbreiterung $r - r_1$ zu der ursprünglichen Strahlverbreiterung r_1; so wird

$$\Delta = \frac{r - r_1}{r_1} = \frac{2\pi e c^2}{m v^3}\, i\, \frac{r_0^2}{\alpha^2} \left[\ln \frac{r_1}{r_0} - \frac{r_1 - r_0}{r_1}\right].$$

Setzen wir für α seinen Wert $\frac{r_1 - r_0}{z}$ ein, setzen wir ferner r_1 gleich dem tatsächlichen Radius r und gehen wieder zu Volt und Ampere über, so erhalten wir[1]

$$\Delta = 48 \cdot 10^3 \cdot \frac{z^2}{\left(\frac{r}{r_0} - 1\right)^2} \cdot \frac{j}{U^{3/2}} \left(\ln \frac{r}{r_0} - 1 + \frac{r_0}{r}\right). \qquad (8)$$

Gehen wir in diese Gleichung mit denselben Zahlenwerten wie in Gl. (6) ein und setzen wir $\frac{r}{r_0}$ gleich der im allgemeinen benutzten [VI, 2] Vergrößerung 60, so wird $\Delta = 0{,}01$, die zusätzliche Strahlverbreiterung beträgt also nur etwa 1%, d. h. sehr wenig, wie wir es erwarteten.

Die zweite Frage betrifft die Abstoßungskräfte im Gebiet von s_1 und s_2. Zunächst könnte man meinen, daß im Punkte P ein Unglück passiert, da die Teilchen hier sämtlich durch *einen* Punkt zu gehen scheinen. Nach unserer Zeichnung würden also die Abstoßungskräfte dort unendlich. In Wirklichkeit werden jedoch die einzelnen Bündel, die von der Kathode ausgehen, sich so überlagern, daß trotz der Überschneidung der *Mittel*strahlen nahe P der gesamte Strahlengang dort einen Querschnitt besitzt, der von derselben Größenordnung wie der Ausgangsquerschnitt ist. Daß die Abstoßungskräfte dabei kaum sehr erheblich sein werden, sehen wir bereits, wenn wir zum ersten Überschlag die Verbreiterung eines Parallelstrahlbündels von der Länge $s_1 + s_2 \approx 1$ cm berechnen. Wir erhalten dann aus Gl. (6) mit den früheren Werten $\Delta = \frac{1}{30}$. Bei dieser Rechnung haben wir zwei unerlaubte Vereinfachungen gemacht. Erstens haben wir so gerechnet, als ob die Abstoßungskräfte stets eine Bilddehnung bedingen, während diese Kräfte offensichtlich längs der Strecke s_1 eine Zusammenschnürung des Strahlenkegels für den Beobachter bei K' bedingen. Zweitens haben wir konstante Strahlgeschwindigkeit vorausgesetzt, während in Wirklichkeit die Geschwindigkeit im Bereich s_1 wesentlich kleiner ist als im Bereich s_2, wo die Elektronen bereits weitgehend beschleunigt sind. Die Folge ist, daß im Bereich s_1 die Beeinflußbarkeit der Elektronenstrahlen größer und außerdem infolge der höheren Raumladung auch die Kräfte größer sind. So wird zweifellos die Wirkung im Bereich s_1 bei weitem die von s_2 (und auch von s_3) überwiegen. Das bedeutet aber, daß wir insgesamt keine Bilddehnung durch die Abstoßungskräfte der Elektronen, sondern eine Bildschrumpfung zu erwarten haben. Damit steht im Einklang, daß mit einer Erhöhung der Kathodenemission eine Schrumpfung des Bildes beobachtet wird. Auf eine Durchrechnung dieses Falles wollen wir verzichten.

Mit diesen Betrachtungen ist das Wichtigste über die elektronenoptischen Medien gesagt, soweit es prinzipieller Natur ist. In den restlichen Abschnitten dieses Kapitels wollen wir uns nun noch mit einigen Fragen der Darstellung und Terminologie befassen, die ebenfalls besprochen sein müssen, bevor wir uns speziellen Fragen zuwenden können.

7. Darstellung des Brechungsfeldes. Wenn wir ein optisches Linsensystem erschöpfend darstellen wollen, zeichnen wir die Linsen im Querschnitt mit ihren brechenden Flächen und schreiben an die Linsen und an die Zwischengebiete das Material und damit die Angaben über den Brechungsindex bei verschiedenen Frequenzen.

In der Elektronenoptik mit ihren inhomogenen Medien sind zunächst keine greifbaren brechenden Flächen vorhanden. Wir wissen jedoch, daß die Flächen

[1] Man überzeugt sich leicht durch Einsetzen von Gl. (7) in Gl. (8), daß Gl. (8) beim Grenzübergang $\alpha \rightarrow 0$ (paralleles Bündel) in Gl. (6) übergeht.

mit gleichem Brechungsindex oder mit gleicher Elektronengeschwindigkeit oder mit gleichem Potential als brechende Flächen im Sinne der Optik anzusehen sind. Die Frage ist eigentlich nur, welche der angegebenen Größen sich am besten für die anschauliche Darstellung des elektronenoptischen Brechungsfeldes eignet[1].

Vom optischen Standpunkte aus würden wir ohne weitere Überlegung den Brechungsindex wählen. Doch gerade diese Größe ist ungeeignet, denn der Brechungsindex ist von der Elektronengeschwindigkeit abhängig und damit würde ein gezeichnetes Brechungsfeld jeweils nur für Strahlung einer bestimmten Geschwindigkeit gelten, genau so wie in der Lichtoptik eine feldmäßige Darstellung des Brechungsindex nur für Licht von bestimmter Farbe gilt. Es scheint daher zweckmäßig, nicht den Brechungsindex (oder die Elektronengeschwindigkeit) als Parameter der Darstellung zu wählen, sondern eine Größe, die zunächst noch nichts mit der Elektronenstrahlung zu tun hat, sondern ebenso wie die Begrenzungsfläche der Glaslinse auch ohne Strahlung ihren Sinn hat. Diese Größe ist für die Elektronenoptik das Potential. Mit dieser Wahl gehen wir auch überflüssigen Umrechnungen aus dem Wege, denn das Potential ist die Größe, die wir durch Ausmessung von Elektrodenanordnungen direkt erhalten.

Ein elektronenoptisches Brechungsfeld hat, wenn es durch ein Potentialfeld dargestellt wird, große Anschaulichkeit, denn wir können es uns direkt als ein Gebirge vorstellen, in dem die Höhe dem Potential[2] entspricht. Wie eine in diesem Gebirge rollende Kugel ihren Weg nimmt, so auch ein Elektron im entsprechenden Potentialfeld. Haben wir, etwa wie in Abb. 75, einen Gebirgszug mit einem Sattel vor uns, so wird die Kugel, wenn sie bis zur Höhe des Sattels aufgestiegen ist, schon durch einen geringen Potentialanstieg kräftig beeinflußt werden, während sie am Fuße des Gebirges infolge ihrer größeren kinetischen Energie selbst großen Kräften wird Widerstand leisten können [III, 5]. Die Kraft, die auf die Kugel in unserem Modellgebirge an jeder Stelle wirkt, ist proportional zu:

$$\mathfrak{E} = -\operatorname{grad} \varphi .$$

Zeichnen wir daher für eine flächenhafte Darstellung des Potentialgebirges die Höhenschicht- oder Potentiallinien so, daß wir von Linie zu Linie die Höhe bzw. das Potential um den gleichen Betrag wachsen lassen, so haben wir an dem Linienabstand sogleich ein anschauliches Maß der wirkenden Kraft. Auch diese Eigenart des Potentialfeldes zeigt uns, daß das Potential zur Charakterisierung des Brechungsfeldes sehr geeignet ist.

Allerdings ist auch diese Darstellung nicht ganz befriedigend. Zwar gibt sie uns ein anschauliches Bild der wirkenden *Kräfte*, aber nicht der durch sie erzielten *Wirkungen*, für die wir uns letzten Endes interessieren. Wenn wir auch nichts Besseres finden werden, so wollen wir doch wenigstens überlegen, in welcher Richtung eine den Wirkungen Rechnung tragende Darstellung des Brechungsfeldes liegen wird. Wenn, wie üblich, das Feld so gezeichnet ist, daß der Brechungsindex n oder das Potential φ von Linie zu Linie um den gleichen Betrag springt (Abb. 35), so wird die Wirkung auf den Elektronenstrahl an der Stelle höherer potentieller Energie geringer sein. Wenn wir erreichen wollen, daß der Strahl an jeder gezeichneten brechenden Fläche gleich stark gebrochen wird (gleichen Einfallswinkel, wie auch in Abb. 35 vorausgesetzt), so müssen wir, da es ja nur auf den Quotienten der Brechungsindizes bzw. Potentiale auf beiden Seiten

[1] Das Kraftlinienbild, das man zunächst für die sinnvollste Darstellung des elektronenoptischen Brechungsfeldes halten möchte, ist deshalb ungeeignet, weil man aus ihm nicht unmittelbar auf die Größe der Strahlsteifigkeit an einer beliebigen Raumstelle schließen kann.

[2] Da wir von negativen Elektronen sprechen, richtiger: dem *negativen* oder Fallpotential [Anhang a.].

der brechenden Fläche ankommt, die Linien so zeichnen, daß sich an ihnen der Brechungsindex bzw. das Potential um gleich viel Prozent ändert. Es muß also die Größe $\frac{d\varphi}{\varphi} = d \lg \varphi$ für jede brechende Fläche dieselbe sein, d. h. die Variable, deren Darstellung die Wirkung eines Brechungsfeldes am besten charakterisiert, ist der *Logarithmus* des Brechungsexponenten bzw. des Potentials. Ein so gezeichnetes Feld, z. B. einer Elektronenlinse (Abb. 72), würde nur für Elektronen einer bestimmten Geschwindigkeit Gültigkeit haben, während es bei Verwendung für Strahlen anderer Geschwindigkeit eine grundlegende Umzeichnung erfahren müßte im Gegensatz zu der Darstellung durch Potentiale, bei der einfach die „Numerierung" der vorliegenden Potentiallinien um eine Konstante erhöht wird.

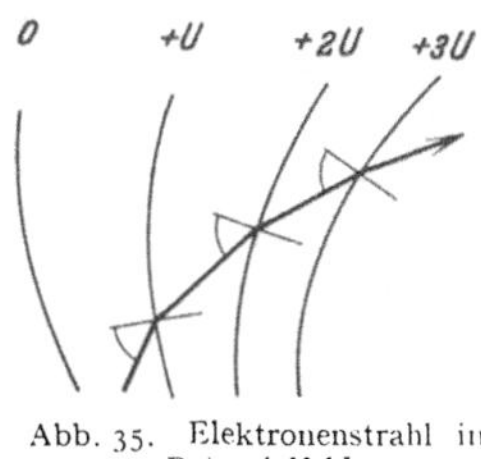

Abb. 35. Elektronenstrahl im Potentialfeld.

8. Einteilung der Brechungsfelder. Bei allen Linsensystemen unserer optischen Instrumente gehen die Lichtstrahlen durch sämtliche brechenden Flächen mehr oder minder senkrecht hindurch. Demgegenüber finden wir in der organischen Natur im Auge (Abb. 36) ein System entwickelt, das sich in den achsenfernen Bereichen grundsätzlich von unseren Glaslinsen unterscheidet. Für achsennahe Strahlen verhält es sich ebenso wie ein System aus Glaslinsen, wobei die Flächen gleicher Dichte den Grenzflächen der Glaslinsen entsprechen. Für achsenferne Strahlen dagegen verlaufen die Strahlen zum Teil parallel mit den brechenden Flächen, die sich als Flächen gleicher Dichte um das Zentrum der Linse schließen[1]. In der konstruktiven Lichtoptik können wir derartige Systeme deshalb nicht benutzen, weil Stetigkeit des Strahlenganges in diesem Falle natürlich nur bei Verwendung eines stetig veränderlichen Brechungsindex vorhanden sein kann. In der Elektronenoptik dagegen sind auch solche Strahlengänge möglich.

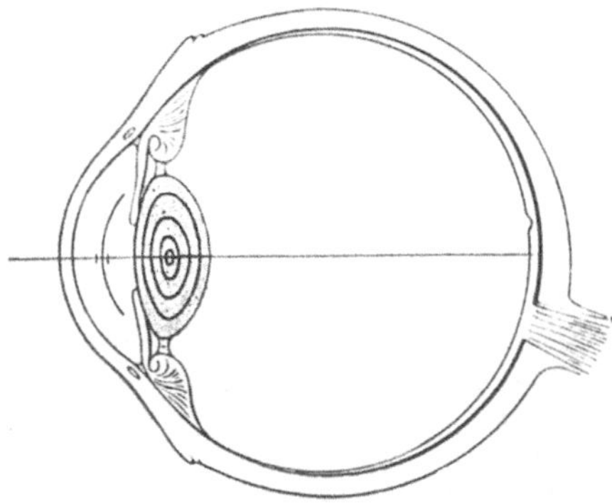
Abb. 36. Querschnitt durch das menschliche Auge.

Erfahrungsgemäß ist es in praktisch wichtigen Fällen der Elektronenoptik so, daß der Strahlengang entweder Strahlengängen der konstruktiven Lichtoptik entspricht oder aber sehr ausgeprägt die Eigentümlichkeiten eines Strahlenganges im inhomogenen Medium mit quer zum Strahl gerichteten Gradienten des Brechungsindex zeigt. Es ist daher vorgeschlagen worden [58], die beiden Grenzfälle eines an sich stetigen Überganges mit besonderen Bezeichnungen zu versehen, und zwar *nach der Lage der Strahlen zu dem Gradienten des brechenden Feldes, d. h. zu den Kraftlinien*. Danach wollen wir in Anlehnung an die üblichen Bezeichnungen Längs- und Querfeld unterscheiden:

1. Kongradientes System mit Strahlen in Richtung des Gradienten (Längssystem[2]). Dies ist der Strahlengang, den wir mehr oder minder angenähert in der konstruktiven Lichtoptik finden. Da die Strahlen nahezu senkrecht zu den brechenden Flächen verlaufen, findet nur eine relativ geringe Einwirkung des Systems auf den Strahlenverlauf statt, die im Grenzfall exakt senkrechten Einfalls Null wird.

[1] Als elektronenoptisches Analogon zum Auge könnte man den Kugelkondensator ansehen.

[2] Längs zu den Kraftlinien.

2. *Transgradientes System* mit Strahlen senkrecht zur Richtung des Gradienten (Quersystem). Dieser im wesentlichen den inhomogenen Medien vorbehaltene Strahlengang findet sich in der Lichtoptik außer beim Auge bei der atmosphärischen Strahlenbrechung [407] und der Strahlenreflexion an der Heavisideschicht. Die Strahlen verlaufen im Grenzfall tangential zu den brechenden Flächen, so daß — wie beim streifenden Lichteinfall in einen Glaskörper — die stärkste mögliche Beeinflussung der Strahlen stattfindet. Ein derartiger Strahlengang ist in der Elektronenoptik wichtig, wenn es sich darum handelt, durch vorgegebene Potentiale möglichst starke Ablenkwirkungen zu erzielen, wie z. B. bei der BRAUNschen Röhre.

Es gibt an Stelle jedes lichtoptischen Brechungselementes — abgesehen von Übergängen — prinzipiell 2 × 2 elektronenoptische Brechungselemente, nämlich je ein kongradientes und ein transgradientes magnetisches und elektrisches

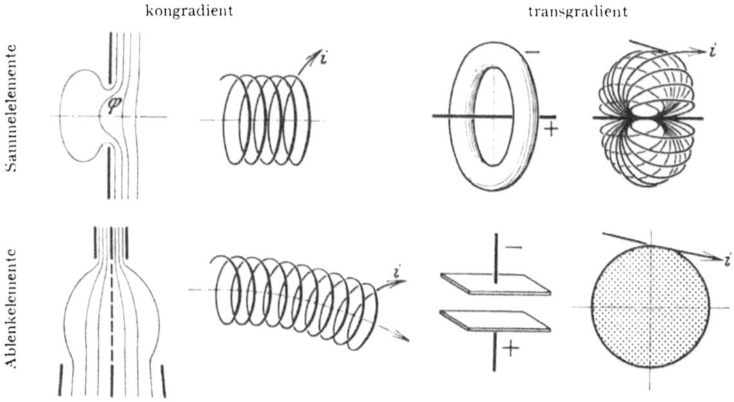

Abb. 37. Typen elektronenoptischer Brechungselemente.

System. In Abb. 37 ist eine schematische Zusammenstellung solcher Systeme gegeben. Die brauchbare Ersatzanordnung des Prismas ist in der Elektronenoptik das Ablenkplattenpaar bzw. das quergestellte homogene Magnetfeld [III, 23], für Linsen ist sie die Magnetspule [III, 15] bzw. die aufgeladene Lochblende [III, 3]. Für praktische Zwecke fallen bei dem Ablenksystem die kongradienten, bei dem Sammelsystem die transgradienten Möglichkeiten aus[1]. Den Grund dafür sehen wir an Hand der Abb. 37 leicht ein, wenn wir uns die verschiedenartigen praktischen Forderungen vergegenwärtigen, die „Prisma" und „Linse" zu erfüllen haben.

Vom Ablenkorgan verlangt man in der praktischen Elektronenoptik, daß es möglichst große Ablenkungen mit geringer angelegter Spannung bzw. kleinen Strömen erzielt, und daß es bei Vorzeichenumkehr der Spannung eine gleich große Ablenkung nach der entgegengesetzten Seite ergibt. Beide Bedingungen erfüllen Ablenkplattenpaar und Ablenkspulenpaar und nur diese.

An die Elektronenlinse zur Bilderzeugung muß man die gleiche Grundforderung stellen wie an die Glaslinse der Optik. *Die Ablenkung eines Strahlenbündels durch eine brauchbare Linse muß in der Achse Null sein und dem Achsenabstand proportional wachsen.* Für die Elektronenlinse bedeutet das, daß die Kraft auf das Elektron dem Achsenabstand proportional sein muß. Alle anderen Forderungen wie die, die Wirkung durch kleine Potentiale zu erzielen, müssen gegenüber dieser Forderung zurücktreten.

[1] Vgl. S. 57, Anm. 1.

Ein „Ringkondensator“, wie ihn Abb. 37 als Gegenpart zur Lochblende zeigt, läßt infolge des Einbaus der mittleren Elektrode die Mittelstrahlen nicht hindurch und lenkt die Strahlung auch nicht proportional zum Achsenabstand ab.

a) elektrisch [442] b) magnetisch [89]

Abb. 38. Transgradiente Sammelsysteme bei der BRAUNschen Röhre.

Die Folge sind starke Aberrationsfehler, die umgekehrt wie bei der kongradienten Linse eine zu kurze Brennweite der achsennahen Strahlen bedingen.

Alle Versuche, transgradiente Systeme in der Elektronenoptik zu Abbildungszwecken zu benutzen, sind daher fehlgeschlagen. DES COUDRES' [89] Anordnung zur Konzentrierung eines Elektronenbündels mittels des magnetischen Feldes eines Stromleiters (Abb. 38b) hat daher trotz des guten Wirkungsgrades ebensowenig praktische Bedeutung gewonnen wie der Zylinderkondensator von WOOD [442] (Abb. 38a). Auch die neueren Versuche von GRAUPNER [175], die mit Sorgfalt durchgeführt sind, haben die prinzipiellen Mängel solcher Anordnungen nicht beseitigen können. Abb. 39 zeigt GRAUPNERS noch am besten gelungenen Versuch, aus Kreislöchern austretende Elektronenbündel mittels eines Zylinderkondensators zu fokussieren bzw. das System der Austrittsblenden abzubilden.

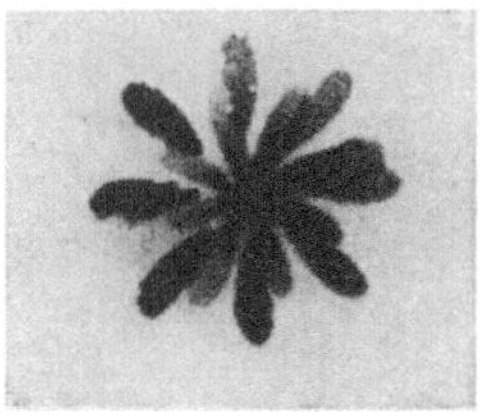

Abb. 39. Abbildungsversuch mit einem Zylinderkondensator [175].

Gibt es danach keine einfachen[1] transgradienten Anordnungen zu Abbildungszwecken, so liegt der Fall günstiger, wenn man nach transgradienten Systemen sucht, die der optischen *Zylinder*linse entsprechen. Der von BRÜCHE und JOHANNSON [64] zu Demonstrationsversuchen benutzte Doppelkondensator (Abb. 40) erfüllt unsere Bedingung abstandsproportionaler Ablenkung der einzelnen Strahlen zwar auch nicht, aber wir werden später

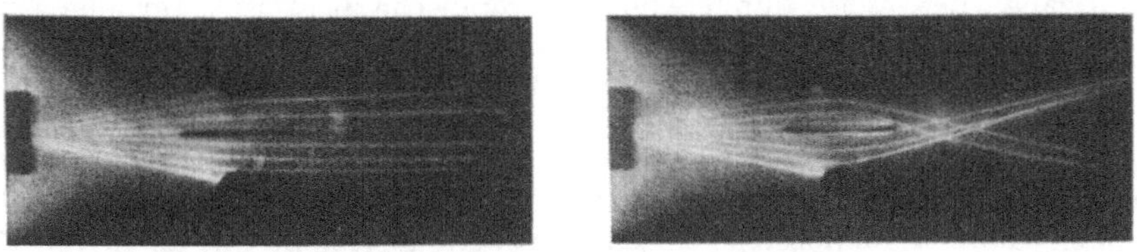

Abb. 40. Demonstrationsversuche mit einem Doppelkondensator [64].

(III, 27] bei der Betrachtung von Überlagerungen transgradienter elektrischer und magnetischer Felder in der „Methode der kompensierten Strahlen“ eine solche Anordnung kennenlernen. Die Bedingung abstandsproportionaler Ab-

[1] Wir berücksichtigen hier nur selbständige und raumladungsfreie Felder. Anderenfalls wäre zu erwähnen: Erstens der Feldbereich, der sich zwischen zwei kongradienten Lochblendenfeldern als Überlagerung dieser Felder ausbildet (Abb. 51b). Zweitens das Raumladungsfeld des gaskonzentrierten Elektronenstrahls [IV, 3] bzw. der kurzen Raumladungslinse [IV, 7].

lenkung ist außerdem in elektrischen und magnetischen Querfeldern erfüllt, bei denen jedoch der Hauptstrahl keine Gerade ist [III, c].

Wir wollen von nun ab als „Linse" nur solche Sammel- (oder Zerstreuungs-) Elemente bezeichnen, die die Bedingung abstandsproportionaler Ablenkung der Einzelstrahlen erfüllen. Die Linsen seien unterteilt in Abbildungslinsen (oder Linsen schlechthin), in Zylinderlinsen und in Fokussierungslinsen, wobei wir unter Fokussierungslinsen solche „Zylinderlinsen" verstehen wollen, deren Strahlengang zu einer gekrümmten optischen Achse orientiert ist.

Auch die [II, 2] erwähnten Anordnungen aus Doppelschichten erfüllen die Bedingung der achsenproportionalen Beeinflussung und sind daher unter die Linsen zu rechnen. Allerdings sind die heute herstellbaren Anordnungen dieser Art wegen der durch die Netze bedingten Fehler nicht zu Abbildungen, sondern bestenfalls zu Konzentrationszwecken bei der BRAUNschen Röhre oder als Kondensoren zur Beleuchtung abzubildender Objekte brauchbar, weswegen sie Konzentrationslinsen im Gegensatz zu den Abbildungslinsen genannt seien.

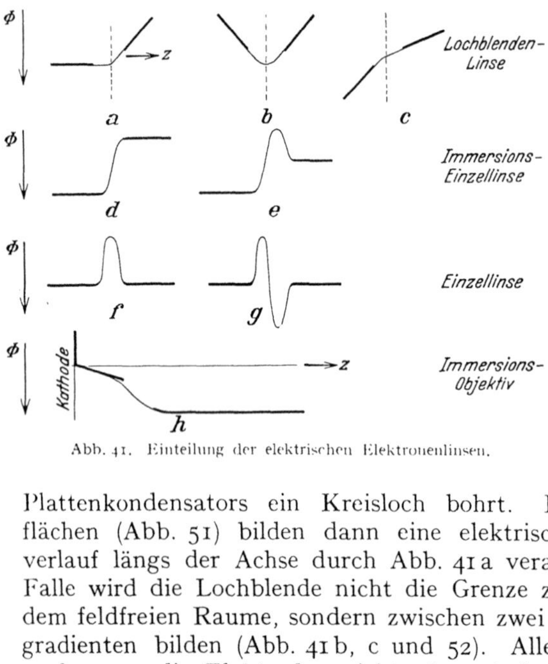

Abb. 41. Einteilung der elektrischen Elektronenlinsen.

9. Terminologie der Elektronenlinsen. Wir haben soeben eine Einteilung der brechenden Felder vorgenommen und eine kleine Gruppe von Sammelelementen durch die Gütebezeichnung „Abbildungslinse" herausgehoben. Es waren für das magnetische Gebiet die Spule und für das elektrische die sammelnden Streufelder, die sich an Kreislöchern auszubilden vermögen. Wir wollen nun für die einzelnen Feldtypen Bezeichnungen wählen.

Die einfachste *elektrische* Elektronenlinse [III, 3] entsteht, wenn man in die Wand eines Plattenkondensators ein Kreisloch bohrt. Die herausdringenden Potentialflächen (Abb. 51) bilden dann eine elektrische Linse, für die der Potentialverlauf längs der Achse durch Abb. 41a veranschaulicht ist[1]. Im allgemeinen Falle wird die Lochblende nicht die Grenze zwischen einem Kondensator und dem feldfreien Raume, sondern zwischen zwei Feldern von verschiedenen Feldgradienten bilden (Abb. 41b, c und 52). Alle Anordnungen dieser Art sollen, auch wenn die Elektroden nicht eben sind, einfach Lochblenden oder Lochblendenlinsen heißen. Ihnen ist es eigentümlich, daß sie aus *einer Blende* bestehen, und daß sich an sie mindestens einseitig ein Feld anschließt. Sie allein vermögen von allen Elektronenlinsen auch Zerstreuungslinsen zu sein [III, 3 und Anhang m].

Die Lochblendenlinsen haben wegen dieser Eigenart als *selbständige* Linsen keine große Bedeutung. Sie sind vielmehr vorzugsweise als Bestandteile komplizierter Anordnungen wichtig. Kombinieren wir zwei oder mehr Lochblenden oder entsprechend wirkende Elektroden, so können wir Linsen bilden (Abb. 41d/g), zu deren beiden Seiten Gebiete mit *konstantem* Brechungsindex liegen. Ist der Brechungsindex auf beiden Seiten gleich (Abb. 41f, g), dann entsprechen sie ganz den normalen *einzelnen* Glaslinsen der Optik. Sie seien daher als Einzel-

[1] Um das Bild der abwärts rollenden Kugel beim Immersionsobjektiv (Abb. 41h) benutzen zu können, ist wieder [II, 7] die Richtung des positiven Potentials nach unten gelegt [Anhang a].

linsen[1] bezeichnet. Die Linsen können aber auch die Grenze zwischen zwei Gebieten von verschiedenem Brechungsindex (Abb. 41d, e) bilden. Dann entsprechen sie einzelnen Grenzflächen der Lichtoptik oder richtiger optischen Linsen, die eine „Immersionsflüssigkeit" von der Luft trennen. Für diesen zweiten Fall wollen wir deshalb in Anlehnung an den optischen Gebrauch die Bezeichnung Immersionslinse einführen[2].

Ein Spezialfall der Immersionslinsen hat in der Elektronenoptik besondere Bedeutung, nämlich das zur Sammellinse ausgestaltete Beschleunigungsfeld (Abb. 41h). Diese Anordnung nennen wir in unmittelbarer Anlehnung an die Bezeichnung beim Lichtmikroskop Immersionsobjektiv. Durch diese Wortbildung soll noch besonders die objektnahe Lage zum Ausdruck gebracht werden.

Bei *magnetischen* Linsen ist wegen der Konstanz der Elektronengeschwindigkeit eine entsprechende Einteilung gegenstandslos. Ist ein magnetisches Linsenfeld einem elektrischen überlagert, so wollen wir von kombinierten oder Superpositions-Linsen sprechen und uns in der näheren Bezeichnung an den Verlauf des elektrischen Brechungsindex, d. h. an die Terminologie der elektrischen Elektronenlinse halten.

Wir müssen unsere Linsen — und zwar die elektrische wie die magnetische — noch unter einem anderen Gesichtspunkte betrachten. Wie wir in der Optik von einer „dünnen Linse" im Gegensatz zu einem ausgedehnten Linsensystem sprechen, bei dem wir mit beiden Hauptebenen rechnen müssen, so auch in der Elektronenoptik. BUSCH [79] hatte in seiner Theorie von einer „kurzen" Spule bzw. Linse gesprochen. Er bezeichnete ein magnetisches Spulenfeld als kurz, wenn der Achsenbereich, längs dessen $\mathfrak{H}$ wesentlich von Null verschieden ist, gegenüber der Brennweite der Linse klein ist. Da diese Bezeichnung sich für die magnetischen Linsen allgemein eingebürgert hat, wollen wir sie auch für die elektrischen Linsen übernehmen. „Kurz" im Gegensatz zu „lang" heiße daher eine elektrische Elektronenlinse, wenn der Bereich, in dem die zweite Ableitung Φ'' des Potentials auf der optischen Achse wesentlich von Null verschieden ist, gegenüber der Brennweite der Linse klein ist.

Kurze Linsen, wie sie zur Erzielung übersichtlicher Verhältnisse im Strahlengang wünschenswert und zur Erlangung kleinerer Brennweiten (für hohe Vergrößerungen) erforderlich sind, stellt man durch künstliche Zusammendrängung des wirkenden Feldes her. Bei magnetischen Linsen verfährt man dabei so, daß man den Kraftlinienfluß in einen Eisenkörper (Spulenkapselung) legt und im magnetischen Kreise nur an geeigneter Stelle einen Luftspalt frei läßt (Abb. 42b, c), aus dem nun die Kraftlinien in eng begrenztem Gebiet herausquellen[3]. Bei den elektrischen Linsen, bei denen wir es dagegen nicht mit geschlossenen Kraftlinien, sondern mit Kraftlinien, die von einer positiven zu einer negativen Ladung laufen, zu tun haben, werden wir durch Anbringen von abschirmenden Elektroden neben der Hauptelektrode die entsprechende Wirkung erzielen. Zum Beispiel stellt ein aufgeladener Ring (Abb. 42d) eine

[1] ROGOWSKI [321] hat kürzlich diesen Ausdruck bemängelt, doch geht diese Kritik wohl von der anzweifelbaren Voraussetzung aus, daß „einzeln" im Gegensatz zu „zweifach" steht. Es soll mit der Bezeichnung „Einzellinse" nicht gesagt werden, daß es eine „Einfachlinse" sei, sondern eine „einzeln" im Raum stehende Linse, deren optisches Analogon auch ein System von zwei oder mehreren Linsen verschiedenen Vorzeichens sein kann.

[2] KNOLL [240] hat in seiner letzten Arbeit von „Linsen mit bzw. ohne Potentialumkehr" gesprochen, wobei er unter den ersteren solche versteht, die unabhängig vom Vorzeichen des angelegten Potentials Sammellinsen sind. Wir halten diese Bezeichnung nicht für glücklich.

[3] Das Prinzip ist für das rotationssymmetrische Magnetfeld oft benutzt. Zu Abb. 42b (starkes Innenfeld) vgl. GABOR [149] und RUSKA u. KNOLL [343]. Zu Abb. 42c (starkes Außenfeld) vgl. BRÜCHE [55] und v. ARDENNE [6].

Linse dar, deren zweite Elektrode das Unendliche ist. Diese Linse wird wesentlich kürzer, wenn wir den Kraftlinien, die von dem Ring aus ins Unendliche

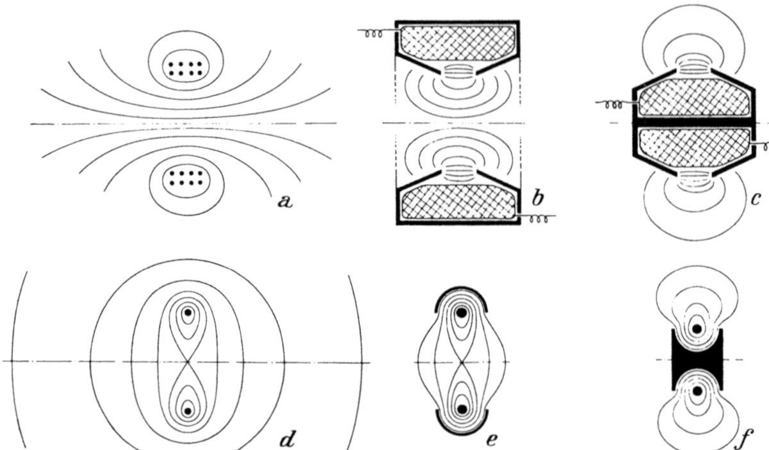

Abb. 42. Feldzusammendrängung durch Abschirmung (schematische Zeichnungen).

führen, durch Anbringen einer entsprechenden Gegenelektrode nahegelegene Ansatzpunkte bieten (Abb. 42e, f) [III, 4].

Stellen wir zum Schluß nochmals die verschiedenen Gesichtspunkte zusammen, unter denen wir eine Elektronen*linse* zu betrachten haben:

elektrisch — magnetisch	(Beeinflussungsart)
kongradient — transgradient	(Feldrichtung)
kurz — lang	(Feldlänge)
zur Abbildung — zur Konzentration	(Güte).

b) Elektrische Potentialfelder.

10. Das elektrische Potential. Die Potentialflächen des elektrischen Feldes sind die brechenden Flächen der elektrischen Elektronenoptik. Während wir gewöhnt sind, die brechenden Flächen der Optik als etwas Greifbares vor uns zu sehen, bedarf es in der Elektronenoptik besonderer Methoden, um sich über die Lage dieser Flächen und über die ihnen zugehörigen Potentialwerte zu orientieren.

Das Potentialfeld eines elektronenoptischen Brechungssystems ist, wenn wir wieder von Raumladungen absehen, durch Gestalt, Lage und Potential der Elektroden bestimmt. Sind uns diese drei Angaben gemacht, so können wir das Potentialfeld berechnen oder ausmessen und uns auf diese Weise die gewünschte Klarheit über das elektronenoptische Brechungsfeld verschaffen.

Wir wollen hier zunächst die einfachsten Begriffe und Methoden der Potentialtheorie kurz wiederholen. Unter dem Potential φ eines Raumpunktes verstehen wir die Arbeit, die geleistet werden muß, wenn wir eine Einheitsladung von einer bestimmten Elektrode aus, die evtl. auch im Unendlichen gedacht werden kann, an diesen Raumpunkt bringen. Diese Elektrode selbst erhält also den Potentialwert Null. Die Flächen konstanten Potentials (Äquipotentialflächen) sind die Flächen, längs deren sich Ladungen ohne Energieaufwand verschieben lassen. Da demnach die Feldstärke $\mathfrak{E}$, d. h. die auf die Einheitsladung wirkende Kraft, keine Komponente in der Richtung der Flächentangente haben darf, sind Äquipotentialflächen und Kraftlinien senkrecht zueinander. Aus dem allgemeinen Zusammenhang zwischen Kraft und Arbeit folgt unmittelbar

$$\mathfrak{E} = -\operatorname{grad}\varphi .$$

Die Definition der Einheitsladung ist im konventionellen elektromagnetischen Maßsystem [Anhang e] so gewählt, daß von ihr $4\pi c^2$ Kraftlinien[1] ausgehen. Überträgt man diese Definition auf den Fall, daß die Ladung mit der Dichte ϱ räumlich verteilt ist, so gehen von der Volumeneinheit $4\pi c^2 \varrho$ Kraftlinien aus. In Formeln:

$$\operatorname{div}\mathfrak{E} = 4\pi c^2 \varrho .$$

Fassen wir die beiden Gleichungen zusammen, indem wir in der ersten Gleichung beiderseits die Divergenz bilden, so entsteht die bekannte POISSONsche Potentialgleichung (2)

$$\operatorname{div}\operatorname{grad}\varphi = \Delta\varphi = -4\pi c^2 \varrho$$

mit der Abkürzung

$$\Delta = \operatorname{div}\operatorname{grad} = \frac{\partial^2}{\partial x^2} + \frac{\partial^2}{\partial y^2} + \frac{\partial^2}{\partial z^2} .$$

Bei der Berechnung des Potentials müssen wir zwei Fälle unterscheiden. Erstens können die Ladungen in ihrer Verteilung bekannt sein. Zweitens können sich im Raume Leiter befinden, deren Oberflächenladungen uns unbekannt sind, von denen wir aber, gewissermaßen als Ersatz, die Potentiale kennen, auf die sie aufgeladen sind.

Wir behandeln zunächst den ersten Fall.

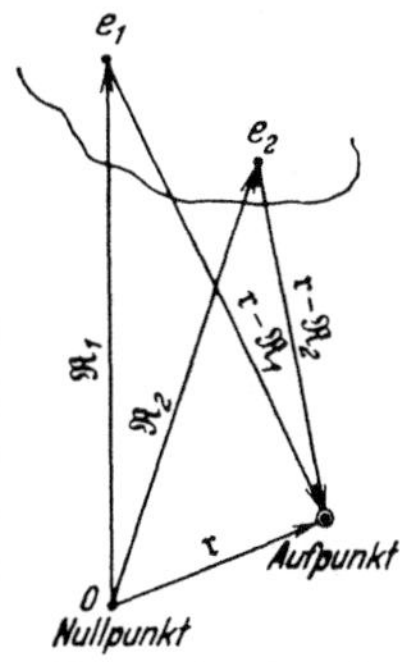

Abb. 43. Zur Potentialberechnung.

Ist ϱ in einem Raumstück von endlicher Größe genau bekannt und außerhalb dieses Raumstückes Null, so läßt sich das Potential φ prinzipiell immer berechnen (Abb. 43). Im Falle einer Punktladung e_1 an der Stelle $\mathfrak{R}_1$ folgt ja aus der Kraftlinienvorstellung unmittelbar $\mathfrak{E} = c^2 \frac{e_1(\mathfrak{r} - \mathfrak{R}_1)}{|\mathfrak{r} - \mathfrak{R}_1|^3}$ und damit, wenn wir den Potentialnullpunkt ins Unendliche verlegen, für das von dieser Ladung herrührende Potential an der Stelle $\mathfrak{r}$ (Aufpunkt):

$$\varphi(\mathfrak{r}) = \frac{c^2 e_1}{|\mathfrak{r} - \mathfrak{R}_1|} .$$

Da die Potentialgleichung (2) linear ist, erhalten wir stets das gesamte Potential φ an der Stelle $\mathfrak{r}$, wenn wir uns ϱ in einzelne Punktladungen e_n zerlegt denken und die zugehörigen Einzelpotentiale addieren, also

$$\varphi(\mathfrak{r}) = c^2 \sum_n \frac{e_n}{|\mathfrak{r} - \mathfrak{R}_n|} ,$$

oder, wenn wir die Summe in Integralform schreiben:

$$\varphi(\mathfrak{r}) = c^2 \iiint \frac{\varrho(\mathfrak{R})}{|\mathfrak{r} - \mathfrak{R}|}\, dX\, dY\, dZ , \qquad (9)$$

wobei X, Y, Z die rechtwinkligen Komponenten von $\mathfrak{R}$ sind.

Wichtiger ist der zweite Fall, in dem wir, ohne die Oberflächenladungen auf den Leitern zu kennen, die Potentialverteilung im leiterfreien Teil des Raumes bestimmen müssen.

Auch jetzt wird durch Gl. (2) das Potential überall eindeutig bestimmt.

Wir interessieren uns hier vor allem für den Fall, in dem, abgesehen von den

[1] In dem vielverwendeten elektrostatischen Maßsystem fällt der Faktor c^2 weg.

Leiteroberflächen, überall $\varrho = 0$ ist. Gl. (2) geht dann in die noch ältere LAPLACEsche Gleichung (1) über:

$$\Delta \varphi = 0 .$$

Trotz des harmlosen Aussehens dieser Gleichung gestaltet sich ihre Lösung für willkürliche dreidimensionale Leiteranordnungen äußerst schwierig, und eine allgemeine Lösung des Problems dürfte noch lange auf sich warten lassen.

Die Schwierigkeiten treten stark zurück, wenn bestimmte Symmetrien vorliegen. Wir werden uns im folgenden auf die beiden wichtigsten Typen dieser Symmetrien, auf das ebene und das rotationssymmetrische Problem, beschränken.

11. Potentialtheorie des ebenen Problems. Unter einem „ebenen Problem" versteht man den Fall, daß alle Leiter in einer Richtung, beispielsweise in der z-Richtung, unendlich ausgedehnt sind (z. B. Abb. 45), so daß das Potential nur von x und y abhängt. Es bestehen dann enge Wechselbeziehungen zwischen Funktionentheorie und Potentialtheorie, die seit dem Bestehen beider Disziplinen für beide von großem Vorteil waren. Der Zusammenhang drückt sich in der für uns zweckmäßigsten Weise folgendermaßen aus: Ist $\varphi + i\psi$ eine beliebige analytische Funktion von $\zeta = x + iy$, wobei φ, ψ, x und y reell sein sollen, so genügen φ und ψ der Gl. (1). Die allgemeinste Lösung der Gl. (1) im „ebenen Fall" lautet also

$$\varphi = \Re e\left[f(x + iy)\right] = \Re e\left[f(\zeta)\right], \tag{10}$$

wobei $f(\zeta)$ eine beliebige analytische Funktion sein darf und $\Re e\left[f(\zeta)\right]$ den reellen Teil des Funktionswertes an der Stelle x, y bedeutet.

Zur Veranschaulichung der Gl. (10) setzen wir für $f(\zeta)$ eine besonders einfache Funktion an, und zwar $f(\zeta) = \zeta$. Nach Gl. (10) wird dann

$$\varphi = \Re e\,\zeta = x,$$

d. h. wir haben das linear ansteigende Potential eines unendlich ausgedehnten Plattenkondensators vor uns. — Gehen wir von rechtwinkligen Koordinaten x, y, z zu Polarkoordinaten über, so wird $\zeta = r e^{i\vartheta}$, wobei $r = \sqrt{x^2 + y^2}$ und $\operatorname{tg} \vartheta = \frac{y}{x}$ ist. Es ergibt sich also die Möglichkeit, den Realteil als Funktion von r allein zu bekommen, indem wir $f(\zeta) = \ln \zeta$ setzen. Es ist dann

$$f(\zeta) = \ln(r e^{i\vartheta}) = \ln r + i\vartheta,$$

also nach Gl. (10)

$$\varphi = \Re e \ln \zeta = \ln r, \tag{11}$$

d. h. wir sind auf das Potential eines unendlich langen Drahtes oder eines Zylinderkondensators gekommen.

Um Platten- und Zylinderkondensator zu behandeln, hätten wir natürlich nicht den Umweg über die Funktionentheorie zu machen brauchen[1]. Bei komplizierteren Fällen jedoch zeigt sich, daß die Übertragung der funktionentheoretischen Gesetze der konformen Abbildung auf die Potentialtheorie wesentliche Vorteile gegenüber dem Versuch unmittelbarer Berechnung des Potentials aufweist. So haben bereits KIRCHHOFF [226] und MAXWELL [269] nach dieser Methode das Streufeld von Plattenkondensatoren (Abb. 44) berechnet. Es ist hier nicht der Ort, in voller Allgemeinheit auf diese interessante Frage einzugehen. Wir wollen uns hier vielmehr auf zwei Beispiele[2] beschränken, die das Charakteristische der Methode erkennen lassen.

---

[1] Für diese beiden Fälle läßt sich bekanntlich Gl. (1) durch elementare Integration lösen.
[2] Weitere Beispiele s. F. KOTTLER: Handbuch der Physik **12**, 466. 1927.

Wir suchen das Potential eines ebenen Drahtgitters, bestehend aus parallelen Drähten gleichen Abstandes, die die x, y-Ebene in den Punkten $x = 0, \pm a, \pm 2a \ldots$; $y = 0$ schneiden mögen. Aus Gl. (11) sehen wir, daß dort, wo das Argument des Logarithmus verschwindet, φ logarithmisch unendlich wird, daß sich also dort ein Draht befindet; genauer: In der Umgebung eines an der Stelle $\zeta = b$ befindlichen Drahtes muß φ die Form haben

$$\varphi = \text{const} \cdot \Re e \ln(\zeta - b).$$

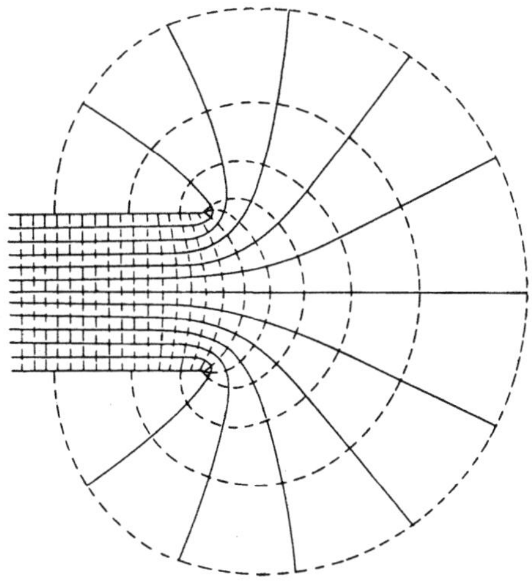

Abb. 44. Streufeld eines Plattenkondensators [226].

Die einfachste analytische Funktion, die an den Stellen $x = 0, \pm a, \pm 2a \ldots$ in erster Ordnung verschwindet und sonst von Null verschieden ist, ist $\sin\left(\frac{\pi}{a}\zeta\right)$; wir werden also

$$f(\zeta) = \ln \sin\left(\frac{\pi}{a}\zeta\right)$$

setzen und haben nach Gl. (10)

$$\varphi = \Re e \ln \sin\left(\frac{\pi}{a}\zeta\right) = \ln\left|\sin\left(\frac{\pi}{a}\zeta\right)\right|.$$

Unter Benutzung des Additionstheorems des Sinus und Einführung der Hyperbelfunktion $\mathfrak{Sin}\, y = -i \sin i y$ wird[1]

$$\left|\sin\left(\frac{\pi}{a}\zeta\right)\right|^2 = \sin^2\left(\frac{\pi}{a}x\right) + \mathfrak{Sin}^2\left(\frac{\pi}{a}y\right),$$

also

$$\varphi = \frac{1}{2}\ln\left(\sin^2\frac{\pi x}{a} + \mathfrak{Sin}^2\frac{\pi y}{a}\right).$$

Die Potentiallinien sind also die Linien konstanten Betrages der Funktion $\sin\left(\frac{\pi}{a}\zeta\right)$. Die engen Beziehungen zwischen Funktionentheorie und Potentialtheorie werden durch die Tatsache erhellt, daß wir das in Abb. 45 wiedergegebene Potentialfeld des Gitters der Abb. 25 des genannten Buches von JAHNKE-EMDE entnehmen konnten, wobei wir nur von Linien gleichen Abstandes in $\left|\sin\left(\frac{\pi}{a}\zeta\right)\right|$ überzugehen hatten zu Linien gleichen Abstandes im Logarithmus dieser Funktion[2].

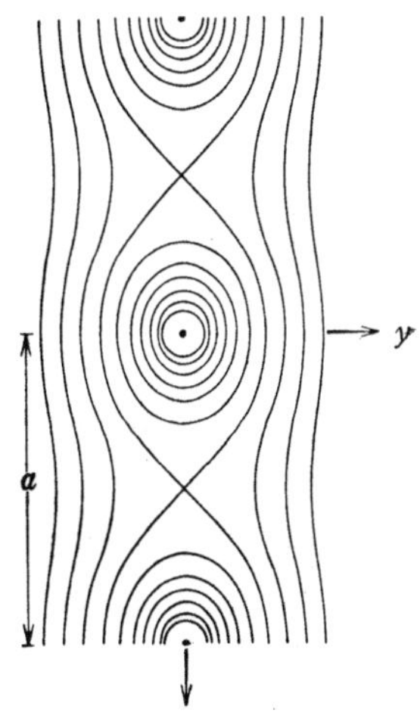

Abb. 45. Potentialfeld eines Drahtgitters.

Als nächstes Beispiel betrachten wir die Funktion $f(\zeta) = \sqrt{1 + \zeta^2}$, die uns ebenfalls die Lösung eines wichtigen Problems bietet. Die Quadratwurzel hat im allgemeinen (d. h. wenn $\zeta^2 \neq -1$ ist) zwei Lösungen. Der in der Funktionentheorie übliche Weg, $f(\zeta)$ eindeutig zu machen, besteht darin, daß man in der z-Ebene die Punkte $\zeta = \pm i$, in denen $f(\zeta)$ verschwindet, miteinander oder mit dem unendlich fernen Punkt verbindet und ζ niemals über diese Linie hinweg wandern läßt. Dabei wird natürlich $f(\zeta)$ verschiedene Werte annehmen,

[1] Vgl. z. B. JAHNKE u. EMDE: Funktionentafeln, 2. Aufl., S. 60. 1933.
[2] Weitere Bilder der Potentialfelder am Gitter zeigen die Abb. 57, 58.

je nachdem, wie die Verbindungslinie gelegt wird. Wir wollen sie speziell so legen, daß sie von $\zeta = i$ längs der positiven y-Achse ins Unendliche und von da längs der negativen y-Achse bis zum Punkte $\zeta = -i$ verläuft. Das Vorzeichen der Wurzel ist dann im ganzen Raum eindeutig bestimmt, sobald wir es in einem Punkte festlegen; wir wollen verlangen, daß φ im Koordinatennullpunkt gleich 1 sein soll. — Die so definierte Funktion $f(\zeta)$ liefert uns, wie wir sogleich sehen werden, das Potential einer Schlitzblende.

Auf der y-Achse ist $\zeta = iy$, also wird $1 + \zeta^2 = 1 - y^2$ reell; dort wird also $f(\zeta) = \sqrt{1 - y^2}$. Für $y^2 > 1$, d. h. auf den Schnittlinien, wird die Wurzel rein imaginär und somit $\varphi = \Re e\, f(\zeta) = 0$. Ist dagegen $y^2 \leqq 1$, so erhalten wir $\varphi = \sqrt{1 - y^2}$. Wählen wir das Vorzeichen der Wurzel wie oben angegeben, so findet man das Potential φ im Punkte xy aus der Gleichung

$$\varphi = \Re e \sqrt{1 + \zeta^2} = \sqrt{\frac{1}{2}} \sqrt{1 + x^2 - y^2 + \sqrt{(1 + x^2 - y^2)^2 + 4x^2 y^2}}.$$

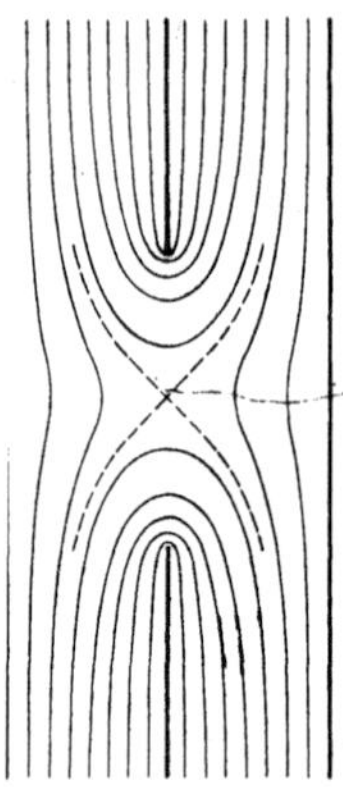

Abb. 46. Potentialfeld einer Schlitzblende zwischen ebenen Platten.

Das Feld der Potentiallinien — die eine Zylinderlinse darstellen [III, 22] — hat ein ganz ähnliches Aussehen wie das der Lochblende Abb. 51.

Um zu zeigen, daß sich auch kompliziertere Fälle durch einfache Funktionen lösen lassen, untersuchen wir die durch

$$\cos f(\zeta) \cdot \mathfrak{Cof}\, d = \cos \zeta$$

definierte Funktion $f(\zeta)$. In dieser Gleichung bedeutet $\mathfrak{Cof}\, d$ eine Konstante, die größer als 1 ist. Zunächst suchen wir das Potential auf der y-Achse, also für $\zeta = iy$. Dann wird $\cos\zeta = \mathfrak{Cof}\, y$. Sobald nun $y > d$ ist, wird $\cos f(\zeta) > 1$ und demnach $f(\zeta)$ rein imaginär, also $\varphi = \Re e\, f(\zeta) = 0$. Für $y \leqq d$ dagegen wird $\cos f(\zeta) \leqq 1$, $f(\zeta)$ reell und somit $\varphi = \operatorname{arc\,cos} \frac{\mathfrak{Cof}\, y}{\mathfrak{Cof}\, d}$. Wir haben also, wie im vorigen Beispiel, eine Schlitzblende vor uns, deren Öffnung $2d$ ist. Aber es gibt noch weitere sehr einfache Potentiallinien: Setzen wir nämlich den Realteil von ζ konstant gleich $\pm \frac{\pi}{2}$, also $\zeta = \pm \frac{\pi}{2} + iy$, so wird $\cos\zeta = \pm \sin iy = \pm i\, \mathfrak{Sin}\, y$. Jetzt wird $\cos f(\zeta)$ rein imaginär, d. h. $\varphi = \Re e\, f(\zeta)$ wird $\frac{\pi}{2}$. Unsere oben angegebene Funktion f liefert uns also das Potential einer Schlitzblende der Öffnung $2d$ und des Potentials $\varphi = 0$, der sich in gleichem Abstand $\frac{\pi}{2}$ zwei Platten des Potentials $\varphi = \frac{\pi}{2}$ gegenüber befinden. Geht man von f zu $\varphi = \Re e\, f$ über, so hat man

$$\varphi = \frac{1}{2} \operatorname{arc\,cos} \frac{\mathfrak{Cof}^2 y - \sin^2 x - \sqrt{(\mathfrak{Cof}^2 d + \mathfrak{Cof}^2 y - \sin^2 x)^2 - 4\,\mathfrak{Cof}^2 d\, \mathfrak{Cof}^2 y \cos^2 x}}{\mathfrak{Cof}^2 d}.$$

In Abb. 46 haben wir das Potentialfeld für $\mathfrak{Cof}\, d = 2$, also $d \approx 1{,}3$, aufgezeichnet, aus dem man auch die Lage von Blende und Platten erkennt.

In allen betrachteten Beispielen ist das Potential symmetrisch zur x-Achse. Dies ist stets der Fall, wenn f eine reelle Funktion ist, denn dann gilt ja

$$\varphi(x, y) = \Re e\, f = \tfrac{1}{2} f(x + iy) + \tfrac{1}{2} f(x - iy) = \varphi(x, -y)\,. \tag{12}$$

In der Symmetrieebene $y = 0$ wird dabei $\varphi(x, y) = \varphi(x, 0) = f(x)$. Gl. (12) beantwortet deshalb auch die Frage, wie ein bezüglich der x-Achse symmetrisches Potentialfeld $\varphi(x, y)$ aussieht, bei dem das Potential auf der x-Achse durch

$\varphi(x, 0) = f(x)$ gegeben ist. Diese zweite Fragestellung, die in gewissem Sinne eine Umkehrung der Berechnung des Potentials aus der Lage der Leiterflächen $\varphi = \text{const}$ darstellt, wird uns im folgenden noch öfter begegnen.

12. Potentialtheorie rotationssymmetrischer Leiteranordnungen. Neben den ebenen Problemen sind noch die rotationssymmetrischen Probleme einer verhältnismäßig einfachen Behandlung zugänglich, d. h. diejenigen Probleme, bei denen das Potential außer von z nur von $r = \sqrt{x^2 + y^2}$ abhängt. Solche Fälle sind für uns besonders interessant, da wir es in der Elektronenmikroskopie stets mit rotationssymmetrischen Elektrodenanordnungen zu tun haben. Es ist in diesem Falle zweckmäßig, Zylinderkoordinaten zu benützen. Die Potentialgleichung lautet dann:

$$\Delta\varphi = \frac{\partial^2\varphi}{\partial z^2} + \frac{1}{r}\frac{\partial}{\partial r} r \frac{\partial\varphi}{\partial r} = 0 . \tag{13}$$

Auch für diese Gleichung läßt sich die Lösung in allgemeiner Form angeben. Sie lautet

$$\varphi(z, r) = \frac{1}{2\pi}\int_0^{2\pi} \Phi(z + i r \sin\alpha)\, d\alpha , \tag{14}$$

wobei Φ eine beliebige reelle Funktion von $(z + i r \sin\alpha)$ sein kann [352]. Wir wollen hier nur zeigen, daß φ tatsächlich der Gl. (13) genügt. Setzen wir $z = z_0 + \zeta$, so können wir uns $\Phi(z + i r \sin\alpha)$ in eine Potenzreihe nach $\zeta + i r \sin\alpha$ entwickelt denken[1]. Führen wir nun die durch Gl. (13) vorgeschriebenen Differentiationen unter dem Integral gliedweise aus, wobei an die Stelle der zweimaligen Differentiation nach z zweimalige Differentiation nach ζ tritt, so liefert das n^{te} Glied (nach der Differentiation dürfen wir $\zeta = 0$ setzen):

$$\begin{aligned} \Delta(\zeta + i r \sin\alpha)^n &= n(i r)^{n-2} \sin^{n-2}\alpha\,(n\cos^2\alpha - 1) \\ &= n(i r)^{n-2} \frac{d}{d\alpha}(\cos\alpha \cdot \sin^{n-1}\alpha) . \end{aligned}$$

Bei der Integration über α von Null bis 2π verschwindet dieser Ausdruck, und damit verschwinden sämtliche Glieder unserer Reihenentwicklung. Die Forderung $\Delta\varphi = 0$ wird also durch den Ausdruck Gl. (14) tatsächlich erfüllt.

Die Bedeutung der Funktion Φ ergibt sich sofort, wenn wir in Gl. (14) $r = 0$ setzen. Wir erhalten dann durch Ausführung der Integration

$$\varphi(z, 0) = \Phi(z) ,$$

d. h. $\Phi(z)$ ist der Verlauf des Potentials auf der Rotationsachse in Abhängigkeit von z. Gl. (14) löst daher, ähnlich wie Gl. (12) im ebenen Fall, die Aufgabe, das Potential im ganzen Raume zu bestimmen, wenn es auf einem (von Leitern freien) Stück der Achse gegeben ist[2].

Mit Rücksicht darauf, daß der Sinus beim Fortschreiten um π sein Vorzeichen umkehrt, können wir Gl. (14) auch in der Form

$$\varphi(z, r) = \frac{1}{\pi}\int_0^{\pi/2} [\Phi(z + i r \sin\alpha) + \Phi(z - i r \sin\alpha)]\, d\alpha \tag{15}$$

---

[1] ζ hat nun also nicht mehr die Bedeutung $x + iy$.

[2] Aus Gl. (14) kann man schließen [352], daß die Singularitäten der Funktion $\varphi(z, r)$ an der gleichen Stelle liegen wie die der Funktion $f(z + ir) = \varphi(z + ir, 0)$; ($z$ und r in beiden Fällen reell). Die Reihenentwicklung Gl. (16) konvergiert also bis zu $r = r_0$, wo r_0 den Abstand des Punktes z, 0 von der ihm nächstgelegenen singulären Stelle des Potentialfeldes bedeutet. Zeichnet man den so bestimmten Konvergenzbereich der Entwicklung Gl. (16) in irgendein rotationssymmetrisches Potentialfeld ein, so findet man, daß der Konvergenzbereich durch Stücke gleichseitiger Hyperbeln begrenzt wird.

schreiben, in der die eckige Klammer an die Gl. (12) des entsprechenden ebenen Problems erinnert und die, da nunmehr der Integrand reell ist, für die numerische Auswertung mit Hilfe des Planimeters geeigneter ist als Gl. (14).

Aus Gl. (14) finden wir sofort eine Reihenentwicklung für das Potential. Entwickeln wir den Integranden nach dem TAYLORschen Lehrsatz:

$$\Phi(z + ir\sin\alpha) = \Phi(z) + \Phi'(z)\cdot ir\sin\alpha + \frac{1}{2!}\Phi''(z)\,(ir\sin\alpha)^2 + \cdots,$$

so fallen bei der Integration nach α alle ungeraden Glieder weg und wir erhalten:

$$\varphi(z, r) = \sum_{\nu=0}^{\infty} \frac{(-1)^\nu}{(\nu!)^2}\,\Phi^{(2\nu)}\left(\frac{r}{2}\right)^{2\nu}. \tag{16}$$

Der obere Index (2ν) bedeutet dabei 2ν-malige Differentiation nach z. Die Reihe (16) gibt die Möglichkeit, bei bekanntem Potentialverlauf $\Phi(z) = \varphi(z, 0)$ auf der Achse das Potential in der Umgebung der Achse mit beliebiger Genauigkeit zu berechnen.

Aus Gl. (16) läßt sich ferner der Krümmungsradius der Äquipotentialflächen im Schnittpunkt mit der Rotationsachse entnehmen. Entwickeln wir vom Punkte $z = z_0$, $r = 0$ aus nach r *und* nach $\zeta = z - z_0$, so lauten die ersten Glieder:

$$\varphi(z, r) = \varphi(z_0, 0) + \Phi'\cdot\zeta + \tfrac{1}{2}\Phi''\zeta^2 - \tfrac{1}{4}\Phi''r^2.$$

Die Gleichung der betrachteten Äquipotentialfläche $\varphi(z, r) = \varphi(z_0, 0)$ reduziert sich also in der Umgebung der Achse auf die Hyperbelgleichung

$$\tfrac{1}{4}\Phi''r^2 = \Phi'\zeta + \tfrac{1}{2}\Phi''\zeta^2, \tag{17}$$

woraus sich der Krümmungsradius ϱ zu

$$\varrho = \frac{2\Phi'}{\Phi''} \tag{18}$$

ergibt.

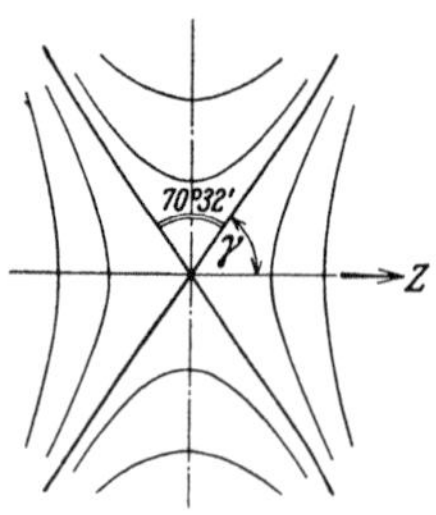

Abb. 47. Zum Potentialverlauf im Sattelpunkt eines rotationssymmetrischen Feldes.

In den Sattelpunkten des Potentialfeldes ist $\varphi' = 0$, also $\varrho = 0$. Die durch einen solchen Punkt gehende Äquipotentialfläche hat dort eine Kegelspitze (Abb. 47), die Schar der Kurven konstanten Potentials in der z, r-Ebene besitzt dort einen Doppelpunkt. Für den Öffnungswinkel γ des Kegels finden wir aus Gl. (17) wegen $\varphi' = 0$

$$\mathrm{tg}^2\gamma = \frac{r^2}{z^2} = 2; \qquad \gamma = 54^0\,44'. \tag{19}$$

Der Winkel, unter dem sich die Linien konstanten Potentials auf der Rotationsachse[1] schneiden, ist also unabhängig von der speziellen Art des Potentialfeldes gleich $70^0\,32'$.

Diese Tatsache überrascht zunächst, und es ist daher auch nicht weiter verwunderlich, wenn gelegentlich rotationssymmetrische Potentialfelder angegeben werden, die diese Bedingung nicht erfüllen[2]. Daß der Winkel indessen auch bei noch so verschiedenen Elektronenanordnungen wirklich $70^1/_2{}^0$ beträgt, läßt sich auch durch Messungen zeigen. So ist in Abb. 48 eine Gruppe von Potential-

[1] In den Sattelpunkten des *ebenen* Problems und in den nicht auf der Achse gelegenen Sattelpunkten des rotationssymmetrischen Problems ist dieser Winkel ein rechter.

[2] Andererseits gibt uns diese Gesetzmäßigkeit die Möglichkeit, solche falsch gemessenen oder falsch gezeichneten Potentialfelder sofort zu erkennen. Als Beispiele vgl. man KNOLL [240], Abb. 2 und OLLENDORF [286], Abb. 201.

bildern nach Messungen im elektrolytischen Trog [II, 16] zusammengestellt, die trotz sehr verschiedenartiger Elektrodenanordnung die Konstanz des Kegelwinkels ergeben.

Wir wollen uns nun die Frage vorlegen, ob sich für die Kraftlinien eine ebenso einfache Darstellung finden läßt wie für das Potential. Zu diesem Zwecke be-

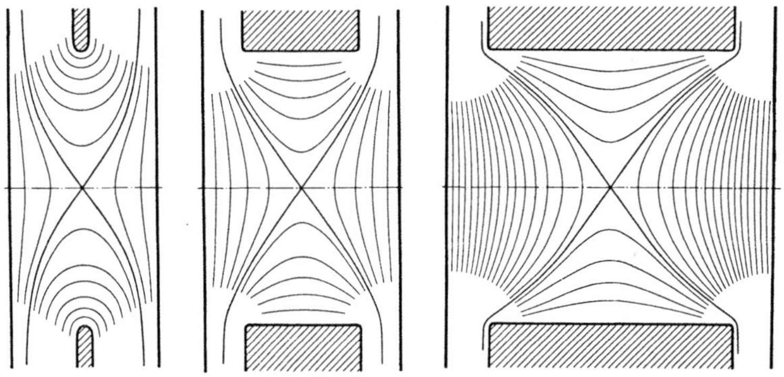

Abb. 48. Unabhängigkeit des Potentialverlaufs im Sattelpunkt (Abb. 47) von der Gestalt der Elektroden.

rechnen wir zunächst die Zahl N der Kraftlinien, die durch einen Kreis mit den Koordinaten z, r hindurchgehen ($r =$ Kreisradius). Bei Vergrößerung des Kreisradius um dr erhöht sich die Zahl der vom Kreis umschlossenen Kraftlinien um $\mathfrak{E}_z \cdot 2\pi r dr$, d. h. also, unser N genügt der Gleichung

$$\frac{\partial N}{\partial r} = 2\pi r \mathfrak{E}_z = -2\pi r \frac{\partial \varphi}{\partial z}. \tag{20}$$

Andererseits folgt aus Gl. (14) durch Differentiation nach z, wenn wir die Differentiation unter dem Integralzeichen ausführen und durch einen Strich andeuten:

$$\frac{\partial \varphi}{\partial z} = \frac{1}{2\pi} \int_0^{2\pi} \Phi'(z + i r \sin\alpha)\, d\alpha. \tag{21}$$

Der Wert des Integrals bleibt unverändert, wenn wir dem Integranden den Faktor $(\cos^2\alpha + \sin^2\alpha)$ hinzufügen. Dadurch zerfällt das Integral in zwei Summanden, deren erster sich folgendermaßen umformen läßt:

$$\int_0^{2\pi} \cos^2\alpha\, \Phi'(z + i r \sin\alpha)\, d\alpha = \frac{1}{i r} \int_0^{2\pi} \cos\alpha \frac{\partial \Phi(z + i r \sin\alpha)}{\partial \alpha}\, d\alpha.$$

Durch partielle Integration entsteht daraus (die Beiträge der beiden Grenzen heben sich gegeneinander weg):

$$\frac{1}{i r} \int_0^{2\pi} \Phi(z + i r \sin\alpha) \sin\alpha\, d\alpha.$$

Damit geht nunmehr Gl. (21) über in

$$\frac{\partial \varphi}{\partial z} = -\frac{i}{2\pi r} \int_0^{2\pi} \Phi(z + i r \sin\alpha) \sin\alpha\, d\alpha + \frac{1}{2\pi} \int_0^{2\pi} \Phi'(z + i r \sin\alpha) \sin^2\alpha\, d\alpha$$

$$= -\frac{i}{2\pi r} \frac{\partial}{\partial r} \int_0^{2\pi} \Phi(z + i r \sin\alpha)\, r \sin\alpha\, d\alpha.$$

Setzen wir dies in Gl. (20) ein, so stehen auf beiden Seiten Ableitungen nach r, und wir können integrieren:

$$N = i r \int_0^{2\pi} \Phi(z + i r \sin\alpha) \sin\alpha \, d\alpha\,. \tag{22}$$

Die Integrationskonstante war gleich Null zu setzen, da ja N für $r = 0$ den Wert Null annehmen muß. Ändern wir nun die Koordinaten r, z unseres Kreises so, daß N sich dabei nicht ändert, so bleibt die Zahl der von dem Kreis umschlossenen Kraftlinien konstant, d. h. die einzelnen Punkte des Kreises verschieben sich längs der Kraftlinien. Die gesuchte Gleichung der Kraftlinien ist daher $N = \text{const}$.

Wir wollen nun die Formeln (14) und (22) an einem besonders einfachen Beispiel veranschaulichen, nämlich an dem Beispiel $\varphi(z, 0) = 1/z$. In diesem Falle gilt also nach Gl. (14) und (22)

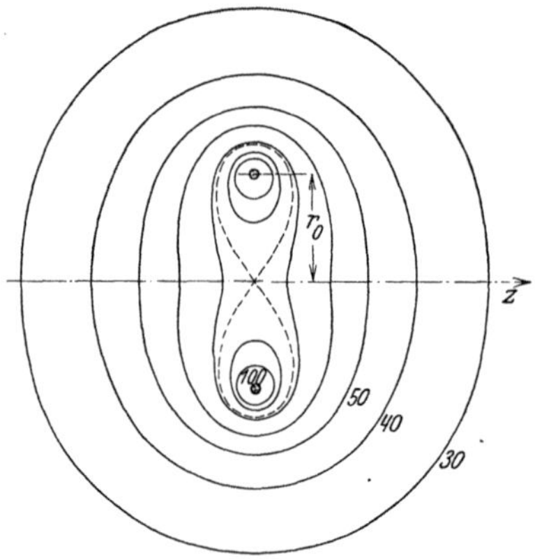

Abb. 49. Potentialfeld eines Kreisringes [292].

$$\varphi = \frac{1}{2\pi} \int_0^{2\pi} \frac{d\alpha}{z + i r \sin\alpha}$$

$$N = i r \int_0^{2\pi} \frac{\sin\alpha \, d\alpha}{z + i r \sin\alpha}\,.$$

Beide Integrale lassen sich elementar ausführen und liefern:

$$\varphi = \frac{1}{\sqrt{z^2 + r^2}}\,; \qquad N = 2\pi \left(1 - \frac{z}{\sqrt{z^2 + r^2}}\right).$$

Die Flächen $\varphi = \text{const}$ sind also Kugeln, die Schnittpunkte der Flächen $N = \text{const}$ mit der Zeichenebene sind Geraden durch den Nullpunkt, d. h. wir haben das Feld einer einzelnen Punktladung vor uns.

Wir wollen nun das Potential eines geladenen Drahtringes mit dem Radius r_0 angeben. Das Problem läßt sich auf verschiedene Arten lösen. Entweder man benutzt die Tatsache, daß die Ladung aus Symmetriegründen längs des Drahtes gleichmäßig verteilt sein muß. Dann kann man φ nach [II, 10] sofort hinschreiben. Oder man berechnet sich das Potential auf der Achse (da alle Punkte des Kreises von einem Achsenpunkt den gleichen Abstand $\sqrt{r_0^2 + z^2}$ haben, wird das Potential auf der Achse $\varphi(z, 0) = \text{const}\,\sqrt{r_0^2 + z^2}$) und man kann Gl. (14) anwenden. Trotz dieser einfachen Ansatzmöglichkeiten ist es zeitraubend, das Potential ganz auszuwerten. Zuerst hat dies Poincaré [292] getan. Wir geben in Abb. 49 das von ihm berechnete Potentialfeld wieder.

In den bisherigen Beispielen war uns entweder die Verteilung der Ladungen im Raume bekannt oder das Potential auf der Achse, so daß sich auch das Potential im übrigen Raume nach [II, 10] oder nach Gl. (14) angeben ließ. Schwieriger sind die Fälle zu behandeln, in denen wir nur das konstante Potential auf den Leitern kennen, während uns die Ladungsverteilung unbekannt ist. Aufgaben dieser Art sind nur in den seltensten Fällen streng lösbar.

Eine bevorzugte Stelle nehmen dabei diejenigen Probleme ein, bei denen sich die Potentialgleichung in einem solchen Koordinatensystem separieren läßt, das eine einfache Formulierung der Randbedingungen gestattet. Wir wollen uns auch hier wieder auf ein Beispiel beschränken, und zwar betrachten wir den für die Elektronenoptik wichtigsten Fall einer kreisförmigen Lochblende.

13. **Die Lochblende.** Die Kreisblende, die zwei Gebiete mit verschiedener Feldstärke trennt, habe den Öffnungsradius 1. Da bei einer solchen Blende im Schnitt mit der z, r-Ebene zwei Punkte ausgezeichnet sind (A und B in Abb. 50), liegt es nahe, elliptische Koordinaten μ, ν mit diesen Punkten als Brennpunkten einzuführen. In diesen Koordinaten lautet die Potentialgleichung[1]:

$$\Delta\varphi = \frac{1}{\mu^2+\nu^2}\left\{\frac{\partial}{\partial\mu}\left((\mu^2+1)\frac{\partial\varphi}{\partial\mu}\right)+\frac{\partial}{\partial\nu}\left((1-\nu^2)\frac{\partial\varphi}{\partial\nu}\right)\right\} = 0\,. \tag{23}$$

Dabei gilt

$$r=\sqrt{\mu^2+1}\cdot\sqrt{1-\nu^2}\,;\quad z=\mu\nu\,;\quad \mu^2\geqq 0\,,\quad \nu^2\leqq 1\,. \tag{24}$$

Die Flächen $\mu = \text{const}$ sind konfokale Ellipsen, die Flächen $\nu = \text{const}$ die dazu senkrechten konfokalen Hyperbeln. Die Gleichung der Blende ($z = 0$, $r \geqq 1$) lautet nach (24) in diesen Koordinaten einfach $\nu = 0$. Geben wir der Blende das Potential Null, so haben wir als Randbedingung im Endlichen zu fordern

$$\varphi = 0 \quad \text{für} \quad \nu = 0\,.$$

In größerem Abstand von der Blendenöffnung, d. h. für große Werte von μ, soll das Feld homogen, also φ proportional $z = \mu\nu$ sein. Die Randbedingung im Unendlichen lautet also

$$\varphi \to \text{const}\cdot\mu\nu \quad \text{für} \quad \mu\to\infty\,.$$

Die Konstante hat dabei im allgemeinen auf den beiden Seiten der Linse verschiedene Werte.

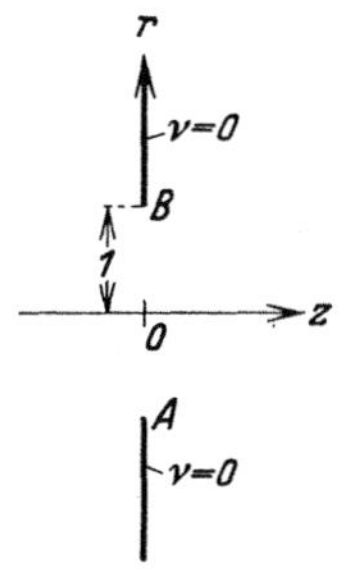

Abb. 50. Zur Potentialberechnung der Lochblende.

Da wir die Potentialgleichung durch Separation zu lösen suchen, machen wir den Ansatz

$$\varphi = M(\mu)\cdot N(\nu)$$

und tragen diesen Ansatz in Gl. (23) ein. Dadurch entsteht, wenn wir noch mit $\frac{\mu^2+\nu^2}{MN}$ multiplizieren:

$$\frac{1}{M}\frac{\partial}{\partial\mu}\left((\mu^2+1)\frac{\partial M}{\partial\mu}\right) = \frac{1}{N}\frac{\partial}{\partial\nu}\left((\nu^2-1)\frac{\partial N}{\partial\nu}\right).$$

Die linke Seite ist nur Funktion von μ, die rechte nur Funktion von ν. Wenn beide für beliebige Werte von μ und ν einander gleich sein sollen, müssen sie konstant sein. Nennen wir diese Konstante λ, so haben wir die beiden linearen Gleichungen zu lösen[2]:

$$\frac{\partial}{\partial\mu}(\mu^2+1)\frac{\partial M}{\partial\mu} = \lambda M,$$

$$\frac{\partial}{\partial\nu}(\nu^2-1)\frac{\partial N}{\partial\nu} = \lambda N\,.$$

Die Separationskonstante λ läßt sich aus der Randbedingung im Unendlichen bestimmen. Da das Potential $\varphi = MN$ im Unendlichen, d. h. für unendlich große μ, für beliebige Werte von ν zu $z = \mu\nu$ proportional sein soll, muß N

---

[1] Vgl. E. MADELUNG: Die mathematischen Hilfsmittel des Physikers (Berlin: Julius Springer 1925), S. 20, Gl. (21). Wir ließen die Ableitung nach dem Azimutwinkel weg, da unser Potentialfeld rotationssymmetrisch sein soll. Ferner haben wir, entsprechend dem Radius 1 der Blende, $\alpha = 1$ gesetzt.

[2] Es sind LEGENDREsche Differentialgleichungen, deren Integration auf Kugelfunktionen vom Index $n = \frac{1}{2}(\sqrt{4\lambda+1}-1)$ und vom Argument $i\mu$ führen würde.

selbst zu ν proportional sein, und wir können ohne Beschränkung der Allgemeinheit $N = \nu$ setzen. Damit folgt aus der zweiten Gleichung unmittelbar $\lambda = 2$. Die erste Gleichung lautet nunmehr

$$\frac{\partial}{\partial \mu}(\mu^2 + 1)\frac{\partial M}{\partial \mu} = 2M\,.$$

Aus der Ähnlichkeit dieser Gleichung mit der für N läßt sich sofort die partikuläre Lösung $M = \mu$ erraten. Kennt man aber eine partikuläre Lösung einer linearen homogenen Differentialgleichung zweiter Ordnung, so läßt sich die allgemeine Lösung nach bekannten Sätzen leicht angeben[1]. Sie lautet in unserem Falle

$$M = A\mu + B(\mu \operatorname{arc\,tg} \mu - 1)\,.$$

Das gesuchte Potentialfeld lautet also

$$\varphi = MN = A\mu\nu + B\nu(\mu \operatorname{arc\,tg} \mu - 1)\,,$$

oder, unter Benutzung von (24):

$$\varphi = Az + Bz\left(\operatorname{arc\,tg} \mu - \frac{1}{\mu}\right);$$

$$\mu = \pm\sqrt{\tfrac{1}{2}(z^2 + r^2 - 1) + \tfrac{1}{2}\sqrt{4z^2 + (z^2 + r^2 - 1)^2}}\,.$$

Das obere Vorzeichen der Wurzel gilt für positive, das untere für negative z. Für die innere Wurzel ist stets ihr Absolutbetrag zu nehmen. Die noch verbleibende Mehrdeutigkeit des Vorzeichens von μ können wir umgehen, wenn wir schreiben

$$\left.\begin{aligned} \varphi &= Az + B\,|z|\left(\operatorname{arc\,tg} \mu + \frac{1}{\mu}\right); \\ \mu &= \sqrt{\tfrac{1}{2}(z^2 + r^2 - 1) + \tfrac{1}{2}\sqrt{4z^2 + (z^2 + r^2 - 1)^2}}. \end{aligned}\right\} \qquad (25)$$

Nunmehr sind alle Wurzeln positiv zu nehmen.

Wir wollen uns noch überzeugen, daß diese Lösung tatsächlich unseren Randbedingungen genügt. Auf der Blende ist $z = 0$ und, abgesehen vom Rand der Öffnung, $r^2 > 1$, also $\mu > 0$. Damit ist $\frac{1}{\mu}$ endlich, und wegen des Verschwindens von z wird $\varphi = 0$. Die Blendenfläche ist also Äquipotentialfläche. Im Unendlichen gilt:

$$\lim_{\mu \to \infty} \varphi = \begin{cases} \left(A + \frac{\pi}{2}B\right)\cdot|z|, & \text{falls } z > 0 \\ \left(-A + \frac{\pi}{2}B\right)\cdot|z|, & \text{falls } z < 0\,. \end{cases}$$

Ist also in großer Entfernung auf der linken Seite der Blende die Feldstärke $\mathfrak{E}_1$, auf der rechten Seite die Feldstärke $\mathfrak{E}_2$ vorgegeben, so finden wir wegen $\mathfrak{E} = -\operatorname{grad}\varphi = -\frac{\partial \varphi}{\partial z}$:

$$A = -\frac{1}{2}(\mathfrak{E}_1 + \mathfrak{E}_2)\,; \quad B = +\frac{1}{\pi}(\mathfrak{E}_1 - \mathfrak{E}_2)$$

und können damit nach Gl. (25) das Potentialfeld zeichnen. Für die beiden einfachsten Fälle $\mathfrak{E}_1 = 0$, $\mathfrak{E}_2 \neq 0$ und $\mathfrak{E}_1 = -\mathfrak{E}_2$ ist das Potentialfeld in

[1] E. Madelung: Die mathematischen Hilfsmittel des Physikers, S. 114, Gl. (2).

Abb. 51a und b nach Zeichnungen[1] OLLENDORFS [286, S. 297] wiedergegeben. Wie das Potentialfeld aussieht, wenn wir nicht wie im ersten Beispiel $\mathfrak{E}_1 = 0$ wählen, sondern $\mathfrak{E}_1$ bei festgehaltenem $\mathfrak{E}_2 < 0$ einen kleinen negativen oder positiven Wert geben, zeigt Abb. 52 aus einer Arbeit von A. GLASER [158]. In der letzten Abbildung ist der Verlauf des Potentials auf der Achse mit eingetragen.

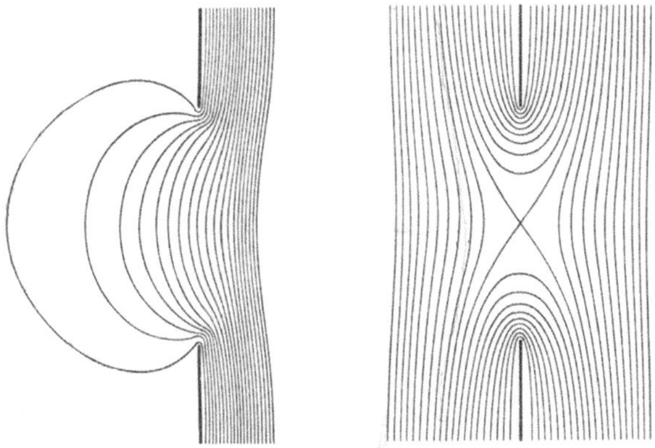

a) $\mathfrak{E}_1 = 0$; $\mathfrak{E}_2 \neq 0$ b) $\mathfrak{E}_1 = -\mathfrak{E}_2$

Abb. 51. Potentialfeld der Lochblende [286].

14. Direkte Ausmessung elektrischer Potentialfelder. Die Berechnung von Potentialfeldern wird undurchführbar, sobald die Elektrodenanordnungen komplizierter werden. Doch selbst, wenn die Rechnung durchführbar ist, wird man ihr oft eine einfache experimentelle Bestimmungsmethode vorziehen.

Die Notwendigkeit, komplizierte Potentialfelder zahlenmäßig festzulegen, trat zuerst in der Elektrotechnik auf. Daher sind die für die Elektronenoptik wichtigen Meßmethoden vorzugsweise auf elektrotechnischem Gebiete entwickelt

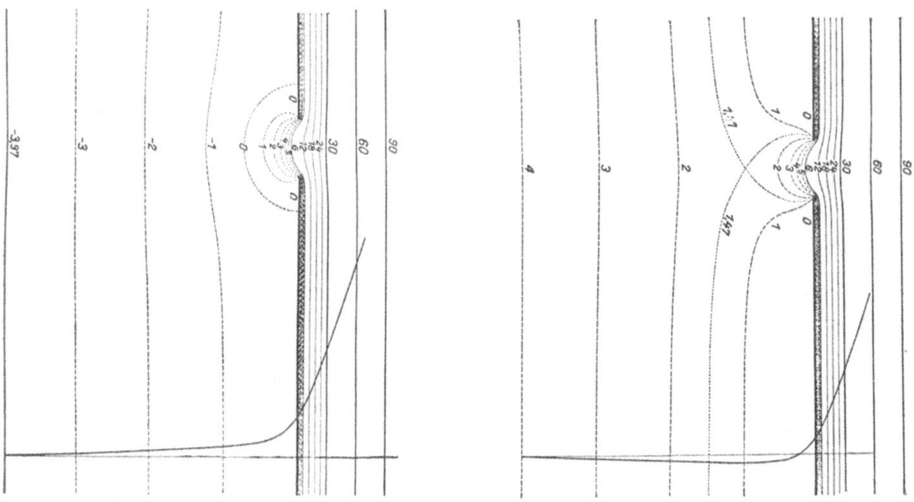

a) $\mathfrak{E}_1 < 0$; $\mathfrak{E}_2 < 0$ b) $\mathfrak{E}_1 > 0$; $\mathfrak{E}_2 < 0$

Abb. 52. Potentialfeld der Lochblende [158].

worden. Ihre Erprobung erfolgte meist an einfachen Fällen, wie dem Durchgriff am Blendenloch, Gitter und Netz, so daß wir unmittelbar verwendbares experimentelles Material vorfinden.

Kraftlinienbilder, die durch Einbringen dielektrischer Staubteilchen in das

[1] Der bereits (S. 66, Anm. 2) erwähnte Fehler am Sattelpunkt der OLLENDORFschen Abbildung, wo sich die Potentiallinien nicht unter 71^0, sondern unter 90^0 schnitten, ist bei der Neuzeichnung Abb. 51 beseitigt worden.

Feld gewonnen werden, geben einen ersten anschaulichen Überblick, doch ist ihre Aufnahme bei elektrischen Feldern leider kompliziert und wenig exakt. Wir wollen hier auf entsprechende Verfahren zur Messung der elektrischen Feldstärke nicht weiter eingehen [138, 139]. Auch die luftelektrischen Methoden [426, 427], die mit Flamme, Tropfkollektor oder radioaktiven Ionisatoren das Potential eines Raumpunktes bestimmen, können wir hier nicht gebrauchen.

Unter den für die Elektronenoptik brauchbaren Methoden sind die der Glühsonde, des Verschiebungsstromes und des elektrolytischen Troges zu nennen. Die ersten beiden Methoden unterscheiden sich grundsätzlich von der dritten, die wir deswegen und wegen ihrer Wichtigkeit in einem besonderen Abschnitt behandeln wollen. Während die Methode der Glühsonde und des Verschiebungsstromes das statische Potentialfeld wirklich ausmessen, indem sie in einem mehr oder minder vergrößerten Modell das Raumpotential festlegen, wird bei der elektrolytischen Methode das statische Feld durch ein elektrisches Strömungsfeld ersetzt, indem man Ströme zwischen den Elektroden durch einen Elektrolyten fließen läßt und die Äquipotentialflächen als Orthogonalflächen zu den Stromfäden in diesem Stromlinienfeld festlegt.

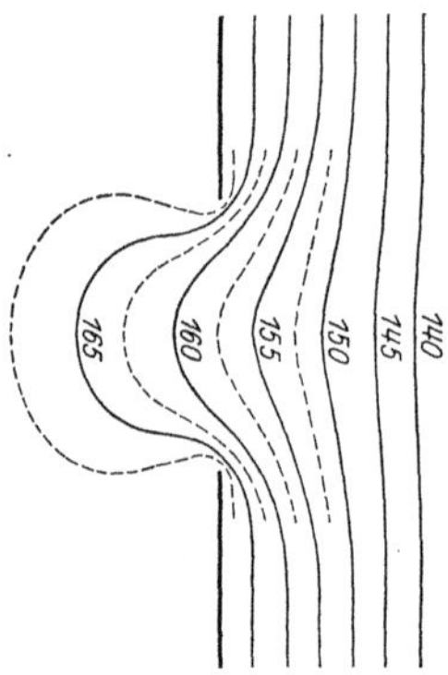

Abb. 53. Potentialfeld der Lochblende[2] mit Glühsonde gemessen [373].

Glühsondenmethode. Die von SEMENOFF und WALTHER [373, 374] ausgebildete Methode beruht auf der Elektronenemission eines glühenden Drahtes[1]. Ist dieser Sondendraht zunächst negativer als das Raumpotential, so wird er so lange Elektronen emittieren, bis er durch den Verlust an negativer Ladung ein so stark positives Potential gegenüber dem Raum angenommen hat, daß auch die schnellen Elektronen die bremsende Potentialdifferenz nicht mehr zu überwinden vermögen. Es stellt sich also ein Sondenpotential ein, das etwa 1 Volt von dem wahren Raumpotential abweicht. Macht man die Potentialdifferenz an den Elektroden des zu untersuchenden Potentialfeldes genügend groß, so wird sowohl die Ungenauigkeit, mit der man diesen Wert nur kennt, als auch der Spannungsabfall im Glühdraht zumeist gegenüber anderen Fehlern nicht ins Gewicht fallen.

Zur Prüfung der Methode haben SEMENOFF und WALTHER zunächst das Feld eines Plattenkondensators bei 200 Volt Potentialdifferenz zwischen den Platten ausgemessen. Unter Benutzung eines Platindrahtes von 6 mm Länge bei 0,1 mm Dicke, der in einen langen geraden, parallel zu den Platten gelegten Draht eingeschaltet war, konnte mit einem unempfindlichen Elektrometer der lineare Potentialabfall zwischen den Platten genügend genau nachgemessen werden. Es wurden ferner einige spezielle Potentialfelder ausgemessen und der Felddurchgriff von Gittern ermittelt. WALTHER und INGE [408] haben später die Messungen nach dieser Methode weitergeführt, und haben, nachdem sie durch kleine apparative Verbesserungen eine Genauigkeit in den Potentialwerten bis 1% erreicht hatten, Lochblenden[2] und Netze ausgemessen. Abb. 53 zeigt eines dieser Felder, das denselben Charakter aufweist wie das theoretisch gewonnene Feld Abb. 51a.

Methode des Verschiebungsstromes (*Methode der Kapazitätssonde*). SEMENOFF und ANTON WALTHER [374] haben später eine Wechselstrommethode angegeben,

[1] Vgl. auch die zusammenfassende Darstellung der verschiedenen russischen Arbeiten bei N. SEMENOFF u. A. WALTHER: Die physikalischen Grundlagen der elektrischen Festigkeitslehre. Berlin: Julius Springer 1928.

[2] Die Autoren sprechen nur von „Diaphragmen".

die in ihrer Handhabung der noch zu besprechenden elektrolytischen Methode sehr ähnlich ist. Die Methode gestattet es, z. B. das Potentialfeld an Hochspannungsisolatoren direkt zu untersuchen.

Wir denken uns an die Elektroden, zwischen denen das Potentialfeld bestimmt werden soll, eine Wechselspannung angelegt. Die Potentiale der einzelnen Punkte werden dann im Tempo der angelegten Wechselspannung schwanken, ohne daß sich jedoch die allein interessierenden *Verhältnisse* der Potentialwerte zueinander ändern. Wird nun parallel zu den Elektroden eine Meßbrücke gelegt und die Leitung von irgendeinem Punkte des Potentialfeldes, an dem sich die Sonde befindet, über ein Telephon, z. B. an die *Mitte* der Brücke gelegt, so wird im allgemeinen ein Kapazitätsstrom fließen, der sich durch ein Summen im Telephon bemerkbar macht. Dieses Geräusch wird nur dann verschwinden, wenn wir das Mittelpotential, das auf der Brücke eingestellt war, durch Bewegen der Sonde im Potentialfeld gefunden haben. Denkt man sich alle so festlegbaren Punkte verbunden, so ist damit die Potentialfläche gefunden, die der halben Potentialdifferenz zwischen den Elektroden entspricht. In entsprechender Weise findet man die übrigen Potentialflächen. In Wirklichkeit darf man, um den sehr schwachen Kapazitätsstrom nachweisen und seinen Nullwert finden zu können, in die Verbindungsleitung zwischen Sonde und Brücke das Telephon nicht unmittelbar einschalten, sondern muß zunächst den Strom verstärken. Die störenden Zuleitungen zur Sonde (einfaches Drahtstück) werden bei dieser Methode durch eine Metallröhre abgeschirmt. Die Autoren geben an, daß eine Genauigkeit von 1 % für die Potentialwerte zu erreichen ist.

Die Methode ist zunächst ähnlich wie die der Glühsonde durch die lineare Gestalt von Sonde und Zuleitung für ebene Felder prädestiniert, bei denen man die Zuleitung leicht längs einer Äquipotentialfläche aus dem Feld herausführen kann. Doch auch für axialsymmetrische Felder haben SEMENOFF und WALTHER Messungen durchgeführt, indem sie die Sonde als Ring koaxial zur Symmetrieachse in das Feld brachten. An einem komplizierten, axialsymmetrischen Feld (Metallteile eines Isolators) zeigten sie, daß die Glühsonden- und Kapazitätssondenmethode innerhalb der Beobachtungsfehler zu übereinstimmenden Ergebnissen führen.

15. Methode des elektrolytischen Troges. Wir kommen nun zu der dritten, gut durchgebildeten Methode. Sie ist sehr einfach durchzuführen und erfreut sich daher allgemeiner Beliebtheit. Auch in der Elektronenoptik wurden alle bisherigen Potentialmessungen nach dieser Methode durchgeführt, nachdem sie den hier bestehenden Bedürfnissen angepaßt worden war. Sie wurde erstmalig von FORTESCUE und FARNSWORTH [143] und dann von ESTORFF [136] genauer beschrieben, der von der Gleichstrommessung zur Wechselstrommessung überging.

Bei der Methode des elektrolytischen Troges wird von der Analogie Gebrauch gemacht, die zwischen einem elektrischen Kraftlinienfeld und einem elektrischen Stromlinienfeld besteht. Daß diese Analogie vollständig ist, geht aus folgender Überlegung hervor: Für die Elektrizitätsströmung im Elektrolyten gilt

$$\mathfrak{j} = \lambda \mathfrak{E} = -\lambda \operatorname{grad} \varphi , \qquad (26)$$

wobei $\mathfrak{j}$ den spezifischen Strom und λ die (von der Stromdichte unabhängige) Leitfähigkeit bedeutet. Da die elektrische Strömung quellenfrei erfolgt, gilt ferner $\operatorname{div} \mathfrak{j} = 0$, also nach obiger Gleichung

$$-\lambda \operatorname{div} \operatorname{grad} \varphi = -\lambda \Delta \varphi = 0 .$$

Das Potential im elektrolytischen Trog muß daher genau wie das elektrostatische Potential der Potentialgleichung $\Delta \varphi = 0$ genügen. Nach einem Satze aus der Potentialtheorie sind aber zwei Funktionen, die beide der Potentialgleichung genügen, und deren Werte auf dem Rande eines Gebietes übereinstimmen, auch im Innern dieses Gebietes miteinander identisch. Wir haben also nur dafür zu sorgen, daß die Potentiale an den Rändern, d. h. an der Trogwand und an den eingebrachten Metallflächen mit denen des wirklichen Problems übereinstimmen und werden dann auch im ganzen Innern des Troges das richtige Potentialfeld erhalten.

Die Identität der beiden Funktionen φ bleibt auch dann noch bestehen, wenn auf Teilen der Randfläche die Werte von φ nicht vorgegeben sind, wenn aber statt dessen dafür gesorgt wird, daß an diesen Flächen die Ableitungen von φ in Richtung der Normalen übereinstimmen. An der Wasseroberfläche und an den isolierenden Teilen der Trogwand ist die Normalkomponente des Stromes und damit nach Gl. (26) auch die Normalkomponente der Feldstärke Null. Wir messen also in unserem Trog das Potential einer Leiteranordnung, die mit einzelnen Flächen (Wasseroberfläche und nichtleitende Trogwände) an Medien angrenzt, in die keine elektrischen Kraftlinien eindringen. Was das für praktische Konsequenzen hat, werden wir später sehen.

Bei der Durchführung der Messungen wendet man das gleiche Verfahren an wie bei der Methode des Verschiebungsstromes[1]. Auch jetzt wird eine Wechselspannung an die Elektroden des Modells gelegt und durch ein Telephon an einer den Elektroden parallel geschalteten Brücke das Geräuschminimum und damit ein Punkt der gesuchten Potentialfläche ermittelt. Die Verwendung von Wechselspannungen wäre hier im Prinzip nicht erforderlich. Praktisch ist sie jedoch notwendig, um Polarisationserscheinungen an den Elektroden zu vermeiden. Würde Polarisation eintreten, d. h. wäre die Ionenkonzentration ungleichmäßig, so wäre die Leitfähigkeit nicht mehr von Ort und Stromrichtung unabhängig, wie wir es mit der Aussage $\operatorname{div} \lambda \mathfrak{E} = \lambda \operatorname{div} \mathfrak{E}$ stillschweigend vorausgesetzt haben. Die elektrolytische Methode bietet gegenüber der Methode des Verschiebungsstromes den Vorteil, daß die Telephonströme nicht verstärkt zu werden brauchen.

Bei den älteren Untersuchungen nach der elektrolytischen Methode wurde ebenso vorgegangen, wie man es bei der Untersuchung eines statischen Feldes in Luft (z. B. nach der Methode des Verschiebungsstromes) tun würde. So brachte ESTORFF [136] die Kugeln einer auszumessenden Kugelfunkenstrecke in einen großen Wassertrog und maß mit einer tief unter die Wasserfläche greifenden Sonde den Potentialabfall auf der Verbindungslinie der Kugelmittelpunkte. Er verglich die Ergebnisse in einem großen und einem kleineren Trog und fand kaum merkliche Unterschiede zwischen den beiden Meßreihen und Übereinstimmung mit der Theorie. Später hat ESTORFF [137] das Potentialfeld verschiedener Elektroden im Hinblick auf die Spannungsbeanspruchung von Hängeisolatoren gemessen und gefunden, daß die Potentialflächen in der Nähe der Trogwände erheblich gestört sind.

Erst ZSCHAAGE [448] scheint die Eigentümlichkeiten der elektrolytischen Methode vollständig erfaßt zu haben. Diese Eigentümlichkeiten können, wenn man sie nicht berücksichtigt, merkliche Fehler in den Messungen bedingen, andererseits kann man durch ihre geschickte Ausnutzung die Antwort auf Fragen erhalten, die mit den anderen beschriebenen Methoden nicht so bequem zu lösen sind. Um das zu erkennen, müssen wir auf die Theorie der Randstörung etwas genauer eingehen, wobei wir an den durch Abb. 54 gegebenen experimentellen Befund anknüpfen wollen. Die Abbildung zeigt an dem Beispiel eines

---

[1] Eine abweichende Meßmethode hat FÖRSTER [142] diskutiert und theoretisch begründet. Dabei wird nicht das Potential selbst mit einer Sonde im Stromfeld zwischen den Elektroden gemessen, sondern aus den Strömen ermittelt, die von einer auf höherem Potential befindlichen Sonde zu den einzelnen, sämtlich geerdeten Elektroden fließen.

Potentialfeldes zwischen einer unendlich ausgedehnten Ebene und einem unendlich ausgedehnten Kreiszylinder (Einzelleitung gegenüber der Erdoberfläche) die Unterschiede zwischen Theorie und Messung. Man erkennt, daß die gemessenen Potentialflächen senkrecht auf den isolierenden Gefäßwänden enden, wodurch Verzerrungen des gesamten Potentialfeldes bedingt sind, die nur unmittelbar zwischen Ebene und Zylinder vernachlässigbar sind. Der gestörte Verlauf der Potentialflächen nahe den Gefäßwänden ist darin begründet, daß die isolierende Trogwand nach dem früher Gesagten einem Medium von der Dielektrizitätskonstanten Null entspricht, in das keine Kraftlinien eindringen. Die Kraftlinien müssen also in der Nähe der Wände zu diesen parallel verlaufen. Diese einfache Konsequenz gibt uns die Möglichkeit einer anschaulichen Erfassung der „Fehler". Die Stromquelle, in unserem Falle der Zylinder, spiegelt sich scheinbar an der gegenübergestellten Platte in entgegengesetzter Polarität, mit dem Spiegelbild eine Doppelquelle bildend. Dieses Quellenpaar spiegelt sich weiter an den übrigen, nichtleitenden Wänden des Trogs in gleicher Polarität und in unendlichfältiger Wiederholung, wie es in Abb. 55 durch die ersten vier dieser Spiegelbilder angedeutet ist. Jede dieser unendlich vielen Doppelquellen beeinflußt das Potentialfeld des ursprünglichen Quellpunktes. So entsteht ein Potentialfeld, das in der Nähe des ursprünglichen Quellenpaares durch dieses allein bestimmt wird (Apollonische Kreise), in größerer Entfernung aber merklich von dem eines einzelnen Quellenpaares abweicht.

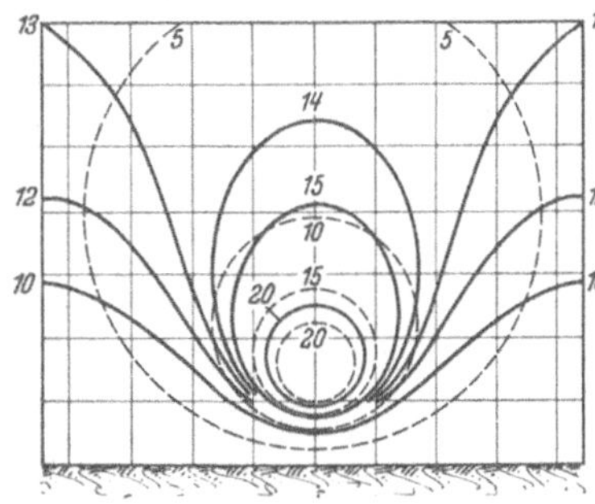

Abb. 54. Verzerrung des Potentialfeldes von Einzelleitung und Ebene durch die Trogwände [448].

Die übersichtliche Art, in der die Randstörung erfolgt, erlaubt es, sie zur Vereinfachung und Ergänzung der Messungen zu verwerten.

Wir hatten im Vorstehenden die Wirkung der Bodenfläche des Troges und der Wasseroberfläche überhaupt nicht diskutiert. Tatsächlich haben diese beiden isolierenden Flächen nicht nur keine störende Wirkung, sondern sind zur Erzielung des erwünschten Potentialfeldes sogar notwendig, denn durch diese Grenzflächen werden Ebene und Zylinder, die zu ihnen senkrecht stehen, gespiegelt und damit gleichsam ins Unendliche verlängert. Handelt es sich also darum, das Potentialfeld einer unendlich ausgedehnten zylindersymmetrischen Elektronenanordnung zu ermitteln, so ist es im Prinzip ganz gleichgültig, wie tief der Meßtrog ist, stehen nur die Elektroden senkrecht zu Trogboden und Wasseroberfläche.

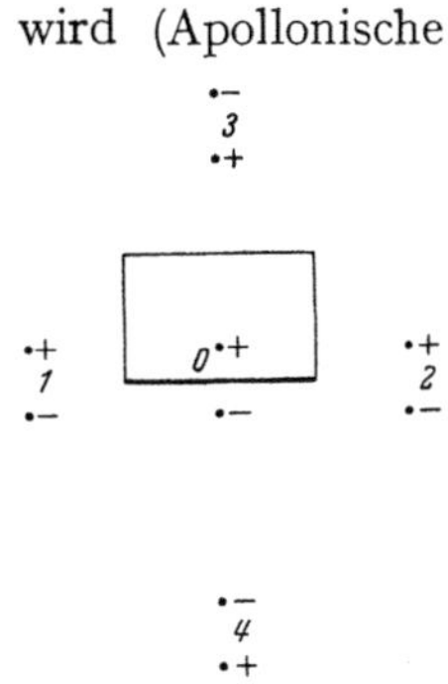

Abb. 55. Zur Spiegelung an den Trogwänden bei der Messung Abb. 54.

Diese Eigentümlichkeiten der Trogmethode bei zylindrischen Problemen sind von BARKHAUSEN und v. BRÜCK [20] voll ausgenutzt worden, die in einem Trog von nur wenigen Zentimetern Wassertiefe die Potentialfelder unendlich ausgedehnter Gitter ermittelten.

Den Einbau dreier Stäbe, die das unendliche Gitter vertreten, zeigt Abb. 56. Da in der Mitte zwischen zwei Stäben eine Ebene liegt, auf der die Potentialflächen senkrecht stehen, würde es im Prinzip genügen, nur einen Draht zu verwenden und die beiden genannten Ebenen beiderseitig vom Draht durch die spiegelnden Trogwände zu ersetzen.

Da Gitter auch nach der Glühsondenmethode [II, 13] untersucht und auch theoretisch [II, 11] behandelt wurden, läßt sich ein Vergleich durchführen, der den Beweis für die Brauchbarkeit der experimentellen Methode liefert[1]. Abb. 57 zeigt zunächst den Vergleich von Rechnung[2] und elektrolytischer Methode, Abb. 58 den von Glühsonden- und elektrolytischer Methode. Bei Abb. 58 haben die Gitterdrähte ein mittleres Potential, so daß das von einer zur anderen Grenzplatte ansteigende Potential nur wenig geändert wird. Bei Abb. 57 ist der Fall gezeichnet, daß die Gitterdrähte ein hohes Potential besitzen, das das der Abschlußebenen rechts und links übertrifft.

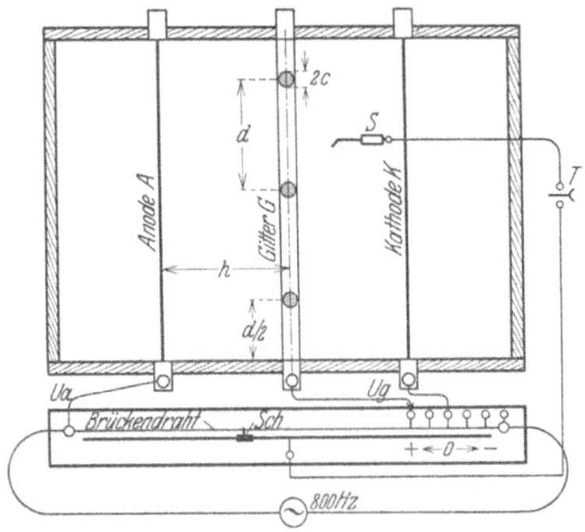

Abb. 56. Benutzung der Spiegelung an den Trogwänden zur Messung des Potentials eines unendlichen Gitters [20].

16. Benutzung des elektrolytischen Troges für die Elektronenoptik. Für die Ausmessung von Potentialfeldern der Elektronenoptik ist bisher nur die elektrolytische Methode angewandt worden. Diese Methode wurde vorher vorzugsweise zur Ausmessung von Anordnungen benutzt, die in einer Richtung unendlich ausgedehnt sind (ebenes Problem). Konnte in diesem Falle, der indessen in der Elektronenoptik nur bei Zylinderlinsen interessiert, ein flaches Untersuchungsgefäß und der vertikale Elektrodenaufbau benutzt werden, so verlangen die rotationssymmetrischen Elektronenlinsen andere Maßnahmen. Doch auch hier ist es nicht notwendig, das Modell der Linse in einen großen Wassertrog möglichst tief unter der Oberfläche einzubauen und mit einer Sonde, die durch die Zuleitung das Feld verzerrt, unter Wasser zu messen. Man halbiert zweckmäßigerweise das Modell längs einer durch die Rotationsachse hindurchgelegten Symmetrieebene und legt diese Symmetrieebene in die Wasseroberfläche. Die Wasseroberfläche wirkt wieder spiegelnd. Die Vorteile dieser Anordnung, wie sie BRÜCHE und JOHANNSON [64, 212] benutzten, sind die gleichen wie die der Anordnung BARKHAUSENS für das ebene Problem. Die Sondenzuleitung kann nicht mehr stören, da nur die Sondenspitze vom Luftraum her als dünner kurzer Draht in das Stromlinienfeld eintaucht. Die Messungen sind bequem

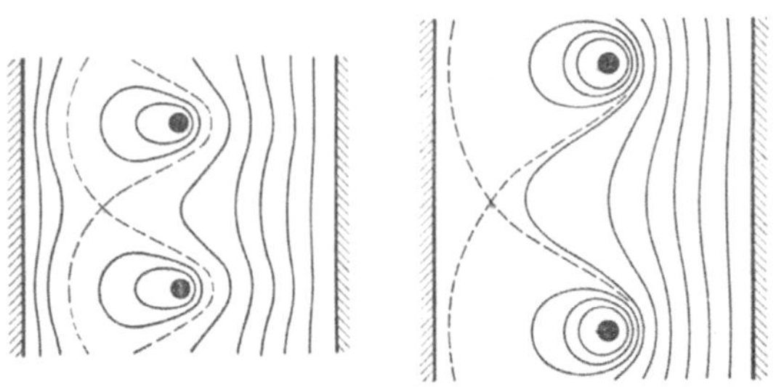
a) berechnet b) gemessen nach elektrolytischer Methode

Abb. 57. Potentialfeld eines Gitters.

[1] Dagegen spricht nicht, daß gelegentlich [240, Abb. 2] experimentelle Potentialbilder veröffentlicht werden, die unmöglich richtig sein können [II, 12].

[2] Wir haben hier ein Bild aus H. G. MÖLLER: Elektronenröhre, 1. Aufl., entnommen, das allerdings wohl nicht mit größter Genauigkeit gezeichnet war. Man könnte eine Neuberechnung ohne weiteres nach der in [II, 11] angegebenen Formel für das Drahtgitter vornehmen, die man lediglich für den Fall beliebiger Feldstärken auf beiden Seiten des Gitters zu erweitern hätte.

durchführbar, und die gefundenen Punkte bestimmten Potentials lassen sich mit einem Storchschnabel (Pantograph) sofort in die Zeichnung des Potentialfeldes umwerten[1].

An Einzelheiten für die Durchführung solcher Messungen sei noch folgendes erwähnt: Bei der beschriebenen Art des Einbaus werden die fünf Trogwände, die das Modell nach den verschiedenen Richtungen spiegeln, auf die Messungen Einfluß gewinnen können. Man wird daher dafür sorgen, daß der Trog nicht zu klein ist. Bedenklich ist diese Fehlerquelle meist nicht, da die Elektroden, in deren Mitte das Feld gemessen werden soll, durch ihre große Ausdehnung im allgemeinen eine gute Schirmwirkung ausüben. Man kann, wenn man wegen der nahen Trogwände Bedenken hat, etwaige Fehler noch dadurch verringern, daß man die Wände metallisch auskleidet und auf das Potential auflädt, das in der wirklichen Anordnung im Unendlichen herrschen würde. Daß dieses Verfahren tatsächlich eine Verbesserung der Messungen bedingt, lassen die drei Bilder der Abb. 59 erkennen, die das Potentialfeld eines zylindrischen Leiters gegenüber einer leitenden Wand zeigen. Bei Bild a (entsprechend Abb. 54) bestanden die drei übrigen vertikalen Trogseitenwände aus Isoliermaterial, bei Bild b war *eine* Wand, bei Bild c waren alle drei Seitenwände metallisch ausgekleidet und auf gleiches Potential wie die Leiterfläche gebracht. Wir erkennen, daß im Falle der vollständigen Auskleidung der Trogwände[2] das experimentelle Potentialfeld dem theoretischen am besten entspricht. Bei den neueren Untersuchungen über elektronenoptische Potentialfelder wird daher auch stets der Trog entsprechend ausgekleidet.

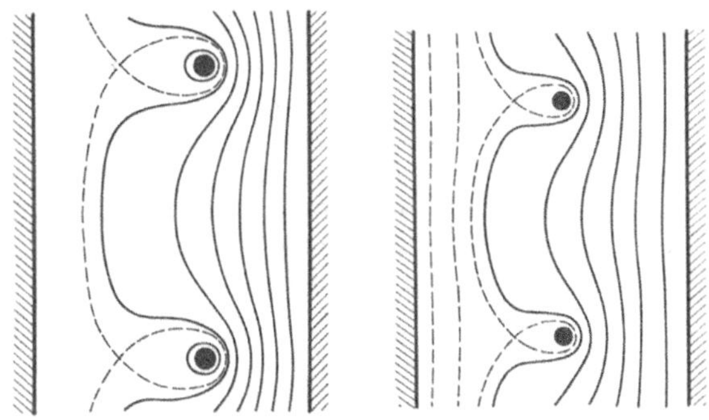

a) Messung mit Glühsonde b) Messung nach elektrolytischer Methode

Abb. 58. Potentialfeld eines Gitters.

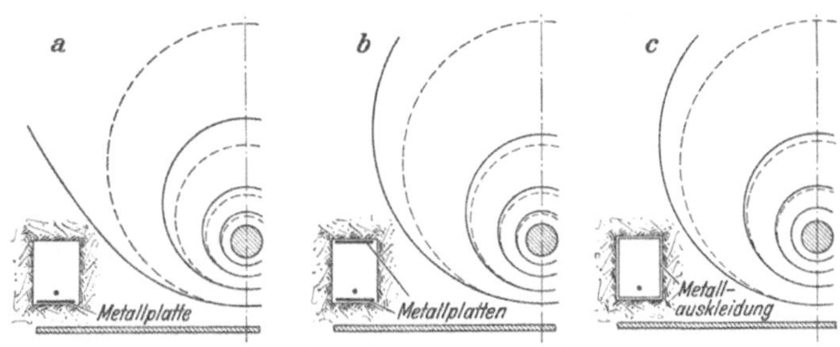

—— experimentell ----- theoretisch

Abb. 59. Einfluß der Trogwände auf das Potentialfeld.

c) Magnetische Felder.

17. Das magnetische Feld. Die Feldstärke $\mathfrak{H}$ in einem statischen Magnetfeld ist durch die Gleichungen bestimmt:

$$\operatorname{rot} \mathfrak{H} = 4\pi \mathfrak{i}, \quad \operatorname{div} \mu \mathfrak{H} = 0, \tag{27}$$

[1] Hingewiesen sei auch noch darauf, daß man infolge Polarisationskapazität der ganzen Anordnung oft nur ein sehr flaches Tonminimum im Telephon erhält. In diesem Falle hilft man sich nach ZSCHAAGE [448], indem man eine geeignete Gegeninduktivität in den Telephonkreis einschaltet.

[2] Bei Auskleidung des Bodens wäre eine noch bessere Anpassung zu erwarten.

wobei $\mathfrak{j}$ den spezifischen Strom und μ die Permeabilität des Mediums bedeutet. In den stromfreien Teilen des Raumes gilt daher, genau wie beim elektrischen Feld, $\text{rot}\,\mathfrak{H} = 0$. Das statische Magnetfeld im Vakuum ($\mu = 1$) wird also durch ganz analoge Gesetze beherrscht, wie das elektrostatische Feld. Insbesondere gilt, wenn man der magnetischen Feldstärke $\mathfrak{H}$ durch die Gleichung $\mathfrak{H} = -\text{grad}\,\varphi$ ein Potential φ zuordnet, für dieses ebenfalls die übliche Potentialgleichung des materiefreien Raumes: $\Delta\varphi = 0$, so daß sich alle Ausführungen von [II, 10, 11 und 12] auch auf das magnetische Feld übertragen lassen.

Trotz dieser mathematischen Analogie besteht aber doch ein großer Unterschied in der Art der bei elektrischen und magnetischen Feldern vorkommenden praktischen Aufgaben. Der Grund für diese Verschiedenheit liegt im wesentlichen darin, daß die magnetischen Felder quellenfrei, aber nicht wirbelfrei, die elektrischen Felder dagegen wirbelfrei, aber nicht quellenfrei sind, wie es in der verschiedenen Form der Gleichungen

$$\text{rot}\,\mathfrak{E} = 0\,; \qquad \text{div}\,\varepsilon\,\mathfrak{E} = 4\pi c^2 \varrho\,,$$
$$\text{rot}\,\mathfrak{H} = 4\pi\mathfrak{j}\,; \quad \text{div}\,\mu\,\mathfrak{H} = 0\,,$$

in denen ε die Dielektrizitätskonstante des Mediums bedeutet, zum Ausdruck kommt. Die Unterschiede würden verschwinden, wenn freie magnetische Ladungen aufträten; denn dann wäre die Rotation der elektrischen Feldstärke $\mathfrak{E}$ proportional dem magnetischen Strom, die Divergenz der „magnetischen Induktion" $\mu\mathfrak{H}$ proportional der magnetischen Ladungsdichte.

Der Umstand, daß das magnetische Feld beim Vorhandensein von elektrischen Strömen nicht wirbelfrei ist, hat zur Folge, daß das durch $\mathfrak{H} = -\text{grad}\,\varphi$ definierte magnetische Potential φ im allgemeinen keine eindeutige Funktion des Ortes ist. Für den Fall, daß nur wenige (geschlossene) stromführende Leiter vorhanden sind, die überdies als unendlich dünn betrachtet werden dürfen, bedeutet dies keine wesentliche Komplikation. Aus Gl. (27) erhalten wir sofort durch Integration über eine willkürliche Fläche σ:

$$\int\limits_\sigma \text{rot}\,\mathfrak{H}\,d\sigma = 4\pi\int\limits_\sigma \mathfrak{j}\,d\sigma = 4\pi J\,, \tag{28}$$

wobei J den gesamten durch die Fläche σ hindurchfließenden Strom bedeutet. Andererseits gilt nach dem aus der Vektorrechnung bekannten STOKESschen Satz:

$$4\pi J = \int\limits_\sigma \text{rot}\,\mathfrak{H}\,d\sigma = \oint(\mathfrak{H}\,d\mathfrak{s})\,, \tag{29}$$

wobei das zweite Integral über den Rand von σ zu erstrecken ist. Dieses Integral ist aber gerade der Betrag, um den sich das magnetische Potential φ bei einem Umgang um die Fläche σ ändert (magnetische Umlaufspannung).

Wenden wir Gl. (29) auf einen einzelnen Leiter an, so stellen wir fest: Das magnetische Potential ändert sich bei einem Umgang um einen Leiter, in dem der Strom J fließt, um den Betrag $4\pi J$. Wir können also unser magnetisches Problem auf ein elektrisches Potentialproblem zurückführen, wenn wir durch jeden geschlossenen Leiter eine Schnittfläche legen und verlangen, daß sich das Potential auf beiden Seiten der Schnittfläche um $4\pi J$ unterscheidet[1]. Ein einfaches Beispiel hierfür gibt Abb. 60. Manchmal ist es auch zweckmäßig, die Schnittfläche ins Unendliche oder zu einem anderen Leiter zu ziehen. Abb. 61 zeigt diese Zurückführung in einigen Fällen. Dabei ist noch zu bemerken, daß die Zuordnung in entsprechender Weise beim ebenen und rotationssymmetrischen Problem möglich ist.

[1] Über die hier einschlägige „Methode des magnetischen Blattes" vgl. CL. SCHAEFER: Einführung in die theoretische Physik 3/1, Kap. 2 u. 3 (Berlin u. Leipzig, 1929) oder RIEMANN-WEBERS Differentialgleichungen der Physik 1.

Die einfache Zuordnung von magnetischen und elektrischen Feldern wird unmöglich, wenn der Querschnitt der stromführenden Leiter nicht zu vernachlässigen ist. In diesem Falle ist das magnetische Potential φ zur Darstellung des Feldes nicht mehr geeignet, da es nach willkürlichen Umgängen um Teile des Leiters an jeder Stelle jeden beliebigen Wert annehmen kann. Einen Fingerzeig, welche Größe wir an Stelle von φ verwenden können, gibt uns die Quellenfreiheit des Feldes. Setzen wir der Einfachheit halber durchwegs $\mu = 1$, so ist $\operatorname{div} \mathfrak{H} = 0$, d. h. $\mathfrak{H}$ ist wie jeder quellenfreie Vektor als die Rotation eines anderen Vektors darstellbar. In Formeln:

$$\mathfrak{H} = \operatorname{rot} \mathfrak{A}. \tag{30}$$

Gl. (27) geht damit über in

$$\operatorname{rot} \operatorname{rot} \mathfrak{A} = 4\pi \mathfrak{j}.$$

Eine bekannte Formel der Vektoranalysis[1] besagt

$$\operatorname{rot} \operatorname{rot} \mathfrak{A} = \operatorname{grad} \operatorname{div} \mathfrak{A} - \Delta \mathfrak{A}.$$

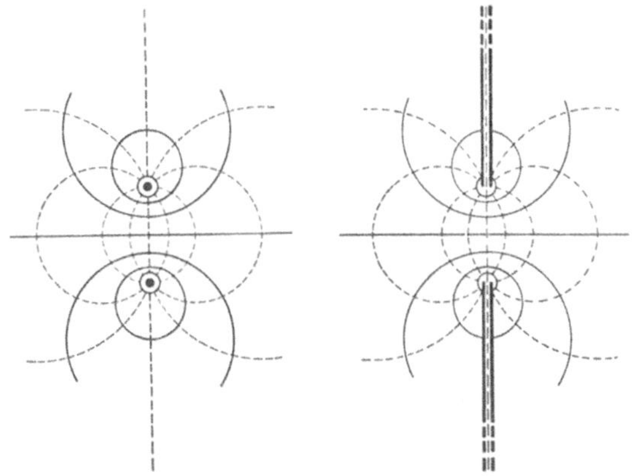

a) Kraftfeld einer Kreisstromleitung b) Potentialfeld einer elektrischen Doppelschicht

Abb. 60. Beispiel eines gleichartigen magnetischen und elektrischen Feldes.

Da nach Gl. (30) nur die Wirbel des Vektors $\mathfrak{A}$ maßgebend sind, können wir über seine Quellen noch frei verfügen. Dies geschieht am einfachsten durch die Festsetzung, daß $\mathfrak{A}$ quellenfrei, also $\operatorname{div} \mathfrak{A} = 0$ sein soll. Damit vereinfacht sich die rechte Seite der obigen Vektorformel zu $-\Delta \mathfrak{A}$, und unsere Bestimmungsgleichung für $\mathfrak{A}$ lautet nunmehr

$$\Delta \mathfrak{A} = -4\pi \mathfrak{j}. \tag{31}$$

Aus der Analogie dieser Formel mit Gl. (2) folgt ohne weiteres als Lösung dieser Gleichung das Analogon zu Gl. (9):

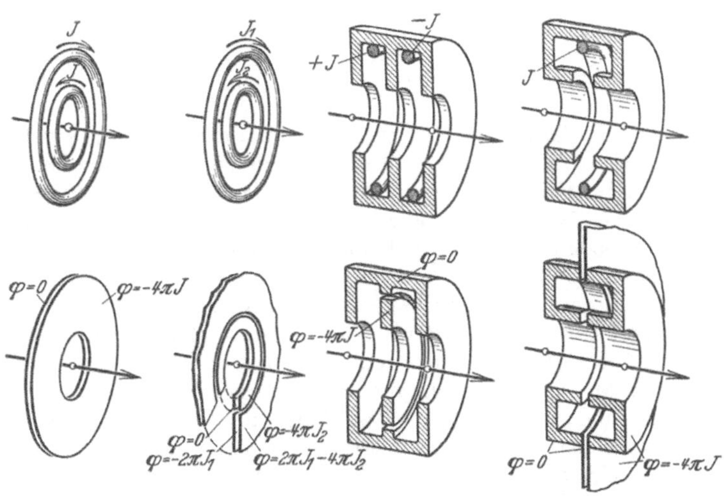

Abb. 61. Weitere Beispiele gleichartiger magnetischer und elektrischer Felder.

$$\mathfrak{A} = -4\pi \iiint \frac{\mathfrak{j}}{r}\, dx\, dy\, dz. \tag{32}$$

Wir können also, wenn die spezifischen Ströme $\mathfrak{j}$ nach Richtung und Größe gegeben sind, das „magnetische Vektorpotential" $\mathfrak{A}$ durch Quadraturen bestimmen und dann daraus nach Gl. (30) die magnetische Feldstärke $\mathfrak{H}$ berechnen.

[1] Diese Formel gilt für rechtwinklige Koordinaten. In allgemeineren Koordinaten ist bei Anwendung der Operation Δ auf einen Vektor Vorsicht geboten.

Besonders einfache Gesetze gelten für das Vektorpotential $\mathfrak{A}$ in rotationssymmetrischen Feldern. Da die ein solches Feld erzeugenden Ströme keine z-Komponente haben[1] und da nach Gl. (32) das Vektorpotential $\mathfrak{A}$ sich aus Vektoren parallel zu den Stromrichtungen zusammensetzt, ist auch die z-Komponente von $\mathfrak{A}$ Null. Ebenso verschwindet die r-Komponente aus Symmetriegründen. Das Feld des Vektors $\mathfrak{A}$ umläuft also die z-Achse in geschlossenen Kreisen. Den Betrag A des Vektors finden wir, indem wir die Definitionsgleichung (30) nach dem STOKESschen Satz über das Innere eines solchen Kreises vom Radius r integrieren:

$$\underset{\text{Kreisfläche}}{\int \mathfrak{H}_z\, d\sigma} = \underset{\text{Kreisfläche}}{\int \operatorname{rot}_z \mathfrak{A}\, d\sigma} = \underset{\text{Kreisumfang}}{\int \mathfrak{A}\, d\mathfrak{s}} = 2\pi r A\,.$$

Die Größe $\int \mathfrak{H}_z\, d\sigma$ ist die Zahl N der Kraftlinien, die den betrachteten Kreis durchsetzen. Wir erhalten also nach Gl. (22) mit $\Phi(z) = \varphi(z, 0)$ als dem magnetischen Potential auf der Achse:

$$A = \frac{N}{2\pi r} = \frac{i}{2\pi}\int_0^{2\pi} \Phi(z + i r \sin\alpha)\sin\alpha\, d\alpha\,, \tag{33}$$

oder, indem wir genau wie beim Übergang von Gl. (14) zu (16) nach r entwickeln:

$$A = -\sum_{\nu=0}^{\infty} \frac{(-1)^\nu\, \Phi^{(2\nu+1)}}{\nu!\,(\nu+1)!}\left(\frac{r}{2}\right)^{2\nu+1}.$$

Ersetzen wir noch das ungebräuchliche magnetische Potential Φ durch die ebenfalls auf der Achse gemessene Feldstärke $\mathfrak{H} = -\operatorname{grad}\varphi = -\Phi'$, so entsteht daraus die Formel:

$$A = \sum_{\nu=0}^{\infty} \frac{(-1)^\nu\, \mathfrak{H}^{(2\nu)}}{\nu!\,(\nu+1)!}\left(\frac{r}{2}\right)^{2\nu+1}, \tag{34}$$

die die Grundlage für die Berechnung der Elektronenbahnen in magnetischen Linsen bildet und die ebenso wie die entsprechende Gleichung (16) für das elektrische Feld bereits von BUSCH [78] angegeben wurde.

18. Direkte Ausmessung magnetischer Felder. Während die Ausmessungsmethoden elektrischer Felder erst infolge der Bedürfnisse der Elektrotechnik, der Technik der Elektronenröhren und der Elektronenoptik ihre Ausbildung erfahren haben, hat man dem Feldverlauf magnetischer Felder seit jeher Aufmerksamkeit zugewandt. Der Grund hierfür ist vorwiegend darin zu sehen, daß die Methoden hier sehr einfach sind. Während es keinerlei Schwierigkeiten macht, den Kraftlinienverlauf eines magnetischen Feldes (z. B. zweier Hufeisenmagnete[2]) durch Eisenfeilspäne festzulegen (Abb. 62), gelingt das entsprechende elektrische Verfahren nur bei großem experimentellen Aufwand und Geschick. Das Gleiche gilt für die quantitative Feldstärkenmessung, für die wir in der Magnetostatik verschiedene einfache Methoden kennen[3].

[1] Eine evtl. vorhandene z-Komponente ist ohne Einfluß auf das Magnetfeld in der Umgebung der Achse. Man denke etwa an das Innere eines in der Längsrichtung stromdurchflossenen Hohlzylinders.

[2] Wir werden später [V, 15] sehen, daß wir es hier mit einem Feld zu tun haben, welches für die Erzeugung eines Elektronenbündels von strichförmigem Querschnitt von Bedeutung ist.

[3] Ganz allgemein zeigt sich, daß die magnetischen Methoden wegen ihrer experimentellen Einfachheit fast durchgehend früher entwickelt wurden, als die elektrischen. Wir werden dafür Beispiele bei der BRAUNschen Röhre, bei der Elektronenlinse und bei den Fokussierungsfeldern kennenlernen.

Wir wollen hier nicht auf alle einzelnen Methoden[1] ausführlich eingehen. So scheint die Methode der Widerstandsänderung des Wismut kaum brauchbar, da sie erst bei sehr kräftigen Feldern (Größenordnung 1000 Gauß) anwendbar wird. Bei magnetischen Linsen großer Öffnung ist aber diese Feldstärke auf der Achse nicht erreichbar. Bei sehr kleinen Linsen könnte man schließlich Feldstärken der erforderlichen Größenordnung herstellen, doch ist hier die Sonde zu plump[2]. Etwas mehr Erfolg verspricht der Vorschlag [58], schwache Felder durch die Ablenkung von Elektronenstrahlen, die senkrecht zur Symmetrieachse in das Feld zu schießen wären (Abb. 203), auszumessen. Doch auch diese Methode, die in unserem Zusammenhange insofern interessant ist, als sie in gewisser Beziehung die Umkehrung von Gedankengängen der Elektronenoptik darstellt, dürfte für praktische Zwecke kaum Bedeutung haben.

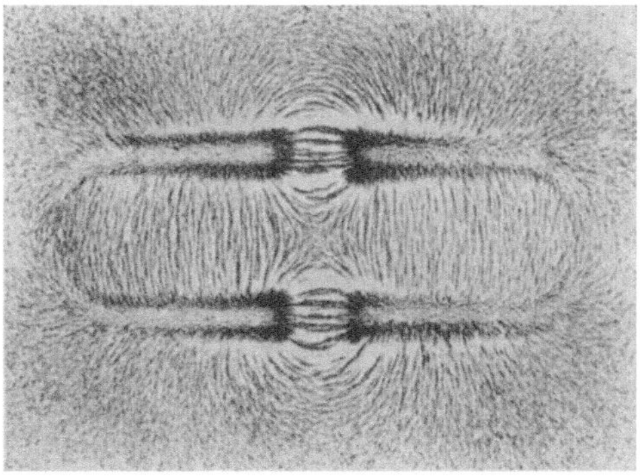

Abb. 62. Kraftlinienfeld zweier Hufeisenmagnete durch Eisenfeilspäne dargestellt.

Für Spulenuntersuchungen hat sich allein die VERDETsche Methode der Induktionsspule bewährt. Man bringt hierbei eine kleine ebene Leiterschleife (oder Spule) senkrecht zu den Kraftlinien in das Kraftfeld und zieht sie plötzlich heraus. Mit dem ballistischen Galvanometer wird die induzierte Spannung gemessen, die dem Integralwert von Feldstärke × Fläche × Windungszahl proportional ist. Voraussetzung dafür, daß diese Methode den richtigen Wert gibt, ist, daß die Windungsfläche am Meßort senkrecht zu den Kraftlinien liegt. Es ist also bei der Anwendung dieser Methode genaue Kenntnis des Kraftlinienverlaufs Voraussetzung. Der Ausmessung elektronenoptischer Linsen nach dieser Methode stehen indessen insofern keine Schwierigkeiten gegenüber, als wir nur die Feldstärke *längs der Spulenachse* zu kennen brauchen. Zu diesem Zwecke legen wir in die Achse der Spule einen langen Glasstab, auf dem sich die Probespule leicht verschieben läßt. Die Probespule wird bis zu einer bestimmten Tiefe in die magnetische Linse hineingeführt und dann längs des Glasstabes plötzlich herausgezogen. Auf diese Weise erhält man z. B. für die in Abb. 101 abgebildete Spule eine Feldstärkenverteilungskurve, wie sie Abb. 63 zeigt [214].

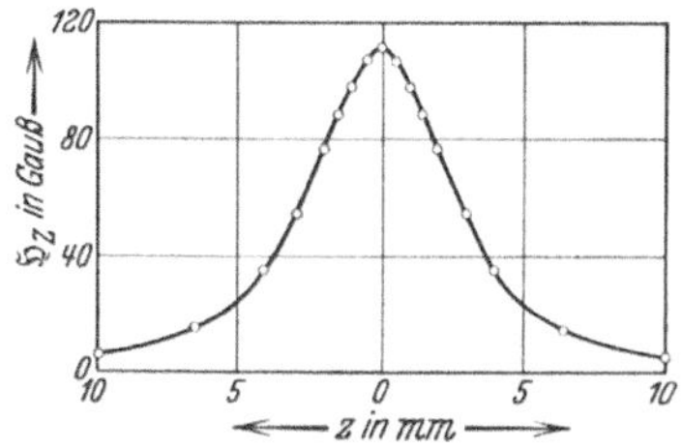

Abb. 63. Feldstärkenabfall längs der Achse einer gekapselten Spule (Abb. 101).

Sind die magnetischen Linsen so klein, daß die Inhomogenität des Feldes in der Probespule nicht mehr vernachlässigt werden kann, so dürfte die Ausmessung eines ähnlich vergrößerten Spulenmodells in Frage kommen.

[1] Vgl. F. KOHLRAUSCH: Lehrbuch der praktischen Physik.

[2] Im Gegensatz zu den hier interessierenden rotationssymmetrischen Anordnungen lassen sich bei dem ebenen Problem Messungen mit Wismutdrähten auch bei sehr kleinen Anordnungen vornehmen, wie es GERLACH und STERN [156] gezeigt haben.

III. Die Brechungselemente der Elektronenoptik.

Wir haben im ersten Kapitel [I, 1] aus optischen Analogiebetrachtungen geschlossen, daß ein elektrisches Potentialfeld auf Elektronenstrahlen gleichartig zu wirken vermag wie ein System von Glaslinsen auf Lichtstrahlen. Die Äquipotentialflächen entsprechen dabei den brechenden Flächen der Lichtoptik. Wir haben ferner [I, 13] gesehen, daß ein rotationssymmetrisches Potentialfeld, dessen Potentialflächen *Kugelflächen* sind, für Elektronenstrahlen Abbildungseigenschaften besitzt, ebenso wie eine Folge von Linsen, die mit Kugelflächen aneinandergrenzen. Für ein *beliebiges* rotationssymmetrisches Potentialfeld konnten wir dieselbe Behauptung aufstellen, wenn wir uns auf Strahlen beschränkten, die in unmittelbarer Nähe der Achse verlaufen, d. h. auf Strahlen, für die die Äquipotentialflächen als Kugeln aufgefaßt werden können.

Der Beweis dieser Behauptung und der entsprechenden Behauptung für das rotationssymmetrische magnetische Feld ist bereits in den Gleichungen enthalten, die STÖRMER [388, 389] für seine Nordlichttheorie aufgestellt hat. Doch erst BUSCH [78, 79] hat die Zusammenhänge klar erkannt und ist so der eigentliche Begründer der geometrischen Elektronenoptik geworden.

Außer der elektrischen und der magnetischen Elektronenlinse, deren Theorie wir entsprechend dem Charakter dieses Buches in mehreren Ansätzen steigender mathematischer Schwierigkeit in den ersten beiden Teilen dieses Kapitels bringen wollen, möge auch dem magnetischen und elektrischen Fokussierungs- und Dispersionsfeld (Zylinderlinse der Elektronenoptik), dessen Kenntnis wir für die spätere Besprechung der spektrographischen Methoden [VII] benötigen, ein besonderer Kapitelteil eingeräumt werden.

a) Elektrische Linsen.

1. Theoretische Grundlagen der elektrischen Elektronenlinse [352]. Ein Elektron, das sich in einem beliebigen rotationssymmetrischen Potentialfeld bewegt, ist Längs- und Querkräften (Kräften parallel und senkrecht zur Rotationsachse) ausgesetzt. Um zu erkennen, wie eine Schar von Elektronen durch diese Kräfte beeinflußt wird, werden wir zunächst die Bewegungsgleichungen für ein einzelnes Elektron aufstellen. Wir setzen dabei voraus, daß sich das Elektron in der Nähe der Achse und nahezu parallel zu dieser bewegt, und daß es keinen Drehimpuls um die Achse besitzt[1], machen also genau die gleichen Annahmen, wie bei der Ableitung der einfachen Linsengesetze in der geometrischen Lichtoptik (GAUSSsche Dioptrik).

Da sich das Elektron nahe der Achse befindet, können wir für das Potential φ am Orte des Elektrons den Wert des Potentials an der nächstgelegenen Stelle der Achse, den wir mit Φ bezeichnen wollen, benutzen[2]. Wir setzen also

$$\varphi(z, r) \approx \varphi(z, 0) = \Phi(z) .$$

Dabei ist r der Abstand des Elektrons von der Rotationsachse, z die von einem willkürlichen Anfangspunkt aus längs der Achse gezählte Koordinate.

Wir betrachten nun den Verlauf der Elektronenbahn, und zwar getrennt nach Längs- und Querrichtung. Das ist für die Längsrichtung besonders einfach. Da das Elektron annähernd parallel zur Achse fliegen soll, können wir seine Geschwindigkeit gleich seiner Geschwindigkeitskomponente in der z-Richtung

[1] D. h. es mögen keine zur Achse windschiefen Bahnen vorkommen.

[2] Diese Vereinfachung ist natürlich nur erlaubt, solange man sich nicht für die Abweichungen von der GAUSSschen Dioptrik interessiert. Wer hinsichtlich dieser und der folgenden Vereinfachungen Bedenken trägt, möge die Ableitung der strengen Bewegungsgleichungen in den späteren Abschnitten [III, 4/5] nachlesen.

setzen. Wir brauchen also zwischen v und v_z nicht zu unterscheiden. Der Energiesatz nimmt demnach die Form an:

$$\frac{m}{2} v^2 = \frac{m}{2} v_z^2 = e\varphi(z, r) = e\Phi(z)\,. \tag{1}$$

Dabei haben wir die beim Potential willkürliche additive Konstante fortgelassen, d. h. die Konstante so gewählt, daß das Potential dort verschwindet, wo die Geschwindigkeit des Elektrons Null ist. In den meisten Fällen wird das in großer Annäherung für die Kathode gelten, in die wir also den Nullpunkt des Potentials verlegen. Für genauere Betrachtungen hätten wir $\Phi(z)$ zu ersetzen durch $\Phi(z) + \varphi_0$, wobei $e\varphi_0$ die kinetische Energie bedeutet, mit der die betrachteten Elektronen die Kathode verlassen.

Nachdem durch den Energiesatz (1) der Verlauf der Elektronenbewegung in der Längsrichtung festgelegt ist, betrachten wir nun die Bewegung in der Querrichtung. Die radiale Komponente $\mathfrak{E}_r$ der elektrischen Feldstärke $\mathfrak{E}$ bewirkt eine radiale Beschleunigung[1] des Elektrons:

$$\ddot{r} = -\frac{e}{m}\mathfrak{E}_r\,.$$

Um zur Bahngleichung zu gelangen, elimieren wir die Zeit unter Benutzung von $dz = v\,dt$:

$$v\frac{d}{dz}\left(v\frac{dr}{dz}\right) = -\frac{e}{m}\mathfrak{E}_r\,. \tag{2}$$

Nun ist aber die radiale Feldstärke $\mathfrak{E}_r$ für kleine r bei festem z dem Achsenabstand r proportional, wie wir bereits [II, 12] gesehen haben. Wir können uns diesen Tatbestand anschaulich in folgender Weise klarmachen: Wir denken uns einen kleinen Zylinder von der Länge l und dem Radius r, der die Rotationsachse umschließt (Abb. 64). Die Zahl der Kraftlinien, die aus diesem Zylinder austreten, muß bis auf einen Faktor $4\pi c^2$ gleich der Ladung im Innern des Zylinders sein[2], also

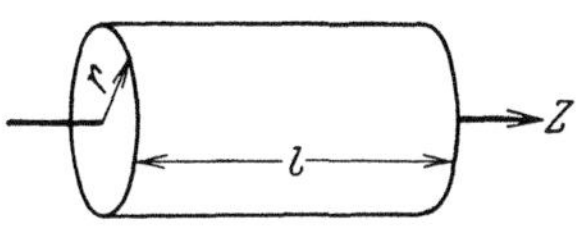

Abb. 64. Zur Formulierung der Divergenzbedingung.

$$2r\pi l\mathfrak{E}_r + r^2\pi l\frac{\partial\mathfrak{E}_z}{\partial z} = r^2\pi l\cdot 4\pi c^2\varrho\,,$$

wobei ϱ die Raumladungsdichte am Orte des Zylinders sei. Wir erhalten so, indem wir durch die Mantelfläche $2r\pi l$ des Zylinders dividieren:

$$\mathfrak{E}_r = \frac{1}{2}\left(4\pi c^2\varrho - \frac{\partial\mathfrak{E}_z}{\partial z}\right)\cdot r\,.$$

Damit entsteht aus Gl. (2):

$$v\frac{d}{dz}\left(v\frac{dr}{dz}\right) = -\frac{e}{2m}\left(4\pi c^2\varrho - \frac{\partial\mathfrak{E}_z}{\partial z}\right)\cdot r\,,$$

oder, nach Benutzung von Gl. (1) und von $\mathfrak{E}_z = -\frac{d\Phi}{dz}$:

$$\left.\begin{aligned} \sqrt{\Phi}\frac{d}{dz}\left(\sqrt{\Phi}\frac{dr}{dz}\right) &= -Pr \\ P &= \pi c^2\varrho + \frac{1}{4}\frac{d^2\Phi}{dz^2}\,. \end{aligned}\right\}$$

Denken wir uns Raumladungsdichte ϱ und Potential Φ längs der Achse gegeben, so enthält die Gleichung außer r nur noch bekannte Funktionen von z. Unsere

[1] Wir sehen hier von der Zentrifugalkraft ab, die bei Elektronen auftritt, die windschief zur Achse laufen. Bei der allgemeinen Ableitung [III, 11] werden wir finden, daß ihre Berücksichtigung für achsennahe wenig geneigte Strahlen nichts Neues bringt.

[2] Im elektromagnetischen Maßsystem. Im elektrostatischen Maßsystem ist der Faktor nur 4π [Anhang e].

Bahngleichung (4) ist also eine lineare, homogene Differentialgleichung für den Achsenabstand r des Elektrons. Die weitere Ausrechnung der linken Seite von Gl. (4) durch Ausführung der Differentiation würde die Gleichung zwar in eine etwas gewohntere Form bringen, bietet aber für die weitere Behandlung keine Vorteile, so daß wir sie hier unterlassen wollen.

Aus der Linearität der Gl. (4) läßt sich die *Möglichkeit von Abbildungen* in folgender Weise einsehen: Man erhält die allgemeine Lösung von Gl. (4) indem man irgend zwei linear unabhängige Lösungen mit willkürlichen Konstanten multipliziert und zueinander addiert. In Formeln:

$$r = c_\alpha \cdot r_\alpha(z) + c_\beta \cdot r_\beta(z)\,. \tag{5}$$

Wählen wir die beiden Grundlösungen r_α und r_β so, daß in einer willkürlich herausgegriffenen Ebene $z = z_a$, die die Rolle der Gegenstandsebene übernehmen soll, die eine der beiden Grundlösungen, etwa r_α, verschwindet, während die andere Grundlösung r_β den Wert 1 annimmt[1], so ist die Konstante c_β mit dem Achsenabstand des abzubildenden Gegenstandspunktes identisch. Betrachten wir nun irgendeine andere Ebene $z = z_b$, in der r_α verschwindet[2], so ist dort $r = c_\beta \cdot r_\beta(z_b)$ bei willkürlichem c_α, d. h. alle Strahlen, die in der Gegenstandsebene den Achsenabstand c_β hatten, haben nun den zu c_β proportionalen Achsenabstand $c_\beta \cdot r_\beta(z_b)$. Wir haben also in der Ebene $z = z_b$ ein im Verhältnis $r_\beta(z_b) : 1$ vergrößertes Bild der Gegenstandsebene $z = z_a$ vor uns, d. h. *unser angenommenes allgemeines Potentialfeld ist eine Linse im optischen Sinne.*

2. Allgemeine Konsequenzen der Linsentheorie. Für unsere weiteren Betrachtungen wollen wir, was für die weitaus meisten Anwendungen erlaubt ist, annehmen, daß im ganzen Raume keine Raumladung vorhanden sei. Dann nimmt unsere Gl. (4) die einfachere Form an:

$$\sqrt{\Phi}\,\frac{d}{dz}\left(\sqrt{\Phi}\,\frac{dr}{dz}\right) = -\frac{r}{4}\,\frac{d^2\Phi}{dz^2}\,, \tag{6}$$

und wir können aus ihr drei Folgerungen allgemeiner Natur ableiten.

Erstens. In Gl. (6) kommen e und m nicht vor. *Es beschreiben also alle Partikeln, für die der Potentialnullpunkt,* d. h. nach unserer Verabredung die Stelle, an der die kinetische Energie gerade Null wäre, *derselbe ist, genau die gleichen Bahnen.* Eine andere spezifische Ladung macht sich nur in der Zeit bemerkbar, in der die Bahn durchlaufen wird. Das gilt natürlich in gleicher Weise auch für Ablenkungsfelder, wie man es unmittelbar aus der Gleichung des Ablenkkondensators ersieht, die in geeigneter Umformung mit u als „ausgenutztem" Potential [III, 22] lautet: $\operatorname{tg}^2\Theta_e = \frac{u}{U}$, wobei Θ_e den Ablenkwinkel und U die Teilchenenergie [Anhang f] bedeutet.

Diese Eigenart elektrischer Felder ist für die Massenspektrographie [VII, c) von besonderer Bedeutung. Gehen nämlich von einer Anode Teilchen verschiedener Masse (H^+, H_2^+, Li^+ usw.) und verschiedener Ladung (He^+, He^{++} usw.) aus, die beschleunigt, elektrisch abgelenkt und konzentriert werden, so durchlaufen alle diese Teilchen die gleichen Bahnkurven (wenn auch mit verschiedener Geschwindigkeit), treffen sich also auch im gleichen Bildpunkt[3]. Das besagt,

---

[1] Dadurch wird r_β dimensionslos. Setzen wir überdies die Ableitung $r_\alpha' = 1$ für $z = z_a$, was für das Folgende bequem ist (es gilt dann $\sqrt{\Phi}\,(r_\alpha' r_\beta - r_\beta' r_\alpha) = \sqrt{\Phi_a}$ für beliebige Werte von z und, falls die Anfangstangente der Elektronenbahn nicht windschief zur Achse verläuft, $r = r_a' r_\alpha + r_a r_\beta$), so erhält r_α die Dimension cm.

[2] Eine solche Ebene existiert, sofern nur P in einem hinreichend großen Bereich positiv ist.

[3] Kehren wir die Vorzeichen aller Felder um, so werden auch die Elektronen zu diesem Punkte gelangen.

daß es nicht möglich ist, die von einer Anode ausgehenden Teilchen verschiedener Masse allein durch elektrische Felder zu trennen.

Zweitens. Unsere Gl. (6) ist nicht nur homogen in r, sondern auch in Φ. Das heißt aber, daß eine proportionale Vergrößerung von Φ und damit auch von φ im ganzen Raume auf die Geometrie der Bahnen ohne Einfluß ist. Man kann also alle Spannungen, die an das das Feld bedingende Elektrodensystem angelegt sind, um einen willkürlichen, aber für alle Elektroden gleichen Faktor erhöhen, ohne daß dadurch die Abbildungseigenschaften des Systems geändert werden. Dies ist ein Spezialfall des allgemeinen Gesetzes: *Für die Wirkung eines elektrischen Feldes auf geladene Teilchen kommt es stets nur auf den Quotienten von wirkendem Potential zur energetischen Elektronengeschwindigkeit an.* Beschleunigen wir also Elektronen von der Kathode aus durch das Potential U, lenken den Strahl durch einen auf $\pm u$ Volt aufgeladenen Kondensator ab und konzentrieren ihn durch eine Linse vom Linsenpotential[1] E_L, so ist für die Wirkung nur u/U bzw. E_L/U maßgebend. Legen wir also an das Beschleunigungsfeld, an den Kondensator und an die Linse phasengleiche Wechselspannungen des erforderlichen Amplitudenverhältnisses, so wird die elektronenoptische Wirkung dieselbe sein, als ob Gleichspannungen benutzt worden wären.

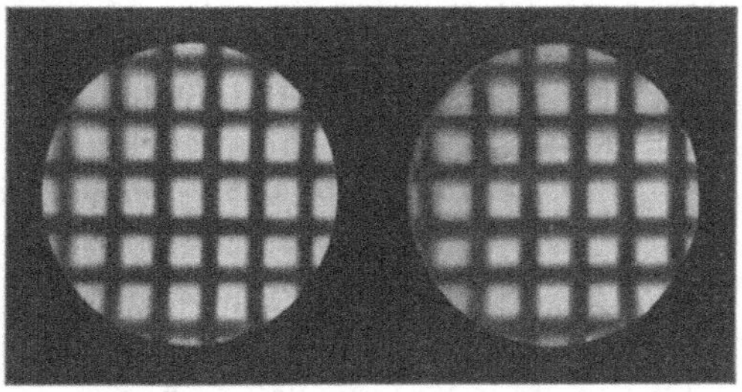

a) Gleichstrombild b) Wechselstrombild

Abb. 65. Vergleich [215].

Diese allgemeine Folgerung kommt natürlich auch in den speziellen Gesetzmäßigkeiten zum Ausdruck. Die Ablenkformel des Ablenkkondensators und die Brennweitenformel der Einzellinse enthalten nur die genannten Quotienten. Auch von der Formel des Immersionssystems gilt dasselbe. Für alle drei Fälle ist die Folgerung auch einer experimentellen Prüfung unterzogen worden.

Die Beziehung wurde beim *Immersionsobjektiv* [II, 9], dessen Aufbau wir später [III, 8] genauer kennenlernen werden, in folgender Weise geprüft [212]: Der Anodenspannung U wurden verschiedene Werte gegeben. Dann wurde die zur Bilderzeugung notwendige Gitterspannung U_G festgestellt und die Bildvergrößerung V gemessen. Wie Tabelle 3 zeigt, ergab sich, daß U_G/U und V nicht von U abhängig sind, daß also ein elektrisches Elektronenmikroskop auch mit phasengleichen Wechselspannungen betrieben werden kann.

Tabelle 3.

U in Volt	U_G in Volt	U_G/U	V
500	— 102	— 0,204	161
750	— 152	— 0,203	161
1000	— 204	— 0,204	160

Für die *Elektroneneinzellinse* [III, 4] wurde dieser Beweis direkt in der Weise erbracht [215], daß nach Einstellung auf ein scharfes Bild die an Anode und Linse liegende Gleichspannung durch phasengleiche Wechselspannungen des gleichen Spannungsverhältnisses ersetzt wurde. Wie Abb. 65 zeigt, sind das mit Gleichstrom und das mit Wechselstrom erhaltene Bild eines Netzes kaum zu unterscheiden. Die noch verbleibenden kleinen Unterschiede in der Schärfe beider Bilder lassen sich zwanglos auf magnetische Störungen (Erdfeld), die sich beim Wechselstrombild in einem schwachen Fibrieren des Bildes bemerkbar machen, zurückführen.

[1] Unter E_L verstehen wir das Linsenpotential, bezogen auf die *Anode*.

Für den *Ablenkkondensator* ist diese Gesetzmäßigkeit aus der Lehre von der BRAUNschen Röhre bekannt. Wir werden mehrere Beispiele dafür kennenlernen. Besonders deutlich wird sie an der Verwendung der BRAUNschen Röhre als Synchronoskop [V, 16]. Legt man nämlich an das Beschleunigungssystem und ein Ablenkplattenpaar Wechselspannungen, so entsteht ein Leuchtpunkt konstanter Auslenkung, wenn die Spannungen gleiche Frequenz und gleiche Phase haben.

Für unser Buch wird das Gesagte insofern Bedeutung haben, als wir als Abszissen einer graphischen Darstellung meist nicht angelegte Potentiale, wie z. B. das auf Anode bezogene Linsenpotential E_L, sondern die allein maßgeblichen Quotienten auftragen werden. Ferner brauchen wir uns in allen solchen Fällen keine Sorgen wegen des Maßsystems zu machen, können also unsere Gleichungen ebenso im absoluten Maßsystem mit Φ als im technischen mit dem in Volt gemessenen U bzw. E schreiben.

Drittens. Schließlich überzeugen wir uns noch, daß sich bei einer geometrisch ähnlichen Vergrößerung der gesamten Apparatur die Bahnen ähnlich mitvergrößern. Dabei werden die Äquipotentialflächen ohne Änderung ihrer Gestalt mitgedehnt. Die Vergrößerung wirkt sich also in Gl. (6) in einer Dehnung von Φ in der z-Richtung aus, die ihrerseits wegen der Homogenität der Gleichung in z und r auf die Abbildung ohne Wirkung ist. Beispiel: Wir vergrößern das wirksame Potentialfeld eines elektrischen Elektronenmikroskops (Immersionsobjektiv) auf das Doppelte, indem wir alle Dimensionen bei Konstanz der angelegten Potentiale auf das Doppelte vergrößern und vergrößern ferner den abzubildenden Gegenstand auf das Doppelte, dann entsteht auf dem doppelt so weit entfernten Leuchtschirm in doppelt so großem Gesichtsfeld ein doppelt so großes Bild des Gegenstandes, d. h. die Vergrößerung ist konstant geblieben. Die Aussage, daß es hierbei nur auf Längen*verhältnisse* ankommt, ist *für den Bau von Mikroskopen verschieden hoher Vergrößerung von größter Bedeutung.*

Am Immersionsobjektiv ist diese Gesetzmäßigkeit geprüft worden [212]. Blendenöffnungen und Blendenabstände wurden auf das Doppelte vergrößert. Dann werden sich Einzelheiten der Kathode auf einem doppelt so weit entfernten Schirm in gleicher Vergrößerung wie beim ursprünglichen System zeigen müssen. Aus äußeren Gründen war jedoch der Schirm nicht verschoben worden, d. h. das Bild wurde bereits in halber Entfernung aufgefangen[1]. Die Vergrößerung sollte bei einer solchen Anordnung also auf den halben Wert reduziert sein. Messungen zu dieser Frage wurden in der Weise durchgeführt, daß für beide Systeme die Kurven der Vergrößerung V und des Spannungsverhältnisses U_G/U_A in Abhängigkeit vom Abstand c zwischen Kathode und Gitterblende gemessen wurden. In Tabelle 4 sind die Ergebnisse dieser Messungen zusammengestellt. Dabei ist U_G/U_A als Veränderliche gewählt und gefragt, ob die zugehörigen c-Werte beider Apparaturen wirklich im Verhältnis 2 : 1 und die zugehörigen Vergrößerungen im Verhältnis 1 : 2 stehen. Die Tabelle zeigt, daß das mit genügender Genauigkeit der Fall ist.

Tabelle 4.

U_G/U_A	System I				System II	
	c_1 in mm	V_1	c_2 in mm	V_2	c_2/c_1	V_2/V_1
— 0,2	0,20	159	0,40	88	2,00	0,55
— 0,1	0,31	149	0,63	75	2,02	0,55
0	0,54	102	1,05	55	1,95	0,54
+ 0,1	1,04	59	2,06	31	1,98	0,53

[1] Die Verstellung der Potentiale zur Erzielung eines scharfen Bildes auch in dieser Entfernung ist, da das Objektiv in beiden Fällen praktisch auf ∞ eingestellt ist, sehr gering und kann daher vernachlässigt werden.

Es sei noch bemerkt, daß diese Überlegungen beim Bau von Systemen bestimmter Vergrößerung auch praktische Anwendung gefunden haben [235].

3. **Die Lochblende als Linse.** Den einfachsten Fall der Elektronenlinse stellt die Lochblende dar, die als Sammel- oder Zerstreuungslinse wirken kann [II, 9 und Anhang m]. Deutlicher als an einem Potentialbild (Abb. 51) können wir ihre Wirkung an einem räumlichen Modell verfolgen, wie wir es uns durch Schichtung geeignet ausgeschnittener Papierblätter leicht herstellen können. Abb. 66 zeigt ein solches Modell einer Lochblenden-*Zerstreuungs*linse. Dabei ist wieder [II, 7], um ein anschauliches Bild zu erhalten, das negative Potential (Fallpotential [Anhang a]) als Gebirgshöhe aufgetragen. Ist noch keine Öffnung in der Kondensatorwand vorhanden, so wird das Fallpotential vor dieser Wand (im Vordergrund des Bildes) konstant sein; von der Wand ab steigt es nach hinten linear an. Durch die Wirkung des Kreisloches findet ein Übergang zwischen der geneigten und der waagerechten Ebene in Form eines Grates statt. Denken wir uns die schiefe Ebene hinter der Blende nicht ansteigen, sondern abfallen, so wird sich statt des Grates eine Mulde ausbilden. Auf eine Schar parallel zur Achse rollender Kugeln wird im ersten Fall eine Zerstreungswirkung, im zweiten eine Sammelwirkung ausgeübt werden. Genau wie diese Kugeln beim Durchlaufen der Mulde infolge der Schwerkraft jeweils ihrem Abstand von der Achse proportionale Ablenkungen gegenüber der Achse erfahren[1], werden die Elektronen beim Passieren der Öffnung durch die Radialkomponente der Feldstärke dem Achsenabstand proportional beeinflußt. Die Bahnen der Elektronen stimmen mit den Bahnen der Kugeln in dem mechanischen Modell vollkommen überein, solange wir die Kugeln als Massenpunkte (ohne Rotationsenergie!) behandeln und die Anfangsgeschwindigkeiten entsprechend wählen, da ja die potentiellen Energien und damit die Kraftwirkungen übereinstimmen. Das bedeutet aber, daß auch die Gesamtablenkungen der einzelnen ursprünglich parallelen Elektronenbahnen dem ursprünglichen Achsenabstand proportional sind. Haben wir es mit einer Sammelwirkung (Mulde) zu tun, die uns von jetzt ab allein interessieren möge, so werden also die Bahnen die optische Achse alle in demselben Punkte, dem Brennpunkt, schneiden.

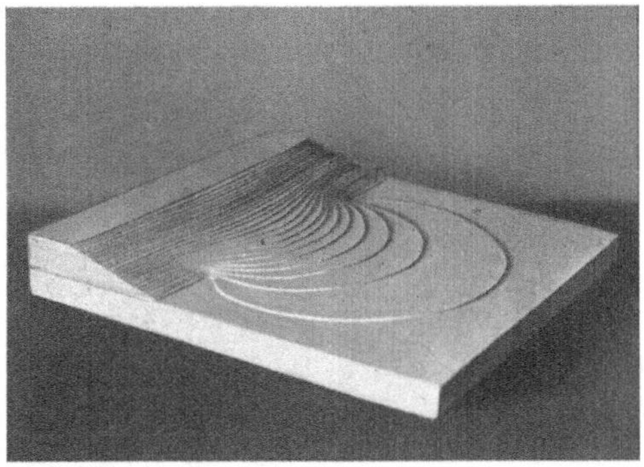

Abb. 66. Potentialgebirge einer Lochblende.

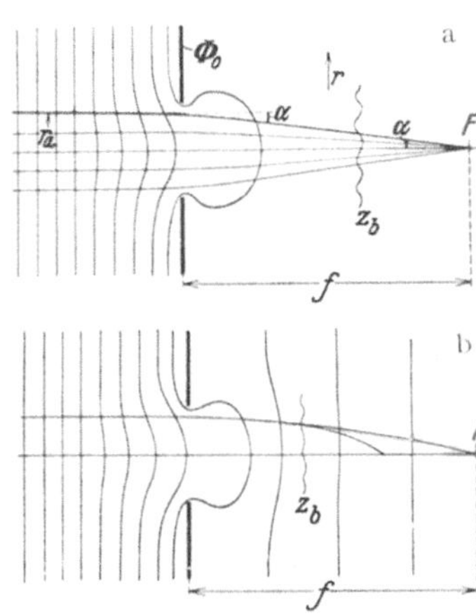

Abb. 67. Zur Definition der Brennweite einer Lochblendenlinse.

Den Winkel α (Abb. 67a)[2], um den ein Strahl im ganzen abgelenkt wird, können wir uns leicht aus Gl. (6) berechnen. Da Φ von dem Kathodenpotential

[1] Wir denken uns dabei, wie bei allen unseren Überlegungen, daß wir sehr nahe der Achse sind.

[2] Das in Abb. 67 gezeichnete Potentialfeld hat nur schematische Bedeutung.

als Null aus gezählt werden soll, haben wir rechts der Blende und auch auf der Blende selbst

$$\Phi = \Phi_b = \frac{m}{2e} v_b^2 ,$$

wo v_b die Endgeschwindigkeit der Elektronen bedeutet. In der Umgebung der Öffnung ist Φ etwas kleiner als Φ_b, doch können wir es auch dort noch mit guter Annäherung gleich Φ_b setzen. Mit dem gleichen Recht dürfen wir annehmen, daß der Achsenabstand r in der Umgebung der Blendenöffnung prozentual nur wenig von seinem Anfangswert r_a abweicht. Wir können daher für den Raum links der Blende und für die Umgebung der Blendenöffnung an Stelle von Gl. (6) schreiben:

$$\sqrt{\Phi_b}\,\frac{d}{dz}\left(\sqrt{\Phi}\,\frac{dr}{dz}\right) = -\frac{r_a}{4}\,\frac{d^2\Phi}{dz^2},$$

oder integriert:

$$\sqrt{\Phi}\,\frac{dr}{dz} = -\frac{r_a}{4\sqrt{\Phi_b}}\int\limits_{-\infty}^{z}\frac{d^2\Phi}{dz^2}\,dz = -\frac{r_a}{4\sqrt{\Phi_b}}\left[\frac{d\Phi}{dz}\right]_{-\infty}^{z}. \tag{7}$$

Welchen Wert $z = z_b$ wir für die obere Grenze des Integrals einsetzen, ist unwesentlich. Der Punkt $z = z_b$ muß nur so weit rechts liegen, daß dort die elektrische Feldstärke schon praktisch Null ist. Wir erhalten so für den Winkel α, um den das Elektron abgelenkt wurde:

$$\alpha = \operatorname{tg}\alpha = -\left(\frac{dr}{dz}\right)_{z=z_b} = \frac{r_a}{4\Phi_b}\left[\frac{d\Phi}{dz}\right]_{-\infty}^{z_b} = -\frac{r_a}{4\Phi_b}\,\Phi_a' .$$

Φ_a' ist dabei der Wert von $\frac{d\Phi}{dz}$ weit links von der Blende (im Beispiel der Abb. 67 ist Φ_a' negativ). Der Abstand des Schnittpunktes der Bahnen von der Blende, den wir die Brennweite f nennen wollen, ist nach Abb. 67 in erster Annäherung gegeben durch

$$f = \frac{r_a}{\alpha} = -\frac{4\Phi_b}{\Phi_a'} . \tag{8}$$

Damit haben wir die Brennweite dieser besonders einfachen Linse ermittelt.

Ist die elektrische Feldstärke $-\Phi_b'$ rechts der Blende von Null verschieden, so verlaufen dort die Bahnen parabelförmig, wie wir es in [I, 2], wo wir die Bewegung des Elektrons untersuchten, gesehen haben und wie man auch aus Gl. (6) nach einfacher Rechnung erkennt. Wir werden in diesem Falle die Integration in Gl. (7) bis zu einem Punkte $z = z_b$ erstrecken, der zwar noch so nahe an der Blende liegt, daß wir dort Φ gleich dem Blendenpotential Φ_0 setzen dürfen, der aber schon so weit von der Blende entfernt ist, daß dort $\frac{d^2\Phi}{dz^2}$ nicht mehr merklich von Null verschieden ist. Wir erhalten dann für den Ablenkungswinkel:

$$\alpha = \frac{r_a}{4\Phi_0}\left[\frac{d\Phi}{dz}\right]_{-\infty}^{z_b} = \frac{r_a}{4\Phi_0}\left(\Phi_b' - \Phi_a'\right) .$$

Wir wollen nun unter Brennweite nicht den Abstand des Schnittpunktes der Parabelbahnen von der Blendenebene verstehen, sondern den Abstand des Punktes F, in dem sich die im Punkte z_b an die Bahnen gelegten Tangenten[1] schneiden (Abb. 67b). So erhalten wir für die Brennweite der Lochblende[2]:

$$f = \frac{r_a}{\alpha} = \frac{4\Phi_0}{\Phi_b' - \Phi_a'} . \tag{9}$$

[1] In Abb. 67b versehentlich etwas gekrümmt gezeichnet.

[2] Wir werden dieselbe Formel später [III, 7] aus der strengeren Theorie herleiten.

Man erkennt, daß *eine Lochblende je nach dem Vorzeichen von* $\Phi_b' - \Phi_a'$ *eine Sammel- oder Zerstreuungslinse* sein kann.

Die Brennweitenformel der Lochblende wurde erstmals von DAVISSON und CALBICK [97] ohne Ableitung angegeben. Bei Versuchen, die zur Prüfung der Formel durchgeführt wurden, waren die Autoren (nach brieflichen Mitteilungen) etwa folgendermaßen vorgegangen: Ein Glühdraht G (Abb. 68) war in der Achse zweier koaxialer Metallzylinder ausgespannt worden. Legt man nun an den Glühdraht und die Zylinder geeignete Spannungen, so kann man an einer kreis- oder schlitzförmigen Bohrung des Zylinders Z_1 eine Linse oder Zylinderlinse erzeugen. Es ist Φ_0 das Elektronenbeschleunigungspotential; Φ_a' können wir wegen des logarithmischen Potentialabfalles am Drahte kurz vor der Zylinderbohrung praktisch Null setzen; Φ_b' ist der Quotient der Potentialdifferenz zwischen den beiden Zylindern und ihrem Abstand. Werden die Potentiale gerade so gewählt, daß die Strahlen zwischen Z_1 und Z_2 parallel sind, so ist die Brennweite gerade dem Radius des inneren Zylinders gleich. DAVISSON und CALBICK führten Versuche dieser und ähnlicher Art unter verschiedenen Bedingungen für verschieden weite Kreis- und Schlitzblenden durch und fanden Gl. (9) gut bestätigt.

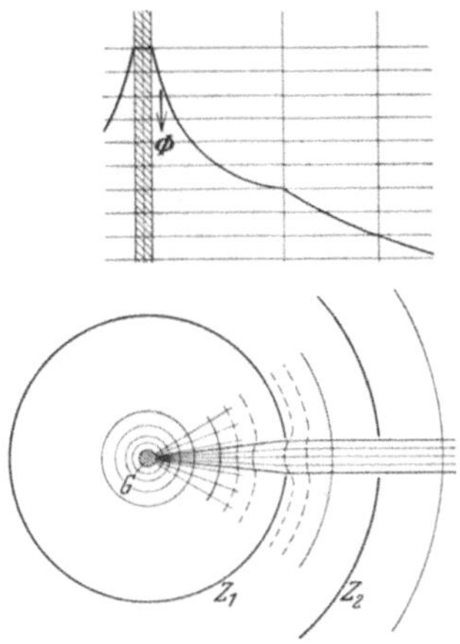

Abb. 68. Bestimmung der Brennweite einer Lochblende.

4. Übergang zur Immersions- und Einzellinse. Der Lochblendenlinse war es eigentümlich, daß sich mindestens einseitig an die Lochblende ein Potentialfeld anschloß. Dieses Potentialfeld hatte, abgesehen von dem Bereich in unmittelbarer Nähe des Loches, ein konstantes Gefälle und reichte bis ins Unendliche.

Die einfache Lochblendenlinse ist ein theoretisch einfacher, praktisch aber nur wenig bedeutungsvoller Fall. Was wir in der Elektronenoptik brauchen, ist eine sammelnde Anordnung, zu deren beiden Seiten das *Potential konstant* ist. Eine solche Linse können wir uns durch Kombination zweier Lochblenden herstellen (Abb. 41 d, e). Wir erhalten so die „Immersionslinse" [II, 9].

Kombinieren wir zwei solcher Immersionslinsen, so erhalten wir die normale „Einzellinse" [II, 9], auf deren *beiden* Seiten nun das *gleiche Potential* — nämlich das Potential der äußeren Lochblende — herrscht und die man wie eine Glaslinse im Strahlengang hin und her schieben kann, ohne daß dadurch das Medium (Potential) in der Umgebung der Linse geändert wird.

Wir wollen uns nun in den folgenden Abschnitten, da die Immersionslinse trotz ihrer Wichtigkeit für die neuere Entwicklung der BRAUNschen Röhre [V, 20] noch nicht experimentell untersucht ist, vorwiegend mit der Einzellinse befassen, deren Formeln sich aus denen der Immersionslinse durch Spezialisierung ($\Phi_a = \Phi_b = \Phi_0$) ergeben. Allein auf eine allgemeine Eigenschaft der Immersionslinsen sei noch besonders hingewiesen. Während wir von der Optik bei der Einzellinse gewöhnt sind, daß der Mittelstrahl bei dünner Linse als Gerade durch die Linienmitte hindurchgeht, tritt bei der dünnen Immersionslinse eine Knickung nach dem Brechungsgesetz auf. Bezeichnen wir mit Φ_a und Φ_b die konstanten Potentiale auf der Gegenstands- und Bildseite der Immersionslinse und mit i_a und i_b die entsprechenden Winkel des Mittelstrahles gegen die optische Achse, so gilt: $\frac{\sin i_b}{\sin i_a} = \sqrt{\frac{\Phi_a}{\Phi_b}}$.

Berechnen wir also z. B. die Vergrößerung durch eine Immersionslinse, so dürfen wir nicht mehr setzen: $V = b/a$, sondern müssen schreiben:

$$V = \frac{b}{a}\sqrt{\frac{\Phi_a}{\Phi_b}}\,.$$

Abb. 69. Erste elektrische Einzellinse [54] vom Typ Abb. 70e.

Gehen wir jetzt zur Einzellinse über. Mit der ersten, von BRÜCHE und JOHANNSON [54] gewählten Ausführungsform (Abb. 69)[1], bei der die drei Lochblenden noch eine sehr kleine Öffnung hatten, konnte bereits experimentell gezeigt werden, daß beim Einschieben des Systems in den Strahlengang eines Elektronenmikroskops die Abbildung wie durch eine Sammellinse beeinflußt wird.

Von dieser einfachsten Einzellinse ausgehend, lassen sich Abänderungen in verschiedenen Richtungen vornehmen mit dem Ziele, zu Anordnungen zu gelangen,

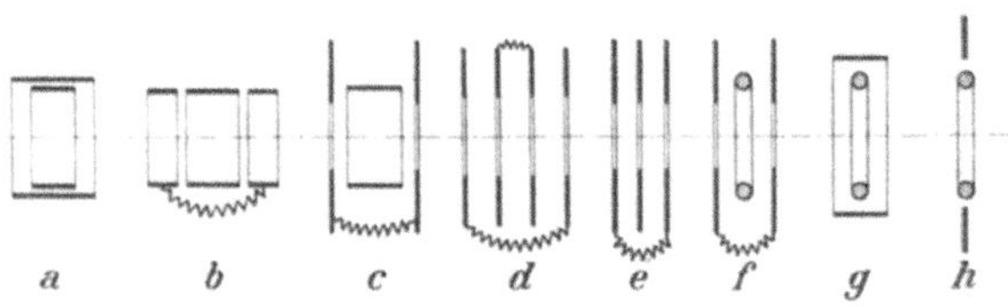

Abb. 70. Formen der Einzellinse.

bei denen die Öffnung vergrößert und die optischen Fehler verringert sind. In Abb. 70 sind zunächst einige Anordnungen[2], die sich durch geometrische Einfachheit auszeichnen, zusammengestellt. Darunter sind auch der WEHNELT-Zylinder zwischen zwei Anodenblechen (Abb. 70c) und einige Vorschläge, die von den SIEMENS-SCHUCKERT-Werken[3] in einer Patentschrift niedergelegt wurden (Abb. 70f, h).

Abb. 71. Einzellinse neuerer Form.

Auf der Suche nach besonders geeigneten Linsenformen ist die in Abb. 71 dargestellte Linse gebaut worden, die sich mit den auf die Blendenlöcher aufgesetzten Kegelmänteln gut der natürlichen Form des Potentialfeldes (Abb. 72) anpaßt. Die Verbreiterung und Abrundung der mittleren Lochblende ermöglicht es, den Spannungsbedarf dieser Elektrode merklich zu verringern, wie es aus Abb. 72 zu entnehmen ist. Eine mit dieser Linse gewonnene Netzabbildung aus der Arbeit von JOHANNSON und SCHERZER [215] zeigt Abb. 73.

Es sei schließlich noch erwähnt, daß sich Einzellinsen auch aus einer Elektrode allein bilden lassen. Lassen wir z. B. bei den Anordnungen Abb. 70f, g oder h

---

[1] Ihr Potentialfeld zeigt Abb. 225a.

[2] Halbieren wir die Systeme Abb. 70a—d und denken uns die übrigbleibenden zwei Elektroden nach beiden Achsenrichtungen entsprechend verlängert, so erhalten wir typische Formen der Immersionslinse.

[3] Nachdem bereits RÜDENBERG [333] die Anmeldung von Patenten zur geometrischen Elektronenoptik mitgeteilt hatte, sind Dezember 1932 zwei französische Patentschriften über diesen Gegenstand ausgelegt worden, Nr. 737716 und 737816, Gr. XII, Kl. 2. Die

die auf Anodenpotential liegende Elektrode fort, so bleibt ein Ring übrig, bei dessen Aufladung (gegen die ferne Anode des Versuchsrohres) sich ein Potentialfeld (Abb. 49) ausbildet, das nun natürlich viel langsamer abklingt als bei Anwendung weiterer Elektroden. Abb. 74 zeigt den Potentialverlauf längs der Achse für einen solchen Ring im Vergleich zu dem Potentialverlauf bei der kurzen Linse Abb. 71/72. Für die Zeichnung wurde eine mittlere Ringelektrode von 7,3 mm Durchmesser zugrunde gelegt. Man erkennt aus der Zeichnung, daß bei Abschirmung das Potential gegenüber dem der Symmetrieebenen bereits in 3,7 mm Abstand auf 50 % abgesunken ist, während wir bei dem einfachen Ring fast dreimal so weit, nämlich auf 11 mm Abstand gehen müssen.

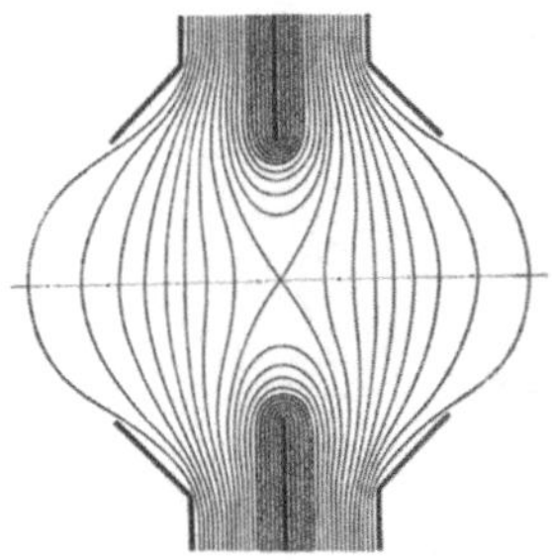

Abb. 72. Potentialfeld der Einzellinse [215].

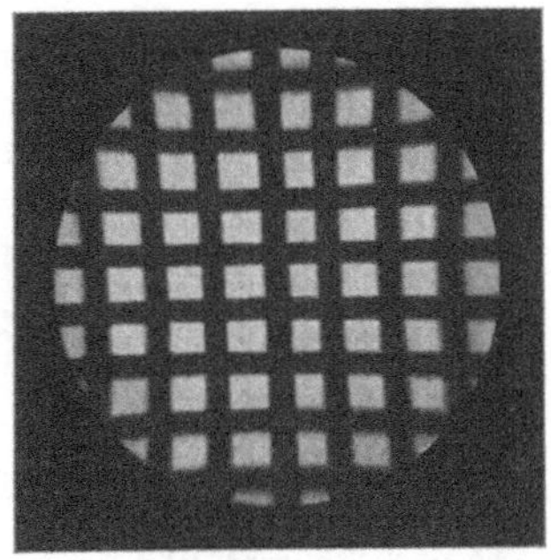

Abb. 73. Abbildung eines Netzes mit der Einzellinse Abb. 71/72 (natürliche Größe) [215].

5. Veranschaulichung der Linsenwirkung und Näherungsformel für die Brennweite der Einzel- und Immersionslinse. Wir wollen uns möglichst anschaulich klarzumachen suchen, daß das Potentialfeld der Elektroneneinzellinse als Sammellinse und immer nur als Sammellinse wirkt, gleichgültig, ob wir an die mittlere Elektrode positive oder negative Spannung legen.

Wir deuten uns dazu wieder die Äquipotentiallinien als Höhenlinien einer Landkarte [III, 3]. Das zugehörige Gebirge bei negativem Potential an der Mittelelektrode zeigt Abb. 75 in Form eines plastischen Modells. Die potentielle Energie einer in dieser Landschaft rollenden Kugel entspricht wieder der potentiellen Energie des Elektrons, und wir können an Stelle der Bewegung des Elektrons im Potentialfeld die Bewegung einer Kugel in der Landschaft betrachten.

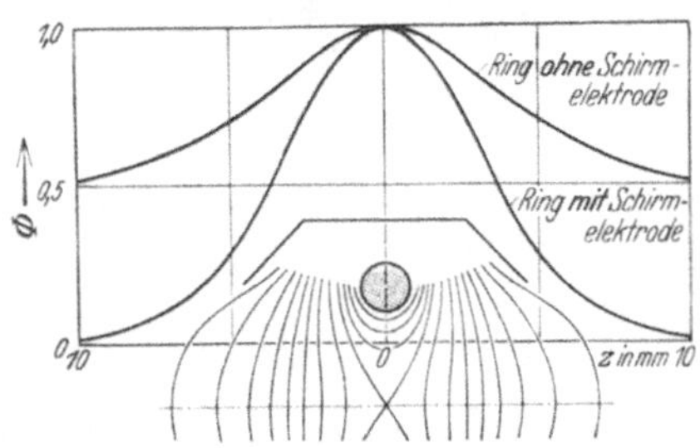

Abb. 74. Potentialabfall eines aufgeladenen Kreisringes längs der Symmetrieachse ohne und mit Gegenelektrode.

Es fallen uns sogleich folgende allgemeine Eigenschaften der Landschaft auf: Dort, wo die in der Symmetrieebene des Modells (optische Achse der Linse) gemessene Krümmung nach oben konvex ist, also in dem Mittelbezirk der Linse, steigt die Fläche zu beiden Seiten der Symmetrielinie an. Dieser Fall ist in Abb. 76a dem entgegengesetzten Fall, einem nach oben konkaven Verlauf (Abb. 76b) (Außenbezirke unseres Modells), gegenübergestellt. In der Abbildung ist ferner der Verlauf des Potentials in der Ebene *senkrecht* zur optischen Achse dargestellt, wie wir ihn sogleich aus dem Modell Abb. 75 entnehmen und uns leicht plausibel machen können. Daß die Krümmungen in Richtung der Achse und senk-

Patente gehen auf deutsche Anmeldungen vom 30. Mai 1931 bis 30. März 1932 zurück. Durch diese Patentschriften ist erwiesen, daß SIEMENS unabhängig von anderen Stellen den Gedanken gefaßt hatte, Abbildungen mittels Elektronen vorzunehmen. Ob inzwischen auch erfolgreiche Versuche durchgeführt worden sind, ist uns unbekannt und dürfte, da keine Veröffentlichungen erfolgt sind, für die Entwicklung des Gebietes auch gleichgültig sein.

recht dazu verschiedenes Vorzeichen haben, ist eine Konsequenz der LAPLACEschen Gleichung [II, 12]. Sie sagt aus, daß die Fallinien, die ja der elektrischen Feldstärke entsprechen, auf der Achse und in ihrer (raumladungsfreien) Umgebung keine Quellpunkte haben dürfen, oder in Formeln:

$$\frac{d^2\varphi}{dr^2} = -\frac{1}{2}\,\frac{d^2\varphi}{dz^2}.$$

Rollt nun eine Kugel parallel zur Symmetrielinie auf die Linse zu, so erfährt sie zunächst beim Eintritt in die Linse eine Beschleunigung nach außen, dann beim Passieren des Sattels eine Beschleunigung nach innen und schließlich beim Verlassen der Linse wieder eine Beschleunigung nach außen. Welche Beschleunigung überwiegt?

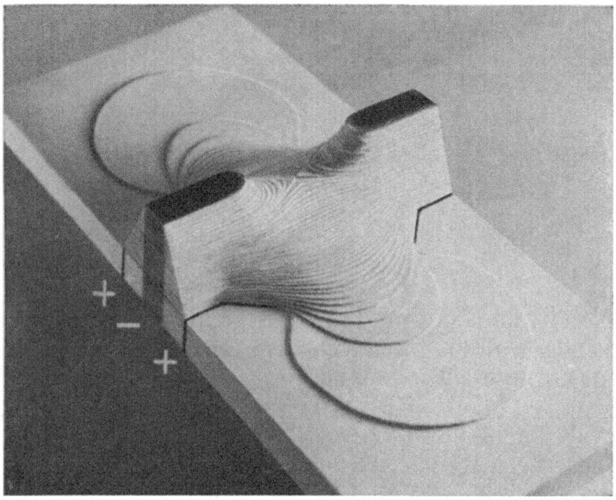

Abb. 75. Potentialgebirge der Einzellinse.

Denken wir uns die Kugel in dem konstanten Achsenabstand r_a mit stets gleicher Geschwindigkeit v_a durch die Linse hindurchgeführt, so heben sich die auf sie übertragenen Impulse im ganzen gerade auf. Denn da das Gelände zu beiden Seiten der Linse eben ist und da sich in der Umgebung der Achse keine Quellen oder Senken von Fallinien (elektrischen Kraftlinien) befinden, schneidet die Kugel genau so viele Fallinien, die auf die Achse zulaufen, wie solche, die von der Achse weglaufen, so daß sich das Wegintegral der transversal wirkenden Kräfte weghebt. Das Wegintegral unterscheidet sich aber wegen der Annahme konstanter Geschwindigkeit von dem Zeitintegral, auf das es ankommt (Impuls = Kraft mal Zeit!), nur um den Faktor v_a.

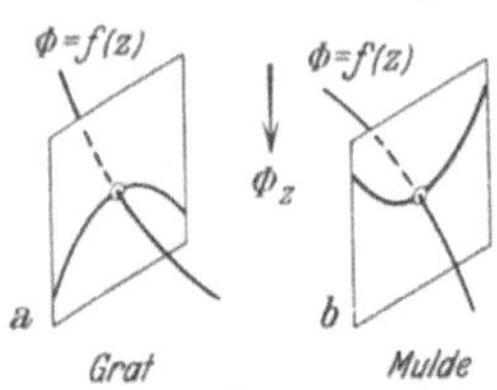

Abb. 76. Krümmung des Potentialgebirges.

In Wirklichkeit sind aber weder die Geschwindigkeit v noch der Achsenabstand r konstant. Die Umgebung des Sattels wird mit kleinerer Geschwindigkeit durchlaufen, die Kugel ist also den zur Achse hin ziehenden Kräften länger ausgesetzt als es der Annahme konstanter Geschwindigkeit entspricht, und wir erwarten daher im ganzen eine Ablenkung der Kugel auf die Achse zu. Im gleichen Sinne wirkt die Abweichung des Achsenabstandes vom Anfangswert: In der Linsenmitte ist infolge der vorangegangenen Ablenkung nach außen der Achsenabstand größer, die Kugel passiert also den Sattel etwas höher als es der Annahme konstanten Achsenabstandes entspricht, erfährt also, da dort das Gelände steiler ist, eine etwas größere Beschleunigung auf die Achse zu, als wir zunächst annahmen. Ergebnis: *Im ganzen überwiegen die nach innen gerichteten Kräfte, unsere Linse ist eine Sammellinse.*

Die hier ausgeführten anschaulichen Überlegungen lassen sich auch auf den Fall übertragen, daß die Mittelelektrode positiv ist, daß also die Elektronengeschwindigkeit innerhalb der Linse über dem Anfangswert liegt. Auch jetzt ergibt sich, daß unsere Linse eine Sammellinse ist [Anhang m]. Die Überlegungen lassen sich schließlich auch auf allgemeinere Potentialfelder erweitern, doch wollen wir sogleich zur Ableitung einer Näherungsformel für die Brennweite übergehen. Dazu ist es zweckmäßig, das Modell zu verlassen und an Stelle der Fallinien mit den dem Leser vertrauteren elektrischen Feldstärken zu rechnen [215].

Wir behalten zunächst die nur näherungsweise richtige Annahme bei, daß wir die Änderung des Achsenabstandes des Elektrons innerhalb der Linse vernachlässigen dürfen. Wir haben also an Stelle von Gl. (6):

$$\sqrt{\Phi}\,\frac{d}{dz}\left(\sqrt{\Phi}\,\frac{dr}{dz}\right) = -\frac{r_a}{4}\,\frac{d^2\Phi}{dz^2}\,.$$

Bringen wir $\sqrt{\Phi}$ auf die rechte Seite, so können wir nach z integrieren und erhalten (Striche bedeuten Differentiationen nach z):

$$\sqrt{\Phi}\,r' = -\frac{r_a}{4}\int\limits_{-\infty}^{z}\frac{\Phi''}{\sqrt{\Phi}}\,dz\,. \tag{10}$$

Die Integrationskonstante durften wir Null setzen, da die Elektronenbahn links der Linse parallel zur Achse verlaufen soll und dort somit $r' = 0$ ist. Um den Winkel α zu finden, den die Elektronenbahn nach Durchlaufen der Linse mit der Achsenrichtung bildet, haben wir Gl. (10) für einen Punkt $z = b$ rechts der Linse anzuschreiben. Da Φ'' rechts der Linse sehr schnell klein wird, können wir das Integral, ohne seinen Wert merklich zu ändern, bis ins Unendliche erstrecken. Wir erhalten so

$$\alpha = -r_b' = \frac{r_a}{4\sqrt{\Phi_b}}\int\limits_{-\infty}^{\infty}\frac{\Phi''}{\sqrt{\Phi}}\,dz\,,$$

oder, mit $\Phi_b = \Phi_0$ bei der Immersionslinse, $\Phi_a = \Phi_b = \Phi_0$ bei der Einzellinse:

$$\alpha = \frac{r_a}{4\sqrt{\Phi_0}}\int\limits_{-\infty}^{\infty}\frac{\Phi''}{\sqrt{\Phi}}\,dz\,.$$

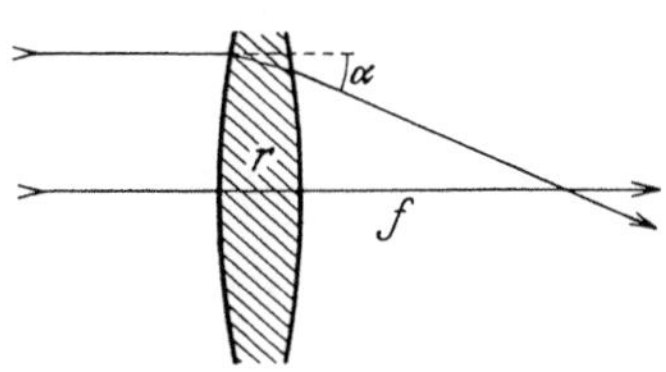

Abb. 77. Zur Ableitung der Linsenformel.

Nach Abb. 77 erhalten wir daraus für die Brennweite f:

$$\frac{1}{f} = \frac{\alpha}{r_a} = \frac{1}{4\sqrt{\Phi_0}}\int\limits_{-\infty}^{\infty}\frac{\Phi''}{\sqrt{\Phi}}\,dz\,. \tag{11}$$

Da das Achsenpotential Φ meist nur aus Messungen bekannt ist, ist der zweite Differentialquotient Φ'' nur mühsam und ungenau zu erhalten. Es liegt daher nahe, in Gl. (11) partiell nach z zu integrieren. Da der Raum auf beiden Seiten der Linse feldfrei ist, verschwinden die Beiträge der Grenzen, und wir erhalten:

$$\frac{1}{f} = \frac{1}{8\sqrt{\Phi_0}}\int\limits_{-\infty}^{\infty}\frac{\Phi'^2}{\sqrt{\Phi^3}}\,dz\,, \tag{12}$$

oder, wenn wir zum technischen Maßsystem übergehen[1] und die Beziehung in

[1] Gl. (12) enthält Φ im Zähler und Nenner in gleichen Potenzen, d. h. sie ist homogen in Φ, so daß Φ ohne Änderung von Zahlenfaktoren in beliebigem Maßsystem gemessen sein kann.

einer für praktische Zwecke geeigneten Form schreiben:

$$\frac{1}{f} = \frac{1}{8}\sqrt{\frac{E_L}{U_A}}\int_{-\infty}^{\infty}\frac{(U'/E_L)^2}{\sqrt{(U/E_L)^3}}\,dz\,. \tag{13}$$

Dabei bedeutet U_A die Voltenergie der Elektronen vor und hinter der Linse, d. h. das Anodenpotential bzw. das Potential der äußeren Linsenelektroden in Volt, E_L das an die mittlere Linsenelektrode angelegte und gegen die äußeren Elektroden gemessene Potential in Volt, U die Voltenergie der Elektronen auf der optischen Achse des Systems an der Stelle z bzw. das dort gegen Kathode gemessene Potential in Volt.

Diese Formel haben JOHANNSON und SCHERZER [215] an der Linse Abb. 71 geprüft, indem sie aus dem experimentell bestimmten Potentialfeld der Linse (Abb. 72) die interessierenden Größen ermittelten und gemäß Gl. (13) die Integration graphisch durchführten. Das Ergebnis der Berechnung ist durch die gestrichelte Kurve in Abb. 78 dargestellt, wobei als Abszisse das Verhältnis der an die Linse angelegten Spannung E_L zur Voltenergie U_A der Elektronen gewählt ist. Außer der gestrichelten Kurve ist in Abb. 78 noch eine ausgezogene Kurve eingezeichnet, die die Auswertung einer höheren Näherung der Brennweitenformel darstellt, worauf wir später [III, 7] noch genauer eingehen werden. Außerdem sind als Kreuze experimentell gefundene Meßpunkte eingezeichnet, die aus Gegenstandsweite a und Bildweite b nach Formel

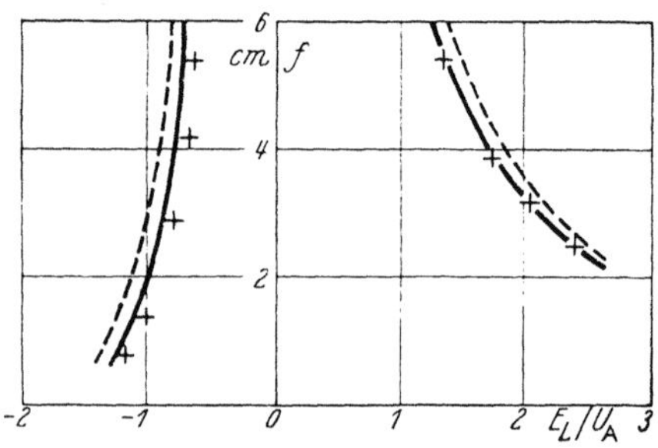

Abb. 78. Brennweitenkurve einer Einzellinse und Vergleich zwischen Theorie (——, ------) und Experiment (+++).

$$\frac{1}{f} = \frac{1}{a} + \frac{1}{b}$$

gewonnen wurden, wobei ein Netz (Abb. 73) als Gegenstand diente [215].

Betrachten wir zunächst nur den Charakter der Brennweitenkurve unserer Einzellinse, so stellen wir nochmals fest, daß die *Linse bei positiver und negativer Linsenspannung eine Sammellinse* ist und ferner, daß man mit einer gewissen negativen Spannung die Linse für den Elektronendurchgang sperren kann. Dieser Unterschied in der Wirkung positiver und negativer Linsenspannungen bedingt, daß zur Erzielung derselben Brennweiten das positive Potential stets höher sein muß als das entsprechende negative Potential[1]. Je größer die Brennweite wird, um so mehr verwischt sich dieser Unterschied.

Die Übereinstimmung zwischen der theoretischen Kurve erster Näherung und den experimentellen Werten ist bereits recht gut. Das gilt besonders für positive Linsenspannungen, wo unsere Annahme wenig von der Geraden abweichender Elektronenbahnen besser erfüllt ist als bei Elektronenverlangsamung durch negative Linsenpotentiale.

6. **Vervollständigung der Theorie achsennaher Strahlen.** Bisher haben wir die Bahngleichung (4) nur zur näherungsweisen Bestimmung der Brennweiten einfacher Anordnungen benutzt. Wir wenden uns nunmehr der genaueren Theorie zu. Das ist nicht ohne größeren Formelaufwand möglich. Beginnen wir mit einem Verfahren, durch das sich die Elektronenbahnen rasch mit

---

[1] Man wird also auch nicht erwarten können [240, S. 4], daß man beim einfachen Umpolen der Linsenspannung abermals ein scharfes Bild erhält.

einer für die meisten Zwecke der Praxis ausreichenden Genauigkeit ermitteln lassen. Es ist dies die aus der Theorie der Differentialgleichungen bekannte schrittweise Approximation. Man betrachtet dabei zunächst das auf der rechten Seite von Gl. (4) stehende r als bekannt und löst die Gleichung, unter zweimaliger Integration nach z, nach dem auf der linken Seite stehenden r auf. Man erhält dabei nach der ersten Integration (Striche bedeuten wieder Differentiationen nach z):

$$\sqrt{\Phi}\, r' - \sqrt{\Phi_a}\, r'_a = -\int_{z_a}^{z} \frac{P r}{\sqrt{\Phi}}\, d z .$$

Der Index a charakterisiert hier und im folgenden die in der Objektebene $z = z_a$ angenommenen Werte der betreffenden Größen. Die Integrationskonstante r'_a ist der Winkel[1], den die betrachtete Bahn in der Objektebene mit der Parallelen zur optischen Achse bildet.

Auflösung nach r' und nochmalige Integration ergibt schließlich die von SCHERZER [352] angegebene Gleichung für den Bahnverlauf

$$r = r_a + \sqrt{\Phi_a}\, r'_a \int_{z_a}^{z} \frac{d z}{\sqrt{\Phi}} - \int_{z_a}^{z} \frac{1}{\sqrt{\Phi}} \left\{ \int_{z_a}^{z} \frac{P r}{\sqrt{\Phi}}\, d z \right\} d z . \tag{14}$$

r_a meint dabei entsprechend unserer obigen Verabredung den Wert von r in der Objektebene.

Das Wesen der schrittweisen Approximation besteht nun darin, daß man auf der rechten Seite von Gl. (14) für r eine Funktion von z einsetzt, die dem gesuchten Verlauf des Strahls mehr oder weniger genau entspricht, und daß man dann durch Ausrechnung von Gl. (14) eine bessere Näherungsfunktion für den Strahlenverlauf erhält. Diese Näherungsfunktion kann man nun wieder rechts einsetzen und erhält so, falls man nicht vorher die Geduld verliert, durch fortgesetzte Wiederholung des Verfahrens die gesuchte Strahlbahn mit beliebiger Genauigkeit. Wie schnell das Näherungsverfahren konvergiert, hängt wesentlich davon ab, wie gut man gleich zu Anfang den ungefähren Strahlverlauf erraten hat.

In der Praxis hat sich das folgende, etwas schematische Rechenverfahren gut bewährt: Man verschafft sich die Ausgangsfunktion r_0 aus Gl. (14), indem man auf der rechten Seite $P = 0$ setzt:

$$r_0 = r_a + \sqrt{\Phi_a}\, r'_a \int_{z_a}^{z} \frac{d z}{\sqrt{\Phi}} .$$

r_0 entspricht also dem Verlauf, den der Strahl gemäß seiner Anfangsrichtung nehmen würde, wenn die radiale Komponente der elektrischen Feldstärke unwirksam wäre. Setzt man dann in Gl. (14) rechts $r = r_0$, so erhält man die bessere Näherung:

$$r = r_0 + r_1 ; \quad r_1 = -\int_{z_a}^{z} \frac{1}{\sqrt{\Phi}} \left\{ \int_{z_a}^{z} \frac{P r_0}{\sqrt{\Phi}}\, d z \right\} d z .$$

[1] Eigentlich der Tangens des Winkels, doch brauchen wir bei den achsennahen, wenig geneigten Strahlen nicht zwischen Tangens und Winkel zu unterscheiden.

Bei fortgesetzter Wiederholung gelangt man schließlich zu dem Ausdruck:

$$r = \sum_{\nu=0}^{\infty} r_\nu \; ; \qquad \left\{ \begin{aligned} r_0 &= r_a + \sqrt{\Phi_a}\, r_a' \int_{z_a}^{z} \frac{dz}{\sqrt{\Phi}} \\ r_\nu &= -\int_{z_a}^{z} \frac{1}{\sqrt{\Phi}} \left\{ \int_{z_a}^{z} \frac{P r_{\nu-1}}{\sqrt{\Phi}}\, dz \right\} dz\,, \end{aligned} \right. \tag{15}$$

der die Anfangsbedingung $r = r_a$, $r' = r_a'$ für $z = z_a$ erfüllt und der, wie man durch Einsetzen in Gl. (4) feststellt, auch die Differentialgleichung befriedigt.

Die Summe konvergiert immer, da ja der physikalische Sinn der höheren Näherungen einfach der ist, daß man den Strahlenverlauf, vom Punkte $z = z_a$ ausgehend, allmählich durch das ganze Potentialfeld hindurch korrigiert. Wir werden später [III, 9] den Konvergenzbeweis in dem besonders bedenklichen Falle, daß Φ am Ausgangspunkt der Strahlen beliebig klein sein kann (Immersionsobjektiv), noch etwas präzisieren.

In den meisten praktisch vorkommenden Fällen reichen die ersten zwei oder drei Glieder der Entwicklung aus.

7. Strengere Behandlung der kurzen Linse, insbesondere der Einzellinse. Unter einer „kurzen Linse" verstehen wir nach [II, 9] eine Linse, deren räumliche Ausdehnung in der Achsenrichtung klein gegen die Brennweite ist, d. h. eine Linse, bei der Φ'' nur in einem gegen die Brennweite kleinen Achsenbereich wesentlich von Null verschieden ist. Untergruppen [II, 9] der kurzen Linse sind Lochblende, Immersionslinse und Einzellinse.

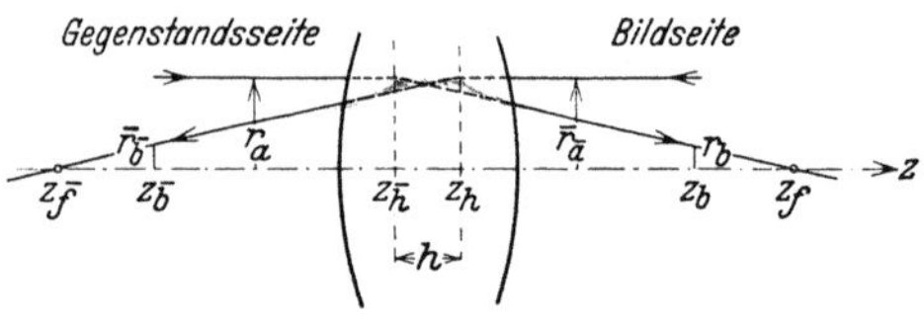

Abb. 79. Hauptebenen und Brennpunkte einer Linse.

Die Einwirkung jeder Linse, auch einer „langen Linse", auf achsennahe Strahlen ist vollständig bestimmt, wenn man für ein von der Gegenstandsseite und ein von der Bildseite her einfallendes Parallelstrahlenbündel die Lage der Hauptebene und des Brennpunktes (Abb. 79) kennt[1].

Wir wollen uns hier auf die Berechnung der Bahn eines von links her parallel zur Achse in die Linse hineinfliegenden Elektrons beschränken. Für ein solches Elektron ist $r_a' = 0$, $z_a = -\infty$, und wir erhalten demnach aus Gl. (15):

$$\left. \begin{aligned} r &= \sum_{\nu=0}^{\infty} r_\nu\,, \\ r_0 &= r_a\,, \\ r_1 &= -r_a \int_{-\infty}^{z} \frac{1}{\sqrt{\Phi}} \int_{-\infty}^{z} \frac{P}{\sqrt{\Phi}}\, dz\, dz^*\,, \\ r_2 &= +r_a \int_{-\infty}^{z} \frac{1}{\sqrt{\Phi}} \int_{-\infty}^{z} \frac{P}{\sqrt{\Phi}} \int_{-\infty}^{z} \frac{1}{\sqrt{\Phi}} \int_{-\infty}^{z} \frac{P}{\sqrt{\Phi}}\, dz\, dz\, dz\, dz^* \\ &\dots\dots\dots\dots\dots\dots \end{aligned} \right\} \tag{16}$$

[1] Die Konstruktion des Bildes mit Hilfe der beiden Brennpunkte und Hauptebenen erfolgt dabei bekanntlich so, daß man genau so mit Brennpunkts- und Mittelstrahlen konstruiert wie bei einer dünnen Linse (Abb. 79).

* Es scheint uns unnötig, die Integrationsvariabeln der aufeinanderfolgenden Integrationen durch verschiedene Buchstaben zu unterscheiden.

Die Integrale behalten ihren Sinn für beliebig große Werte von z, sofern nur P für große z hinreichend stark verschwindet[1].

Was hauptsächlich interessiert, ist der Verlauf der Bahn hinter der Linse. Wenn die elektrische Feldstärke rechts der Linse Null ist, verlaufen die Elektronenbahnen nach Passieren der Linse geradlinig. Ist eine homogene elektrische Feldstärke vorhanden, so sind die Bahnen Parabeln. In letzterem Falle wollen wir eine willkürliche Ebene $z = z_b$ hinter der Linse herausgreifen und die an dieser Stelle an die Bahn gelegte Tangente als den aus der Linse austretenden Strahl bezeichnen (also ähnlich wie bei Abb. 67b). Die Stelle $z = z_b$ soll nur so weit rechts von der Linse gelegen sein, daß dort Φ'' praktisch Null ist, und daß wir rechts von $z = z_b$ mit gewöhnlichen Parabeln als Bahnkurven rechnen dürfen.

Kennzeichnen wir alle bei $z = z_b$ gemessenen Größen durch den Index b, so lautet die Gleichung der gesuchten Tangente, die bei Abwesenheit einer äußeren Feldstärke (Immersionslinse, Einzellinse) mit der Bahn selbst identisch ist,

$$r_{\text{tang}} = r_b + r_b'(z - z_b)\,.$$

Dabei gilt nach Gl. (16):

$$\left.\begin{aligned}
r_b &= \sum_0^\infty r_{b\nu}; \qquad r_b' = \sum_0^\infty r_{b\nu}',\\
r_{b0} &= r_a; \qquad r_{b0}' = 0,\\
r_{b1} &= -r_a \int_{-\infty}^{z_b} \frac{1}{\sqrt{\Phi}} \int_{-\infty}^{z} \frac{P}{\sqrt{\Phi}}\, dz\, dz,\\
r_{b1}' &= -\frac{r_a}{\sqrt{\Phi_b}} \int_{-\infty}^{z_b} \frac{P}{\sqrt{\Phi}}\, dz,\\
r_{b2} &= +r_a \int_{-\infty}^{z_b} \frac{1}{\sqrt{\Phi}} \int_{-\infty}^{z} \frac{P}{\sqrt{\Phi}} \int_{-\infty}^{z} \frac{1}{\sqrt{\Phi}} \int_{-\infty}^{z} \frac{P}{\sqrt{\Phi}}\, dz\, dz\, dz\, dz,\\
r_{b2}' &= +\frac{r_a}{\sqrt{\Phi_b}} \int_{-\infty}^{z_b} \frac{P}{\sqrt{\Phi}} \int_{-\infty}^{z} \frac{1}{\sqrt{\Phi}} \int_{-\infty}^{z} \frac{P}{\sqrt{\Phi}}\, dz\, dz\, dz,\\
&\cdots\cdots\cdots\cdots\cdots\cdots\cdots\cdots
\end{aligned}\right\} \qquad (17)$$

Die einzelnen Größen $r_{b\nu}$ und $r_{b\nu}'$ sind bei vorgegebenem $\Phi = \Phi(z)$ mit dem Planimeter oder nach sonstigen Integrationsmethoden bestimmbare Zahlenwerte.

Ist keine Feldstärke außerhalb der Linse vorhanden, so ist die Lage der Tangente unabhängig von z_b, so daß man auch $z_b = \infty$ setzen kann.

Für den Brennpunkt $z = z_f$ gilt $r_{\text{tang}} = 0$, also

$$z_f = z_b - \frac{r_b}{r_b'}\,. \qquad (18)$$

Die Hauptebene $z = z_h$ ist bestimmt durch $r_{\text{tang}} = r_a$ (vgl. Abb. 79), also

$$z_h = z_b + \frac{r_a - r_b}{r_b'}\,. \qquad (19)$$

[1] Es ist in allen Fällen hinreichend, wenn P (also bei raumladungsfreien Linsen Φ'') zu beiden Seiten der Linse stärker als const/z^2 verschwindet und Φ nirgends Null wird.

Für die Brennweite $f = z_f - z_h$ finden wir somit

$$f = -\frac{r_a}{r_b'} .$$

Eine erste Näherung für die Brennweite bzw. Brechkraft — und damit wieder unsere Näherungsgleichung (11) für die Einzellinse — erhalten wir, wenn wir für r_b' die erste Näherung $r_{b\,1}'$ einsetzen:

$$\frac{1}{f} = -\frac{r_b'}{r_a} = \frac{1}{\sqrt{\Phi_b}} \int\limits_{-\infty}^{z_b} \frac{P}{\sqrt{\Phi}}\, d z . \tag{20}$$

Ebenso erhalten wir unsere Näherungslösung Gl. (9) für die Lochblende, wenn wir annehmen, daß P nur in einem so schmalen Bereich von Null verschieden ist, daß wir $\sqrt{\Phi}$ im Nenner des Integranden in diesem Bereich als konstant annehmen dürfen. —

Ein genauerer Wert der Brennweite der kurzen Linse ergibt sich mit $r_b' = r_{b\,1}' + r_{b\,2}'$

$$\frac{1}{f} = -\frac{r_{b\,1}' + r_{b\,2}'}{r_a} . \tag{21}$$

Wir wollen den etwas umständlichen Ausdruck nicht explizit anschreiben, sondern nur erwähnen, daß er sich durch wiederholte partielle Integration in eine wesentlich handlichere Form bringen läßt, als er zunächst nach Einsetzen der Ausdrücke $r_{b\,1}'$ und $r_{b\,2}'$ aus Gl. (17) erscheint [352]. Die in dieser Näherung berechnete Brennweitenkurve einer Einzellinse ist in Abb. 78 als ausgezogene Kurve mit eingezeichnet. Die Übereinstimmung mit den experimentellen Werten ist fast besser, als wir sie bei der Genauigkeit der verwendeten Rechen- und Potentialmeßverfahren erwarten dürfen.

Außer der Brennweite interessiert vor allem der Abstand der Hauptebenen, der uns Aufschluß darüber gibt, ob wir als Ersatzschema für die Linse eine unendlich dünne optische Linse wählen dürfen, oder ob wir das Analogon unserer Linse in einem zusammengesetzten optischen Linsensystem mit auseinanderliegenden Hauptebenen suchen müssen.

Neben der Hauptebene $z = z_h$, die durch Gl. (19) gegeben ist, besitzt die Linse noch die zweite Hauptebene $z = z_{\bar{h}}$, die in ganz entsprechender Weise aus einem von *rechts* her einfallenden Parallelstrahlenbündel abgeleitet wird:

$$z_{\bar{h}} = z_{\bar{b}} + \frac{\bar{r}_{\bar{a}} - \bar{r}_{\bar{b}}}{\bar{r}_{\bar{b}}'} .$$

$z_{\bar{b}}$ ist dabei ein Punkt links außerhalb der Linse, $\bar{r}_{\bar{b}}$ und $\bar{r}_{\bar{b}}'$ sind Strahlabstand und Strahlneigung eines von rechts her in die Linse einfallenden Parallelstrahles in diesem Punkt. $\bar{r}_{\bar{b}}$ und $\bar{r}_{\bar{b}}'$ gehen aus den entsprechenden Gl. (17) dadurch hervor, daß man in den Integrationsgrenzen z_b durch $z_{\bar{b}}$ und $-\infty$ durch ∞ ersetzt. Wir erhalten so für den Hauptebenenabstand h in erster Näherung:

$$h = z_h - z_{\bar{h}} = z_b - z_{\bar{b}} - \frac{r_b - r_a}{r_b'} + \frac{\bar{r}_{\bar{b}} - \bar{r}_{\bar{a}}}{\bar{r}_{\bar{b}}'} .$$

Daß h im Falle der Immersions- und Einzellinse wirklich von den willkürlich gewählten Größen z_b und $z_{\bar{b}}$ unabhängig wird, erkennen wir durch die identische Umformung, in der $\bar{r}$ und $\bar{r}'$ Achsenabstand und Neigung des von rechts her einfallenden Parallelstrahls bedeuten:

$$h = \int\limits_{z_{\bar{b}}}^{z_b} \left(1 - \frac{r'}{r_b'} - \frac{\bar{r}'}{\bar{r}_{\bar{b}}'}\right) d z . \tag{22}$$

Wir können hier, da r' und $\bar{r}'$ außerhalb der Linse in hohem Maße konstant sind und da somit der Integrand außerhalb der Linse hinreichend stark verschwindet, die Punkte z_b und $z_{\bar{b}}$ ins Unendliche schieben, ohne dadurch den Wert des Integrals zu ändern. So erhalten wir

$$h = \int_{-\infty}^{\infty} \left(1 - \frac{r'}{r'_\infty} - \frac{\bar{r}'}{\bar{r}'_{-\infty}}\right) dz . \tag{23}$$

Wir wollen nun noch eine mögliche Abänderung des in diesem Abschnitt eingeschlagenen Näherungsverfahrens erwähnen. Das Näherungsverfahren wird dann besonders übersichtlich, wenn sich das Potential Φ im Inneren der Linse nur wenig ändert, wenn wir also

$$\Phi = \Phi_0 + \Phi_1 = \Phi_0 \left(1 + \frac{\Phi_1}{\Phi_0}\right) \tag{24}$$

setzen und Φ_1/Φ_0 in der ganzen Linse als klein gegen 1 betrachten können. Dann verschwindet infolge der Nenner $\sqrt{\Phi}$ in Gl. (17) jede folgende Näherung mit einer höheren Potenz von $1/\Phi_0$, und unser Näherungsverfahren schreitet nach fallenden Potenzen von Φ_0 fort[1]. Wir dürfen deshalb auch $1/\sqrt{\Phi}$ nach $1/\Phi_0$ entwickeln und so die Wurzeln und die Nenner aus den abgeleiteten Formeln zum Verschwinden bringen.

Wir wollen hier die elementaren, aber etwas langwierigen Rechnungen nicht weiter ausführen, sondern gleich einige der so gewonnenen Resultate anschreiben. Es wird bei einer Einzellinse und bei einer Immersionslinse:

$$\left.\begin{aligned}
z_h &= \frac{\int_{-\infty}^{\infty} z\,\Phi'^2\,dz}{\int_{-\infty}^{\infty} \Phi'^2\,dz} && + \text{Glieder v. d. Ordnung } \frac{1}{\Phi_0};\\
\frac{1}{f} &= \frac{1}{z_f - z_h} = \frac{3}{16\,\Phi_0^2}\int_{-\infty}^{\infty} \Phi'^2\,dz && + \text{Glieder v. d. Ordnung } \frac{1}{\Phi_0^3};\\
h &= z_h - z_{\bar{h}} = -\frac{3}{16\,\Phi_0^2}\left(\int_{-\infty}^{\infty} z^2\,\Phi'^2\,dz - \frac{\left[\int_{-\infty}^{\infty} z\,\Phi'^2\,dz\right]^2}{\int_{-\infty}^{\infty} \Phi'^2\,dz}\right) && + \text{Glieder v. d. Ordnung } \frac{1}{\Phi_0^3}.
\end{aligned}\right\} \tag{25}$$

Für die Brennweite einer kurzen Linse, die auf einer Seite oder auf beiden Seiten an ein homogenes Feld angrenzt, also z. B. für eine Lochblende, gilt in dem gleichen Grenzfall:

$$\left.\begin{aligned}
\frac{1}{f} &= \frac{c_1}{\Phi_0} + \frac{c_2}{\Phi_0^2} + \text{Glieder v. d. Ordnung } \frac{1}{\Phi_0^3};\\
c_1 &= \frac{1}{4}\left(\Phi_b' - \Phi_a'\right),\\
c_2 &= \frac{1}{16}\left[3\int_{z_a}^{z_b} \Phi'^2\,dz - 5\,\Phi_{1b}\Phi_b' + 3\,\Phi_{1a}\Phi_a' + \Phi_{1b}\Phi_a' + \Phi_{1a}\Phi_b' + \Phi_a'\Phi_b'\,(z_b - z_a)\right].
\end{aligned}\right\} \tag{26}$$

Die Bedeutung der Größen Φ_{1a} und Φ_{1b} ist dabei aus Abb. 89, S. 108, zu entnehmen.

[1] Vorausgesetzt ist dabei natürlich, daß Φ_1 bei dem gedachten Grenzübergang $\Phi_0 \to \infty$ nicht verändert wird, oder doch zum mindesten, daß die Steilheit von Φ_1 nirgends mit wachsendem Φ_0 über alle Grenzen wächst.

8. **Übergang zum Immersionsobjektiv.** Das Immersionsobjektiv, das von BRÜCHE und JOHANNSON [64] angegebene und seither viel benutzte elektrische Vergrößerungssystem [VI, 1], besteht aus der Kathode, an der das Potentialfeld beginnt, und normalerweise zwei Beschleunigungselektroden, die in geeigneter Weise davor angeordnet sind.

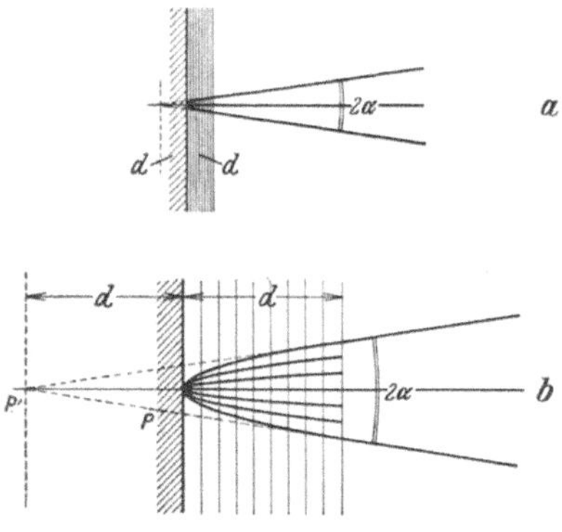

Abb. 80. Wirkung eines homogenen Beschleunigungsfeldes.

Bereits das Beschleunigungsfeld dicht vor der Kathode hat in jedem Falle, also auch, wenn nur *eine* Anodenblende vorhanden ist, eine sammelnde Wirkung, die jedoch bei ebener Kathode (Abb. 80) nicht kräftig genug ist, um es zu einer Wiedervereinigung der divergent von einem Kathodenpunkt ausgehenden Elektronen kommen zu lassen. Sind z. B. die Potentialflächen Ebenen parallel zur Kathode, so bilden die von dem Kathodenpunkt P mit der Voltenergie[1] ε nach allen Richtungen ausgehenden Elektronen nach Durchlaufen von U Volt Beschleunigungspotential ein Kegelbündel, dessen Öffnung 2α gegeben ist durch:

$$\alpha = \operatorname{arc\,tg} \sqrt{\frac{\varepsilon}{U}} \approx \sqrt{\frac{\varepsilon}{U}} \quad \text{für} \quad \varepsilon \ll U\,. \tag{27}$$

Diese Gleichung erlaubt uns drei für die späteren Betrachtungen wichtige Feststellungen (Abb. 80). Erstens: Die von dem Kathodenpunkte P kommende Strahlung wird durch ein homogenes Beschleunigungsfeld umgelenkt, als ob sie von einem etwa doppelt so weit entfernten virtuellen Punkte P' käme[2] (Parabel!). Zweitens: Für die Öffnung 2α des Bündels ist die Tiefe d des Beschleunigungsfeldes ohne Einfluß. Drittens: Durch Erhöhung des Beschleunigungspotentials U können wir den Öffnungswinkel 2α nicht Null machen. Gerade diese letzte Feststellung ist für uns besonders wichtig, denn sie sagt aus, daß die erwünschte Konvergenz des Strahlenbündels durch ein Beschleunigungsfeld aus parallelen Potentialebenen nicht zu erreichen ist.

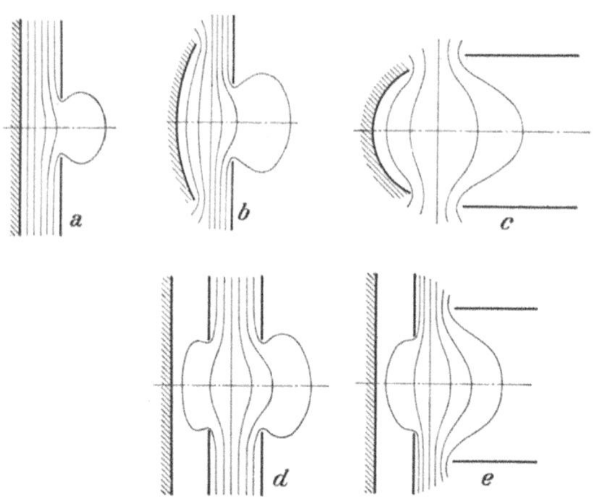

Abb. 81. Verschiedene Formen des Immersionsobjektivs.

Zur Fokussierung bedarf es vielmehr einer gegen die Kathode konvexen Krümmung der kathodennahen Potentialflächen, die man auf zweierlei Weise erzielen kann. Entweder krümmt man die Kathode selbst hohlspiegelartig

[1] Wir nennen die Austrittsenergie der Elektronen stets ε, auch wenn sie in el. magn. CGS gemessen wird. In Verbindungen wie ε/U ist ε wie U in Volt, in Verbindungen wie $\Phi + \varepsilon$ ist ε wie Φ in el. magn. CGS zu messen.

[2] Tatsächlich kommen die verschiedenen Strahlen von verschiedenen virtuellen Punkten P'' in der Nähe von P'. Jedoch ist die Entfernung $P'P''$ von der Größenordnung $\sqrt{\frac{\varepsilon}{U}} \cdot P\,P'$. Für die unter 90° austretenden Strahlen fällt P'' mit P' zusammen.

(Abb. 81b, c) oder man krümmt die Potentialflächen vor der ebenen Kathode sammellinsenartig, z. B. durch Einschalten einer Blende dicht vor der Kathode, wobei der Hauptpotentialabfall zwischen dieser Blende und der Anodenblende liegt (Abb. 81d, e).

Um die sammelnde Wirkung des Potentialfeldes bei hohlspiegelartig gekrümmter Kathode zu erkennen, wollen wir zunächst mit RUSKA [341] eine besonders einfache, mathematisch leicht übersehbare Anordnung betrachten[1]. Wir denken uns (Abb. 82) vor der gewölbten Kathode K eine Netzanode A als Teil einer Kugelfläche so ausgespannt, daß Kathode und ideales Netz die Belegungen eines Kugelkondensators bilden. Die Bahnen der von der Kathode ausgehenden Elektronen lassen sich in diesem Feld konzentrischer kugelförmiger Potentialflächen leicht berechnen. Man findet für den Grenzfall (Abb. 82b), in dem die Strahlen gerade parallelisiert sind, unter der Voraussetzung $\varepsilon \ll U$, die Bedingung

$$r_i = \tfrac{1}{2} r_a ,$$

wobei r_a und r_i die Radien von Kathode und Anode bedeuten.

Rückt man mit der Anode näher an den Krümmungsmittelpunkt ($r_i < \frac{1}{2} r_a$, Abb. 82c), so erhält man ein Bild der Kathode im Abstand r_s, wobei gilt:

$$\alpha = \frac{r_a - 2 r_i}{r_i} \sqrt{\frac{\varepsilon}{U}}\,; \qquad r_s = \frac{r_a r_i}{r_a - 2 r_i}\,.$$

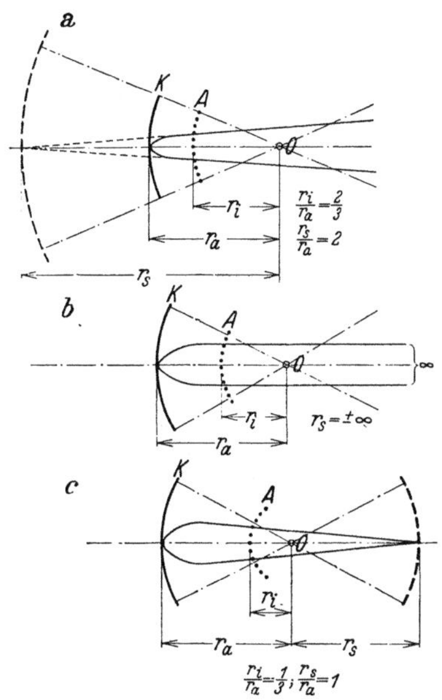

Abb. 82. Fokussierungseigenschaft einer konkaven Kathode.

Das soeben betrachtete System ist wegen der Anwendung von Netzen zu Abbildungszwecken unbrauchbar [II, 2]. Wir müssen statt dessen natürliche Potentialfelder, wie sie vor der gewölbten Kathode durch verschieden geformte Anoden erzielbar sind (Abb. 81b, c), benutzen[2]. Jetzt werden die Potentialflächen natürlich keine konzentrischen Kugelflächen mehr bilden, sondern gewölbte Flächen, deren Krümmungsmittelpunkte mehr und mehr von der Kathode entfernt liegen. Da der Potentialverlauf jetzt bei jeder Anodenanordnung anders ist, lassen sich auch keine einfachen expliziten Formeln mehr aufstellen. Wir wollen daher die weitere mathematische Behandlung in einem gesonderten Abschnitt [III, 9] durchführen.

Bei dem gebräuchlichen Immersionsobjektiv ist die Kathode eben, während die Äquipotentialflächen geeignet gekrümmt sind. Aus dem durch ,,Gitterblende" und ,,Anodenblende" gebildeten Plattenkondensator quellen die Potentialflächen heraus und bilden dicht vor der Kathode eine Sammellinse, hinter der Anode eine Zerstreuungslinse, wie es Abb. 83[3] nach Messungen im elektrolytischen

[1] RUSKA selbst interessierte sich weniger für die Abbildungsverhältnisse als für das Auftreten der für BRAUNsche Röhren wichtigen Stelle geringsten Querschnitts des Strahlenganges [V, 3, 20].

[2] Lassen wir Raumladung zu, so können wir den diskutierten Fall auch ohne Netz weitgehend realisieren. Vgl. die Experimente von CROOKES bzw. GOLDSTEIN [IV, 11] mit konkaven kalten Kathoden und einen Versuch von BRÜCHE [56], Abb. 138 mit einer konkaven Oxydkathode.

[3] Der eingezeichnete Strahlengang macht keinen Anspruch auf quantitative Richtigkeit. — Da es sich um ein Immersionssystem handelt, muß der ,,Mittelstrahl" eine gekrümmte Linie sein [III, 4].

Trog zeigt [64]. Ähnlich wie bei der Einzellinse gilt auch hier, daß dabei die Zerstreuungslinse in ihrer Wirkung hinter der Sammellinse zurücksteht.

Schon anschaulich werden wir nach den in Abb. 84 wiedergegebenen Potentialgebirgen[1] eines verbesserten Systems vom Typ Abb. 83 eine Sammelwirkung erwarten. Zu Anfang der Bewegung, wo die Strahlsteifigkeit noch gering ist, durchlaufen die Elektronen eine Mulde, werden also gesammelt. Bei der Bewegung auf dem dann folgenden Grat, wo das Gelände die Elektronen nach außen abzudrängen sucht, ist die Elektronengeschwindigkeit schon so hoch, daß eine wesentliche Beeinflussung nicht mehr stattfindet.

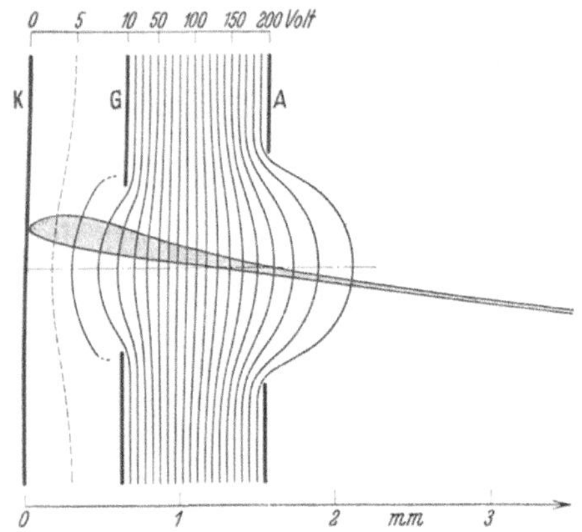

Abb. 83. Potentialfeld des Immersionsobjektivs [64].

Zu dem gleichen Resultat, daß das System eine Sammelwirkung ausübt, kommt man auch, wenn man die beiden Krümmungsstellen der Potentialkurve $\Phi = \Phi(z)$ als Lochblenden auffaßt. Bezeichnen wir nämlich die Anfangsneigung der Kurve mit Φ'_0, die Neigung im Wendepunkt Φ'_1, den Potentialwert in der ersten Krümmung mit Φ_1, in der zweiten (negativen) Krümmung mit Φ_2, so sind die „Brechkräfte" der den beiden Krümmungen entsprechenden Lochblendenlinsen nach Gl. (9)

$$\frac{1}{f_1} = \frac{\Phi'_1 - \Phi'_0}{4\Phi_1} \quad \text{und} \quad \frac{1}{f_2} = -\frac{\Phi'_1}{4\Phi_2}.$$

Der Zähler der Zerstreuungsbrechkraft $1/f_2$ ist zwar etwas größer als der des ersten Ausdrucks, aber Φ_2 ist nach Abb. 83 so viel größer als Φ_1, daß insgesamt

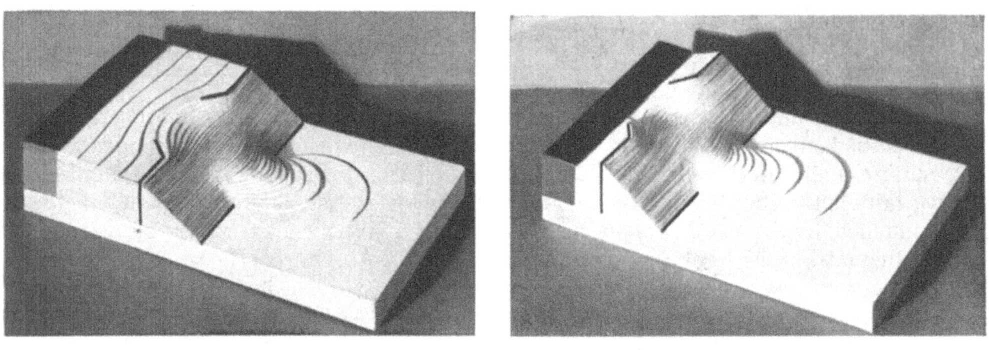
a) Positives Gitterpotential (Abb. 85d). b) Negatives Gitterpotential (Abb. 85c).

Abb. 84. Potentialgebirge des Immersionsobjektivs.

die Sammelwirkung überwiegt, wie es die genauere Durchrechnung im folgenden Abschnitt und auch das Experiment bestätigen.

Wie groß die Brechkraft eines Immersionsobjektivs wirklich ist, ersehen wir aus Johannsons Beobachtungen der Vergrößerung [212] bei Kenntnis der gesamten Strahllänge. Dazu vergrößern wir schrittweise den Abstand c zwischen der Kathode und dem System der zwei Blenden G und A (Abb. 83), wobei die beiden Blenden

[1] Zur besseren Veranschaulichung ist wieder an Stelle des Potentialanstieges ein Gefälle gezeichnet, in dem die Elektronen also bergab laufen.

ihren Abstand von 1 mm behalten. Bei konstanter Gesamtlänge $L = a + b = 240$ mm und konstantem Potential $U_A = 750$ Volt an der Anode A stellen wir durch Wahl des Potentials U_G an G stets auf ein scharfes Bild auf dem Schirm ein. So erhalten wir die Kurven Abb. 85, aus deren erster wir die Brennweite f des Systems ausrechnen wollen[1]. Allerdings können wir dabei, da uns zur Festlegung der beiden Hauptebenen die Bestimmungsstücke fehlen, nur von der Lage einer „Ersatzlinse" und ihrer Brennweite sprechen. Diese Ersatzlinse soll eine dünne Linse sein, die dort sitzt, wo die Verbindungslinie zwischen Bild- und Gegenstandspunkt die optische Achse schneidet[2]. Wir ersetzen also den wirklichen Strahlengang durch einen fiktiven Strahlengang, indem wir von der räumlichen Ausdehnung des brechenden Feldes absehen. Anstatt mit Hauptebenen zu rechnen, denken wir uns nur eine dünne Linse wirksam. Wir berücksichtigen also nicht, daß wir es mit einem System zu tun haben, bei dem es außer dem in der optischen Achse verlaufenden Strahl keine geradlinigen Strahlen gibt. Wir ersetzen vielmehr den geknickten bzw. gekrümmten Mittelstrahl durch eine Gerade, d. h. denken uns eine *dünne Einzel*linse wirksam. Hätten wir es z. B. mit einem Immersionssystem zu tun, das sich durch ein Feld paralleler Potentialebenen mit einer Linse in der Mitte annähern ließe, so würden der wirkliche und fiktive „Mittelstrahl" sich so unterscheiden, wie es Abb. 86 andeutet. Die Ersatzlinse liegt in den uns interessierenden Fällen eines Beschleunigungssystems stets gegenüber dem wahren Linsenort zum Bildort verschoben. Der Grund der Verschiebung ist der, daß unsere Ersatzlinse die wirkliche Kathodenfläche abbilden soll, während die wirkliche Linse, die durch das Beschleunigungsfeld zurückverlegte, scheinbare Kathodenfläche abbildet.

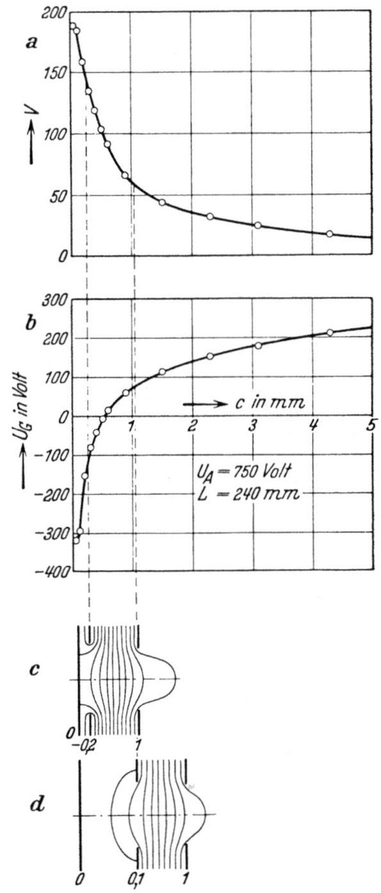

Abb. 85. Abstandsabhängigkeit von Vergrößerung V und Gitterspannung U_G beim Immersionsobjektiv [212].

Zur Umrechnung der Vergrößerung (Abb. 85a) in die Brennweite setzen wir also $V = b/a$. Da $b \gg a$, gilt ferner: $a \approx f$. So wird $f \approx a = b/V = \frac{240}{V}$ mm.

Die so errechnete Brennweite (Abb. 87) liegt danach in der Größenordnung einiger Millimeter und erreicht einen unteren Grenzwert von 1,4 mm.

Das System, dessen Brennweitenkurve Abb. 87 zeigt, war ein später [VI, 2] genauer zu beschreibendes Normalsystem von 1 mm Durchmesser der Gitterblende. Da wir wissen, daß eine proportionale Änderung der sämtlichen Systemdimensionen auch die Brennweite im gleichen Verhältnis ändert [III, 2], erhalten

[1] Die Vergrößerungskurve Abb. 85a läßt sich in sehr guter Annäherung durch eine achsenverschobene Hyperbel darstellen [212a].

[2] Da das Immersionsobjektiv stets praktisch auf ∞ eingestellt ist, ist die Brennweite der Ersatzlinse mit der bildseitigen Brennweite des Objektivs identisch. Der objektseitige Brennpunkt und die zugehörige Hauptebene fallen wegen der Kleinheit des Brechungsindex an der Kathode praktisch mit der Kathode zusammen.

wir den Satz: Die minimale Brennweite eines Immersionsobjektivs des genannten Typs ist das 1,4fache des Gitterblendendurchmessers. Würde es uns also beispielsweise gelingen, den Gitterblendendurchmesser zu 0,2 mm zu wählen, dann wäre die minimale Brennweite 0,28 mm und die Vergrößerung bei einem 1 m langen Strahlengang 3500fach.

9. Theorie des Immersionsobjektivs. Das Immersionsobjektiv unterscheidet sich von den bisher behandelten kurzen Linsen hinsichtlich des unvermittelt an der Kathode endigenden Potentialfeldes und hinsichtlich des Eintritts *sehr langsamer* Elektronenin das Linsenfeld. Der erste Punkt, die Begrenzung der Linse durch die Kathode, bedeutet für die Anwendung der in [III, 7] abgeleiteten Formeln kein Hindernis. Wir brauchen nur als einzige Änderung für z_b die z-Koordinate der Kathode (bei gewölbter Kathode die der Kathodenmitte) als der natürlichen Begrenzung der Linse einzusetzen.

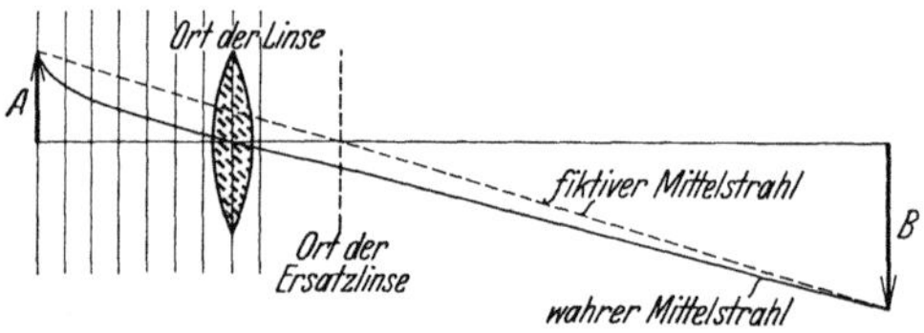

Abb. 86. Darstellung eines Immersionsobjektivs durch eine „Ersatzlinse".

Schwieriger ist der zweite Punkt zu klären. Die Elektronen treten mit so geringer Geschwindigkeit aus der Kathode aus, daß man im Zweifel sein kann, ob unsere Gleichungen, in denen vielfach $\sqrt{\Phi}$ im Nenner auftritt, ihren Sinn behalten. Vor allem könnte man daran denken, die Elektronengeschwindigkeit auf der Kathodenoberfläche exakt gleich Null zu setzen. Alle von einem Punkte der Kathodenoberfläche ausgehenden Elektronen würden dann zunächst genau senkrecht zur Kathode beschleunigt und würden unter der Wirkung des elektrischen Feldes die gleiche Bahn beschreiben.

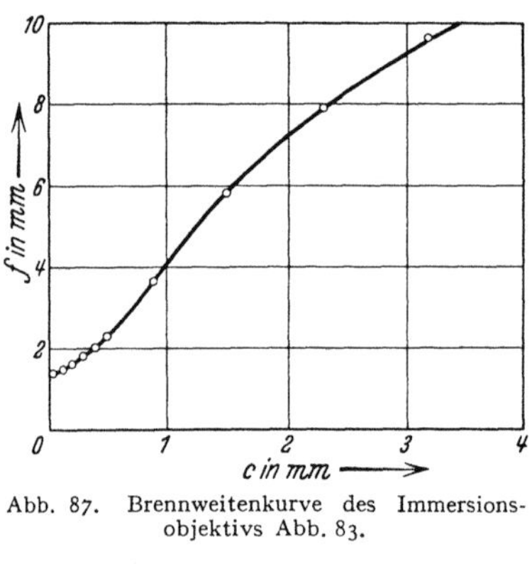

Abb. 87. Brennweitenkurve des Immersionsobjektivs Abb. 83.

Diese einfache Auffassung des Immersionsobjektivs wird jedoch durch das Experiment widerlegt. Wäre sie richtig, so müßte nämlich auf einem irgendwo in den Strahlengang gebrachten Leuchtschirm immer ein Bild entstehen, gleichgültig, wie die Spannungen an der Linse gewählt sind. Stets entspräche jedem Punkte der Kathode *ein* Punkt auf dem Leuchtschirm und man könnte durch eine Änderung der Linsenspannungen nur das Vergrößerungsverhältnis, nicht aber die Bildschärfe ändern. In Wirklichkeit wird jedoch durch eine kleine Veränderung der Elektrodenpotentiale die Schärfe des Bildes in hohem Maße beeinflußt.

Wir müssen uns also damit abfinden, daß wir bei einer Durchrechnung des Immersionsobjektivs zunächst mit Elektronen zu rechnen haben, die die Kathode mit endlicher Geschwindigkeit und in verschiedenen Richtungen verlassen. Der physikalische Grund für diese Erscheinung ist vielleicht darin zu suchen, daß infolge der kleinen Unebenheiten der Kathode die Elektronen in unmittelbarer Nähe der Kathode auch unkontrollierbaren seitlichen Beschleunigungen ausgesetzt sind.

Wir werden so vorgehen, daß wir zunächst die Austrittsenergie[1] der Elektronen gleich ε setzen und erst in den Endformeln den Grenzübergang $\varepsilon \to 0$ durchführen.

[1] Vgl. S. 100, Anm. 1.

Betrachten wir also die Bahn eines Elektrons, das von der Kathodenmitte ausgeht ($r_a = 0$), und legen wir den Potentialnullpunkt in die Kathode, so haben wir in Gl. (15) die Elektronenenergie Φ durch $\Phi + \varepsilon$ zu ersetzen und erhalten, wenn wir den Nullpunkt von z in die Kathode legen und für P seinen Wert ohne Berücksichtigung der Raumladung einsetzen:

$$r = \sum_0^\infty r_\nu\,; \qquad r_0 = \sqrt{\varepsilon}\, r'_a \int_0^z \frac{dz}{\sqrt{\Phi + \varepsilon}}\,,$$

$$r_1 = -\int_0^z \frac{1}{\sqrt{\Phi+\varepsilon}} \int_0^z \frac{\Phi'' r_0}{4\sqrt{\Phi+\varepsilon}}\, dz\, dz \tag{28}$$

$$= -\frac{\sqrt{\varepsilon}}{4} r'_a \int_0^z \frac{1}{\sqrt{\Phi+\varepsilon}} \int_0^z \frac{\Phi''}{\sqrt{\Phi+\varepsilon}} \int_0^z \frac{1}{\sqrt{\Phi+\varepsilon}}\, dz\, dz\, dz$$

usw. Für sehr kleine Werte von z ist $\Phi \ll \varepsilon$, die Wurzel also gleich $\sqrt{\varepsilon}$. Dabei sind r_1 und die höheren r_ν wegen des Auftretens der mehrfachen Integrale klein gegen r_0, und wir erhalten

$$r = r'_a \cdot z \qquad \text{für kleine } z\,, \tag{29a}$$

also die Anfangstangente an die Bahn. Für mittlere und große Werte von z hingegen ist $\Phi \gg \varepsilon$, so daß wir die Wurzel gleich $\sqrt{\Phi}$ setzen dürfen:

$$r = \sqrt{\varepsilon} \cdot r'_a \left(\int_0^z \frac{dz}{\sqrt{\Phi}} - \frac{1}{4} \int_0^z \frac{1}{\sqrt{\Phi}} \int_0^z \frac{\Phi''}{\sqrt{\Phi}} \int_0^z \frac{1}{\sqrt{\Phi}}\, dz\, dz\, dz + \cdots \right). \tag{29b}$$

Da die Befürchtung nahe liegt, daß die Reihe nun, nachdem wir unter dem Integral mit ε gegen Null gegangen sind, nicht mehr konvergiert, soll hier der Konvergenzbeweis wenigstens angedeutet werden. Es sei in dem betrachteten Bereich $0 \leq z \leq Z$ stets $|\Phi''| < M$ und $\Phi > N^2 z$. Beides läßt sich bei endlichen Werten von z stets durch Wahl hinreichend großer Werte von M und kleiner Werte von N erreichen. Dann ist aber

$$\left| \int_0^z \frac{dz}{\sqrt{\Phi}} \right| < N \int_0^z \frac{dz}{\sqrt{z}} = 2 N z^{\frac{1}{2}}\,,$$

$$\left| \int_0^z \frac{\Phi''}{\sqrt{\Phi}} \int_0^z \frac{1}{\sqrt{\Phi}}\, dz\, dz \right| < 2 M N^2 \int_0^z dz = 2 M N^2 z\,,$$

$$\left| \int_0^z \frac{1}{\sqrt{\Phi}} \int_0^z \frac{\Phi''}{\sqrt{\Phi}} \int_0^z \frac{1}{\sqrt{\Phi}}\, dz\, dz\, dz \right| < 2 M N^3 \int_0^z z^{\frac{1}{2}} dz = 2 M N^3 \cdot \tfrac{2}{3} z^{\frac{3}{2}}\,.$$

Wir sehen, daß jede Integration den Exponenten der Potenz von z um $\frac{1}{2}$ erhöht. Wir erhalten also bei den höheren Näherungen schließlich beliebig hohe Potenzen von z. Wird aber z^ν in der obigen Weise integriert, so entsteht

$$\int_0^z \frac{1}{\sqrt{z}} \int_0^z \frac{z^\nu}{\sqrt{z}}\, dz\, dz = \frac{z^{\nu+1}}{\nu(\nu + \frac{1}{2})}\,.$$

Das νte Glied unserer Entwicklung erhält also gegenüber dem vorhergehenden den Faktor $\nu(\nu + \frac{1}{2})$ in den Nenner, d. h. die Konvergenz unserer Reihe ist besser als die der Exponentialreihe, bei der sich aufeinanderfolgende Glieder nur durch den Faktor ν unterscheiden.

10. Vergleich von Theorie und Experiment beim Immersionsobjektiv. Wir können nun darangehen, die hier vorgeschlagene Berechnungsmethode an experimentellen Ergebnissen zu prüfen. Das wollen wir für das Immersionsobjektiv Abb. 83 durchführen, bei dem wir nach dem Strahlengang im einzelnen fragen wollen, d. h. nach den Bahnen, auf denen die Elektronen von dem axialen Kathodenpunkt zum Bildpunkt gelangen. In Abb. 88a ist die nach Gl. (28) bzw. (29) berechnete Bahn im Grenzfall $\varepsilon \to 0$ in den aufeinanderfolgenden Näherungen dargestellt, wobei als Ordinate $r/(\sqrt{\varepsilon}\, r_a')$ gewählt ist[1]. Nach Abb. 88 liefert die nullte Näherung eine Bahn, deren Asymptote sich von der Achse entfernt. Das gleiche gilt von der ersten Näherung $r_0 + r_1$. Dagegen liefert die zweite Näherung, in der nur die Asymptotenrichtung berechnet wurde, eine unter sehr spitzem Winkel auf die Achse zulaufende Asymptote. Der Einfluß der höheren Näherungen ist nur noch gering, da die Konvergenz des Verfahrens in diesem Falle wegen der Ebenheit der Kathode (Φ'' verschwindet bei $z = 0$) besonders gut ist. Die Übereinstimmung mit dem Experiment, das einen praktisch waagerechten Verlauf der Asymptote fordert (Schnittpunkt des Strahls mit der z-Achse bei $z = 24$ cm, dem Ort des Leuchtschirms) ist in Anbetracht der nicht sehr hohen Genauigkeit der Potentialmessung befriedigend. Wir sehen darin den Beweis dafür, daß unsere Auffassung des Immersionsobjektivs, nach der die Bildebene dort liegt, wo die mit kleiner Austrittsgeschwindigkeit in verschiedenen Richtungen aus der Kathode austretenden Elektronen sich vereinigen, richtig ist.

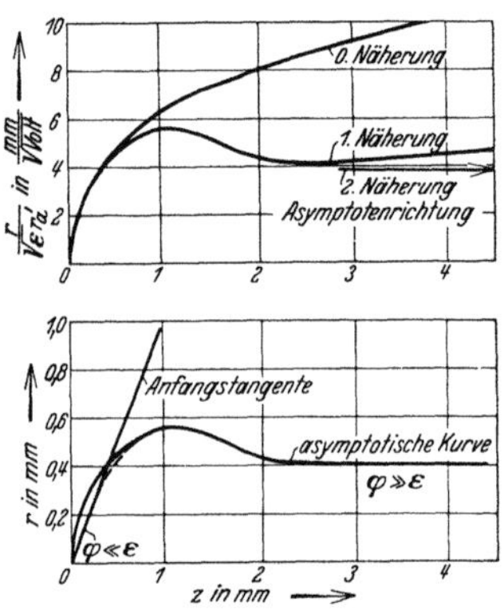

Abb. 88. Bahnform der Elektronen im Immersionsobjektiv.

Da der Ordinatenmaßstab der Abb. 88a unanschaulich ist und so der Eindruck erweckt wird, als verließe das Elektron die Kathode tangential zur Kathodenfläche, haben wir in Abb. 88b eine spezielle Bahn gezeichnet. Dazu wurde $r_a' = 1$ gewählt und, um eine einigermaßen zeichenbare Kurve zu erhalten, für ε der zu hohe Wert 0,01 U_A eingesetzt. Für kleine z ist die Bahn nach Gl. (29a) mit der eingezeichneten Geraden identisch, während sie in einiger Entfernung rechts von der Ebene $z = 0{,}1$, in der $\Phi = \varepsilon$ wird, durch die aus Abb. 88a übertragene Kurve $r_0 + r_1$ gegeben ist. In dem Zwischengebiet, in dem die Bahn durch die allgemeinere Gl. (28) gegeben ist, wird sie also ungefähr der in Abb. 88b durch Striche angedeuteten Übergangskurve entsprechen.

Eine zweite Frage, die man an die Theorie des Immersionsobjektivs stellen kann, ist die nach der Vergrößerung. Um sie zu beantworten, berechnen wir die Bahn eines Strahls, der in einem Achsenabstand r_a parallel zur Achse aus der Kathode austritt. Hat dieser Strahl nach Durchlaufen der Linse die Richtung r_∞', so ist die erzielte Vergrößerung

$$V = \frac{s\, r'_\infty}{r_a}. \tag{30}$$

Für s ist dabei genau genommen die Entfernung des Leuchtschirms vom Achsenschnittpunkt des Strahles zu nehmen. Da jedoch in der Praxis s stets sehr groß ist gegen den Abstand dieses Schnittpunktes von der Kathode (das

[1] Da es auf die absolute Größe der Spannungen nicht ankommt, ist $U_A = 1$ gesetzt.

Objektiv ist praktisch auf ∞ eingestellt), begehen wir keinen Fehler, wenn wir unter s den Abstand Kathode—Schirm verstehen.

Die Rechnung verläuft ganz analog zu der vorigen:

$$r = \sum_0^\infty r_\nu\,; \quad r_0 = r_a\,; \quad r_\nu = -\frac{1}{4}\int_0^z \frac{1}{\sqrt{\Phi+\varepsilon}}\int_0^z \frac{\Phi'' r_{\nu-1}}{\sqrt{\Phi+\varepsilon}}\,dz\,dz\,. \tag{31}$$

In dem Gebiet, wo $\Phi \gg \varepsilon$ ist, d. h. überall mit Ausnahme der unmittelbaren Umgebung der Kathode, dürfen wir wieder $\varepsilon = 0$ setzen. Der Konvergenzbeweis läßt sich ganz analog zu dem früheren führen. Die Durchrechnung liefert für das in Abb. 83 dargestellte System bei $s = 24$ cm in erster Näherung $V = 38$, in zweiter Näherung $V = 55$. Der experimentell ermittelte Wert der Vergrößerung ist $V = 58$. Mag auch die so weitgehende Übereinstimmung Zufall sein, so zeigt sie doch, daß wir mit dem hier entwickelten Verfahren den Verlauf der achsennahen Strahlen im Immersionsobjektiv mit einiger Sicherheit vorausberechnen können[1].

11. **Der chromatische Linsenfehler.** Bei den Linsenfehlern haben wir zwischen solchen zu unterscheiden, die im ganzen Bildbereich wirksam sind und daher das Bild ganz allgemein verschlechtern (chromatische und sphärische Aberration), und solchen, die auf der optischen Achse Null sind und nach außen anwachsen (Bildfeldwölbung und Astigmatismus).

Am leichtesten ist bei der Elektronenlinse die chromatische Aberration zu behandeln. Um sie für die kurze Linse zu berechnen, brauchen wir nur zu beachten, daß für Elektronen, die mit verschiedener Geschwindigkeit in die Linse eintreten, der Nullpunkt des Potentials verschieden ist. Betrachten wir also außer dem Elektron, dessen kinetische Energie gleich $e\Phi$ ist, noch ein zweites Elektron, dessen kinetische Energie um den Betrag $e\varepsilon$ größer ist, dann haben wir in allen Formeln Φ durch $\Phi + \varepsilon$ zu ersetzen. So entsteht z. B. aus der Näherungsformel (9) für die Lochblende:

$$f = \frac{4(\Phi_0 + \varepsilon)}{\Phi'_b - \Phi'_a}\,; \quad \frac{df}{d\varepsilon} = \frac{4}{\Phi'_b - \Phi'_a} = \frac{f}{\Phi_0}\,. \tag{32}$$

Der Absolutwert der Brennweite wird also, wie es ja ohne weiteres zu erwarten ist, mit wachsender Elektronengeschwindigkeit größer.

In ähnlicher Weise gilt für die Einzellinse nach der Näherungsgleichung (12):

$$\left.\begin{aligned} \frac{1}{f} &= \frac{1}{8\sqrt{\Phi+\varepsilon}}\int_{-\infty}^{\infty} \frac{\Phi'^2\,dz}{\sqrt{(\Phi+\varepsilon)^3}}\,, \\ \frac{1}{f^2}\frac{df}{d\varepsilon} &= \frac{1}{16\sqrt{\Phi^3}}\int_{-\infty}^{\infty}\frac{\Phi'^2\,dz}{\sqrt{\Phi^3}} + \frac{3}{16\sqrt{\Phi}}\int_{-\infty}^{\infty}\frac{\Phi'^2\,dz}{\sqrt{\Phi^5}}\,. \end{aligned}\right\} \tag{33}$$

Die Brennweite wächst also auch hier mit wachsender Elektronenenergie an.

Durch diese Tatsache und durch den Umstand, daß alle Einzellinsen und Immersionslinsen unabhängig von der speziellen Wahl des Potentialverlaufs *Sammel*linsen sind, wird die Suche nach einem achromatisch abbildenden elektrischen System sehr erschwert; es erscheint sogar fraglich, ob ein solches System überhaupt möglich ist[2].

Wenn wir dagegen sehr genügsam sind und nur nach irgendwelchen achromatischen kurzen Linsen fragen, so können wir auch schon heute positive Angaben

---

[1] Bei großen Abständen c läßt sich das Objektiv als Beschleunigungsfeld + Immersionslinse auffassen und so in Annäherung die Vergrößerung in einfacher Weise berechnen [212a].

[2] Eine Arbeit von v. ARDENNE [6] scheint über diese Feststellung hinauszugehen, doch überzeugt sich der Leser leicht, daß dort für Abbildungen unbrauchbare „Linsen" [II, 2] vorgeschlagen werden, die uns hier nicht interessieren [194a].

machen. Im folgenden wollen wir eine solche Linse, an deren beiden Seiten sich ein homogenes Feld anschließt, kennenlernen: Wenn wir annehmen, daß sich das Potential innerhalb der Linse nur wenig ändert, dann dürfen wir die [III, 7] erwähnte Entwicklung nach $1/\Phi_0$ vornehmen. Die ersten beiden Glieder der Entwicklung haben nach Gl. (26) die Form

$$\frac{1}{f} = \frac{c_1}{\Phi_0} + \frac{c_2}{\Phi_0^2}.$$

Für ein Elektron, dessen Potentialnullpunkt hiervon um ε abweicht, gilt demnach

$$\frac{1}{f} = \frac{c_1}{\Phi_0 + \varepsilon} + \frac{c_2}{(\Phi_0 + \varepsilon)^2}; \qquad \frac{1}{f^2}\frac{df}{d\varepsilon} = \frac{c_1}{(\Phi_0 + \varepsilon)^2} + \frac{2c_2}{(\Phi_0 + \varepsilon)^3}.$$

Die Bedingung dafür, daß $\frac{df}{d\varepsilon}$ für $\varepsilon \rightarrow 0$ verschwindet, lautet also $\Phi_0 c_1 = -2c_2$, und die reziproke Brennweite wird somit

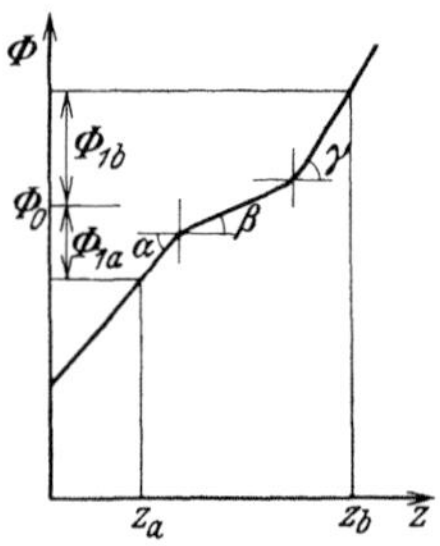

Abb. 89. Potentialverlauf einer achromatischen kurzen Sammellinse.

$$\frac{1}{f} = -\frac{2c_2}{\Phi_0^2} + \frac{c_2}{\Phi_0^2} = -\frac{c_2}{\Phi_0^2}. \tag{34}$$

Bei der Berechnung von c_2 nach Gl. (26) sind zwei Fälle zu unterscheiden:

Fall a: Sind die Feldstärken auf beiden Seiten der Linse nicht wesentlich größer als der Feldstärkenunterschied, so findet man nach einigem Rechnen

$$c_2 = \frac{3}{16}\int_{z_a}^{z_b} \Phi'^2\, dz \qquad + \text{Glieder von der Ordnung } \frac{1}{\Phi_0}.$$

c_2 ist also positiv und die Linse ist nach Gl. (34) eine Zerstreuungslinse.

Fall b: Ist die Differenz der Feldstärken auf beiden Seiten der Linse klein gegen die Feldstärken selbst, so kann die achromatische Linse auch eine Sammellinse sein. Beispielsweise ergibt der in Abb. 89 dargestellte Potentialverlauf[1], der sich etwa durch Gegenüberstellung zweier Lochblenden mit kleinen Öffnungen verwirklichen läßt, eine achromatische Sammellinse mit der Brechkraft

$$\frac{1}{f} = \frac{\Phi_a'^2\,(z_b - z_a)}{64\,\Phi_0^2} + \text{Glieder v. d. Ordnung } \frac{1}{\Phi_0^3},$$

wenn die Bedingungen

$$\operatorname{tg}\beta = \frac{1}{2}\operatorname{tg}\alpha = \frac{1}{2}\Phi_a'; \quad \operatorname{tg}\gamma = \operatorname{tg}\alpha + \frac{\Phi_a'^2}{8\,\Phi_0}(z_b - z_a)$$

erfüllt sind. Da sich verschieden schnelle Elektronen in dem an die Linse anschließenden homogenen Feld doch verschieden verhalten, dürfte dieser Art von achromatischen Linsen wenig praktische Bedeutung zukommen.

Beim Immersionsobjektiv erfolgt die Berechnung der chromatischen Fehler am einfachsten in der Weise, daß man beim Übergang von den allgemeinen Formeln (28) und (31) zu den für kleine Werte von $\frac{\varepsilon}{\Phi_0}$ spezialisierten Formeln die Wurzel $\sqrt{\Phi + \varepsilon}$ nicht einfach durch $\sqrt{\Phi}$ ersetzt, sondern in der Entwicklung nach ε einen Schritt weitergeht. Man hat also $1/\sqrt{\Phi + \varepsilon}$ durch

$$\frac{1}{\sqrt{\Phi}}\left(1 - \frac{1}{2}\frac{\varepsilon}{\Phi}\right)$$

zu ersetzen und beim Ausmultiplizieren Glieder mit ε^2 zu streichen. Da die Formeln sehr unübersichtlich werden, wollen wir sie hier nicht anschreiben, zumal der chromatische Fehler heute gegenüber den übrigen Fehlern noch vernachlässigbar

[1] In der Abbildung sind die für die Rechnung als klein vorausgesetzten Abstände zwischen den Blenden und z_a bzw. z_b übertrieben groß gezeichnet.

klein ist[1]. Es genüge der Hinweis, daß ein Immersionsobjektiv erst dann als chromatisch korrigiert zu betrachten ist, wenn sowohl der Ort der Bildebene als auch die Vergrößerung sich bei einer kleinen Veränderung von Φ nicht ändern.

12. Sonstige Linsenfehler. Während wir im vorigen Abschnitt davon sprachen, wie die Güte des Bildes von der Inhomogenität der abbildenden Strahlung abhängt (chromatischer Fehler), wollen wir nun zu den Bildfehlern übergehen, die durch die Geometrie des Strahlenganges (Form und Anordnung der brechenden Flächen) bedingt sind: Sphärische Aberration, Bildfeldwölbung, Astigmatismus.

Die sphärische Aberration kommt in der Lichtoptik dadurch zustande, daß eine *sphärisch* geschliffene Linse für die Randstrahlen eine etwas andere, und zwar eine kürzere Brennweite hat als für die achsennahen Strahlen. Die sphärische Aberration bedingt ebenso wie bei einer nicht chromatisch korrigierten Linse die Inhomogenität der Strahlung eine allgemeine Bildverschlechterung. Man verringert diesen Fehler am primitivsten durch Übergang zu engen Bündeln, d. h. man benutzt durch Abblendung nur den Mittelbereich der Linse.

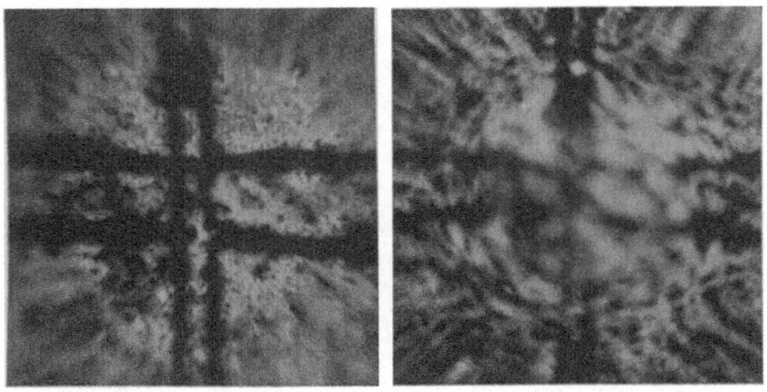

a) Scharfgestellt auf Bildmitte b) Scharfgestellt auf Ringbezirk

Abb. 90. Kathodenabbildung mit Bildfehlern [212].

Auch bei Elektronenlinsen tritt der entsprechende Fehler auf. Im Gegensatz zur Lichtoptik liegt jedoch hier der Fall oft so, daß eine Abblendung der mangelhaften Linse nicht erforderlich ist, da der Öffnungswinkel der Elektronenbündel von Natur klein ist. So wird bei dem hier vorzugsweise interessierenden Immersionsobjektiv praktisch die gesamte, von einem Gegenstandspunkt ausgehende Elektronenstrahlung als sehr enges Bündel zum Bildpunkt gelangen. Dieser Wirkung des Beschleunigungsfeldes entspricht fehlende sphärische Aberration, wie es die erfreuliche Schärfe der Bilder im Mittelbereich (Abb. 90) beweist.

Im Gegensatz zu den genannten Fehlern werden Bildfeldwölbung und Astigmatismus durch schief durch die Linse hindurchgehende Bündel bedingt. Sie äußern sich dementsprechend in einer zunehmenden Unschärfe der Bilder nach dem Bildrande zu. Beim heutigen Immersionsobjektiv sind diese Fehler leider noch sehr ausgeprägt, so daß sie nur einen kleinen Mittelbereich der ausgeleuchteten Bildfläche zu benützen gestatten (Abb. 90). Wollen wir uns beim Immersionsobjektiv von der Bildfeldwölbung eine Vorstellung machen, so werden wir versuchen, die Bildschale experimentell festzulegen. Dabei könnte man im Prinzip so vorgehen, daß man den Leuchtschirm verschiebt und feststellt, bei welchen Schirmstellungen die einzelnen, von der Achse verschieden weit entfernten Kreisringe des Bildes am schärfsten sind. Aus verschiedenen Gründen hat JOHANNSON [212] statt dessen den Schirm stehen lassen und durch Potentialänderung der kathodennahen Blende auf verschiedene Ringbezirke des Gegenstandes scharf eingestellt (Abb. 90). Die für zwei Systemstellungen erhaltenen Kurven des über der reduzierten Blendenspannung U_G/U_A aufgetragenen

[1] Daß der chromatische Fehler so gering ist, erscheint verständlich, wenn man an die Verteilung der Anfangsenergien denkt, die im allgemeinen weniger als 1 % der Endenergie ausmacht. Erst wenn man mit der Anodenspannung unter etwa 300 Volt heruntergeht, beobachtet man eine merkliche Bildverschlechterung. Vgl. auch [VII, 8], wo die Aufgabe gestellt ist, bei geringer Anodenspannung ein monochromatisches Elektronenbündel zu erzeugen.

Durchmessers d_G des scharfen Ringbezirkes (Abb. 91) ergeben, daß die Bildschale zur Kathode konkav und natürlich um so stärker gewölbt ist, je geringer der scharf abgebildete Bereich A_0 des Systems gefunden wird.

Betrachtet man ein auf einen Ringbezirk möglichst scharf eingestelltes Bild (Abb. 90b) genauer, so erkennt man als Wirkung des Astigmatismus, daß erstens keine Stelle ganz scharf ist, und daß zweitens die Objektpunkte außerhalb des „scharfen“ Ringbereichs eine radiale, innerhalb eine periphere Verzeichnung besitzen. Wir können daraus in der dem Optiker geläufigen Sprache sagen, daß bei unserem System die tangentiale Bildschale innerhalb der sagittalen liegt.

Gehen wir nun dazu über, die erwähnten Bildfehler mathematisch zu untersuchen. Eine in erster Linie von GLASER [159 bis 162] ausgebaute Methode zur Bildfehleruntersuchung haben wir bereits [I, 12] kennengelernt. Jedoch scheint sie uns für die Behandlung der Bildfehler in diesem Buche nicht recht geeignet, da sie Begriffe aus der höheren Optik, wie das Winkel-Eikonal, als bekannt voraussetzt. Wir werden daher am zweckmäßigsten auf die uns schon etwas vertrauten Bewegungsgleichungen der Elektronen zurückgreifen und die Bildfehler berechnen, indem wir Vernachlässigungen, durch die wir uns früher auf achsennahe, wenig geneigte Strahlen beschränkt haben, fallen lassen.

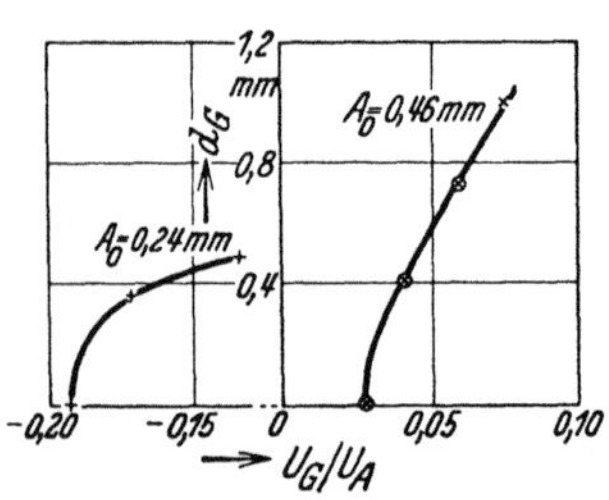

Abb. 91. Bildschalenbestimmung durch Änderung der Systembrennweiten [212].

Das Auftreten der genannten Bildfehler findet seinen mathematischen Ausdruck darin, daß Strahlen, deren Achsenabstand oder deren Neigung gegen die Achse nicht vernachlässigbar klein ist, nicht der linearen Gleichung (4) genügen und deshalb nicht genau durch die nach Gl. (4) festgelegten Bildpunkte achsennaher Strahlen gehen. Um die Bewegungsgleichung auch für diese Strahlen zu erhalten, haben wir den Gedankengang von [III, 1] zu wiederholen. Dabei haben wir jetzt in Gl. (1) zwischen $\Phi = \Phi(z) = \varphi(z, 0)$ und $\varphi = \varphi(z, r)$ zu unterscheiden, ebenso dürfen v_z und v nicht mehr gleichgesetzt werden.

Die Rechnungen selbst wollen wir hier noch nicht durchführen, da die Ermittelung der Fehler der kombinierten elektrisch-magnetischen Linse in ganz entsprechender Weise vor sich geht, so daß Wiederholungen unvermeidlich wären. Wir verweisen daher bezüglich der Durchrechnung auf [III, 21] und entnehmen von dort nur die Endformeln (66) und (68), die wir durch Nullsetzen von $\mathfrak{H}$ auf die rein elektrische Linse spezialisieren. Ist $r^* = r^*(z) = r_a' r_\alpha + r_a r_\beta$ die Bahnkurve, die ein bestimmter Strahl mit den Anfangsdaten r_a, r_a' beschreiben würde[1], wenn Gl. (6) streng gültig wäre, so ist der genauere Strahlverlauf gegeben durch:

$$\left.\begin{aligned} r &= r^* + \frac{r_\alpha}{\sqrt{\Phi_a}} \int_{z_a}^{z} \frac{B r_\beta}{\sqrt{\Phi}}\, dz - \frac{r_\beta}{\sqrt{\Phi_a}} \int_{z_a}^{z} \frac{B r_\alpha}{\sqrt{\Phi}}\, dz \\ B &= \frac{1}{32} \Phi^{(4)} r^{*3} - \frac{\omega}{2} r^* \Phi'' + \Phi \frac{dr^*}{dz} \frac{d\omega}{dz}, \\ \omega &= \frac{\Phi'' r^{*2}}{8\Phi} + \frac{1}{2} \left(\frac{dr^*}{dz}\right)^2. \end{aligned}\right\} \qquad (35)$$

Die Differenz $r - r^*$ ist die Abweichung vom idealen Strahlenverlauf.

[1] Wir nehmen hier der Einfachheit halber an, daß das betrachtete Elektron keine Bewegungskomponente windschief zur optischen Achse besitzt ($C = 0$) und daß die Gegenstandsebene Äquipotentialfläche ist ($\Phi_a'' = 0$). Strengere Behandlung in [III, 21]. — Über r_α und r_β siehe S. 84, Anm. 1.

Interessieren wir uns beispielsweise für den Einfluß der sphärischen Aberration auf einen parallel zur Achse in eine kurze Einzellinse einfallenden Strahl, so dürfen wir $\frac{d r^*}{d z}$ streichen. Der nach Gl. (6) berechnete Strahlverlauf ist $r^* = r_a r_\beta$, wobei r_β in dem hinter der Linse gelegenen Brennpunkt ($z = z_f$, Abb. 79) verschwindet. Die Wahl von r_α steht uns noch frei. Legen wir r_α durch den vor der Linse gelegenen Brennpunkt ($z = z_{\bar f}$ in Abb. 79), so ist r_α hinter der Linse konstant und gleich der Brennweite f.

Indem wir Gl. (35) für die hinter der Linse gelegene Brennweite anschreiben, erhalten wir für die Abweichung r_f des Strahls vom Brennpunkt:

$$r_f = (r - r^*)_{z = z_f} = \frac{f}{32 r_a \sqrt{\Phi_0}} \int\limits_{-\infty}^{\infty} \left(\Phi^{(4)} - 2\,\frac{\Phi''^2}{\Phi}\right) \frac{r^{*4}}{\sqrt{\Phi}}\, d z .$$

Unter der vereinfachenden Annahme, daß sich das Potential innerhalb der Linse nur wenig ändert, geht dieser Ausdruck über in

$$r_f = -\frac{5 f r_a^3}{64 \Phi_0^2} \int\limits_{-\infty}^{z} \Phi''^2\, d z + \text{Glieder von der Ordnung } \frac{1}{\Phi_0^3} . \qquad (36)$$

Da r_f negativ ist, schneidet der Strahl die Achse schon vor der Brennebene. Dieses Resultat stimmt mit dem von SCHERZER [352] erhaltenen überein, doch unterscheidet sich der dort nach einem groben Näherungsverfahren ermittelte Zahlenwert der Brechkraftänderung von dem aus Gl. (36) zu errechnenden um einen Faktor 3/5.

13. Aufgaben der theoretischen Elektronenoptik. Bevor wir unsere Betrachtung über die Theorie der elektrischen Elektronenlinse abschließen und zur magnetischen Elektronenlinse übergehen, möge noch einmal zusammenfassend gesagt werden, was von der Theorie erreicht ist und was erreicht werden soll.

Bei einer Disziplin wie der geometrischen Elektronenoptik, wo klar umrissene praktische Aufgaben der Lösung harren, ist es die Aufgabe der Theorie, dem Experimentator den nächsten Weg zur Erreichung des Zieles zu zeigen. Was der Experimentator braucht, ist die *konkrete* Angabe, wie er z. B. die Lochblenden seines Elektronenmikroskops zu gestalten und in welchen Abständen er sie anzuordnen hat, d. h. der Experimentator erwartet von der theoretischen Elektronenoptik eine Konstruktionszeichnung. Drei Schritte führen zur Erreichung dieses Zieles.

Erstens ist die mathematische Behandlung des Linsenproblems bis zur Ermittlung der Brennpunkte und Hauptebenen durchzuführen. Dieser Schritt ist durch BUSCH [78], JOHANNSON-SCHERZER [215] und PICHT [290] heute getan. Daß Übereinstimmung dieser Rechnungen mit der Beobachtung vorhanden ist, wurde an der Brennweitenkurve der Einzellinse [III, 7] gezeigt. Auch hinsichtlich des Immersionsobjektivs hat die Theorie Erfolge zu verzeichnen [III, 9].

Zweitens muß die mathematische Behandlung der Bildfehler durchgeführt werden, so daß ihr Auftreten verständlich wird. Dabei gilt es Methoden zu finden, nach denen sich die Linsenfehler gegebener Potentialfelder, die der Experimentator als geeignet erkannt hat, berechnen lassen, so daß auch ein Vergleich zwischen Theorie und Beobachtung möglich wird. Hierzu finden sich Ansätze in einer Arbeit von SCHERZER [352]. Eine vollständigere Theorie wurde von GLASER [161] entwickelt. Der Vergleich mit dem Experiment, zu dem wir die nötigen Formeln in [III, 21] ableiten werden, wurde allerdings bisher noch nicht durchgeführt.

Drittens sind raumladungsfreie Potentialfelder zu errechnen, für die die Linsenfehler klein sind. Es genügt dabei, den Potentialverlauf auf der Achse zu ermitteln, da man dann nach [II, 12] das Potential im ganzen Raum und damit auch die Form der Elektroden berechnen kann. Zu diesem dritten Schritt liegen bisher noch keine theoretischen Ansätze vor. Man ist vielmehr zur Zeit noch ganz auf den Weg des systematischen Probierens angewiesen, auf dem z. B. das in Abb. 248 dargestellte besonders gestaltete Immersionssystem gefunden wurde [VI, 3].

Die Frage, ob es einmal möglich sein wird, praktisch fehlerfreie Objektive analytisch zu ermitteln, kann jetzt noch nicht beantwortet werden. Prinzipiell scheint es in der Elektronenoptik trotz der Beschränkung $\Delta \varphi = 0$ wohl möglich, die Abbildungssysteme zu ähnlicher Vollendung zu entwickeln, wie wir sie heute in der Optik bewundern. Es ist sogar denkbar, daß die Elektronenoptik ihre Vollendung auf kürzerem Wege erreicht als die Lichtoptik, da ihre Medien, die Potentialfelder, einer analytischen Behandlung leichter zugänglich sind als Kombinationen von Glassorten.

Ob indessen diese analytische Entwicklung der Elektronenoptik wirklich durchgeführt werden wird und bis zu welchem Grade es geschehen wird, ist nicht zuletzt eine wirtschaftliche Frage. Wenn es der heutigen Elektronenmikroskopie mit ihren primitiven Mitteln gelingt, zu beweisen, daß sie fühlbare Lücken der Mikroskopie auf technisch wichtigen Gebieten auszufüllen vermag, dann ist die Hoffnung auf ähnlich erfolgreichen Ausbau wie in der Lichtoptik vorhanden.

b) Magnetische und kombinierte Linsen.

14. Das homogene Magnetfeld als „lange" Linse. Während uns die Elektronenbewegung in elektrischen Feldern, wie wir sie in den vorhergehenden Abschnitten unter elektronenoptischem Gesichtspunkte betrachteten, von vornherein relativ vertraut erscheint, gilt das nicht von der Elektronenbewegung in magnetischen Feldern. Hier ist die Analogie zur Lichtoptik nur hinsichtlich des Endergebnisses, nämlich der Abbildung selbst, vorhanden, während hinsichtlich der Einzelheiten des Strahlenganges wesentliche Unterschiede bestehen.

Die grundsätzlichen Unterschiede zwischen der magnetischen und der elektrischen Elektronenoptik (Konstanz der Elektronengeschwindigkeit, schraubende Elektronenbewegung) sind durch die Eigenart der magnetischen Kraftwirkung auf elektrische Ströme bedingt [I, 14]: Auf das fliegende Elektron, das einen Strom von der Stärke ev darstellt, wirkt die magnetische Feldkraft $\mathfrak{H}$ *senkrecht* zu der Richtung des Feldes und senkrecht zu der Bahngeschwindigkeit v des Elektrons.

Fliegt also ein Elektron in der Richtung eines magnetischen Feldes (Längsfeld), so erfolgt keine Beeinflussung. Fliegt es senkrecht zur Richtung eines magnetischen Feldes (Querfeld mit parallelen Kraftlinien), so bleibt es in der Ebene senkrecht zu den Kraftlinien, wie es z. B. Abb. 92 an einem Elektronenbündel zeigt, das senkrecht zu den Kraftlinien einer Spule und in der Tafelebene abgeschossen, in der Tafelebene bleibt [50]. Ist speziell die magnetische Feldstärke konstant, so beschreibt das Elektron einen Kreis, dessen Radius r durch Gleichheit von Zentrifugalkraft $\frac{m v^2}{r}$ und Feldkraft $e v \mathfrak{H}$ bestimmt ist. Also

$$r = \frac{m v}{e \mathfrak{H}} \tag{37}$$

oder bei Einführung der in Volt gemessenen Elektronenenergie U, Einsetzen des $\frac{e}{m}$ für Elektronen und Messung von $\mathfrak{H}$ in Gauss bei r in Zentimetern [Anhang]:

$$r = 3{,}37 \frac{\sqrt{U}}{\mathfrak{H}}.$$

Ein reizvolles Beispiel für diese Kreisbewegung gibt eine Aufnahme RUPPS [338], Abb. 93, in der die Bahn *einzelner* Elektronen durch die gebildeten Kondensationskerne im WILSON-Experiment sichtbar gemacht sind. Die Bahnen sind nach verschiedenen Seiten gekrümmt, trotzdem sind es, wie aus Betrachtungen über Energie und Bahnkrümmung hervorgeht, stets die von Elektronen, aber von Elektronen entgegengesetzten Vorzeichens[1].

Abb. 92. Gaskonzentrierter Elektronenstrahl, quer das Magnetfeld einer Spule geschossen [50].

Schießen wir ein Elektron *schräg* zu den Kraftlinien eines homogenen magnetischen Feldes ab, so wird es die *beiden* oben angeführten Bewegungen ausführen, d. h. eine Schraubenlinie beschreiben. Die ins einzelne gehende mathematische Behandlung dieser Bewegung geht auf RIECKE zurück. RIECKE [309, 310, 311], POINCARÉ [293], BIRKELAND [36], SCHOTT [358] und besonders STÖRMER [394] haben die Theorie unter Verallgemeinerung auf nichthomogene Felder ausgebaut. Besonders interessant ist die Feststellung, daß in STÖRMERS Gleichungen von 1903 bereits wesentliche Resultate der späteren Linsentheorie von BUSCH [78] enthalten sind, wie es STÖRMER kürzlich [394] durch eine Zusammenstellung aus seinen älteren Arbeiten gezeigt hat. Das Fehlen der unmittelbaren Analogie wird der Grund sein, daß nicht nur den Theoretikern, sondern ebenso auch den Experimentatoren, die seit WIECHERT [424, 425] die Magnetspule oft zur „Konzentrierung" eines Elektronenbündels verwandt haben, die Bedeutung des Magnetfeldes zur Abbildung mit Elektronen vor den grundlegenden theoretischen Untersuchungen von BUSCH nicht bewußt geworden ist.

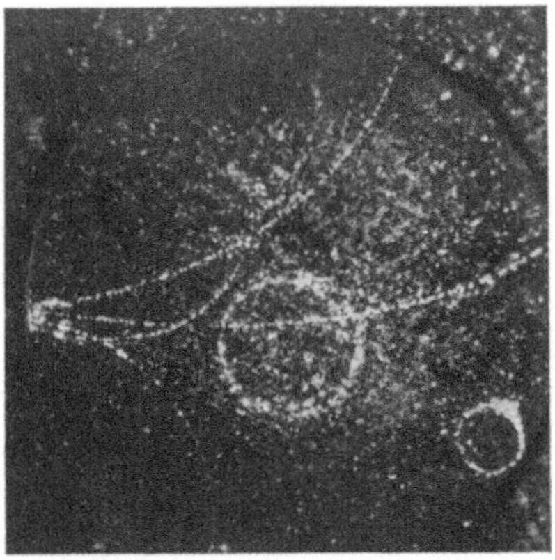

Abb. 93. Nebelkammeraufnahmen einzelner positiver und negativer Teilchen [338].

Um die quasioptische Wirkung des homogenen Magnetfeldes, das wir uns durch eine genügend lange Spule hervorgerufen denken können, zu verstehen, betrachten wir Elektronen verschiedener Geschwindigkeit, die senkrecht zum Felde ihre Kreise beschreiben. Die Elektronen mögen zur gleichen Zeit einen Punkt P (Abb. 94) verlassen. Die Zeit τ, die ein Elektron zum Durchlaufen seines Kreises braucht, finden wir unter Benutzung von Gl. (37) zu

$$\tau = \frac{2\pi r}{v} = 2\pi \frac{m}{e\mathfrak{H}}.$$

[1] Durch Aufnahmen dieser Art sind 1933 von ANDERSON [3] die positiven Elektronen entdeckt worden, die dann von BLACKETT und OCCHIALINI [37] genauer untersucht wurden.

Diese Zeit ist also unabhängig von der Geschwindigkeit v des Elektrons und vom Radius r seines Kreises. Auf dieser Tatsache beruht die Möglichkeit der Abbildung durch ein homogenes Magnetfeld.

Verfolgen wir dazu mit ROBINSON [319, 320] ein Bündel gleich schneller Elektronen, die nahezu in Kraftlinienrichtung von einem Punkte P fortfliegen, d. h. gehen wir vom transgradienten zum kongradienten Fall der Linse über. Durch Zerlegung der Elektronenbewegung in zwei Komponenten senkrecht und parallel zu den Kraftlinien (z-Richtung) können wir diesen Fall auf den früheren zurückführen. In der zur Kraftrichtung senkrechten Ebene beschreiben die Elektronen wieder Kreise, die entsprechend der Geschwindigkeitskomponente $v \sin\alpha$ (α der Winkel zwischen Kraftrichtung und Ausgangsrichtung) den Radius

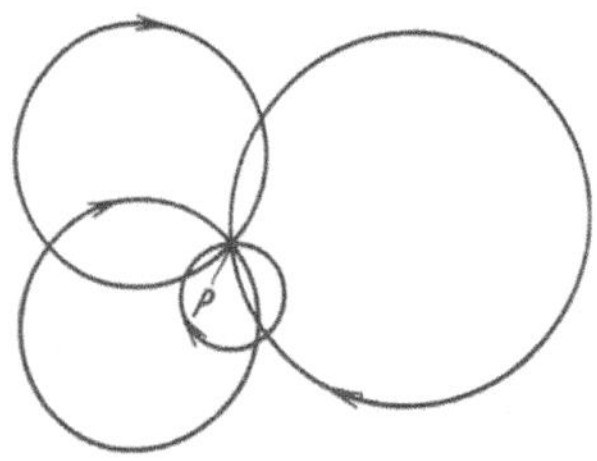

Abb. 94. Kreisbahnen verschieden schneller Elektronen im homogenen magnetischen Querfeld.

$$r = \frac{m v}{e \mathfrak{H}} \sin\alpha$$

haben und von allen Elektronen in derselben Zeit τ durchlaufen werden. Gleichzeitig bewegen sich die Elektronen aber in Feldrichtung mit der Geschwindigkeit $v_z = v \cos\alpha \approx v$ fort. Nach Ablauf der Umlaufszeit τ treffen sich also alle von P ausgegangenen Elektronen in einem Punkt P' wieder, der auf der gleichen Kraftlinie wie der Ausgangspunkt liegt und ihm gegenüber um das Stück d verschoben ist:

$$d = v_z \tau \approx 2\pi \frac{m v}{e \mathfrak{H}}. \tag{38}$$

Der Vergleich mit Gl. (37) zeigt, daß der „Knotenabstand" gerade dem Umfang der Kreisbahn gleich ist, den ein senkrecht zu den Kraftlinien fliegendes Elektron der Geschwindigkeit v beschreibt[1].

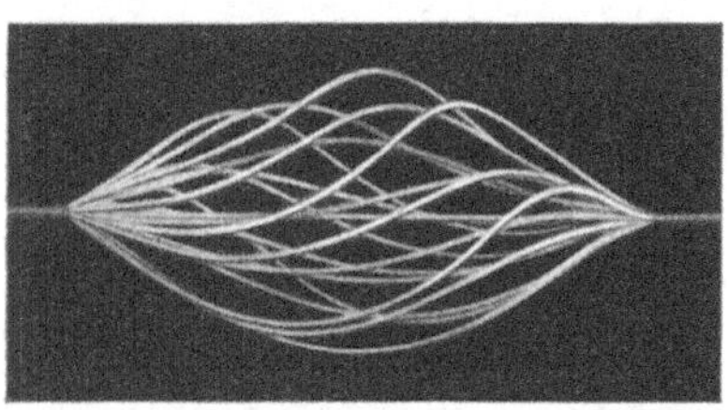

Abb. 95. Modell der Elektronenbahnen im homogenen magnetischen Längsfeld.

Die Bahnen, die die sich wieder vereinigenden Elektronen durchlaufen haben, sind Schraubenlinien auf Zylindern, wobei sämtliche Zylinder die Mantellinie PP' gemeinsam haben. Wie das Bündel von Schraubenlinien aussieht, veranschaulicht Abb. 95.

Denken wir uns nun durch den Ausgangspunkt P eine Ebene senkrecht zu den Kraftlinien hindurchgelegt, so entspricht jedem Punkt dieser Ebene ein Vereinigungspunkt in der um d seitwärts verschobenen Ebene, d. h. wir erhalten ein unvergrößertes, unverdrehtes Bild unserer Ebene in dem durch Gl. (38) gegebenen Abstand.

15. Theorie der Abbildung durch überlagerte magnetische und elektrische Felder. Nachdem wir die Abbildung durch ein homogenes magnetisches Feld kennengelernt haben, wollen wir jetzt zu beliebigen rotationssymmetrischen Magnetfeldern übergehen, wobei gleichzeitig die Wirkung eines rotationssymmetrischen elektrischen Feldes berücksichtigt werde. Bei der Entwicklung der

[1] Im Erdfeld beschreibt z. B. ein 200-Volt-Elektron einen Kreis von ≈ 1 m Radius. Also treffen sich die wenig divergent in der Inklinationsrichtung abgeschossenen Elektronen wieder nach ≈ 6 m. — Über Zahlenwerte s. [Anhang k].

Bahngesetze wollen wir uns den grundlegenden Untersuchungen von STÖRMER [394] und besonders BUSCH [78] anschließen, über die wir jedoch in mancher Hinsicht hinausgehen werden.

In einem rotationssymmetrischen Magnetfeld ist in den Gebieten, die von der Achse nicht durch stromführende Leiter getrennt sind, nur die radiale und die Längskomponente der Feldstärke, $\mathfrak{H}_r$ und $\mathfrak{H}_z$, von Null verschieden [II, 17]. Die magnetische Kraft K, die auf das Elektron wirkt, hat somit nach [I, 14] Gl. (34) in Zylinderkoordinaten z, r, ψ die folgenden Komponenten:

$$\begin{aligned} K_z &= -e\mathfrak{v}_r\mathfrak{H}_\psi + e\mathfrak{v}_\psi\mathfrak{H}_r = e r\dot{\psi}\mathfrak{H}_r\,, \\ K_r &= -e\mathfrak{v}_\psi\mathfrak{H}_z + e\mathfrak{v}_z\mathfrak{H}_\psi = -e r\dot{\psi}\mathfrak{H}_z\,, \\ K_\psi &= -e\mathfrak{v}_z\mathfrak{H}_r + e\mathfrak{v}_r\mathfrak{H}_z = -e\dot{z}\mathfrak{H}_r + e\dot{r}\mathfrak{H}_z\,. \end{aligned}$$

Es ist für die weitere Rechnung zweckmäßig, $\mathfrak{H}$ durch das Vektorpotential A [II, 17] zu ersetzen:

$$\begin{aligned} K_z &= -e r\dot{\psi}\frac{\partial A}{\partial z}\,, \\ K_r &= -e\dot{\psi}\frac{\partial r A}{\partial r}\,, \\ K_\psi &= e\dot{z}\frac{\partial A}{\partial z} + e\dot{r}\frac{1}{r}\frac{\partial r A}{\partial r}\,. \end{aligned}$$

Die *z-Komponente* der Bewegungsgleichung lautet:

$$m\ddot{z} = K_z - e\mathfrak{E}_z\,.$$

Die *radiale* Beschleunigung entsteht durch das Zusammenwirken der magnetischen und elektrischen Kraft mit der Zentrifugalkraft $mr\dot{\psi}^2$:

$$m\ddot{r} = K_r - e\mathfrak{E}_r + mr\dot{\psi}^2\,.$$

Für die *Drehung um die Achse* gilt der Flächensatz, der aussagt, daß die zeitliche Änderung des Dralles, also des Produktes aus Trägheitsmoment mr^2 und Winkelgeschwindigkeit $\dot{\psi}$, gleich dem Drehmoment sein muß:

$$\frac{d}{dt}(mr^2\dot{\psi}) = rK_\psi\,.$$

Setzen wir für die elektrischen und magnetischen Kräfte die entsprechenden Ausdrücke ein, so erhalten wir:

$$\left.\begin{aligned} \frac{m}{e}\ddot{z} &= -r\dot{\psi}\frac{\partial A}{\partial z} + \frac{\partial\varphi}{\partial z}\,, \\ \frac{m}{e}(\ddot{r} - r\dot{\psi}^2) &= -\dot{\psi}\frac{\partial r A}{\partial r} + \frac{\partial\varphi}{\partial r}\,, \\ \frac{m}{e}\frac{d}{dt}(r^2\dot{\psi}) &= r\dot{z}\frac{\partial A}{\partial z} + \dot{r}\frac{\partial r A}{\partial r}\,. \end{aligned}\right\} \qquad (39)$$

Am leichtesten ist die dritte Gleichung zu integrieren, denn ihre rechte Seite ist ein totales Differential, das wir auch in der Form

$$\frac{\partial r A}{\partial z}\dot{z} + \frac{\partial r A}{\partial r}\dot{r} = \frac{d r A}{dt}$$

schreiben können. A ist dabei der Wert des Vektorpotentials an der Stelle, wo sich das Elektron zur Zeit t befindet. Die Integration der Gleichung liefert

$$\frac{m}{e}(r^2\dot{\psi} - r_a^2\dot{\psi}_a) = rA - r_a A_a\,,$$

wobei der Index a wie bisher die Anfangswerte charakterisiert. Mit dem hieraus zu gewinnenden Ausdruck für $\dot\psi$ gehen unsere Gl. (39) über in

$$\left.\begin{aligned} \frac{m}{e}\ddot z &= \frac{\partial Q}{\partial z}, \\ \frac{m}{e}\ddot r &= \frac{\partial Q}{\partial r}, \\ \frac{m}{e}\dot\psi &= \frac{A}{r} + \frac{C}{r^2} \end{aligned}\right\} \tag{40}$$

mit den Abkürzungen

$$\left.\begin{aligned} C &= \frac{m}{e} r_a^2 \dot\psi_a - r_a A_a = \frac{m}{e} r^2 \dot\psi - r A, \\ Q &= -\frac{e}{2m}\left(A + \frac{C}{r}\right)^2 + \varphi = -\frac{m}{2e} r^2 \dot\psi^2 + \varphi. \end{aligned}\right\} \tag{41}$$

Es sei hier bemerkt, daß man aus Gl. (40) und (41) sofort den Energiesatz erhält:

$$m\dot z\ddot z + m\dot r\ddot r = e\left(\frac{\partial Q}{\partial z}\dot z + \frac{\partial Q}{\partial r}\dot r\right) = e\frac{dQ}{dt},$$

$$\frac{m}{2}(\dot z^2 + \dot r^2) = eQ + \text{const} = -\frac{m}{2} r^2 \dot\psi^2 + e\varphi. \tag{42}$$

Die kinetische Energie $\frac{m}{2}(\dot z^2 + \dot r^2 + r^2\dot\psi^2)$ hängt also nur vom elektrischen Potential φ und nicht vom Vektorpotential A ab; speziell ist die kinetische Energie und damit die Elektronengeschwindigkeit konstant, wenn φ konstant ist. Die Integrationskonstante in Gl. (42) ist wieder so gewählt, daß die Elektronengeschwindigkeit im Potentialnullpunkt verschwindet.

Wir wollen uns auch bei der magnetischen Linse zunächst nur für den Verlauf achsennaher, wenig geneigter Strahlen interessieren. Wir werden also für A das erste Glied der Reihe [II, 17] Gl. (34) und für $\frac{\partial\varphi}{\partial r} = -\mathfrak{E}_r$ die Gl. (3) benützen. Ferner können wir genau wie im rein elektrischen Fall v_z durch die durch den Energiesatz bestimmte Geschwindigkeit v und das Potential φ durch das Achsenpotential Φ ersetzen. Wir erhalten so aus Gl. (40) und (41):

$$\ddot r = -\frac{e}{m}\left[\frac{e}{m}\left(\frac{1}{4}\mathfrak{H}^2 - \frac{C^2}{r^4}\right) + 2\pi c^2\varrho - \frac{1}{2}\frac{\partial\mathfrak{E}_z}{\partial z}\right]\cdot r,$$

$$\dot\psi = \frac{e}{2m}\mathfrak{H} + \frac{e}{m}\frac{C}{r^2},$$

$$v = \sqrt{\frac{2e\Phi}{m}}; \quad C = r_a^2\left(\frac{m}{e}\dot\psi_a - \frac{1}{2}\mathfrak{H}_a\right),$$

oder, indem wir $dt = \frac{dz}{v} = \sqrt{\frac{m}{2e\Phi}}\,dz$ setzen:

$$\sqrt{\Phi}\frac{d}{dz}\left(\sqrt{\Phi}\frac{dr}{dz}\right) = -Pr + \frac{e}{2m}\frac{C^2}{r^3}, \tag{43 a}$$

$$\sqrt{\Phi}\frac{d\psi}{dz} = \sqrt{\frac{e}{8m}}\mathfrak{H} + \sqrt{\frac{e}{2m}}\frac{C}{r^2}, \tag{43 b}$$

$$P = \frac{e}{8m}\mathfrak{H}^2 + \pi c^2\varrho + \frac{1}{4}\frac{d^2\Phi}{dz^2}. \tag{43 c}$$

Durch diese Gleichungen sind die Bahnen der achsennahen Strahlen bestimmt.

Die erste Gleichung ist vom Typus der Gl. (4), in die sie im Grenzfall $\mathfrak{H} = 0$, $C = 0$ übergeht. Ist $C = 0$, was z. B. dann der Fall ist, wenn $\mathfrak{H}_a$ und ψ_a Null sind, dann können wir das aus Gl. (4) abgeleitete Ergebnis unmittelbar übertragen:

Alle von einem Punkte ausgehenden Bahnen schneiden sich, falls P hinreichend groß ist, schließlich wieder in einem Punkt. Neu ist dabei nur, daß dieser Punkt jetzt bei einem anderen Wert von ψ liegt; denn es gilt ja nach Gl. (43b)

$$\psi = \sqrt{\frac{e}{8m}} \int_{z_a}^{z} \frac{\mathfrak{H}}{\sqrt{\Phi}} dz \qquad \text{für } C = 0 . \tag{44}$$

Die Elektronenbahnen verlaufen also nach Art einer Schraubenlinie. Da ψ von r_a und r_a' nicht abhängt, wird durch diese Schraubung das Bild nicht zerstört, sondern nur um den Winkel

$$\psi_b = \sqrt{\frac{e}{8m}} \int_{z_a}^{z_b} \frac{\mathfrak{H}}{\sqrt{\Phi}} dz \tag{45}$$

verdreht.

Schwieriger ist der Nachweis, daß auch in dem Falle $C \neq 0$ nach Gl. (43) ein Bild entsteht. Um diesen Nachweis zu führen, fassen wir Gl. (43a) und (43b) in eine einzige zusammen. Dies gelingt durch die in ähnlichen Fällen übliche Einführung einer komplexen Variablen $u = r e^{i\chi}$. Die neu eingeführte Größe χ soll dabei in dem schon besprochenen Spezialfall $C = 0$ identisch verschwinden. Ist $C \neq 0$, so soll χ den Winkel bedeuten, um den ψ von der durch Gl. (44) gegebenen Größe abweicht; wir definieren also χ durch die Gleichung

$$\psi = \sqrt{\frac{e}{8m}} \int_{z_a}^{z} \frac{\mathfrak{H}}{\sqrt{\Phi}} dz + \chi \tag{46}$$

und finden durch Einsetzen in Gl. (43b):

$$\frac{d\chi}{dz} = \sqrt{\frac{e}{2m\Phi}} \frac{C}{r^2} = \sqrt{\frac{e}{2m\Phi}} \frac{C}{u^2} e^{2i\chi} . \tag{47}$$

Um nun die Differentialgleichung für u zu finden, setzen wir $r = u e^{-i\chi}$ in Gl. (43a) ein und erhalten bei Berücksichtigung von Gl. (47):

$$\sqrt{\Phi} \frac{d}{dz} \left(\sqrt{\Phi} \frac{du}{dz} \right) = -P u . \tag{48}$$

Unsere komplexe Variable u genügt also auch im allgemeinen Fall der einfachen linearen Gleichung, der r nach Gl. (43a) in dem Spezialfall $C = 0$ genügt. Die allgemeine Lösung von Gl. (48) lautet somit in Analogie zu Gl. (5)

$$u = c_\alpha r_\alpha + c_\beta r_\beta . \tag{49}$$

Dabei sollen $u = r_\alpha$ und $u = r_\beta$ der Gl. (48) genügen, und es soll bei $z = z_a$ wieder wie in [III, 1] $r_\alpha = 0$, $r_\alpha' = 1$; $r_\beta = 1$, $r_\beta' = 0$ sein[1]. Dann erhalten wir aus den Anfangsbedingungen unter Benützung von Gl. (46):

$$c_\beta = r_a ; \quad c_\alpha = r_a' + i r_a \chi_a' = r_a' + i r_a \left(\psi_a' - \sqrt{\frac{e}{8m\Phi_a}} \mathfrak{H}_a \right) . \tag{50}$$

[1] Siehe S. 84 Anm. 1.

An der Stelle, wo r_α verschwindet, ist $u = r_a r_\beta$. Da dieser Ausdruck reell ist, ist dort $\chi = 0$ und $r = u = r_a r_\beta$, d. h. es ist r und nach Gl. (46) auch ψ von der Anfangstangente des Strahls unabhängig. Wir stellen also fest, daß auch im allgemeinen Fall überlagerter elektrischer und magnetischer Felder die achsennahen Strahlen eine einwandfreie Abbildung vermitteln.

16. **Näherungsformel für die kurze, rein magnetische Linse.** Um die Brennweite einer kurzen [II, 9] Magnetspule zu berechnen, lassen wir wie bei dem entsprechenden elektrischen Problem [III, 7] ein Elektron von links her parallel zur Achse in das Magnetfeld eintreten. In diesem Falle ist $\Phi = \text{const} = \Phi_0$, $\varrho = 0$, $C = 0$, und die Bahngleichungen (43a und c) nehmen die einfache Form an:

$$\frac{d^2 r}{d z^2} = -\frac{e}{8 m \Phi_0} \mathfrak{H}^2 r . \tag{51}$$

Da die Linse kurz sein soll, wird sich bei ihr r nicht stark vom Anfangswert r_a unterscheiden. Es gilt also näherungsweise

$$\frac{d^2 r}{d z^2} = -\frac{e r_a}{8 m \Phi_0} \mathfrak{H}^2 ; \qquad r' = -\frac{e r_a}{8 m \Phi_0} \int\limits_{-\infty}^{z} \mathfrak{H}^2 \, d z .$$

Hinter der Linse ist $\mathfrak{H}^2 = 0$, also r' konstant und negativ, so daß r linear abnimmt. Für die Brennweite f finden wir (vgl. Abb. 77)

$$\frac{1}{f} = -\frac{r'_\infty}{r_a} = \frac{e}{8 m \Phi_0} \int\limits_{-\infty}^{\infty} \mathfrak{H}^2 \, d z . \tag{52}$$

Eine kurze magnetische Linse ist also stets eine Sammellinse.

Außer der Brennweite interessiert noch der Winkel, um den das Bild gedreht ist. Greifen wir irgendein Elektron heraus, dessen Bahn gegen die Achse geneigt ist, für das jedoch vor der Linse ψ und $\dot{\psi}$ gleich Null waren, so gilt nach Gl. (43b)

$$\frac{d \psi}{d z} = \sqrt{\frac{e}{8 m \Phi_0}} \, \mathfrak{H} .$$

Das Elektron hat also hinter der Linse die Winkelkoordinate

$$\psi_b = \sqrt{\frac{e}{8 m \Phi_0}} \int\limits_{-\infty}^{\infty} \mathfrak{H} \, d z . \tag{53}$$

Um diesen Winkel ist das Bild verdreht. Die Formeln (52) und (53) sind die beiden bekannten Formeln der kurzen magnetischen Linse, die 1927 von Busch [79] aufgestellt wurden.

Führen wir in die beiden Formeln die in Volt gemessene Elektronenenergie U an Stelle des im elektromagnetischen Maßsystem gemessenen Potentials Φ ein [Anhang f], so gehen die Formeln über in:

$$\left.\begin{aligned} \frac{1}{f} &= \frac{0{,}022}{U} \int\limits_{-\infty}^{\infty} \mathfrak{H}^2 \, d z , \\ \psi_b &= \frac{0{,}15}{\sqrt{U}} \int\limits_{-\infty}^{\infty} \mathfrak{H} \, d z , \end{aligned}\right\} \tag{54}$$

die wir jetzt unmittelbar für eine kurze magnetische Elektronenlinse anwenden können, wenn uns die Feldstärke $\mathfrak{H}$ längs der Achse bekannt ist.

Bereits BUSCH selbst hat Messungen zu seiner Theorie der magnetischen Linse durchgeführt [79]. Er verwendete unter anderem die in Abb. 96 dargestellte Hochspannungsröhre mit einer Aluminiumkugel als kalter Kathode und einer um die Kathode greifenden Anode. Die benutzte Konzentrationsspule von 8 cm Länge und gleichem Durchmesser (Abb. 97) kann gegenüber dem 83 cm langen Rohr als einigermaßen kurz betrachtet werden. BUSCH berechnete indessen nicht die Brechkraft der Linse nach seiner Formel, sondern begnügte sich mit einigen allgemeineren Versuchen, die im wesentlichen auf die Bestätigung der Linsenformel $\frac{1}{f} = \frac{1}{a} + \frac{1}{b}$ herauskommen. Er maß den Spulenstrom, der zur Erzielung eines scharfen Bildes des Kathodenflecks bei verschiedenen Spulenstellungen notwendig war und schätzte gleichzeitig die Leuchtfleckgröße ab. Während die Schätzungen der Leuchtfleckgröße zu ungenau sind, um einen quantitativen Vergleich zwischen theoretischer und experimenteller Vergrößerung über die Feststellung richtigen Ganges hinaus vorzunehmen, ist ein solcher Vergleich für die genau gemessenen Spulenströme durchaus möglich. Zu diesem Zweck haben wir in Abb. 97 die theoretische Kurve der Brennweite, wie sie sich aus der Linsenformel ergibt, über der relativen Linsenstellung $\left(\frac{a}{a+b}\right)$ aufgetragen. In dasselbe Diagramm sind — in Abänderung einer tabellarischen Darstellung in der Originalarbeit — die aus den gemessenen Stromstärken errechneten Brennweiten in einem relativen Maßstab eingezeichnet. Der Gang der Meßwerte entspricht bei der primitiven Versuchsanordnung überraschend gut dem Linsengesetz.

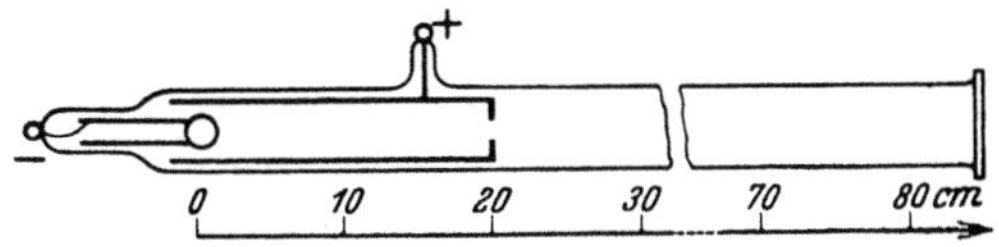

Abb. 96. Röhre von BUSCH zu den ersten Linsenversuchen [79].

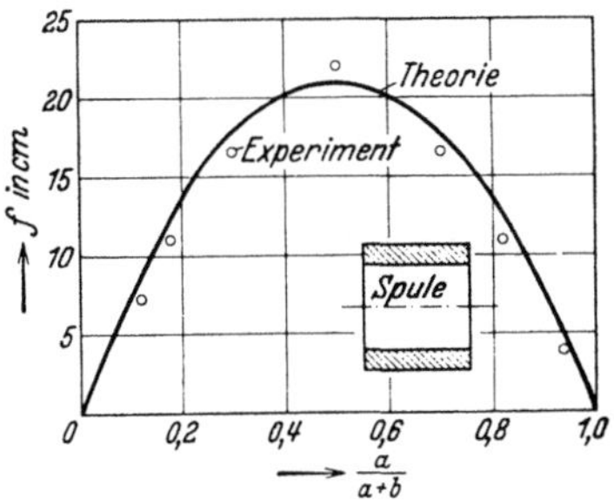

Abb. 97. Erste Prüfung des Linsengesetzes[1] [79].

Den Mangel der Untersuchungen BUSCHs hinsichtlich des mitwirkenden Beschleunigungsfeldes und hinsichtlich der ungenauen Messung der Leuchtfleckgröße vermieden KNOLL und RUSKA [244] in einer sonst gleichartigen Untersuchungsreihe[2]. Diese Autoren benutzen eine mit 30—70 kV bestrahlte Blende als Gegenstand und photographierten die auf einer Glasplatte entworfenen Leuchtflecke bei verschiedener Spulenstellung. Als Blende diente dabei die Bohrung von 0,3 mm Durchmesser in der Anode. Nachdem zunächst festgestellt worden war, daß unter verschiedenen Bedingungen die theoretischen Spulenstromstärken für scharfe Bilder im Durchschnitt bis auf 5% mit den experimentellen übereinstimmten, wurden die Bildgrößen für verschiedene Spulenstellungen mit den aus dem Linsengesetz folgenden Werten verglichen. Das Ergebnis zeigt Abb. 98, in der die für verschiedene Anodenspannung erhaltenen Mittelwerte des Vergrößerungsverhältnisses B/A aufgetragen sind.

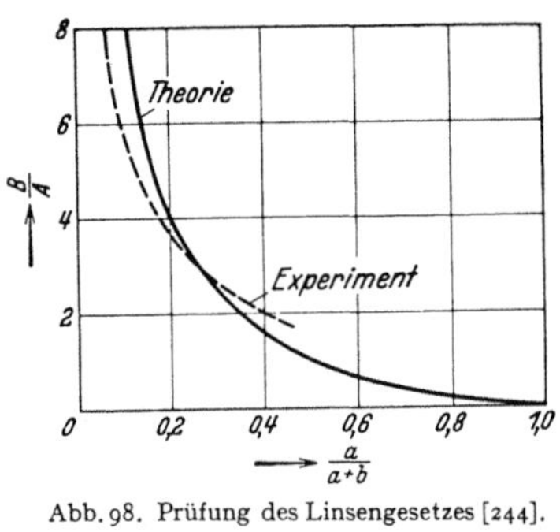

Abb. 98. Prüfung des Linsengesetzes [244].

[1] Spule im Ordinatenmaßstab gezeichnet.
[2] Über Versuche ähnlicher Art wie bei BUSCH vgl. RÜHLEMANN [332].

Die Autoren [245] haben später ihre Messungen dadurch wesentlich verfeinert, daß sie an Stelle der Anodenkreisblende, deren Bild von dem ebenfalls runden Kathodenbild nur schwer zu unterscheiden war, eine T-Blende als Gegenstand benutzten (Abb. 30b). Mit der verbesserten Anordnung gelang es, eine Erfüllung des Vergrößerungsgesetzes bis zu 5% in weiten Grenzen nachzuweisen.

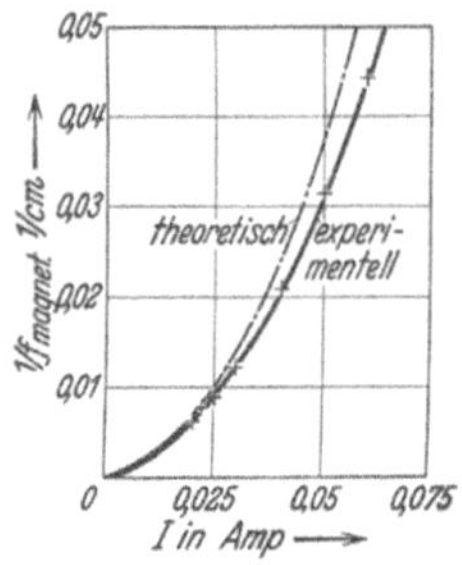

Abb. 99. Prüfung der Brennweitenformel [214].

Auch Buschs Brennweitenformel (52) ist einer Prüfung unterzogen worden. Johannson und Knecht [214] haben die gepanzerte magnetische Spule Abb. 101 ausgemessen. Nachdem mit einer Probespule [II, 18] die Feldstärke längs der Achse bei bestimmtem Spulenstrom ermittelt worden war (Abb. 63), wurde die $\mathfrak{H}_z^2$-Kurve (Abb. 106) planimetriert. Mit dem so gefundenen Wert des Integrals ließ sich die magnetische Brechkraft der Linse für Elektronen der Voltenergie $U = 750$ V errechnen und in einer Brechkraftkurve darstellen. Die in Abb. 99 wiedergegebene Brechkraftkurve zeigt eine recht befriedigende Übereinstimmung mit den experimentell ermittelten Werten.

17. Gestaltung und Eigenschaften der kurzen magnetischen Linse. Die einfachste kurze magnetische Linse wird durch einen Kreisstrom (wie bei der Tangentenbussole) oder durch eine Reihe solcher Stromkreise, d. h. durch eine kurze Magnetspule, dargestellt. Derartige magnetische Linsen wurden jedoch nur in den Anfängen der magnetischen Elektronenoptik, so bei den im vorigen Abschnitt erwähnten Untersuchungen von Busch und Knoll-Ruska angewandt. Heute benutzt man Feldanordnungen, bei denen das Feld einer Spule durch künstliche Maßnahmen in Richtung der Achse zusammengedrängt ist, und nähert sich so dem Ideal der „kurzen" Linse. Man erzielt solche Feldzusammendrängung durch die Anwendung von geeignet geformten Eisenkörpern, deren Streufeld jetzt das Linsenfeld darstellt [II, 9].

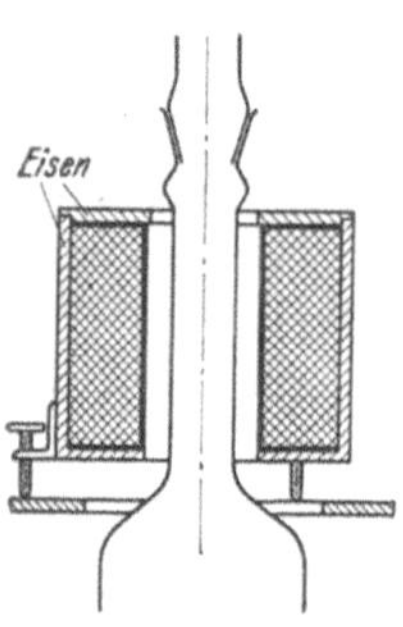

Abb. 100. Teilweise gekapselte Spule [149].

Nachdem Gabor [149] eine teilweise eisengekapselte Spule zur Konzentrierung von Elektronenbündeln verwandt hatte (Abb. 100) und die weitgehende Umschließung einer Spule zur Erzielung eines kräftigen Streufeldes sich auch zur kräftigen Beeinflussung der Elektronenbahnen im Außenraum bewährt hatte [50], bauten Ruska und Knoll [343] bis auf einen engen Spalt gepanzerte Spulen vom Typ der Spule Abb. 101. Die Versuche mit derartigen Spulen bei 2 mm Eisenkapselung ergaben, daß bei einem Innendurchmesser von ca. 5 cm die optimale Schlitzbreite 10 mm beträgt. In diesem Falle wurde gegenüber einer ungekapselten bzw. vollständig gekapselten Spule eine Reduktion der Stromstärke um 30% erreicht.

Die in Abb. 101 mit ihrem Kraftlinienbild dargestellte gepanzerte Spule ist eine magnetische Linse, die sich beim magnetischen Elektronenmikroskop [VI, 4] bewährt hat (Abb. 102). Diese Spule war aus 6500 Windungen eines 0,2 mm starken Lackdrahtes zum direkten Anschluß an 220 V gewickelt. Die Eisenkapselung bei 10 cm Innendurchmesser war aus 4 mm starkem Eisen hergestellt. Der Spalt war 4 mm weit[1]. Der mit der Induktionsspule ermittelte Feldstärkenverlauf längs der z-Achse war bei 0,1 Amp Spulenstrom bereits in Abb. 63 gegeben.

[1] Nach persönlicher Mitteilung von Herrn Ruska liegt das Optimum bei wesentlich höherer Spaltweite.

Man erkennt, daß der Abfall des für die Wirkung maßgeblichen $\mathfrak{H}_z^2$-Feldes in 4 cm Entfernung von der Symmetrieebene auf 10 % erfolgt[1]. Mit einer solchen Linse lassen sich Brennweiten bis herab zu einigen Zentimetern erzielen. Bei so kleinen Brennweiten ist die Linse allerdings nicht mehr als kurz anzusprechen. Wird bei einer solchen Linse, die in größerem Abstand vom Objekt aufgestellt ist, die Stromstärke mehr und mehr gesteigert, so entsteht das Bild des Gegenstandes schließlich innerhalb der Linse und die Strahlen werden auch hinter der Bildebene noch beeinflußt. So kommt es, daß wir auf einem außerhalb der Linse feststehenden Leuchtschirm bei fortlaufender Steigerung des Linsenstromes abermals ein Bild, das „zweite“ Bild beobachten, das dem „ersten Bild“ merklich an Güte nachsteht. Bereits 1929 hat THIBAUD [398] ähnliche Erscheinungen untersucht (Abb. 146).

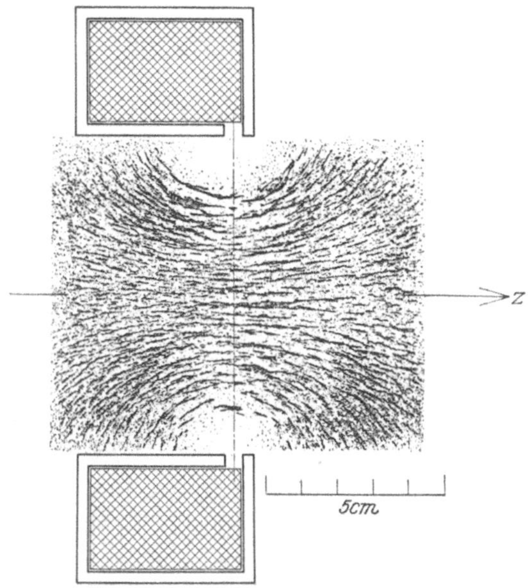

Abb. 101. Gekapselte Magnetspule neuerer Form [245] mit Kraftlinienfeld.

Wir hatten soeben angenommen, daß der Gegenstand so weit von der Linse entfernt lag, daß er stets außerhalb des Magnetfeldes blieb. Oft wird es jedoch auch so sein, daß wesentliche Gebiete des Linsenfeldes hinter den Gegenstand zu liegen kommen. Diese Feldgebiete fallen natürlich für die Wirkung aus [VI, 1]. Nähern wir etwa die magnetische Linse unter gleichzeitiger Erhöhung des Spulenstromes dem Objekt, um höhere Vergrößerungen zu erzielen, so beobachten wir, wie sich die Vergrößerung einem unüberschreitbaren Grenzwert nähert. In der Brechkraftkurve (Abb. 99) macht sich das so bemerkbar, daß die experimentell ermittelte Brechkraft bei fortschreitender Annäherung der Linse an das Objekt mehr und mehr hinter dem erwarteten Wert zurückbleibt, wie man es sich nach den Messungen von KNECHT [235] leicht ausrechnen kann. Trägt man die experimentellen Brennweitenwerte nicht über dem Spulenstrom, sondern über der zugehörigen Gegenstandsweite a (bis Schlitzmitte gerechnet) auf, so erhält man (Abb. 103) eine ganz ähnliche Kurve wie beim Immersionsobjektiv (Abb. 87). Während dort aber die minimale Brennweite 1,4 mm betrug, läßt sich hier der Wert von 24 mm nicht unterschreiten. Bildet man wieder das Verhältnis zur Öffnung, so erhält man für die diskutierte magnetische Spule: Die minimale Brennweite beträgt ein Drittel bis ein Viertel des lichten Maßes der Spulenkapselung.

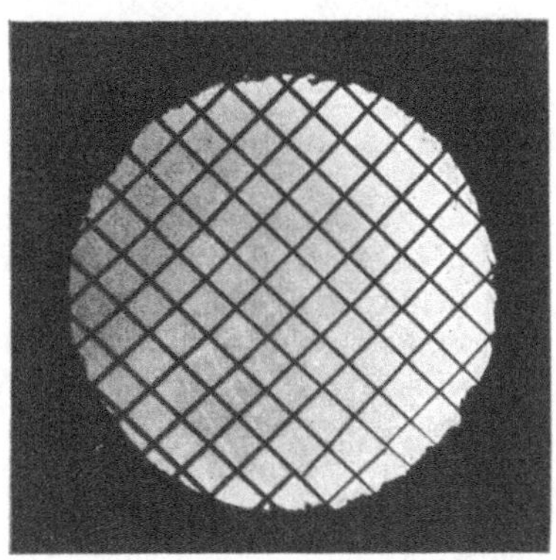
Abb. 102. Abbildung eines Netzes mit der magnetischen Linse Abb. 101 [246].

[1] Anm. b. d. Korr. Bei hohen Spulenstromstärken macht sich nach RUSKA [342a] ein Einfluß der Permeabilität auf die axiale Feldausdehnung bemerkbar.

Zur Verringerung der Brennweiten magnetischer Linsen müssen wir den entsprechenden Weg einschlagen, den wir bei der elektrischen Linse und bei dem Immersionsobjektiv [III, 2] kennenlernten: Wir müssen die Linse als Ganzes entsprechend verkleinern. Wollen wir von der beschriebenen magnetischen Normallinse zu einer Linse halber Brennweite übergehen, so haben wir alle vorkommenden Längen zu halbieren, den Spulenstrom bei konstanter Windungszahl aber konstant zu lassen. Die Richtigkeit dieser Behauptung sehen wir folgendermaßen ein: Die Brennweite f der Linse ist nach Gl. (52) durch

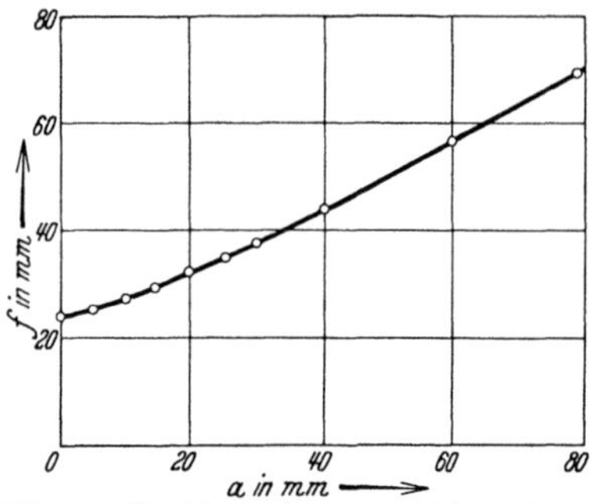

Abb. 103. Brechkraft der magnetischen Linse Abb. 101.

$$\frac{1}{f} = \text{const} \int \mathfrak{H}^2 \, dz$$

gegeben. Wir müssen also, um bei halben räumlichen Ausdehnungen (halbem dz) die doppelte Brechkraft $1/f$ zu bekommen, die Feldstärke auf das Doppelte erhöhen. Da $\mathfrak{H}$ nach [II, 17] Gl. (29) mit dem Strom J durch die Beziehung

$$\oint \mathfrak{H} \, d\mathfrak{s} = 4\pi n J$$

(n = Windungszahl der Spule) verknüpft ist, erreichen wir dies bei der Verkleinerung der Spule (Reduktion von $d\mathfrak{s}$ auf die Hälfte) durch Konstanthaltung von nJ. Halten wir also den Strom konstant, so wird durch die Zusammendrängung der Spulenwindungen das Magnetfeld gerade so vergrößert, daß die Brennweite auf den halben Wert verkleinert wird.

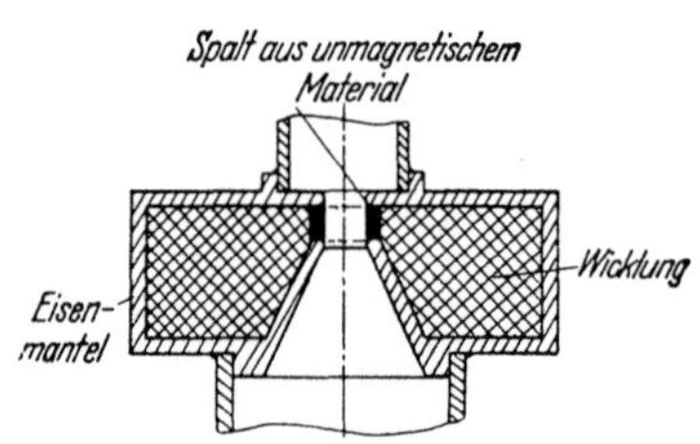

Abb. 104. Magnetische Objektivlinse [246].

Natürlich ist der Durchführung solcher Verkleinerungen eine Grenze dadurch gesetzt, daß die Strombelastung der Spule zu groß wird. So wird bei einer Verkleinerung der Spule auf die halbe Größe dieselbe Stromstärke durch den viertel so großen Drahtquerschnitt fließen müssen usw. Diese Schwierigkeit kann man jedoch leicht beseitigen, indem man nur die für die Brechungswirkung maßgeblichen Polschuhe der Linse und ihren Abstand verkleinert, während man die übrigen Teile der Spule nicht mitverkleinert. Das Magnetfeld zwischen den Spulenpolen wird sich dabei infolge der geringfügigen Erhöhung des magnetischen Widerstandes in der Spulenkapselung kaum ändern[1].

Diese Überlegungen zeigen die Möglichkeit des Baues kurzbrennweitiger magnetischer Linsen, die nun natürlich nicht mehr über das Versuchsrohr geschoben werden können, sondern ebenso wie elektrische Linsen in das Versuchsgefäß einzubauen sind. Da das Gesamtvolumen der Spule, wie wir sahen, dabei praktisch erhalten bleibt und da ferner für gute Wärmeabfuhr gesorgt werden muß, wird man solche Linsen so bauen, daß sie zum Teil in dem Außenraume sitzen, von wo aus ihre Polschuhe an den Strahlengang heranreichen.

[1] Anm. b. d. Korr. Über den Einfluß der Sättigung bei hohen Spulenstromstärken vgl. RUSKA [342a].

Magnetische Linsen kurzer Brennweite sind zuerst von RUSKA [342] gebaut und verwendet worden. Der in Abb. 104 dargestellte erste Vorschlag zeigt den Übergang von der Linse Abb. 101 zu den später entwickelten Präzisionslinsen. Die Pole reichen in das Versuchsrohr hinein, ihr Spalt ist durch einen Ring von unmagnetischem Material ausgefüllt. Diese Merkmale zeigt dann auch die zur Anwendung gekommene Präzisionslinse Abb. 105. Die Linse hat rund 10 cm Außendurchmesser. Die Bohrung der einschraubbaren Polschuhe beträgt z. B. 1 mm. Die Spule ist mit Wasserkühlung ausgestattet, die als ein Außenzylinder um die Eisenkapselung gelegt ist, wie wir es später [VI, 5] noch genauer sehen werden. Die mit dieser Spule erreichbaren Brennweiten liegen in der Größenordnung eines Millimeters[1].

a) Spulenkörper b) Auswechselbare Polschuhe

Abb. 105. Präzisionslinse für hohe Vergrößerungen [342].

18. Vervollständigung der Theorie achsennaher Strahlen. Nach [III, 15] genügt es, die beiden Integrale r_α und r_β der Gleichung

$$\sqrt{\Phi}\,\frac{d}{dz}\left(\sqrt{\Phi}\,\frac{dr}{dz}\right) = -Pr\,; \qquad P = \frac{e}{8m}\,\mathfrak{H}^2 + \pi c^2 \varrho + \frac{1}{4}\,\frac{d^2\Phi}{dz^2} \tag{55}$$

zu kennen, um die Bahn beliebiger achsennaher Strahlen berechnen zu können. Dabei sollte gelten:

$$r_\alpha = 0\,,\quad r'_\alpha = 1\,;\quad r_\beta = 1\,,\quad r'_\beta = 0 \quad \text{für } z = z_a\,. \tag{56}$$

Die den Anfangsbedingungen genügende Lösung von Gl. (48) hatte nach Gl. (49) und (50) die Form

$$u = \left[r'_a + i\,r_a\left(\psi'_a - \sqrt{\frac{e}{8m\,\Phi_a}}\,\mathfrak{H}_a\right)\right] r_\alpha + r_a r_\beta\,. \tag{57}$$

Aus dieser Lösung finden wir gemäß der Bedeutung $u = r e^{i\chi}$ unter Benützung von Gl. (43) sofort

$$\left.\begin{aligned} r &= |u| = r_a \sqrt{\left(r_\beta + \frac{r'_a}{r_a}\,r_\alpha\right)^2 + \left(\psi'_a - \sqrt{\frac{e}{8m\,\Phi_a}}\,\mathfrak{H}_a\right)^2 r_\alpha^2}\,,\\ \psi &= \sqrt{\frac{e}{8m}}\int_{z_a}^{z}\frac{\mathfrak{H}}{\sqrt{\Phi}}\,dz + \chi = \sqrt{\frac{e}{8m}}\int_{z_a}^{z}\frac{\mathfrak{H}}{\sqrt{\Phi}}\,dz + \arg u\\ &= \sqrt{\frac{e}{8m}}\int_{z_a}^{z}\frac{\mathfrak{H}}{\sqrt{\Phi}}\,dz + \operatorname{arc\,tg}\frac{\psi'_a - \sqrt{\frac{e}{8m\,\Phi_a}}\,\mathfrak{H}_a}{\frac{r_\beta}{r_\alpha} + \frac{r'_a}{r_a}}\,. \end{aligned}\right\} \tag{58}$$

Da es somit nur auf die Kenntnis der Funktionen r_α und r_β, also der Lösungen von Gl. (55) ankommt, ist die exakte Berechnung des Strahlenverlaufs in der

[1] Nach persönlicher Mitteilung von Herrn RUSKA sind bei 70 kV Brennweiten von 4 mm erreicht. Bei kleinen Geschwindigkeiten (z. B. 1 kV), wo die Sättigung noch keinen großen Einfluß hat, dürften Brennweiten von 1—2 mm erreichbar sein.

elektrisch-magnetischen Linse in genau der gleichen Weise durchzuführen wie bei der durch Gl. (4) bestimmten rein elektrischen Linse. Es läßt sich also alles, was wir [III, 6] über die Bestimmung der Bahnen durch schrittweise Approximation gesagt haben, insbesondere die Gl. (14) bis (23), wörtlich auf den Fall kombinierter elektrischer und magnetischer Felder übertragen. Es genügt daher, wenn wir hinsichtlich der Bestimmung der Brennweite und der Hauptpunkte auf diese Abschnitte verweisen.

Auch an den Gleichungen für das Immersionsobjektiv [III, 9] ändert sich nichts Wesentliches, wenn außer dem elektrischen noch ein magnetisches Feld wirksam ist. Man hat dann nur Φ'' durch $\Phi'' + (e/m)\,\mathfrak{H}^2$ zu ersetzen. Die Gültigkeit des Konvergenzbeweises wird davon nicht betroffen, doch dürfte sich die Zahl der bei der numerischen Durchrechnung notwendigen Näherungen erhöhen, wenn das Magnetfeld am Ort der Kathode von Null verschieden ist.

Wir wollen an Hand von Gl. (58) nochmals feststellen, daß an den Nullstellen von r_α alle Strahlen mit gleichem r_a durch denselben Punkt gehen. Es folgt nämlich für $r_\alpha = 0$ bei beliebigen Werten von r_a' und ψ_a':

$$\left.\begin{aligned} r &= r_a r_\beta\,, \\ \psi &= \sqrt{\frac{e}{8m}}\int\frac{\mathfrak{H}}{\sqrt{\Phi}}\,dz + \operatorname{arc\,tg} 0 = \sqrt{\frac{e}{8m}}\int\frac{\mathfrak{H}}{\sqrt{\Phi}}\,dz + \nu\pi\,. \end{aligned}\right\} \tag{59}$$

Die ganze Zahl ν wächst dabei zwischen zwei aufeinanderfolgenden Nullstellen von r_α um den Betrag 1 (bzw. sie nimmt um diesen Betrag ab, wenn ψ_a' negativ ist). Die Zahl ν gibt also an, das wievielte Bild, vom Objekt aus gerechnet, durch Gl. (59) dargestellt wird.

19. Die kurze Linse mit überlagertem elektrischen und magnetischen Feld. Wie wir es bisher stets bei der Berechnung der Brennweite getan hatten [III, 5; III, 16], lassen wir auch in dem jetzt zu betrachtenden Falle überlagerter elektrischer und magnetischer Felder von Rotationssymmetrie das Elektron parallel zur Achse in die Linse eintreten. In erster Näherung sehen wir wieder den Achsenabstand r_a innerhalb der Linse als konstant an. Wir erhalten dann Gl. (20), die ja nach dem im vorigen Abschnitt Gesagten auch für elektrisch magnetische Linsen gilt:

$$\frac{1}{f} = \frac{1}{\sqrt{\Phi_b}}\int_{-\infty}^{z_b}\frac{P}{\sqrt{\Phi}}\,dz\,.$$

z_b ist dabei ein Punkt, der so weit rechts von der Linse liegt, daß dort Φ'' und $\mathfrak{H}$ nicht mehr merklich von Null verschieden sind. Für P ist nach Gl. (55) einzusetzen:

$$P = \frac{1}{4}\,\Phi'' + \frac{e}{8m}\,\mathfrak{H}^2 + \pi c^2 \varrho\,.$$

Die Brechkraft der Linse setzt sich also in erster Näherung aus drei Bestandteilen zusammen:

$$\left.\begin{aligned} \frac{1}{f} &= \frac{1}{4\sqrt{\Phi_b}}\int_{-\infty}^{\infty}\frac{\Phi''}{\sqrt{\Phi}}\,dz + \frac{e}{8m\sqrt{\Phi_b}}\int_{-\infty}^{\infty}\frac{\mathfrak{H}^2}{\sqrt{\Phi}}\,dz + \frac{\pi c^2}{\sqrt{\Phi_b}}\int_{-\infty}^{\infty}\frac{\varrho}{\sqrt{\Phi}}\,dz \\ &= \frac{1}{f_e} \qquad\qquad + \frac{1}{f_m} \qquad\qquad + \frac{1}{f_{rl}}\,. \end{aligned}\right\} \tag{60}$$

f_e ist nach Gl. (11) die Brennweite der elektrischen Linse ohne Raumladung und Magnetfeld. Es ist jedoch zu beachten, daß in Gl. (60) bei der Berechnung von f_e für Φ nicht das Potential einzusetzen ist, das bei Abwesenheit der Raumladung herrschen würde, sondern das durch die Raumladungswirkung modifizierte Potential. In gleicher Weise ist f_m nicht die Brennweite der magnetischen Linse ohne elektrisches Feld, denn bei einer solchen Linse wäre $\sqrt{\Phi}$ im Nenner des Integranden von z unabhängig. Die Brennweite f_m ist vielmehr die Brennweite einer magnetischen Linse unter der von BUSCH [79] benutzten Annahme, daß die Flächen konstanten elektrischen Potentials eben sind[1].

Mit dieser Einschränkung, die ganz entsprechend für die Brennweite f_{rl} der Raumladungslinse gilt, können wir also sagen: In erster Näherung setzen sich die Brechkräfte von elektrischen, magnetischen und Raumladungslinsen auch dann additiv zusammen, wenn sich die Linsen an der gleichen Raumstelle befinden.

Für die höheren Näherungen gilt dieses Resultat nicht mehr. So erhalten wir nach Gl. (21) und (17) die Brechkraft in zweiter Näherung, wenn wir zu der durch Gl. (20) bzw. (60) gegebenen ersten Näherung noch

$$-\frac{r'_{b2}}{r_a} = -\frac{1}{\sqrt{\Phi_b}} \int_{-\infty}^{z_b} \frac{P}{\sqrt{\Phi}} \int_{-\infty}^{z} \frac{1}{\sqrt{\Phi}} \int_{-\infty}^{z} \frac{P}{\sqrt{\Phi}}\, dz\, dz\, dz \tag{61}$$

hinzufügen. Setzen wir nunmehr für P seinen Wert ein, so treten bei der Ausrechnung auch Produkte von Φ'', $\mathfrak{H}^2$ und ϱ auf, die das einfache Superpositionsgesetz zerstören.

Da es zu umständlich ist, die *zweite* Näherung für eine allgemeine kombinierte kurze Linse explizit anzuschreiben, wollen wir eine Reihe von vereinfachenden Annahmen machen. Wir spezialisieren uns auf eine raumladungsfreie Einzel- oder Immersionslinse und verlangen ferner, daß $(e/m)\,\mathfrak{H}^2$ und die durch Gl. (24) definierte Größe Φ_1 klein seien gegen das Potential Φ_0, das die Geschwindigkeit der Elektronen vor der Linse bestimmt[2]. In diesem Falle liefert die elementare, aber etwas umständliche Auswertung von Gl. (60) und (61):

$$\frac{1}{f} = \frac{3}{16\,\Phi_0^2} \int_{-\infty}^{\infty} \Phi'^2\, dz + \frac{e}{4\,m\,\Phi_0^2} \int_{-\infty}^{\infty} \mathfrak{H}^2 \left(2\,\Phi_0 - \Phi - \frac{e}{4\,m} \int_{-\infty}^{z} \int_{-\infty}^{z} \mathfrak{H}^2\, dz\, dz\right) dz \tag{62}$$

$$+ \text{ Glieder von der Ordnung } \frac{1}{\Phi_0^3}.$$

Die Formel (62) ist bisher noch nicht experimentell geprüft worden, da ihre Voraussetzung $\Phi_1 \ll \Phi_0$, $(e/m)\,\mathfrak{H}^2 \ll \Phi_0$ auf unbequem große Brennweiten führt. Dagegen wurde die Formel (60) von JOHANNSON und KNECHT [214] einer experimentellen Untersuchung unterzogen. Es wurden dazu *raumladungsfreie* Einzellinsen benutzt, so daß Gl. (60) nach Nullsetzen von ϱ und partieller Integration im ersten Glied [vgl. den Übergang von Gl. (11) zu (12)] in der einfacheren Form

$$\frac{1}{f} = \frac{1}{8\sqrt{\Phi_b}} \int_{-\infty}^{\infty} \frac{\mathfrak{E}_z^2}{\sqrt{\Phi^3}}\, dz + \frac{e}{8\,m\sqrt{\Phi_b}} \int_{-\infty}^{\infty} \frac{\mathfrak{H}_z^2}{\sqrt{\Phi}}\, dz \tag{63}$$

[1] Unter dieser Annahme wird $f_{rl} = -f_e$, so daß BUSCH nur $f = f_m$ erhielt.

[2] Wir dürfen hier nicht, wie gelegentlich in [III, 5], Φ_0 durch U ersetzen, da U stets das in *Volt* gemessene Potential bedeuten soll, während es bei der kombinierten Linse nicht ohne weiteres erlaubt ist, Φ statt in el. magn. CGS in Volt zu messen.

benutzt werden konnte. Zur Untersuchung wurden die früher beschriebenen Formen der elektrischen (Abb. 71) und magnetischen (Abb. 101) Einzellinse benutzt. Die Linsen wurden innerhalb bzw. außerhalb eines Versuchsrohres so angeordnet (Abb. 106b), daß die Symmetrieebenen ihrer Felder (Abb. 106a) zusammenfielen. Das Objekt, ein elektronenbestrahltes Netz, wurde nun der kombinierten Linse auf 6 cm genähert[1], und es wurde mit der Linse auf einem 57 cm entfernten Schirm das Bild des Netzes entworfen. Die Abbildung kann dabei in verschiedener Weise erfolgen. Wir können rein elektrisch, rein magnetisch oder so abbilden, daß die elektrische Linse einen bestimmten Bruchteil τ und die magnetische den Rest $1-\tau$ von $\frac{1}{f}=\frac{1}{6}+\frac{1}{57}=0{,}184$ übernimmt.

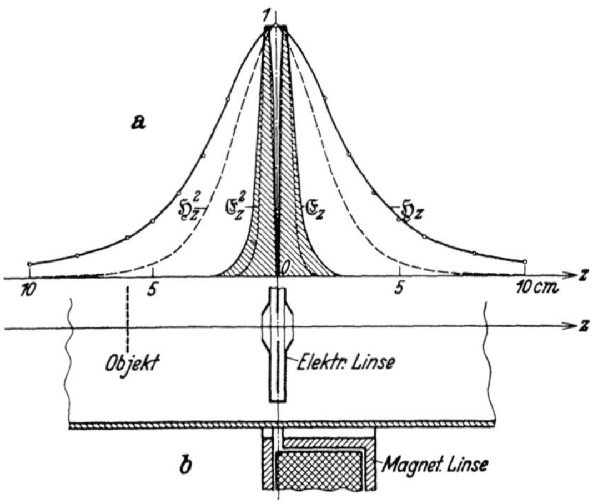

Abb. 106. Aufbau und Feld einer kombinierten elektrisch-magnetischen Linse [214].

Zur Prüfung der Beziehung Gl. (63) wählen wir z. B. die Brechkraft der elektrischen Linse zu $\frac{1}{f_e}=0{,}092$, d. h. $\tau=0{,}5$. Ergänzen wir mit der magnetischen Linse die Brechkraft, bis ein scharfes Bild entsteht, so muß damit die magnetische Linse die andere Hälfte der insgesamt notwendigen Brechkraft übernommen haben. Da wir den Spulenstrom der magnetischen Linse kennen, vermögen wir $\frac{1}{f_m}$ nach Gl. (60) zu berechnen, wobei wir hoffen, auf den Wert 0,092 zu kommen.

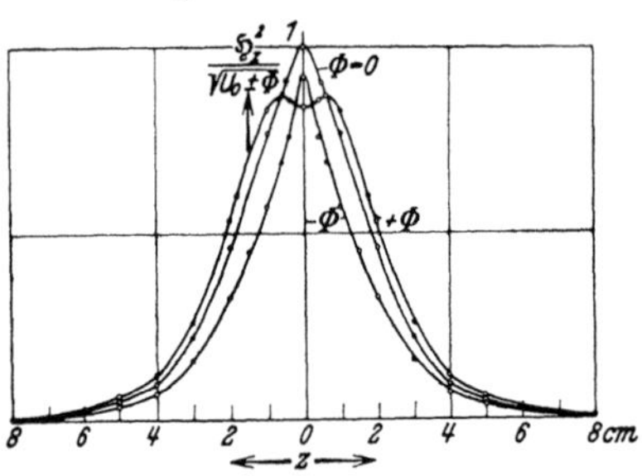

Abb. 107. Zur Brennweite einer magnetischen Linse bei Überlagerung eines elektrischen Feldes [214].

Wir können die früher angegebene Gl. (52) hier nicht benutzen, sondern müssen eine Neuberechnung nach Gl. (60) vornehmen, da das überlagerte elektrische Feld die Elektronengeschwindigkeit in der magnetischen Linse beeinflußt hat. Wie sich dadurch für unseren Fall der Integrand $\mathfrak{H}_z^2/\sqrt{U_0+\Phi}$ ändert[2], zeigt Abb. 107, in die der Integrand ohne Berücksichtigung des aufgeprägten Potentials ($\Phi=0$), bei Herstellung der halben erforderlichen Brechkraft durch negative ($-\Phi$) und positive ($+\Phi$) Aufladung der elektrischen Linse eingetragen wurde. Laden wir die elektrische Linse z. B. positiv auf, so wird das magnetische Feld auf die sehr schnellen Elektronen in der Linsenmitte, obwohl das Magnetfeld hier die höchste Stärke hat, weniger zu wirken vermögen als etwas weiter außen, wo die Elektronen geringere Geschwindigkeit haben, d. h. wir erhalten eine Kurve mit einer Einbuchtung in der Mitte. Daß

[1] In dieser Entfernung waren $\mathfrak{E}_z^2$ und $\mathfrak{H}_z^2$ bereits auf weniger als 1 % ihrer Maximalwerte abgeklungen.

[2] Wir wollen hier ausnahmsweise unter $(U_0+\Phi)$ die Elektronenenergie in Volt an der betrachteten Raumstelle z verstehen.

die Kurve als Ganzes breiter ist als die Kurve ($\Phi = 0$), liegt daran, daß für sie ein höherer Spulenstrom (großer Zähler des Integranden) beobachtet wurde.

Als Endergebnis erhalten wir für $1/f_m$ die nach Gl. (63) berechneten Werte 0,078 und 0,095 für negative und positive Aufladung der elektrischen Linse ($E_L = -490$ bzw. $+975$ Volt) und $\tau = 0{,}5$, während der richtige Wert 0,092 ist.

Die Übereinstimmung ist bei positivem Linsenpotential ausgezeichnet, bei negativem dagegen mäßig. Daß sich in letzterem Falle die Mängel unserer Näherungsformel stark auswirken, ist verständlich, sind doch die in Linsenmitte sehr verlangsamten Elektronen gegenüber allen Einflüssen besonders empfindlich.

Es sei noch erwähnt, daß KNECHT [235] das Immersionsobjektiv bei Überlagerung eines magnetischen Feldes benutzt hat. Wir wollen später [VI, 7] auf die Einzelheiten dieser Untersuchung, die die Unabhängigkeit des elektronenmikroskopischen Kathodenbildes von der Art der Abbildung (elektrisch oder magnetisch) zeigte, eingehen. Auch hierbei hat sich ergeben, daß die Überlagerung elektrischer und magnetischer Abbildungsfelder die Güte der Abbildung nicht vermindert.

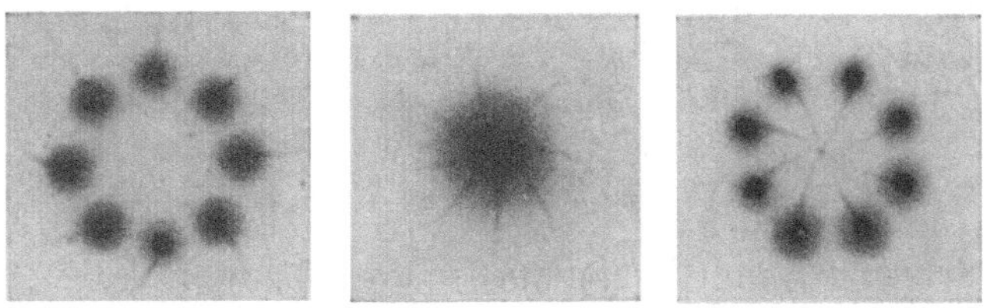

Abb. 108. Magnetische Bilder mit chromatischen Fehlern [245].

20. Der chromatische Linsenfehler und die achromatische Linse. Der Nenner Φ_0 in Formel (52) zeigt, daß auch die kurze magnetische Linse stets einen chromatischen Fehler aufweist. Für die Änderung der Brennweite mit dem Potential Φ_0, das die Elektronengeschwindigkeit bestimmt, finden wir aus Gl. (52):

$$\frac{df}{d\Phi_0} = \frac{e}{8m}\frac{f^2}{\Phi_0^2}\int_{-\infty}^{+\infty} \mathfrak{H}^2\, dz = \frac{f}{\Phi_0}\,.$$

Die Brennweite jeder kurzen magnetischen Linse nimmt also mit wachsender Elektronengeschwindigkeit zu.

Im Experiment muß sich dieser Fehler dann sehr störend zeigen, wenn die Strahlung nicht vollständig monochromatisch ist. So treten bei der Abbildung von Blenden durch schnelle Strahlen oft Kometenschweife auf (Abb. 108), wie sie GABOR zuerst beobachtete. Sie sind durch Beimengung langsamerer Elektronen zum Strahl zu deuten.

Da der chromatische Fehler bei den elektrischen Immersions- und Einzellinsen mit dem gleichen Vorzeichen auftritt [III, 11], und da sich die Brechkräfte elektrischer und magnetischer Linsen in erster Näherung additiv zusammensetzen [III, 19], kommen wir zu der Erweiterung unserer betrüblichen Feststellungen von [III, 11]: *Alle* raumladungsfreien kurzen Elektronenlinsen, auf deren beiden Seiten der Raum feldfrei ist, sind Sammellinsen, deren Brennweite mit abnehmender Elektronengeschwindigkeit abnimmt.

Kombiniert man an Stelle einer elektrischen Einzel- oder Immersionslinse eine Lochblende mit einer magnetischen Linse, so erhält man ebenfalls keine achromatische Linse, wie man es aus der folgenden Überlegung erkennt. Die

Brechkräfte setzen sich in erster Näherung additiv zusammen. Wir haben also nach Gl. (9) und (52)

$$\frac{1}{f} = \frac{1}{f_e} + \frac{1}{f_m} = \frac{d_1}{\Phi_0} + \frac{d_2}{\Phi_0}\,;$$

$$d_1 = \frac{1}{4}\,(\Phi_b' - \Phi_a')\,; \quad d_2 = \frac{e}{8\,m}\int_{-\infty}^{\infty} \mathfrak{H}^2\, dz\,.$$

Die Brennweite ändert sich also nur dann nicht bei einer Änderung von Φ_0, wenn $d_1 = -d_2$ ist. In diesem Falle ist aber die Brechkraft Null, die Linse also unwirksam.

Ersetzt man die einfache Lochblende durch eine kompliziertere kurze Linse, so kann man wieder ähnliche Betrachtungen anstellen, wie wir sie bei der rein elektrischen Linse durchführten [III, 11], ohne daß die dabei zu erzielenden Ergebnisse über das dort Erreichte hinausgehen.

21. Sonstige Linsenfehler. Um die übrigen Bildfehler in erster Näherung zu finden, haben wir bei der Integration der Gl. (40) die bisher vernachlässigten Größen r^2, r'^2, $r^2\psi'^2$ als kleine Größen in erster Näherung beizubehalten. Q nimmt also nach Gl. (41) und [II, 12] Gl. (16) und [II, 17] Gl. (34) die Form an:

$$Q = -\frac{e}{2\,m}\left(\frac{1}{2}\,\mathfrak{H}\, r - \frac{1}{16}\,\mathfrak{H}''\, r^3 + \frac{C}{r}\right)^2 + \Phi - \frac{1}{4}\,\Phi''\, r^2 + \frac{1}{64}\,\Phi^{(4)}\, r^4\,.$$

Setzen wir in Gl. (40) wieder $dt = \frac{dz}{v_z}$, wobei $v_z = \dot{z}$ durch den Energiesatz Gl. (42) gegeben ist, so geht die zweite und dritte Gl. (40) bei konsequenter Vernachlässigung der Quadrate und Produkte der Größen r^2, r'^2, $r^2\psi'^2$ über in

$$\left.\begin{aligned}
&\sqrt{\Phi_z}\,\frac{d}{dz}\left(\sqrt{\Phi_z}\,\frac{dr}{dz}\right) = -P\,r + \frac{e}{2\,m}\,\frac{C^2}{r^3} + \frac{1}{32}\,\Phi^{(4)}\, r^3 + \frac{e}{16\,m}\,\mathfrak{H}''\left(\mathfrak{H} + \frac{C}{r^2}\right) r^3\,,\\
&\sqrt{\Phi_z}\,\frac{d\psi}{dz} = \sqrt{\frac{e}{8\,m}}\,\mathfrak{H} - \frac{1}{16}\sqrt{\frac{e}{2\,m}}\,\mathfrak{H}''\, r^2 + \sqrt{\frac{e}{2\,m}}\,\frac{C}{r^2}\,;\\
&\Phi_z = \frac{m}{2e}\, v_z^2 = \varphi(1 - r'^2 - r^2\psi'^2) = \Phi - \frac{1}{4}\,\Phi''\, r^2 - \Phi\, r'^2 - \Phi\, r^2\psi'^2\\
&\qquad = \Phi - \frac{1}{4}\,\Phi''\, r^2 - \Phi\, r'^2 - \frac{e}{2\,m}\left(\frac{1}{2}\,\mathfrak{H}\, r + \frac{C}{r}\right)^2.
\end{aligned}\right\} \quad (64)$$

P ist dabei immer noch durch Gl. (43c) gegeben[1].

Setzen wir nun $r = r^* + \varrho$, $\psi = \psi^* + \delta$, wobei r^* und ψ^* nunmehr die durch Gl. (58) gegebenen, dort ohne Stern geschriebenen Koordinaten des als achsennah betrachteten Strahls bedeuten sollen, so sind ϱ und δ die Abweichungen vom idealen Strahlengang, die zu den Bildfehlern Anlaß geben. Berücksichtigen wir, daß die durch Gl. (58) dargestellten Bahnen den Gl. (43) genügen[2], so finden wir aus Gl. (64) unter den gleichen Vernachlässigungen wie bisher (ϱ und δ sind kleine Größen derselben Ordnung wie r^2, r'^2, $r^2\psi'^2$):

$$\left.\begin{aligned}
\sqrt{\Phi}\,\frac{d}{dz}\left(\sqrt{\Phi}\,\frac{d\varrho}{dz}\right) &= -\left(P + \frac{3}{2}\,\frac{e}{m}\,\frac{C^2}{r^{*4}}\right)\varrho + B\,,\\
\sqrt{\Phi}\,\frac{d\delta}{dz} &= \sqrt{\frac{2e}{m}}\left(D - \frac{C}{r^{*3}}\,\varrho\right)
\end{aligned}\right\} \quad (65)$$

[1] Wir sprechen in diesem Abschnitt nur von raumladungsfreien Linsen ($\varrho = 0$), da die Bildfehlerberechnung für den allgemeinen Fall kaum Interesse hat. Wir werden den Buchstaben ϱ weiter unten in anderem Sinne gebrauchen.

[2] Man beachte, daß C in Gl. (64) um $\frac{1}{16}\,\mathfrak{H}_a''\, r_a^4 - \sqrt{\frac{2\,m}{e}}\,\Phi_a\,\omega_a\,\psi_a'\, r_a^2$ größer ist als in Gl. (43).

mit den Abkürzungen

$$\left.\begin{aligned}
B &= \frac{1}{32}\,\Phi^{(4)}\,r^{*3} + \frac{e}{16\,m}\,\mathfrak{H}''\left(\mathfrak{H} + \frac{C}{r^{*2}}\right) r^{*3} - C\sqrt{\frac{2e}{m}}\,\Phi_a\,\omega_a\,\psi'_a\,\frac{r_a^2}{r^{*3}} \\
&\quad + \frac{e\,C}{16\,m}\,\mathfrak{H}''_a\,\frac{r_a^4}{r^{*3}} - \omega\,r^*\left[\frac{e}{4\,m}\,\mathfrak{H}^2 + \frac{1}{2}\,\Phi'' - \frac{e}{m}\,\frac{C^2}{r^{*4}}\right] + \Phi\,\frac{d\,r^*}{d\,z}\,\frac{d\,\omega}{d\,z}\,; \\
D &= -\frac{1}{32}\,\mathfrak{H}''\,r^{*2} + \frac{\omega}{4}\left[\mathfrak{H} + \frac{2\,C}{r^{*2}}\right] - \sqrt{\frac{m}{2\,e}}\,\Phi_a\,\omega_a\,\psi'_a\,\frac{r_a^2}{r^{*2}} + \frac{\mathfrak{H}''_a\,r_a^4}{32\,r^{*2}}\,; \\
C &= r_a^2\left(\sqrt{\frac{2\,m}{e}}\,\Phi_a\,\psi'_a - \frac{1}{2}\,\mathfrak{H}_a\right); \\
\omega &= \frac{1}{2\,\Phi}\,(\Phi - \Phi_z) = \frac{1}{2\,\Phi}\left[\frac{1}{4}\,\Phi''\,r^{*2} + \Phi\left(\frac{d\,r^*}{d\,z}\right)^2 + \frac{e}{2\,m}\left(\frac{1}{2}\,\mathfrak{H}\,r^* + \frac{C}{r^*}\right)^2\right].
\end{aligned}\right\} \tag{66}$$

Die Gl. (65) sind in den gesuchten Funktionen ϱ und δ linear. Sie lassen sich lösen, wenn wir r^* und χ^* — s. Gl. (58) (dort ohne Stern geschrieben) — d. h. den paraxialen Strahlengang, als bekannt voraussetzen[1]. Da r^* und ψ^* bereits den Anfangsbedingungen genügen, denen $r = r^* + \varrho$ und $\psi = \psi^* + \delta$ genügen sollen, müssen ϱ und δ nebst ihren Ableitungen bei $z = z_a$ verschwinden. Mit diesen Anfangsbedingungen für ϱ und δ können wir ϱ und δ aus Gl. (65) berechnen. Das Ergebnis lautet in komplexer Zusammenfassung:

$$C\sqrt{\frac{2e}{m}}\left(\delta - \frac{i\,\varrho}{r^*}\right) = e^{-2\,i\,\chi^*}\int\limits_{z_a}^{z}\frac{B\,r^*}{\sqrt{\Phi}}\,e^{2\,i\,\chi^*}\,d\,z + \int\limits_{z_a}^{z}\left(\frac{2\,e}{m}\,\frac{C\,D}{\sqrt{\Phi}} - \frac{B\,r^*}{\sqrt{\Phi}}\right) d\,z\,. \tag{67}$$

Man erhält daraus δ und ϱ, indem man Realteil und Imaginärteil einzeln vergleicht. Dabei sind die Abkürzungen B, C und D durch Gl. (66) gegeben[2]. Im Grenzfall $C \to 0$ wird $\chi^* = \sqrt{\frac{e}{2\,m\,\Phi_a}}\,\frac{C\,r_\alpha}{r_a\,r^*}$, und man erhält:

$$\delta = \sqrt{\frac{2\,e}{m}}\int\limits_{z_a}^{z}\frac{D}{\sqrt{\Phi}}\,d\,z\,; \qquad \varrho = \frac{r_\alpha}{\sqrt{\Phi_a}}\int\limits_{z_a}^{z}\frac{B\,r_\beta}{\sqrt{\Phi}}\,d\,z - \frac{r_\beta}{\sqrt{\Phi_a}}\int\limits_{z_a}^{z}\frac{B\,r_\alpha}{\sqrt{\Phi}}\,d\,z \tag{68}$$

mit der im Anschluß an Gl. (49) festgelegten Bedeutung der Funktionen r_α und r_β. Um aus Gl. (67) oder (68) den Einfluß der Linsenfehler zu finden, hat man ϱ und δ für die Bildebene auszurechnen. Da in dieser Ebene alle von einem Objektpunkte ausgehenden Strahlen r^*, ψ^* durch einen Punkt [III, 15] gehen, sind dann ϱ und δ direkt die Abweichungen des betrachteten Strahls von dem seinem Ausgangspunkt in der Objektebene entsprechenden Gaussschen Bildpunkt. Wählt man nun für die Strahlen r^*, ψ^* die durch die Blenden bzw. die Beschleunigungsverhältnisse bedingten geeigneten Strahlen aus, so kann man aus Gl. (67) und (68) die Bildfehler in erster Näherung (in optischer Sprechweise: Die Bildfehler 3. Ordnung) direkt berechnen. Eine Erweiterung des mathematischen Formalismus auf die Bildfehler höherer Ordnung (Berücksichtigung der höheren Glieder in r, r' usw.) bietet keine prinzipiellen Schwierigkeiten.

Die Größe ϱ betrifft die Abweichung der Strahlen in radialer Richtung, also in erster Linie die sphärische Aberration, die tangentiale Bildfeldwölbung und die Verzeichnung. δ beschreibt u. a. die sagittale Bildfeldwölbung und die Bildzerdrehung [I, 14], eine Eigenart der magnetischen Abbildung (Abb. 109).

In den meisten Fällen ist es gar nicht nötig, den Verlauf der Funktionen r_α und r_β, die in Gl. (58) und (68) eingehen, genau zu kennen. Meist liefert schon die

[1] Die gleiche Voraussetzung ist nötig, wenn man die Linsenfehler nach der Eikonalmethode [I, 12] berechnet.

[2] Zur Kontrolle setze man ϱ und δ unter Benutzung von Gl. (43a) und (47) in Gl. (65) ein.

Verwendung der ersten oder zweiten Näherung einen gewissen Aufschluß über die Größe der Bildfehler. Da die Rechnungen sehr umständlich werden und da bis jetzt keine systematischen Untersuchungen vorliegen, wollen wir hierauf nicht näher eingehen, sondern nur eine Formel für die sphärische Aberration einer kurzen, rein magnetischen Linse angeben. Man findet aus Gl. (68) für den in der Brennebene gemessenen Achsenabstand r_f eines vor der Linse im Achsenabstand r_a verlaufenden Parallelstrahls das Analogon zu Gl. (36):

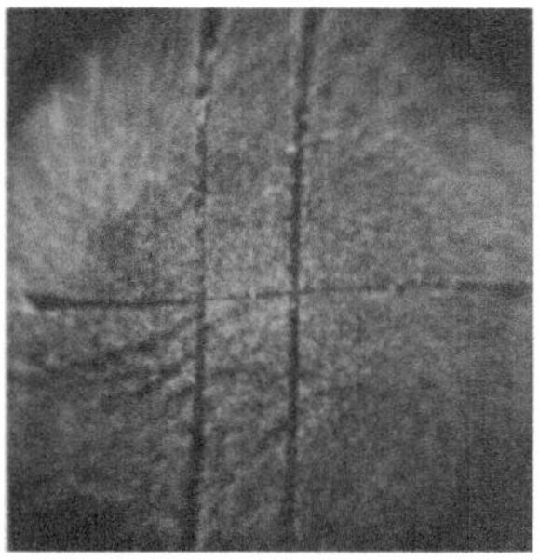

Abb. 109. Magnetisches Bild mit Zerdrehungsfehlern.

$$r_f = -\frac{e f r_a^3}{16 m \Phi_0} \int_{-\infty}^{\infty} \mathfrak{H}'^2 \, dz + \text{Glieder von der Ordnung } \frac{1}{\Phi_0^2}. \quad (69)$$

Der Schnittpunkt achsenparalleler Strahlen rückt also bei Vergrößerung des Achsenabstandes bei einer rein magnetischen Linse auf die Linse zu.

c) Ablenkelemente und Zylinderlinsen.

22. Übergang zur Zylinderlinse. Alle Überlegungen, die wir bei der elektrischen Linse durchgeführt haben, können wir unmittelbar auf die Zylinderlinse übertragen. Indem wir das Kreisloch der Lochblende durch einen Schlitz ersetzen, erhalten wir die einfache elektronenoptische Zylinderlinse, deren Brechkraft größer ist als die der Lochblendenlinse, da die Potentialfelder stärker durchzugreifen vermögen. Die genauere Berechnung [98] ergibt, daß die Brennweite

$$f = \frac{2\Phi_0}{\Phi_b' - \Phi_a'},$$

d. h. halb so groß ist wie die durch Gl. (9) gegebene Brennweite der Lochblende. Solche einfachen Zylinderlinsen kommen gelegentlich — meist unerkannt — in Apparaturen vor, so z. B. in dem Ramsauer-Kästchen [VII, 8], wo zwischen der lichtelektrischen Platte und der ersten Schlitzblende (Abb. 110) ein Beschleunigungsfeld angelegt ist, das an der Schlitzblende eine Zerstreuungslinse[1] schafft.

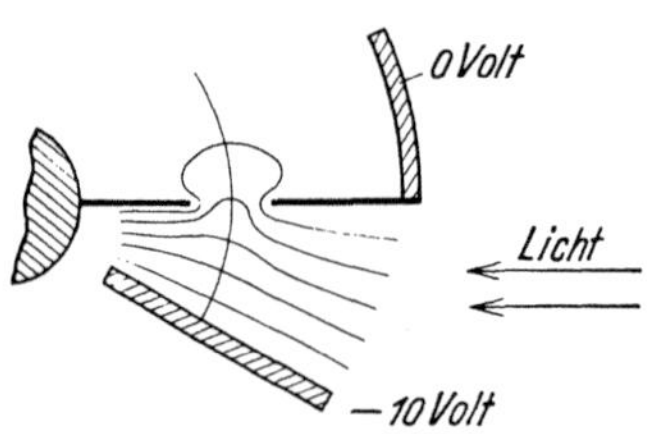

Abb. 110. Auftreten einer Zerstreuungslinse an der Schlitzblende des Ramsauer-Kästchens.

Drei solcher Schlitzblenden ergeben wieder eine Einzellinse, die der [III, 5] behandelten Einzellinse analog ist und deren Brennweite sich entsprechend finden ließe. Andere Formen elektrischer Zylinderlinsen (Immersions- und Einzellinsen) lassen sich aus den in Abb. 70 zusammengestellten rotationssymmetrischen Linsen ableiten[2].

Doch nicht nur auf elektrischem Gebiet ist der Übergang zur Zylinderlinse möglich. Von der magnetischen Linse in der Ruska-Knollschen Form kann man z. B. zu einer Anordnung zweier Hufeisenmagneten übergehen, wie es Abb. 112 andeutet[3].

Alle diese Anordnungen sind vorzugsweise kongradient und entsprechen

[1] Durch Zwischenschalten einer zweiten Schlitzblende vermag man ein elektronenmikroskopisches System zu bilden, das insgesamt eine Sammelwirkung hat. Diese Tatsache wurde bereits vor Jahren im Physikalischen Institut Danzig an einer ähnlichen Anordnung bemerkt, ohne daß die Erscheinung damals gedeutet werden konnte.

[2] Setzt man eine Anoden-Schlitzblende in ein elektrisches Immersionsobjektiv ein, so erhält man Bilder mit den typischen Verzerrungen in der Schlitzrichtung (Abb. 111).

[3] Über komplizierte Zylinderlinsensysteme zur anamorphotischen Abbildung s. [V, 15].

daher den gebräuchlichen optischen Elementen. Die Elektronenoptik kennt jedoch auch transgradiente Systeme. Diese Systeme sind, wie wir [II, 8] sahen, ebenso als Linsen von Axialsymmetrie unbrauchbar, wie als reine Zylinderlinsen. Dagegen sind sie prädestinierte Ablenkungselemente, die *neben* dieser Eigenschaft auch die Eigenschaft von Zylinderlinsen besitzen. Das einfachste elektrische und magnetische Beispiel hierfür gibt die Elektronenbewegung in einem homogenen elektrischen und einem homogenen magnetischen Querfelde (Abb. 113). Die von einem Punkte K unter nicht zu großem Winkel senkrecht zu den Kraftlinien ausgehenden Elektronen treffen sich nach Durchlaufen von Parabeln[1] bzw. Kreisbahnen nahezu wieder in einem Punkte, und zwar mit der gleichen Genauigkeit, mit der sich die Strahlen durch eine Linse wiedervereinigen lassen.

Abb. 111. Elektrisches Bild mit Fehlern infolge Einschaltens einer Zylinderlinse.

Für die Geschwindigkeits- und Massenspektrographie hat man durchgehend nur derartige vorzugsweise transgradiente Anordnungen benutzt, die man als Fokussierungselemente zu bezeichnen pflegt [II, 8]. Auch wir werden uns in den folgenden Abschnitten nur mit solchen[2] Feldern und deren Ablenk-, Dispersions- und Fokussierungseigenschaften beschäftigen.

23. Ablenkung durch elektrische und magnetische Felder. Betrachten wir zunächst nur die Ablenkungseigenschaften elektrischer und magnetischer Fokussierungsfelder, wobei wir zwei Grenzfälle unterscheiden wollen. Im einen Fall sei das ablenkende Feld „kurz“ [II, 9] gegenüber dem sonstigen Strahlengang. Im anderen Fall sei das ablenkende Feld so ausgedehnt, daß der ganze Strahlengang darin verläuft. Vertreter des ersten Falles sind das Ablenkplattenpaar (Ablenkkondensator) und das magnetische Ablenkspulenpaar der BRAUNschen Röhre. Vertreter des zweiten Falles sind das erwähnte homogene elektrische und homogene magnetische Querfeld (Abb. 113).

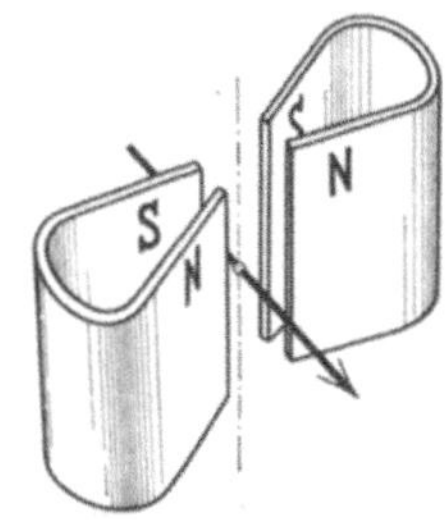

Abb. 112. Magnetische Zylinderlinse.

Der Ablenkkondensator wird im allgemeinen so benutzt, daß man den Elektronenstrahl in der Symmetrieebene in das Feld eintreten läßt. Zur mathematischen Behandlung denkt man sich das Feld unter Vernachlässigung des Streufeldeinflusses scharf abgeschnitten (Abb. 114a). Das Elektron beschreibt dann ein Parabelstück, an das sich nach Verlassen des Feldes wieder eine Gerade ansetzt. Der Strahl möge beim Verlassen des Kondensators eine Potentialfläche schneiden, die u_1 Volt gegenüber der Mittelebene hat[3]. Dann können wir uns

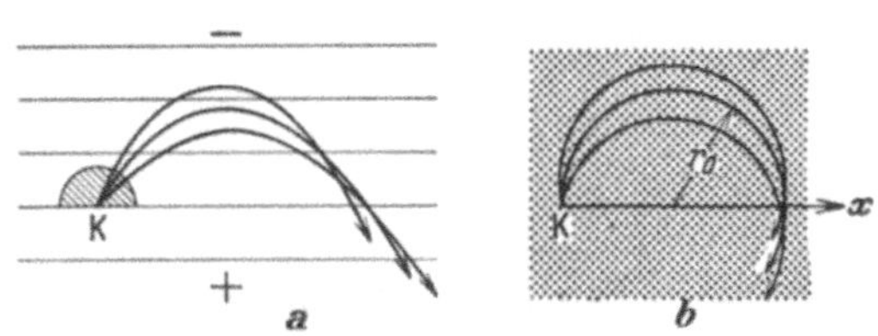

Abb. 113. Fokussierungswirkung des homogenen elektrischen und magnetischen Feldes.

[1] Voraussetzung für die elektrische Fokussierung ist, daß die Abschußrichtung im schraffierten Winkelbereich liegt.

[2] Man kann auch kongradiente Elemente mit Ablenk- *und* Fokussierungswirkung bauen (z. B. Abb. 37 links unten), doch werde von ihrer Besprechung wegen ihrer Bedeutungslosigkeit abgesehen.

[3] Das Potential der Mittelebene ist gleichzeitig das Potential des Versuchsraumes, in den der Kondensator eingelagert wurde.

den von diesen beiden Potentialflächen gebildeten „Kondensator" zu einer „Doppelschicht" zusammengeschrumpft denken, ohne daß sich dadurch der Ablenkwinkel Θ_e ändern würde, und können jetzt (Abb. 114b) das elektronenoptische Brechungsgesetz [I, 1] anwenden [58]:

$$\frac{\sin\alpha}{\sin\beta} = \frac{\sin 90^0}{\cos\Theta_e} = \sqrt{\frac{U+u_1}{U}} = \sqrt{1+\frac{u_1}{U}}\,.$$

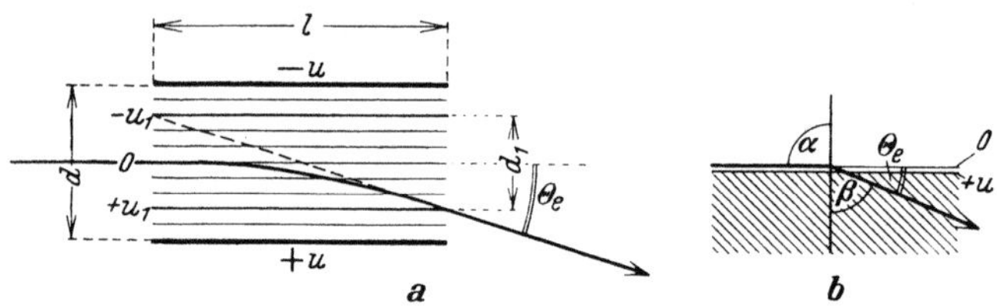

Abb. 114. Strahlablenkung durch einen Kondensator.

Wir erhalten daraus die bekannte Ablenkformel des Ablenkkondensators:

$$\operatorname{tg}^2\Theta_e = \frac{u_1}{U}\,, \qquad (70)$$

die sich unter Benutzung der Gleichung für die Feldstärke $\mathfrak{E} = \frac{2\,u_1}{d_1} = \frac{2\,u}{d}$ und der geometrischen Beziehung $\operatorname{tg}\Theta_e = d_1/l$ in die gebräuchlichere Form umschreiben läßt:

$$\operatorname{tg}\Theta_e = \frac{l}{d_1}\frac{u_1}{U} = \frac{l}{d}\frac{u}{U} = \frac{e}{m}\frac{l}{v^2}\mathfrak{E}\,, \qquad (70\,\text{a})$$

oder, bei Beschränkung auf kleine Winkel:

$$\Theta_e = \frac{e}{m}\frac{l}{v^2}\mathfrak{E}\,. \qquad (70\,\text{b})$$

Die Ableitung aus dem elektronenoptischen Brechungsgesetz zeigt uns sehr deutlich eine Schwäche, die alle Ableitungen der Ablenkungsformel haben. Wir haben den Strahl in ein Medium „hineingebrochen", wobei er die höhere Geschwindigkeit $U + u_1$ erreichte. Bei der üblichen Ableitung[1], die das Problem als ein Bewegungsproblem auffaßt, denkt man sich das aus dem idealisierten Kondensator austretende Elektron in *gleicher* Richtung und mit *gleicher* Geschwindigkeit weiterfliegen. Man vergißt, daß das Elektron bei der Ablenkung auf höheres Potential $(U + u_1)$ gekommen ist. In allen praktischen Fällen herrscht aber hinter dem Kondensator das gleiche Raumpotential wie davor, d. h. wir müssen noch untersuchen, wie das Elektron von dem erhöhten Potential zum Raumpotential zurückkehrt oder, optisch gesprochen, wie es die „zweite" Grenzfläche des Ablenkelementes durchsetzt. Die hierdurch bedingte Ablenkung ist der „Streufeldeinfluß"[2]. Wir sehen sogleich, daß der Strahl eine zusätzliche Ablenkung erfahren wird und daß diese Zusatzablenkung um so größer sein wird, je länger der Strahl längs der streuenden Potentialflächen und je streifender er zu ihnen verläuft (Abb. 115). Will man den Streufeldeinfluß [wie bei (e/m) - Bestimmungen] gering machen, so wird man daher sehr lange Kondensatoren benutzen oder besondere

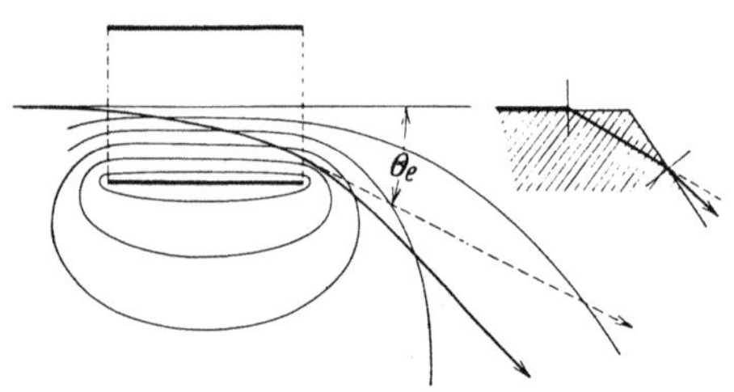

Abb. 115. Streufeldeinfluß und seine optische Analogie.

[1] Vgl. z. B. Alberti [2].

[2] Das Streufeld ist in Abb. 44 dargestellt. Über den Streufeld*einfluß* vgl. die Arbeiten von Bucherer [71] und Coffin [84].

Maßnahmen[1] anwenden (Abb. 116), damit der Strahl möglichst senkrecht zu den brechenden Flächen austritt. Will man den Streufeldeinfluß wie bei der BRAUNschen Röhre möglichst groß machen, so wird man für „streifenden" Austritt wie bei den Kondensatorplatten von GUIJE, RATNOWSKI und LAVANCHY [178], GABOR [149] Sorge tragen (Abb. 117)[2].

Die analoge Bedeutung wie das Ablenkplattenpaar hat das Ablenkspulenpaar. Ist $\mathfrak{H}$ die Feldstärke des homogenen magnetischen Querfeldes und l der Spulendurchmesser, so läßt sich für nicht zu große Ablenkwinkel Θ_m die Ablenkung sofort angeben:

$$\operatorname{tg}\Theta_m = l\,\frac{e}{m}\,\frac{\mathfrak{H}}{v} = l\sqrt{\frac{e}{2\,m}}\,\frac{\mathfrak{H}}{\sqrt{U}}\,, \qquad (71)$$

oder bei Beschränkung auf sehr kleine Ablenkwinkel:

$$\Theta_m = \frac{e}{m}\,\frac{l}{v}\,\mathfrak{H}\,. \qquad (71\,\mathrm{a})$$

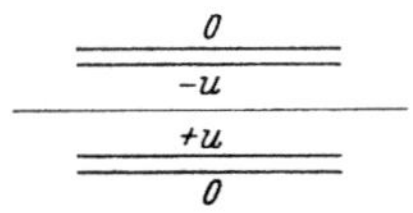

Abb. 116. Kondensator mit verringertem Streufeld.

Während bei der Ablenkung durch „kurze" Felder der elektrische Fall höheres Interesse als der magnetische beansprucht, ist es für ausgedehnte Felder umgekehrt. Der Verlauf des Elektrons in einem Kondensatorfeld, wobei Anfangs- und Endpunkt der Bahn im Felde liegen, hat deshalb bisher keine praktische Bedeutung erlangt, weil die Änderung der Geschwindigkeit, und die Justierung des Strahlenganges längs einer Parabelkurve unbequem und weil die Anbringung von Blenden usw. ohne Störung des Potentialfeldes fast unmöglich ist. Alle diese Schwierigkeiten fallen für das homogene magnetische Querfeld, in welchem die Elektronen Kreisbahnen beschreiben [III, 14], fort.

24. Fokussierung und Dispersion homogener magnetischer Felder. Wir wollen jetzt unsere Betrachtungen des letzten Abschnittes, in dem wir jeweils nur *eine* Bahn ins Auge faßten, ergänzen, indem wir auch die benachbarten Bahnen berücksichtigen, die unter geringen Winkeln gegen den „Hauptstrahl" geneigt von einem Punkte ausgehen.

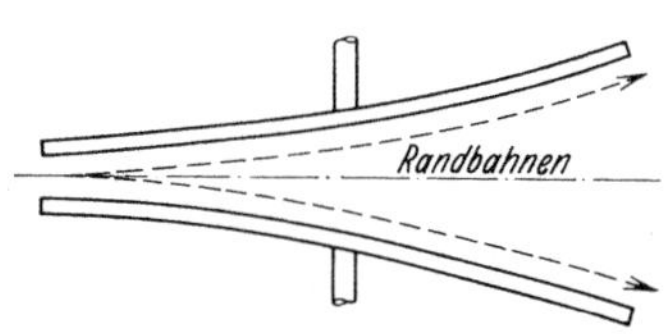

Abb. 117. Kondensator mit gekrümmten Ablenkplatten [149].

Beginnen wir mit dem einfachsten Fall, der Elektronenbewegung im homogenen magnetischen Querfeld, in dem die ganze Strahlbahn liege. Alle Elektronen gleicher Geschwindigkeit beschreiben dann gleich große Kreise (Abb. 113b), wobei sich Bahnen, die K unter kleinem Winkel gegeneinander verlassen, nach einem Halbkreis wieder schneiden.

Wenn jetzt der Strahler K in der angegebenen Richtung Strahlen *verschieden schneller* Elektronen aussendet, so entsteht auf einer Ebene senkrecht dazu eine entsprechende Anzahl solcher Fokussierungsstellen. Fassen wir K als einen strahlenden Spalt auf, so erhalten wir auf einer in diese Ebene gelegten photographischen Platte Linien als „Bilder" des Spaltes, die uns in ihrer Folge ein Geschwindigkeitsspektrum liefern. Die Bedeutung eines solchen „Geschwindigkeitsspektrographen" mit Fokussierung haben wohl zuerst RUTHERFORD und Mitarbeiter [344, 345] erkannt.

Die Güte des Spektrums wird davon abhängen, wie weit die einzelnen, zu bestimmten Geschwindigkeiten gehörigen Linien auseinander liegen und wie schmal die Linien selbst sind, d. h. der Quotient von Dispersion D zu Strichbreite B ist als Maß für die Güte dieses — udn auch jedes anderen — fokussieren-

[1] Auch hier wird man wie bei den Elektronenlinsen (Abb. 42, 74) Abschirmungen anzuwenden suchen.

[2] Über die Berechnung vgl. ALBERTI [2].

den Dispersionsfeldes anzusprechen. Wir wollen diesen Quotienten als *reduzierte Dispersion* bezeichnen.

Betrachten wir zur Definition der Dispersion zwei Strahlen wenig verschiedener Geschwindigkeiten v und $v + dv$. Ihnen entsprechen zwei Punkte x und $x + dx$ auf der Platte. Die durch die Größe dv hervorgerufene Verschiebung dx gibt uns ein Maß für die Dispersion. Die Größe dx/dv ist jedoch noch geschwindigkeitsabhängig, weswegen wir als Dispersion D besser

$$D = v\frac{dx}{dv} \tag{72}$$

definieren. Ähnlich wie bei der etwas bedenklichen Veranschaulichung des Elastizitätsmoduls können wir die so eingeführte Dispersion D als Verschiebung des Spaltbildes auf der Meßskala (Platte) bei Erhöhung der Strahlgeschwindigkeit um 100% deuten.

Kehren wir zu dem homogenen magnetischen Feld zurück, um die reduzierte Dispersion wirklich auszurechnen. Dabei möge sogleich der experimentell meist vorliegende Fall berücksichtigt werden, daß wir es nicht mit einem Strahlenbündel zu tun haben, das bereits unter kleinem Öffnungswinkel senkrecht zum Auffangeschirm ausgeht, sondern mit einem Strahler, aus dessen Strahlung wir zuerst ein kleines Bündel herauszuschneiden haben. Wie es Abb. 118 zeigt, führen wir dann eine Intensitätsblende B ein, die für die verschiedenen Geschwindigkeiten möglichst symmetrisch zum „Hauptstrahl" liegen soll. Zur Erzeugung der einzelnen Linien werden jetzt Bündel benutzt, die in etwas verschiedener Richtung vom Strahler K ausgehen. Der Schirm ist so zu legen, daß er mit KB einen rechten Winkel bildet, da er dann auf dem „Hauptstrahl" jedes Bündels gerade einen Halbkreis abschneidet. Die Fokussierungslinien der einzelnen Bündel auf der Platte liefern das Geschwindigkeitsspektrum. Nach Gl. (37) folgt nämlich mit $KB = d$ wegen $x^2 + d^2 = (2r_0)^2$:

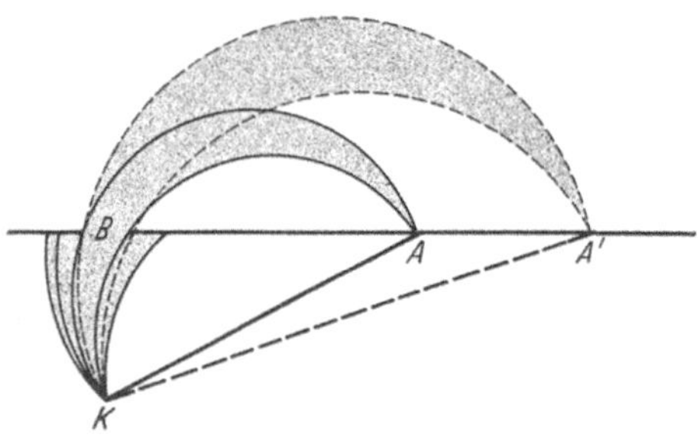

Abb. 118. Richtungsfokussierung im homogenen Querfeld.

$$v = \frac{1}{2}\frac{e}{m}\mathfrak{H}\sqrt{x^2 + d^2}, \tag{73}$$

so daß jedem Abstand $x = BA$ eine bestimmte Geschwindigkeit zugeordnet ist. Die Dispersion dieser Anordnung wird mit Gl. (73) nach Gl. (72):

$$D = 4\frac{r_0^2}{x}.$$

Das beinahe selbstverständliche Ergebnis besagt, daß man zur Erzielung großer Dispersion die Kreise möglichst groß zu machen habe. Doch dieses Ergebnis ist noch nicht endgültig, da es für die Anwendungen auf die *reduzierte* Dispersion ankommt. Wir haben also noch die Strichbreite auszurechnen.

Nach Abb. 113b schneiden sich die Bahnen von Elektronen gleicher Geschwindigkeit zwar nahezu, aber nicht genau, nach einem Halbkreis. Die äußeren Kreise schneiden den Hauptkreis vor, die inneren nach 180°, und beide bewirken daher bei 180° eine Verbreiterung des Bildes nach innen zu. Diese Verbreiterung, die im Fokussierungspunkt in erster Näherung Null ist (d. h. die stärker als der Winkel α verschwindet, den die Kreise mit dem Hauptkreis bilden), geht im allgemeinen mit Gliedern in α^2, hat also die Form $B = \text{const}\cdot\alpha^2$. Das Bild von K, das durch Elektronen der Geschwindigkeit v entworfen werden möge, die bei x die Platte treffen, wird also über eine Strecke von x bis $x + B$ verwischt, wobei B die Strichbreite ist. In unserem Falle wird, wie man aus Gl. (37) ableitet,

$$B = -\alpha^2 r_0,$$

d.h. der Strich ist nach innen verwischt. Damit wird die reduzierte Dispersion:

$$\delta = \frac{D}{B} = \frac{4 r_0^2}{x} \cdot \frac{1}{\alpha^2 r_0},$$

oder, wenn wir berücksichtigen, daß meist in Annäherung $2 r_0 = x$ ist,

$$\delta \approx 2 \cdot \frac{1}{\alpha^2}.$$

Die letzte Formel zeigt, daß eine Vergrößerung der Apparatur keinen unmittelbaren Wert hat. Erst sekundäre Effekte wie Korngröße der photographischen Schicht lassen sie sinnvoll erscheinen. Eine höhere Auflösung kann nur die Verengung der Intensitätsblende B bringen. Halbiert man z. B. ihre Breite, so nimmt α^2 auf ein Viertel ab und die Auflösung wächst auf den vierfachen Wert an.

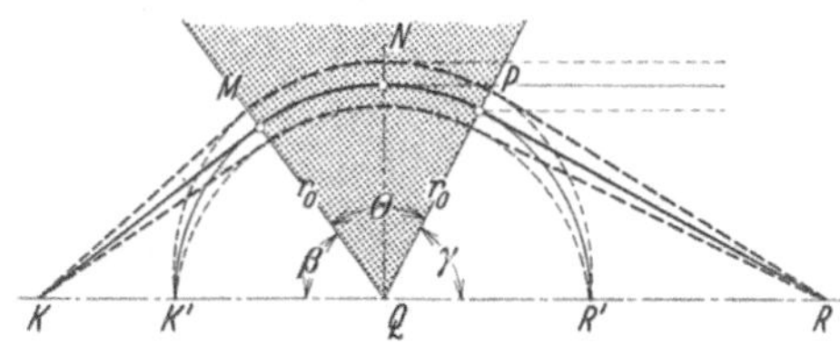

Abb. 119. Richtungsfokussierung im begrenzten magnetischen Querfeld [19].

Nachdem wir soeben das ausgedehnte magnetische Fokussierungsfeld betrachtet haben, mögen noch die Eigenschaften des zugehörigen „kurzen" Magnetfeldes erörtert werden. Dazu verfolgen wir mit BARBER [22] ein divergierendes Elektronenbündel (Abb. 119), das von K kommend bei M senkrecht in ein homogenes Feld eintritt und es bei P wieder senkrecht verläßt. Die Feldstärke und der Bahnradius im Magnetfeld sind dabei durch Gl. (37) verbunden. Man ersieht unmittelbar aus der Zeichnung, daß das Magnetfeld sammelnd wirkt, denn der äußere Strahl beschreibt einen längeren Weg im Magnetfeld als der innere. BARBER hat ausgerechnet, daß die Strahlen gleicher Geschwindigkeit in R fokussiert werden, wenn $\beta + \Theta + \gamma = \pi$ ist[1]. Das bedeutet, daß KQR eine Gerade sein muß. Wir erhalten den früher behandelten Fall, daß auch K und R mit im Magnetfeld liegen, wenn wir $\beta = \gamma = 0$, also $\Theta = \pi$ setzen, wobei der Abschußpunkt natürlich von K nach K' verlegt werden muß und sich dementsprechend R nach R' verschiebt. Hingewiesen sei noch auf den Spezialfall $\beta + \Theta = \frac{\pi}{2}$, $\gamma = \frac{\pi}{2}$. Hier verläßt das Bündel als paralleler Strahl das Magnetfeld bei N; der Fokus R rückt ins Unendliche.

Rechnen wir uns Dispersion und Strichbreite der Feldanordnung aus, so erhalten wir mit $z = \frac{QK}{QR} = \frac{\cos\gamma}{\cos\beta}$ folgende Werte:

$$\left.\begin{aligned} D &= r_0\left(1 + \frac{1}{z}\right), \\ B &= -\frac{\alpha^2}{2} r_0\left(z^2 + \frac{1}{z}\right), \\ \delta &= \left|\frac{D}{B}\right| = \frac{2}{1 - z + z^2} \cdot \frac{1}{\alpha^2}. \end{aligned}\right\} \tag{74}$$

[1] Diese Tatsache war übrigens schon früher, z. B. ASTON [11], bekannt. Es fehlte jedoch eine ausführliche mathematische Behandlung des Problems. Neuerdings wurde es von STEPHENS u. HUGHES [385] wieder aufgegriffen.

Setzen wir speziell $\beta = \gamma = 0$, d. h. dehnen wir das Feld vom Gegenstand K' bis zum Bild R' aus, so wird $z = 1$, und wir erhalten natürlich unsere früheren Werte. Diese Werte finden wir jedoch auch, wenn wir nur $\beta = \gamma$ setzen, da dann ebenfalls $z = 1$ ist. Die größte reduzierte Dispersion erhält man bei unsymmetrischer Feldanordnung, wenn man nämlich

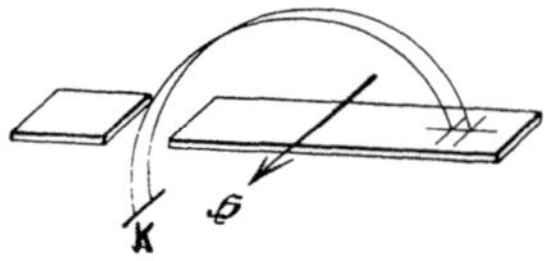

Abb. 120. Verlauf „schräger" Elektronen im magnetischen Querfeld [443].

$$\cos\beta = 2\cos\gamma,$$

also z. B. $\beta = 0$ und $\gamma = 60^0$, wählt. Dann wird δ um ein Drittel größer, d. h.

$$\delta = \frac{8}{3} \cdot \frac{1}{\alpha^2}\,*.$$

25. Spezielle Fragen der magnetischen Fokussierung. Bevor wir zu elektrischen Feldern übergehen, sei noch auf drei Spezialfragen der magnetischen Fokussierung eingegangen.

a) Im vorhergehenden Abschnitt wurde das Problem des ausgedehnten homogenen Feldes als eben behandelt. Zur Durchführung von Messungen wird man den Apparat natürlich in die zur Zeichenebene senkrechte Richtung erstrecken. Die Komplikationen, die hierbei auftreten, hat WOOSTER [443] diskutiert. Strahlen, die schräg von einem linienförmig angenommenen Strahler ausgehen (Abb. 120), bedingen eine Verbreiterung und Verwaschung der Linienkontur nach innen zu. Doch ist dieser Effekt bei üblichen Apparatdimensionen nicht störend, wie es Abb. 121 erkennen läßt, für die zugrunde gelegt wurde: $KB = d = 1{,}5$ cm, $2r_0 \approx 6$ cm, Schlitzbreite bei B: 0,4 cm, Drahtlänge des Strahlers bei K: 1 cm, Drahtdurchmesser 0 (——) und 0,2 mm (-------). Den besten Beweis dafür, daß mit derartigen Anordnungen tatsächlich Spektrogramme von vorzüglicher Schärfe zu erhalten sind, liefert Abb. 122, die ein von COLE [86] aufgenommenes Spektrogramm eines glühelektrischen Elektronenstrahlers zeigt, bei dem die Elektronen verschiedene Beschleunigungen zwischen 25 und 81 Volt erfahren hatten [VII, 12].

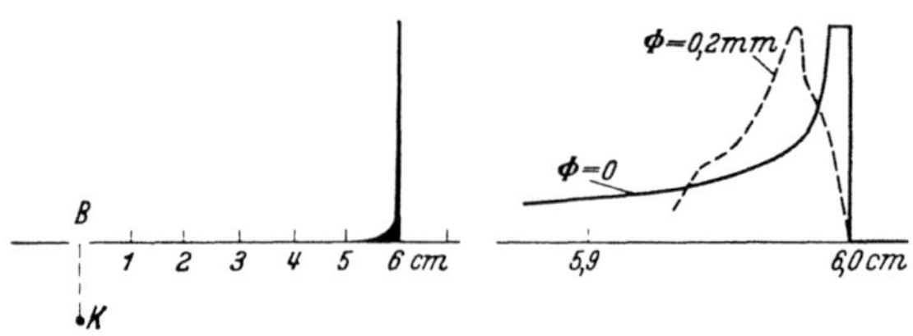

Abb. 121. Wahre Linienbreite bei magnetischer Fokussierung. ∅ = Durchmesser des Glühdrahtes bei K [443].

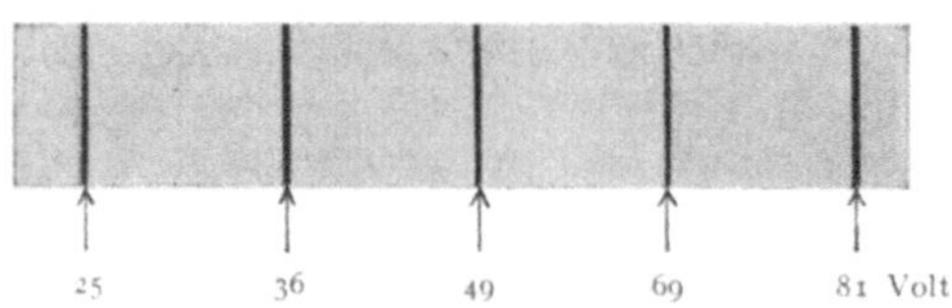

Abb. 122. Magnetisches Linienspektrogramm langsamer Elektronen [86].

b) Jetzt möge die Frage behandelt werden, ob die Verwendung eines *nichthomogenen* Feldes besondere Vorteile bietet. Dabei wollen wir uns auf die Äquatorebene des Dipolfeldes beschränken, in der die Feldstärke des zu ihr senkrechten Feldes mit der dritten Potenz des Abstandes abklingt. Seit STÖRMERS [389, 392]

* Anm. bei der Korrektur: Inzwischen ist eine ausführlichere Arbeit von STEPHENS [384a, vgl. auch 385] erschienen, in der auch unsere Erweiterung — Gl. (74) — der Rechnungen BARBERS enthalten ist und in der eine Darstellung von δ als Fläche über der β-γ-Ebene gegeben wird. Die Ergebnisse der Theorie wurden von STEPHENS für den Fall $\Theta = 0$ experimentell bestätigt.

Rechnungen über die Elektronenbahnen in dieser Ebene wissen wir, daß die Bahnen in der Nähe der Kreisbahn (Abb. 123) gegenüber kleinsten Richtungs- und Geschwindigkeitsänderungen außerordentlich empfindlich sind. Die Dispersion der Anordnung ist damit sehr groß, der fokussierende Effekt aber zunächst zerstört[1]. Wir können jedoch die Fokussierung sozusagen künstlich dadurch erzielen, daß wir auf dem Kreis, den der Hauptstrahl beschreibt, in der Entfernung a $\left(\text{d. h. nach dem Winkel } \frac{a}{r_0}\right)$ von dem Ausgangsschlitz eine Elektronenlinse anbringen. Wenn bei fehlendem Magnetfeld diese Linse von dem Ausgangsschlitz ein Bild in der Bildweite b entwirft, wobei $\frac{1}{a} + \frac{1}{b} = \frac{1}{f}$ ist, bewirkt die Einschaltung des Feldes eine Vergrößerung der Bildweite. Im Magnetfeld ist die Bildweite b' nach HENNEBERG [194] gegeben durch:

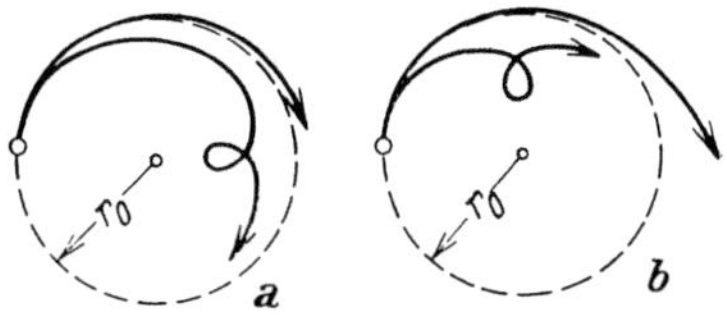

a) bei 1° Anfangsneigung gegen Kreisbahn — b) bei 5° Anfangsneigung gegen Kreisbahn

Abb. 123. Elektronenbahnen in der Äquatorebene des magnetischen Dipols nach dem Experiment.

$$\frac{1}{b'} = \frac{1}{b} - \frac{2\,ab}{3\,f\,r_0^2}.$$

Dabei sind die Größen a, b, f der Linse als klein gegen den Kreisradius r_0 vorausgesetzt. Für die uns interessierenden drei Größen ergibt sich

$$\left.\begin{aligned} D &= \frac{1}{2}\frac{ab}{r_0}, \\ B &= -\frac{\alpha^2}{2}\frac{a^2}{r_0}\left(1 + \frac{3}{2}\frac{b}{a}\right), \\ \delta &= \frac{\frac{b}{a}}{1 + \frac{3}{2}\frac{b}{a}}\cdot\frac{1}{\alpha^2}. \end{aligned}\right\} \qquad (75)$$

Mithin läßt sich die reduzierte Auflösung dadurch vergrößern, daß man die Linse möglichst nahe an den Ausgangsschlitz bringt; allerdings setzte unsere Ableitung voraus, daß dabei b immer noch klein gegen r_0 bleibt. Als maximale reduzierte Auflösung finden wir $\delta_{\max} = \frac{2}{3}\frac{1}{\alpha^2}$.

c) Wenigstens erwähnt werden soll auch ein anderer Spezialfall des inhomogenen magnetischen Feldes. Die Kraftlinien mögen ein rotationssymmetrisches divergierendes Bündel bilden (Abb. 124). In einer Ebene senkrecht zur Mittelachse werden dann die Fokussierungsverhältnisse gegenüber dem anfangs betrachteten Fall kaum geändert sein. Der Hauptstrahl ist jedoch jetzt nach POINCARÉ [293] kein Kreis, sondern das Stück einer geodätischen Linie auf dem Kraftlinienkegel. Das hat die praktische Konsequenz, daß die Elektronen nicht wie früher nach zweifacher Fokussierung wieder an denselben Punkt kommen, sondern daß Elektronenausgangspunkt und Fokus in der Höhe versetzt sind, was unter Umständen praktische Bedeutung haben kann.

Abb. 124. Monochromator mit höheversetztem Auffänger.

---

[1] Wir haben hier einen ganz analogen Fall, wie wir ihn später bei der Oszillographenröhre [V, 11] kennenlernen werden. Dort sind es kleine Richtungsänderungen, hier sind es kleine Geschwindigkeitsänderungen, die wir durch die Wirkung inhomogener Felder in große Richtungsänderungen umzusetzen trachten.

Auch in komplizierten räumlichen Feldern werden Dispersions- und Fokussierungseffekte auftreten. Man denke etwa an den von STÖRMER durchgerechneten Fall eines von der Sonne ausgehenden Elektronenkegels, der in der Atmosphäre unserer Erde eine Linie, den Polarlichtbogen, zeichnet.

26. Fokussierung und Dispersion elektrischer Felder. Ebenso wie in [III, 25, 25] die Elektronenbahnen im homogenen Magnetfeld (Abb. 125a) behandelt wurden, lassen sich auch die Bahnen im homogen elektrischen Feld — sei es „ausgedehnt" oder „kurz" — verfolgen und die Werte der Dispersion, Strichbreite und reduzierten Dispersion angeben. Doch wollen wir davon absehen, denn die Beeinflussung im homogenen elektrischen Felde hat wegen der damit verbundenen Änderung der Strahlgeschwindigkeit keine praktische Bedeutung.

Die Geschwindigkeitsänderung läßt sich durch Anwendung des inhomogenen Zylinderkondensatorfeldes (Abb. 125b) vermeiden, indem wir den Hauptstrahl auf einer Kreisbahn führen, die in einer Potentialfläche liegt. Auch hier tritt für benachbarte Strahlen Fokussierung auf, wie es HUGHES und ROJANSKI [209] erkannten. Die Fokussierung erfolgt jedoch schon nach einem Winkel von $127^0\,17'$. Der Winkel ist kleiner als 180^0, weil die von der Kreisbahn abweichenden Strahlen Geschwindigkeitsänderungen erfahren, wie man es sich leicht im einzelnen klarmacht.

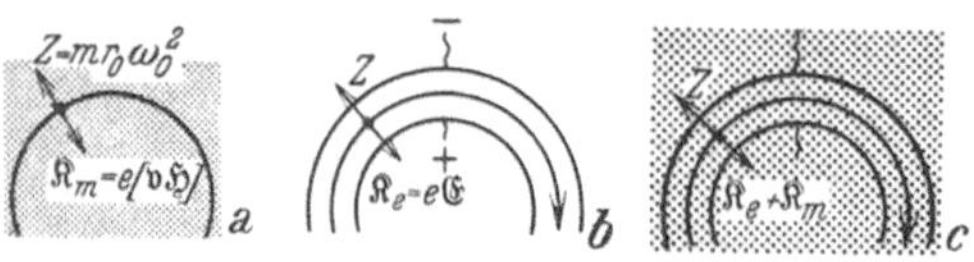

Abb. 125. Möglichkeiten der Kreisführung eines Elektrons in Querfeldern.

Zur Durchrechnung dieses Falles wollen wir von der Kreisbahn ausgehen und die Bewegung der unter kleinem Winkel α zu ihr abgeschossenen Elektronen *relativ zu ihr* betrachten. Für die Kreisbahn vom Radius r_0 ist die Zentrifugalkraft stets konstant und gleich der Kraft des elektrischen Feldes, also:

$$m r_0 \omega_0^2 = e\mathfrak{E}_0 . \tag{76}$$

Für ein Elektron, das nicht genau auf dem Kreis fliegt, lautet die Bewegungsgleichung für die radiale Komponente:

$$m\ddot{r} = m r \omega^2 - e\mathfrak{E} , \tag{77}$$

wobei für $\mathfrak{E}$ nach der Annahme, daß die betrachtete Bahn nur wenig von der Kreisbahn verschieden ist, geschrieben werden kann:

$$\mathfrak{E} = \mathfrak{E}_0 \frac{r_0}{r} = \mathfrak{E}_0 \frac{r_0}{r_0 + \Delta r} = \mathfrak{E}_0 \left(1 - \frac{\Delta r}{r_0}\right).$$

Der Flächensatz[1]

$$m r^2 \omega = m r_0^2 \omega_0 \tag{78}$$

gibt uns eine Möglichkeit, die Winkelgeschwindigkeit ω zu eliminieren. Wir erhalten so:

$$\ddot{r} = \frac{r_0^4 \omega_0^2}{r^3} - \frac{e}{m}\mathfrak{E}_0 \left(1 - \frac{\Delta r}{r_0}\right).$$

Setzen wir hier überall $r = r_0 + \Delta r$ und vernachlässigen wir Glieder, die in Δr von zweiter Ordnung klein sind, so entsteht daraus

$$\frac{d^2 \Delta r}{d t^2} = r_0 \omega_0^2 - 3\,\omega_0^2 \Delta r - \frac{e}{m}\mathfrak{E}_0 + \frac{e}{m}\mathfrak{E}_0 \frac{\Delta r}{r_0} .$$

[1] Wir durften auf der rechten Seite $\cos\alpha = 1$ setzen, da die betrachtete Bahn der Kreisbahn unmittelbar benachbart sein soll ($\alpha^2 \ll 1$).

Diese Gleichung geht nach Berücksichtigung von Gl. (76) in

$$\frac{d^2 \Delta r}{d t^2} + 2 \omega_0^2 \Delta r = 0$$

über, also in eine Schwingungsgleichung mit der Lösung

$$\Delta r = C \sin \left[\sqrt{2}\, \omega_0 (t - t_0) \right] \cdot$$

Die Kreisfrequenz dieser Schwingung ist das $\sqrt{2}$fache von ω_0, d. h. in einer Zeit von 2π Sekunden, in der das Elektron ω_0 Umläufe macht, schwingt es $\omega_0 \sqrt{2}$mal um die Kreisbahn. Die Schnittpunkte mit der Kreisbahn liegen demnach $\pi/\sqrt{2} = 127^0\, 17'$ voneinander entfernt oder, anders gesagt: 127^0 ist der Fokussierungswinkel des Zylinderkondensators.

Hughes und McMillen [207] haben diese Beziehung experimentell geprüft und bestätigt gefunden. Es sei hier aus einer späteren Arbeit von Voges [406] die Abb. 126 wiedergegeben, die die Fokussierung nach 127^0 unmittelbar an dem Verhalten von Fadenstrahlen [IV, 1] in einem solchen Felde erkennen läßt[1].

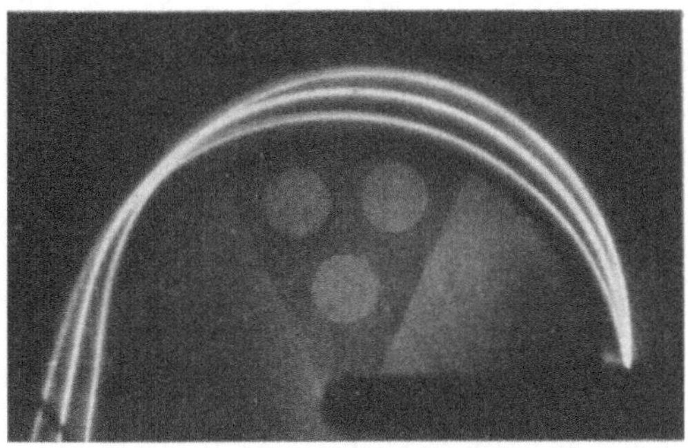

Abb. 126. Fokussierung von Fadenstrahlen im Zylinderkondensatorfeld nach 127^0 [406].

Außer der Richtungsfokussierung haben Hughes und Rojanski [209] auch die Dispersion der Anordnung einer Diskussion unterzogen. Wir wollen auf diese Fragen jedoch erst im folgenden Abschnitt vom allgemeineren Standpunkte aus eingehen.

27. Fokussierung und Dispersion überlagerter elektrischer und magnetischer Felder. Gleichzeitig mit der Erkenntnis der fokussierenden Wirkung des elektrischen Feldes [209] sind von Bartky und Dempster [21] die Möglichkeiten im kombinierten Felde erkannt worden. Man geht wieder vom Zylinderkondensator aus, dem man ein homogenes Magnetfeld überlagert, dessen Kraftlinien parallel zur Zylinderachse verlaufen. Die Felder werden so gewählt, daß der Hauptstrahl ein Kreis ist, auf dem die Elektronen mit konstanter Geschwindigkeit laufen (Abb. 125c). Bei der Behandlung dieses Problems haben sich Bartky und Dempster auf einen Spezialfall beschränkt.

Wir wollen hier sogleich Hennebergs Ergebnisse [193] einer allgemeinen Behandlung des Problems wiedergeben, die die oben diskutierten Fälle eines rein elektrischen und rein magnetischen Feldes enthält und außerdem die Methode der genannten Autoren sowie Wiens Anordnung der „kompensierten Strahlen" [428 bis 430] einbegreift, bei der ein Elektronenstrahl bestimmter Geschwindigkeit durch Gleichheit der gegeneinander wirkenden elektrischen und magnetischen Kräfte in einer Geraden gehalten wird. Wir werden sehen, daß für jede Feldkombination, bei der der Hauptstrahl ein Kreis ist, Fokussierung möglich ist und daß auch in dem Wienschen Fall, bei dem die Gerade als entarteter

[1] An diesem Versuch ist auch interessant, daß das Feld, das die Fadenstrahlen radial zu ihrer eigenen Achse erzeugen, keinen wesentlichen Einfluß auf das Kondensatorfeld zu haben scheint.

Kreis aufgefaßt werden kann, Fokussierung auftritt, was man anscheinend bisher nicht bemerkt hat. Ferner werden wir sehen, daß die Fokussierung auf der Kreisbahn nicht auf die bisher allein bekannten Winkel von 180^0 und 127^0 beschränkt ist, sondern daß man die Strahlen durch geeignete Feldkombination nach jedem beliebigen Winkel, der kleiner ist als 180^0, fokussieren kann.

Die Rechnung im kombinierten Feld verläuft ähnlich wie im vorigen Abschnitt. Dabei ist die Differentialgleichung (77) unter Berücksichtigung des nun mitwirkenden Magnetfeldes zu ersetzen durch

$$m\ddot{r} = m r \omega^2 - e\mathfrak{E} - e\mathfrak{H} r \omega . \tag{79}$$

Auch der Flächensatz nimmt eine veränderte Form an, er lautet:

$$\frac{d}{dt}(m r \omega \cdot r) = e\mathfrak{H} \dot{r} \cdot r$$

oder integriert

$$m r^2 \omega - \tfrac{1}{2} e \mathfrak{H} r^2 = \text{const} = [m r^2 \omega - \tfrac{1}{2} e \mathfrak{H} r^2]_{t=0} .$$

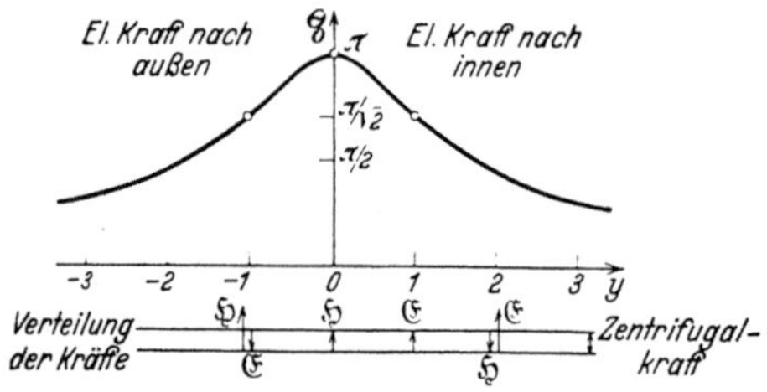

Abb. 127. Fokussierungswinkel Θ_0 im kombinierten Feld Abb. 125c [193].

Für die Bewegung auf der Kreisbahn muß $\ddot{r} = 0$ gelten, also, wenn wir wieder alle diesbezüglichen Größen mit dem Index 0 versehen:

$$m r_0 \omega_0^2 = e\mathfrak{E}_0 + e r_0 \omega_0 \mathfrak{H} . \tag{80}$$

Schreiben wir zur Abkürzung:

$$y = \frac{e\mathfrak{E}_0}{m r_0 \omega_0^2} , \tag{81}$$

wo also y denjenigen Teil der Zentrifugalkraft bedeutet, der durch das elektrische Feld kompensiert wird, so wird der Winkel, nach dem die erste Fokussierung stattfindet,

$$\Theta_0 = \frac{\pi}{\sqrt{1 + y^2}} . \tag{82}$$

Wir entnehmen dieser Gleichung, daß im rein magnetischen Fall ($y = 0$) der Fokussierungswinkel $\Theta_0 = \pi$, im rein elektrischen Fall ($y = +1$) der Winkel $\Theta_0 = \frac{\pi}{\sqrt{2}}$, in Übereinstimmung mit den Ergebnissen der früheren Abschnitte, ist. Abb. 127 zeigt den Verlauf von Θ_0 in Abhängigkeit von y.

Wir schreiben noch Dispersion D, Strichbreite B und reduzierte Dispersion δ hin; es ist:

$$\left.\begin{aligned} D &= 2\,\frac{1 + y}{1 + y^2}\, r_0 , \\ B &= -\frac{1 + \frac{1}{3} y + y^2 + 3 y^3}{(1 + y^2)^2}\, r_0 \alpha^2 , \\ \delta &= 2\,\frac{1 + y + y^2 + y^3}{1 + \frac{1}{3} y + y^2 + 3 y^3} \cdot \frac{1}{\alpha^2} . \end{aligned}\right\} \tag{83}$$

Die Strichbreite wächst also im allgemeinen mit dem Quadrat von α. Nur in dem speziellen Fall, in dem unsere Näherungsgröße B verschwindet ($y \approx -0{,}76$), geht sie mit einer höheren Potenz von α.

In Abb. 128 haben wir die reduzierte Dispersion $\delta = \left|\frac{D}{B}\right|$ über y als Kennzeichen der Feldkombination aufgetragen. Die Größe δ hat ein Maximum bei

$y \approx \frac{1}{3}$. Das zugehörige Feld ist also für Geschwindigkeitsanalysen besonders günstig. Das gleiche gilt von dem Punkt $y = -0{,}76$, in dem δ in unserer Näherung unendlich groß wird[1].

Die Gleichung, die die Abweichung eines Teilchens der Geschwindigkeit $v_0 + \Delta v$ von der Kreisbahn r_0 beschreibt, lautet:

$$\Delta r = \frac{1+y}{1+y^2}\left[1 - \cos\left(\sqrt{1+y^2}\,\Theta\right)\right] r_0 \frac{\Delta v}{v_0}.$$

Sie lieferte uns für $\Theta = \Theta_0$ den Wert von D. Wir ersehen aus ihr fernerhin, daß die Dispersion im ersten Fokussierungspunkt Θ_0 maximal ist, während sie im zweiten $\Theta = 2\Theta_0$ verschwindet. Nur in dem erwähnten Spezialfall von BARTKY und DEMPSTER, der $y = -1$ entspricht (elektrisches Feld nach außen gerichtet und gleich der Zentrifugalkraft), wird Δr Null für jeden Wert von Θ; hier beschreiben also Teilchen mit etwas abweichender Geschwindigkeit in erster Näherung *dieselbe Kreisbahn* wie die mit v_0; es wird die Dispersion Null.

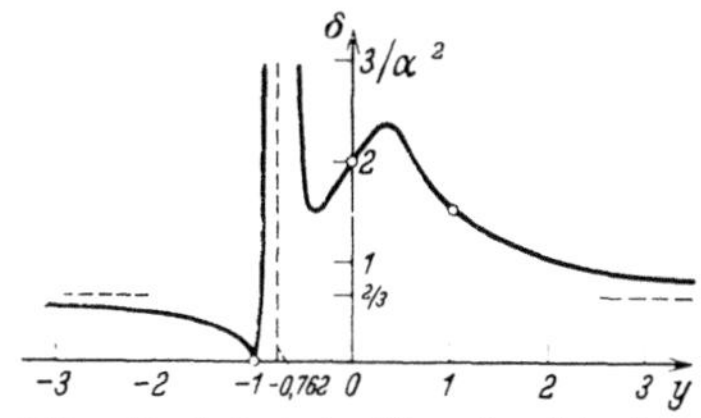

Abb. 128. Reduzierte Dispersion δ im kombinierten Feld Abb. 125c [193].

Die für $y = -1$ vorliegende doppelte Fokussierung nach Richtung und Geschwindigkeit ist für den Massenspektrographen sehr erwünscht. Wichtig ist hier die Trennung der Massen im ersten Fokussierungspunkt, man findet

$$\Delta r = \frac{r_0}{m_0}\Delta m$$

für Teilchen der Masse $m_0 + \Delta m$, wenn m_0 die Masse der auf der Kreisbahn fliegenden Teilchen ist. Die Strichbreite hat nach Gl. (83) bei $y = -1$ den Wert $B = \frac{1}{3}\alpha^2 r_0$, die Striche sind also bei gleichen Bahnen (gleichen r_0) schärfer als im rein elektrischen und im rein magnetischen Fall. Die durch $y = -1$ gekennzeichnete Anordnung hat die Eigenschaft, daß sie zwei Teilchensorten mit wenig verschiedenem e/m auch dann in zwei scharfe Striche trennt, wenn die Teilchen nicht exakt einheitliche Geschwindigkeit und Anfangsrichtung haben. Sie erscheint damit für massenspektroskopische Präzisionsmessungen von Strahlen geringer Intensität sehr geeignet, wie wir es später [VII, 18] noch besprechen werden.

Schließlich ist noch der Grenzfall $y \to \pm\infty$ zu diskutieren. Da y seiner Definition nach der Quotient aus elektrischer Kraft und Zentrifugalkraft ist, läßt sich dieser Fall nur erreichen, wenn die Zentrifugalkraft verschwindet. Dies bedeutet, daß entweder das Elektron ruht, oder daß der Krümmungsradius r_0 der unter $\alpha = 0$ ausgehenden Bahn unendlich wird. Dieser zweite Fall wird uns allein interessieren. Wir haben es mit der für die (e/m)-Bestimmung erstmals von WIEN benutzten Methode der „kompensierten Strahlen“ zu tun [VII, 13]. Führen wir in allen Formeln den Grenzübergang $r_0 \to \infty$ bei Konstanthaltung von $v_0 = r_0\,\omega_0$ durch, so erhalten wir aus Gl. (81)

$$y = \frac{e\,\mathfrak{E}_0}{m\,r_0\,\omega_0^2} = \frac{e\,\mathfrak{E}_0\,r_0}{m\,v_0^2} \to \pm\infty \text{ (je nach dem Vorzeichen von } \mathfrak{E}_0).$$

[1] Natürlich verschwindet die Strichbreite hier nur in der angegebenen Näherung, während sie tatsächlich einen endlichen Wert (proportional α^3) hat, so daß auch δ einen endlichen Wert (proportional $1/\alpha^3$) hat.

Aus $r_0 \omega_0^2 = \frac{v_0^2}{r_0} \to 0$ folgt weiter nach Gl. (80)

$$\mathfrak{E}_0 = v_0 \mathfrak{H}.$$

Ferner schließen wir aus Gl. (83)

$$\left.\begin{aligned} \lim_{\substack{y \to \infty \\ r_0 \to \infty}} D &= 2 \lim \frac{r_0}{y} = \frac{2 m v_0^2}{e \mathfrak{E}_0}, \\ \lim_{\substack{y \to \infty \\ r_0 \to \infty}} B &= -3\alpha^2 \lim \frac{r_0}{y} = -\frac{3 m v_0^2}{e \mathfrak{E}_0} \alpha^2, \\ \text{also} \qquad \delta &= \frac{D}{B} = \frac{2}{3} \frac{1}{\alpha^2}. \end{aligned}\right\} \tag{84}$$

Tabelle 5.

	Methode	$D \cdot \frac{1}{r_0}$	$B \cdot \frac{1}{\alpha^2 r_0}$	$\delta \cdot \alpha^2 = \alpha^2 \left\lvert \frac{D}{B} \right\rvert$
Homogenes Magnetfeld	allgemein (z beliebig) . . .	$1 + \frac{1}{z}$	$-\frac{1}{2}\left(z^2 + \frac{1}{z}\right)$	$\frac{2}{1 - z + z^2}$
	speziell $\Theta = \pi$ ($z = 1$) . . .	2	-1	2
	speziell $\cos\beta = 2\cos\gamma$ $\left(z = \frac{1}{2}\right)$	3	$-\frac{9}{8}$	$\frac{8}{3}$
Magnetisches Dipolfeld (STÖRMER), a, b Gegenstands- und Bildweite	allgemein	$\frac{1}{2} \frac{a b}{r_0^2}$	$-\frac{1}{2} \frac{a^2}{r_0^2}\left(1 + \frac{3}{2} \frac{b}{a}\right)$	$\frac{\frac{b}{a}}{1 + \frac{3}{2} \frac{b}{a}}$
	speziell $\left\{\begin{matrix} a \to f \\ b \to \infty \end{matrix}\right\}$	∞	∞	$\frac{2}{3}$
Zylinderfeld	allgemein (y beliebig)	$2 \frac{1 + y}{1 + y^2}$	$-\frac{1 + \frac{1}{3} y + y^2 + 3 y^3}{(1 + y^2)^2}$	$2 \frac{1 + y + y^2 + y^3}{1 + \frac{1}{3} y + y^2 + 3 y^3}$
	rein elektrisch ($y = 1$) . . .	2	$-\frac{4}{3}$	$\frac{3}{2}$
	rein magnetisch ($y = 0$) . . .	2	-1	2
	BARTKY und DEMPSTER ($y = -1$) . .	0	$\frac{1}{3}$	0
	WIEN ($y = \infty$)	$2 \frac{m v_0^2}{e \mathfrak{E}_0} \frac{1}{r_0}$	$-3 \frac{m v_0^2}{e \mathfrak{E}_0} \frac{1}{r_0}$	$\frac{2}{3}$

Zum Schluß dieser Betrachtungen seien in Tabelle 5 die Dispersions- und Fokussierungseigenschaften der verschiedenen diskutierten Felder zusammengestellt. Wir sehen, daß das homogene Magnetfeld eine sehr hohe reduzierte Dispersion zu liefern vermag, die nur noch durch das kombinierte Feld in dem Fall übertroffen wird, daß die Strichbreite praktisch[1] Null wird ($y = -0{,}76$).

Ohne darauf weiter einzugehen, wollen wir noch ergänzend bemerken: Überlagert man diesen Feldern noch das [III, 25b] behandelte magnetische Dipolfeld, so kann man nach HENNEBERG [194] Fokussierung nach jedem beliebigen Winkel erreichen, da die dispergierende Wirkung des Dipolfeldes sich zur Erzielung einer nach größeren Winkeln verschobenen Fokussierung ausnutzen läßt. Außerdem kann man durch die Verwendung der drei Felder die bisher miteinander verbundenen Größen Θ_0 und δ entkoppeln und weitgehend unabhängig voneinander variieren.

[1] Vgl. S. 141, Anm. 1.

IV. Raumladungsfelder.

Raumladungen bedingen nach der Potentialgleichung elektrische Potentialfelder und vermögen daher elektronenoptische Brechungswirkungen hervorzurufen. Der wesentliche Unterschied, der zwischen diesen durch Raumladung hervorgerufenen Potentialfeldern und z. B. den Potentialfeldern der elektrischen Linse besteht, drückt sich mathematisch darin aus, daß im Raumladungsfeld an die Stelle der beschränkenden Bedingung $\Delta\varphi = 0$ die Beziehung $\Delta\varphi = -4\pi c^2 \varrho$ tritt. Das Raumladungsfeld ist optisch mit einer Atmosphäre vergleichbar, in der, etwa durch Temperatureffekte, ungleichmäßige und zeitlich veränderliche Dichteverteilungen entstanden sind.

Man könnte glauben, daß es infolge des Fortfalls der Beschränkung $\Delta\varphi = 0$ jetzt möglich sein müsse, elektrische Linsen von besonderer Güte zu bauen. Das ist auch richtig, wenn man allein an die Berechnung denkt, falsch, wenn man die berechnete Linse wirklich herstellen oder benutzen will. Nicht allein, daß es unmöglich erscheint, die Raumladungen in errechneter Dichteverteilung anzuordnen, bräche das erzeugte Potentialfeld auch sogleich wieder zusammen, da die Raumladungen unter dem Einfluß der wirkenden Kräfte zu wandern anfingen. Es ist ähnlich wie mit den durch Temperatureffekte hervorgerufenen Dichteunterschieden in der Atmosphäre, die in einem dauernden Ausgleich begriffen sind.

Zur Erhaltung des brechenden atmosphärischen bzw. Raumladungsfeldes muß der Mechanismus, der diese Felder erzeugt, im allgemeinen[1] dauernd in Wirksamkeit bleiben. Dadurch ist der theoretische Gewinn, den uns das Fehlen der Bedingung $\Delta\varphi = 0$ bringt, zum mindesten ausgeglichen, denn wir sind jetzt noch mehr als bei der Erzeugung eines Potentialfeldes durch aufgeladene Elektroden darauf angewiesen, daß uns die Natur freiwillig unterstützt. Glücklicherweise gibt sie uns auch hier einige Möglichkeiten in die Hand, deren wichtigste die Gaskonzentration des Elektronenstrahls und der Kathodenfall der Gasentladung sind.

Die natürliche Einteilung dieses Kapitels sind diese beiden Gruppen, wobei in der zweiten auch die historisch interessanten Versuche E. Goldsteins ihre Würdigung finden mögen, die unseres Wissens bisher nicht unter dem Gesichtspunkte des Raumladungspotentials betrachtet wurden.

a) Gaskonzentration.

1. Bedeutung der Gaskonzentration für die Herstellung enger Elektronenbündel. Wenn wir ein Bündel parallel fliegender Elektronen in einen Raum geringen Gasdrucks senden, so daß längs der Bahn Stöße mit Bildung positiver Ionen erfolgen, so werden sich diese positiven Ionen wegen ihrer geringen Beweglichkeit im Strahlzylinder anhäufen. Die durch diese Ionenraumladung auf die primären Elektronen hervorgerufenen Konzentrationseffekte pflegt man als Gaskonzentration zu bezeichnen.

Solange man Elektronenstrahlen herstellt, die in nicht sehr hoch evakuiertem Raume verlaufen — und das ist seit der Herstellung von Kathodenstrahlen überhaupt der Fall —, wird die Gaskonzentration in mehr oder minder ausgeprägter Weise die zu beobachtenden Erscheinungen modifiziert haben. So wird die Gaskonzentration schon bei Versuchen Plückers, Hittorfs, Goldsteins, Crookes', Hertz', Lenards, Villards (Abb. 129) und anderer mitgespielt

[1] Dabei wollen wir von dem nicht realisierbaren Fall diskreter Raumladungsflächen (z. B. aufgeladenen Folien) im Strahlengang absehen [II, 2], d. h. wir benutzen einen Gasentladungsvorgang.

haben, soweit die Versuche mit einzelnen Bündeln schneller Kathodenstrahlen, die durch Gasanregung leuchteten, durchgeführt worden waren.

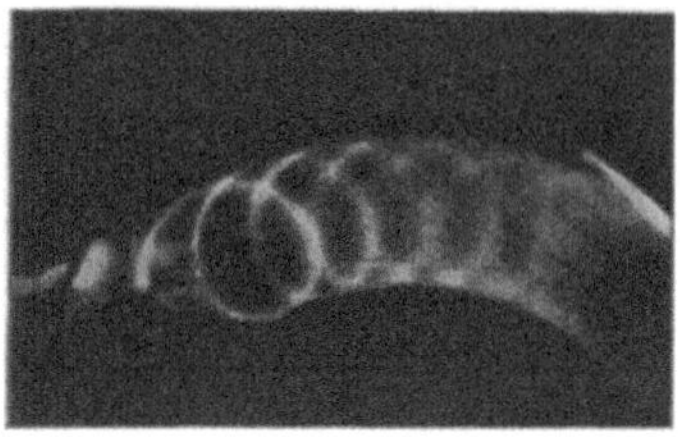

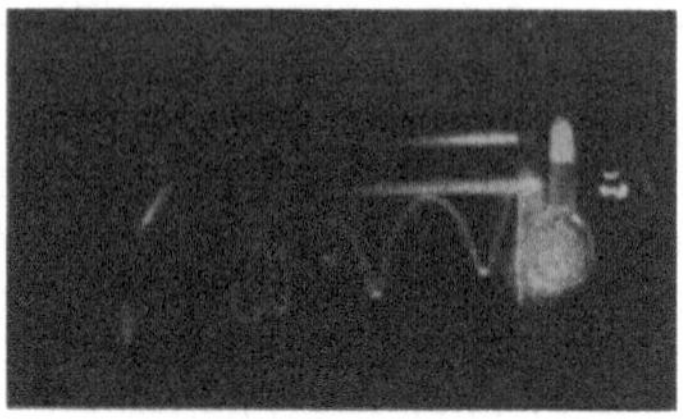

Abb. 129. Experimente VILLARDS [405] mit engen Kathodenstrahlbündeln großer Geschwindigkeiten (1906).

Doch erst als WEHNELT [412, 413] durch die Verwendung der Oxydkathode gezeigt hatte, wie man intensitätsreiche Elektronenbündel geringer[1] Geschwindigkeit herzustellen habe, konnte sich der Einfluß der Gaskonzentration bestimmend für den Verlauf der Elektronen in einem Bündel auswirken, denn die Kräfte der Gaskonzentration steigen mit der Strahlintensität und nehmen bis zu einer gewissen Grenze mit sinkender Elektronengeschwindigkeit zu[2]. Sicherlich ist die Gaskonzentration für das gute Gelingen von WEHNELTS [415] Demonstrationsversuchen (Abb. 130) von Bedeutung gewesen, wie es in noch stärkerem Maße von den Versuchen WESTPHALS [418, 419] gelten wird, der sichtbare Elektronenstrahlen von einer für den damaligen Stand der Technik erstaunlichen Feinheit erzeugte, indem er einen kleinen Oxydfleck auf einer Platinfolie als Emissionsstelle verwandte und die Elektronen relativ stark beschleunigte (Abb. 131). Die typischen Erscheinungen der Gaskonzentration — Knotenbildung usw. — sollten jedoch erst viele Jahre später erhalten werden, nachdem VAN DER BIJL [35] die Möglichkeit der Gaskonzentration erkannt hatte.

Abb. 130. WEHNELTS [415] Demonstrationsröhre mit Elektronenkreis (1904).

VAN DER BIJL vermutete, daß die gebildeten positiven Ionen einen so kräftigen Konzentrationseffekt auf die auseinanderstrebenden Elektronen eines Bündels haben könnten, daß die Strahlenelektronen in einem Achsenpunkt wiedervereinigt werden. JOHNSON [218, 219] bewies dann, daß dieser Effekt tatsächlich so stark werden kann, daß die Wiedervereinigung auftritt, und hat nach diesem Prinzip eine vorzügliche BRAUNsche Niederspannungsröhre gebaut [V, 10]. Ein solches durch Gaskonzentration wiedervereinigtes Elektronenbündel zeigt Abb. 132 nach einer neueren Aufnahme [190], die die typische Bauch- und Knotenbildung deutlich hervortreten läßt.

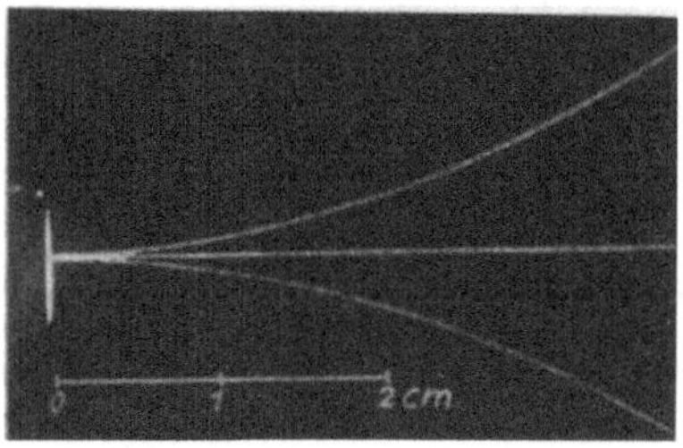

Abb. 131. WESTPHALS [419] leuchtende Elektronenstrahlen (1912).

[1] Etwa 50—500 Volt, gegenüber vielen tausend Volt bei älteren Experimenten.
[2] Diese Zunahme hat darin ihren Grund, daß die Ionisierungsfunktion maßgebend ist, und daß langsame Elektronen sich leichter beeinflussen lassen.

Die Arbeiten JOHNSONS haben nach einer Untersuchung BUCHTAS[1] [73] einerseits in den Entwicklungen von BRAUNschen Röhren[2], andererseits in den Versuchen, feine gaskonzentrierte Elektronenstrahlen zu Demonstrationszwecken herzustellen, ihre Ausgestaltung gefunden. Während die typischen gaskonzen-

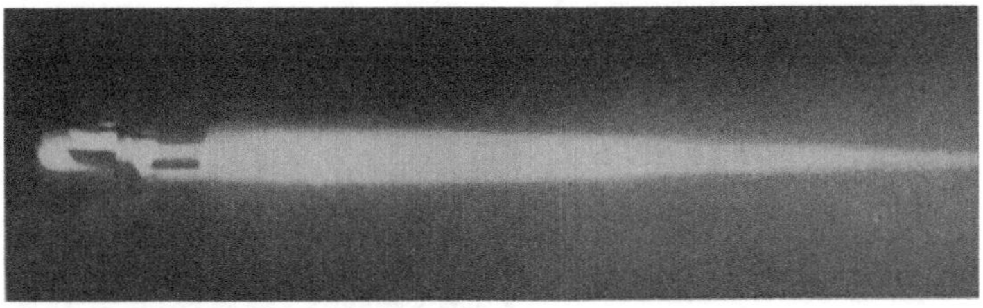

Abb. 132. Gaskonzentrierter ,,Knotenstrahl" [55, 190].

trierten Elektronenbündel als ,,Knotenstrahlen" auftreten, wird man z. B. für Demonstrationsversuche von Elektronenbahnen in Feldern Strahlen erstreben, die einen konstanten, kleinen Querschnitt haben. Tatsächlich lassen sich unter Benutzung der Gaskonzentration auch solche Strahlen von mehr als 1 m Länge bei kleinem Querschnitt und einigen hundert Volt Geschwindigkeit herstellen.

Es macht einen überraschenden Eindruck, wenn man zum ersten Male einen wirklich guten ,,Fadenstrahl" von großer Leuchtintensität mit seiner relativ scharfen Abgrenzung gegen den Versuchsraum sieht (Abb. 133). Die Fadenstrahlen, die BRÜCHE [52] gemeinsam mit ENDE auf der durch WEHNELT und JOHNSON gegebenen Grundlage ,,gezüchtet" hat, lassen sich durch magnetische Felder ohne erhebliche Querschnittsänderungen krümmen und haben sich daher zu Modellexperimenten über STÖRMERS Polarlichttheorie gut bewährt (Abb. 134).

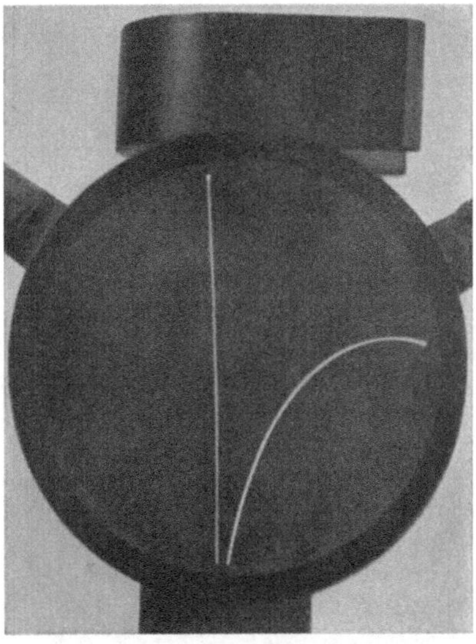

Abb. 133. ,,Fadenstrahl", unabgelenkt und durch einen Permanent-Hufeisenmagneten abgelenkt [48] (zwei Aufnahmen auf derselben Platte!).

Es ist müßig, heute darüber zu diskutieren, wieviel Verdienst auch WEHNELT und WESTPHAL an der Entdeckung der Gaskonzentration zukomme. Zweifellos haben WEHNELTS und seiner Schüler Arbeiten den Weg zur Herstellung gaskonzentrierter Strahlen und zur Erkenntnis des Mechanismus geebnet, aber es erscheint doch bedenklich, die Arbeiten von VAN DER BIJL und JOHNSON als eine *selbstverständliche* Konsequenz aufzufassen. Abgesehen davon, daß die typische Erscheinung der Knotenbildung vor JOHNSON nicht beobachtet worden war, kann auch nicht mit Bestimmtheit behauptet werden, daß z. B. WESTPHALS Strahlen (Abb. 131) gaskonzentrierte Strahlen gewesen sind, weiß man doch aus den späteren Versuchen BECKERS [23], daß

[1] Vgl. auch die Arbeiten von WOOD [442], V. ITTERBECK [211] und RANZI [305a].
[2] M. v. ARDENNE hat sich wohl als Erster in Deutschland, gestützt auf die Vorarbeiten WEHNELTS und JOHNSONS, der Aufgabe unterzogen, BRAUNsche Röhren mit Glühkathode und Gaskonzentration zu entwickeln [V, 10].

sich leuchtende schnelle Kathodenstrahlen großer Schärfe herstellen lassen (Abb. 135)[1], auch wenn die Gaskonzentration keine wesentliche Rolle spielt.

Zwischen engen, wenig divergenten Bündeln und gaskonzentrierten Strahlen sind prinzipielle Unterschiede hinsichtlich Herstellung und Mechanismus vorhanden. Für die Herstellung eines nahezu parallelen Bündels wird man möglichst

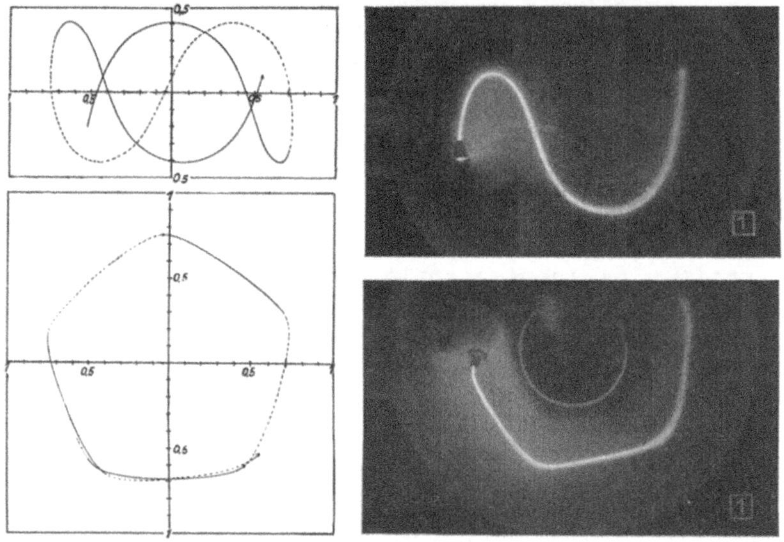

a) Theorie b) Experiment

Abb. 134. Periodische Elektronenbahn im magnetischen Dipolfeld in Auf- und Grundriß [52].

kleine Emission, kleinen Druck und hohe Geschwindigkeit wählen. Für den Fadenstrahl ist relativ hohe Emission und ein nicht zu kleiner Druck erforderlich, während man die Geschwindigkeit 100 Volt erheblich unterschreiten kann. Dem Mechanismus nach unterscheiden sich das wenig divergierende Bündel und der Fadenstrahl insofern, als bei letzterem die Konstanz des Querschnittes durch Raumladung, die längs des *ganzen* Strahls ein zu ihm radiales Potentialfeld erzeugt, erzwungen wird, während das erstere seine Existenz der guten *Anfangs*parallelisierung der Elektronenbahnen verdankt.

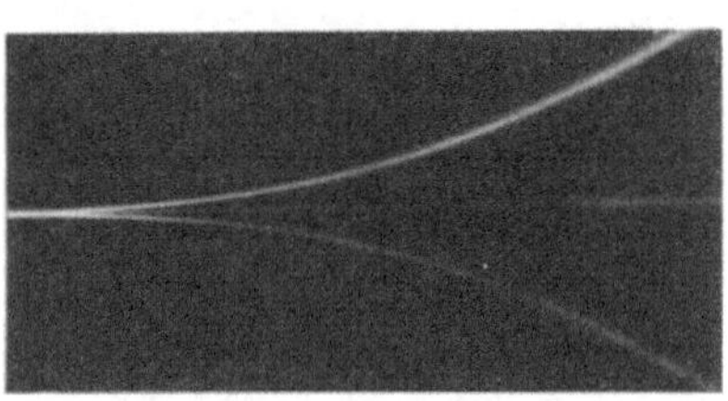

Abb. 135. BECKERS [23] leuchtende Kathodenstrahlen (1925).

2. Herstellung gaskonzentrierter Elektronenstrahlen. Über die Herstellung gaskonzentrierter Elektronenstrahlen ist bisher kein „Rezept" veröffentlicht worden, und es läßt sich auch kaum eine allgemeine Anweisung geben, da das Entstehen solcher Strahlen durch das Zusammenwirken vieler Faktoren bedingt ist. Da jedoch immer wieder Fragen in dieser Richtung gestellt werden, sei versucht, wenigstens einige allgemeine Richtlinien zu geben.

Gaskonzentrierte Elektronenstrahlen treten auf, wenn die positive Raumladung im Innern der Strahlen eine gewisse Dichte erreicht, die ENGEL [132] auf 10^{-11} Coul/cm^3 abgeschätzt hat. Um diese positive Raumladung zu erhalten,

[1] Der hier reproduzierte Originalabzug wurde uns freundlicherweise von Herrn Prof. BECKER zur Verfügung gestellt.

müssen pro Sekunde eine gewisse Anzahl positiver Ionen neu gebildet werden, die von der Geschwindigkeit ihrer Abwanderung und Rekombination abhängen wird. Wir werden also erwarten, daß die Bildung der Strahlen erstens von der Anzahl der Stöße, d. h. Strahlstrom und Gasdruck, und zweitens von der Art des Gases, in dem der Elektronenstrahl verläuft, abhängig ist.

ENDE [130] hat die Daten festgelegt, bei denen gaskonzentrierte Strahlen in Luft und Wasserstoff bei einer speziellen Anordnung und verschiedenen Strahlgeschwindigkeiten auftraten, und unter anderem gefunden, daß der Druck bei Wasserstoff sehr viel höher sein muß als bei Luft. Später hat RICHTER [307] die Gasabhängigkeit für Fadenstrahlen genauer untersucht (Abb. 136) und einen übersichtlichen Zusammenhang zwischen dem notwendigen Druck und der Ionisationswahrscheinlichkeit ι des Gases gefunden.

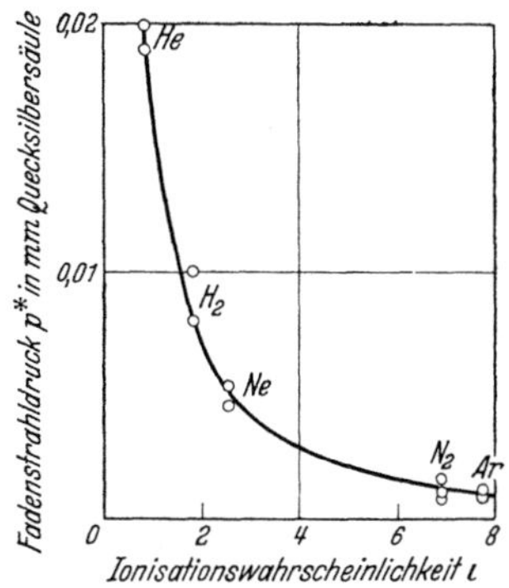

Abb. 136. Bedingungen für das Auftreten des Fadenstrahls [307].

Durch diese Untersuchungen haben wir eine Anzahl wichtiger Anhaltspunkte für die erforderliche Emission, die Wahl des Gasdruckes bei der gewählten Gasart (die die Farbe des Strahls bestimmt) usw. gewonnen. Zur Erzeugung gaskonzentrierter Strahlen wählen wir eine stark emittierende Oxydkathode, wozu sich am besten eine plane Kathode, z. B. nach HERTZ-ENDE [129] eignet [VI, 10]. Als Anode erweist sich ein Hütchen von ca. 1 mm Öffnung an der Spitze als besonders günstig [54]. Als Anodenpotential nehmen wir etwa 200 Volt. Evakuieren wir nun den Versuchsraum, am besten unter Ansetzen von flüssiger Luft, bis ca. 10^{-5} mm Quecksilbersäule. Die Kathode wird bis zu kräftiger Emission gebracht, die etwa 1—5 mA betragen soll. Jetzt lassen wir vorsichtig Gas zuströmen, z. B. Wasserstoff unter Benutzung eines Palladiumröhrchens, bis ein helleuchtendes mehr oder minder diffuses Elektronenbündel aus dem Anodenhütchen austritt. Sind wir so weit, so bedarf es meist nur kleiner Variationen des Druckes bzw. der Kathodenheizung, um die Gaskonzentration so weit zu verstärken, daß das Bündel sich zum typischen gaskonzentrierten Elektronenstrahl umgestaltet.

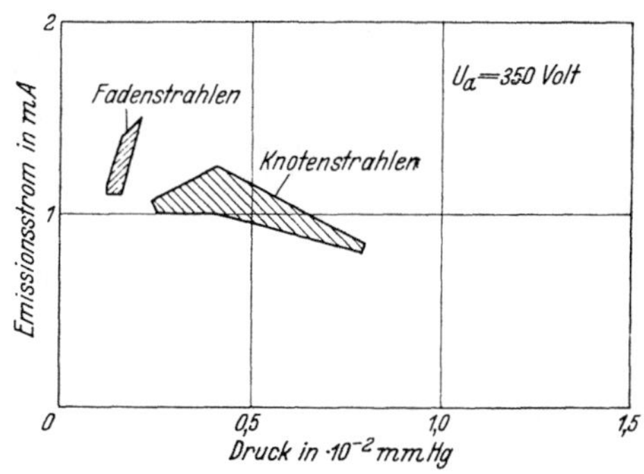

Abb. 137. Existenzdiagramm für Knoten- und Fadenstrahlen in Stickstoff [307].

Dabei wird man im allgemeinen einen Knotenstrahl erhalten, der bei Erfüllung weiterer Bedingungen in den Fadenstrahl übergeht. Daß Fadenstrahlen etwas schwieriger zu erhalten sind, zeigt recht anschaulich ein in Abb. 137 dargestelltes Existenzdiagramm dieser Strahlen, das Richter [307] für eine spezielle Anordnung erhielt. Aus dem Diagramm, bei dem als Koordinaten der Druck und der durch Potentialänderung an einer zwischen Kathode und Anode eingeschobenen Gitterblende geänderte Emissionsstrom gewählt sind, ist auch zu entnehmen, daß bei ungünstig gewählten Bedingungen überhaupt kein gaskonzentrierter Strahl zu erhalten ist.

Noch einige Worte zur Frage der Kathoden- und Anodenform. Welche Bedeutung Kathode und Anode für das Entstehen des Knoten- und Fadenstrahls haben, werden wir noch bei der Diskussion der optischen Seite des Problems kennenlernen [IV, 5]. Hier sei nur gesagt, daß eine spezielle Anodenform nicht die Voraussetzung für das Entstehen von Knoten- und Fadenstrahlen ist [54, 406]. Bei geeigneter Krümmung der Kathodenfläche [III, 8] lassen sich sogar unter alleiniger Wirkung des Kathodenfalls, also ohne daß eine Anode vor der Kathode angebracht ist, brauchbare Strahlen erzielen, wie es Abb. 138 zeigt.

3. Brechungsfeld des Knoten- und Fadenstrahls. Seit VAN DER BIJL und JOHNSON [IV, 1] weiß man, daß die positiven, vom Elektronenstrahl selbst gebildeten Ionen sich infolge ihrer geringen Wanderungsgeschwindigkeit im Strahl anzuhäufen und damit die divergierenden Bahnen der Elektronen wieder zur Achse zu biegen vermögen. Daß es sich hierbei wirklich um die Wirkung der positiven Ionen handelt, ist bereits von JOHNSON sehr plausibel gemacht und dann von ENDE [130] in sehr instruktiver Weise gezeigt worden[1] (Abb. 139).

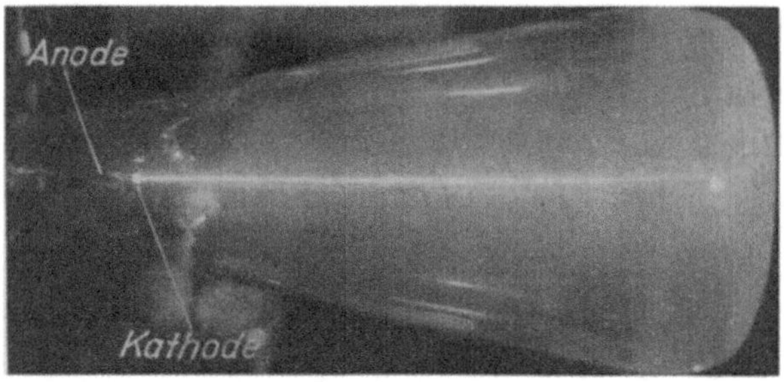

Abb. 138. Fadenstrahl, hergestellt ohne Anode vor der Kathode [54].

Wie geartet das Kraftfeld der positiven Raumladungen sein wird, läßt sich leicht aus der äußeren Gestalt des Knotenstrahls ableiten, wenn man in Idealisierung der tatsächlichen Verhältnisse annimmt, daß ein gaskonzentriertes Elektronenbündel, das von einem Punkte ausgeht, sich genau wieder in einem Punkte vereinigt. In diesem Falle wird die rücktreibende Kraft proportional zur Achsenentfernung wachsen und die Bahnen werden Sinuskurven sein. Das hat zuerst HERTZ[2] ausgesprochen, nachdem ENDE [130] versucht hatte, in erster Annäherung mit Parabelbahnen zu rechnen, denen eine vom Achsenabstand unabhängige rücktreibende Kraft entsprechen würde.

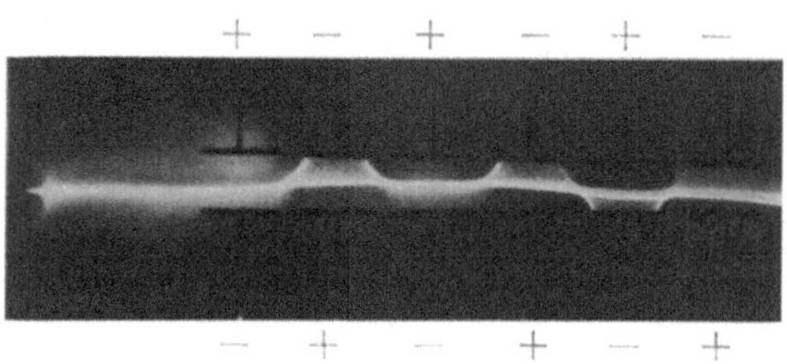

Abb. 139. Beweis des Vorkommens positiver Ionen im gaskonzentrierten Strahl [130].

Bleiben wir bei der ersten Näherung einer dem Achsenabstand r proportionalen rücktreibenden Kraft K. Wenn ϱ die Raumladung[3] im Strahl,

[1] Es ist angegeben worden, daß BRÜCHE demgegenüber die Anschauung vertreten habe, der Strahl werde durch eine negative Raumladungshülle zusammengehalten. Das ist in dieser Form indessen nicht behauptet worden. Vielmehr hat BRÜCHE [54] dieses Bild als eine „brauchbare Arbeitshypothese" der JOHNSONschen „Erklärung" an die Seite gestellt. Brauchbar und anschaulich ist diese Arbeitshypothese — zumal die negative Raumladungshülle wirklich vorhanden ist — insofern, als sie zu der Vorstellung führt, daß die Elektronen sich gleichsam in einem sie eng umschließenden Schlauch („Makkaroni-Strahl") vorwärtsbewegen, der sich bei Einwirkung magnetischer und elektrischer Felder mitbiegt. An gleicher Stelle hat BRÜCHE den Fadenstrahl mit einem gekrümmten Glasstab verglichen, in dem Licht durch Totalreflexion fortgeführt wird und ist damit der heutigen Anschauung von der Schwingungsbewegung der Elektronen im Fadenstrahl recht nahe gekommen.

[2] Diskussion zum Tagungsvortrag ENDES [130], nicht mit abgedruckt.

[3] Als Differenz zwischen positiver und negativer Raumladung.

$\mathfrak{E}$ die elektrische Feldstärke in der zur Achse des Strahls senkrechten Richtung und φ das Potential bedeutet, läßt sich nach [III, 1] Gl. (3) schreiben (Index Null kennzeichnet die Größen in der Strahlenmitte):

$$\varrho = \varrho_0; \quad K = -e\mathfrak{E} = -2\pi c^2 \varrho_0 e r; \quad \varphi - \varphi_0 = -\int_0^r \mathfrak{E}\, dr = -\pi c^2 \varrho_0 r^2. \qquad (1)$$

Steigt die Kraft abstandsproportional, so ist also die positive Raumladung im Strahl konstant und das Potential steigt quadratisch, wie es einerseits v. BORRIES und RUSKA [40], andererseits ROGOWSKI und GRAUPNER [175] in prägnanter Form ausgesprochen und diskutiert haben [54, 132].

Diese Gesetzmäßigkeiten gelten jedoch, wie bereits erwähnt wurde, nur in erster Näherung. Bei genauerer Betrachtung gaskonzentrierter Strahlen erkennt man, daß die Wiedervereinigung der Elektronen nicht exakt in einem Punkte erfolgt, sondern daß die Raumladungsoptik starke „sphärische Aberration" zeigt. Die Aberration, die auch dafür verantwortlich ist, daß der ausgeprägte Charakter eines Knotenstrahls im allgemeinen schon wenige Knotenlängen hinter der Anode verwischt ist, wird dadurch bedingt, daß die Konzentrationskraft weniger als abstandsproportional wächst. Berücksichtigt man noch die oftmals zu beobachtende Erscheinung der Elektronenabstreuung an den Strahlbäuchen (Abb. 140) und die Forderung, daß die konzentrierende Kraft außerhalb des Strahls stetig auf Null sinken muß, so wird sich der Kraftverlauf radial nach außen gegenüber einfacher Abstandsproportionalität besser durch eine Gleichung von folgender Form beschreiben lassen, aus der sich wie oben die Raumladungsverteilung und Potentialfunktion ausrechnen läßt [62, 132]:

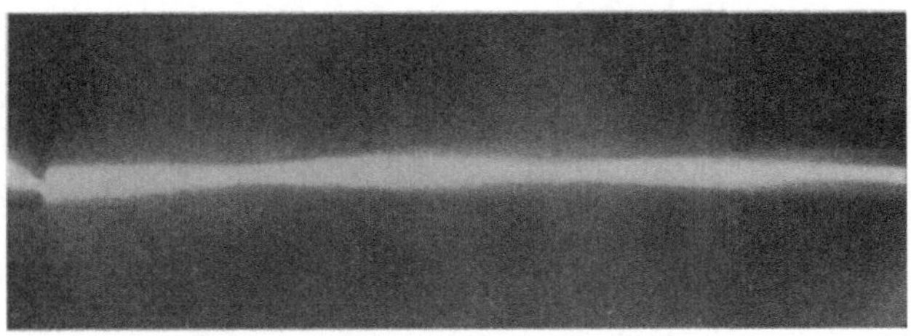

Abb. 140. Strahl mit Elektronenabstreuung [54].

$$-\frac{1}{K} = \frac{a}{r} + b r^n, \qquad (2)$$

wobei entsprechend der Annahme, daß die Kraft an der Strahlperipherie ihr Maximum erreicht, die drei Konstanten a, b und n dieser Gleichung mit der Raumladungsdichte ϱ_0 in der Strahlmitte, dem Strahlradius r_m und der maximalen Kraft K_m an der Strahlenperipherie in folgendem Zusammenhang stehen:

$$\varrho_0 = \frac{1}{2\pi e c^2 a}; \quad r_m = \sqrt[n+1]{\frac{a}{bn}}; \quad \frac{1}{K_m} = -a\left(1 + \frac{1}{n}\right)\sqrt[n+1]{\frac{bn}{a}}.$$

Die durch diese Gleichungen dargestellten Funktionen sind in Abb. 141 zusammengestellt. Bemerkenswert ist die aus (2) zu berechnende Raumladungsverteilung, wonach um den Strahl negative Ladungen sitzen[1].

Unsere Betrachtung bezog sich zunächst nur auf den Knotenstrahl. Was können wir nun vom Fadenstrahl aussagen?

Nach unserer heutigen Vorstellung besteht kein prinzipieller Unterschied zwischen Knoten- und Fadenstrahl. Vielmehr ist der Fadenstrahl als eine Fülle von Knotenstrahlen aufzufassen, die, in der Phase gegeneinander verschoben, sich längs der gleichen Achse bewegen. Die Elektronen beschreiben auch im

[1] Auf negative Raumladungen um den Strahl hat auch SIEBERTS [376] nach seinen Messungen geschlossen.

Fadenstrahl in erster Näherung Schwingungslinien, die wegen der herrschenden Unordnung dem Auge jedoch nicht als Knoten und Bäuche erkennbar werden können. Vielmehr sieht man nur einen leuchtenden Zylinder.

Es ist anzunehmen, daß die Verhältnisse beim Fadenstrahl zum Teil noch einfacher sein werden als beim Knotenstrahl, dessen Querschnitt periodischen Schwankungen unterworfen ist und bei dem daher die Konstanten des Kraftgesetzes usw. noch periodisch von der Entfernung des betrachteten Querschnittes vom Strahlenursprung abhängen werden. So kann man wohl die obigen Betrachtungen direkt für den Fadenstrahl übernehmen, für den sie zum Teil aufgestellt worden waren.

4. Aufbau des Raumladungsfeldes. Wie wir bei der elektrischen Elektronenlinse gefragt haben, was wir tun müssen, um ein gewünschtes Brechungsfeld zu erzeugen, so können wir auch jetzt fragen, was die Natur tun muß oder tut, um das Brechungsfeld des gaskonzentrierten Strahls zu erzeugen. Aus den vorherigen Abschnitten wissen wir bereits, daß wir es mit einem Feld positiver Raumladungen zu tun haben, daß die Raumladung im Strahl in erster Näherung konstant ist, und daß es sich physikalisch um einen Gleichgewichtszustand von verlorengehenden und neuerzeugten positiven Ionen handelt. Gehen wir kurz auf die von SCHERZER [351] entwickelte Theorie des gaskonzentrierten Elektronenstrahls ein.

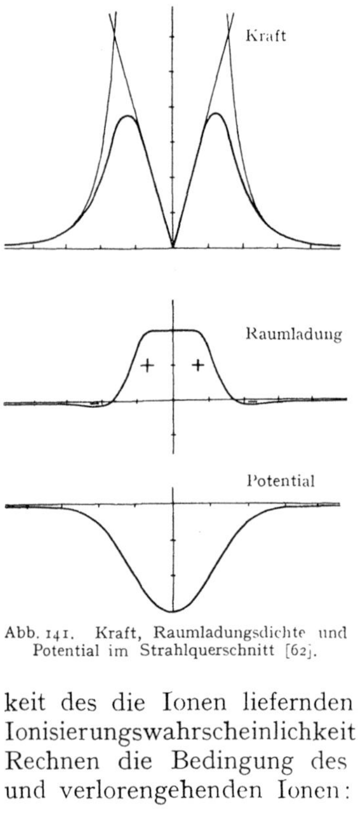

Abb. 141. Kraft, Raumladungsdichte und Potential im Strahlquerschnitt [62].

Bezeichnen ϱ_-, ϱ_+, φ_- und φ_+ die Raumladungsdichten und Potentialanteile der Elektronen und positiven Ionen, so gilt:

$$\Delta\varphi_- = -4\pi c^2 \varrho_- ; \quad \Delta\varphi_+ = -4\pi c^2 \varrho_+ . \tag{3}$$

Entsprechend gilt für die resultierende Raumladungsdichte $\varrho = \varrho_+ + \varrho_-$ und für das resultierende Potential $\varphi = \varphi_+ + \varphi_-$:

$$\Delta\varphi = -4\pi c^2 \varrho . \tag{4}$$

Bezeichnet man die Ionisierungswahrscheinlichkeit des die Ionen liefernden Gases beim Druck 1 mit ι, also mit $\iota \cdot p$ die Ionisierungswahrscheinlichkeit beim Druck p, so findet man nach einigem Rechnen die Bedingung des stationären Gleichgewichts zwischen gebildeten und verlorengehenden Ionen:

$$\varrho_+(r_0) = -\sqrt{\frac{m_+}{2e}}\,\frac{p\,\iota\, v}{r_0}\int\limits_0^{r_0}\frac{r\,\varrho_-(r)}{\sqrt{\varphi(r)-\varphi(0)}}\,dr . \tag{5}$$

In dieser Gleichung bedeutet r_0 den Abstand von der Strahlachse und v die Geschwindigkeit der Strahlelektronen an der Stelle r_0. Bei der Ableitung der Formel, die für alle r_0 innerhalb des Strahles gelten soll, ist angenommen, daß die Rekombination gegenüber der Auswanderung der Ionen aus dem Strahl vernachlässigbar sei, und ferner vorausgesetzt, daß sich alle Größen in Richtung der Strahlachse (z) so langsam ändern, daß ihre Ableitungen nach z vernachlässigt werden durften. Bei bekanntem $\varrho_- = \varrho_-(r)$ sind ϱ_+ und φ_+ durch Gl. (3) bis (5) bestimmt.

Aus der Stationaritätsgleichung (5) lassen sich wichtige Schlüsse auf das Verhalten von *Knotenstrahlen* ziehen. Mit der uns bereits bekannten Beziehung Gl. (1)

$$\varphi = \varphi_0 - \pi c^2 \varrho r^2$$

folgt unter Benutzung der oben angegebenen Gleichungen [351], daß nicht nur die Gesamtladungsdichte ϱ, sondern auch ϱ_- und ϱ_+ einzeln von r unabhängig, also im Strahlquerschnitt konstant sein müssen. Für die den Strahl begrenzende Kurve erhält man bei großem Strahlstrom J eine reine Sinuskurve, bei kleinem J eine etwas kompliziertere Kurve, die jedoch von der Sinuskurve nur wenig abweicht (Abb. 141). Bei mittlerem J liegen die Strahlbegrenzungskurven zwischen diesen beiden. Für den Knotenabstand a bekommt man bei gegebenem Gasdruck eine Mindestgröße.

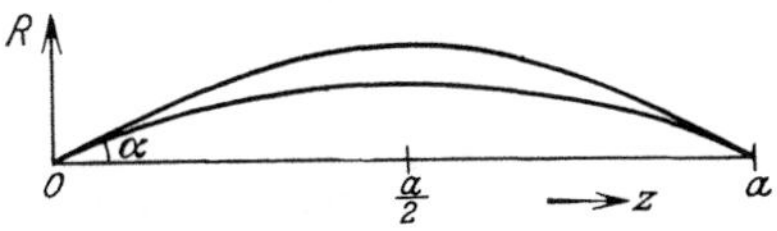

Abb. 142. Begrenzung eines Knotenstrahls [351].

Bei großem J wird $a = \frac{\pi}{p\iota}\sqrt{\frac{m_-}{m_+}}$, für kleinere J wird a wesentlich größer. Der Strahlradius R_m im Strahlbauch wird in allen Fällen ungefähr $R_m \approx a\frac{\alpha}{\pi}$, wo α der Öffnungswinkel des Strahles ist.

Daraus, daß sich für die Strahlbegrenzungskurven stets sinusähnlicher Verlauf ergibt, muß man schließen, daß der *Fadenstrahl* nicht ein Knotenstrahl mit unendlich großem Knotenabstand sein kann, sondern als entarteter Knotenstrahl mit völlig verwaschenen Knoten aufgefaßt werden muß [IV, 3].

5. **Optische Knoten- und Fadenstrahlen.** Das Raumladungsfeld des gaskonzentrierten Elektronenstrahls ist ein transgradientes [II, 8] Brechungsfeld,

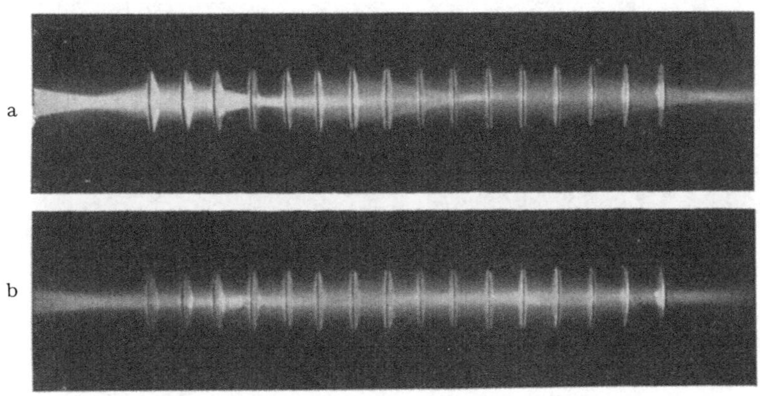

Abb. 143. Knoten- und Fadenstrahl im Modellexperiment [54].

bei dem im einfachsten Falle des Fadenstrahls die brechenden Flächen als Potential*zylinder* um die Strahlachse liegen.

Rechnen wir in erster Näherung mit konstanter Raumladung im Strahl bzw. mit quadratischem Anstieg des Potentials, so würde das lichtoptisch einer Abnahme des Brechungsindex von der Form $n = n_0 - \text{const}\, r^2$ entsprechen. Dieses System können wir uns in seiner Wirkung durch eine Folge dünner optischer Linsen ersetzt denken [54, 364]. Wir erhalten so die Möglichkeit, Modellversuche über Knoten- und Fadenstrahlen durchzuführen und deren Eigenschaften zu studieren.

Wenn wir ein Lichtstrahlenbündel aus einer engen Blende unter großem Öffnungswinkel in eine Linsenfolge (Abb. 143a) eintreten lassen, entsteht ein typischer Knotenstrahl. Der Knoten ist dabei das Bild der engen Blende und wird um so punktförmiger sein, je punktförmiger die Blende ist. Aus dem Knotenstrahl können wir den Fadenstrahl dadurch annähern, daß wir am ersten Bauch des Knotenstrahls abermals eine Blende einschalten, die den Strahl auch hier auf den gleichen Querschnitt wie am Knoten bringt. Jetzt entsteht ein Strahlengebilde, das jeweils nach dem halben Knotenabstand den gleichen kleinen Querschnitt hat. Sorgen wir noch dafür, daß die Bahnen schon vor dem Durchtritt durch die genannte Blende in ihrer Phase gemischt sind, so erhalten wir einen Strahl, wie er dem Elektronenfadenstrahl weitgehend entspricht (Abb. 143b). Die Vermischung der Phasen, die durch Wirkung der sphärischen Aberration selbständig auftritt, wenn wir den Strahl genügend weit verfolgen (Abb. 144), läßt sich auch von vornherein dadurch erzielen, daß wir einen minderwertigen Kondensor in den Strahlengang nahe der Lichtquelle einschalten.

Abb. 144. Wirkung der sphärischen Aberration auf einen Knotenstrahl [61].

Daß in unserem künstlichen Fadenstrahl die Einzelstrahlen wirklich Schwingungslinien sind, läßt sich recht anschaulich durch Einschieben eines aus mehreren Drähten hergestellten Gitters in den Strahlengang zeigen.

Wir hatten unseren künstlichen Fadenstrahl durch zwei Maßnahmen erzeugt, durch Einengung des Bündels mittels zweier Blenden und durch Einschalten eines Kondensors großer sphärischer Aberration. Es scheint so zu sein,

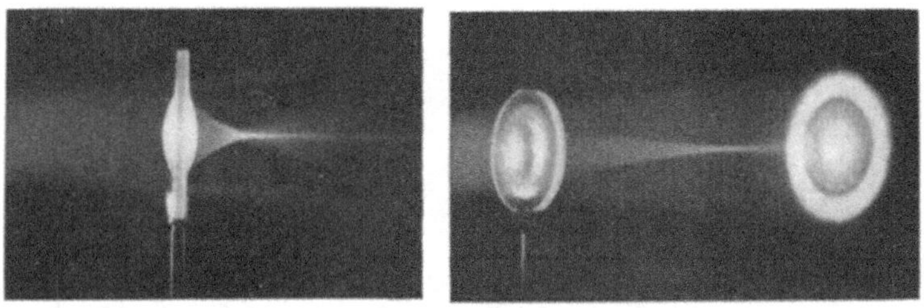

Abb. 145. Strahlengang durch eine asphärische Linse entsprechend Gl. (2) [54].

daß für die Herstellung von Fadenstrahlen mit Elektronen die entsprechenden Maßnahmen erforderlich sind, wobei Kathode und Anode die zwei Blenden und wobei das Beschleunigungsfeld zwischen Kathode und Anode das optische System mit großen sphärischen Fehlern darstellen. Ist das richtig, so ist es auch nicht so sehr verwunderlich, daß gerade das „Anodenhütchen" [IV, 2] mit seinem scheinbar wenig günstigen Potentialfeld [54] sich für die Erzeugung von Fadenstrahlen bewährt hat.

Erwähnt sei noch, daß man die optischen Modellexperimente auch unter den erschwerenden Bedingungen der Kraftfunktion Gl. (2) durchführen könnte. Jetzt müßten die sphärischen Linsen durch asphärische ersetzt werden, die in Achsennähe konzentrische Kugelflächen als Begrenzungen haben und nach außen mehr und mehr in planparallele Platten übergehen (Abb. 145).

6. **Magnetische Knoten- und Fadenstrahlen.** Knoten- und Fadenstrahlen, die durch magnetische Felder erzeugt sind, haben zunächst nichts mit Raumladungserscheinungen zu tun. Sie interessieren hier jedoch, da wir sie ähnlich wie

die lichtoptischen Modellversuche des vorhergehenden Abschnittes als Modellversuche zur Gaskonzentration auffassen können. Außerdem erscheint es uns sehr wahrscheinlich, daß bei einem Teil dieser Versuche THIBAUDS [398] die Gaskonzentration eine ausschlaggebende Rolle gespielt hat, wenn auch der Autor selbst glaubt, die Mitwirkung der Gaskonzentration ablehnen zu sollen.

THIBAUD [398] benutzt einen Elektronenstrahler, bei dem die Elektronen eine Reihe von Blenden durchdringen, die sie immer weiter bis auf einige hundert Volt beschleunigen. Dann gelangen die Elektronen durch einen Kanal von 0,1—0,2 mm Durchmesser bei 15 mm Länge axial in die relativ lange Magnetspule und schließlich auf den Schirm.

War das Spulenfeld ganz ausgeschaltet, so ging das Elektronenbündel von dem Endpunkt des Kanals schwach divergierend aus, so daß es in 30 cm Abstand etwa 4 mm Durchmesser hatte. Schaltete man nun die Spule ein, so bildete das Bündel Knoten und Bäuche (Abb. 146), wobei die Knoten nach unserer Auffassung die Bilder der Kanalöffnung sein werden[1]. Da der Kanal sehr eng war, hatten auch die Knoten sehr große Schärfe (Durchmesser 0,2 mm). Es wurden bei starken Magnetfeldern bis zu 15 scharfe Knoten beobachtet. Die Tatsache, daß nicht nur der erste, sondern auch die folgenden Knoten scharf waren, wird durch die geringen optischen Fehler einer solchen magnetischen Linse bewiesen, durch die sie sich vor der Raumladungslinse auszeichnet.

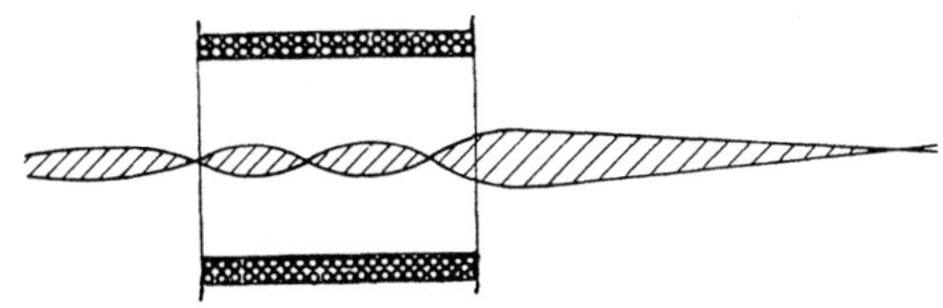

Abb. 146. Mehrfache magnetische Konzentration eines Strahlenbündels in einer Spule [398].

Außer diesem Knotenstrahl, der eindeutig durch das magnetische Feld verursacht war, traten auch Strahlgebilde auf, die THIBAUD als „filiform" bezeichnet, und von denen wir vermuten, daß es praktisch gaskonzentrierte Fadenstrahlen waren.

Normalerweise wird das Strahlenbündel aus der Spule, in der es eine Anzahl von Knoten und Bäuchen gebildet hat, divergierend austreten. Durch langsame Erhöhung des Spulenstroms kann man den Divergenzwinkel verändern und erreichen, daß sich ein Schnittpunkt der Strahlen ausbildet. Dieser letzte, durch das Streufeld der Spule hervorgerufene Knoten läßt sich im Prinzip gerade ins Unendliche legen. In diesem Falle soll nach THIBAUD der magnetische Fadenstrahl entstehen, in dem die Elektronen auf nahezu parallelen Bahnen verlaufen sollen. Wäre der Knoten wirklich ein Punkt, so wäre es wohl möglich, auf diese Weise ein *enges* Bündel paralleler Bahnen zu erzeugen. Da der Knoten jedoch das Bild der Kanalöffnung ist, und da in diesem Fall die Bildweite unendlich groß ist, wird das Bild ebenfalls unendlich groß sein. Außerdem werden sich die Abstoßungskräfte zwischen den einzelnen nebeneinanderfliegenden Elektronen ungünstig auswirken [II, 6]. Das letzte Bedenken hat auch THIBAUD selbst, indem er sich über die gleichbleibenden geringen Querschnitte der von ihm erzeugten Strahlen wundert, die, einmal erreicht, sogar in inhomogenen magnetischen Feldern ihre Struktur nicht mehr verändern. Er diskutiert verschiedene Möglichkeiten kompensierender anziehender Kräfte zwischen den Elektronen, so das magnetische Moment (Spin) der Elektronen. Die naheliegende Vermutung, daß es sich um Gaskonzentration handeln könne, glaubt er jedoch ablehnen zu müssen, denn eine Erhöhung des Gasdrucks brachte

[1] Ganz ähnliche Erscheinungen können auch in der „kurzen" magnetischen Linse auftreten [III, 17].

keine Änderung der Strahlstruktur. Sein Beweis, daß die Strahlen auch im hohen Vakuum aufträten, scheint uns allerdings insofern nicht stichhaltig, als er anscheinend niemals hohes Vakuum gehabt hat, denn er spricht von stark leuchtenden Strahlen.

7. **Gaskonzentrierter Strahl und kurze Raumladungslinse.** Der gaskonzentrierte Elektronenstrahl entspricht einer „langen" Linse, allerdings mit der gerade für die Verwendung des gaskonzentrierten Strahls sehr wichtigen Eigenart: Der gaskonzentrierte Elektronenstrahl arbeitet nicht mit einem im Raum feststehenden Linsensystem, sondern er führt sein Linsensystem in einer zur Strahlachse stets gleich orientierten Stellung mit sich [V, 6]. Für die Verwendung der magnetischen Linse war es ein Fortschritt, von der „langen" Linse zur „kurzen" überzugehen, und wir werden fragen, ob man auch bei der Raumladungslinse diesen Übergang durchführen soll und kann.

Mit der kurzen magnetischen Linse vermag man das strahlenbrechende Feld, das sich bei der langen Linse gleichmäßig über den ganzen Strahlengang erstreckt, an eine bestimmte Raumstelle zwischen Gegenstand und Schirm zu legen. Auf diese Weise sind verschiedene Vergrößerungen erzielbar, während die lange Linse stets in natürlicher Größe abbildet. Bei der Raumladungslinse, die sich mit dem Strahl mitbewegt, würde die Zusammenziehung der Wirkung zur kurzen Linse diese Vorteile noch verstärkt auszunutzen gestatten. Z. B. würde eine kurze Raumladungslinse dicht vor dem Leuchtschirm einer Braunschen Röhre angeordnet, eine sehr erhebliche Reduktion der Punktgröße ermöglichen, ohne daß dadurch die Empfindlichkeit der Röhre verringert würde. Dabei setzen wir natürlich voraus, daß auch jetzt die Linse sich mit dem Strahl mitbewegt, der Strahl also vom Ablenkplattenpaar bis zum Bild eine Gerade bildet.

Eine kurze Raumladungslinse zu konstruieren, die mitbewegt wird, ist indessen bisher nicht gelungen und dürfte wohl auch kaum gelingen. Dagegen hat man — unter Verzicht auf die spezifischen Eigenarten der vom Strahl selbst gebildeten Raumladungsoptik — bereits versucht, eine *fest* im Raume angeordnete kurze Raumladungslinse zu bauen, um mit ihr ähnlich wie mit einer kurzen elektrischen oder magnetischen Linse zu arbeiten.

Nach dem ersten Vorschlag von v. Borries und Ruska [40] läßt man den Strahl durch eine Kammer erhöhten Drucks laufen, in der durch die höhere Ionisation eine verstärkte Gaskonzentration erfolgt. — Ihr zweiter Vorschlag geht dahin, die brechende Raumladungsschicht nicht durch den konzentrierenden Strahl selbst, sondern durch eine Hilfsentladung zu erzeugen. Zu diesem Zwecke wird der Strahl durch eine Drei-Elektroden-Anordnung gesandt, wie wir sie bei der elektrischen Einzellinse (z. B. Abb. 71) kennenlernten. Wie dort wird an die Mittelelektrode eine geeignete Spannung gegen die beiden Begrenzungsblenden gelegt. Während jedoch dort — im Vakuum — das sich ausbildende Potentialfeld als Brechungsfeld wirkte, sollen hier — im Gas — die positiven Raumladungen, die durch eine Gasentladung zwischen den drei Elektroden gebildet werden, die verlangte konzentrierende Wirkung auf den Strahl ausüben.

Mit einer solchen Anordnung konnten v. Borries und Ruska Konzentrationswirkungen erzielen. Nachdem sie sich von dem gleichmäßigen Brennen der Hilfsentladung, bei der an der Mittelelektrode —9 kV bei 0,005 mm Hg lagen, überzeugt hatten, wurde mit 30 kV-Strahlen ein Netz durch die „Raumladungslinse mit Fremdionisation" abgebildet.

Der naheliegende Einwand gegen die erzielte Abbildung, daß es sich gar nicht um eine Raumladungswirkung, sondern um die Wirkung der statischen Potentialfelder handelt, wurde dadurch entkräftet, daß bei allmählicher Steigerung der Spannung an der Mittelelektrode erst von dem Augenblick an eine merkliche Beeinflussung des Strahlenbündels beobachtet werden konnte, an dem die Entladung gezündet hatte[1]. Die erhaltene Abb. 147[2] zeigt kissenförmige Verzeichnungen und eine Störung im Mittelgebiet des Bildes. Ob die zweifellos interessante Anordnung praktische Aussichten hat, vermag heute noch nicht entschieden werden.

Abb. 147. Abbildung mit kurzer Raumladungslinse [40].

b) Elektronenoptische Wirkungen des Kathodenfalls.

8. **Wirkungen des Kathodenfalls.** Nachdem wir das Raumladungsfeld des gaskonzentrierten Elektronenstrahls betrachtet haben, wollen wir uns den elektronenoptischen Erscheinungen zuwenden, die durch den Kathodenfall der Glimmentladung bedingt sind.

Der Kathodenfall, der durch einen Überschuß an positiven Raumladungen hervorgerufen wird, dient im Haushalt der Entladung dazu, die langsamen Elektronen des Gasentladungsplasmas von der Kathode fernzuhalten. Es entsteht eine von den übrigen Entladungsteilen stark abweichende Raumladungsverteilung, wie sie ähnlich an stark negativen Sonden zu finden ist. Während zwischen den Platten eines (unendlich ausgedehnten) Kondensators sich normalerweise ein lineares Potentialgefälle ausbildet, schiebt sich durch die Wirkung der der negativen Platte vorgelagerten positiven Raumladungen das Potentialgefälle auf eine Schicht von der Dicke d zusammen, die nach LANGMUIR [250] mit dem Strom i der positiven Teilchen zur negativen Platte und der Potentialdifferenz u an den Schichtseiten in folgendem Zusammenhang steht:

$$d^2 = \text{const} \cdot \frac{u^{\frac{3}{2}}}{i}.$$

Wir sahen [III, 8], daß ein Beschleunigungsfeld auch dann, wenn die Äquipotentialflächen parallele Ebenen sind, eine Richtwirkung auf die aus der Kathode austretenden Elektronen ausübt und daß die von einem Kathodenpunkte mit der Voltenergie ε nach verschiedenen Richtungen austretenden Elektronen nach Durchlaufen von U Volt des Beschleunigungsfeldes ein Bündel vom Öffnungswinkel [III, 8], Gl. (27)

$$2\alpha \approx 2\sqrt{\frac{\varepsilon}{U}} \qquad \text{für } \varepsilon \ll U$$

bilden. Für die Größe des Öffnungswinkels ist es dabei ganz gleichgültig, wie dick die Beschleunigungsschicht ist. Zahlenmäßig sind die Winkel meist sehr klein. So wird bei einer Austrittsgeschwindigkeit der Elektronen von 1 Volt in einem Gasentladungsrohr, bei dem der Kathodenfall 1 kV beträgt, $2\alpha = 0{,}063 \approx 4^0$. Dabei wird wegen der im allgemeinen geringen Tiefe der Beschleunigungsschicht, die z. B. ein Millimeter sei, die Breite des Bündels nach Durchlaufen des Beschleunigungsfeldes gemessen, sehr gering sein.

[1] Der zweite von den Autoren angegebene Beweis beruht auf einem Irrtum, da die elektrische Linse [III, 5] durch ihre Umpolung nicht zur Zerstreuungslinse wird. Ebensowenig halten wir es für „natürlich", daß sich mit der kurzen Raumladungslinse ebenso saubere Abbildungen wie mit der elektrostatischen Methode erzielen lassen müssen. Außerdem haben DAVISSON und CALBICK keine elektrostatischen Abbildungen durchgeführt [40, S. 653, Anm. 1].

[2] In der Originalarbeit ist nur eine Zeichnung wiedergegeben. Die hier reproduzierte Aufnahme wurde uns freundlicherweise von den Autoren zur Verfügung gestellt.

Damit ist es klar, warum die Kathodenstrahlen in einer mit Hochspannung betriebenen Röhre auf der Kathodenfläche senkrecht zu stehen scheinen, eine Beobachtung, die die Forscher in der Entdeckungszeit der Kathodenstrahlen verleitete, von senkrechtem Austritt der Strahlen aus der Kathode zu sprechen.

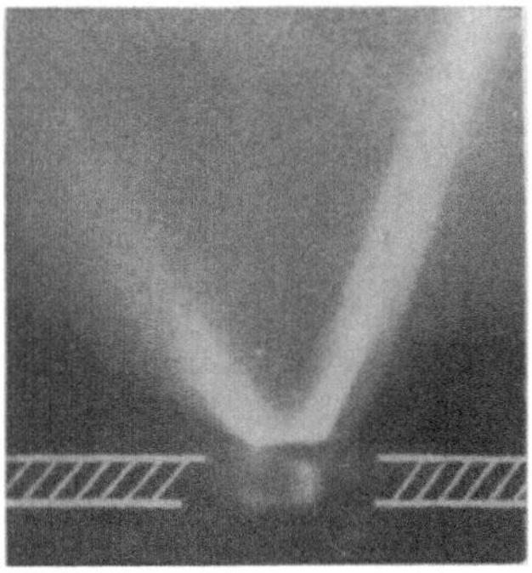

Abb. 148. „Reflexion" eines Elektronenstrahls an einer Glaswand [55].

Erst wenn wir den Druck allmählich senken, nähert sich mit geringer werdender Raumladung die Potentialverteilung mehr und mehr dem raumladungsfreien Potentialfeld an. Durch solche Versuche konnte 1880 GOLDSTEIN [IV, 10] die Behauptung CROOKES' vom senkrechten Austritt der Kathodenstrahlen widerlegen.

9. Elektronenspiegelnde Raumladungsflächen. Wir betrachteten den Einfluß der einer Metallfläche anliegenden Raumladungsschicht auf die von der Metallfläche *ausgehenden* Elektronen. Entsprechende Wirkung werden aber auch Elektronen aus dem Versuchsraum erfahren, die mit großer Geschwindigkeit gegen die Kathodenschicht geschossen werden. Die Elektronen werden, fallsihre Geschwindigkeit ein gewisses Maß nicht überschreitet, abgebremst und dann wieder beschleunigt. Das gilt natürlich in gleicher Weise von jeder hoch negativ aufgeladenen Fläche, sei es eine Glasfläche (Abb. 148) oder eine Metallfläche (Abb 149), die schlecht abgeleitet war und daher durch die auftreffenden Elektronen aufgeladen wurde. Solche negativen Flächen mit einer LANGMUIRschen Schicht davor wirken unter Erfüllung der optischen Bedingung von Gleichheit des Ein- und Ausfallwinkels reflektierend auf die Elektronen. So kommen wir dazu, solche Schichten als die „spiegelnden Flächen" der Elektronenoptik aufzufassen.

Abb. 149. Verlauf eines Elektronenstrahls im Magnetfeld bei „Reflexion" an einer zu ihm senkrechten Metallwand [55].

Wir werden später noch eine Anzahl Versuche kennenlernen, bei denen die „Hohlspiegel"-Kathode und andere Kathodenformen, mit denen sich besondere optische Wirkungen erzielen lassen, verwendet werden. Hier sei der charakteristische Fall der Elektronenbewegung in einem Metallröhrchen ins Auge gefaßt.

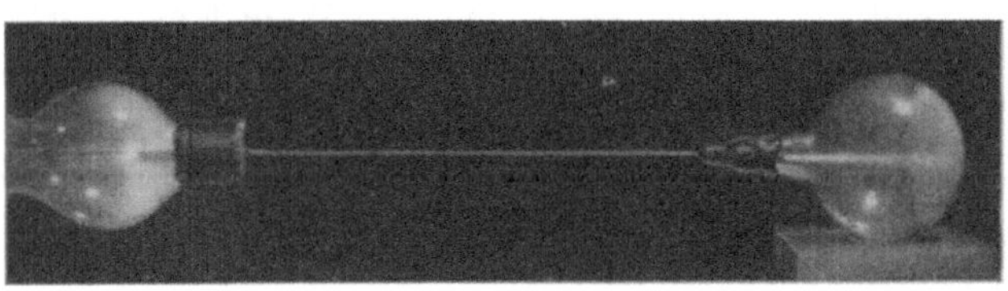

Abb. 150. Führung eines Elektronenbündels durch ein Kupferröhrchen [55].

Die Erfahrung lehrt, daß sich ein intensitätsreiches Elektronenbündel bei Gegenwart geringer Gasmengen vollständiger durch ein enges Metallröhrchen, das gleichzeitig als Anode dient, hindurchleiten läßt, als es den rein geometrischen Bedingungen entspricht (Abb. 150). Die Erscheinung der Elektronenführung in dem Röhrchen wird noch auffälliger, wenn man nach BRÜCHE [55] das Röhrchen biegt (Abb. 151). Bei günstigen Bedingungen vermag man ein Röhrchen von z. B. 2 mm Durchmesser bis über 90° zu krümmen, ohne daß eine Verringerung der austretenden Elektronenintensität bemerkbar wird.

Brüche hat zur Erklärung seiner Versuche die Vermutung geäußert, daß es sich hierbei um den Einfluß von positiven Raumladungen in der Achse des Röhrchens und negativen Raumladungen dicht vor der Wandung handelt, Da die einzelnen Elektronen unter sehr flachem Winkel zur Wand verlaufen. reichen Raumladungspotentiale von wenigen Volt aus, um die Elektronen dauernd von der Wand fernzuhalten. Man kann sich den Mechanismus ganz grob dahingehend schematisiert denken, daß man annimmt, die Bahnen im Röhrchen seien geradlinig, und es fände Reflexion an den Wänden statt.

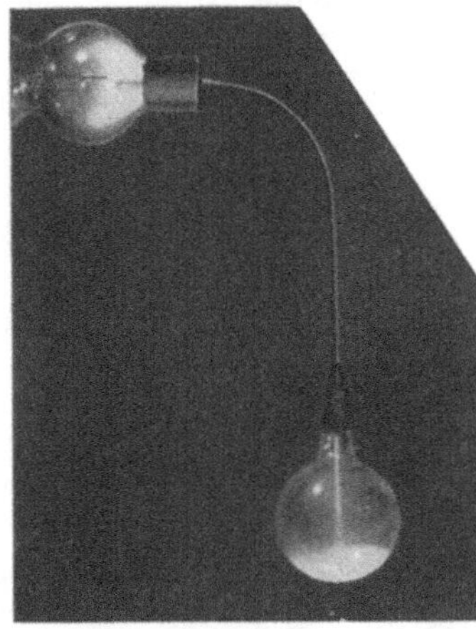

Abb. 151. Führung eines Elektronenbündels durch ein gebogenes Röhrchen [55].

Zur Zeichnung des schematischen Strahlenverlaufs wenden wir das Brechungsgesetz an, indem wir den Brechungsindex im dichteren Medium 1 setzen. So wird, wenn U die Strahlgeschwindigkeit, u den Potentialsprung an der Wand, $\chi = \frac{\pi}{2} - \alpha$ und $\psi = \frac{\pi}{2} - \beta$ die Glanzwinkel (Komplementwinkel zum Einfalls- und Austrittswinkel) bedeuten:

$$\frac{\cos\chi}{\cos\psi} = \sqrt{1 - \frac{u}{U}}.$$

Aus dieser Gleichung folgt mit $\psi = 0$ für den Grenzwinkel χ_0 der Totalreflexion:

$$\cos\chi_0 = \sqrt{1 - \frac{u}{U}} \quad \text{oder} \quad \sin^2\chi_0 = \frac{u}{U}.$$

Setzen wir z. B. $U = 300$ V und nehmen den sehr hohen Wert $u = 30$ V an, so wird $\chi_0 = 18\frac{1}{2}^0$, d. h. nur solche Elektronen können im Röhrchen geführt werden, deren Auftreffwinkel auf die Wand $18\frac{1}{2}^0$ nicht übersteigt. Man kann sich nun leicht ausrechnen, was geschieht, wenn man das Röhrchen krümmt. In diesem Falle werden die Elektronen ebenfalls im Röhrchen geführt (Abb. 152), wobei jedoch bei sonst gleichen Bedingungen der Öffnungswinkel des Bündels verringert wird, bis schließlich bei sehr starker Biegung praktisch gar keine Elektronen mehr durch das Röhrchen hindurchgelangen. Anstatt das Röhrchen zu krümmen, kann man auch bei geradem Röhrchen die Elektronenbahnen durch ein magnetisches Feld krümmen und muß auch jetzt eine Elektronenfortleitung durch Spiegelung erhalten, wie es das Experiment bestätigt.

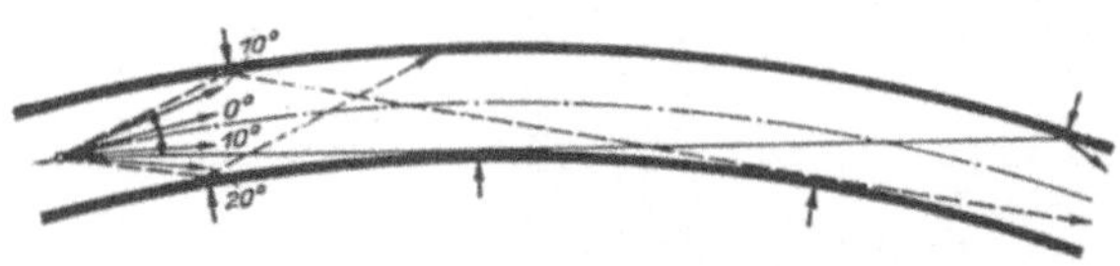

Abb. 152. Führung eines Elektronenstrahls in einem Röhrchen [55].

Die skizzierten Vorstellungen lassen sich noch in mancher Hinsicht erweitern und führen unter anderem darauf, daß auch der gewöhnliche gaskonzentrierte Elektronenstrahl ein leitendes Rohr für langsame Elektronen darstellt. Man kann auch diesen Strahl (ohne metallische Umschließung), für schematische Betrachtungen ähnlich auffassen (vgl. S. 148, Anm. 1), indem man ihn mit einem Glasstab vergleicht, in welchem sich trotz mannigfacher Krümmungen das Licht durch Totalreflexion fortpflanzt [55].

10. Die ältesten elektronenoptischen Experimente. Bereits in seiner zweiten Veröffentlichung hat GOLDSTEIN [163, 164] eine Anzahl von Beobachtungen mitgeteilt, die in gleicher Weise für die Kenntnis von den Kathodenstrahlen wie für die geometrische Elektronenoptik bedeutungsvoll sind.

GOLDSTEIN betont in seiner Arbeit den Strahlungscharakter des „negativen Lichtes". Er schlägt den Namen „Kathodenstrahlen" vor, nachdem er gezeigt hatte, daß die Strahlung sich praktisch senkrecht zur Kathodenfläche fortpflanzt. Er beschreibt als Erster[1] die Ablenkung eines Kathodenstrahlbündels durch einen negativ geladenen Draht (Abb. 153) und entdeckt damit die elektrostatische Ablenkung der Kathodenstrahlen. Schließlich ist in dieser Arbeit das erste elektronenoptische Experiment, die Abbildung einer Münze beschrieben, wobei die Prägung der Münze (Kathode) im Fluoreszenzlicht der Kathodenstrahlen auf der gegenüberliegenden Glaswand zu erkennen ist (Abb. 154)[2].

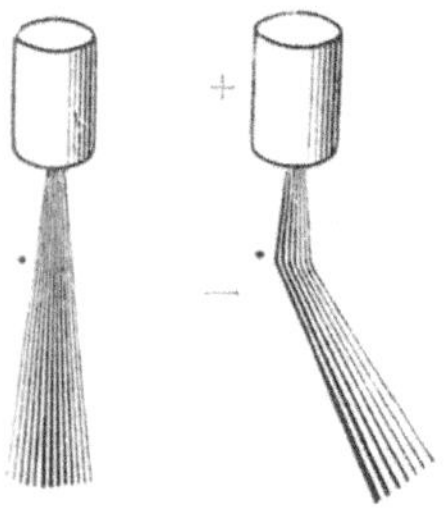

Abb. 153. GOLDSTEINS klassischer „Deflexions"-Versuch [165].

Es war damals noch zu früh, als daß GOLDSTEIN seine Beobachtungen hätte richtig deuten können. Daher finden wir keine Erklärung für die „Deflexion", wie er die elektrostatische Ablenkung eines Elektronenbündels nannte, und daher auch keine Erklärung für das „Senkrechtstehen" der Kathodenstrahlen auf der Kathodenfläche. Auch später scheint GOLDSTEIN eine gewisse Abneigung dagegen gehabt zu haben, elektrostatische Felder und elektrische Raumpotentiale zur Erklärung seiner Beobachtungen heranzuziehen, glaubte er doch z. B. am Schluß seiner Dissertation [165] fast erleichtert feststellen zu können: „Die elektrostatische Erklärung der Deflexionserscheinungen darf hiernach wohl verlassen werden." Auch noch später, als längst durch HERTZ, SCHUSTER und andere sichergestellt war, daß Deflexion und elektrostatische Ablenkung der Kathodenstrahlen identisch sind, ist in GOLDSTEINS Arbeiten der Potentialbegriff nicht zu finden[3]. Demgegenüber wissen wir heute, daß gerade hier der Schlüssel zu sehr vielen seiner Beobachtungen liegt, wie wir es für das scheinbare Senkrechtstehen der Kathodenstrahlen auf der Kathodenfläche bereits [IV, 8] erwähnten.

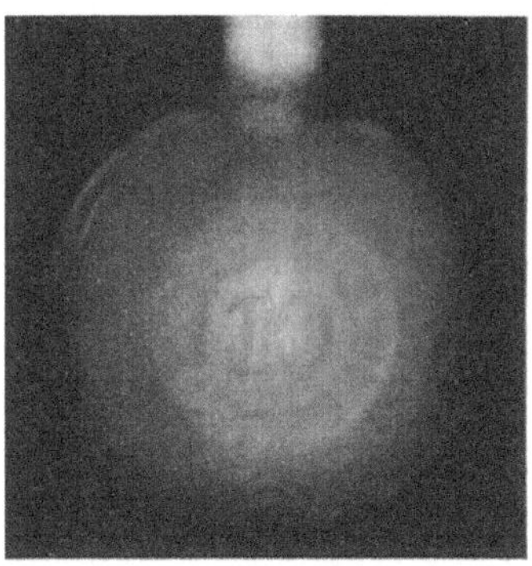

Abb. 154. Abbildung eines 10-Pfennig-Stückes mit einer Röhre von GOLDSTEIN.

Zu den typischen Deflexionsexperimenten gehört auch eine Gruppe interessanter Versuche, die GOLDSTEIN wesentlich später durchgeführt hat [167, 169]. Denken wir uns zwei parallele Drähte in 1 cm Abstand, die beide Kathode sind. Dann werden von jedem dieser Drähte Kathodenstrahlen ausgehen, die von

[1] PFLÜCKER hatte 1858 bereits bemerkt, daß das „magnetische Licht" durch Annäherung der Hand an die Röhrenwand abgelenkt werden kann.

[2] In der Originalarbeit ist keine Abbildung wiedergegeben. GOLDSTEINsche Röhren dieser Art sind dagegen erhalten geblieben, so daß die Abbildung mit Hilfe einer Originalröhre möglich war. Auch bei den folgenden Abbildungen handelt es sich um neue Aufnahmen mit Originalröhren GOLDSTEINS, die uns zu diesem Zweck von Herrn Prof. GUTNICK, Neubabelsberg, in dankenswerter Weise zur Verfügung gestellt wurden.

[3] Erst seit etwa 1910 spricht GOLDSTEIN gelegentlich vom Potentialfeld, ohne indessen die Möglichkeiten dieser Betrachtungsweise wirklich zur Deutung seiner Beobachtungen auszunutzen.

dem anderen Draht abgelenkt werden, sobald sie in seine Nähe kommen. So wirft jeder Draht einen verbreiterten Schatten; es entstehen „Dunkelräume". Unter Berücksichtigung der Potentialfelder um die Drähte ist die Erscheinung natürlich ohne weiteres verständlich, handle es sich um den einfachsten Fall

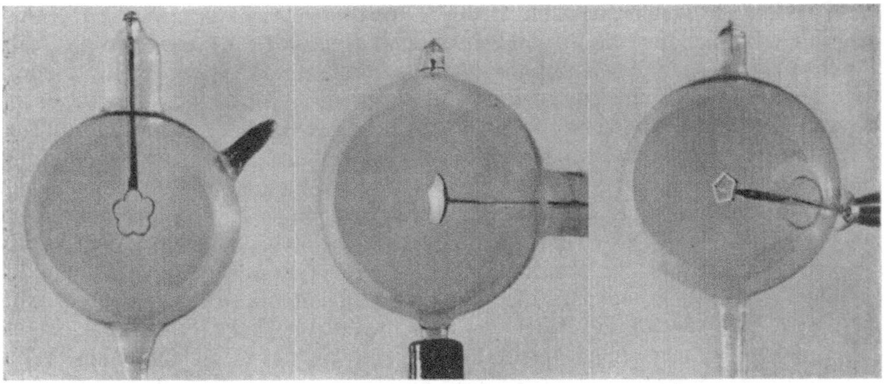

a) Drahtkathode b) Hohlspiegelkathode c) Doppelflächenkathode

Abb. 155. GOLDSTEIN-Röhren.

zweier Drähte, um einen Drahtring oder irgendwie gestaltete Drahtpolygone (Abb. 155a), die wunderliche Leuchtfiguren im Gase und auf den Gefäßwänden hervorzurufen vermögen (Abb. 156).

Kehren wir zur historischen Entwicklung zurück. Nachdem GOLDSTEIN sich mit der Richtung der Strahlung gegenüber der ebenen Kathodenfläche und mit der Abbildung von Münzen beschäftigt hatte, lag es nahe, die Erscheinungen an konvex und konkav gekrümmten Kathoden zu untersuchen, zumal er aus seinen früheren Arbeiten [163] bereits wußte, daß die hohlspiegelartig gewölbte Glaswand, die bei Berührung mit der Kathodenzuleitung als Kathode zu wirken vermag, die Form des Leuchtens auf der gegenüberliegenden Gefäßwand bestimmt, und daß eine zylindrisch gekrümmte Kathode eine „unähnliche Abbildung" der Kathode auf der gegenüberliegenden Glaswand erzeugt.

Abb. 156. Leuchtfiguren auf der Gefäßwand einer GOLDSTEIN-Röhre.

Bevor jedoch GOLDSTEIN, aufgehalten durch andere Arbeiten, genaue Untersuchungen über gekrümmte Kathoden durchgeführt hatte, veröffentlichte CROOKES [91, 92] seine bekannte Demonstrationsröhre mit Hohlkathode (Abb. 157). GOLDSTEIN [166, 168] wiederholte diese Versuche und fand Druck- und Spannungsabhängigkeit der Erscheinungen. Bald konnte er eine gründliche Arbeit [167, 169] vorlegen, die bereits die ganze Reichhaltigkeit der Variationskunst zeigt, die auch seinen späteren Arbeiten über die Kanalstrahlen das Gepräge gibt[1]. Hier sei aus dieser Arbeit nur das Hauptexperiment herausgegriffen und diskutiert:

In einer Glaskugel von etwa 10 cm Durchmesser ist die Kalotte einer Kugelschale von 4 cm Krümmungsradius als Kathode so aufgestellt, daß der Abstand der Kathode von der Wand dem doppelten Krümmungsradius der Kugelschale gleich ist (Abb. 155b)[2]. Nach der Anschauung von CROOKES, daß sich von jedem Punkt der Kathodenfläche nur ein geradliniger Strahl in der Flächennormale fortpflanzt, müßte bei dieser speziellen Anordnung das Phosphoreszenzbild ein weitgehend ähnliches Abbild der Kathode sein. Dagegen findet GOLDSTEIN, daß die Größe des kreisförmigen Fluoreszenzflecks nur bei relativ hohem Druck ($\approx$ 1 mm Hg) den Erwartungen entspricht, während sich bei Übergang zu kleinerem Druck mehr oder weniger abweichende Bilder zeigen.

Abb. 157. Demonstrationsröhre von CROOKES [92].

Der Grund für diese Abweichungen ist darin zu sehen, daß man nur dann mit dem vorausgesetzten Senkrechtstehen der Kathodenstrahlen auf der Kathodenoberfläche rechnen kann, wenn die Kathodenfallschicht eine Dicke hat, die klein ist gegenüber dem Krümmungsradius der Kathodenschale. Ist bei geringem Druck diese Voraussetzung nicht erfüllt, so werden die einzelnen beschleunigenden Potentialflächen nicht mehr der Kathode eng als konkave Kugelflächen anliegen. Damit können sich die Elektronen der einzelnen Flächenelemente natürlich nicht mehr genau in dem Mittelpunkt der Kathodenhohlkugel treffen und nicht mehr ein genaues Abbild der Kathode in der doppelten Entfernung bilden. Nicht allein, daß der Kreuzungspunkt der Strahlen jetzt wesentlich über den Kugelmittelpunkt hinausgerückt ist, werden auch Aberrationswirkungen auftreten, die um so kräftiger sind, je mehr die Randbezirke der Kathode Einfluß gewinnen. Umgekehrt werden wir uns bei hohem Druck und hohem Potentialgefälle vor der Kathode dem Fall annähern, der in erster Näherung Senkrechtstehen der Strahlen ergibt. Wir können unser Feld vor der Kathode dann als Feld eines engen Kugelkondensators deuten, in dem sich die von einem Kathodenpunkte unter beliebigen Winkeln ausgehenden Elektronen bewegen. RUSKA [341] hat neuerdings diesen Fall mathematisch behandelt und die Bedingungen festgelegt, unter denen die einzelnen Bündel divergent bzw. konvergent sind [III, 8]. Bei Konvergenz erhalten wir das von GOLDSTEIN beobachtete Abbild der Kathode und außerdem eine Einschnürung des gesamten Strahlenbündels im Kugelmittelpunkt, die um so schärfer ist, je größer das beschleunigende Potential U gegenüber der Austrittsenergie ε der Elektronen ist.

11. Hohlspiegel-Experimente[3]. Wenn man GOLDSTEINS Arbeitsweise mit künstlerischem Schaffen vergleicht, was nicht ganz unberechtigt erscheint, so werden wir seine Arbeit über die Hohlkathode als ein Thema mit Variationen auffassen können.

[1] Es ist richtig: CROOKES hat die metallische Hohlkathode vor GOLDSTEIN veröffentlicht, trotzdem scheint es ungerecht, GOLDSTEINS überragende Verdienste um die organische und sorgfältige Untersuchung der Erscheinungen deswegen hinter denen von CROOKES zurücktreten zu lassen.

[2] Die dargestellte Röhre zeigt eine fünfeckige geschnittene Kugelkathode, wie sie GOLDSTEIN erst später [IV, 11] untersuchte.

[3] GOLDSTEIN selbst spricht [169, S. 263] von einem „Spiegel bestimmter Apertur“.

Das in diesem Sinne aufzufassende „Thema" der Arbeit haben wir zum Schluß des vorstehenden Abschnittes kennengelernt. Es ist der Strahlengang einer Hohlkugelkathode, die einen Kreis zur Begrenzung hat. Wenden wir uns nun den „Variationen" zu, bei denen verschiedene Figuren aus der Kugelfläche[1] ausgeschnitten sind, wodurch der Randeinfluß bei geringen Drucken in verschiedener Weise wirksam wird. GOLDSTEIN erhält „höchst regelmäßige, dabei aber den Kathodengestalten selbst meist durchaus unähnliche Figuren". — Alle diese

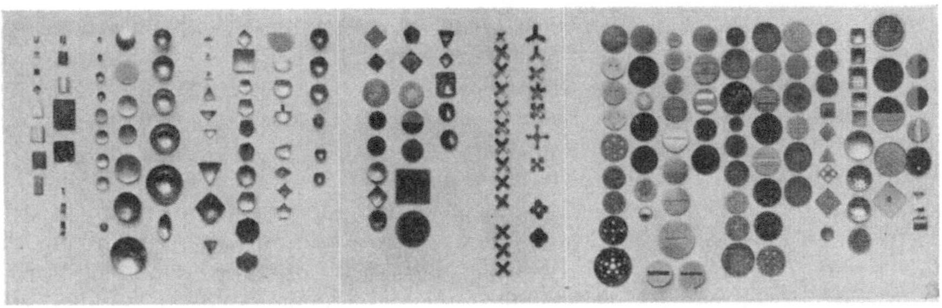

a) Hohlspiegelkathoden b) Kathoden von Kanalstrahlröhren

Abb. 158. Sammlung GOLDSTEINscher Kathoden und Anoden.

Variationen hier ausführlich zu behandeln, würde viel zu weit führen. Es genüge eine Zusammenstellung von Kathoden wiederzugeben (Abb. 158a), die GOLDSTEIN neben etwa hundert (!) zu dieser Arbeit gehörigen abgeschmolzenen Röhren uns hinterlassen hat.

Wohl der einfachste Fall der regelmäßigen Figuren ist das aus der Kugelfläche geschnittene Quadrat. Wählen wir den Druck $\approx$ 1 mm Hg, so zeigt sich

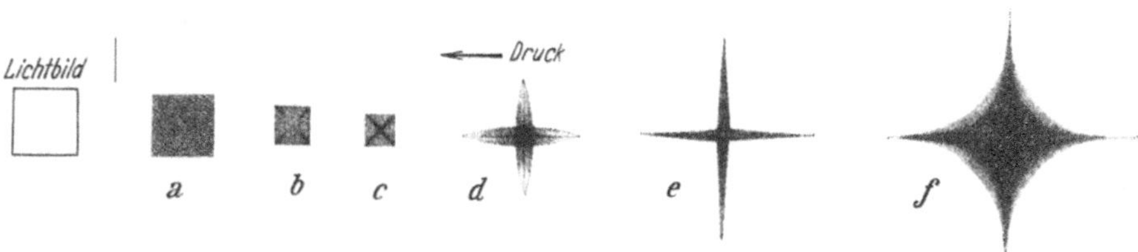

Abb. 159. Abbildung einer quadratischen Kathode bei verschiedenen Drucken [169].

im Abstande des Hohlkugeldurchmessers auf der gegenüberliegenden Glaswand ein Abbild des Kathodenquadrates in natürlicher Größe. Verringern wir nun langsam den Druck bis auf ca. 10^{-2} mm Hg, so erhalten wir die in Abb. 159 von GOLDSTEIN gezeichnete Figurenreihe. — Das Bild der Kathode entsteht bei hohem Druck unter der Wirkung des sehr eng an der Hohlkathode anliegenden Kathodenfallgebietes. Es steht umgekehrt, wie es die Abbildungen komplizierter unsymmetrischer Kathodenformen ergeben. Bei Druckerniedrigung verdickt sich die Beschleunigungsschicht, wobei die kathodenfernen Potentialflächen sich nun weniger gut der Kathodenform anpassen. Es entstehen Potentialkugelflächen geringerer Krümmung, was einer Verschiebung des Brennpunktes zum Schirm und damit einer Verkleinerung des Leuchtbildes entspricht (Abb. 159b). Gleichzeitig machen sich nun auch die vier Spitzen des Kugelquadrates bemerkbar (Abb. 159c). Es zeigen sich an

[1] Außer der Hohlkugel hat GOLDSTEIN auch Hohlzylinder- und Hohlkegelkathoden untersucht.

den Spitzen des Bildquadrates Diagonallinien, die in ihrem Verlauf und ihren Abständen auf kräftige, lokale Brechungswirkungen hindeuten. Diese entsprechen den Wirkungen von kleinen Zylinderlinsen, die in Richtung der Quadratdiagonalen auf den Hohlspiegel gelegt sind und deren Entstehen wir uns an Hand eines Potentialbildes einigermaßen verständlich machen können. Weitere Druckverringerung führt zu Potentialfeldern anamorphotischer Wirkung [V, 15], die dann Leuchtfiguren erzeugen, welche nur noch entfernt an die Kathodenform erinnern (Abb. 159d—f). Wie solche Phosphoreszenzfiguren gegenüber der Kathode gelegen sind, lassen die Abbildungen von Dreiecken usw. erkennen. Durch Abdecken der Spitze des Dreiecks zeigte GOLDSTEIN, daß die Strahlen von der Spitze der Kathode den oberen Teil des Bildes bedingen, daß also das entstehende Bild bei kleinem Druck durchaus nicht einfach das umgekehrte Abbild der Kathode ist.

Wie das aus einer Kugel geschnittene gleichseitige Dreieck und das Quadrat, so untersuchte GOLDSTEIN auch das gleichseitige Fünfeck (Abb. 155b), Sechs-, Sieben- und Achteck, ferner das Rechteck, den Rhombus, das Rhomboid, das rechtwinklige Dreieck usw. Die zweite große Variationsgruppe behandelt Sterne, die aus Rechtecken oder Dreiecken zusammengesetzt sind (Abb. 158a) und zum Teil prachtvolle Phosphoreszenzfiguren geben.

Das Entstehen dieser eigenartigen elektronenoptischen Wirkungen im einzelnen hier erklären zu wollen, wäre weder aussichtsreich noch sinnvoll. Es wäre ebensowenig sinnvoll, wie wenn man nicht nur die Strahlenbrechung in einem Tropfen oder in einem einfachen Eiskristall behandeln wollte, sondern sich darauf versteifen würde, die Strahlenbrechung und Reflexion in einem kompliziert geschliffenen Diamanten in allen Einzelheiten zu deuten. In beiden Fällen wird uns die Freude an der Schönheit der Erscheinungen vollauf genügen.

GOLDSTEINS Arbeit über die Hohlkathode ist durch obige Auszüge nur angedeutet, fehlen doch noch ganz die Variationen der Kugelkrümmung, die ihn von konkaven bis zu konvexen Flächen führten, und fehlen doch auch die Variationen der Entfernung zwischen Kathode und Gefäßwand, die zeigten, daß die Kathodenstrahlen, die von einer Ebene ausgehen, um so divergenter werden, je geringer der Gasdruck ist.

Nachdem GOLDSTEIN diese komplizierten Erscheinungen im Sinne seiner Deflexionsentdeckung diskutiert hatte, führte er noch einige Versuche durch, durch die er seine Schlüsse über die Abhängigkeit der Strahlenrichtung vom Gasdruck erweitern konnte und die uns als typische Abbildungsexperimente hier besonders interessieren.

Der Unterschied zwischen den Hohlspiegelversuchen und diesen Experimenten besteht in folgendem: Bei den Hohlspiegelversuchen wirkte die Kathode als große gewölbte Fläche bündelnd auf die Kathodenstrahlen, in ihrer Wirkung modifiziert durch die Gestaltung des Randes; es interessierte die „Brennweite der Hohlkugel" und ihrer Randbezirke, durch deren Verschiedenartigkeit sich verschiedene Leuchtflecke auf einem in den Strahlengang gestellten Schirm zeigen. Bei den Abbildungsversuchen hingegen entsendet die plane und regelmäßige Kathodenfläche ein bereits wenig divergierendes Bündel, das auf einer nahen Wand eine große Leuchtfläche erzeugt. Was jetzt interessiert, sind die Unregelmäßigkeiten in der sonst planen Kathodenfläche, die sich entsprechend in dem Leuchten auf der Wand ausprägen.

Wenn man in eine ebene Scheibe konzentrische äquidistante Halbkreise einritzt, so markieren sich diese Ritzen als schmale dunkle Halbkreise im Phosphoreszenzbild. Während die Abstände dieser dunklen Streifen bei hohem Druck ebenfalls äquidistant sind, rücken sie bei Verringerung des Druckes so auseinander, daß die Abstände der äußeren Halbkreise am größten sind. GOLDSTEIN zieht aus diesen Abbildungsbeobachtungen, die er nach dem in seinem Nachlaß vorgefundenen Kathodenmaterial nur zum geringen Teil veröffentlicht hat, den wesentlichen Schluß, daß „die Strahlen einer ebenen Kathodenplatte im allgemeinen kein paralleles Bündel bilden, sondern daß die Neigung der Strahlen ebenfalls von Element zu Element gemäß dem Abstande von der Umrißlinie der Platte variiert", ein Ergebnis, das wir heute als Konsequenz der Potentialbetrachtung verstehen. Andere Abbildungsexperimente seien hier mehr als Kuriosa erwähnt, so von planen Aluminiumkathoden, in die Figuren aus anderen Metallen oder Perlmutter eingelegt sind, z. B. Dreiecke, Buchstaben oder — das Oriongestirn.

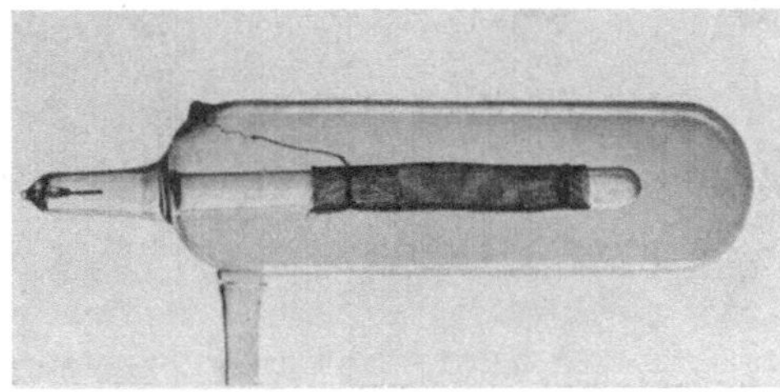

Abb. 160. Erste Kanalstrahlröhre.

12. Älteste Kanalstrahl-Experimente. Die Kanalstrahlen wurden durch GOLDSTEIN entdeckt, dessen wichtigste Arbeiten hierüber wir in OSTWALDS Klassikern Nr. 231 zusammengestellt finden. Sie sind jedoch nicht nur als Zeugnis für die ältesten Kanalstrahlexperimente interessant, sondern ebenso für die ältesten Experimente über die Bewegung positiver Teilchen in fokussierenden Potentialfeldern.

Das älteste Kanalstrahlrohr (Abb. 160) besaß eine röhrchenförmige Netzkathode, durch deren Maschen die in der Entladungsbahn gebildeten und zur Kathode beschleunigten Stickstoff- und Sauerstoffionen herauswanderten und das Netz mit einer goldgelben Aureole umgaben. Bereits in seiner ersten Mitteilung über Kanalstrahlen [170, 171] geht GOLDSTEIN zu *ebenen* durchbohrten Kathodenplatten über und kann zeigen, daß „das gelbe Licht" aus regelmäßigen Strahlen besteht, die sich geradlinig ausbreiten. Er faßt seine Beobachtungen zusammen in den Satz: „Die Achsen der gelben Bündel sind stets so gerichtet, als wenn jene die nach rückwärts gezogene Verlängerung desjenigen blauen Strahls (Kathodenstrahls) wäre, der an der Vorderseite der undurchbrochen gedachten Kathode da entspringen würde, wo sich der Mittelpunkt der Öffnung befindet."

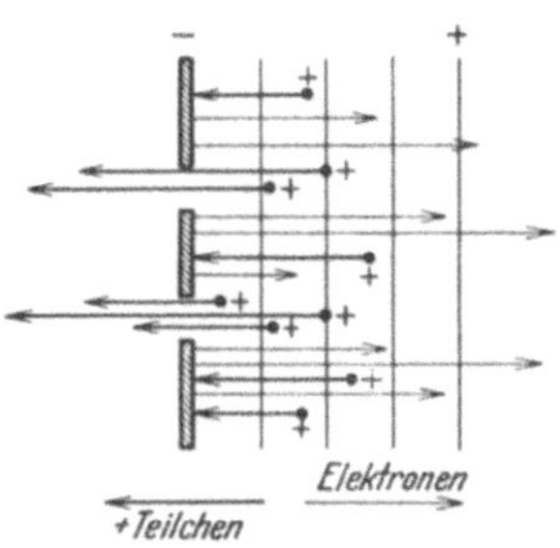

Abb. 161. Mechanismus der Kanalstrahlerzeugung.

Dieser Satz im Verein mit der Potentialvorstellung ist die Grundlage, die wir brauchen, um auch die späteren mannigfaltigen Kanalstrahlversuche GOLDSTEINS verstehen zu können. Der Mechanismus ist stets folgender (Abb. 161): Elektronen (z. B. von der Kathode) werden in einem Potentialgefälle (z. B. Kathodenfall) beschleunigt, erzeugen beim Zusammenstoß mit Gasmolekülen positive Teilchen, die nun das Potentialfeld entgegen der Richtung der Elektronen durchfallen und schließlich durch ein Blech mit Löchern (z. B. Kathode) teilweise ausgeblendet als selbständiges Strahlenbündel auftreten.

Stets richten sich die Kanalstrahlen nur nach der *Vorder*seite der Kathode oder richtiger gesagt nach dem Potentialfeld davor, wie es überzeugend Abb. 162 an dem Senkrechtstehen des Kanalstrahles auf der Vorderfläche zeigt. So kommt es auch, daß bei Potentialflächen, die zur ebenen Kathode konkav sind, das Feld konzentrierend auf die positiven Teilchen wirkt, so daß sie sich hinter der

Kathode schneiden [172]. Auch die „Feinstruktur" des Potentialfeldes vor der Kathode spiegelt sich in der Struktur des Kanalstrahlbündels wider. So äußern sich die Verzerrungen des Potentialfeldes an den einzelnen Kathodenbohrungen darin, daß die Strahlen als sehr enge, wenig divergierende Bündel aus den Bohrungen austreten.

Wir sprachen bisher nur von denjenigen Kanalstrahlröhren, bei denen *einseitig* der Kathodenplatte ein Potentialgefälle ansetzte, das die gebildeten positiven Teilchen zu ihr beschleunigte. Bei den Hauptgruppen GOLDSTEINscher Kanalstrahlexperimente trifft diese Voraussetzung jedoch nicht zu. Hier ist die Kathode zentral in den Gasentladungsraum gestellt, so daß sie in einem „Potentialkessel" liegt. Die Erscheinungen werden nun für verschiedene Kathodenformen so mannigfaltig, daß es nicht verwundert, wenn GOLDSTEIN nicht über ihre eingehende Beschreibung hinausgekommen ist. Will man die Erscheinungen verstehen, so muß man die Potentialverhältnisse kennen und annehmen, daß ein Teil der beschleunigten positiven Teilchen zu neutralen Molekülen umgeladen wird, bevor die entgegengesetzte Wand des Potentialkessels für sie ein Hemmnis bilden kann.

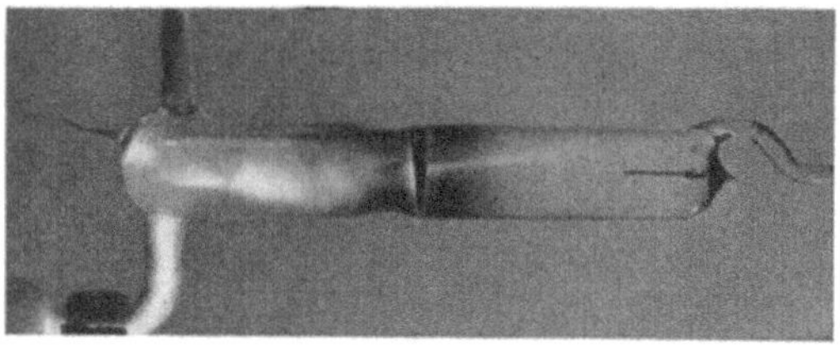

Abb. 162. Kanalstrahl steht senkrecht auf der Kathoden*vorder*fläche.

Die einfachste dieser frei im Raum stehenden Kathoden ist wohl das Röhrchen. Während die kaum sichtbaren Kathodenstrahlen nach allen Seiten ausgehen, können natürlich Kanalstrahlen die Kathode nur in Richtung der Bohrung durchdringen. Man sieht daher aus beiden Enden des Röhrchens ein kräftiges aber feines Kanalstrahlbündel austreten [174]. Von den Röhrchenexperimenten kann man — historisch liegen die anderen Experimente früher — zu zwei Hauptgruppen von Kathodenformen übergehen, die GOLDSTEIN besonders gründlich untersucht hat. Es sind das die Drahtkathoden und die Doppel-Flächen-Kathoden.

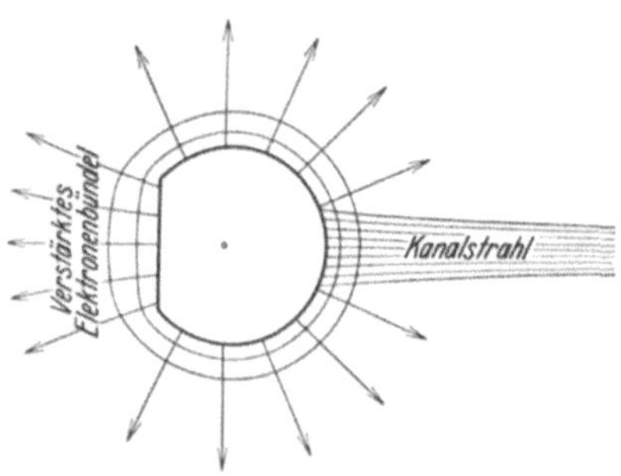

Abb. 163. Zur Wirkung eines Kreisabschnittes.

13. Quasioptische Kanalstrahl-Experimente. Die größte Gruppe GOLDSTEINscher Variationen ist die der Doppel-Flächen-Kathoden [172 bis 174]. Zwei meist gleiche Plättchen, z. B. Kreisscheiben von 1 cm Durchmesser, sind einander eng gegenübergestellt und bilden die Kathode einer Entladungsröhre. Ähnlich wie bei dem im vorigen Abschnitt erwähnten Röhrchen werden jetzt die zur Kathode beschleunigten und zwischen den Platten neutralisierten Kanalstrahlen zwischen ihnen als gleichmäßige Scheibe heraustreten. Wenn wir jetzt an den Kreisplatten irgendeine Unregelmäßigkeit (Abschnitt, Einschnitt, Loch) anbringen oder die Kreisplatte gegen Polygonplatten austauschen, zeigen sich an bestimmten Stellen einzelne kräftige Kanalstrahlbündel.

Wenn wir z. B. von den Kreisscheiben ein Stück abschneiden, so tritt an der gegenüberliegenden Kreisseite ein Kanalstrahlbündel zwischen den Scheiben aus, dessen Entstehen wir uns (Abb. 163) verständlich machen können, wenn wir das veränderte Potentialfeld betrachten. Es verstärkt erstens den Kathodenstrahl und bedingt damit erhöhte Ionisation in dem Bereich, der für die Bildung der Kanalstrahlen maßgebend ist, und es „überkonzentriert" die Kanalstrahlen nicht, wie es bei den ursprünglichen Kreisscheiben der Fall ist, bei denen die Kanalstrahlen alle durch die Scheibenmitte laufen und daher diffus zwischen den Scheiben austreten.

Ersetzen wir die Kreisscheiben durch quadratische Bleche, so erhalten wir vier Kanalstrahlbündel, die jeweils auf den Seitenflächen des quadratischen Kästchens senkrecht stehen (Abb. 164a, 167) und definierte Fokussierungspunkte zeigen. Betrachten wir die Innenflächen der Quadrate nach längerem Gebrauch der Röhre, so finden wir den Strahlenweg an einer Verfärbung aufgezeichnet, wie es Abb. 164b für eine der vier Strahlrichtungen zeigt. Nehmen wir dazu die durch Drei- und Fünfeckkathoden (Abb. 164c) gewonnene Erfahrung, daß wieder die der Strahlaustrittsrichtung gegenüberliegende Fläche maßgebend ist, so können wir uns leicht ein Bild von dem Entstehen und der Struktur der Kanalstrahlbündel machen (Abb. 165), dessen Erläuterung sich erübrigen dürfte. — Versuche mit solchen Doppelflächenkathoden sind von GOLDSTEIN in fast erschreckender Fülle (Größenordnung 10^2 verschiedene Kathodenformen) durchgeführt worden. Doch wollen wir sogleich zu einer anderen Gruppe übergehen.

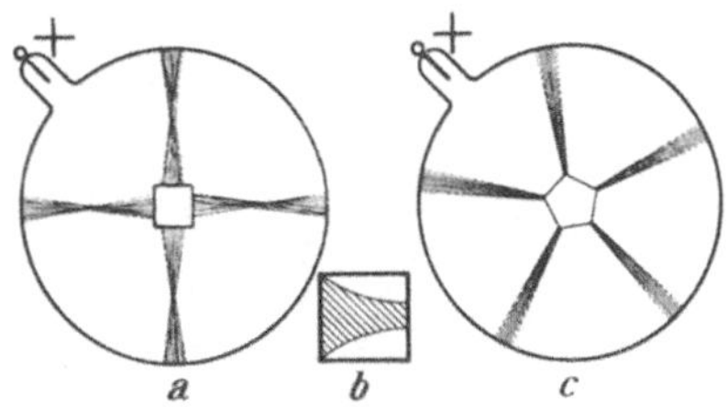

Abb. 164. Kanalstrahlbündel bei Doppelflächenkathoden [172].

Lassen wir die soeben betrachteten zwei quadratischen Plättchen in einer Ausdehnung zusammenschrumpfen, so daß zwei parallele Drähte entstehen [173]. Die jetzt auftretenden Kanalstrahlen sind von besonderer Stärke senkrecht zu der durch die beiden Drähte gelegten Ebene. Diese Lage der stärksten Bündel und ihre Gestaltung entspricht ganz den Erwartungen, die wir nach dem Potentialfeld der beiden Drähte hegen.

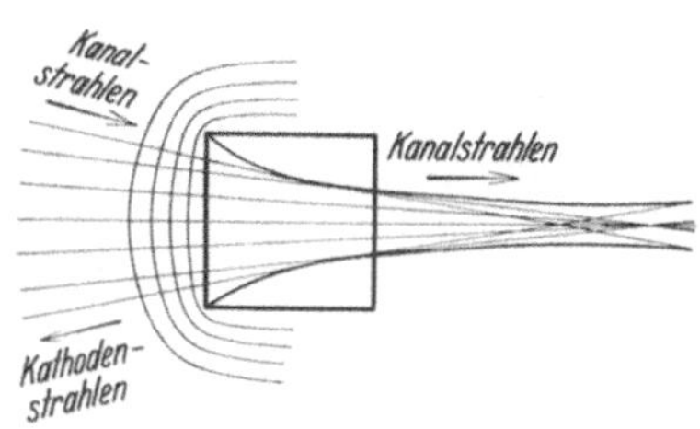

Abb. 165. Zur Wirkung der Doppelflächenkathode.

Auch mittels eines einzelnen Drahtes als Kathode vermag man Kanalstrahlen zu erzeugen. Das Kanalstrahllicht umgibt jetzt den Draht mit einem Doppelkegel. Eine aus diesem einzelnen Draht gebogene Kreisöse zeigt zwei besonders prächtige Kanalstrahlbündel, die aus beiden Seiten der Öse hervorschießen.

Komplizierte Kathodengebilde, zusammengesetzt aus verschiedenen Doppeldrähten, geben entsprechend komplizierte Kanalstrahlgebilde. Ein besonders schönes Beispiel dafür gibt ein fünfstrahliger, ebener Stern, der aus Doppeldrähten (Ebene senkrecht zur Sternfläche) gebildet wird. Sein Leuchtbild ist in Abb. 166 in zwei Aufnahmen wiedergegeben, die unter etwas anderen Bedingungen einmal mit rotempfindlicher Platte und einmal mit blauempfindlicher Platte und Blaufilter aufgenommen wurden. Die Rotaufnahme zeigt vorwiegend die Kanalstrahlbündel, die Blauaufnahme die gleichzeitig vorhandenen Kathodenstrahlbündel.

Damit kehren wir zu den zuerst besprochenen GOLDSTEINschen Experimenten zurück, bei denen wir fast gleichartige Kathoden diskutierten, uns aber für die *Kathoden*strahlen interessierten. Tatsächlich lassen sich allgemein Kanalstrahlen und Kathodenstrahlbeobachtungen an den gleichen Röhren durchführen, wie es z. B. Abb. 167 zeigt. Die schräg von oben aufgenommene Röhre

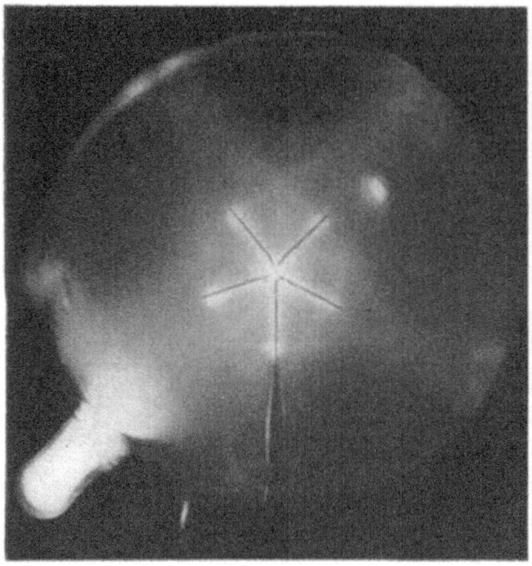

a) Rot-Aufnahme b) Blau-Aufnahme

Abb. 166. Leuchterscheinungen an einem Drahtstern aus Doppeldrähten.

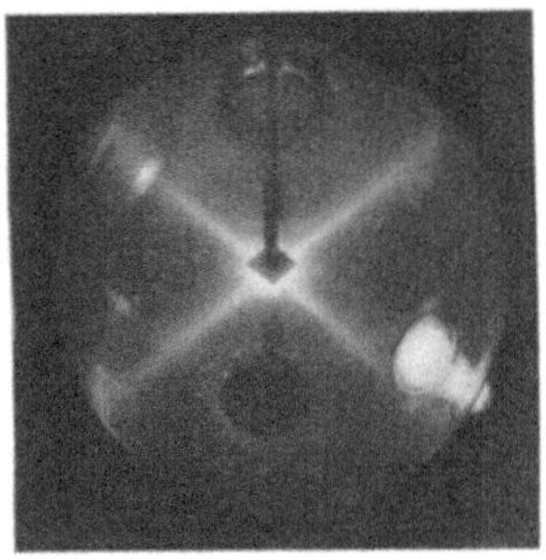

Abb. 167. Röhre mit Doppelflächenkathode.

mit Doppel-Flächen-Kathode aus quadratischen Blechen zeigt vier *Kanalstrahl*bündel, die zwischen den Platten hervortreten, und außerdem, wenn auch weniger deutlich, die [IV, 10] erwähnten Leuchtfiguren, die durch die *Kathodenstrahlen* auf den Röhrenwänden bedingt sind.

Ob bei den Erscheinungen, die wir an den vielen Röhren GOLDSTEINS beobachten, Kanalstrahlen oder Kathodenstrahlen eine bevorzugte Rolle spielen, ist eine sekundäre Frage. Das Primäre aller dieser mannigfaltigen Erscheinungen ist das Raumladungs-Potentialfeld, als dessen verschiedenartige Ausdrucksformen sie letzten Endes aufzufassen sind.

B. Anwendungen.

V. Die BRAUNsche Röhre.

Die BRAUNsche Röhre ist ein besonders typisches Instrument der „praktischen Elektronenoptik“. Während das Elektronenmikroskop sich zwar in seinem Aufbau den Eigenarten der Elektronenoptik anpaßt, in seiner Aufgabestellung aber vollständig der Lichtoptik entlehnt ist, ist bei der BRAUNschen Röhre auch die Aufgabestellung elektronenoptischer Natur. Die BRAUNsche Röhre nutzt die Möglichkeit aus, ein elektronenoptisches Brechungsfeld („Prisma“) durch Änderung von Potentialen (bzw. Strömen) trägheitslos umzustellen.

Es soll in diesem Kapitel kein Lehrbuch über die BRAUNsche Röhre geschrieben werden. Das ist überflüssig, denn wir besitzen bereits die sehr gründliche Darstellung von ALBERTI [2], der auch die Verfasser sehr viele Hinweise auf die wissenschaftliche und Patentliteratur verdanken. Es sei vielmehr unser Ziel, in der BRAUNschen Röhre die optischen Probleme zu sehen, diese Probleme zu isolieren und so weit zu diskutieren, daß der Leser sich an die optische Betrachtung gewöhnt und allein weiter zu finden vermag[1].

[1] Nach Niederschrift dieses Kapitels (Sommer 1933) sind mehrere Veröffentlichungen über die BRAUNsche Röhre und insbesondere das Buch von M. v. ARDENNE [5] erschie-

Wir werden, das sei noch vorausgeschickt, erkennen, daß es sich bei der Konstruktion der BRAUNschen Röhre in gewisser Beziehung um ein Optimalproblem handelt. Wir wünschen einen kleinen Leuchtpunkt und eine große Empfindlichkeit. Diese beiden Forderungen scheinen sich zu widersprechen, und es kommt nun darauf an, einen Ausweg zu finden.

a) BRAUNsche Röhre und Elektronenoptik.

1. Elektronenoptik in der Entwicklung der BRAUNschen Röhre[1]. Die 1897 von BRAUN [41] angegebene Oszillographenröhre[2] (Abb. 168) zeigt als wesentliche Teile die kalte Kathode *K*, die Anode *A*, die Blende *C* und den Leuchtschirm *D*. Die Kathodenstrahlen dringen als feiner Strahl aus der Blende *C* und erzeugen auf dem Leuchtschirm *D* einen Fluoreszenzfleck. Zwischen Blende und Schirm, nahe der Blende, werden sie gegebenenfalls durch ein Ablenkspulenpaar[3], das nicht mit eingezeichnet ist, beeinflußt.

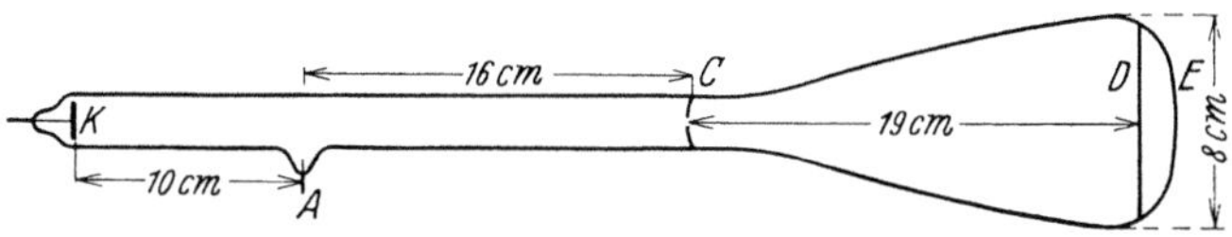

Abb. 168. Die erste „BRAUNsche Röhre" [41].

Doch nur in der allerersten Zeit [445, 446] des Oszillographierens hat man sich begnügt, einen kleinen Leuchtfleck durch Ausblendung eines Strahlenbündels mittels einer engen Blende zu erzielen. Wenn wir jetzt, 35 Jahre später, die Literatur der BRAUNschen Röhre durchstreifen, so finden wir, daß auch schon vor der durch BUSCH bedingten Weitung der Erkenntnis von den Konstrukteuren unbewußt Elektronenoptik getrieben wurde, sei es, daß einzelne Elemente gefunden, sei es, daß allgemeine Regeln aufgestellt bzw. berücksichtigt wurden. Das Gebiet der BRAUNschen Röhre ist das eigentliche Geburtsland der Elektronenoptik. Hier haben erhöhte technische Anforderungen schon früh zur Anwendung optischer Maßnahmen gezwungen. Beginnen wir daher unsere Betrachtung über die BRAUNsche Röhre mit einer allgemeinen Übersicht über ihre Entwicklung.

Als wichtigste elektronenoptische Elemente der BRAUNschen Röhre sind die Konzentrationsspule, die 1899 durch WIECHERT [425] eingeführt wurde, und der WEHNELT-Zylinder[4], der 1908 erstmalig von WESTPHAL [417a] benutzt wurde, zu nennen. Während sich diese beiden vorzugsweise kongradienten [II, 8] Systeme zur Strahlkonzentrierung durchgesetzt haben, mußten sich die entsprechenden transgradienten Systeme aus den uns bereits bekannten Gründen [II, 8] als praktisch

nen. Wenn in diesen Arbeiten auch schon einige quasioptische Überlegungen zu finden sind, so berühren sie unsere Ausführungen doch meist wenig. Insbesondere beschränkt sich das Buch v. ARDENNES auf Röhren mit Gaskonzentration, wobei das Schwergewicht mehr auf Herstellung und Anwendung als auf prinzipiellen physikalischen Fragen liegt. Wir haben daher unsere Darstellung nicht umgearbeitet, sondern die neueren Arbeiten anhangsweise [V, d] berücksichtigt.

[1] Der von ZENNECK auf der Würzburger Physikertagung 1933 vertretenen Anschauung, daß man die Bezeichnung „BRAUNsche Röhre" wieder in stärkerem Maße benutzen solle, stimmen wir ganz zu. Das Charakteristikum einer BRAUNschen Röhre ist für uns das in Richtung und Geschwindigkeit definierte Elektronenbündel, das auf einem Fluoreszenzschirm einen definierten Leuchtfleck erzeugt. Wie die Elektronenerzeugung, Konzentration und Ablenkung erfolgt, ist dabei unwesentlich.

[2] Vor BRAUN hatte bereits HESS [199] eine Lenard-Röhre zum gleichen Zweck benutzt.

[3] Ein Jahr, nachdem BRAUN seine Röhre veröffentlicht hatte, wurde von EBERT [122] erstmalig die elektrische Ablenkung durch außerhalb der Röhre sitzende Kondensatorplatten angewendet. Das erste ins Rohr eingebaute Ablenkplattenpaar benutzte THOMSON [401] bei seiner (e/m)-Bestimmung. Vgl. auch WEHNELT [412].

[4] Von WEHNELT selbst nicht veröffentlicht.

unbrauchbar herausstellen. Das ist das 1897 von DES COUDRES [89] beschriebene magnetische System (Abb. 38b), bei dem ein stromdurchflossener Draht in die Mitte des Bündels gelegt ist, und der 1923 von WOOD [442] angegebene Zylinderkondensator (Abb. 38a), in dessen Achsenrichtung der Strahl verläuft.

Schon bei den älteren Arbeiten, die wir heute dem Gebiet der konstruktiven Elektronenoptik zuordnen, läßt sich eine eigenartige Feststellung treffen, die später bei den anderen wichtigen Anwendungen der geometrischen Elektronenoptik, der Abbildung durch Elektronen und der Elektronenspektroskopie, ihr Gegenstück gefunden hat. Trotz der prinzipiellen Einfachheit derjenigen Elemente, die die *elektrische* Ablenkbarkeit des Elektrons zur Grundlage haben, hat man stets das *magnetische* Element zuerst ausgebildet. Die erste BRAUNsche Röhre arbeitete mit *magnetischer* Ablenkung. Die erste Konzentrationswirkung wurde mit der *Magnet*spule durchgeführt. Bei der Entwicklung der Lehre von der Abbildung mit Elektronen steht die Arbeit von BUSCH [78] über die *magnetische* Linse an erster Stelle. Das erste Fokussierungsfeld zur Elektronenspektrographie war das homogene *Magnet*feld. Dieser zeitliche Vorrang der magnetischen Elemente, der sich übrigens auch in der Entdeckung[1] der Ablenkungsmöglichkeiten der Kathodenstrahlen zeigt, ist vorzugsweise dadurch bedingt, daß es sich mit magnetischen Feldern bequemer arbeiten läßt als mit elektrischen. Nicht allein, daß ihr Nachweis und ihre Messung einfacher sind, vermögen magnetische Felder gänzlich ungestört durch die gläsernen Wände von Versuchsröhren hindurch zu wirken, während elektrische Felder durch Glaswandladungen abgeschirmt oder doch mindestens stark verzerrt werden, so daß die Anwendung von Außenelektroden [122] praktisch nicht in Frage kommt[2].

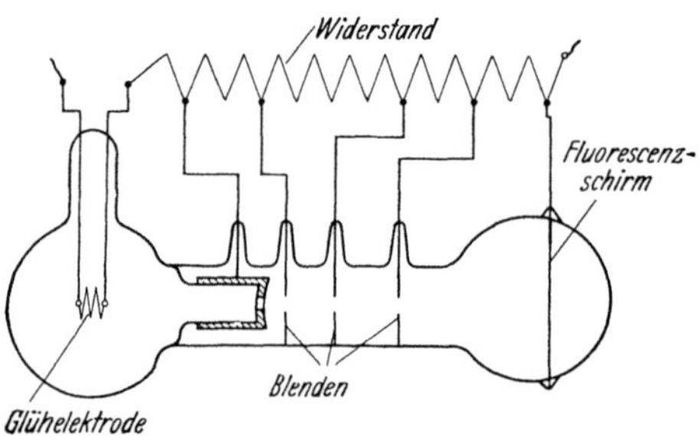

Abb. 169. BRAUNsche Röhre von LILIENFELD [262].

Von den späteren Abarten der ursprünglichen BRAUNschen Röhre interessiert besonders die von LILIENFELD [262] vorgeschlagene[3] Röhre[4], die unbewußt die Gesetze der *elektrischen* Elektronenoptik in geeigneter Weise benutzt (Abb. 169). Bei dieser Anordnung wird durch eine Reihe von Blenden eine stufenweise Beschleunigung der Elektronen vorgenommen. Wenn wir auch nicht wissen, ob dieses System seine Aufgabe wirklich erfüllt hat, so wissen wir doch heute, daß die Möglichkeit der Strahlkonzentration bei geschickter Wahl der Potentiale gegeben ist. Daß LILIENFELD die Wirkung einer solchen Anordnung erkannt

[1] Die magnetische Ablenkung war bereits 1856 PLÜCKER bekannt, die elektrische entdeckte 1876 GOLDSTEIN [IV, 10].

[2] Noch auf eine zweite Eigenart in der Entwicklung sei aufmerksam gemacht. Die Entwicklung, die von der BRAUNschen Röhre mit kalter Kathode und mittleren Spannungen ausgeht, ist in zwei entgegengesetzten Richtungen fortgeschritten. Die eine strebte zu *hohen* Spannungen unter Benutzung der magnetischen Strahlkonzentrierung, die andere zu *niedrigen* unter Benutzung der elektrischen Konzentrierung.

[3] Wenn wir hier und später auch einige uns bemerkenswert erscheinende „Vorschläge" (meist Patente) mit berücksichtigen, so möge der Leser daraus nicht schließen, daß wir Patenten einen besonderen Wert für die Entwicklung zuerkennen. Veröffentlichungen *nach der Durchführung von Experimenten* dienen dem Fortschritt, Patentanmeldungen der Wahrnehmung wirtschaftlicher Interessen. Leider sind Patente oft sogar hemmend für den Fortschritt, indem ein unfertiger und vom Experiment ungeprüfter, aber rechtzeitig angemeldeter Gedanke Wege versperrt, die erst viel später als vernünftig erkennbar werden.

[4] Über eine ähnliche Anordnung siehe JONES und TASKER [216].

hat, ohne allerdings zu bemerken, daß er mit seinen Überlegungen an das Eingangstor zu einer für die zukünftige Entwicklung wichtigen Betrachtungsweise gelangt war, geht aus dem Satz hervor: „Durch passende Wahl der Abstände sowie der Potentialdifferenzen erreicht man es, daß die Kraftlinien von jeder folgenden Blende noch in die Öffnung der vorangehenden eingreifen und dadurch die Kathodenstrahlen zu einem Durchtritt durch die Öffnung veranlassen, ohne daß ein beträchtlicher Prozentsatz der Elektronen von den Blendenrändern aufgehalten würde." In der Tat haben wir ein System von Lochblendenlinsen vor uns. Damit jedes Blendenloch eine Sammellinse darstellt, muß der Feldgradient in jedem folgenden Kondensator größer sein als im vorhergehenden[1]. Dabei gilt für die Brennweiten der Linsen die früher [III, 3] angegebene Formel (9).

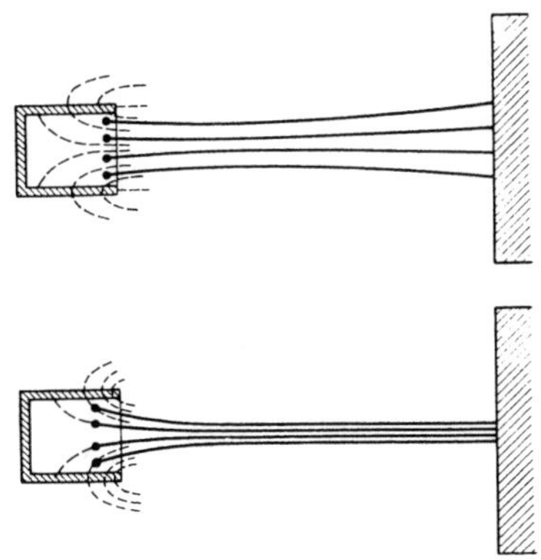

Abb. 170. Fokussierung bei einer COOLIDGE-Kathode [409].

Bei der soeben betrachteten Vorrichtung war versucht worden, an Stelle der einen Anodenblende vor der Kathode mehrere geeignet aufgeladene Blenden zu setzen und auf diese Weise eine Konzentration des Strahls zu einem feinen Leuchtpunkt zu erzwingen. Parallel zu diesem Wege hat man zwei andere beschritten, indem man versuchte, dieses Ziel durch den WEHNELT-Zylinder bzw. durch geeignete Formgebung der Anode zu erreichen.

Die erste (schematische) Kraftlinienzeichnung des bereits 1906 von WEHNELT angegebenen und dann von WESTPHAL [419] benutzten Konzentrationszylinders haben wir bei WARREN [409] gefunden[2], der 1923 die Fokussierung einer „COOLIDGE-Kathode" (Abb. 170) auf diese Weise veranschaulichte. Später sind Potentialfelder, z. B. von MÖLLER im MÜLLER-POUILLET [277] veröffentlicht worden (Abb. 171), die die Möglichkeit geben, das Prinzip des WEHNELT-Zylinders wirklich zu verstehen.

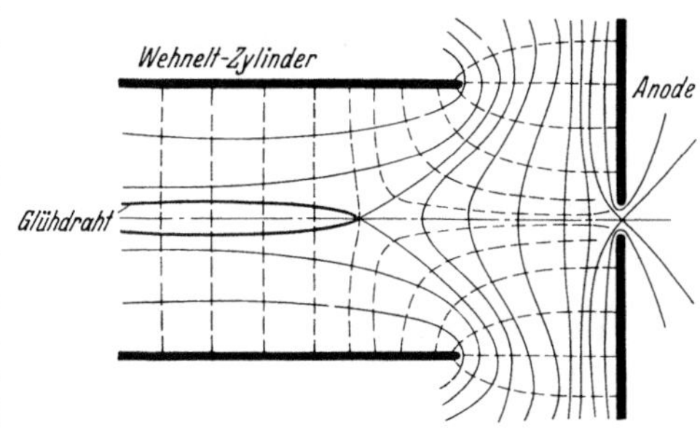

Abb. 171. Potentialfeld einer Anordnung aus Glühdraht, WEHNELT-Zylinder und Anode [277].

Hinsichtlich der Formgebung von Anode, Kathode und Blenden hatte man in der ältesten Zeit nach dem „experimentellen Variationsprinzip" ziemlich alle naheliegenden Formen (Abb. 172) mit wechselndem Erfolg benutzt, wobei infolge des Kathodenfalls und der großen Entfernung zwischen kalter Kathode und Anode die Anodengestaltung für die optische Wirkung meist gleichgültig gewesen sein wird. Unter Benutzung der Kraftlinienvorstellung haben sich wohl zuerst

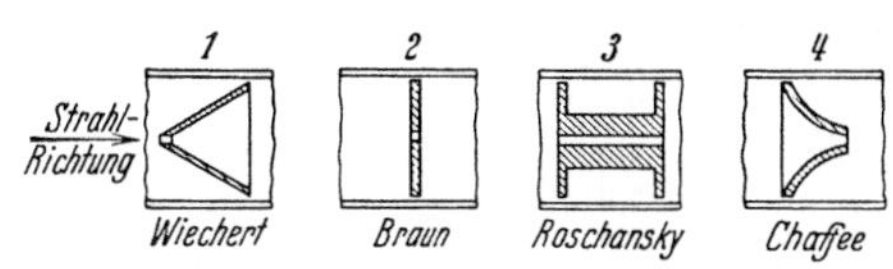

Abb. 172. Verschiedene Blenden- bzw. Anodenformen.

[1] Am Fluoreszenzschirm muß also die Stärke des elektrischen Feldes am größten sein.
[2] Vgl. auch WOOD [441, S. 109].

ROGOWSKI und GRÖSSER [325] ernstliche Gedanken darüber gemacht, wie man die meisten Elektronen einer Glühkathode durch die Anodenöffnung bringen könne. Sie kommen auf eine der Kathode gegenübergestellte Trichterspitze (Abb. 173).

Eine sehr interessante Anordnung ist die von GEORGE [155] (Abb. 174), bei der stufenweise Beschleunigung und besondere Formgebung der Anode kombiniert sind und bei der außerdem durch Verstellung der Entfernung zwischen Vorbeschleunigungsblende und Anode die Einstellung auf optimale Wirkung erstrebt wird.

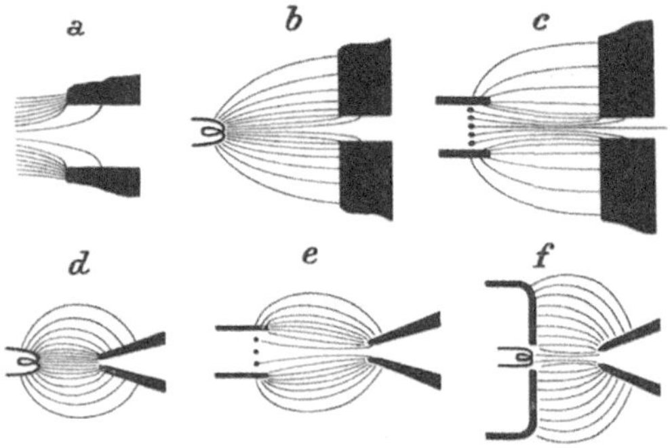

Abb. 173. Kraftlinienverlauf zwischen Kathode und Anode verschiedener Anordnungen nach ROGOWSKI und GRÖSSER [325].

Wir werden im folgenden Abschnitt genauer sehen, daß alle derartigen, mehr oder minder überlegt gewählten Beschleunigungsanordnungen im allgemeinen[1] zur Erzielung eines kleinen Leuchtflecks nicht ausreichen, denn eine dem Objekt sehr nahe gelegene Linse gibt im allgemeinen ein vergrößertes Bild. Man wird diese Anordnungen am besten mit den Kondensoren der Optik vergleichen. Es sind Vorkonzentrations-Anordnungen, zwischen denen und dem Leuchtschirm erst die eigentliche Abbildungslinse in Gestalt einer Magnetspule oder der positiven Raumladung eingeschaltet wird. Damit kommen wir zu einer Gruppe wichtiger Hilfsmaßnahmen, die vielleicht am deutlichsten den quasioptischen Charakter der Elektronenstrahlengänge bei der BRAUNschen Röhre zeigen: Erzeugung des Leuchtfleckes in zwei Stufen unter Einschaltung eines Zwischenbildes.

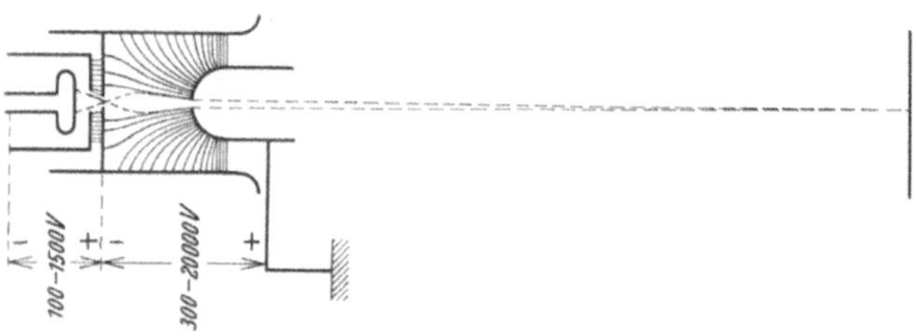

Abb. 174. Fokussierungsanordnung von GEORGE [155].

Bereits bei WIECHERT [425] (Abb. 175) finden wir eine Andeutung dieses Gedankens, den später ROGOWSKI und FLEGLER [322] für die magnetische Elektronenoptik aussprachen. Das Problem ist wieder die Erzielung eines kleinen intensiven Leuchtflecks auf dem Schirm. Da sich Glühdrähte usw. überhaupt nicht zur Abbildung eignen, werden wir auf die Zwischenmaßnahme geführt, eine enge kreisförmige Blende stark mit Elektronen zu beleuchten und diese Blende abzubilden. Dann muß man auf dem Leuchtschirm als Blendenbild einen entsprechend großen scharf begrenzten, runden Leuchtfleck erhalten.

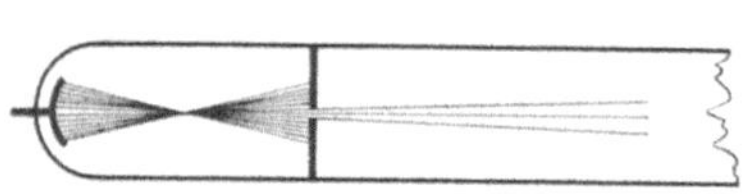

Abb. 175. Röhre von WIECHERT mit Hohlkathode [425].

Nachdem RANKIN [305] die Vorkonzentrationsspule in roher Form benutzt hatte, haben ROGOWSKI und FLEGLER klar erkannt, in welcher Weise sie anzuwenden sei, und damit einen wesentlichen theoretischen und praktischen Fortschritt erzielt. Das in Abb. 176 wiedergegebene Schema zeigt den Strahlengang. Der Leuchtfleck ist das Bild der Zwischenblende, ein Bild, das die Vorteile

[1] Daß hier jedoch keine unüberschreitbare Schranke besteht, zeigt die neuere Entwicklung [V, 20].

der intensitätsreichen Kathodenabbildung mit denen der randscharfen Abbildung einer engen Blende verbindet.

Die Übertragung dieses Gedankens auf das Gebiet der *elektrischen* Konzentrationsfelder ist durch v. ARDENNE [5] vorbereitet worden, der an Stelle der beiden magnetischen Spulen zwei WEHNELT-Zylinder verwandte, wie es Abb. 177 zeigt[1]. Es dürfte möglich sein, mit dieser Anordnung entsprechend zu arbeiten wie mit der magnetischen Anordnung von ROGOWSKI und FLEGLER, wobei die beleuchtete Blende B_1 als Gegenstand des Schirmbildes zu dienen hätte. Klar ausgesprochen und mit Erfolg benutzt finden wir dieses Prinzip bei DOBKE [117], in dessen Betrachtungen erstmalig die geometrische Elektronenoptik explizit eine Rolle spielt. Bei seiner Anordnung (Abb. 178) ist die Deckelbohrung der einen „schwarzen Körper" bildenden Kathode als Gegenstand der Abbildung aufzufassen, wie es durch Abbildungsversuche im Hochvakuum [57] bewiesen wurde [V, 10]. Der Gegenstand der Abbildung ist eine enge Blende, die von rückwärts von dem Innenraum der Kathode her mit Elektronen bestrahlt wird.

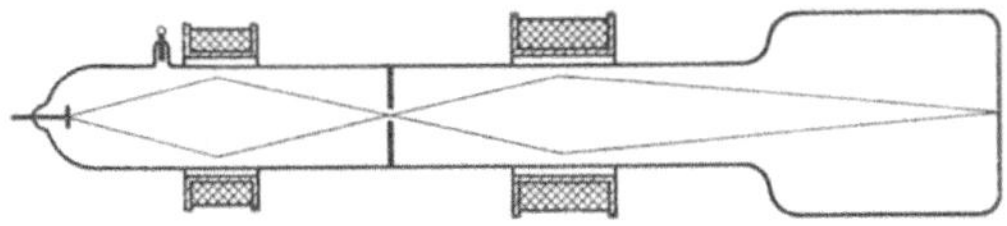

Abb. 176. Röhre mit Zwischenbild nach ROGOWSKI und FLEGLER [322].

Damit wollen wir diese Übersicht abschließen, die an Beispielen aus der Entwicklung der BRAUNschen Röhre zeigen sollte, daß man, auch ohne etwas von geometrischer Elektronenoptik zu wissen, mit fortschreitender Entwicklung mehr und mehr nach ihren Regeln verfuhr. Allerdings, mancher unnötige Weg wäre erspart geblieben, hätte man diese Regeln nicht einzeln erarbeiten müssen, sondern deduzieren können.

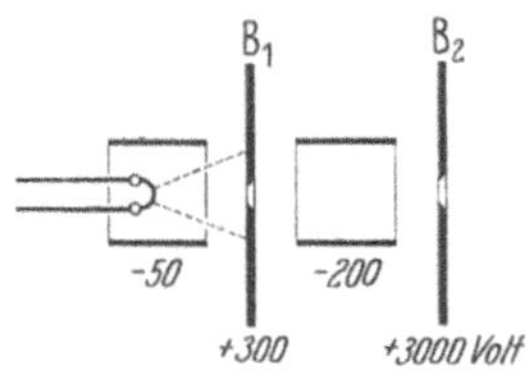

Abb. 177. System mit zwei WEHNELT-Zylindern nach v. ARDENNE [4].

2. Die Frage des kleinen hellen Leuchtfleckes. Drei Hauptprobleme sind es, die BRAUNsche Röhre der Elektronenoptik stellt, möge sie mit Nieder- oder Hochspannung, mit elektrischer oder magnetischer Konzentration arbeiten. Erstens: Kleiner, heller Leuchtfleck. Zweitens: Große Empfindlichkeit, d. h. große Auslenkung des Leuchtfleckes auf dem Schirm bei Anlegung von 1 Volt Spannungsdifferenz an das Ablenkplattenpaar. Drittens: Große ausgeschriebene Fläche.

Die drei Aufgaben sind gelöst, wenn die Konstruktion einer Projektionsoptik gelingt, die sich mit ihren Linsen auf den Raum in unmittelbarer Nähe der Kathode beschränkt und von hier aus den gewünschten kleinen Fleck auf den Schirm projiziert. Bei einem solchen elektronenoptischen System, das aus der Ferne verkleinert zu projizieren vermag, würden wir das Ablenkplattenpaar unmittelbar an das System heranbringen können und damit einen im Verhältnis zur Rohrausdehnung langen geraden Strahlzeiger, d. h. erstens große Empfindlichkeit und zweitens eine relativ große einwandfrei ausgeschriebene Diagrammfläche erreichen.

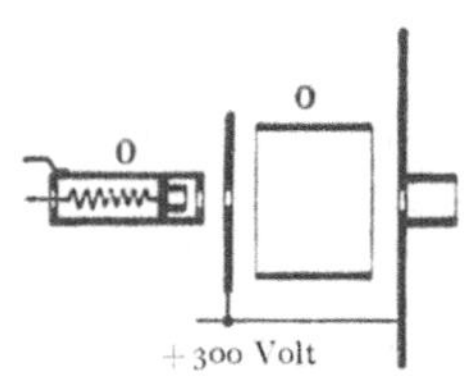

Abb. 178. System mit Einzellinse nach DOBKE [117].

Die empirischen Versuche, die man zur Lösung dieses optischen Problems, an das man herangegangen ist, ohne sich über die Möglichkeiten und Wege zur Lösung klar zu sein, unternommen hat, sind fehlgeschlagen. So mußte der ent-

[1] Anm. bei der Korrektur. In einer soeben erschienenen Arbeit [7a] will allerdings der Autor selbst das System anders aufgefaßt wissen. Er hält es nicht für den Vorgänger des Systemes von DOBKE, sondern des Immersionsobjektivs von JOHANNSON [V, 20].

täuschte Praktiker zu dem Surrogat der „Nachkonzentration" seine Zuflucht nehmen. Wandte er dazu eine magnetische Linse an, so wurde zwangläufig die Empfindlichkeit verringert [V, 9], benutzte er Gaskonzentration, so traten Störungsquellen verschiedener Art auf (z. B. Frequenzabhängigkeit von Leuchtpunktgröße und Empfindlichkeit). Heute, nachdem man die geometrische Elektronenoptik kennt, beginnt man von höherer Warte sich dem eigentlichen Problem wieder zuzuwenden [V, d].

Man hat dabei von vornherein zweierlei zu unterscheiden: erstens die Abbildungsfrage, zweitens die Richtwirkung des Beschleunigungsfeldes. Wir wollen in den folgenden beiden Abschnitten diese beiden Punkte besprechen, soweit sie prinzipieller Natur sind, während wir die Diskussion der Einzelheiten auf spätere Abschnitte verschieben.

Zunächst stellen wir an Hand von Abb. 179a nochmals fest, daß die Aufgabe, ein verkleinertes Bild eines Gegenstandes durch eine objektnahe kurze Einzellinse zu erzielen, bei Voraussetzung von gleichem Brechungsindex bei Objekt und Bild nicht lösbar ist. Das Verhältnis B/A von Bild- zu Gegenstandsgröße ist in diesem Falle stets dem Verhältnis b/a von Bild- und Gegenstandsweite gleich. Erst, wenn die Linse dem Schirm näher steht als dem Gegenstand, d. h. wenn $a\,(a + b) = a/L > 0{,}5$ ist, ergibt sich eine Verkleinerung. Diese Betrachtung lehrt uns, daß wir nach einem optischen Linsensystem streben müssen, das so wirkt, als ob eine „Ersatzlinse" dem Schirm näher stünde als dem Gegenstand. Die Aufgabe ist ähnlich wie beim Teleobjektiv einer photographischen Kamera, dessen Brennweite größer ist als die Länge des Apparates.

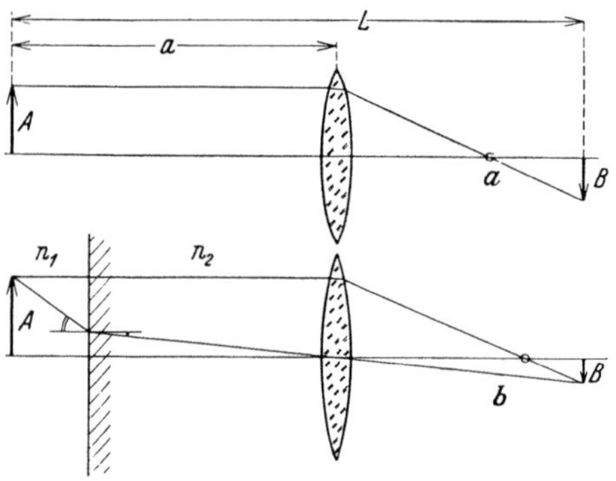

Abb. 179. Abbildung bei Übergang zu einem Gebiet von anderem Brechungsindex.

Berücksichtigen wir nun, daß bei der BRAUNschen Röhre der Brechungsindex $n = v/c$ [II, 5] am Orte des Bildes von dem am Orte des Objektes abweicht, und zwar am Bildorte größer ist als am Objektorte! Abb. 179b zeigt nochmals [III, 8], daß bei festgehaltenem a/L in diesem Falle das Bild kleiner wird, wobei für die Bildgröße die Lage der Grenzebene, die die Gebiete von verschiedenem Brechungsindex trennt, von Einfluß ist. Wir werden also nach hoher Beschleunigung bei geeigneter Lage der Grenzebene zu streben haben.

Nachdem wir die beiden wichtigen Gesichtspunkte, die beim Bau BRAUNscher Röhren zu beachten sind, kennengelernt haben, wollen wir die *allgemeine* theoretische Gesetzmäßigkeit betrachten, die für die Lösung unserer Aufgabe gilt [69] und die beiden Gesichtspunkte zusammenfaßt. Dabei können wir uns unmittelbar an unsere früheren Betrachtungen [I, 15] anschließen, durch die aus dem zweiten Hauptsatz das bei jedem Strahlengang gültige Gesetz von HELMHOLTZ abgeleitet wurde. Es bezeichne F_1 die Gegenstandsfläche, n_1 den Brechungsindex am Ausgangsort der Strahlung und ω_1 den Raumwinkel, unter dem ein herausgegriffenes Strahlungsbündel von der emittierenden Fläche ausgeht. Trifft diese Strahlung dann am Bildort über den Raumwinkel ω_2 verteilt auf den Schirm auf und herrscht dort der Brechungsindex n_2, so gilt für die Bildfläche F_2:

$$\frac{F_2}{F_1} = \frac{\omega_1}{\omega_2}\left(\frac{n_1}{n_2}\right)^2$$

oder, wenn wir die Beziehung auf die linear gemessene Gegenstandsgröße A und Bildgröße B, auf den Öffnungswinkel γ des Bündels und auf die Elektronenenergie U in Volt umschreiben:

$$A\gamma_1\sqrt{U_1} = B\gamma_2\sqrt{U_2}. \tag{1}$$

Deuten wir A als Durchmesser des *Kathoden*stücks, das durch ein Linsensystem als B abgebildet wird (Abb. 180)! Die Strahlung tritt mit der Geschwindigkeit $\sqrt{U_1} = \sqrt{\varepsilon}$ aus der Kathode aus und erhält die Geschwindigkeit $\sqrt{U_2} = \sqrt{U}$, mit der sie zum Schirm gelangt. Ein Strahlenbündel, das vom Kathodenmittelpunkt unter dem kleinen, aber sonst beliebigen Öffnungswinkel γ_1 ausgeht, trifft dann unter γ_2 am Bildpunkte ein.

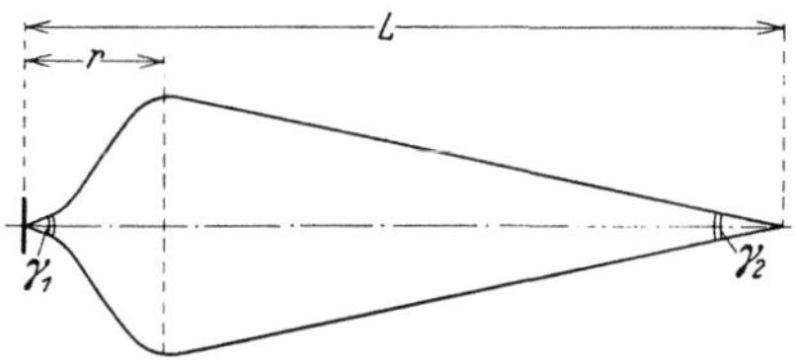

Abb. 180. Schema zum HELMHOLTZschen Satz.

Bevor wir auf die Bedeutung der Richtstrahlwirkung des Beschleunigungsfeldes zu sprechen kommen, wollen wir uns den HELMHOLTZschen Satz an Hand der durch Abb. 179 dargestellten Anordnung noch zu veranschaulichen suchen. Dazu zeichnen wir Abb. 179 um und erhalten Abb. 181. Unter Voraussetzung kleiner Winkel sehen wir sofort, daß für Abb. 181a der HELMHOLTZsche Satz, der verlangt: $A\gamma_1 = B\gamma_2$, erfüllt ist.

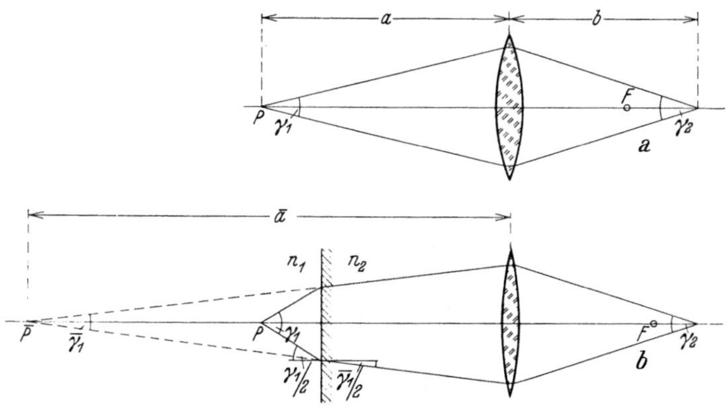

Abb. 181. Abbildungsverhältnisse bei Abb. 179 unter dem Gesichtspunkt des HELMHOLTZschen Satzes.

Aber auch unter Einschaltung der ebenen Grenzfläche, an der eine Strahlenbrechung stattfindet (Abb. 181b), ist seine Gültigkeit sofort einzusehen. Ein bei der Linse befindlicher Beobachter wird nicht wissen, daß eine Änderung des Brechungsindex stattgefunden hat, sondern vermuten, daß die Strahlen ungebrochen von $\bar{P}$ kommen. Für diesen Fall würde gelten $A\bar{\gamma}_1 = B\gamma_2$. Für $\bar{\gamma}_1$ und den wirklichen Winkel γ_1 sagt das Brechungsgesetz aus, daß

$$\frac{n_2}{n_1} = \frac{\sin\frac{1}{2}\gamma_1}{\sin\frac{1}{2}\bar{\gamma}_1} \approx \frac{\gamma_1}{\bar{\gamma}_1}.$$

Damit erhalten wir, wie es der HELMHOLTZsche Satz verlangt:

$$A\gamma_1 n_1 = B\gamma_2 n_2$$

bzw. bei Einsatz der Elektronengeschwindigkeiten gemäß der Proportionalität zwischen n und $\sqrt{U}$ den HELMHOLTZschen Satz in der angegebenen Form Gl. (1).

Wonach wir zur Lösung unserer Aufgabe, einen kleinen Leuchtfleck durch ein kathodennahes optisches System zu erzielen, streben müssen, ist, das Bild $B = A \frac{\gamma_1}{\gamma_2} \sqrt{\frac{\varepsilon}{U}}$ möglichst klein zu machen. Die Wege, die dazu führen, sind: Möglichst hohe Endgeschwindigkeit $\sqrt{U}$ der Elektronen bei möglichst geringer Anfangsgeschwindigkeit $\sqrt{\varepsilon}$ und möglichst großer Winkel γ_2 am Schirm bei möglichst kleinem Ausgangswinkel γ_1 an der Kathode. Da die beiden Forderungen über die Geschwindigkeit der Elektronen sich zum Teil unserer Beeinflussung entziehen, zum Teil durch andere Gesichtspunkte bestimmt werden, müssen wir den *geometrischen* Forderungen das Hauptinteresse zuwenden. Zur Erfüllung dieser Forderungen (γ_1 möglichst klein, γ_2 möglichst groß) haben wir zwei Mittel in der Hand, nämlich erstens geeignete Anordnung des Beschleunigungsfeldes und zweitens geeignete Anordnung von Linsen.

Was zum Beispiel für die Einschaltung einer ebenen brechenden Fläche (Beschleunigungsschicht) richtig und was falsch ist, erkennen wir bereits an Hand der Abb. 181. Denken wir uns nämlich die Ebene von der in der Abbildung gezeichneten Stelle zur Linse hin gerückt, so wird γ_1 und damit B kleiner werden. Überschreiten wir die Linse zur Bildseite zu, so wächst B wieder. Wir erhalten demnach den Satz, daß das, durch eine Doppelschicht ersetzbare, Beschleunigungsfeld möglichst in die Linsenebene zu legen sei[1].

Soeben hatten wir mit Hilfe *einer* brechenden Fläche (Beschleunigungfeld) eine große Rückverlegung des Objektes zu erzielen gesucht. Dieses Ziel vermögen wir ebenso zu erreichen, wenn wir statt dessen „planparallele Platten" (Beschleunigungs- *und* Verzögerungsfeld) oder geeignete „Linsenkombinationen" verwenden. In letzterem Falle schalten wir vor die Einzellinse eine Zerstreuungslinse nahe der Kathode, so daß wir einen Strahlengang erhalten, wie ihn Abb. 180 bereits andeutete[2].

Wir kommen damit zurück zu entsprechenden optischen Systemen, die wir zum Teil schon erwähnten, dem GALILEIschen Fernrohr, der BRÜCKEschen Lupe, dem Teleobjektiv usw. Bei allen diesen Systemen finden wir unsere Konstruktionsbedingung erfüllt. Diese optischen Systeme arbeiten mit einer Zerstreuungslinse und einer Sammellinse und zeichnen sich äußerlich durch relativ geringe Länge aus (GALILEI-Fernrohr im Gegensatz zum KEPLER-Fernrohr).

Man wird fragen, ob auch beim Bau von BRAUNschen Röhren eine Zerstreuungslinse vor die Kathode gestellt werden könne[3]. Wir werden später [V, 19] Lösungen kennenlernen, die unserern theoretischen Forderungen entsprechen.

3. **Richtwirkung des Beschleunigungsfeldes** [III, 8]. Wenden wir uns nun der zweiten, für die prinzipielle Diskussion der BRAUNschen Röhre wichtigen Frage, nämlich der Richtwirkung des Beschleunigungsfeldes, zu.

Während wir bisher so rechneten, als ob jeder Punkt des (scheinbaren) Objektes, auch wenn im Verlaufe des Strahlenganges eine brechende Fläche

---

[1] Einen entsprechenden Satz werden wir später [V, 9] für die Lage des Ablenkplattenpaares finden.

[2] Der Unterschied zwischen den beiden besprochenen Maßnahmen zur Erzielung kleinerer Bilder als bei alleiniger Verwendung einer Einzellinse läßt sich so formulieren: Die Einschaltung des Beschleunigungsfeldes bedeutet eine Rückverlegung des Objektes (a künstlich vergrößert); die Einschaltung einer Zerstreuungslinse bedeutet die Verlegung der Ersatzlinse [III, 8] zum Schirm (b/a künstlich verkleinert).

[3] Eine weitere Frage ist die, ob nicht durch die Verbreiterung des Strahlenbündels und die damit bedingte Abstandsvergrößerung der Ablenkplatten der Gewinn illusorisch würde. Wenn auch diese Frage im Prinzip berechtigt ist, so ist doch zu bedenken, daß wir es auch bei der anzustrebenden Anordnung immer noch mit recht kleinen Bündeldurchmessern zu tun haben werden.

eingeschaltet war, nach allen Richtungen Strahlen aussendet, trifft das in Wirklichkeit nur für einen kleinen Raumwinkel von der Größe $\alpha^2\pi$ zu, der nach der Formel $\alpha = \sqrt{\frac{\varepsilon}{U}}$ [III, 8] um so kleiner ist, je mehr das Beschleunigungspotential U die Anfangsenergie ε überwiegt.

Bilden wir eine kleine leuchtende Fläche mit einer Glaslinse ab, so wird der Strahlengang als Ganzes dort den engsten Querschnitt haben, wo das Bild liegt. Während wir hier also bei einer Verschiebung des Schirmes vom Bilde fort einen größeren (unscharfen) Leuchtfleck finden, erscheint es möglich, daß wir in der Elektronenoptik infolge der Richtwirkung des Beschleunigungsfeldes einen engeren Querschnitt des Strahlenganges erhalten. Daß wir es dann nicht mit einem Bild im optischen Sinne zu tun haben, stört uns natürlich nicht, kann vielmehr sogar im Interesse der Strukturlosigkeit des Leuchtfleckes erwünscht sein.

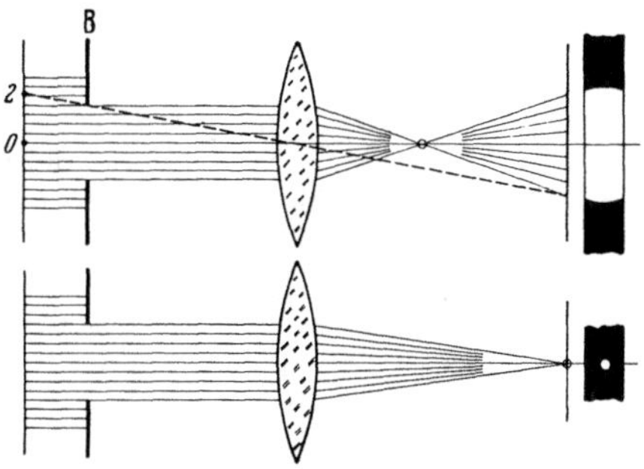

Abb. 182. Strahlengang bei Abbildung eines unendlichen fernen Objektes.

Nehmen wir einmal an, daß die Austrittsenergie ε der Elektronen aus der Kathode Null oder doch gegenüber dem Beschleunigungspotential U gänzlich vernachlässigbar sei. Dann wäre es ganz unzweckmäßig, mit der Linse etwa auf die Kathode einzustellen, da sich dann ein großer Leuchtfleck als Bild der betreffenden Gegenstandsebene ergeben würde (Abb. 182a). Selbstverständlich würde man in diesem Falle den *Brennpunkt* auf den Schirm bringen (Abb. 182b), d. h. mit der Linse auf die unendlich ferne Gegenstandsebene einstellen.

Zur Behandlung des wirklichen Falles, bei dem die Elektronen zwar nicht parallel laufen, aber doch sehr enge Bündel bilden, wollen wir wieder die Sammelwirkung durch die Elektronenbeschleunigung und die Linsen als zwei getrennte Dinge ansehen (Abb. 183). Das von Punkt 1 der bereits zurückverlegt gedachten Kathode $\overline{K}$ [III, 8] gerichtet ausgehende Elektronenbündel wird durch die Linse im Bildpunkt I wieder vereinigt. Dabei schneiden die das Bündel begrenzenden Strahlen die Brennebene in den Punkten M und N. Jetzt werde ein anderes von dem Punkt 2 der Kathode ausgehendes Bündel betrachtet, dessen Konvergenzpunkt in der Bildebene der Punkt II sei. Der obere Grenzstrahl o dieses Bündels ist parallel zu dem des ersten Bündels, der untere Grenzstrahl u parallel zu dem des unteren Bündels, d. h. die beiden Strahlen o und die beiden Strahlen u treffen sich in der Brennebene in den schon bekannten Punkten M und N. Die gleiche Überlegung gilt für alle von der Kathode ausgehenden Bündel. Der Strahlengang schnürt sich demnach in der Brennebene zum Durchmesser MN zusammen, unabhängig von der Größe der Kathodenfläche. Die Intensität der diesen Querschnitt durchsetzenden

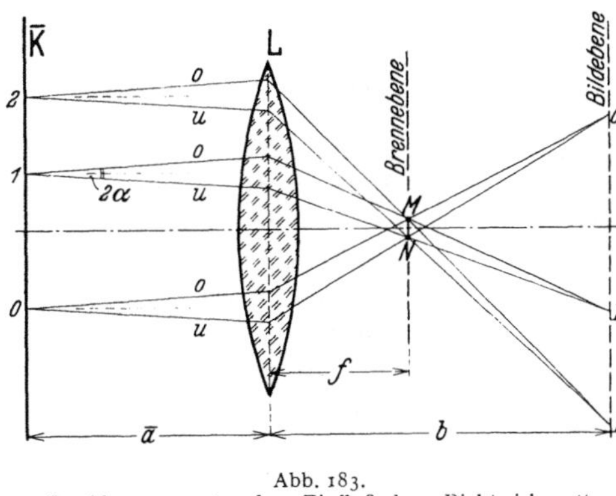

Abb. 183. Strahlengang unter dem Einfluß der „Richtwirkung".

Strahlung wird von dem Durchmesser der Linse abhängen, die bei sehr großer Kathode als Intensitätsblende wirkt.

Stellen wir nun die Frage nach der zahlenmäßigen Größe des Durchmessers MN und nach der praktischen Verwendbarkeit unserer Überlegung. Aus dem Strahlengang für einen Punkt, dessen oberer Grenzstrahl o gerade ein ungebrochener (durch die Linsenmitte gehender) Strahl sein möge, ergibt sich:

$$MN = 2\alpha f = 2f\sqrt{\frac{\varepsilon}{U}} \qquad \text{für } \varepsilon \ll U\,.$$

Wenn wir dieses Ergebnis anwenden wollen, müssen wir uns die Brennebene in die Schirmebene verschoben denken. Das bedeutet aber meistens eine sehr erhebliche Vergrößerung von f, wodurch nach unserer Formel auch MN im gleichen Verhältnis wächst. Ob wir jetzt noch einen Vorteil gegenüber der Kathodenabbildung erzielen, kommt darauf an, ob $\sqrt{\frac{\varepsilon}{U}}$ oder $\frac{r_K}{\bar{a}_K}$ kleiner ist, wobei r_K den Radius der Kathode und $\bar{a}_K$ den Abstand der Kathode von der Linse unter Berücksichtigung der Rückverlegung durch das Beschleunigungsfeld bedeuten.

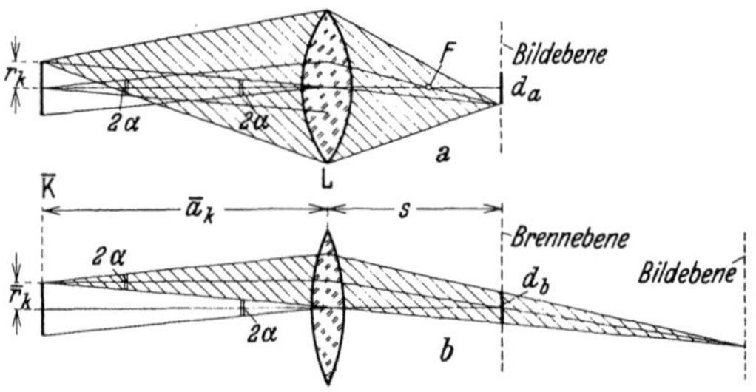

Abb. 184. Einstellung auf (a) Kathodenbild und (b) Brennebene.

An Hand von Abb. 184 vermögen wir uns diese Beziehungen noch etwas näherzubringen. Hier ist gerade der Fall dargestellt, wo die Einstellung des Kathodenbildes und des Brennpunktes auf dem Schirm S gleiche Leuchtfleckgröße ergeben. Dieser Fall ist durch $\sqrt{\frac{\varepsilon}{U}} = \frac{r_K}{\bar{a}_K}$ gegeben, d. h. der Winkel 2α, unter dem die Strahlenbündel die Linse treffen, ist gerade so groß wie der Winkel, unter dem die Mittelstrahlen von der Linse zu den Kathodenrändern ausgehen. Daß in diesem Falle die Leuchtflecke wirklich gleich werden, zeigen die leicht zu übersehenden Konstruktionen der Abb. 184. Vergrößern wir die Kathode, so wächst d_a, aber nicht d_b.

Um eine Vorstellung davon zu erhalten, wie sich bei einer wirklichen Anordnung die bei den beiden Möglichkeiten erhaltenen Leuchtfleckgrößen zueinander verhalten, sei folgendes idealisierte Beispiel zahlenmäßig durchgerechnet: Plankathode von 2 mm Durchmesser, Elektronenbeschleunigung auf 800 V in einem 3 cm tiefen Feld paralleler Äquipotentialebenen, Einzellinse in 10 cm Abstand von der Kathode, Schirmabstand von der Kathode 30 cm. Ist a) die Abbildung der Kathode oder b) die Verlegung des Brennpunktes auf den Schirm günstiger?

$$\text{a)}\quad d_K \cdot \frac{s}{\bar{a}_K} = 0{,}2 \cdot \frac{20}{13} = 0{,}3 \text{ cm}\,,$$

$$\text{b)}\quad 2\sqrt{\frac{\varepsilon}{U}}\, s = 2\sqrt{\frac{1}{600}} \cdot 20 = 1{,}6 \text{ cm}\,.$$

Also ist hier die Kathodenabbildung *bei weitem* günstiger, der die Einstellung auf den Brennpunkt bei Annahme von 1 Volt Austrittsenergie erst bei einem Beschleunigungspotential von 18 kV (!) theoretisch gleichwertig wird.

4. **Empfindlichkeit und reduzierte Empfindlichkeit.** Bei der BRAUNschen Röhre pflegt man danach zu fragen, wie groß die Empfindlichkeit ist, d. h.

welche Auslenkung der Leuchtpunkt gegenüber der Ruhelage erfährt, wenn $u = 1$ Volt Spannungsdifferenz an die Ablenkplatten angelegt wird. Diese Empfindlichkeit wird von zwei Faktoren bestimmt, von der Ablenkkraft des Plattenpaares[1] und von dem Ort des Platteneinbaus in den Strahlengang.

Für die Ablenkung gilt [III, 23] unter der Annahme paralleler[2] Ablenkplatten der Länge l und des Abstandes d, wenn $2u$ die Potentialdifferenz zwischen den Platten $\left(\text{also } \mathfrak{E} = \frac{2u}{d} \text{ die Feldstärke}\right)$ und U die Elektronenenergie bedeutet:

$$\operatorname{tg}\Theta_e = \frac{\mathfrak{E}}{2U}\, l = \frac{u}{U}\,\frac{l}{d}\,.$$

Nehmen wir einmal an, daß das Ablenkplattenpaar im Abstande D vom Schirm eingebaut ist, daß es als kurz gegenüber dem Abstand D betrachtet werden kann und daß keine Linse bzw. keine die Elektronengeschwindigkeit ändernde Fläche mehr zwischen ihm und dem Schirm liegt, so wird der Ausschlag:

$$s = D \operatorname{tg}\Theta_e$$

und damit die Empfindlichkeit $e = s/2u$:

$$e = \frac{1}{2}\,\frac{l\,D}{U\,d}\,.$$

Die Angabe der Empfindlichkeit e ist jedoch noch kein Gütemaß für die wirkliche Empfindlichkeit der BRAUNschen Röhre. Diese Angabe wäre ausreichend, wenn uns das Projektionssystem einen Leucht*punkt* auf den Schirm projizieren würde. Wir wissen aber, daß stets ein Leucht*fleck* von einer unter Umständen erheblichen Größe (z. B. Bild der Kathode) entstehen muß. Es ist ohne weiteres einleuchtend, daß die lichtoptische Vergrößerung des Leuchtschirmbildes auf den doppelten Wert zwar eine Vergrößerung der empirisch zu messenden Empfindlichkeit auf den doppelten Wert, in Wirklichkeit jedoch wegen des mitvergrößerten Leuchtflecks keinen Gewinn bedeutet. Ebenso vergrößern entsprechende Maßnahmen im Innern des Rohres in gleicher Weise Auslenkung *und* Leuchtpunktgröße und bringen daher keine prinzipiellen Vorteile. Aus diesem Grunde scheint es ganz allgemein zweckmäßig zu sein, den Quotienten von Empfindlichkeit e zu Leuchtfleckdurchmesser B zur Beurteilung von BRAUNschen Röhren zu benutzen. Wir wollen dementsprechend im folgenden nur von der „reduzierten" Empfindlichkeit $\varepsilon = e/B$ sprechen.

Für die Erreichung hoher reduzierter Empfindlichkeit sind bei der BRAUNschen Röhre, je nachdem, ob sie ohne oder mit Gaskonzentration arbeitet, verschiedene Gesichtspunkte maßgebend, wie wir es später im einzelnen besprechen werden.

Was wir soeben von der Empfindlichkeit sagten, gilt in ganz entsprechender Weise für die Größe des einwandfrei ausgeschriebenen Diagramms. Auch hier werden wir von „reduzierter" Diagrammgröße zu sprechen haben.

5. **Spezifische Leuchtfleckintensität.** Zwei Forderungen, die an das optische System der BRAUNschen Röhre zu stellen sind, haben wir bereits kennengelernt. Sie ließen sich zusammenfassen in den Forderungen nach großer reduzierter Empfindlichkeit und großer reduzierter Diagrammgröße. Zur Charakterisierung der BRAUNschen Röhre gehört jedoch noch eine weitere wichtige Aussage. Es ist das die maximal bei einmaliger Überschreibung oszillographierbare Sinus-

[1] Entsprechendes gilt natürlich für das Ablenkspulenpaar. Der Kürze halber sei im folgenden stets nur vom Ablenkplattenpaar gesprochen.

[2] Bei geeigneter Anpassung der Platten an den Strahlengang läßt sich noch eine Erhöhung der Ablenkkraft um einige 10% erzielen, wie es GABOR [149] gezeigt hat [III, 23].

frequenz bzw. die maximale Schreibgeschwindigkeit in cm/sec. An Stelle von diesen Angaben für den Praktiker werden wir allgemeiner von der spezifischen Intensität des Leuchtfleckes oder, wenn wir uns wie bisher nur für die Eigenschaft des optischen Systems selbst interessieren, von dem mittleren spezifischen Elektronenstrom am Bildort sprechen.

Das optische System der BRAUNschen Röhre soll so gebaut sein, daß erstens keine Intensitätsverluste bei der Überleitung der Elektronen von Kathode zum Schirm erfolgen, und daß zweitens eine möglichst große Kathodenfläche als Gegenstand für den Bildfleck dient. Die erste Forderung entspricht der lichtoptischen Forderung großer Apertur. Während jedoch die Sammlung aller von einem Objekt ausgehenden Strahlen im Bild in der Lichtoptik prinzipiell nicht erfüllbar ist, läßt sie sich wegen des starken Anstiegs des Brechungsindex vor der Kathode bei der BRAUNschen Röhre mit großer Annäherung erfüllen [V, 3]. Dazu müssen die Strahlengänge so geleitet werden, daß keine Lochblenden oder sonstigen Elektroden als Intensitätsblenden wirken und daß auch die eventuell vorhandene Gaskonzentration keine unnötigen Intensitätsverluste bedingt. Die zweite Forderung verlangt, daß die Vergrößerung des Systems möglichst gering ist. Gingen wir von der Abbildung im Verhältnis 1 : 1 zu einer Verkleinerung 1 : 2 über, so würde jetzt eine vierfach so große Kathodenfläche das Objekt eines gleich großen Bildpunktes sein und damit auch die spezifische Elektronenintensität am Leuchtfleck auf den vierfachen Wert ansteigen. Allgemein: Die spezifische Leuchtfleckintensität ist der Wurzel aus der Vergrößerung umgekehrt proportional.

Den Praktiker, der mit der BRAUNschen Röhre arbeitet, werden diese Erwägungen nicht befriedigen. Vielmehr interessiert ihn zahlenmäßig die spezifische Helligkeit des Leuchtflecks bzw. die Schwärzung, die durch kurzzeitiges Auftreffen der Elektronenstrahlung auf der photographischen Platte erzeugt wird, oder umgekehrt die Zeit T, die erforderlich ist, um einen bestimmten Schwärzungsgrad durch die auftreffende Elektronenstrahlung zu erzeugen. An Stelle der Angabe dieser Zeit T ist die Angabe der maximalen Schreibgeschwindigkeit bequemer, die zu dieser umgekehrt proportional ist. Für diesen Übergang muß man die Leuchtstärke des Fluoreszenzstoffes in Abhängigkeit von der Elektronengeschwindigkeit bzw. die entsprechende Funktion für die photographische Platte kennen. KNOLL [238] hat diesen letzteren Fall genauer diskutiert und kürzlich auch zusammen mit v. BORRIES [40b] quantitatives Zahlenmaterial durch Untersuchung verschiedener Leuchtsubstanzen und photographischer Platten zu dieser besonders für das Fernsehproblem wichtigen Frage beigebracht.

6. Die Probleme der Niederspannungsröhre und des Hochspannungsoszillographen. Nachdem wir die wichtigsten elektronenoptischen Probleme der BRAUNschen Röhre kennengelernt haben, soll in den folgenden Abschnitten das Gesagte ausgebaut und die BRAUNsche Röhre in ihrem prinzipiellen Aufbau soweit behandelt werden, wie es elektronenoptisch interessant ist. Dabei werden wir die Strahlengänge diskutieren und auf einige Spezialfragen eingehen, die den Einbau des Ablenkplattenpaares, die Lebensdauer der Kathode, die Empfindlichkeitserhöhung usw. betreffen.

Wie am Anfang dieses Kapitels bereits betont wurde, kann und wird es dabei weder unsere Aufgabe sein, eine Einführung in das Gebiet der BRAUNschen Röhre zu geben, noch die Fülle der Konstruktionseinzelheiten zu behandeln. Was wir allein in den folgenden Abschnitten erreichen wollen, ist, für die Fülle des Erfahrungsmaterials, das sich angehäuft hat, einige leitende Gesichtspunkte zu zeigen, deren Auffindung durch die geometrische Elektronenoptik heute erleichtert wird.

Wir sahen, daß die Entwicklung der BRAUNschen Röhre zwei Wege gegangen ist, und daß man sich dementsprechend daran gewöhnt hat, zwischen zwei Gruppen von BRAUNschen Röhren zu unterscheiden, die man heute als Nieder- und Hochspannungsröhren zu bezeichnen pflegt. Die erste Gruppe benutzt Anodenspannungen zwischen 100 und ca. 3000 V, die zweite Gruppe solche zwischen ca. 30000 und 100000 V. Schon allein die verschiedene Betriebsspannung wird merkliche Unterschiede in Größe und Bauart der BRAUNschen Röhren bedingen. Darüber hinaus sind weitere konstruktive Unterschiede vorhanden, die sich insbesondere auf die Art der Konzentration beziehen. Man kann fast sagen, daß der heutige Hochspannungsoszillograph die BRAUNsche Röhre der *magnetischen* Elektronenoptik, die heutige Niederspannungsröhre die BRAUNsche Röhre der *elektrischen* Elektronenoptik sei.

Tabelle 6.

	Niederspannungsröhre	Hochspannungsoszillograph
Anodenspannung	0,1—5 kV	30—100 kV
Kathode	Oxydglühkathode	Kalte Kathode[1]
Konzentration	Elektrische Gaskonzentration Mitbewegte Konzentrationsoptik	Magnetische Spule Im Raum ruhende Einzellinse
Ausführung	Abgeschmolzene Glasröhre von relativ geringer Größe (ca. 20—40 cm Strahllänge)	Metallgefäße an der Pumpe von erheblicher Größe (ca. 100 bis 200 cm Strahllänge)

Die Einteilung der BRAUNschen Röhren in Niederspannungsröhren und Hochspannungsoszillographen ist nur deswegen möglich, weil zwischen den Spannungen, die normalerweise als Anodenspannungen der zwei Typen benutzt werden, eine breite Lücke liegt. Das gilt jedoch nicht streng, denn man hat auch Röhren für den Zwischenbereich gebaut, die indessen keine große praktische Bedeutung erlangt haben. Gerade in neuerer Zeit macht sich wieder das Bestreben bemerkbar, die Lücke von beiden Seiten her zu überbrücken. Außer den Konstruktionen von WOOD [442] und SZEGHÖ [396] sei besonders der Vorstoß von ROGOWSKI und MALSCH [326] erwähnt, die durch einige Kunstgriffe einen Oszillographen mit kalter Kathode[2] bei 500 V Anodenspannung benutzen konnten [V, 19]. Bereits dieser allgemeine Entwicklungsgang läßt es wünschenswert erscheinen, die BRAUNschen Röhren nach einem anderen Gesichtspunkt zu unterscheiden. Dazu kommt noch, daß die Entwicklungen, die auf eine bewußte Anwendung der elektrischen Elektronenoptik hinzielen, ebenfalls zu einer Verwischung dieser Unterscheidung führen werden.

Eine neue zweckmäßigere Einteilung ergibt sich zwanglos aus der elektronenoptischen Betrachtung der BRAUNschen Röhre. Wir werden später sehen, daß es bei der quasioptischen Behandlung dieses Instrumentes sehr darauf ankommt, ob wir die Konzentration des Strahls mit einer elektrischen bzw. magnetischen Einzellinse, die z. B. in der Mitte zwischen Anode und Schirm aufgestellt ist, vornehmen oder ob wir die Konzentration der Wirkung positiver Raumladungen überlassen. Der grundlegende Unterschied zwischen diesen beiden Anordnungen besteht darin, daß im ersten Fall das optische System fest im Raum steht, im zweiten Fall mit dem Strahl mitbewegt wird. Demzufolge werden wir eine

[1] Bei der die Elektronen durch Ionenstoß ausgelöst werden.
[2] Siehe S. 180, Anm. 2.

BRAUNsche Röhre mit *bewegter* Optik und eine BRAUNsche Röhre mit *ruhender* Optik unterscheiden können[1].

Wer dieser Neueinteilung, deren Zweckmäßigkeit die folgenden Abschnitte erweisen sollen, abhold ist, mag sich an Stelle des Wortes „BRAUNsche Röhre mit ruhender Optik" das Wort „Hochspannungsoszillograph"[2] gesetzt denken. Glücklicherweise fallen nämlich diese Einteilungen bei dem heutigen[3] Entwicklungsstande noch zusammen, wie es der Vergleich der Tabellen 6 und 7 zeigt.

Tabelle 7.

	BRAUNsche Röhre mit ruhender Optik	BRAUNsche Röhre mit bewegter Optik
Konzentration	Fest im Raum angeordnete Linse, die elektrisch oder magnetisch sein kann	Positive Raumladung, die sich der Strahl auf seiner Bahn selbst bildet
Anodenspannung	Meist „hoch", daher „Hochspannungsoszillograph"	Meist „niedrig", daher „Niederspannungsröhre"

Der Zweck der beiden Röhrentypen ist letzten Endes der gleiche, und damit sind auch die technischen Grundaufgaben, die an den Konstrukteur solcher Röhren gestellt werden, gleich. Zu der bereits besprochenen Forderung eines hellen, kleinen Leuchtflecks und einer großen Empfindlichkeit beim Oszillographieren, kommt noch die praktische Forderung langer Lebensdauer des Instrumentes[4]. Dabei sind die Schwierigkeiten, die der Erfüllung der beiden Hauptaufgaben entgegenstehen, bei den beiden Röhrentypen verschieden. Der Grund dafür liegt durchgehend in der Verwendung verschiedener Konzentrations- und Elektronenerzeugungs-Methoden.

Infolge der Möglichkeit, bei Gaskonzentrationen so zu rechnen, als ob man es mit einem engen, parallelen Strahlenbündel zu tun hätte, ist z. B. die Frage, wo das Ablenkplattenpaar hinzubauen sei, für die Röhre mit Gaskonzentration überhaupt kein Problem: Wollen wir maximale Empfindlichkeit erhalten, so muß das Ablenkplattenpaar möglichst weit vom Schirm entfernt und möglichst nahe an die Anodenblende herangebracht werden. Für die Röhre mit ruhender Optik bedarf diese Frage dagegen einer genaueren Diskussion, da die feststehende Elektronenlinse in diesem Falle den Einfluß des Ablenkkondensators teilweise unwirksam machen kann. Umgekehrt verhält es sich mit der Frage der Lebensdauer, die nur für den Fall der Gaskonzentrationsröhre mit ihren auf die empfindliche Glühkathode trommelnden Ionen ein ernstliches Problem ist.

[1] Die Verfasser hatten zunächst an die kurzen Bezeichnungen: Gaskonzentrations- und Vakuumröhre gedacht. Eine Diskussion mit Herrn Dr. ALBERTI, der die jetzt gewählten Bezeichnungen vorschlug, hat uns jedoch davon überzeugt, daß für unser Buch die Schwerfälligkeit der gewählten Worte gegenüber der Irreführung durch das Wort „Vakuumröhre" für eine BRAUNsche Röhre, die mit Gasentladung arbeitet, doch noch das kleinere Übel sei. Zum täglichen Gebrauch sind die gewählten Bezeichnungen allerdings wenig geeignet. Man wird abzuwarten haben, welche Bezeichnungen sich einbürgern.

[2] Oder auch Kathodenoszillograph bzw. — bei der üblichen Anwendung einer Glimmentladung zu Elektronenerzeugung — Kalt-Kathoden-Oszillograph (ROGOWSKI).

[3] Anm. bei der Korr. Das galt Sommer 1933 [s. S. 166, Anm. 1]. Heute, ein Jahr später, jedoch nicht mehr [V, d].

[4] Es sei nur erwähnt, daß bei einer eingehenderen Diskussion noch andere Forderungen, wie die nach der Frequenzunabhängigkeit der Empfindlichkeit, berücksichtigt werden müßten [190].

b) Braunsche Röhre mit ruhender Optik.

7. Die Projektionsoptik des Hochspannungsoszillographen. Wir wollen nun zu den speziellen Fragen der Braunschen Röhre mit *ruhender* Optik übergehen. Wir beginnen damit, den Strahlengang des Hochspannungsoszillographen mit magnetischer Konzentration (Abb. 185) zu diskutieren, wobei wir zunächst so tun, als ob nur die Abbildung der Anodenblende in Frage käme, d. h. wir kümmern uns zunächst nicht um das Beschleunigungsfeld.

In diesem Falle ist das Problem denkbar einfach. Wir haben eine kreisförmige leuchtende Fläche vom Durchmesser A und in fest vorgegebenem Abstand einen Schirm, dazwischen eine „kurze" Linse (z. B. Konzentrationsspule), mit der wir ein Bild des leuchtenden Kreises auf dem Schirm entwerfen, wobei B der Durchmesser des Kreisbildes sei. Das Linsengesetz gestattet uns, durch verschiedene Unterteilung der Summe L von Gegenstandsweite a und Bildweite b ein verschieden vergrößertes oder verkleinertes Bild der Anodenblende zu erhalten. Es gilt:

$$B = A\frac{b}{a} = A\left(\frac{L}{a} - 1\right).$$

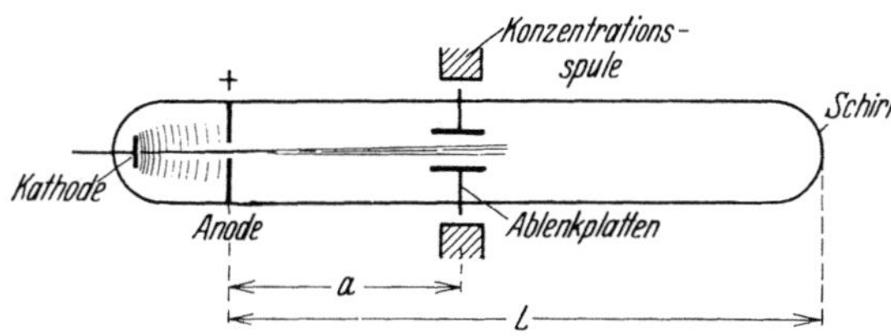

Abb. 185. Schema der Braunschen Röhre für Hochspannung.

Gegenüber dem lichtoptischen Fall unterscheidet sich dieser Strahlengang in zwei Punkten: Erstens haben wir einen konstanten Abstand L zwischen Objekt und Bild und müssen daher, was wir in der Lichtoptik überhaupt nicht können, die Brennweite für jede Linsenstellung anders wählen. Zweitens ist die von dem Objekt kommende Strahlung mehr oder weniger gerichtet, so daß wir die Linse dem Schirm meist vollständig annähern können, ohne daß die Linse als Blende wirkt und die Intensität begrenzt. Wenn wir also z. B. den Quotienten b/a auf die Hälfte verringern, wird der Leuchtfleck ein viertel so groß und vierfach so hell werden, so daß wir uns dem zu erstrebenden Ideal eines kleinen hellen Leuchtpunktes schnell nähern. Allerdings haben wir dabei nicht berücksichtigt, daß die Empfindlichkeit mit der Verkleinerung von b sinkt. Wir haben uns also zu fragen, ob nicht der bei der Punktgröße erzielte Gewinn bei der Empfindlichkeit wieder verlorengeht, d. h. ob nicht die *reduzierte* Empfindlichkeit [V, 4] abnimmt.

Später [V, 9] wird abgeleitet, daß die maximal mögliche Ablenkung, die durch ein Ablenkplattenpaar im Hochspannungsoszillographen erzielbar ist, dann erreicht wird, wenn das Plattenpaar in der Ebene der Konzentrationsspule eingebaut wird. Unter dieser Voraussetzung ist die Ablenkung s des Leuchtflecks auf dem Schirm der Bildweite b proportional, und wir können für die reduzierte Empfindlichkeit ε schreiben:

$$\varepsilon = \frac{e}{B} \sim \frac{s}{B} \sim \frac{b}{A\frac{b}{a}} \sim a\,.$$

Nachdem wir uns davon überzeugt haben, daß auch zur Erhöhung der reduzierten Empfindlichkeit eine möglichst weitgehende Annäherung der Linse an den Schirm erwünscht ist, wollen wir die Intensitätsverhältnisse quantitativ verfolgen.

Bezeichnet J die Intensität, mit der die Elektronen aus der Anodenblende austreten, und nehmen wir wieder an, daß die Linse nicht als Intensitätsblende wirkt[1], so steigt die spezifische Fleckintensität j entsprechend der Formel:

$$j \sim \frac{J}{B^2} = \frac{J}{A^2}\left(\frac{a}{b}\right)^2 = \frac{J}{A^2}\left(\frac{L}{b} - 1\right)^2.$$

Die Formel besagt, daß die spezifische Fleckintensität außerordentlich rasch bei Annäherung der Linse an den Schirm ansteigt (Abb. 186). Verschiebt man z. B. die Linse von der Mitte zwischen Anode und Schirm bis auf L/4 an den Schirm heran, so steigt die Intensität auf den neunfachen Betrag.

Eine andere Maßnahme zur Erhöhung der Fleckintensität ist die Erhöhung der durch die Anodenblende tretenden Strahlungsintensität J. Der Weg dazu ist durch die konstruktive Lichtoptik vorgezeichnet. Es ist zu erstreben, die gesamte Strahlung der Kathode durch einen Kondensor auf die abgebildete Anodenblende zu richten, wobei der Strahlenkegel die Blendenbegrenzung möglichst so überdecken soll, daß die Blende voll ausgeleuchtet wird, daß aber trotzdem nicht unnötig Intensität verlorengeht. Im Gegensatz zur Lichtoptik besteht dabei in der Elektronenoptik infolge der Richtwirkung des Beschleunigungsfeldes die Möglichkeit, praktisch die Gesamtstrahlung der Kathode durch die Anodenblende zu zwängen. Sehen wir von komplizierten Linsenanordnungen ab, so wird man eine Linse (z. B. ROGOWSKIS Vorkonzentrationsspule [323]) so zwischen Kathode und Anode anzuordnen haben, daß das Kathodenbild bzw. der kleinste Bündelquerschnitt [V, 3] gerade der Anodenöffnung gleich ist.

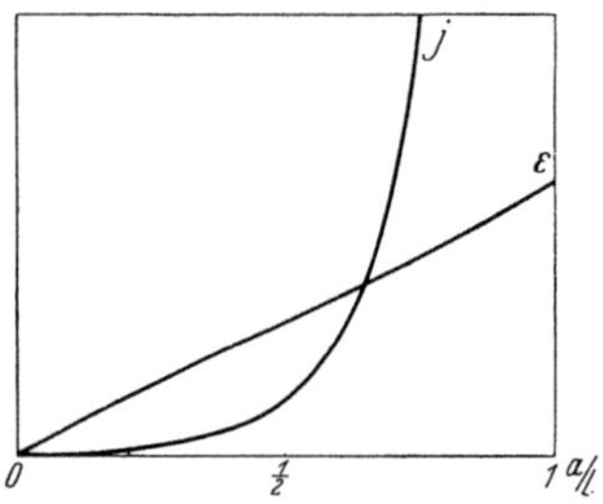

Abb. 186. Reduzierte Empfindlichkeit ε und spezifische Leuchtfleckintensität j in Abhängigkeit von der Linsenstellung.

8. Anoden- oder Kathodenabbildung. Blättert man in der Literatur über den Hochspannungsoszillographen, so findet man, daß manche Autoren, wie WOOD [442] und GABOR [149] die magnetische Linse in die Nähe der Anode bringen, wodurch nach den Betrachtungen im letzten Abschnitt eine unzweckmäßige Vergrößerung des Bildes der Anodenblende bedingt sein müßte. Dieser Einwand ist natürlich nur dann berechtigt, wenn die Autoren überhaupt ein Bild der Anodenblende entwerfen wollen. Das braucht jedoch gar nicht der Fall zu sein, wie es die Anordnung von RANKIN [304] ergibt, der die magnetische Linse sogar nahe der Kathode anordnete. Wenn wir daher jetzt die Kathode als Objekt mit in Betracht ziehen, dessen Abbildung wegen der größeren Entfernung zum Schirm zweifellos gewisse Vorteile bedingen wird, so muß damit auch die neue Rolle der Anodenblende betrachtet werden, die in diesem Falle zur Intensitätsblende wird[2].

Die Verhältnisse liegen bei der Abbildung der Kathode komplizierter als bei der Anodenabbildung, weil zwischen Kathode und Anode das Beschleunigungsfeld mit seiner Sammelwirkung eingeschaltet ist. Diese Sammelwirkung bedingt eine scheinbare Zurückverlegung des Objektes, so daß wir im Falle der Kathodenabbildung nicht mit der wahren Gegenstandsentfernung a, sondern mit einer größeren scheinbaren Gegenstandsentfernung $\bar{a}$ zu rechnen haben [III, 8].

[1] Wie sich die Beziehungen ändern, wenn man nicht mit gerichteter Strahlung rechnet, sei hier übergangen. Vgl. auch [V, 8], wo Intensitätsverhältnisse ohne diese Voraussetzung durchgerechnet sind.

[2] BUSCH [79] verwandte dementsprechend im Gegensatz zu GABOR, der die Anodenblende als Objekt 0,3 mm groß wählte, eine Blende von 8 mm Durchmesser.

Außerdem sendet das scheinbare Objekt seine Strahlung nur in einem kleinen Raumwinkel zur Kathodennormalen aus [V, 3].

Lassen wir diese zweite Eigenart zunächst ganz außer acht und denken uns die erste durch Zurückverlegung der Kathode bereits berücksichtigt, dann können wir den allgemeinen Strahlengang leicht an Hand der Abb. 187 untersuchen, die uns die Anordnung des betrachteten Falles ersetzt. K ist die zurückverlegte plane Kathodenfläche, B die Anodenblende, L die Linse und S der Schirm. Für die Entfernungen zwischen den einzelnen Teilen der Optik gilt als Bildweite der Buchstabe b, als Gegenstandsweite der Buchstabe $\bar{a}_K$, wobei also in $\bar{a}_K$ und $\Delta \bar{a} = \bar{a}_K - a_B$ bereits die scheinbare Rückverlegung der Kathode durch das Beschleunigungsfeld berücksichtigt sei.

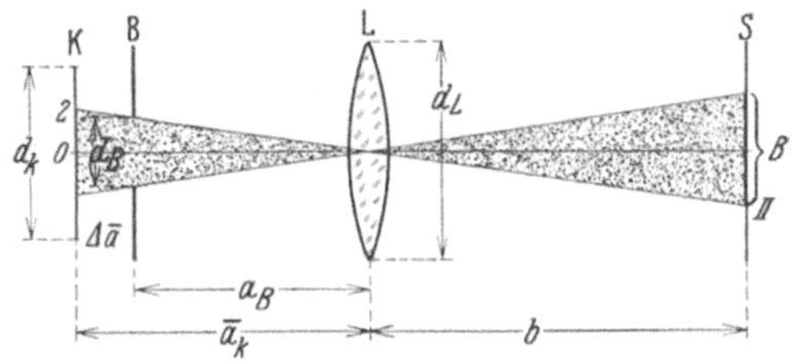

Abb. 187. Zur Abbildung der Kathode.

Aus der Zeichnung entnehmen wir, daß bei Scharfstellung auf eine beliebige Entfernung $a > a_B$ der Querschnitt des markierten Kegels auf dem Schirm stets ein Bild von der Größe B liefert. Das gilt damit auch für die Abbildung der Anodenblende und ferner für die Abbildung der Kathode, wenn sie gerade so groß ist, daß sie den Querschnitt des schraffierten Kegels ausfüllt. Dieser Fall tritt offensichtlich ein, wenn $d_K : d_B = \bar{a}_K : a_B$. Fragen wir also danach, ob man einen kleineren Leuchtpunkt auf dem Schirm erhält, wenn man die Kathode oder wenn man die Anodenblende abbildet, so ist die Antwort auf diese Frage einfach dadurch gegeben, ob die Kathode kleiner oder größer als die soeben errechnete Kathodengröße ist, bei der Kathoden- und Anodenbild gerade gleich groß werden [244 bis 246].

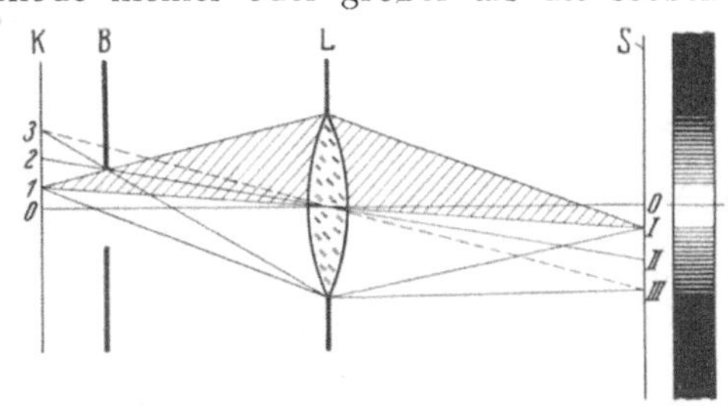

Abb. 188. Strahlengang bei Abbildung der Kathode.

Wenn man den Strahlengang genauer untersucht, findet man, daß auch noch andere Gesichtspunkte für die Beantwortung der gestellten Frage zu berücksichtigen sind. Betrachten wir den Fall, daß wir die Kathode als unendlich ausgedehnt und diffus strahlend ansehen können[1]. Dann werden wir bei Abbildung der Anodenblende ein scharf umrandetes gleichmäßig helles Feld zu erwarten haben, während sich bei Abbildung der Kathodenfläche gleichzeitig ein unscharfes Bild der Anodenblende zeigen muß. Wie dieses Bild aussehen wird, und wie es von den geometrischen Dimensionen abhängen wird, läßt sich an Hand der Abb. 188 sofort übersehen. Gehen wir von dem Durchstoßpunkt 0 der optischen Achse auf der Kathode aus, so wird die Intensität des abbildenden Strahlenbündels zunächst allein durch die Öffnung der Linse L begrenzt, bis bei 1 die Blende B mehr und mehr von diesem Bündel abzuschneiden beginnt. Auf dem Schirm zeigt sich dementsprechend ein Halbschattengebiet, das an Dunkelheit zunimmt und bei dem Bildpunkt III des Kathodenpunktes 3 in den Schlagschatten übergeht. In welchem Abstand vom Schirmmittelpunkt der Halb- und der Schlagschatten beginnt bzw. wie die entsprechenden Kathoden-

[1] Wir vernachlässigen also, um das Prinzipielle deutlicher zu zeigen, die Richtwirkung des Beschleunigungsfeldes. Die Rückverlegung ist insofern berücksichtigt, als wir K in Abb. 188 als rückverlegte Kathode auffassen [III, 8].

punkte liegen, läßt sich sogleich unter Benutzung der Buchstaben von Abb. 187 und 188 hinschreiben, wobei wir unter $A_{0,1}$, $B_{O,I}$ die Entfernungen der Punkte 0, 1 bzw. O, I verstehen:

$$A_{0,1} = d_B \left[\frac{\bar{a}_K}{a_B}\left(1 - \frac{d_L}{d_B}\right) + \frac{d_L}{d_B} \right]; \qquad B_{O,I} = \frac{b}{\bar{a}_K} A_{0,1}$$

$$A_{0,3} = d_B \left[\frac{\bar{a}_K}{a_B}\left(1 + \frac{d_L}{d_B}\right) - \frac{d_L}{d_B} \right]; \qquad B_{O,III} = \frac{b}{\bar{a}_K} A_{0,3}.$$

Lassen wir nun die Kathode langsam zusammenschrumpfen (Abb. 188), so daß ihr Rand schließlich über den Punkt 3 zur Achse hinrückt. Das wird so wirken, als ob wir eine Irisblende mehr und mehr über der Kathode zusammenzögen. Das Bild dieser Irisblende wird sich dem unscharfen Bild der Blende B auf dem Schirm überlagern. In demselben Maße, wie wir die Irisblende verkleinern, wird sich nach Überschreitung des Punktes 3 das Bild der Irisblende aus dem Schlagschattengebiet in das Halbschattengebiet vorschieben, bis bei Punkt 1 nur noch die gleichmäßig voll beleuchtete Fläche in der Schirmmitte sichtbar ist. In diesem Augenblick hat die Blende B ihren Einfluß auf das durch die Öffnung der Linse L bestimmte Bündel verloren.

Die Konsequenz dieser Überlegung ist, daß wir die eingangs gegebenen Regeln zur Frage der Kathoden- und Anodenabbildung revidieren müssen. Hat die Kathode nämlich die kritische Größe (0—2) und ist unsere Voraussetzung, daß die Linse als Intensitätsblende wirkt, erfüllt, so werden wir nur bei Einstellung auf die Anodenblende ein gleichmäßig helles Bild erhalten, während bei Einstellung auf die Kathode das Bild zwar ebenso groß ist, aber einen Intensitätsabfall zum Rande zeigt. Liegt die Kathodengröße zwischen (0—2) und (0—1), so ist das Kathodenbild zwar stets kleiner als das Anodenbild, aber nicht ohne Intensitätsabfall. Erst bei einer Kathodengröße (0—1) wird die Kathodenabbildung ideal.

9. Die Ablenkanordnung des Hochspannungsoszillographen. Die Empfindlichkeit eines Hochspannungsoszillographen ist von vier Faktoren abhängig, nämlich von der Steifigkeit des Elektronenstrahls, der Gestaltung des Ablenkkondensators, der Gesamtlänge der Röhre und der Lage des Ablenkkondensators im Strahlengang. Die ersten zwei Faktoren beziehen sich auf die Brechkraft des Kondensators selbst, die letzten zwei auf die Geometrie des gesamten Strahlenganges.

Will man den Winkel Θ_e, um den der Kondensator mit parallelen Platten einen Elektronenstrahl gemäß der Formel [III, 23] $\operatorname{tg} \Theta_e = \frac{\mathfrak{E}\, l}{2\, U}$ ablenkt, groß machen, so muß man die Strahlenergie U klein und die Ablenkkraft $\mathfrak{E}\, l$ des Kondensators groß machen. Das Produkt $\mathfrak{E}\, l$ wird groß, wenn man bei vorgegebener Ablenkspannung den Plattenabstand möglichst klein wählt, die Plattenlänge groß macht und die Platte in ihrer Form dem Strahlengang anpaßt [III, 23].

Damit sind die Fragen der Strahlsteifigkeit und Kondensatorgestaltung erledigt, und es bleiben nur die Fragen zu diskutieren, die sich auf die Anordnung des Kondensators im Strahlengang und die Länge des Strahlenganges selbst beziehen.

Um den Einfluß der Kondensatorlage zu erkennen [69], wollen wir uns wieder den elektronenoptischen Strahlengang durch einen optischen ersetzt denken, indem wir den Kondensator als Prisma auffassen[1]. Wie es Abb. 189

[1]) Wir setzen Anodenabbildung voraus. Bei Kathodenabbildung gilt das früher Gesagte über die Zurückverlegung des Objekts infolge des Beschleunigungsfeldes.

zeigt, wird dann der Strahlengang so erfolgen, als ob nicht der Punkt P, sondern der Punkt P_1 Gegenstand wäre. Die Verschiebung p im Gegenstandspunkt ist:

$$\operatorname{tg}\Theta_e = \frac{p}{D}\,; \quad p = D \operatorname{tg}\Theta_e$$

und da

$$\frac{s}{b} = \frac{p}{a}$$

ist, wird

$$s = s_1 = \left(\frac{b}{a}\right) D \operatorname{tg}\Theta_e\,.$$

Diese Beziehung ist für den Fall abgeleitet, daß das Prisma zwischen Gegenstand und Linse angeordnet ist. Rückt das Prisma auf die andere Seite der Linse in die Entfernung $\Delta = L - D$ vom Schirm, so gilt:

$$s_2 = \Delta \cdot \operatorname{tg}\Theta_e\,.$$

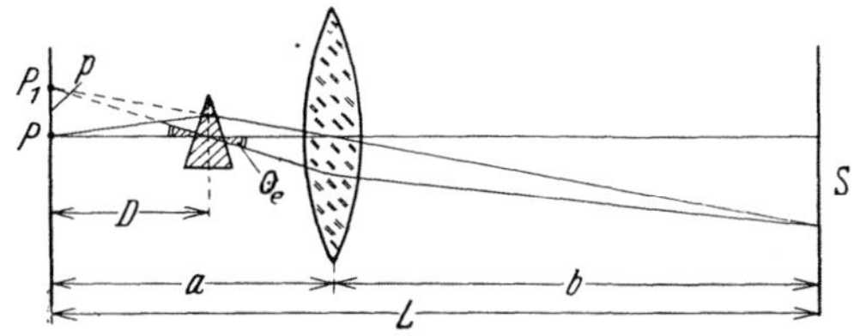

Abb. 189. Wirkung eines Prismas im Strahlengang.

Die beiden Beziehungen sagen aus, daß s dem Abstand vom Gegenstand bzw. Schirm proportional ist und führen auf das praktisch bedeutsame Resultat, daß das in den Strahlengang geschaltete Ablenkplattenpaar dann die kräftigste Ablenkung des Leuchtflecks auf dem Schirm bedingt, wenn es am Ort der Linse eingeschaltet ist[1].

Bei der Übertragung dieses Ergebnisses auf den elektronenoptischen Strahlengang ist noch zu berücksichtigen, daß wir mit einem Prisma *konstanter* Brechkraft, d. h. einem Plattenpaar von konstantem $\mathfrak{E}\, l$, gerechnet haben. Zunächst scheint es, als ob aus diesem Grunde unser Ergebnis wertlos geworden ist. Wenn wir nämlich von der Stellung des Plattenpaars mitten zwischen Gegenstand und Linse ausgehen, bei der das Plattenpaar vom Strahlengang gerade ausgefüllt sein möge, so werden wir bei seiner Verschiebung in die Linsenebene die Plattenentfernung auf das Doppelte vergrößern müssen. Damit wird bei konstanter Ablenkspannung an den Platten die Feldstärke $\mathfrak{E}$ halb so groß. Der erzielte Gewinn würde also gerade wieder ausgeglichen werden, wenn wir nicht auch die Kondensatorlänge l vergrößern würden (Abb. 190). Das wird man aber im allgemeinen tun, d. h. man wird das Plattenpaar in allen Dimensionen ähnlich vergrößern.

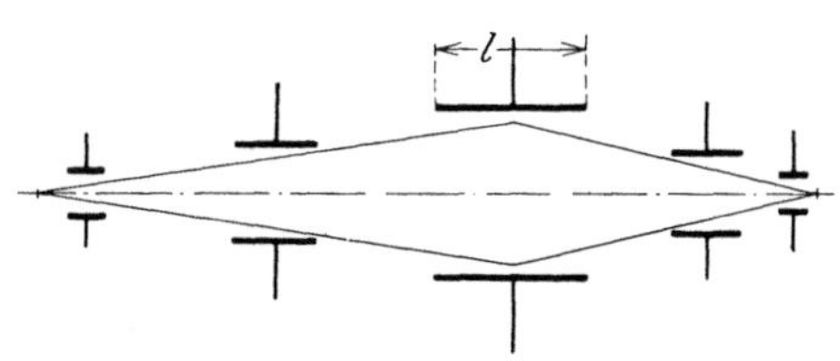

Abb. 190. Einbau des Ablenkplattenpaares.

Mit $d/l = \text{const}$ folgt:

$$s_1 = \frac{d}{l}\,\frac{b}{a}\,\frac{u}{U}\,D\,; \qquad s_2 = \frac{d}{l}\,\frac{u}{U}\,\Delta$$

und für das Auslenkungsmaximum bei Einstellung des Kondensators in die Linsenebene

$$s_{\max} = \frac{u}{U}\,\frac{d}{l}\,b\,.$$

[1] Den entsprechenden Satz für das zu einer Doppelschicht zusammengezogene Beschleunigungsfeld lernten wir bereits [V, 2] kennen.

Über die Vorteile des Kondensatoreinbaus in die Linsenebene ist noch folgendes zu sagen. Es wird am einfachsten sein, ein Plattenpaar ohne unnötigen Spielraum zum Strahlengang dort einzubauen, wo der Strahlengang seine größte Breite hat. Ferner ist das Plattenpaar in der Linsenebene bereits in seiner normalen Form dem Strahlengang sehr viel besser angepaßt als alle außerhalb der Linse angeordneten Kondensatoren, so daß eine enge Anschmiegung durch besonders gestaltete Platten sehr leicht durchführbar ist. Schließlich ist es für sekundäre Effekte von Wert, daß die Feldstärke zwischen den Platten in diesem Falle am geringsten ist. So erhalten wir die allgemeine Einbauregel: Die günstigste Ausnutzung einer vorgegebenen Ablenkspannung erhält man — Proportionalität aller Kondensatordimensionen vorausgesetzt —, wenn man den Kondensator möglichst nahe der Sammelspule des Oszillographen anordnet.

Damit wollen wir unsere Überlegungen über die elektronenoptischen Grundlagen des Hochspannungsoszillographen abschließen, indem wir es dem Leser überlassen, das gegebene Bild der Konstruktionsprinzipien durch weitere Betrachtungen zu ergänzen.

Es ist zu erwarten, daß sich die Konstrukteure jetzt, nachdem der elektrische Zweig der geometrischen Elektronenoptik seine Ausbildung erfahren hat, die gewonnenen Erkenntnisse beim Bau von BRAUNschen Röhren in stärkerem Maße als bisher nutzbar machen werden, und daß insbesondere die BRAUNsche Röhre mit ruhender Optik auch bei geringen Anodenspannungen mehr und mehr die Röhre mit bewegter Optik verdrängen wird[1].

c) BRAUNsche Röhre mit bewegter Optik.

10. Strahlengang der BRAUNschen Röhre mit Gaskonzentration. Wenn wir von dem früher erwähnten Versuch von ROGOWSKI und MALSCH [326] absehen, denen es durch einen Kunstgriff gelungen ist, die BRAUNsche Röhre mit kalter Kathode bis 500 V herab zu verwenden, können wir als ein charakteristisches Merkmal der Niederspannungsröhre die Glühkathode ansehen. Ohne die Glühkathode besäßen wir heute auch keine BRAUNschen Niederspannungsröhren, jene Röhren, die für viele Zwecke wegen ihrer Handlichkeit und Einfachheit durch den Hochspannungsoszillographen nicht zu ersetzen sind.

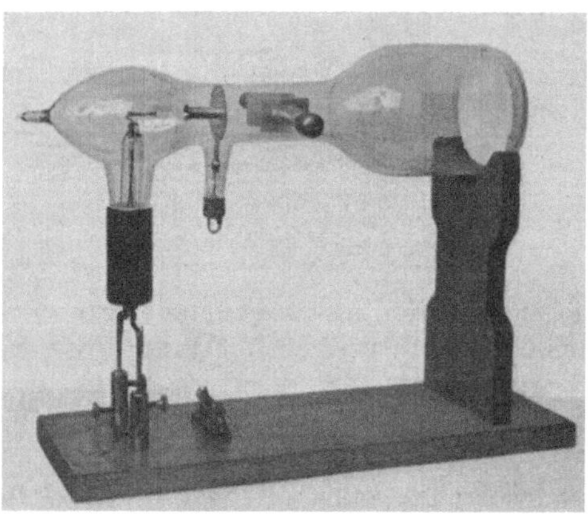

Abb. 191.
Erste BRAUNsche Niederspannungsröhre nach WEHNELT [412].

Die Entwicklung der Niederspannungsröhre geht auf WEHNELT zurück. WEHNELT [412] entdeckte 1904 die Erhöhung der Elektronenemission durch Auftragen von Erdalkalioxyden auf die Metallkathode und baute die erste typische Niederspannungsröhre. Da die Elektronenstrahlen in seinen Röhren leuchteten, werden auch Gaskonzentrationswirkungen [VI, 1] wesentlich dazu beigetragen haben, daß er die sonst zur Konzentration übliche Magnetspule fortlassen konnte und daß ihm seine Demonstrationsversuche [413 bis 415] so

[1] Über die neuere Entwicklung der BRAUNschen Röhre mit ruhender Optik vergleiche man [V, 19, 20].

gut gelangen. Betrachtet man heute solche WEHNELT-Röhren, wie sie zu Demonstrationszwecken (Abb. 130) von GUNDELACH, zu oszillographischen Zwecken [414] (Abb. 191) von LEYBOLD noch bis vor wenigen Jahren vertrieben wurden, so findet man die Vermutung mitwirkender Gaskonzentration durchaus bestätigt.

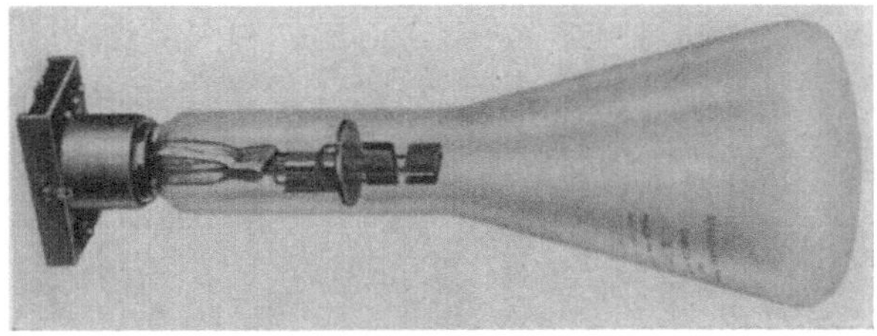

Abb. 192. Niederspannungsröhre der Western Electric [218].

Mit der klaren Erkenntnis der konzentrierenden Wirkung der positiven Raumladungen und der Einführung der „Ringkathode" [V, 13] erzielte JOHNSON den nächsten großen Fortschritt, der zur Western-Röhre (Abb. 192) führte. Diese Röhre ist im Gegensatz zu mancher späteren Röhre ein Musterbeispiel wissenschaftlich-konstruktiver Entwicklungsarbeit.

Abb. 193. Röhre des Laboratoriums v. ARDENNE [4].

Die nächste Etappe der Entwicklung ist die bewußte Anwendung der geometrischen Elektronenoptik, die eine klare Übersicht über die Funktion der Röhre und daher auch eine leichtere Überwindung der konstruktiven Schwierigkeiten gestattet. In dieser Entwicklungsstufe, die noch nicht abgeschlossen ist, sucht man die Gaskonzentration zu verlassen und an ihre Stelle auch bei kleinen Elektronengeschwindigkeiten die ruhende Optik zu setzen.

Die Linie der älteren Entwicklung, die JOHNSON bereits an die untere Grenze benutzbarer Anodenspannungen herangeleitet hatte, ist durch DOBKE [117] weitergeführt worden, während z. B. v. ARDENNE [4] (Abb. 193) wieder zu höheren Anodenspannungen überging[1]. DOBKE konnte als Erster beim Bau seiner Röhren (Abb. 194) elektronenoptische Erkenntnisse benutzen. Wir wollen unsere ins einzelne gehenden Betrachtungen über die Niederspannungsröhre damit beginnen, diese Röhre, von der wir bisher allein[2] die elektronenoptischen Funktionen genau kennen [57], hinsichtlich ihres Strahlenganges und ihrer Abbildungseigenschaften zu diskutieren.

Abb. 194. Niederspannungsröhre der AEG [117].

[1] Erst neuerdings baut auch v. ARDENNE Röhren für Anodenspannungen von einigen hundert Volt. Vgl. S. 145, Anm. 2.

[2] Anm. bei der Korr. Auch an einer neueren Röhre v. ARDENNES [7a] sind jetzt einige Untersuchungen durchgeführt worden.

Diese Niederspannungsröhre arbeitet mit dem bereits in Abb. 178 gezeigten und in Abb. 195 nochmals mit seinem Potentialfeld dargestellten Elektrodensystem bei Elektronenenergien von einigen 100 Volt. Vor einer indirekt geheizten Kathode, die als Hohlraumstrahler ausgebildet ist, ist zwischen zwei auf Anodenpotential befindlichen Blenden ein WEHNELT-Zylinder angeordnet. Das Potentialfeld stellt (im hohen Vakuum) eine Art Elektronenmikroskop[1] dar, mit dem sich bei etwa 25 cm Abstand zum Schirm rund 30fache Vergrößerung der Kathode ergibt, wobei die Öffnung der Kathode abgebildet wird. Man sieht dann ebenso wie beim Hochspannungsoszillographen mit Vorkonzentrationsspule und Blendenabbildung eine mehr oder minder gleichmäßig erleuchtete Fläche mit einer scharfen Kreiskontur. Abb. 196 zeigt ein solches Kathodenbild, bei dem außerdem der Rand der Kathodenbohrung (in natura 0,5 mm Durchmesser) als Ring um den hellen Leuchtfleck und ferner die schwache Emission der unsauberen Kathodendeckelfläche zu erkennen ist[2]. Der scharfe Absatz des gesamten Kathodenbildes nach außen ist durch den Schatten der kathodennahen Anodenblende bedingt. Daß es sich hier wirklich um ein Bild der Kathode handelt, läßt sich z. B. durch Anordnung mehrerer Bohrungen leicht nachweisen. So zeigt Abb. 197 eine Reihe von Schirmbildern, die bei verschiedenen WEHNELT-Spannungen von einer Dreilochkathode erhalten wurden. Unter den Bildern ist nicht die gegen Anode gemessene WEHNELT-

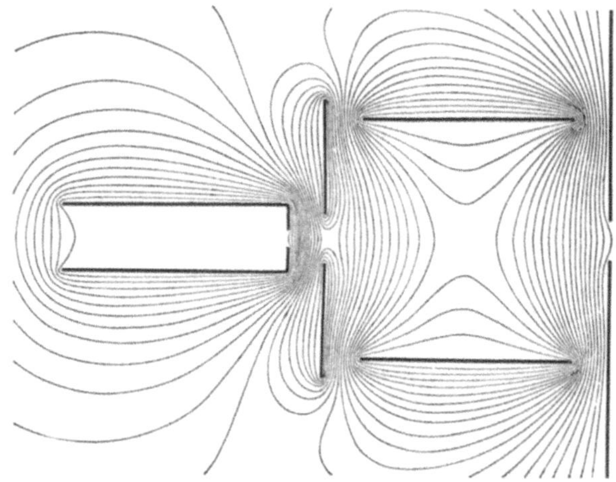

Abb. 195. Potentialfeld zwischen Kathode, Anode und WEHNELT-Zylinder der BRAUNschen Röhre Abb. 194 [54].

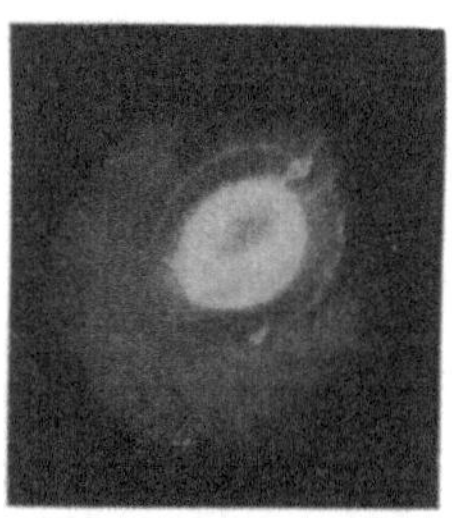

Abb. 196. Abbildung des Kathodendeckels durch das System Abb. 194 (im Hochvakuum, natürliche Größe) [57].

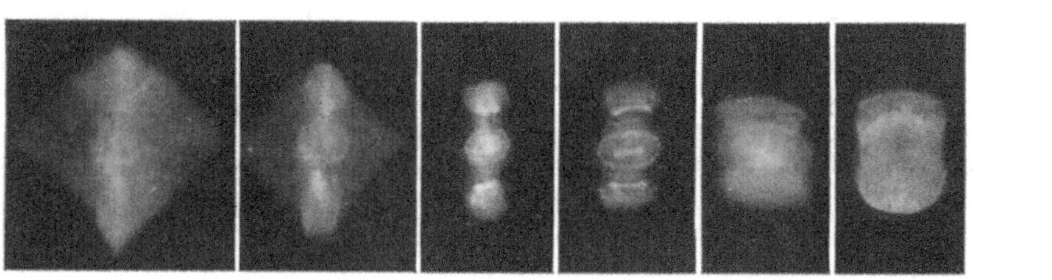

$E_L/U = -1{,}15$ — $-1{,}13$ — $-1{,}08$ — $-1{,}07$ — $-1{,}0$ — $-0{,}9$

Abb. 197. Abbildung verschiedener Blenden mit dem System Abb. 194 (Verkleinerung auf die Hälfte) [57].

[1] Beschleunigungsfeld + Einzellinse.

[2] So zeigt die elektronenoptische Abbildung einen Mangel der hier untersuchten Röhre, der sich durch besondere Maßnahmen jedoch im allgemeinen vermeiden läßt.

Spannung E_L, sondern das maßgebende Verhältnis von WEHNELT-Spannung E_L zu Elektronenenergie U aufgetragen. Wir erkennen bei $(E_L/U) = -1{,}08$ das Bild der Kathode und bei $(E_L/U) = -1{,}15$ das Bild der quadratischen Anodenblende. Nehmen wir dazu noch die Erfahrung, daß auch bei $(E_L/U) = +4{,}7$ das Kathodenbild auftritt und daß die Linse bei $(E_L/U) = -1{,}40$ sperrt, so läßt sich Abb. 198 zeichnen, die die Gegenstandsweite a des abbildenden Systems, von der Mitte des WEHNELT-Zylinders gemessen, in Abhängigkeit von (E_L/U) angibt. Wir erhalten eine Kurve, die durchaus der früher [III, 5] diskutierten Brennweitenkurve einer Einzellinse entspricht.

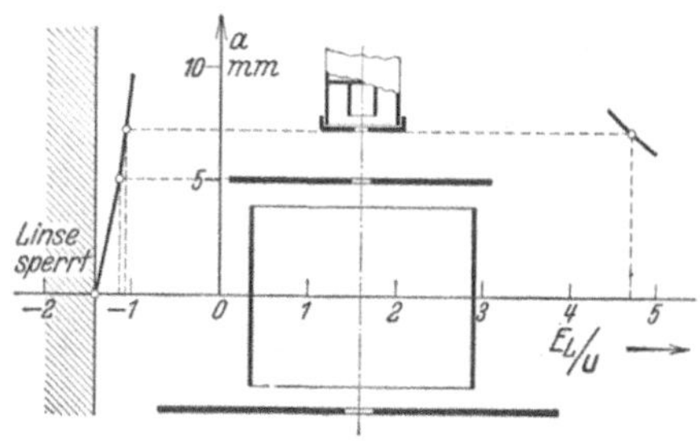

Abb. 198. Abhängigkeit der „Gegenstandsweite a" vom Verhältnis von WEHNELT-Zylinder-Spannung E_L zu Elektronenenergie U [57].

Aus der elektronenoptischen Auffassung des Elektrodensystems ergeben sich, abgesehen von der allgemeinen Forderung höchster Präzision im Aufbau wie sie für ein Lichtmikroskop Selbstverständlichkeit ist, folgende Aussagen: Die Größe des Kathodenbildes ist der Größe der Bohrung im Kathodendeckel proportional; es ist daher möglich, durch Einsetzen von Deckeln verschiedener Bohrung verschieden große Leuchtpunkte zu erhalten. Die kathodennahe Anodenblende ist Gesichtsfeldblende; die eventuell störende Mitabbildung der Kathodenfläche um die Deckelbohrung kann daher im Prinzip durch Verengen dieser Blende abgedeckt werden. Die kathodenferne Anodenblende ist Aperturblende, d. h. es muß im Prinzip möglich sein, durch Ändern ihrer Öffnung, die Intensität des Bildes bzw. Leuchtfleckes zu beeinflussen.

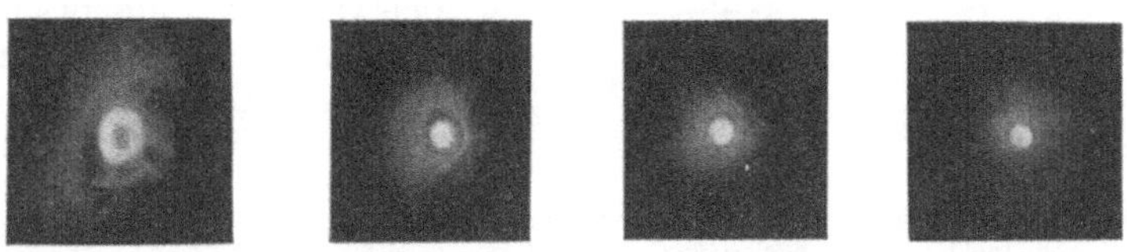
Abb. 199. Verkleinerung des Kathodenbildes auf dem Leuchtschirm durch Erhöhung des Gasdrucks in der Röhre (natürliche Größe) [57].

Wir haben bisher nur von dem Elektrodensystem und seinen Eigenschaften als Vergrößerungslinse zur Abbildung der Kathodenöffnung gesprochen. Um die Röhre als BRAUNsche Röhre benutzen zu können, müssen wir noch eine weitere dem Schirm möglichst nahe gelegene Linse anwenden, durch die eine Verkleinerung dieses Bildes erzielt wird. Wir bedienen uns hierzu der vom Elektronenstrahl gebildeten positiven Ionen [IV, 2]. Wenn wir vom Vakuum ausgehend den Gasdruck in unserer Röhre allmählich erhöhen, wächst die Zahl der gebildeten Ionen, und es verkleinert sich entsprechend das Bild auf dem Leuchtschirm (Abb. 199).

Es muß auch möglich sein, mit der Raumladungsoptik allein abzubilden. Tatsächlich läßt sich bei günstigen Bedingungen ein Bild der beispielsweise quadratisch geformten kathodenfernen Anodenblende erzielen (Abb. 200). In diesem Falle wirkt also das Elektrodensystem nur noch als Kondensor zur „Beleuchtung" der letzten Blende.

11. Einbau von Zerstreuungssystemen zur Empfindlichkeitserhöhung. An früherer Stelle [V, 9] ist gezeigt worden, daß die magnetische Sammellinse, die man zur Konzentration beim Hochspannungsoszillographen zu verwenden pflegt, neben der erwünschten Verkleinerung des Leuchtfleckes zwangsläufig eine Verringerung der Ablenkwirkung des zwischen Objekt und Linse eingefügten Ablenkplattenpaares bedingt. Dagegen sahen wir, daß bei Verwendung der Raumladungsoptik diese Kopplung nicht vorhanden ist, d. h. die Raumladungsoptik hat, da sie dem Strahl stets auf seiner Bahn folgt, und da bei ihr die konzentrierende Kraft stets radial zum Mittelstrahl wirkt, keinen oder doch nur einen geringeren Einfluß[1] auf die Wirkung des Ablenkplattenpaares und damit auf die Empfindlichkeit.

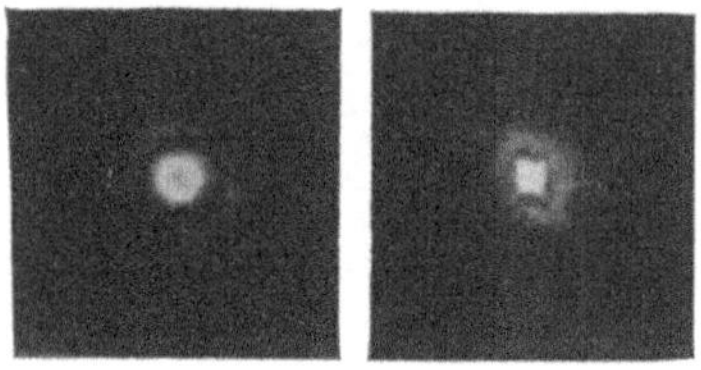

Abb. 200. Abbildung einer runden und einer quadratischen Blende durch eine Raumladungsoptik [57].

Die Unabhängigkeit der Leuchtfleckgröße vom Weg des selbstkonzentrierten Bündels läßt es möglich erscheinen, den an sich naheliegenden Gedanken einer Empfindlichkeitserhöhung durch Einschalten einer Zerstreuungslinse zwischen Ablenkplattenpaar und Schirm durchzuführen. Dieser Gedanke, der nach unseren früheren Ausführungen bei der BRAUNschen Röhre mit feststehender magnetischer Linse infolge der Mitvergrößerung des Leuchtflecks keine Erhöhung der reduzierten Empfindlichkeit bringen konnte, läßt sich in verschiedener Weise verwirklichen.

Hätten wir es mit einem optischen Strahlengang zu tun, so würden wir einfach eine feststehende Zerstreuungslinse einschieben. Solche Zerstreuungslinsen als Einzellinsen gibt es aber in der Elektronenoptik nicht [III, 5]. Entweder müssen wir auf die abstandproportionale Ablenkung des Bündels verzichten, indem wir ein transgradientes System [II, 8] wählen, oder wir nehmen eine dauernde Änderung der Elektronengeschwindigkeit in Kauf, indem wir eine kongradiente Linse mit abschließendem Verzögerungsfeld (Lochblendenlinse [III, 3]) wählen.

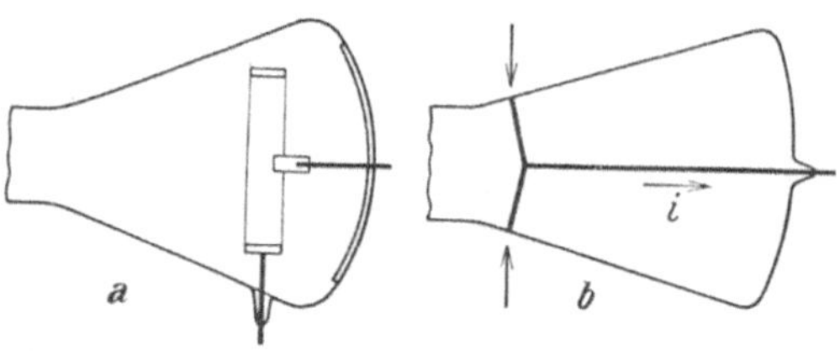

Abb. 201. Einbau eines transgradienten Zerstreuungssystems zur Empfindlichkeitserhöhung [112].

Diese beiden Wege sind grundverschieden und seien daher in diesem und dem folgenden Abschnitt getrennt behandelt. Wenden wir uns zunächst dem Fall des transgradienten Einzelsystems zu, das mit der Zurückführung des Strahls in ein Medium vom Ausgangsbrechungsindex dem lichtoptischen Fall am nächsten kommt.

Zwei Anordnungen dieser Art, die DIDLAUKIS und ENGEL [112] angegeben haben, zeigt Abb. 201. Dem Elektronenbündel ist, nicht sehr weit vom Schirm entfernt, ein Zylinderkondensator bzw. ein stromdurchflossener Draht entgegengestellt, mit dessen Hilfe sich der Strahl von der Mittelachse fortbiegen läßt. Da bei derartigen Systemen die Brechkraft jedoch nicht dem Achsenabstand proportional ist, wird das Diagramm auf dem Schirm entsprechend verzerrt, ganz

[1] Der noch vorhandene Einfluß des elektrischen Ablenkfeldes, der in einer geringen Veränderung der Brennweite der Raumladungsoptik besteht, ist sekundärer Natur und kann hier vernachlässigt werden.

abgesehen davon, daß der Mittelbereich des Schirms ausfällt. Dieser Mangel läßt die Anordnung nur für Spezialfälle brauchbar erscheinen. Ein solcher Spezialfall ist der Elektronenstrahlkompaß [48, 131, 236], für den diese Anordnung erdacht wurde[1]. Bei einer vertikal stehenden Röhre wird der Elektronenstrahl durch die Horizontalkomponente des Erdfeldes nach Osten abgelenkt werden und in einem vom Schirmmittelpunkt verschiedenen Punkte auf den Schirm treffen. Ist die Röhre in vertikaler Stellung fest in ein Flugzeug eingebaut, und wird nun ein Kreis geflogen, so wird der Leuchtfleck einen Kreis auf dem Leuchtschirm beschreiben, der, vorher mit Richtungsangaben versehen, als Kompaßrose dienen kann. Bei der Vergrößerung dieses „Kurs-Kreises" durch eins der angeführten transgradienten Systeme wird sich der erwähnte Nachteil derartiger Systeme natürlich nicht auszuwirken vermögen.

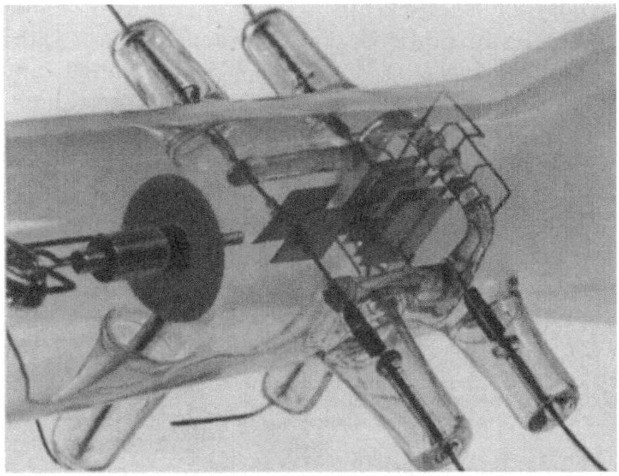

Abb. 202. Niederspannungsröhre mit Kondensatorsystem zur Empfindlichkeitserhöhung [133].

Außer den bereits diskutierten rotationssymmetrischen Anordnungen zur Erhöhung der Empfindlichkeit werden gelegentlich auch Vorrichtungen von Wert sein, die die Bewegung des Strahls in *einer Ebene* zur Voraussetzung haben. Auch diese Systeme lassen sich nach den Gesichtspunkten transgradient und kongradient, elektrisch und magnetisch unterscheiden. So zeigt z. B. Abb. 202 eine Braunsche Röhre nach Engel [133], in die ein derartiges transgradientes elektrisches System, das aus einer Reihe von Plattenkondensatoren wachsender Feldstärke gebildet wird, eingebaut ist[2].

Magnetisch läßt sich eine derartige Anordnung mit Hilfe eines Dipols erzielen, in dessen Äquatorebene das Feld die erforderlichen Eigenschaften besitzt [III, 25]. Experimentell einfacher ist die Benutzung eines Hufeisen-Permanentmagneten. Schiebt man nämlich die beiden Schenkel des Magneten so gegen die Röhre vor, daß der Elektronenstrahl in der die Pole nicht enthaltenden Symmetrieebene des Magneten verläuft, so wird man es erzielen können, daß der Strahl nach Vollendung einer vollen Schleife seine ursprüngliche Richtung fortsetzt, wie es Abb. 203 zeigt [50]. Mit einem solchen System, das v. Walter praktisch erprobt hat, ließen sich Empfind-

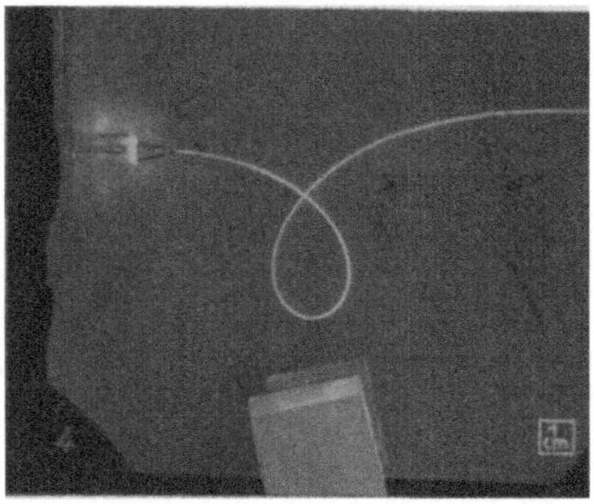

Abb. 203. Schleifenbildung eines Fadenstrahls im Felde eines Hufeisenmagneten [50].

[1] Ebenso wäre die Methode anwendbar, wenn man einen Lissajouschen Kreis zur Zeitmessung möglichst groß machen will [V, 16].

[2] Einen praktischen Wert hat diese Anordnung nach dem [II, 8] Gesagten kaum.

lichkeitssteigerungen bis auf das 10fache erreichen. Dabei blieb der Leuchtfleck allerdings kein einwandfreier Kreis mehr, da die Raumladungsoptik die einzelnen Strahlen des Elektronenbündels nicht mehr genügend zusammenzuhalten vermochte. Je feiner der Strahl war, der bei diesen Versuchen verwendet wurde, desto geringer wurde die durch die Inhomogenität des Magnetfeldes hervorgerufene auflösende Tendenz auf das Bündel und desto besser blieb daher die ursprüngliche Gestalt des Leuchtfleckes erhalten. Daher hat v. WALTER den Kunstgriff angewandt, zu diesen Experimenten *Knoten*strahlen zu benutzen, wobei er den einen Knoten auf den Schirm, einen zweiten an den Punkt stärkster Feldinhomogenität brachte. Auf diese Weise ist es möglich, die Zerstreuungstendenz des Strahls zu verringern.

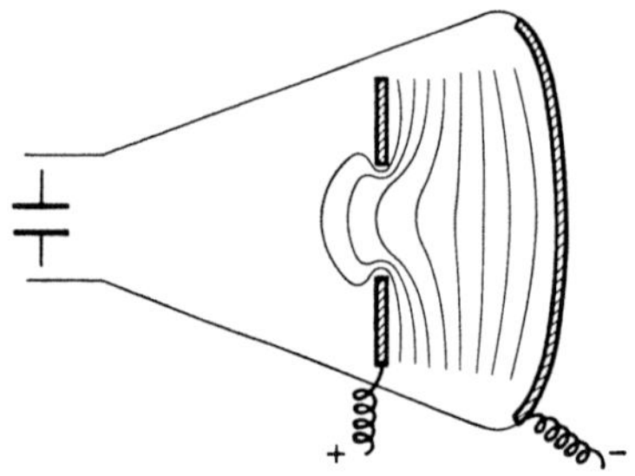

Abb. 204. Einbauschema einer kongradienten Zerstreuungslinse zur Empfindlichkeitserhöhung. (Potentialfeld nur schematisch.)

12. Einfluß von Linsen zwischen Ablenkkondensator und Schirm. Wir wenden uns nun dem zweiten Weg zu, der zur Erreichung der gewünschten Empfindlichkeitserhöhung führen kann. Dazu schalten wir zwischen Ablenkplattenpaar und Schirm ein kongradientes Lochblendensystem ein (Abb. 204), wobei der Schirm als zweite Elektrode angenommen werden soll. Zwar werden wir jetzt keine Verzerrung des Leuchtschirmdiagramms mehr erhalten, aber es ist nicht von vornherein zu sagen, ob uns die Einschaltung eines solchen Zerstreuungssystems im Endergebnis auch wirklich eine Empfindlichkeitserhöhung bringt. Wir müssen nämlich bedenken, daß eine bleibende Verringerung der Elektronengeschwindigkeit durch die Linse nicht tragbar ist, da die Fluoreszenzerregung sonst geschwächt werden würde. Um auf die gleiche Endenergie U der Elektronen wie ohne Linse zu kommen, müssen wir also die Strahlen bis zur Linse mit einer höheren Geschwindigkeit laufen lassen. Man wird sich die Frage stellen müssen, ob die Erhöhung der Empfindlichkeit, die durch Einschalten der Zerstreuungslinse bedingt ist, nicht wieder durch die jetzt verminderte Wirksamkeit des Ablenkkondensators ausgeglichen ist.

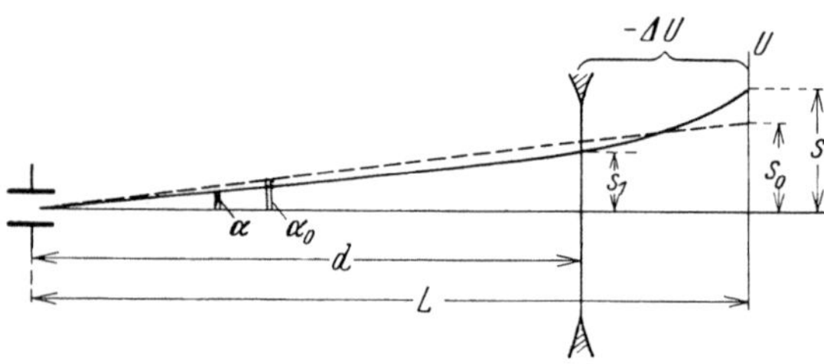

Abb. 205. Zur Empfindlichkeitsberechnung.

Zur Untersuchung dieser Frage wollen wir die Diskussion an dem in Abb. 205 gegebenen Beispiel einer solchen Anordnung mit kongradienter Zerstreuungslinse durchführen.

Der Abstand L zwischen Ablenkplattenpaar und Schirm werde durch die Lochblende im Verhältnis $d/(L-d)$ unterteilt. Die Energie U des Elektronenbündels am Schirm sei in allen Fällen die gleiche. Die Linse, deren Längenausdehnung wir vernachlässigen wollen, werde durch eine Lochblende dargestellt, die auf Anodenpotential liegt. Liegt an Anode, Blende und Schirm gleiches Potential, so gelangt der Elektronenstrahl, der in diesem Falle aus dem Ablenkkondensator mit der Endenergie U und dem Ablenkwinkel α_0 austritt, um das Stück s_0 gegen die Mittelachse verschoben auf den Leuchtschirm. Nun schalten wir das Zerstreuungssystem ein, d. h. wir legen zwischen Schirm und Linse eine Potentialdifferenz von der Größe ΔU. Der Strahl tritt jetzt mit der höheren

Geschwindigkeit $U + \Delta U$ unter dem kleineren Winkel α aus dem Kondensator aus, wird aber durch die Linse und das anschließende Feld stark abgebogen. Der Mittelpunktabstand, in dem der Strahl nunmehr den Schirm erreicht, sei s. Zu prüfen ist nun, ob s_0 oder s für verschiedene Bedingungen einen größeren Wert hat.

Wir wollen hier nicht die Rechnung im einzelnen wiedergeben, sondern uns nur über Ansatz und Ergebnis klar werden. Dazu idealisieren wir die Wirkung des komplizierten Endverzögerungsfeldes, indem wir es in eine am Ort der Lochblende wirkende dünne Linse und in ein homogenes Beschleunigungsfeld zwischen dieser Ebene und dem Schirm zerlegt denken. Dann wird der Strahl unter dem Winkel α bis zur Linsenebene laufen, dort durch die Linse um einen Winkel, der im Bogenmaß dem Produkt von Brechkraft $1/f$ und Einfallshöhe s_1 gleich ist, abgeknickt werden und in einer ansetzenden Wurfparabel bis zum Schirm gelangen, wobei die axiale Geschwindigkeitskomponente entsprechend der angelegten Spannung ΔU abnimmt. Rechnet man die so umrissene Aufgabe durch, indem man für die Brechkraft der Lochblende Gl. (9) [III, 3] benutzt, so erhält man folgende Gleichung:

$$s = s_0 \frac{d/L}{1-\mu}\left[1 + \left(\frac{1}{2} - \frac{2}{\mu}\left(\frac{L}{d} - 1\right)\right)\left(1 - \mu - \sqrt{1-\mu}\right)\right]. \tag{2}$$

Diese Beziehung, in der μ das Potentialverhältnis $\Delta U/U$ bedeutet, das für die Zerstreuungslinse negativ auszusetzen ist, ist in Abb. 206 kurvenmäßig dargestellt. Wir erkennen, daß der Einbau der gewählten kongradienten Zerstreuungslinse, die die Geschwindigkeit bleibend reduziert, stets eine *Verkleinerung* der Auslenkung des Leuchtpunktes bedingen muß. Mit diesem negativen Ergebnis bringt uns die Formel aber auch die positive Aussage, daß wir an Stelle der geplanten Zerstreuungslinse eine *Sammel*linse einzuschalten haben, um die gewünschte Empfindlichkeitserhöhung zu erzielen (positive μ-Werte).

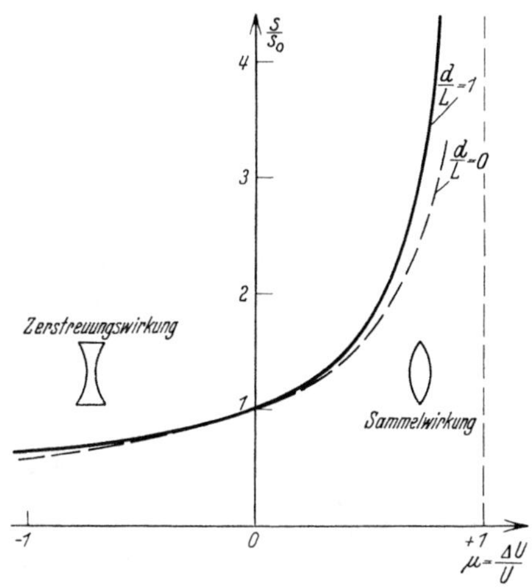

Abb. 206. Einfluß einer Linse auf die Empfindlichkeit.

Wenn wir dieses Resultat in andere Worte fassen, wird es uns fast zur Selbstverständlichkeit: Um maximale Auslenkungen auf dem Schirm zu erhalten, muß man den Elektronenstrahl dort ablenken, wo er noch geringe Steifigkeit besitzt. Eine anschließende Weiterbeschleunigung wird zwar, da sie mit einer Sammelwirkung gekoppelt ist, eine Verringerung der Auslenkung bedingen, ohne daß jedoch dieser Verlust den vorherigen Gewinn übersteigen kann.

Bei der Betrachtung des Kurvenbildes Abb. 206 fällt uns noch auf, daß die Kurven für verschiedene d-Werte sehr nahe beieinanderliegen. Tragen wir, um den Einfluß der Linsenstellung besser zu übersehen, die errechneten Werte über d/L mit $\mu = \Delta U/U$ als Parameter auf, so ergibt sich das in Abb. 207 wiedergegebene Bild. Wir erkennen daraus, daß unter den gemachten Annahmen die Empfindlichkeitserhöhung nicht sehr wesentlich von der Lage der Linse zwischen Schirm und Ablenkplattenpaar abhängig ist. Dieses Resultat ist für den Röhrenbauer, der eine möglichst kleine Linse anwenden möchte, natürlich erfreulich, da es ihm gestattet, eine schirmferne Lage zu wählen.

Auch im Falle der Empfindlichkeitserhöhung ist die Praxis der Theorie bis zu einem Grade vorausgeeilt. Zuerst hat SCHELLER [350] den Gedanken ausgesprochen, zur Erhöhung der Empfindlichkeit das Ablenkplattenpaar dort wirken zu lassen, wo der Strahl noch eine geringe Geschwindigkeit besitzt. HOWES [204] schlägt zur Verwirklichung dieses Gedankens das in Abb. 208 schematisierte System mit Netz vor. Zu solchen Netzsystemen, die uns allerdings hier weniger interessieren, gehören auch diejenigen Anordnungen, bei denen das Schwergewicht nicht auf die Empfindlichkeitserhöhung, sondern scheinbar auf einen ganz anderen Punkt, nämlich die Erregung besonders kräftiger Leuchtflecke durch zusätzliche Endbeschleunigung gelegt ist. Wie man solche Anordnungen besonders wirkungsvoll zu gestalten hat, liegt auf der Hand. Möglichst geringe Entfernung zwischen Netz und Schirm und evtl. konkave Krümmung des Netzes dem ankommenden Strahl gegenüber sind die Mittel dazu.

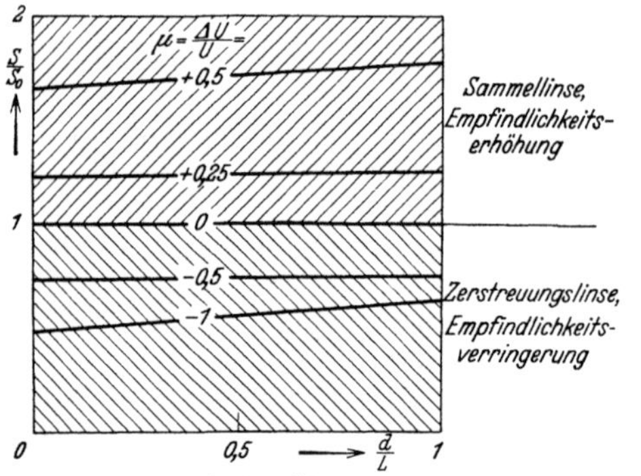

Abb. 207. Einfluß einer Linse auf die Empfindlichkeit.

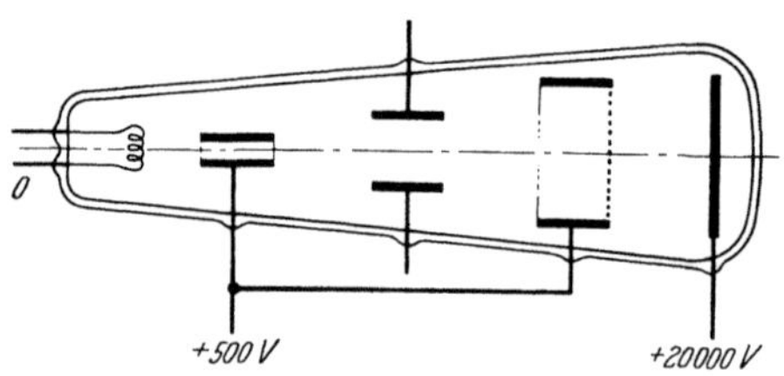

Abb. 208. BRAUNsches Rohr und Nachbeschleunigung nack HOWES [204].

Eleganter sind die Lösungen ohne störende Netze, die sich in der Literatur behandelt finden. So benutzte ZWORYKIN [449] für Fernsehzwecke die in Abb. 209 wiedergegebene Röhre mit magnetischer Ablenkung, bei der die Elektronen ihre Endbeschleunigung durch einen aufgeladenen Innenbelag des Kolbens erhalten[1].

Wie groß der Gewinn durch Wahl geeignet gestalteter Endbeschleunigungsfelder bestenfalls sein kann, läßt sich in erster Näherung leicht angeben. Dazu rechnen wir uns aus, wo der Strahl hintreffen würde, wenn Linse und Beschleunigungsfeld überhaupt nicht reduzierend auf den Ausschlag wirken würden (Abb. 210). Dieser Ausschlag s_{max} wird durch die geradlinige Fortführung des langsamen Strahls bis zum Schirm gegeben. Er steht mit dem Ausschlag s_0, der der geradlinigen Ablenkung durch den Kondensator bei der Strahlenergie U entspricht, nach der Ablenkungsformel des Kondensators im Zusammenhang:

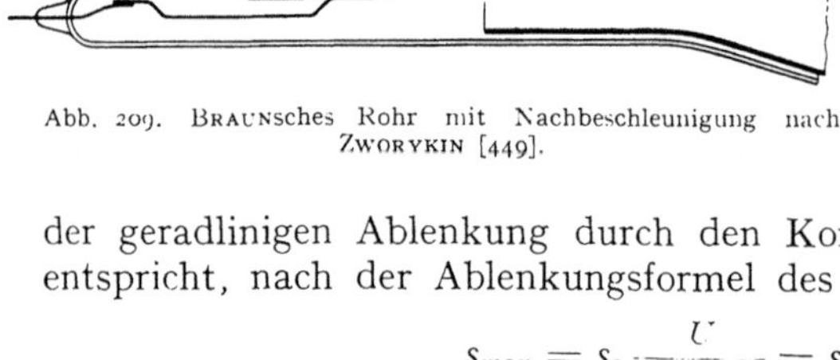
Abb. 209. BRAUNsches Rohr mit Nachbeschleunigung nach ZWORYKIN [449].

$$s_{max} = s_0 \frac{U}{U - \Delta U} = s_0 \left(1 + \frac{\Delta U}{U}\right).$$

Diesen Wert müssen wir nun mit dem Werte $s = s_{max}$ unserer Formel (2) vergleichen. Entwickeln wir dazu Gl. (2) nach $\Delta U/U$, so wird $s = s_0\,(1 + \frac{3}{4} \cdot \Delta U/U)$.

[1] ZWORYKIN hat seine Entwicklungen später mit gutem Erfolge weitergeführt [V, 19].

Der Vergleich der beiden letzten Formeln zeigt, daß wir bestenfalls unseren Ausschlaggewinn noch um 25% verbessern können.

Bemerkenswert ist an der letzten Formel noch, daß die Empfindlichkeitserhöhung in erster Näherung $\Delta U/U$ proportional ist und daß d/L in Übereinstimmung mit den in Abb. 207 niedergelegten Ergebnissen nicht mehr in der Näherungsgleichung enthalten ist.

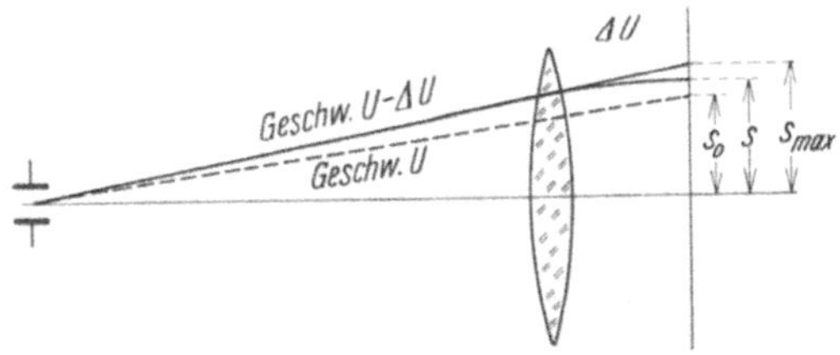

Abb. 210. Zur Empfindlichkeitsberechnung.

13. Das Lebensdauerproblem. Wenden wir uns nun der Lebensdauerfrage, einem der Hauptprobleme der Niederspannungsröhre, zu! Für die Lebensdauer der Niederspannungsröhre ist vorwiegend die Lebensdauer der Kathode maßgebend, für die Lebensdauer der Kathode die Intensität und Geschwindigkeit der auf die empfindliche Oxydfläche prasselnden positiven Gasionen (Trommeleffekt). Wie katastrophal sich der Trommeleffekt auf die Oxydschicht einer Kathodenfläche auswirken kann, zeigt Abb. 211 für eine Plankathode. Der Gedanke, das Übel bei der Wurzel zu packen, indem man die positiven Ionen durch weitgehendes Evakuieren der Röhre überhaupt vermeidet, ist einer der Antriebe zu der neueren Entwicklungsrichtung, die auf die Vakuumröhre hinzielt. Will man, wie es heute noch üblich ist, die Ionen zur Strahlkonzentration verwenden, so muß man zu erreichen suchen, daß sie keine empfindlichen Kathodenteile treffen.

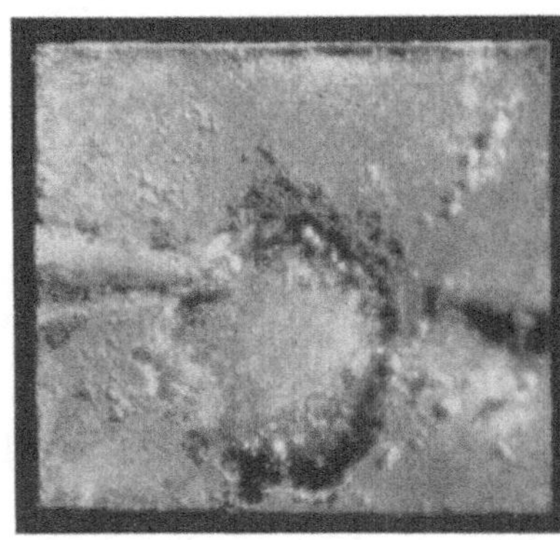
Abb. 211. Oxydkathode nach 600stündigem Bombardement mit 200-Volt-Ionen (Vergrößerung 25fach) [56].

Zur Lösung dieser elektronen- bzw. ionenoptischen Frage erinnern wir uns daran, daß eine Elektronenlinse eine sehr verschieden starke Wirkung hat, je nachdem, an welcher Stelle sie in einen Strahlengang eingeschaltet wird. Der Grund dafür ist der, daß eine vorgegebene Potentialstufe auf langsame Elektronen stärker wirkt als auf schnelle oder mit anderen Worten, daß der elektronenoptische Brechungsindex von der Elektronengeschwindigkeit abhängt. So hat ein Feld dicht vor der Kathode eine sehr kräftige Wirkung, während dasselbe Feld kaum einen Einfluß hat, wenn die Elektronen bereits nahezu ihre volle Geschwindigkeit erreicht haben. Oder: Ist ein Beschleunigungssystem vorgegeben, so wird es im allgemeinen ganz verschiedene Wirkungen haben, je nachdem, ob es von Elektronen in Richtung von der Kathode zum Schirm oder von positiven Ionen in der entgegengesetzten Richtung durchlaufen wird.

Diese Überlegung enthält die Lösung unseres Problems. Wir müssen versuchen, das Beschleunigungssystem so zu bauen, daß es mit einem kräftigen Feld beginnt, welches die Elektronen der geschützt anzubringenden Oxydmasse entnimmt und sie in den Strahlengang leitet. Dieses Feld wird, wenn es von den zurückkehrenden Ionen hoher Geschwindigkeit durchlaufen wird, für diese nur wenig wirksam sein, so daß die Ionen an der geschützten Oxydsubstanz vorbeischießen.

Für den Bau solcher Kathoden[1] gibt es zwei Lösungen, auf die sich alle praktischen Ausführungen zurückführen lassen. Entweder wird die Elektronenquelle (Abb. 212) in der Achse des Ionenbündels („Stiftkathode") oder ringförmig („Ringkathode") um das Ionenbündel anzuordnen sein, so daß die Elektronen also entweder von der Achse oder von außen dem Strahlengange zuzuführen sind[2].

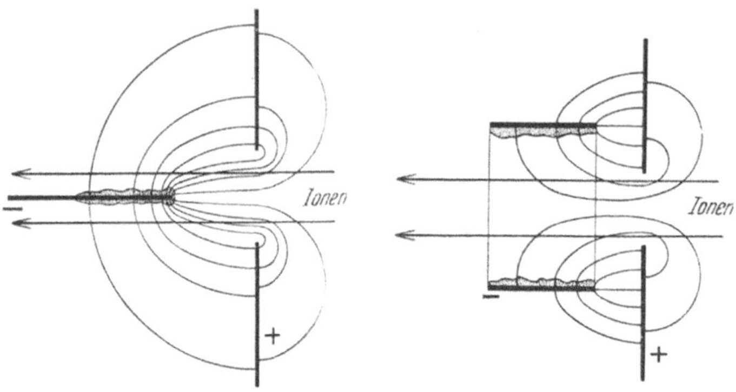

a) „Stiftkathode" b) „Ringkathode"

Abb. 212. Ionengeschützte Kathoden.

Die Ausführungen, die die erste Lösung benutzen, können natürlich nicht sehr verschiedenartig sein. HARTEL und REIBEDANZ [188] haben einige Ausführungsformen zusammengestellt (Abb. 213). Eine kleine Schleife oder Spirale in der Systemachse ist von einem WEHNELT-Zylinder umgeben, wodurch für die Elektronen, die aus geschützten Stellen hervorquellen, ein kräftig zur Anode konzentrierendes Feld geschaffen wird, während die Ionen dieses Feld praktisch unbeeinflußt durchschlagen. Kathodenanordnungen dieser oder ähnlicher Art findet man auch bei den BRAUNschen Röhren von v. ARDENNE (Abb. 193), BUDDICH und bei den Fernsehröhren verschiedener Firmen.

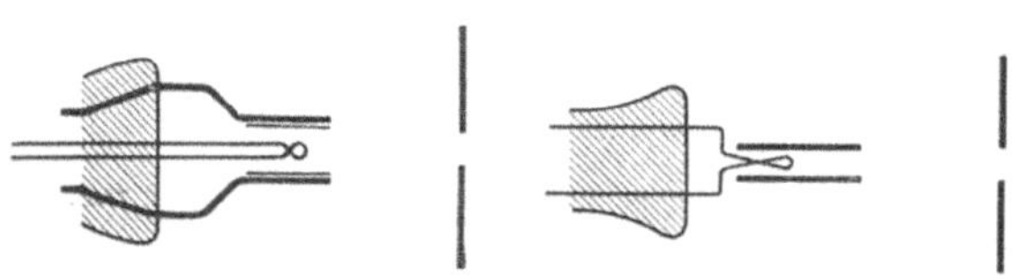

Abb. 213. Formen der Stiftkathode nach v. HARTEL und REIBEDANZ [188].

Für die Umsetzung der zweiten Lösung in die Praxis sind verschiedene Möglichkeiten vorhanden. Schon die ausgebrannte Kathode Abb. 211 selbst zeigt eine derartige Anordnung. Von den Randbezirken der ausgebrannten Kreisfläche, zu denen die Ionen nicht mehr zu gelangen vermögen, werden die Elektronen in die Strahlbahn wandern, allerdings mit einer gänzlich unzureichenden Intensität.

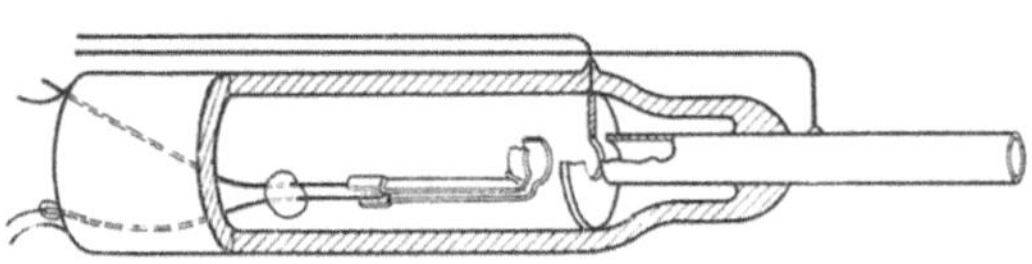

Abb. 214. Ringkathode nach JOHNSON [218].

Eine zweckmäßige Ausführungsform zeigt die Western-Röhre (Abb. 192), bei der um das Ionenbündel ein direkt geheiztes Metallband als Ring gelegt ist (Abb. 214). Auch der Vorschlag von SCHRÖTER [363] ist hierher zu rechnen, bei dem die Innenwandung eines langen Röhrchens als Kathode dienen soll. Aller-

[1] Unter diesem Gesichtspunkte sind die Kathoden, bei denen die Elektronen von einer planen Oxydfläche, die senkrecht zur Achse des Systems steht, ausgehen, besonders unvorteilhaft gebaut. Damit soll natürlich nicht gesagt sein, daß diese Kathoden überhaupt unbrauchbar sind. Wenn man auf hohe Intensität und konstantes Kathodenpotential, die so mit einfachen Mitteln erreichbar sind, mehr Wert legt als auf hohe Lebensdauer oder wenn man bei sehr geringen Spannungen, z. B. bei Anregungsuntersuchungen, arbeitet, sind sie sogar sehr nützlich.

[2] Die in Abb. 212 eingezeichneten Kraftlinien sind nicht das Ergebnis von Messungen, sondern stellen nur ein sehr rohes Schema zur Veranschaulichung dar.

dings müßte man die Konstruktion, wenn man sie auch praktisch verwerten wollte, wohl noch etwas abändern, um den Durchgriff der Anode über ein notwendiges Mindestmaß zu erhöhen.

Im Prinzip läßt sich statt eines emittierenden Zylinders auch ein Kegelabschnitt verwenden oder gar eine Scheibe, die dann als Folie ausgebildet und direkt geheizt werden könnte (Abb. 215). Solche Oxydkathoden sind indessen bisher nicht verwandt worden, und es erscheint auch zweifelhaft, ob der Felddurchgriff groß genug ist, um die erwünschte Elektronenintensität im Strahl zu erzeugen. Vielleicht vermögen ein Kegel oder ein Blech, die *unter* einer solchen Kathode in den Strahlengang gestellt und geeignet aufgeladen sind, die Ausbeute der Kathode zu erhöhen und damit gleichzeitig steuernd zu wirken, wie der WEHNELT-Zylinder bei der üblichen Anordnung.

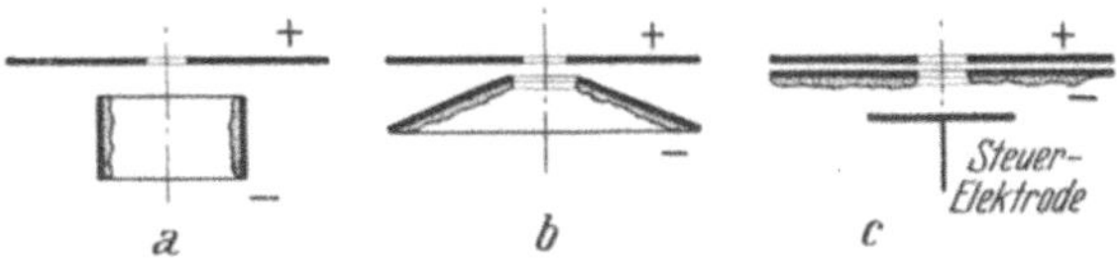

Abb. 215. Andere Formen der Ringkathode.

Nahe kommen den zuletzt erwähnten Kathodenformen die LILIENFELDsche Sekundärstrahlenröhre [263] und die Hohlraumkathode der DOBKEschen Röhre [117]. Bei ersterer wird zwar keine Oxydkathode benutzt, aber die Elektronen, die später den Strahl bilden sollen, werden durch schnelle Kathodenstrahlen aus einem Konus, wie bei Abb. 215b befreit und mittels Felddurchgriffes in die Strahlenbahn gesogen. Bei der DOBKEschen Röhre wird ein indirekt geheizter Hohlraum, dessen Seiten- und Zwischenwände mit Oxydmasse bestrichen sind, als Emissionskörper benutzt. Dabei zeigt sich, wenn man eine gebrauchte Röhre auseinandernimmt, daß sich auch der Deckel des Emissionstöpfchens mit Oxydsubstanz beschlagen hat und damit im erwähnten Sinne mitgewirkt haben wird (Abb. 216).

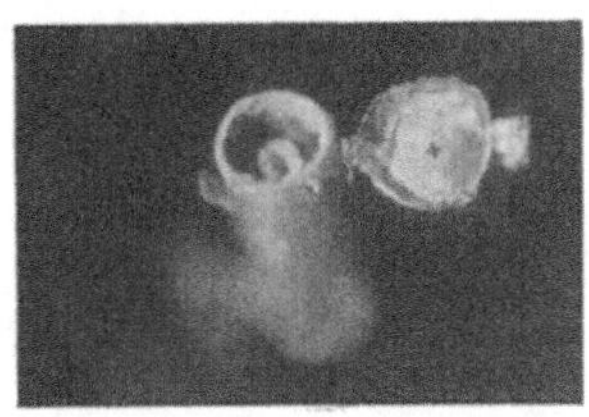
Abb. 216. Indirekt geheizte Kathode nach längerem Gebrauch (geöffnet) [57].

Die Erfahrung beweist, daß mit der richtig gebauten Ringkathode wirklich die erwarteten höheren Lebensdauern von vielen tausend Stunden erzielt werden. Wenn man die Todesstatistik solcher BRAUNschen Röhren durchsieht, so findet man nur äußerst selten das Versagen dieses ihres eigentlichen Lebenszentrums als Todesursache angegeben.

14. Probleme der Intensitätssteuerung. Wir haben die Verwendung von sammelnden, zerstreuenden und ablenkenden Elementen und von Blenden im elektronenoptischen Strahlengang kennengelernt.

Was noch fehlt und was gerade für die Anwendungen von großer Bedeutung ist, ist die verstellbare Blende, die „Irisblende" der Optik. Die mechanische verstellbare Blende ist für die Elektronenoptik, deren Strahlengänge im Vakuum liegen, natürlich schon aus diesem Grunde wenig geeignet. Dazu kommt, daß man durch die Anwendung eines mechanischen Systems die Möglichkeiten, die in der trägheitsfreien Beeinflussung von Elektronenstrahlen liegen, nicht ausnutzen kann. An Stelle der optischen Irisblende[1] wird man daher in der Elektronenoptik eine Vorrichtung zu benutzen suchen, die durch elektrische und magnetische Felder Änderungen der Elektronenintensität bedingt.

[1] Auch in der Optik geht man von der Irisblende ab, wenn man trägheitsfreie Steuerungen durchführen muß. Man benutzt z. B. die KERR-Zelle.

Solch eine Vorrichtung ist durch eine Blende konstanter Größe, der eine in ihrer Brennweite steuerbare elektrische oder magnetische (Abb. 217) Sammellinse vorgeschaltet ist, darstellbar. Dabei kann die Anordnung im einzelnen recht verschiedenartig wirken, je nachdem, wie die Einzelteile gewählt sind und mit welcher Anfangsneigung die Strahlen in das System eintreten. Die schematische Abb. 218, die einen speziellen Fall mit elektrischer Linse darstellt, diene zur Erläuterung des Prinzips.

Mit Verringerung der Brennweite wird von Bild b ab ein größer und größer werdender Teil der Strahlung auf die undurchlässige Blendenfläche treffen[1]. Schließlich wird die Brennweite der Linse Null und damit ebenfalls die Intensität.

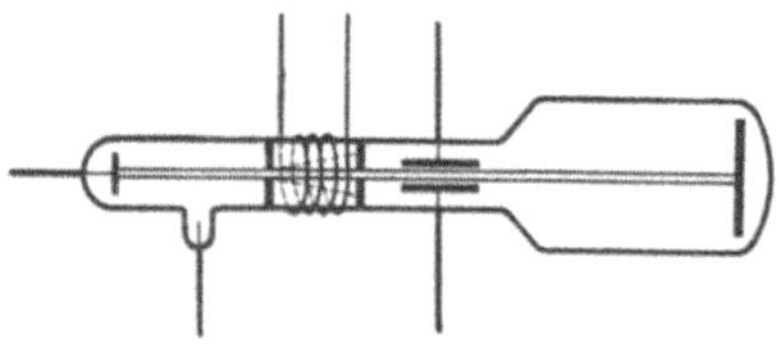

Abb. 217. Magnetische Helligkeitssteuerung [280].

Die Reduktion der Brennweite auf Null tritt jedoch nur bei der idealisierten Linse für alle Bezirke zugleich ein. Bei einer praktisch ausgeführten Linse werden infolge der Aberration zuerst die Randbezirke für die Strahlung undurchlässig. Es muß daher auch mit einer Elektronenlinse *ohne* Blende davor gelingen, Intensitätssteuerungen vorzunehmen.

Auf dem Gebiet der Tonfilm- und Fernsehröhre, für die die Intensitätssteuerung vorzugsweise gebraucht wird, hat man diese beiden eng verwandten Möglichkeiten in vielerlei Variationen ausgenutzt. Die älteste Anordnung dieser Art wurde von ROSING [328] angegeben, der die Strahlung der Kathode durch elektrische oder magnetische *Ablenkung* vor einer Blende steuern wollte. Die älteste Anordnung der zweiten Gruppe ist das Steuergitter von SKAUPY [379], das wir als eine Wand vieler kleiner Elektronenlinsen deuten können, die bei Erhöhung des Gitterpotentials schließlich mehr und mehr undurchlässig werden.

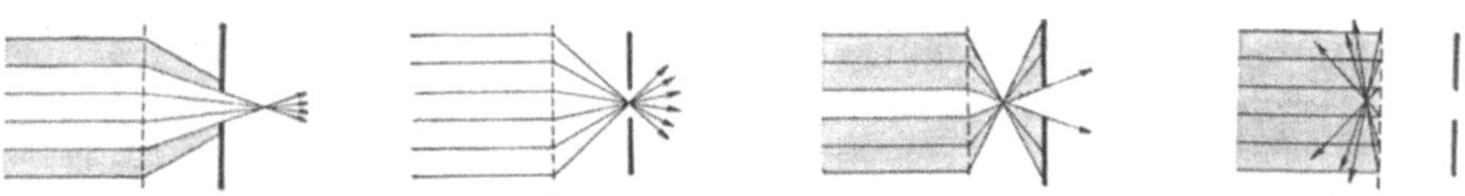

Abb. 218. Intensitätssteuerung mit Linse und Blende [54].

Spätere Anordnungen zur Intensitätssteuerung, die sich letzten Endes alle auf die beiden erwähnten Gruppen zurückführen lassen, sind der WEHNELT-Zylinder[2] [449] und die magnetische Spule [280], der Ablenkkondensator [4] und das magnetische Querfeld [395].

Wir haben bisher nur auf die Intensitätsmodulierung, nicht aber darauf geachtet, ob vorgenommene Brennweitenänderungen von Linsen überhaupt statthaft sind. Beim Tonfilm, wo wir z. B. den Film an einem feinen Licht-

---

[1] Im Gegensatz zur Irisblende der Optik wird die Intensität hier nicht durch Einengen eines Strahlenbündels konstanter spezifischer Intensität, sondern durch Querschnittsänderung des Bündels vor einer konstanten Blende, d. h. durch Änderung der spezifischen Intensität bei konstantem Strahlquerschnitt erzielt. Es ist ohne weiteres einzusehen, daß dabei die konstante Blende nicht unmittelbar hinter der steuernden Linse sitzen muß. Ebenso kann die Blende dicht vor dem Schirm angebracht sein, wobei natürlich Voraussetzung ist, daß ihr Durchlaß stets kleiner als der Bündelquerschnitt ist. Die Blende kann aber auch *hinter* dem Schirm sitzen. Dann bleibt zwar die gesamte Leuchtintensität konstant, aber das von der Blende bzw. einer Abbildungsoptik kleinen Gesichtsfeldes ausgeschnittene Bildfeld wird durch das Modulieren mehr oder minder stark erhellt.

[2] An Stelle des Zylinders kann natürlich auch eine Blende [449] oder eine andere kompliziert gestaltete Elektrode verwandt werden, die auf das Potentialfeld zwischen Kathode und Anode einwirkt.

strich auf dem Schirm vorbeiziehen, auf dem die Flächenhelligkeit wechselt, ist das Verfahren natürlich unmittelbar anwendbar. Beim Fernsehen[1] dagegen genügt es nicht, eine Fläche modulierter Helligkeit herzustellen, sondern hier muß die modulierte Elektronenintensität in einem kleinen und stets gleich großen Leuchtfleck zusammengefaßt bleiben, und dieser Leuchtfleck muß sich unabhängig von der Modulation durch die Ablenkkondensatoren auf dem Schirm bewegen lassen. Die technische Aufgabe zerfällt daher bei der Fernsehröhre in zwei Teile, deren ersten (Modulation) wir bisher erst durch die Zusammenschaltung von Blende und variabler Linse erfüllt haben.

Der natürliche Weg zur Erfüllung der zweiten (Erzielung des Leuchtpunktes) Aufgabe ist die elektronenoptische Abbildung unserer (konstanten) Blende auf den Schirm. In diesem Falle wird die zwangläufig mit der Intensitätsmodulierung verbundene Modulierung der Strahlenneigung unwirksam, es ist auch möglich, den Leuchtfleck durch Wahl eines quadratischen Blendenloches den Erfordernissen der Bildzusammensetzung beim Fernsehen anzupassen [245].

Mit einer elektrischen oder magnetischen Linse, die im Vakuum arbeitet, ließe sich die Abbildung der Blende auf den Schirm ohne weiteres durchführen. Der Abbildung durch Gaskonzentration, wie man sie aus Gründen der technischen Einfachheit vorzuziehen pflegt, steht als Hauptschwierigkeit gegenüber, daß eine Intensitätsabnahme eine proportionale Ionenverarmung und damit eine Verringerung der Brechkraft der Raumladungsoptik bedingt, so daß der Leuchtfleck bei geringerer Intensität seine Größe ändern wird. Will oder kann man die Konzentration durch eine ruhende Optik nicht ganz an die Stelle der Gaskonzentration setzen, so scheint es jedenfalls empfehlenswert, wenigstens eine kombinierte Optik zu verwenden, d. h. ein magnetisches und ein Raumladungsfeld zu überlagern.

Ergänzend sei erwähnt, daß es noch andere Möglichkeiten der Intensitätssteuerung gibt. Da es letzten Endes gar nicht auf die Steuerung der *Elektronen*intensität, sondern der *Licht*intensität auf dem Leuchtschirm ankommt, genügt es, die Elektronen*energie* anstatt der Elektronen*zahl* zu beeinflussen. Das kann aber durch Steuerung des Anodenpotentials, d. h. der Elektronengeschwindigkeit, geschehen [V, 16]. Zur Intensitätssteuerung kann schließlich, ebenso wie beim Licht, die Emission der Strahlungsquelle gesteuert werden. Die Intensitätssteuerung durch Heizungssteuerung der Kathode hat indessen praktisch kaum Bedeutung, da die Wärmeträgheit der Kathoden zu groß ist.

15. Verwendung von Zylinderlinsen. Bisher sprachen wir stets von BRAUNschen Röhren mit axialsymmetrischen Linsen, die (kleine) Bilder eines kreisförmigen Elektronenstrahlers auf den Schirm projizierten. Für manche Zwecke legt man darauf Wert, auf dem Schirm nicht einen Leuchtfleck, sondern eine Leuchtlinie zu erhalten. Das gilt für die BRAUNsche Röhre zur Aufnahme von Tonfilmen, wo man, abgesehen von dem in [V, 14] erwähnten Fall, entweder den intensitätsmodulierten runden Leuchtfleck *licht*optisch als Strich auf den vorbeilaufenden Film abbildet oder bereits *elektronen*optisch einen Leuchtstrich herstellt, den man dann mit sphärischen Linsen lichtoptisch auf den Film projiziert oder an dem man den Film in unmittelbarer Nähe — also am Leuchtschirm streifend — vorbeiführt.

Die elektronenoptische Aufgabe für die Tonfilmröhre kann man verschieden stellen. Entweder soll der normale Kreisfleck, den ein divergierendes Elektronenbündel auf den Leuchtschirm ohne Beeinflussung zeichnen würde, bei Erhaltung seiner Breite zu einem Strich zusammengedrückt werden oder es wird eine

[1] Über alle das Fernsehen betreffenden Fragen vgl. F. SCHRÖTER: Handbuch der Bildtelegraphie und des Fernsehens. Berlin: Julius Springer 1932. — Hier siehe auch Näheres über die wichtigen Fragen „Aussteuerung", „Steilheit der Charakteristik" usw.

anamorphotische Abbildung verlangt, d. h. es soll aus den leuchtenden Kreisflächen ein Leuchtstrich gemacht werden, dessen Länge den Kreisdurchmesser übertrifft.

Die erste Aufgabe ist mit den früher [III, 22] erwähnten kongradienten Zylinderlinsen lösbar, also z. B. mit einem als Ganzes negativ aufgeladenen Kondensator, wie ihn HEHLGANS [189] zu diesem Zweck angegeben hat. Auch eine Art zylindrischer Parabolspiegel, in dessen Achse ein Glühdraht ausgespannt ist, läßt sich verwenden. Er ist in der Röntgenoptik als „GÖTZE-Fokus" (Abb. 219) bekannt.

Abb. 219. „GÖTZE-Fokus".

Von größerem Interesse sind für uns die anamorphotischen Systeme, die aus dem Leuchtfleck einen lang ausgezogenen Strich machen. Sie können zu einem lichtoptischen System von zwei gekreuzten Zylinderlinsen in Analogie gesetzt werden, deren erste das divergierende Bündel in die Breite zieht, während die zweite das verbreiterte Bündel in der Querrichtung zu einem Strich zusammendrückt. Unter den Anordnungen, die in der Elektronenoptik diesem Zwecke zu dienen vermögen, haben sich ein System zweier gekreuzter Kondensatoren nach HEHLGANS [189] und ein magnetisches System besonders bewährt, das in seiner einfachsten von MYLO [280] angegebenen Form aus zwei Stabmagneten besteht, die, quer zum Strahl gestellt, ihm die gleichen Pole zukehren (Abb. 220a). Wir wollen hier nicht den Versuch machen, die Wirkungsweise dieses komplizierten Feldes zu erklären, sondern uns mit der Feststellung begnügen, daß auf dem Leuchtschirm unter 45° geneigt gegen die Verbindungslinie der Pole ein Leuchtstrich entsteht. Der Ersatz der beiden Nordpole durch zwei Südpole ergibt natürlich den gleichen Effekt mit dem Unterschiede, daß die Leuchtlinie um 90° gegen die der Nordpole gedreht ist. Das zeigt die Möglichkeit, die Wirkung der Nord- und Südpole zu kombinieren (Abb. 220b). So kommt man zu dem von DREWANZ [119] angegebenen Vier-Pol-System (z. B. zwei Hufeisenmagneten), deren fehlerfreies Arbeiten, an der Schärfe des Leuchtstriches gemessen, jeden überrascht, der die Wirkung zum ersten Male sieht (Abb. 221).

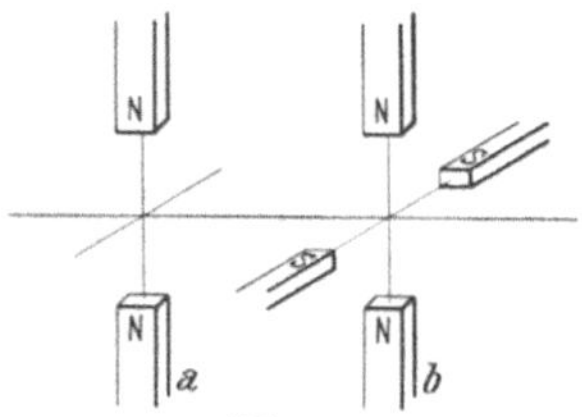

Abb. 220. Anordnung zur Stricherzeugung.

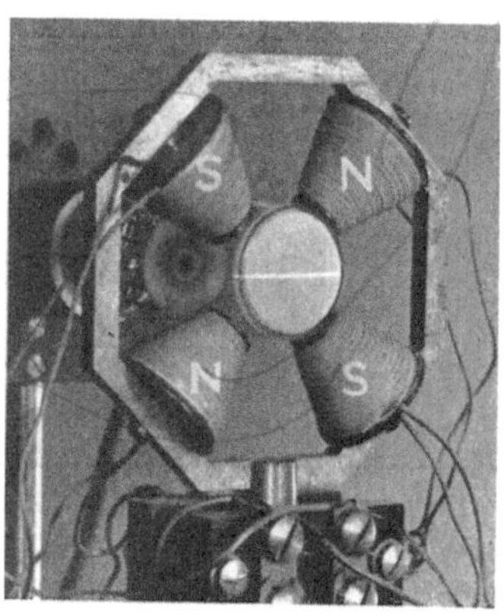

Abb. 221. Tonfilmröhre mit elektronenoptischem System von Zylinderlinsen.

16. **Möglichkeiten des Wechselspannungsbetriebes.** Es sei noch auf eine Möglichkeit eingegangen, die praktisch nur der Elektronenoptik zugänglich ist und deren Konsequenzen uns daher von der Lichtoptik her nicht bekannt sind. Während in der Lichtoptik der Brechungsexponent eines Mediums fest gegeben ist, läßt er sich in der Elektronenoptik beliebig wählen und trägheitslos ändern. Zunächst ergibt sich so die Konsequenz, daß die früher [V, 14] besprochene Steuerung der Elektronenintensität sich nicht nur durch Brennweitenänderungen von Linsen, sondern im Prinzip auch durch Änderungen der Elektronengeschwindigkeit durchführen läßt. Für den elektronenoptischen Strahlengang kommt es einzig und allein auf den Quotienten des Linsenpotentials zur Elektronen-

energie an [III, 2], so daß es also ganz gleichgültig ist, ob wir das Linsenpotential um 5% erhöhen oder die Energie um 5% verringern.

Tatsächlich sind auch diese Steuermethoden angegeben worden, so z. B. von LANDAU [249] für Schallaufzeichnungen, von SCHLESINGER [353] für das Fernsehen. Beim Fernsehen zeigte sich jedoch sogleich eine sehr unangenehme Beigabe. Da auch für die Ablenkung des Elektronenstrahls, wie sie zur Führung des Strahls über das Bildfeld beim Fernsehen erforderlich ist, das Verhältnis von Ablenkspannung zu Elektronenenergie maßgebend ist, wird keine Proportionalität mehr zwischen den Spannungen an den Ablenkkondensatoren und der Bewegung des Leuchtpunktes bestehen. Da man aber eine zeitproportionale[1] Bewegung braucht, wenn man die Bildpunktverschiebung vermeiden will, so muß man mehr oder minder umständliche Kunstschaltungen verwenden, die diese Störung kompensieren.

Was für das Fernsehen ein Nachteil ist, kann jedoch für andere Zwecke zum Vorteil werden. Da das Verhältnis der Kondensatorspannung u zum Strahlbeschleunigungspotential U für die Auslenkung des Leuchtfleckes von der Ruhelage maßgebend ist, läßt sich nach einem Vorschlage der Siemens-Schuckert-Werke [377] eine Anordnung zur Messung von Potentialquotienten bauen, bei der man die eine Spannung an das Beschleunigungssystem, die andere an ein Plattenpaar zu legen hat.

Dieses Verfahren ist im Prinzip auch dann noch anwendbar, wenn wir zwei frequenz- und phasengleiche Wechselspannungen anlegen, deren Amplitudenverhältnisse u/U die konstante Lage des Leuchtfleckes bestimmen. Die Intensitätsreduktion des Leuchtflecks ist dabei gegenüber Gleichspannungsbetrieb natürlich sehr erheblich, denn der Leuchtfleck wird nur mit dem Spannungsmaximum der einen Halbwelle gezeichnet. Haben die beiden Wechselspannungen nicht genau gleiche Frequenz, so werden wir nur dann einen scharfen Leuchtfleck auf dem Schirm sehen, wenn zufällig Phasengleichheit eingetreten ist. Ändert sich langsam die Phase zwischen den beiden Spannungen, so sehen wir auf dem Leuchtschirm eine wandernde Leuchtlinie, die sich in zwei Grenzlagen, nämlich bei Phasengleichheit und Phasenopposition, zu verschieden gelegenen Leuchtpunkten zusammenzieht. Die mit Wechselspannung betriebene BRAUNsche Röhre läßt sich also als Synchronoskop benutzen, wie es BRÜCHE [57a] gezeigt hat[2].

Man hat auch versucht, durch Kombination des Gleich- und Wechselspannungsbetriebes der Niederspannungsröhre besondere Meßmöglichkeiten zu erschließen. So hat LILIENFELD [262] vorgeschlagen, die Meßspannung der Anodengleichspannung zu überlagern und mit einem konstanten Ablenkungsfeld zu arbeiten. Interessanter ist eine Methode, die auf KNIPPING [237] zurückgeht. Läßt man den Leuchtpunkt, z. B. indem man an die beiden Ablenkplatten-

---

[1] Auf das THUNsche Verfahren der nichtzeitlinearen Punktbewegung sei hier nicht eingegangen. Vgl. darüber z. B. SCHRÖTER [363].

[2] Eine Schwierigkeit muß noch erwähnt werden. Würden wir im elektronenoptischen System nur mit den beiden interessierenden Spannungen arbeiten, so wäre alles in Ordnung. Wir verwenden jedoch noch Konzentrationslinsen, die wir im Tempo der geänderten Beschleunigungsspannung mit umstellen müssen, um den scharfen Leuchtpunkt zu erhalten. Das läßt sich bei elektrischen Linsen (z. B. WEHNELT-Zylinder) unter Verwendung von Potentiometern leicht durchführen, während es bei einer magnetischen Konzentrationslinse, bei der entsprechend der BUSCHschen Formel (54) [III, 16] die Größe i^2/U konstant gehalten werden müßte, schwieriger ist. Bei der Gaskonzentrationsoptik müßte die Potentialdifferenz zwischen Strahlachse und Strahlperipherie im gleichen Maße verringert werden wie die Anoden- und WEHNELT-Spannung, was glücklicherweise von selbst genügend genau erfüllt ist.

paare um 90° gegeneinander phasenverschobene Wechselspannungen anlegt, einen Lissajouschen Kreis beschrieben und überlagert man nun der sonst konstanten Beschleunigungsspannung einen kurzen Spannungsstoß, so wird sich im Leuchtkreis eine Ein- bzw. Ausbauchung zeigen. Dabei wird die Zusatzkraft den Ausschlag vom Nullpunkt, d. h. vom Mittelpunkt des Kreises aus zu verkleinern bzw. zu vergrößern suchen, je nachdem, ob die Beschleunigungsspannung durch den Spannungsimpuls vergrößert oder verkleinert worden war. Die Ausdehnung der Verbeulung, in Winkelgraden zur Kreismitte gemessen, wird dabei durch den Quotienten von Impulslänge zur Dauer eines Kreisumlaufes gegeben sein. An Stelle einzelner Impulse kann man der Anodenspannung natürlich auch eine höher frequente Wechselspannung überlagern[1] und erhält dann an Stelle der Kreislinie eine kreisförmig gekrümmte Schlangenlinie, die im Falle eines ganzzahligen Verhältnisses zwischen den beiden Frequenzen zu einer stehenden Figur wird, wie es die von Dye [121] aufgenommene Abb. 222 zeigt. Dye benutzte Frequenzen von 10^3 und $26 \cdot 10^3$ Hz, so daß die Kreiskurve 26 Ausbuchtungen bekam[2].

Abb. 222. Lissajousscher Kreis mit aufgeprägten Wellen [121].

d) Neuere Entwicklung der Braunschen Röhre.

Die Teile a bis c dieses Kapitels sind Sommer 1933 abgefaßt worden[3]. In dem inzwischen vergangenen $^3/_4$ Jahr sind verschiedene Veröffentlichungen über die Braunsche Röhre erschienen, die hier anhangsweise, zusammen mit einigen ergänzenden Bemerkungen, behandelt seien[4]. Bemerkenswert und erfreulich ist es, daß die neueren Arbeiten sämtlich die Methoden der Elektronenoptik bewußt anwenden, wenn man auch noch nicht immer die wünschenswerte Vertiefung in diese Materie zu erkennen vermag.

17. Die Braunsche Röhre mit bewegter Optik. Nachdem wir durch die elektronenoptische Betrachtungsweise die Bedeutung der einzelnen Blenden einer Röhre und ihre Potentiale erkannt haben [V, 10] und nachdem wir den gaskonzentrierten Strahl in seinem Aufbau und in seiner elektronenoptischen Aufgabe verstehen [IV, a], bleiben bei der Braunschen Röhre *mit Gaskonzentration* nur noch physikalische Fragen von sekundärer Bedeutung zu untersuchen.

[1] Die entsprechenden Möglichkeiten ergeben sich, wenn man der Wehnelt-Spannung eine höher frequente Wechselspannung überlagert. Jetzt wird die Kreislinie im Tempo dieser Frequenz unscharf und wieder scharf. Daß sich auch auf diese Weise Zeitmarken anbringen lassen, zeigten z. B. Hollmann und Saraga [202].

[2] Diese Methode ließe sich z. B. auch zu Messungen von Echos, die durch Reflexionen elektromagnetischer Wellen an der Heaviside-Schicht entstehen, verwenden. Solche Messungen wurden von Zenneck und Goubau [447] so vorgenommen, daß die Senderimpulse, mit denen die Umlauffrequenz des Leuchtpunktes synchronisiert ist, den Ablenkspannungen überlagert werden, wobei es durch eine Kunstschaltung erreicht wird, daß die Impulse sich radial zur Kreiskurve auswirken. Würde man statt der Ablenkspannung die Beschleunigungsspannung steuern, so würde die radiale Beeinflussung automatisch erfolgen.

[3] Vgl. S. 166, Anm. 1.

[4] Die Veröffentlichungen werden im folgenden nicht in der Reihenfolge des Erscheinens besprochen.

Auch diese Fragen sind im wesentlichen bereits geklärt. Daß die in der Röhre vorhandenen Ionen usw. Störungen der theoretischen Feldstärke im Ablenkplattenpaar bedingen, so daß eine „Nullpunktsanomalie" entsteht, erkannten bereits BEDELL und KUHN [29].

Der Rücktransport der mit dem Elektronenstrahl zum Schirm flutenden Ladungen ist durch den Nachweis einer Gasentladung in der Röhre durch BRÜCHE [56] verständlich gemacht. Der Einfluß des Gasentladungsplasmas auf die Konzentrationskräfte und die Ablenkempfindlichkeit bei Frequenzen bis 10^6 Hz ist insbesondere von HEIMANN [190] in extremen Fällen einer genauen Untersuchung unterzogen worden. Bei noch höheren Frequenzen in der Größenordnung von 10^7—10^8 Hz wird die Zeit, die die Elektronen zum Durchlaufen eines Ablenkplattenpaars brauchen, in die Größenordnung der Schwingungsdauer der Ablenkspannung kommen, wodurch Empfindlichkeitsstörungen bedingt sind. Diese Fragen, die uns später [VII, 11, 12] bei der Elektronenspektrographie nochmals beschäftigen werden, sind von HOLLMANN [201] für die BRAUNsche Röhre untersucht worden.

Mit dem Fortschreiten der physikalischen Erkenntnis ist die technische Entwicklung Hand in Hand gegangen. Die [V, 10, 13] erwähnte, indirekt geheizte Hohlraumkathode, wie sie SCHRÖTER [363] empfahl und zuerst DOBKE [117] bei der AEG-Röhre anwandte, ist inzwischen auch bei der neuen Röhre der Loewe A.G. zur Anwendung gekommen. Auch v. ARDENNE benutzt jetzt eine Kathode, bei der in einem indirekt geheizten Pilz [VI, 10] eine axiale, mit Oxyd gefüllte Bohrung angebracht ist. Diese von dem Autor sehr gelobte Konstruktion, die deutliche Charakteristika der „Ringkathode" [V, 13] zeigt, entspricht allerdings noch nicht ganz elektronenoptischen Erfordernissen, da bei ihr die Bariumreserve sehr dem Ionenaufprall ausgesetzt ist[1].

Zur Vermeidung der durch das Gasentladungsplasma bedingten Nullpunktsanomalie wird man mit stets gleicher Feldrichtung im Ablenkplattenpaar zu arbeiten suchen[2]. Das kann man nach HUDEC [205] durch Schiefstellen der optischen Achse des Systems erreichen, so daß der unabgelenkte Strahl (Ablenkplattenpaare mit Anode verbunden) auf den Rand des Schirmes trifft, oder durch Anbringen besonderer Elektroden, wie es v. ARDENNE [6a] durchgeführt hat. Zur Vermeidung der ebenfalls durch das Plasma hervorgerufenen Hochfrequenzstörungen hat sich nach HEIMANN [190] Innenmetallisierung[3] der Röhre bewährt, da jetzt der Elektronenrücktransport nicht mehr im Strahlraum, sondern vorzugsweise längs der Wand erfolgt.

Die Störungen bei noch höheren Frequenzen (Größenordnung 10^6 Hz) sind von HOLLMANN [201] durch geeignete Aufteilung der Plattensysteme überwunden worden.

Die grundlegende physikalische Erforschung der BRAUNschen Röhre mit Gaskonzentration ist damit im wesentlichen abgeschlossen. An die Stelle des Physikers muß nun der Techniker treten und aus dem physikalischen Instrument eine technische Röhre entwickeln. Nachdem er sich für ein optisch brauchbares System entschieden hat, wird er die Möglichkeiten einfachsten Aufbaus zu prüfen haben. Die exakte und gleichmäßige fabrikatorische Herstellung der

[1] Die Anordnung ähnelt der direkt geheizten Kathode, die LEYBOLD vor vielen Jahren bei den WEHNELT-Röhren anwandte und die aus einem Platinband bestand, in das ein mit Oxyd gefüllter kleiner Kegel eingedrückt war.

[2] Lenkt man magnetisch aus, so ist die Frage der Nullpunktsanomalie natürlich gegenstandslos.

[3] Innenmetallisierung ist bereits mehrfach angewandt, so von SELENYI [372a, b], ZWORYKIN [449], METCALF [271a] u. a.

Röhren in großen Serien wird es dann ermöglichen, die Früchte der physikalischen Forschungs- und technischen Entwicklungsarbeiten zu ernten.

Als erste hat die Loewe A.G. diesen Schritt getan und ihre Erfahrungen im Bau von Verstärkerröhren in den Dienst dieser Aufgabe gestellt. Abb. 223 zeigt das System der Röhre, die unter weitgehender Berücksichtigung moderner Gesichtspunkte und Ausnutzung bewährter Regeln über den Bau BRAUNscher Röhren konstruiert wurde. Als Kathode wird eine Abart der SCHRÖTER-DOBKEschen indirekt geheizten Kathode benutzt. Die Bohrung ist sehr eng, so daß der Leuchtfleck relativ klein wird. Die Abbildungsoptik besteht abgesehen von der Raumladungslinse aus den zwei Lochblenden L_1 und L_2, die ein Immersionsobjektiv[1] der von JOHANNSON untersuchten Art bilden [VI, 2]. Die Ablenkplatten der Plattenpaare Pl_1 und Pl_2 bilden nach dem GABORschen Vorschlag [III, 23] die Flächen eines Keiles. Sie sind durch Blenden so voneinander getrennt, daß Störungen durch gegenseitige Beeinflussung der Felder auf ein Mindestmaß verringert sind. Die Systemteile einschließlich der Ablenkplattenpaare sind zwischen mehreren zur optischen Achse parallel gestellten Glasstäben in der Aufbautechnik der Radioröhren mit erfreulicher Exaktheit zusammengebaut.

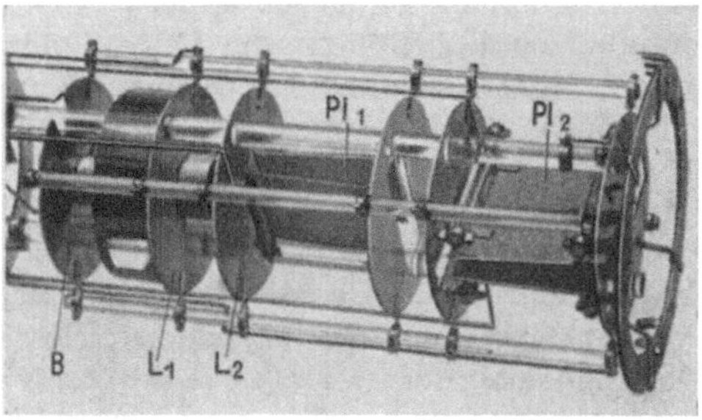

Abb. 223. System der LOEWE-Röhre.

Als Anodenpotential dient eine Spannung von 1000—3000 Volt, so daß die Röhre, wenn man nicht sehr anspruchsvoll ist, auch für Fernsehzwecke verwendbar ist. Die Einstellung des Kathodenbildes auf den Leuchtschirm erfolgt wie beim Immersionsobjektiv durch das Potential der kathodennahen Blende.

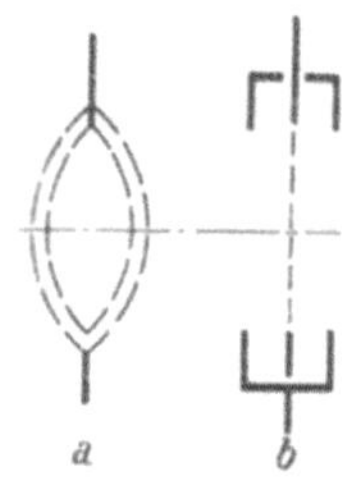

Abb. 224. Elektrische Einzellinsen mit Netzen [239].

Wenn man auch annehmen kann, daß sich die BRAUNsche Röhre mit Gaskonzentration unter Ausnutzung aller theoretischen Hilfsmittel und technischen Möglichkeiten bis zu einer gewissen Vollendung entwickeln läßt, so scheint doch die endgültige Lösung des Problems der BRAUNschen Röhre für niedrige Betriebsspannung bei der *Vakuumröhre mit elektrischer Linse* zu liegen, deren physikalische Grundlagen heute klargestellt sind.

18. Elektrische Einzellinsen für die BRAUNsche Röhre. In neueren zusammenfassenden Berichten über die BRAUNsche Röhre mit ruhender Optik finden wir bereits die elektrische der magnetischen Konzentrierung zur Seite gestellt. In dem ersten Bericht diskutiert KNOLL [239] die beiden in Abb. 224 wiedergegebenen Anordnungen, die ebenso wie die magnetische Sammelspule an einer beliebigen Stelle in den Strahlengang gestellt werden können. Während wir für Abbildungszwecke Netzlinsen ablehnen mußten, ist es denkbar, daß sie bei den wesentlich geringeren Anforderungen, die man an die Güte einer Oszillographenoptik zu stellen hat, noch brauchbar sind. Allerdings scheint das Experiment dagegen zu sprechen, denn KNOLL selbst bezeichnet neuerdings [240] seine Kugelkondensatoren mit Netzen (Abb. 29) als hierzu ungeeignet. Herab-

[1] Ob dieses System im Sinne elektronenoptischer Gesichtspunkte [V, 20] optimal dimensioniert ist, ist den Verfassern unbekannt.

gesetzten Ansprüchen genügt wohl am ehesten KNOLLS Lochblenden-„Einzellinse" mit mittlerem Netz (Abb. 224 b), die wir daher noch kurz betrachten wollen.

Da die Potentialflächen jetzt nicht mehr durch die Mittelebene hindurchzugreifen vermögen, wie es bei der Lochblende der Fall ist, wird das angelegte Potential besser ausgenutzt (Abb. 225). Auch die Zerstreuungswirkung des

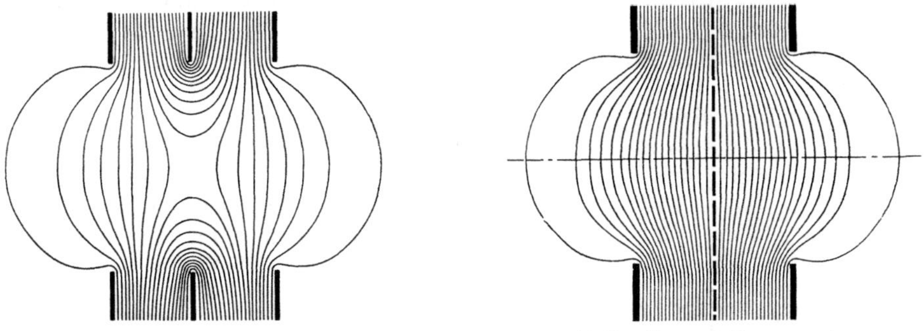

a) Einzellinse b) Einzellinse mit Trennungsnetz

Abb. 225. Potentialfeld der netzfreien und der Netz-Einzellinse.

Mittelbereiches, die beim Anlegen positiven Potentials an die mittlere Elektrode der netzfreien Linse eintritt, und die eine unerwünschte Vergrößerung der Brennweite bedingt, verschwindet. Die Linse ist entweder eine vollständige Sammellinse oder — im Gegensatz zur netzfreien Linse — bei negativer Linsenspannung E_L eine Zerstreuungslinse. Diese Unterschiede kommen in der Brennweitenkurve Abb. 226 zum Ausdruck, die für die Einzellinse mit und ohne Netz gezeichnet wurde. Zum Beispiel ist für $E_L/U = +\frac{1}{2}$ die Brechkraft $1/f$ der Netzlinse 25 mal größer als die der netzfreien Linse; für $E_L/U = -\frac{1}{2}$ gilt das gleiche Verhältnis, nur daß die Netzlinse jetzt zerstreuend wirkt (U = Voltenergie, E_L = Potential an der mittleren Elektrode gegen Außenelektroden).

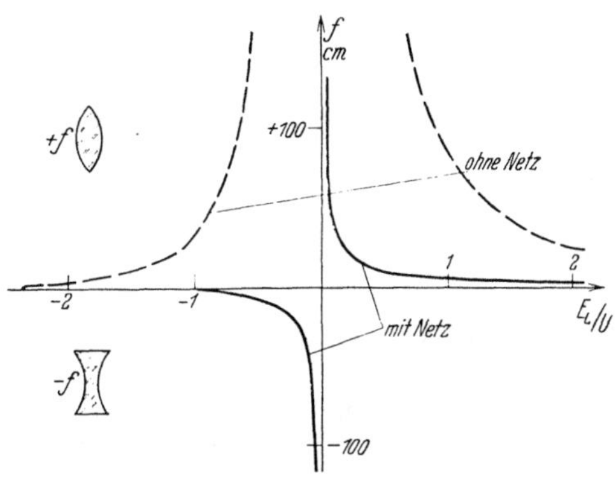

Abb. 226. Brennweitenkurven der Linsen Abb. 225.

In einem späteren Bericht über die Hochspannungs-Kathodenoszillographie[1] hat ROGOWSKI [321] die elektrische Einzellinse *ohne* Netz an Hand der Arbeit von JOHANNSON und SCHERZER [215] ausführlich diskutiert und ist dann auf die Frage eingegangen, ob man magnetisch oder elektrisch bündeln solle. ROGOWSKI weist — wie wir sahen mit Recht — darauf hin, daß die bündelnde Wirkung einer solchen netzfreien elektrischen Linse relativ gering ist. Infolgedessen werden die Spannungen zwischen den Mittel- und den Außenelektroden der Linse von derselben Größenordnung sein müssen wie die Beschleunigungsspannung. Für den Hochspannungsoszillographen ergeben sich daher schon dann unangenehm hohe Spannungen, wenn man die Linsenöffnung relativ

[1] Ein neuer Hochspannungsoszillograph auf elektronenoptischer Grundlage ist auch von NACKEN und ZADE [281] gebaut worden. Über die Einzelheiten der Konstruktion, deren sehr hohe Fleckschärfe die Autoren besonders hervorheben, ist den Verfassern dieses Buches nichts bekannt.

klein wählt. Das darf man aber nicht, da die Linse das gesamte Elektronenbündel (eventuell auch nach der Ablenkung durch den Ablenkkondensator) hindurchlassen muß. ROGOWSKI kommt aus diesen Erwägungen zu dem Schluß, daß die elektrische Einzellinse beim Hochspannungsoszillographen mit der magnetischen Linse nicht ernstlich in Konkurrenz treten kann.

Anders ist es bei der BRAUNschen Röhre für geringe Spannungen. Den unmittelbaren Ersatz der magnetischen Einzellinse durch die elektrische Einzellinse hat hier KNOLL [240] durchgeführt (Abb. 227). An der Röhre ist die Einfachheit der Linsenherstellung bemerkenswert. Handelte es sich bisher um mehr oder minder komplizierte Blenden- oder Zylinderanordnungen, so wird hier die Einzellinse als Aussparung zweier Ringe bei g in der Innenmetallisierung gebildet. Der jetzt einzeln stehende Metallring wird gegen die übrige Metallisierung positiv oder negativ aufgeladen und übt damit eine Sammelwirkung[1] auf die von der Kathode kommenden Elektronen aus.

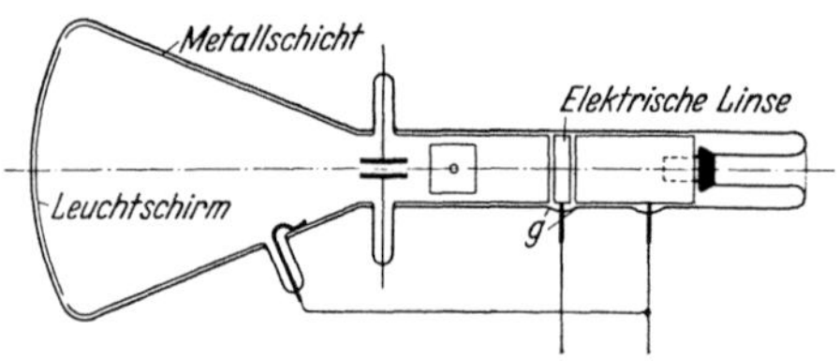

Abb. 227. Röhre mit Einzellinse nach KNOLL [240].

19. Elektrische Immersionslinsen für die BRAUNsche Röhre. Von der Tatsache, daß auch eine Immersions-Verzögerungslinse [III, 4] eine Sammellinse ist und daher als Sammellinse der BRAUNschen Röhre benutzt werden kann, ist ROGOWSKI ausgegangen, der zusammen mit MALSCH [326] einen Kalt-Kathoden-Oszillographen[2] baute, der noch bei 500 V arbeitet. Abgesehen von Maßnahmen wie Verkleinerung des Strahlerzeugungsraumes, Druckerhöhung usw. erreichte er dieses Ziel besonders dadurch, daß er die Elektronen zunächst mit hohen Spannungen wie üblich erzeugte und dann am Ende eines Strömungskanals auf die endgültige Geschwindigkeit verzögerte. So können zwei Vorteile, nämlich große Elektronenintensität infolge des großen Spannungsgefälles (hohe Ionengeschwindigkeit) und gute Konzentration, miteinander verbunden werden. Die weitere Verbesserung und Erprobung der neuen Konstruktion führten MALSCH und WESTERMANN [267] durch. Der in Abb. 228 dargestellte Oszillograph hat bei E den Gasentladungsraum, B ist die Blende des Anodenzylinders A, bei G ist die Verzögerungslinse eingebaut. Die mit Hilfe der Ablenkspulen F bei einmaliger Überschreibung und 1600 V Elektronenenergie aufgenommenen Kurven lassen die Hoffnungen der Autoren berechtigt erscheinen, daß der Kalt-Kathoden-Oszillograph in das Gebiet niedriger Elektronengeschwindigkeiten, das bisher dem Glühkathoden-Oszillograph vorbehalten war, eindringen wird. Die Autoren betonen besonders die große Leuchtintensität und die Feinheit der Schrift, die der des Oszillographen mit magnetischer Konzentrierung gleichwertig sei.

[1] In [240, Abb. 11] gibt KNOLL eine Kurve über die Abhängigkeit des Bilddurchmessers von der Linsenspannung bei einer Einzellinse. BRÜCHE [62, S. 389, Anm. 1] hatte die Kurve als schwer verständlich bezeichnet mit der Begründung, daß der größte Leuchtfleck nicht auftrete, wenn die Linse ohne Wirkung ist ($U = 0$), sondern bei negativem Linsenpotential, daß also diese Einzellinse anscheinend Zerstreuungswirkungen bedinge. Herr KNOLL hat uns freundlicherweise darauf aufmerksam gemacht, daß der größte Leuchtfleck deswegen nicht an der Nullstelle des Linsenpotentials liegen könne, weil, was BRÜCHE übersehen hatte, das Linsenpotential auf Kathode bezogen war. — Man sollte dann aber erwarten, daß das Fleckmaximum vorhanden ist, wenn die Linse auf das *positive* Anodenpotential von einigen tausend Volt gebracht wird, und nicht bei *negativem* Potential. Vielleicht ist die Erklärung dieser Diskrepanz in einer Unvollständigkeit der KNOLLschen Figur zu suchen, indem es sich hier gar nicht um das normale Bild, sondern um eine zweistufige Abbildung mit Zwischenbild in der Linse selbst handelt [III, 17], [57, S. 269/270].

[2] Kalt-Kathoden-Oszillograph (ROGOWSKI) = BRAUNsche Röhre mit kalter Kathode, aus der die Elektronen durch die auftreffenden Gasionen ausgelöst werden.

In unserem Zusammenhang ist die ROGOWSKIsche Konstruktion insofern besonders interessant, als sie die Nützlichkeit der geometrischen Elektronenoptik auch für die Praxis sehr augenfällig zeigt. Nur durch einen großen Zufall hätte man zu dieser verblüffenden Konstruktion auch ohne Kenntnis der Elektronenoptik gelangen können. — Ein ähnlicher Fall liegt bei der bereits [V, 10] behandelten Röhre von DOBKE [117] vor. Hier war die Aufgabe gestellt, *allein mit Kathoden- und Anodenpotential* eine Vorkonzentration zu erzielen. Dies wurde dadurch erreicht, daß vor die Anodenblende eine Einzellinse gesetzt wurde (Abb. 195). Die innere Elektrode dieser Einzellinse wurde so dimensioniert, daß die gewünschte Konzentrationswirkung erzielt wurde, wenn man die äußeren Elektroden (Lochblenden) auf Anodenpotential, die innere Elektrode (WEHNELT-Zylinder) auf Kathodenpotential legte. Dieser Anordnung, die also im Prinzip[1] ohne das sonst übliche Zwischenpotential auskommt, liegt die Tatsache zugrunde, daß eine elektrische Einzellinse auch bei negativem Linsenpotential eine Sammellinse ist.

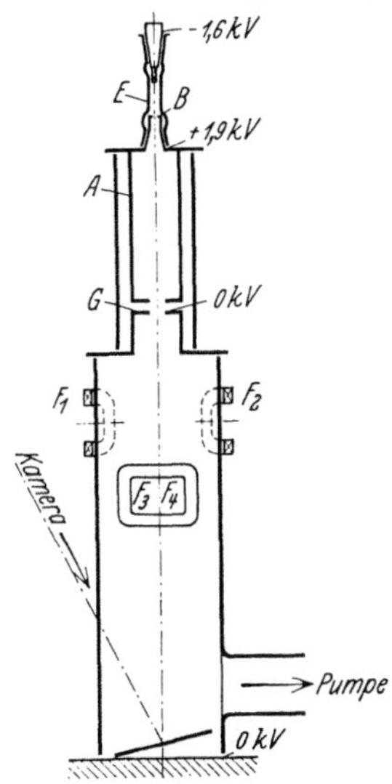

Abb. 228. Kalt-Kathoden-Oszillograph mit Immersionslinse nach MALSCH und WESTERMANN [267].

Wir sprachen bisher vorwiegend von der BRAUNschen Röhre als „Oszillographen", d. h. als elektrotechnischem Meßgerät. Praktisch wichtiger noch ist die BRAUNsche Röhre als Fernsehgerät. Bei dem heutigen Stande der Technik scheint es, daß man mit der BRAUNschen Röhre noch die größten Aussichten hat, die schwierigen Aufgaben der Fernsehtechnik zu lösen. Infolge der Anforderungen, denen hier die Optik des Projektionssystems genügen muß, ist die zu lösende Aufgabe (gegenüber dem Oszillographenproblem) zum Teil erheblich schwieriger. Das gilt insbesondere von der Modulierung der Strahlintensität [V, 14], die in weiten Grenzen mit möglichst kleinen Spannungsänderungen (große Steilheit der Charakteristik) und ohne Änderung der Leuchtfleckgröße durchführbar sein soll.

Es ist bemerkenswert, daß die neuen Röhren zweier maßgeblicher Entwicklungsstellen (Radio-Corporation und Telefunken) weitgehende Verwandtschaft zeigen. Die Röhren sind hochevakuiert und verwenden als Hauptabbildungsorgan eine Immersionslinse, die ein Stück von der Kathode fort auf den Schirm zu verschoben ist. Die Gleichartigkeit der Lösungen weist darauf hin, daß der Immersionslinse eine besondere Bedeutung für die Fernsehröhre zukommt. Gehen wir kurz auf die Röhren der genannten Stellen ein.

Im Anschluß an den Bau eines elektrischen Immersionsobjektivs zu Abbildungszwecken [VI, 20] hat ZWORYKIN [451, 452] eine BRAUNsche Fernsehröhre mit Immersionslinse elektronenoptisch diskutiert. Er ging dabei von seinem schon früher benutzten System (Abb. 209) aus [449]. Das neue System (Abb. 229) beginnt wieder mit einem Immersionsobjektiv, das aus einer ebenen Kathode und zwei Blenden besteht. Die Hauptabbildungslinse ist eine Beschleunigungslinse, in der die Elektronenenergie von z. B. 300 auf 3000 Volt erhöht wird[2]. Die Strahlsteuerung (Ablenkung) erfolgt magnetisch. Die Modulation der Strahl-

[1] Durch die beim Bau des Systems praktisch unvermeidlichen Abweichungen von der Idealform muß man an den WEHNELT-Zylinder ein Potential anlegen, das je nach den Ungenauigkeiten im Aufbau einige Volt höher oder tiefer als das Kathodenpotential liegt.

[2] Die Spannungswerte sind der älteren Arbeit ZWORYKINS [449] entnommen. Sie sollen nur als Beispiele dienen.

intensität wird durch Steuerung der an die kathodennahe Blende gelegten Spannung vorgenommen. Wir werden später [VI, 2] sehen, daß auf diese Weise der Kathodenbereich, von dem Elektronen in den Strahlengang gelangen, verändert werden kann. Interessant für uns ist an der ZWORYKINschen Anordnung noch, daß bei der Immersionslinse von den bisher meist üblichen Lochblenden bzw. kompliziert herstellbaren Linsenformen erstmalig zu übereinandergreifenden Zylindern übergegangen wurde, was im Hinblick auf die Einfachheit der Herstellung zweifellos ein merklicher Fortschritt ist[1].

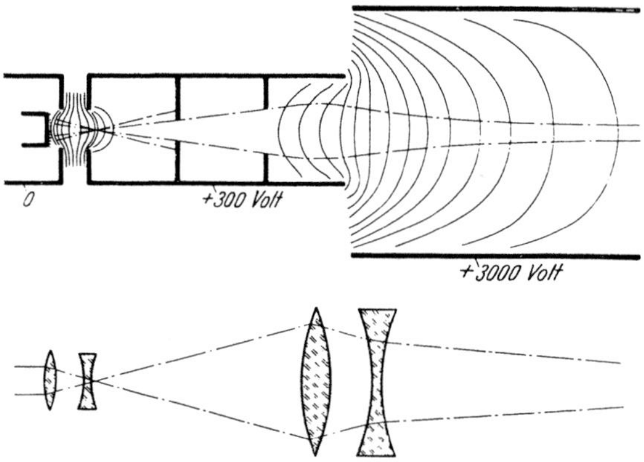

Abb. 229. Fernsehröhre nach ZWORYKIN [451].

Die Röhren, die KNOLL, KNOBLAUCH und DIELS bei Telefunken[2] entwickelt haben, zeigen einen ähnlichen Aufbau wie die soeben beschriebene Röhre. Das Beschleunigungssystem besteht wieder aus einem normalen Immersionsobjektiv (indirekt geheizter Kathode mit Schutzring, Gitterblende zur Modulation, Anodenblende). Es liegt je eine Röhre für elektrostatische (Abb. 230) und magnetische Ablenkung vor. Die Verbesserungen gegenüber der ZWORYKINschen Form beziehen sich auf die Vermeidung von Öffnungsfehlern der Linsen, auf die Modulationscharakteristik des Leuchtflecks und auf die Strahlsteuerung durch das Ablenksystem.

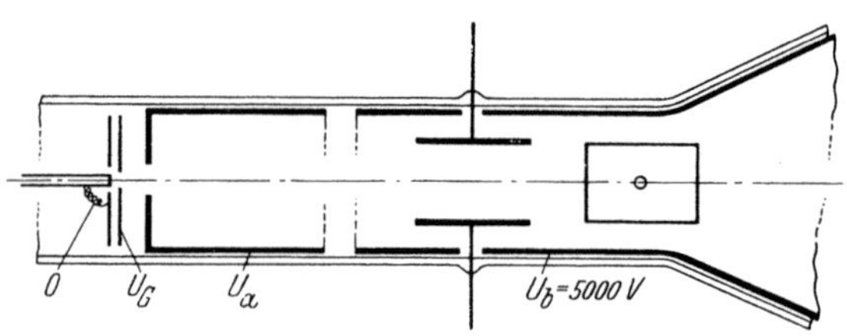

Abb. 230. Fernsehröhre nach KNOLL, KNOBLAUCH und DIELS.

Fragen wir nun danach, wie es bei den neueren Konstruktionen mit der Berücksichtigung der eingangs [V, 2] aufgestellten Regeln zur Erzielung hoher reduzierter Empfindlichkeit (HELMHOLTZscher Satz) steht. Dabei wollen wir allein davon sprechen, ob die Immersionslinse als eigentliche Konzentrationslinse den Anforderungen einer Teleoptik, deren Ersatzlinse dem Leuchtschirm näher als die reale Linse liegt, entspricht.

Das von ZWORYKIN selbst angegebene optische Schema seiner Anordnung

[1] Zu den Entwicklungen der Radio Corporation sei noch bemerkt, daß ZWORYKIN seine Röhre nicht nur zur Wiedergabe von Fernsehbildern („Kineskop"), sondern auch als Aufnahmegerät („Ikonoskop") benutzt. Das hat den großen Vorteil, daß sich Fehler bei der Aufnahmeeinrichtung durch gleichartige Fehler bei der Wiedergabeeinrichtung unter Umständen ausgleichen können. Um die BRAUNsche Röhre als Aufnahmegerät zu verwenden, ersetzt ZWORYKIN den Leuchtschirm durch ein Mosaik kleinster isolierter Photozellen, auf die das zu übertragende Bild projiziert wird, und die dann von dem Elektronenstrahl abgetastet werden. So läßt sich, wie es in der Originalarbeit gezeigt wird, das Bild in eine Folge von Stromimpulsen umsetzen, die auf der Empfangsseite wieder zum Bild umgeformt werden.

[2] Über die Arbeiten der Telefunkengesellschaft, die noch nicht veröffentlicht sind, wurden uns von Herrn Prof. SCHRÖTER freundlicherweise obige Angaben gemacht.

(Abb. 229) zeigt, daß die Ersatzlinse, deren Lage man durch Rückverlängerung der bildseitigen Strahlen erhält, vom Schirm fortgeschoben ist. Das gilt von allen Systemen, die allein mit Immersions-*Beschleunigungs*linsen arbeiten. Dagegen erfüllt ROGOWSKIS System mit *Verzögerungslinse* im Prinzip die aufgestellte Bedingung, da die Strahlung erst die Zerstreuungslinse und dann die Sammellinse durchquert. In beiden Fällen ist die Verschiebung der Ersatzlinse sehr gering, so daß sie in erster Näherung vernachlässigt werden kann.

Dieser Umstand und die erhebliche Größe von Gegenstands- und Bildweite geben die Möglichkeit, die Vergrößerung der Systeme einfach zu berechnen, indem wir uns das Potential in der Mitte des Feldes sprunghaft von U_a auf U_b geändert denken. Mit den an Abb. 229 angeschriebenen Potentialwerten und Schätzung des Verhältnisses von Bild- zu Gegenstandsweite $b/a = 6$ erhalten wir z. B. für die ZWORYKINsche Röhre die beachtlich geringe[1] Vergrößerung:

$$V = \frac{b}{a}\sqrt{\frac{U_a}{U_b}} = 6\sqrt{\frac{300}{3000}} \approx 2\,.$$

Handelte es sich bei den bisher besprochenen Systemen mehr um eine zufällige Erfüllung oder Nichterfüllung des vom HELMHOLTZschen Satze geforderten Konstruktionsprinzips, auf das bei der Entwicklung der Röhren nicht besonders geachtet worden war, so ist bei einem Vorschlag von BRÜCHE und SCHERZER [69] seine Erfüllung angestrebt.

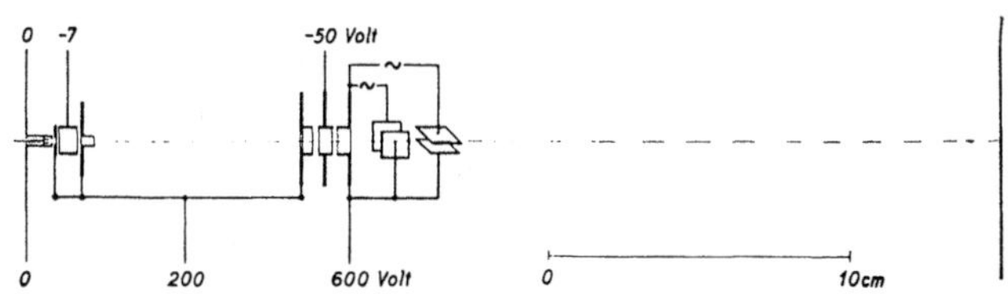

Abb. 231. BRAUNsche Röhre mit Telesystem nach BRÜCHE-SCHERZER [69].

Das Hauptsammelsystem (Abb. 231), in dessen unmittelbarer Nähe die Ablenkplattenpaare angeordnet sind [V, 9], besteht aus zwei getrennten Immersionslinsen. Es beginnt mit einer Verzögerungslinse[2], an die sich dann eine Beschleunigungslinse anschließt. So durchläuft der Strahl nacheinander eine relativ kräftige Zerstreuungslinse, dann eine kräftige Sammellinse und schließlich eine schwache (unvermeidbare) Zerstreuungslinse. Das System, das als Ganzes wie eine Beschleunigungslinse (mit deren Vorteilen hinsichtlich der Bildverkleinerung) wirkt, wurde in einigen Versuchen zur Oszillographie hoher Frequenzen mit zufriedenstellendem Erfolge benutzt. Die Entwicklung wurde jedoch nicht bis zur praktischen Reife durchgeführt. Bei einer Weiterentwicklung wäre der Abstand zwischen Zerstreuungs- und Sammellinse wesentlich zu vergrößern und der Einbau der Ablenkelemente auf der Seite kleiner Elektronengeschwindigkeit anzustreben.

20. Elektrische Immersionsobjektive für die BRAUNsche Röhre. Wir sind bei unseren Betrachtungen von der heute üblichen BRAUNschen Röhre mit Gaskonzentration ausgegangen, haben die Gaskonzentration durch eine Einzellinse ersetzt und damit den großen Schritt zur Vakuumröhre getan. Doch die Verwendung der Einzellinse befriedigte uns nicht. Wir gingen zur Immersionslinse als dem natürlicheren Sammelorgan der BRAUNschen Röhre über und bemühten uns, diese Linse möglichst nahe der Kathode anzuordnen. Aus

[1] Bei einer Verzögerungslinse wird sich der Potentialsprung in einer Vergrößerung des Leuchtflecks auswirken. So ist z. B. bei Abb. 228 zu erwarten:

$$V = \frac{b}{a}\sqrt{\frac{U_a}{U_b}} = 3{,}3\sqrt{\frac{3{,}5\ \text{kV}}{1{,}9\ \text{kV}}} \approx 6.$$

[2] Auch hier werden Zylinder statt Lochblenden benutzt. Das Rohr ist metallisch ausgekleidet. Eine Intensitätsmodulation am Kondensor ist im Prinzip durchführbar.

der Immersionslinse wird dabei nach unserer Terminologie [II, 9] das Immersionsobjektiv. Damit sind wir zu den Anordnungen, wie sie die gasgefüllte BRAUNsche Röhre benutzt, unter neuen Gesichtspunkten zurückgekehrt. Wir wollen nun die Frage stellen, ob sich nicht auch hier bereits einige Ansätze für die künftige Entwicklung erkennen lassen.

Die einzigen bisher gründlich untersuchten Immersionsobjektive sind Lochblendensysteme [III, 8], wie sie für die Elektronenmikroskopie Anwendung gefunden haben. Während es sich hier jedoch darum handelte, Systeme hoher Vergrößerung zu entwickeln, brauchen wir jetzt Systeme kleiner Vergrößerung. Die Hauptforderung ist indessen die gleiche. Wir verlangen von dem Objektiv, daß es bei einer gewählten Vergrößerung ein möglichst großes Kathodengebiet scharf abbildet.

Um diese Fragen besser zu übersehen, wollen wir eine konkrete Aufgabe ins Auge fassen. Es sei verlangt, einen Leuchtfleck von 1 mm Durchmesser als Bild der Kathode auf einem 240 mm entfernten Schirm zu erzeugen. Benutzen wir dazu das von JOHANNSON [212] genauer untersuchte System mit zwei ebenen Lochblenden, dessen Eigenschaften durch Abb. 85 und 245 festgelegt sind. Die Kurven beziehen sich auf ein System mit 1 mm-Blenden bei 1 mm Abstand zwischen ihnen. Wählen wir den Abstand c der ersten Blende von der Kathode auch 1 mm, so erhalten wir nach Abb. 245d für das Verhältnis der beiden Blendenpotentiale $U_G/U_A = 0{,}1$ und damit aus Abb. 245a die Vergrößerung $V = 50$. Um 1 mm Leuchtfleckdurchmesser zu erzielen, müssen wir demnach ein Emissionszentrum auf der Kathode von $^1/_{50}$ mm Durchmesser anordnen und abbilden. Abgesehen von den praktischen Schwierigkeiten ist diese Lösung natürlich schon deswegen unbefriedigend, weil die Helligkeit des Leuchtflecks sehr gering sein wird. Wir müssen versuchen, die Vergrößerung des Systems zu verringern, denn damit steigt quadratisch die abzubildende Fläche und die auf den Leuchtfleck konzentrierte Elektronenmenge[1]. Die Vergrößerung des Abstandes c zu Erreichung dieses Zieles läßt sich jedoch nur bis zu einem gewissen Grade durchführen. Vergrößern wir nämlich c über 2,8 mm, so würde nach Abb. 245d und b der scharfe Bildbereich B_0 kleiner als der als Bildgröße verlangte eine Millimeter werden. Mit $V = 30$ ist die Leistungsgrenze des Systems zu kleinen Vergrößerungen hin erreicht; der Emissionsfleck auf der Kathode darf also nicht größer als $^1/_{30}$ mm gemacht werden.

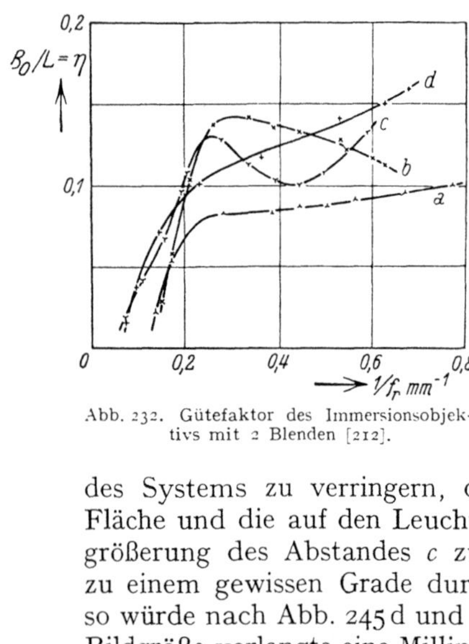

Abb. 232. Gütefaktor des Immersionsobjektivs mit 2 Blenden [212].

Wollen wir größere Emissionsflecke abbilden, so müssen wir nach Systemen mit größerem scharfen Bildbereich B_0 streben. JOHANNSON hat neben dem soeben diskutierten System mit einfachen Lochblenden auch 3 Systeme mit Profilblenden untersucht. Die Ergebnisse seiner Messungen sind in dem Diagramm Abb. 232 zusammengestellt, in dem der ,,Gütefaktor" η über der ,,reduzierten Brechkraft" $1/f_r$ aufgetragen ist. Dabei bedeutet f_r die Brennweite einer dünnen Einzellinse, die das System in seiner Gesamtwirkung vertritt [III, 8], und η das Verhältnis des uns hier interessierenden scharfen Bildbereiches B_0 zu der Länge des Strahlenganges L. Wir entnehmen der Abbildung, daß das System d (Abb. 248) gegenüber dem einfachen Lochblendensystem a sowohl

[1] Wir vernachlässigen eventuelle Verluste im Strahlengang, z. B. durch Streuung.

bei großen als auch bei kleinen Brechkräften einen wesentlich größeren scharfen Bildbereich B_0 hat. Für unseren Fall ($B_0 = 1$ mm, $L = 240$ mm) ist $\eta = 0{,}004$. Wir kommen mit diesem Wert nach Abb. 232 auf $1/f_r = 0{,}06$ und damit auf $V = L/f_r = 15$. Das ist die halbe Vergrößerung des einfachen Systems und bedeutet: $c = 5$ mm und $B = {}^1/_{15}$ mm.

Eine weitere Anpassung des Systems an die gestellte Aufgabe ergibt die Vergrößerung aller Systemdimensionen nach den [III, 2] auseinandergesetzten Regeln. Mit unserem System mit Profilblende, aber 3 mm Lochdurchmesser, 3 mm Blendenabstand und mit $c = 7{,}5$ mm Abstand erhalten wir somit $V = 5$. Der emittierende Kathodenfleck kann jetzt 0,2 mm groß sein, und wir erzielen damit gegenüber dem zuerst betrachteten Fall 36fache Elektronenintensität am Leuchtpunkt.

Diese Ausführungen mögen genügen, um zu zeigen, was heute bereits erreichbar ist, und wie man bei solchen Überlegungen vorzugehen hat. Es erscheint sehr wahrscheinlich, daß dieser Weg, der ebenso wie die im folgenden Abschnitt behandelte „Richtwirkung" zu immer größeren ausnutzbaren Kathodenflächen führt, noch wesentliche Verbesserungen bringen wird[1].

21. Ausnutzung der Richtwirkung. Die Überlegungen und Versuche, die die Ausnutzung der [V, 3] behandelten Richtwirkung des Beschleunigungsfeldes zum Gegenstand haben, setzen stets bei dem gleichen Gedanken ein: Es muß auf diese Weise möglich sein, die gesamte, von einer großflächigen Kathode ausgehende Elektronenintensität für den Leuchtfleck nutzbar zu machen.

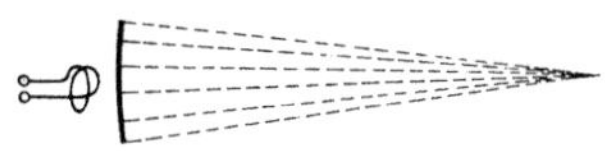

Abb. 233. Hohlspiegelkathode nach Wood [442].

Die Größe des Leuchtflecks am Brennpunkt — einwandfreies Abbildungssystem vorausgesetzt — ist dabei gegeben [V, 3] durch $2f\sqrt{\frac{\varepsilon}{U}}$, d. h. sie ist der schließlichen Strahlgeschwindigkeit $\sqrt{U}$ umgekehrt und der Linsenbrennweite f (Abstand Linse—Schirm) direkt proportional.

Während die *konkave* Kathode zur Erzeugung von Kathodenabbildungen wenig geeignet ist, hat man sie schon mehrfach zur Erzeugung von Elektronenbrennflecken verwendet. So benutzten sie schon Crookes und Goldstein [IV, 11] für ihre Versuche, um in einem Gasentladungsrohr Brennpunkte der Elektronenstrahlung zu erzeugen. Auch bei der Braunschen Röhre sind die Hohlspiegelkathoden, so von Wiechert (Abb. 175) und Wood (Abb. 233) angewandt worden. Die Einzelheiten des Strahlenganges bei solchen Kathoden hat jetzt Ruska [341] mathematisch untersucht, worauf wir bereits [III, 8] kurz zu sprechen kamen.

Für die *ebene* Kathode mit vorgeschalteter Abbildungslinse beschreibt v. Ardenne in seinem Buch [5, S. 20] eine Anordnung von Möller und Helmholtz (Abb. 234). Die Anordnung besteht aus einer großen planen Kathode K mit Schutzring und einer magnetischen Linse L. Der Schirm liegt im Brennpunkt der Linse. v. Ardenne spricht im Hinblick auf diese Anordnung von einem „Parallelstrahlverfahren" und meint, daß die Erreichung des Idealfalles eines Leucht*punktes* von einer Anzahl experimenteller Maßnahmen abhinge, die aus den von der Kathode ausgehenden Elektronen das vorausgesetzte parallele Bündel herstellen sollen. Leider handelt es sich hier um einen Trugschluß, denn

[1] Anm. bei der Korrektur. Das System ist inzwischen durch v. Ardenne [7a] für Fernsehzwecke angewandt worden, ohne daß sich der Autor jedoch die bereits vorliegenden Erkenntnisse und experimentellen Ergebnisse ganz zunutze gemacht hat. Vgl. auch Johannson [212a].

das „Parallelstrahlverfahren" ist nichts als eine moderne Fassung für den aus der Entdeckungszeit der Kathodenstrahlen bekannten (falschen) Satz: „Die Kathodenstrahlen stehen auf der Kathode senkrecht" [IV, 10].

Auch für die *konvexe* Kathode hat RUSKA [341] Rechnungen durchgeführt. Wichtiger ist hier eine potentialtheoretische Untersuchung von WENDT [417], der den Strahlenverlauf von einer kugelförmigen Kathode aus in einem Potentialfeld verfolgte, das durch einen besonders geformten, für die mathematische Behandlung bequemen WEHNELT-Zylinder erzeugt wurde.

Abgesehen von dem Verfahren von MÖLLER und HELMHOLTZ, über das den Verfassern dieses Buches Näheres nicht bekanntgeworden ist, liegen experimentelle Ergebnisse in dieser Richtung nicht vor. Es scheint aber auch recht zweifelhaft, ob die Verfolgung der hier angeschnittenen Gedankengänge in der Praxis das übliche Vorgehen an Bedeutung übertreffen wird. Man denke allein daran, daß der Bündelöffnungswinkel 2α nur unter der Annahme fehlerfreier Optik den angegebenen Wert $2f\sqrt{\frac{\varepsilon}{U}}$ hat. Bereits kleine Unebenheiten auf der Kathodenoberfläche, wie sie bei Oxydkathoden unvermeidlich sind, werden ihn merklich vergrößern.

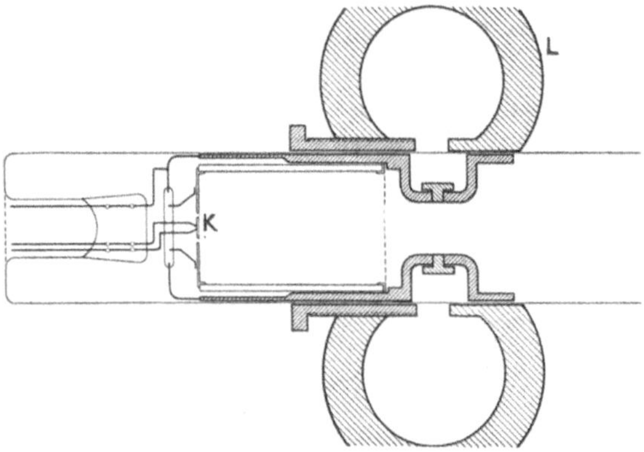

Abb. 234. BRAUNsche Röhre nach MÖLLER-HELMHOLTZ [5].

Sehen wir von derartigen praktischen Schwierigkeiten ab und stellen die gleiche Frage wie bei der üblichen Kathoden- bzw. Anodenabbildung: Was können wir tun, um bei solchen Anordnungen eine möglichst große reduzierte Empfindlichkeit zu erhalten? Wie früher lautet die Antwort: Man wähle ein optisches Projektionssystem, das möglichst nahe der Kathode liegt (so daß wir einen langen Strahlzeiger erhalten), dessen Ersatzlinse aber dem Schirm möglichst nahe liegt (so daß f und damit der Leuchtfleckdurchmesser $2f\sqrt{\frac{\varepsilon}{U}}$ möglichst klein werden). Es sind also dieselben Gesichtspunkte wie bei der üblichen Abbildung zu berücksichtigen, d. h. es ist eine Teleoptik mit der Zerstreuungslinse gegenüber der Kathode anzuwenden.

22. Gütevergleich verschiedener Systeme. Wollen wir die einzelnen Projektionssysteme BRAUNscher Röhren, wie sie bekannt sind und wie sie die Zukunft als Ergebnisse weiterer Entwicklungen bringen wird, vergleichen, so müssen wir versuchen, einen Maßstab für die Güte zu finden. Für das Immersionsobjektiv als *Elektronenmikroskop* ist ein solcher Maßstab als „Gütefaktor η" definiert und mit Erfolg verwandt worden [212]. Er wurde als $\eta = B_0/L$ eingeführt, d. h. ein elektronenoptisches Vergrößerungssystem soll als doppelt so gut bezeichnet werden, wenn der scharfe Bildbereich B_0 bei gleicher Länge L des Strahlenganges (Abstand Kathode—Schirm) doppelt so groß ist [V, 20]. Die Definition kann man bei Übergang zum scharf abgebildeten Kathodenbereich A_0 auch so schreiben: $\eta = A_0 V/L$, oder in Worten: Von zwei Systemen ist bei gleicher Länge des Strahlenganges und gleichem scharf abgebildeten Bereich dasjenige das Bessere, welches die höhere Vergrößerung hat.

Für das System der BRAUNschen Röhre eine entsprechende Definition zu geben, ist bedeutend schwieriger. Wir wollen es hier auch nicht tun, sondern nur zusammenstellen, welche Gesichtspunkte zu berücksichtigen sind. Zunächst wird man sich fragen, ob man die BRAUNsche Röhre als Ganzes betrachten will oder nur das optische System. Für den ersteren Fall lernten wir bereits [V, 4] zwei praktische Gütedefinitionen kennen, die zusammen geeignet sind, die Haupteigenschaften des Instrumentes zu beschreiben. Es sind das:

1. maximale Schreibgeschwindigkeit,
2. reduzierte Empfindlichkeit als Verhältnis von Empfindlichkeit e (Auslenkung auf den Schirm bei 1 Volt Potentialdifferenz am Ablenkplattenpaar) zu Durchmesser des Leuchtflecks B.

So wichtig diese praktischen Definitionen auch sind, so wird man sich zur Beurteilung elektronenoptischer Systeme doch von allem frei zu machen suchen, was nicht unmittelbar zu der Eigenschaft des Systems gehört (wie spezifische Emission der Kathode, Anregungsfunktion der Leuchtsubstanz, Dimensionen des Ablenkplattenpaares). Wir werden daher in den beiden praktischen Definitionen den optischen Anteil des Systems abspalten. Bei zwei getrennten Angaben zur Charakterisierung des Systems werden wir jedoch bleiben, spricht man doch auch in der Lichtoptik z. B. von „Apertur" und „Brennweite" eines Systems. Die maximale Schreibgeschwindigkeit entspricht der Aperturangabe eines optischen Systems. Die reduzierte Empfindlichkeit dagegen ist eine optisch ungebräuchliche Charakterisierung, denn sie gibt letzten Endes an, wieweit es bei vorgegebener Vergrößerung gelungen ist, das System auf unmittelbare Kathodennähe zu beschränken.

Zu 1. Die maximale Schreibgeschwindigkeit bzw. spezifische Leuchtfleckintensität [V, 5] ist von dem Projektionssystem in zweierlei Beziehung abhängig. Die Elektronenintensität, die im Leuchtfleck konzentriert wird, wird um so größer sein, je größer die abgebildete Ausgangsfläche, d. h. je kleiner die Vergrößerung des Systems ist. Die Vergrößerung eines vorgegebenen Systems können wir aber nicht beliebig verringern, da der scharfe Bildbereich nach Überschreiten eines kritischen Wertes schnell auf Null sinkt (Abb. 245a, b). Wir werden also die kleinste Vergrößerung als Maß der Güte betrachten, bei der der scharfe Bildbereich gerade dem verlangten Leuchtfleck (z. B. 1 mm bei 250 mm Länge des Strahlenganges) gleich geworden ist. — Außerdem wird man zu berücksichtigen haben, welche Elektronenverluste im System stattfinden. Diese Verluste wird man am einfachsten durch die Messung der Ströme i_a, i_b erfassen, die von der abgebildeten Kathodenfläche ausgehen bzw. zum Leuchtfleck gelangen.

Zu 2. Die reduzierte Empfindlichkeit ist bei vorgegebener Länge L des Strahlenganges um so größer und das optische System damit von um so höherer Güte, je kleiner die Vergrößerung V und je größer der Strahlzeiger s (Abstand Ablenkkondensator—Schirm) ist. Es liegt daher nahe, als Gütefaktor $\xi = s/LV$ zu wählen[1]. Wäre z. B. unser System eine einfache Einzellinse, so würde gelten, wenn wir unter a und b Gegenstands- und Bildweite verstehen: $s = b$, $V = b/a$, $L = a + b$, also $1/\xi_E = 1 + V$. Es ist zweifelhaft, ob man mit dieser Definition zufrieden sein soll oder sich bei der Angabe der Güte nicht lieber auf die einfache Einzellinse beziehen will. Dann wäre also zu schreiben $\frac{1}{\xi_r} = \frac{\xi_E}{\xi} = V\left(\frac{L}{s} - 1\right)$, d. h. wir erhielten für die *Einzel*linse in beliebiger Stellung stets den Gütewert 1 und würden an dem Wert ξ_r, den ein untersuchtes

[1] Da die reduzierte Empfindlichkeit $\varepsilon = e/B$ (Empfindlichkeit durch Leuchtfleckdurchmesser) ist und e sich schreiben läßt: $e = s \operatorname{tg} \alpha$, so wird $\xi = \frac{\varepsilon B}{L V \operatorname{tg} \alpha} = \frac{\varepsilon A}{L \operatorname{tg} \alpha}$.

System hat, sofort ablesen können, ob das System besser oder schlechter ist als die Einzellinse oder mit anderen Worten, ob die Ersatzlinse gegenüber der Einzellinse zur Kathode oder zum Schirm hin verschoben ist. Allerdings ist auch diese Festsetzung noch nicht ganz befriedigend, denn sie berücksichtigt noch nicht, daß in den interessierenden elektronenoptischen Systemen Elektronenbeschleunigungen stattfinden, die eine Verringerung der Vergrößerung bedingen. Finden wir demnach durch das Experiment $\xi_r = 2$, so bedeutet das noch nicht, daß wir es mit einem in theoretischer Beziehung besonders guten System zu tun haben, denn wenn es uns gelänge, das gesamte Beschleunigungsfeld in die Ebene der Linse zu legen [V, 2], so hätten wir als Maximalwert für diese als „dünn" vorausgesetzte Immersionslinse zu erwarten:

$$\left(\frac{1}{\xi_r}\right)_{\max} = V\left(\frac{L}{s} - 1\right)\sqrt{\frac{\varepsilon}{U}}.$$

Allerdings dürften solche Werte experimentell schwer zu erreichen sein. Rechnen wir beispielsweise für ein gutes System, das [V, 20] behandelte Immersionsobjektiv, bei der kleinsten dort angegebenen Vergrößerung den zuletzt definierten Gütewert aus, um eine Vorstellung von wirklichen Größen zu bekommen. Mit $L = 240$ mm, $s = 228$ mm und $V = 5$ wird $\xi_r = 4$. — Mit diesen allgemeinere Gütedefinitionen vorbereitenden Betrachtungen wollen wir diesen Abschnitt abschließen.

Die verschiedenen, in den letzten Abschnitten erwähnten Arbeiten, so die der Schule Aachen (Rogowski), der Radio Corporation (Zworykin), von Telefunken (Knoll) und des Laboratoriums v. Ardenne haben uns gezeigt, daß man allgemein den Weg erkannt hat, der heute weiterführt, nämlich die bewußte Anwendung der geometrischen Elektronenoptik. Durch ihre klaren Gesetzmäßigkeiten ist es endlich möglich, auch auf diesem Gebiete Empirie durch Physik zu ersetzen. Wir werden erwarten können, daß die so geleitete Entwicklung uns bald zu guten Hochvakuumröhren mit elektrischer Konzentration führen wird, wie sie für das heutige Fernsehen die Lebensfrage zu sein scheinen.

VI. Das Elektronenmikroskop.

Unter „Elektronenmikroskop" verstehen wir eine stark vergrößernde Vorrichtung, die Elektronenstrahlen an Stelle von Lichtstrahlen zur Abbildung benutzt. Die beiden ersten Instrumente dieser Art, die mit elektrischen bzw. magnetischen Linsen arbeiteten, sind gleichzeitig und unabhängig entwickelt worden. Beide Entwicklungen schließen an die grundlegenden Arbeiten von Busch [78, 79] an, die den theoretischen Beweis erbrachten, daß eine magnetische Spule nicht nur Konzentrationseigenschaften für Elektronen besitzt, sondern daß sie analog einer optischen Linse Bilder elektronenemittierender Objekte ermöglicht.

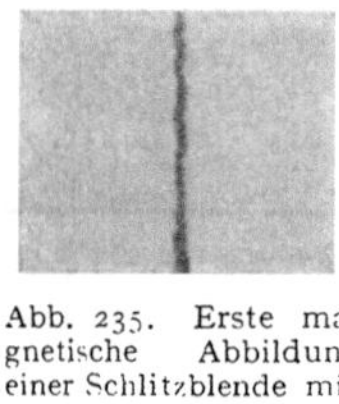

Abb. 235. Erste magnetische Abbildung einer Schlitzblende mit 150-Volt-Elektronen nach Rupp [335].

Die unmittelbaren Konsequenzen seiner Arbeit für die Abbildung komplizierter Objekte hat Busch, der nur die Linsenformel durch Beobachtung von Leuchtfleckgrößen nachprüfte [III, 16], nicht mehr gezogen. Als erster hat Rupp [335] Abbildungen komplizierterer Objekte bei seinen Beugungsuntersuchungen [VII, 10] durchgeführt. Er bildete einen mit Elektronen bestrahlten Schlitz vergrößert ab (Abb. 235) und stellte fest, daß ein über den Schlitz gespannter dünner Draht sich im Elektronenbild deutlich zeigt. In einer ausgedehnten Arbeit haben dann Knoll und Ruska [245] die Abbildungseigenschaften der Magnetspule, insbesondere der gepanzerten Magnetspule, untersucht und durch Kombination zweier solcher Spulen ein „magnetisches Elektronenmikroskop" gebaut.

Die elektrische Methode zur Abbildung mit Elektronen entwickelten BRÜCHE und JOHANNSON [64], die die Anregung zu ihren Untersuchungen ebenfalls der Arbeit von BUSCH verdanken [51]. Sie suchten nach abbildenden *elektrischen* Feldern, da ihnen der Ausbau dieses Teils der Elektronenoptik wegen der unmittelbaren Analogie zur Lichtoptik besonders reizvoll und für eine Weiterentwicklung hoffnungsvoll erschien. Die gesuchte elektrische Abbildungslinse wurde im Felddurchgriff an Lochblenden [III, 3] in der speziellen Form des „Immersionsobjektivs" [III, 8] gefunden[1], das damals „elektrisches Elektronenmikroskop" genannt wurde[2].

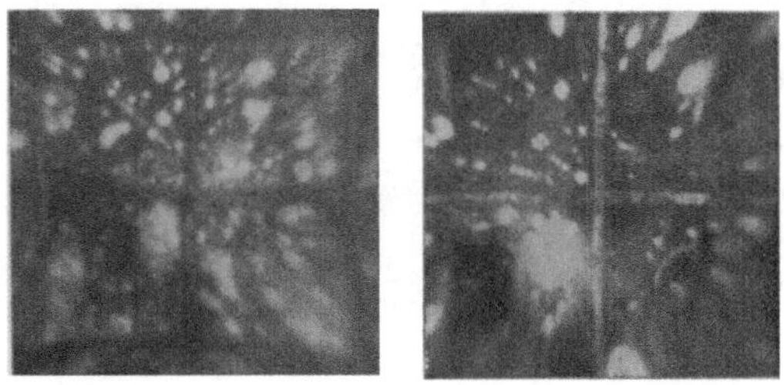

Abb. 236. Erste elektrische Kathodenabbildungen mit 300-Volt-Elektronen nach BRÜCHE-JOHANNSON (V_e = 60 bzw. 80)[4] [53].

Die zwei ersten nach der elektrischen und magnetischen Methode veröffentlichten[3] *Kathodenbilder* zeigen die Abb. 236 und 237[4]. Die in der ersten Abbildung wiedergegebenen Photographien [53] einer ungleichmäßig pastierten Oxydkathode wurden mit dem elektrischen Mikroskop bei 300 Volt Strahlgeschwindigkeit aufgenommen, während die zweite Abbildung die mit einer magnetischen Linse erhaltene Abbildung der kalten Kathode eines Hochspannungsoszillographen zeigt [245]. Beide Aufnahmereihen sind auch insofern bemerkenswert, als sie bereits Zustandsänderungen zu erfassen streben, für deren Studium das Elektronenmikroskop von besonderem Wert ist. Aus den unmittelbar anschließenden Veröffentlichungen über das elektrische [64] und magnetische [241] Elektronenmikroskop, welch letzteres bald auch den Erfordernissen der Glühkathodenuntersuchung angepaßt worden war[5], sei je eine Abbildungsreihe in Abb. 238 und 239 wiedergegeben. Wir haben es hier mit den ersten typischen Reihenaufnahmen eines Kathodenvorganges zu tun.

Abb. 237. Erste magnetische Kathodenabbildungen mit 60-kV-Elektronen (V_m = 13 bzw. 6) nach KNOLL und RUSKA [245].

---

[1] Gleichzeitig sind von DAVISSON und CALBICK [97, 98] Untersuchungen an Lochblenden durchgeführt worden. Die Autoren machten jedoch keinen Versuch, auf diese Weise auch Abbildungen zu erzielen [III, 3]. Anmerkung bei der Korrektur. Siehe die Notiz [79a].

[2] Vgl. über diese Entwicklung den Abriß von BRÜCHE [60].

[3] Wie uns Herr KOSSEL mündlich mitteilte, hat er bei den Untersuchungen zu seiner Habilitationsschrift [247] bereits Kathodenabbildungen beobachtet. Leider sind diese Bilder nicht photographiert und ist das Auftreten von Abbildungen durch Lochblenden nicht veröffentlicht worden.

[4] Hier und bei den übrigen Bildern gibt die runde Klammer an, ob das Bild mit elektrischen oder magnetischen Linsen aufgenommen wurde und in welcher Vergrößerung es *hier wiedergegeben* ist. Dabei bedeutet: V_e = Vergrößerung des elektrisch erzeugten Bildes, V_m = Vergrößerung des magnetisch erzeugten Bildes. Die Vergrößerung wird im allgemeinen aus dem Abstand mehrerer auf der Kathode eingekratzter und mitvergrößerter Striche bestimmt. — Es sei bei dieser Gelegenheit auf einen Unterschied in den Originalarbeiten über die beiden Methoden aufmerksam gemacht, der zu Irrtümern Anlaß geben kann. Bei den Bildern des elektrischen Mikroskops bezogen sich die Vergrößerungsangaben unter den Bildern auf den Abdruck, bei den Bildern des magnetischen Mikroskops dagegen zum Teil auf die Leuchtschirmgröße, während die gedruckten Bilder verkleinert wurden. *Die Angaben in diesem Buch beziehen sich, wenn sie unter den Abbildungen stehen, durchgehend auf die Wiedergabe.*

[5] Dazu war Reduktion der Strahlenergie von 60 auf 1 kV erforderlich.

Seit diesen ersten Veröffentlichungen (Frühjahr 1932) ist eine größere Anzahl elektronenmikroskopischer Untersuchungen teils nach der elektrischen, teils nach der magnetischen Methode durchgeführt worden. Die Ergebnisse haben den Wert gezeigt, der den quasioptischen Betrachtungen der Elektronenbewegung

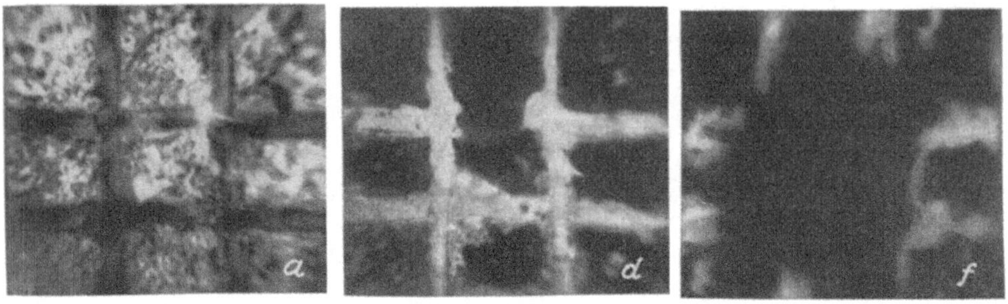

Abb. 238. Veränderungen auf einer Kathode, elektrisch aufgenommen ($V_e = 65$) [64].

zukommt, und haben damit die Ausdehnung dieser Betrachtungsweise auch auf andere Fragen nahegelegt.

Wir wollen uns in diesem Kapitel mit den Elektronenmikroskopen und insbesondere mit ihren Beobachtungsergebnissen beschäftigen. Bei den Ergeb-

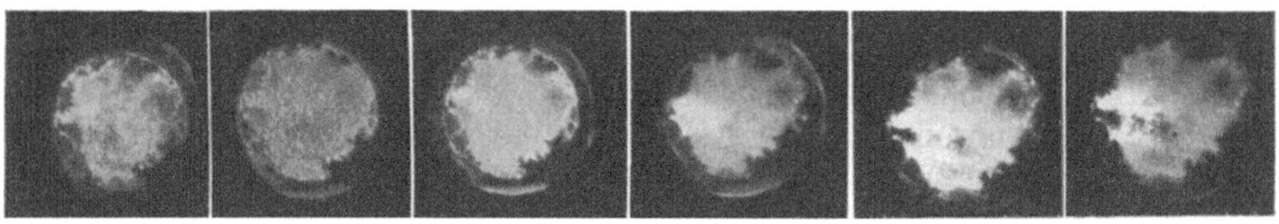

a b c d g i

Abb. 239. Veränderungen auf einer Kathode, magnetisch aufgenommen ($V_m = 3^1/_2$) [241].

nissen werden wir die Gruppe der Glühkathodenbeobachtungen durch ausführliche Behandlung herausheben, denn es ist dasjenige Anwendunsgebiet des Elektronenmikroskops, das bei großer technischer Wichtigkeit heute bereits der neuen Methode weitgehend zugänglich ist.

a) Die elektronenmikroskopischen Systeme.

1. Die gebräuchlichen Vergrößerungssysteme. Die historische Entwicklung hat es mit sich gebracht, daß man die erste elektrische und die erste magnetische Vergrößerungsanordnung einfach als „Elektronenmikroskop" bezeichnete. Man wird diese Bezeichnung kaum mehr verlassen, aber man wird sich darüber klar sein müssen, daß es sich hier nur um einen Sammelbegriff für mehrere, zum Teil sehr unterschiedliche Abbildungssysteme handelt, die im Gegensatz zu den Lichtmikroskopen alle Projektionsinstrumente[1] sind.

Wir haben es in der Elektronenmikroskopie entweder mit der gleichen Aufgabe wie in der Lichtoptik zu tun, nämlich ein durch- oder bestrahltes Objekt mittels dieser Strahlung vergrößert abzubilden, oder mit der Aufgabe, die Abbildung mit der Eigenstrahlung des Objektes durchzuführen. Im letzteren Falle muß die Elektronenstrahlung noch stark beschleunigt werden, um die zur Er-

[1] Das Elektronenbild wird auf einen Schirm, den Leuchtschirm, projiziert, der es uns sichtbar macht.

regung des Leuchtschirmes notwendige Energie zu erhalten. Zu der ersten Gruppe gehören die Abbildungen durchstrahlter Netze und Folien, während bei der zweiten Gruppe die Abbildung der Glühkathoden von besonderer Wichtigkeit ist. Die Anordnungen zur Abbildung durchstrahlter Objekte sind unmittelbar auch für Eigenstrahler verwendbar. Dazu beschleunigt man die langsamen Elektronen der Eigenstrahler zunächst durch ein optisch einwandfreies Beschleunigungsfeld, d. h. ein Feld, in dem die Potentialflächen eben oder Teile von Kugelflächen sind, deren Mittelpunkte auf der optischen Achse des Systems liegen [I, 13].

Die einfachste Abbildungsanordnung ist die magnetische oder elektrische Einzellinse. Während die elektrische Einzellinse bisher nur zu Netzabbildungen benutzt wurde, hat die magnetische Linse vielfache Anwendung gefunden. Sie diente zur Abbildung von Folien und — nach Vorschaltung eines Beschleunigungsfeldes — zur Abbildung von Glühkathoden.

Den Einzellinsen stehen die Immersionslinsen [II, 9] gegenüber, die bisher nur in der von uns als Immersionsobjektiv bezeichneten speziellen Form benutzt wurden. Dieses Objektiv ist eine typische Einrichtung zur Abbildung von Glühkathoden mit ihren sehr langsamen Elektronen. Es ist das ohnehin notwendige Beschleunigungsfeld, das so deformiert ist, daß es eine genügende Sammelwirkung auf die Elektronen ausübt [III, 8]. Das System müßte ebenfalls zur Abbildung von durchstrahlten Folien brauchbar sein, wobei die plane Kathodenfläche durch die plane Folie vertreten wird, aus der nun allerdings Elektronen von merklicher Geschwindigkeit[1] austreten, die durch das Immersionsobjektiv weiter zu beschleunigen wären. Die Anwendung des Systems ist zu diesem Zwecke noch nicht erfolgt, ebenso wie einfache Immersionslinsen, die entsprechend wie Einzellinsen zu verwenden wären, zur Abbildung noch nicht erprobt wurden.

Die heute vorliegenden Ergebnisse über die Elektronenmikroskopie sind fast durchgehend mit zwei Vergrößerungsanordnungen erhalten worden, nämlich dem elektrischen Immersionsobjektiv und der magnetischen Einzellinse mit und ohne vorgeschaltetem Beschleunigungsfeld. Diese beiden Anordnungen werden daher auch schlechthin als elektrisches bzw. magnetisches Elektronenmikroskop bezeichnet. Für die ersten beiden entwickelten Instrumente, deren Vergrößerung (zufällig) recht verschieden war, gilt folgendes:

Beim elektrischen Elektronenmikroskop war man von vornherein gezwungen, das ganze System ins Vakuumrohr zu setzen. Man baute das System ziemlich klein und gelangte so zu kleinen Brennweiten, deren untere Grenze $f = 1{,}4$ mm war [III, 8]. Gute Bilder ergaben sich für 1 m Mikroskoplänge bei 150—700facher Vergrößerung. Beim magnetischen Mikroskop bestand die Möglichkeit, die magnetischen Sammelfelder durch die Wandung des Vakuumgefäßes wirken zu lassen. Natürlich ist diese Möglichkeit ausgenutzt worden, wodurch die Anwendung relativ großer Linsen erforderlich wurde, die sich über das mindestens einige Zentimeter weite Versuchsgefäß schieben lassen mußten. Diese zuerst zur Anwendung gekommenen magnetischen Linsen sind zwar gegenüber einer langen Spule „kurz"; ihr Feld in der Achsenrichtung ist aber dennoch so ausgedehnt, daß sich Brennweiten unter ca. 20 mm selbst mit starken Strömen nicht erzielen ließen [III, 17]. Die Vergrößerung ist damit bei 1 m Rohrlänge höchstens 50fach. Diesen Unterschieden in der Vergrößerung beider Instrumente entsprechen natürlich erhebliche Unterschiede im Gesichtsfeld.

Wir werden danach streben, diese Beschränkungen der beiden Systeme hin-

---

[1] Über die Voraussetzung monochromatischer Strahlung vgl. [VI, 23].

sichtlich der Vergrößerung zu beseitigen oder doch zu verringern, indem wir nach den Mitteln und Wegen zur Anpassung der Systeme an eine gewünschte Vergrößerung fragen. Insbesondere gilt das vom magnetischen System, dessen Vergrößerung zu manchen Zwecken unzureichend ist.

Im Prinzip gibt es drei Wege zur Erhöhung der Vergrößerung, wie wir es vom Lichtmikroskop her wissen. Wir können erstens das ganze Instrument verlängern, zweitens ein Zwischenbild erzeugen und dieses durch ein ,,Okular" vergrößern oder drittens ein besonders konstruiertes Objektiv kleiner Brennweite wählen.

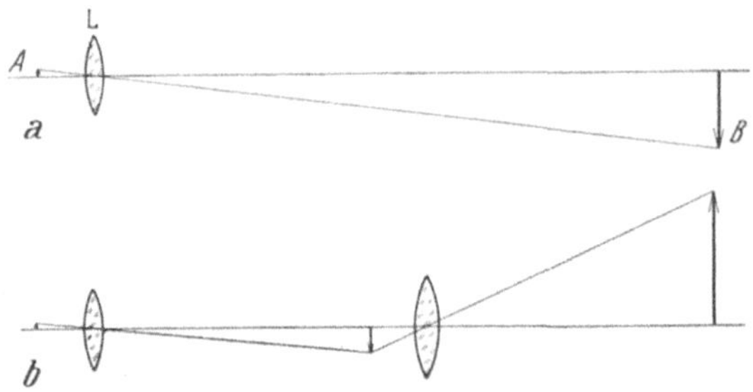

Abb. 240. Zur zweistufigen Abbildung.

Der erste Weg, die Vergrößerung der Mikroskoplänge unter geringfügiger Nachstellung der Gegenstandsweite bzw. geringfügiger Änderung der Brennweite ist eine sehr primitive Lösung. Wir werden sie im allgemeinen ebensowenig wie in der Optik anwenden[1].

Der zweite Weg, die Erzeugung eines Zwischenbildes, ist ebenfalls nur ein Notbehelf, der seine Rechtfertigung erst durch die Vorteile in anderer Hinsicht erhält. Arbeitet man nicht ,,einstufig" (Abb. 240a), sondern mit Zwischenbild[2], d. h. ,,zweistufig" (Abb. 240b), so kann man eine Meßskala in Gestalt eines Netzes am Ort des Zwischenbildes einschalten (Abb. 241). Man braucht ferner im magnetischen Falle die Objektivlinse nicht ins Vakuum zu bringen (s. nächsten Absatz) und hat schließlich den Vorteil, mit dem gleichen Instrument und der gleichen Objektivlinse Bilder hoher und — nach Ausschalten der ,,Okularlinse" — Bilder kleiner Vergrößerung herstellen zu können, wofür Abb. 242 ein Beispiel gibt. Diese Vorteile haben dazu geführt, daß bei den ersten magnetischen Elektronenmikroskopen zur Erzielung höherer Vergrößerung dieser Weg gewählt wurde[3].

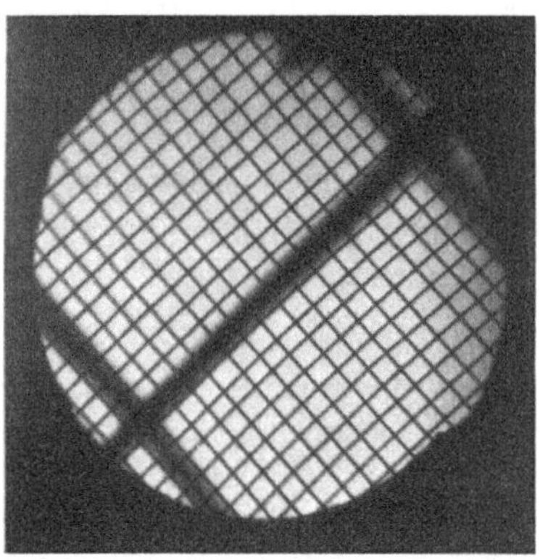
Abb. 241. Netz als Meßmikrometer bei zweistufiger Vergrößerung [246].

Der dritte, natürliche Weg ist die *Anpassung* des Abbildungsobjektivs selbst an die gestellten Bedingungen. Jedes Lichtmikroskop hat für die verschiedenen Zwecke mehrere Objektive verschiedener Vergrößerung. Auch ein Elektronenmikroskop wird man durch Wahl des Objektivs der gewünschten Vergrößerung anzupassen haben. Beim magnetischen Mikroskop bedeutet das, daß man zu besonderen Objektivlinsen kleiner Öffnung und kurzer Brennweite überzugehen

[1] Wir merken uns, daß ein Vergrößerungsvergleich zweier Elektronenmikroskope nur sinnvoll ist, wenn wir uns auf gleiche Mikroskoplänge beziehen.

[2] Bei der BRAUNschen Röhre lernten wir [V, 1] das entsprechende Verfahren kennen. Wir ,,beleuchteten" durch eine ,,Vorkonzentrationslinse" eine Lochblende, die nun als Gegenstand für die eigentliche Abbildungslinse diente.

[3] Als ,,Okulare" können magnetische oder elektrische Einzellinsen dienen. Bisher wurden hierzu nur magnetische Linsen gewählt.

hat, wenn eine Vergrößerungs*erhöhung* erzielt werden soll. Der Vorteil der magnetischen Linse großer Öffnung, daß sie außerhalb des Vakuumrohres angebracht werden kann, geht dabei allerdings verloren. RUSKA [342] hat solche magnetische Linsen hoher Vergrößerung gebaut und mit ihnen bei 40 kV Elektronenenergie bis 300fache Vergrößerung[1] bei 1 m Bildweite erzielt [III, 17]. Das magnetische Mikroskop vermag damit heute unter sonst gleichen Bedingungen

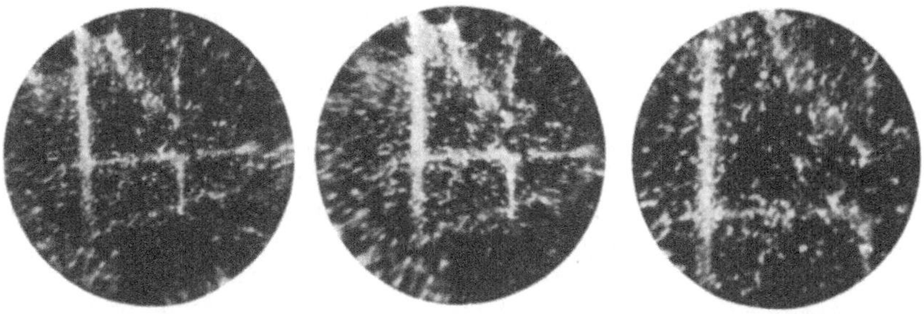

Abb. 242. Einstufiges Bild mit Immersionsobjektiv ($V_e = 46$). Zweistufige Bilder mit Immersionsobjektiv und magnetischer Einzellinse [235] ($V = 46$) ($V = 80$).

(1 m Länge, eine Vergrößerungsstufe) fast halb so hohe Vergrößerungen zu erreichen wie das normale elektrische Immersionsobjektiv von 1 mm Blendendurchmesser.

Während man mit den großen Linsen des magnetischen Elektronenmikroskops von vornherein niedrige Vergrößerungen erzielte, besteht beim Bau elektrischer Mikroskope, die in ihrer ersten Form bereits beträchtliche Vergrößerungen ergaben, auch das Bestreben, den Bereich kleiner Vergrößerungen und damit großer Gesichtsfelder zu erschließen. Wie man in diesem Falle vorzugehen hat, besprachen wir bereits [III, 2]. Diese Aufgabe ist beim *Immersionsobjektiv* indessen in gewissem Sinne gegenstandslos, denn zu Übersichtsbeobachtungen sind Einzellinsen viel geeigneter, die wir besonders als magnetische Linsen in vorzüglicher Form besitzen. Das Immersionsobjektiv ist zur Erzielung *höchster* Vergrößerungen prädestiniert.

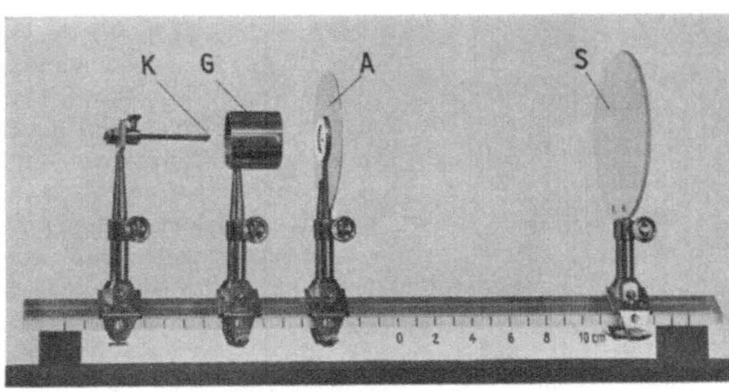

Abb. 243. Immersionsobjektiv auf optischer Bank [64].

2. Das elektrische Elektronenmikroskop (Immersionsobjektiv). Das elektrische Immersionsobjektiv, wie es sich zu Kathodenuntersuchungen bewährt hat (Abb. 243), besteht in seiner ursprünglichen Form [64] aus einem System von zwei auf geeignetem Potential befindlichen, ebenen Lochblenden *G* und *A* (ca. 1 mm Öffnung), deren Abstand (Größenordnung 1 mm) veränderlich ist. Dieser Kondensator wird je nach der gewünschten Vergrößerung 0,3 bis 1 mm an

[1] Nach persönlicher Angabe von Herrn RUSKA.

die plane Kathodenfläche K herangebracht. Es entstehen dann Potentialfelder, die bei richtiger Wahl der einzelnen Potentiale die von einem Punkt der Kathode ausgehenden Elektronen wieder in einem Punkt des Schirmes S zusammenführen [III, 8, 9]. Das Mikroskop wird mit Elektronen von 500—1500 Volt betrieben.

Zur Erreichung einwandfreier Bilder ist äußerste Präzision des Aufbaues von System und Kathode erste Voraussetzung. Schon eine Verschiebung der Blenden um kleine Bruchteile von Millimetern, eine geringfügige Verkantung oder Exzentrizität im Aufbau bedingen wesentliche Verringerung der Bildqualität. Aus diesen Gründen und um die Entfernungen der einzelnen Blenden leicht verstellen zu können, ist der in der Lichtoptik bewährte Aufbau von Einzelteilen auf einer optischen Bank gewählt. Die Bank ist aus Glas mit einem Dachwinkel von 90°. Die Reiter ruhen auf ihr mit angeschliffenen Kanten oder bei neueren Anordnungen auf kleinen Messingstiftchen. Die Anwendung dieser Stiftchen, die durch die Enden von Stellschrauben gebildet werden, hat sich zur genauen Justierung gut bewährt. Für die Bewegung des einzelnen Reiters ist an seinem Fuß ein Eisenstab angebracht, der unter der optischen Bank hängt. Durch einen Wechselstrommagneten, der durch die Wand der die ganze Apparatur umhüllenden metallisch ausgekleideten Glasglocke hindurchwirkt, sind die Reiter leicht und stetig verschiebbar. Einzelne Reiter (z. B. die Kathode), die nicht bewegt werden sollen, haben statt des Eisenstabes eine Feststellschraube. Die jeweilige Reiterstellung wird an der Bank selbst, an deren Seitenflächen eine Millimeterskala eingeätzt ist, abgelesen.

Abb. 244. Immersionsobjektiv auf Reiter [212].

Da es schwierig ist, die beiden eng benachbarten Blenden vor der Kathode unabhängig voneinander durch den Führungsmagneten zu verstellen, und da die Änderung des Abstandes zwischen diesen Blenden nicht von großer Bedeutung für das Bild ist, wird bei neueren Konstruktionen ein fest zusammengebautes Blendenpaar benutzt [212]. Abb. 244 zeigt den Aufbau eines solchen Systems. Die Anodenblende ist als große Scheibe oder Topf, die kathodennahe Blende als kleinerer Topf ausgebildet, um störendes Nebenlicht der Kathode, wandernde Raumladung usw. abzuschirmen. Geeignet angebrachte Bohrungen im Mantel des Topfes um die Kathode erlauben auch während des Versuches die Beobachtung der Kathode. Die Blenden selbst sind aus Molybdänblech von 0,2 mm Dicke hergestellt, das den sehr hohen Temperaturen in der Nähe der Kathode einwandfrei Widerstand leistet. Das Blech ist auf die entsprechend größeren starkwandigen Messingblenden von mehreren Millimetern Lochweite aufgeschweißt.

Ein System (Abb 244), das sich gut bewährte, hat folgende Daten: Abstand der Blenden 0,95 mm, Durchmesser der Gitterblende $D_G = 1{,}2$ mm, Durchmesser der Anodenblende $D_A = 1{,}0$ mm. Die Eichkurven des mit diesem System ausgerüsteten Mikroskops bei 24 cm Abstand zwischen Kathode und Schirm gibt Abb. 245 nach Untersuchungen von JOHANNSON [212]. Hier ist wie üblich [III, 2] über dem Quotienten von Gitterpotential U_G und Anodenpotential U_A aufgetragen: Vergrößerung V, Durchmesser des scharfen Schirmbereiches B_0, Durchmesser des scharf abgebildeten Kathodenbereiches

$A_0 = B_0/V$ und der zu diesen Daten gehörige Abstand c der Gitterblende von der Kathode. Dabei ist unter scharfem Schirm- bzw. Kathodenbereich der Durchmesser desjenigen Kreisbezirkes auf dem Schirm (Abb. 246) bzw. der Kathode verstanden, in dem die Bildfehler die Erkennung von Einzelheiten noch nicht unmöglich machen. Natürlich handelt es sich dabei um eine in gewissem Grade subjektive Festlegung.

Wünschen wir beispielsweise das System für 130fache Vergrößerung zu benutzen, so finden wir aus Kurve a und d, daß wir $U_G/U_A = -0{,}1$ und $c = 0{,}35$ mm zu wählen haben. In diesem Falle erhält der scharfe Bildbereich B_0 rund 20 mm Durchmesser, und der entsprechende Kathodenbereich wird 0,15 mm.

Den Kurven Abb. 245 ist zu entnehmen, daß dieses spezielle Elektronenmikroskop bei $U_G/U_A = 0{,}1$ optimal arbeitet, weil dort der abgebildete Bereich A_0 ein Maximum ist. Beschränkt man sich nicht auf die Variation des Abstandes c, sondern zieht man auch geometrisch ähnliche Vergrößerungen oder Verkleinerungen des gesamten Systems (mit Ausnahme der Länge L) mit in Betracht [III, 2], so wird man das Verhältnis $U_G/U_A = -0{,}4$ als optimal betrachten, bei dem der durch $2 \operatorname{tg} \gamma = B_0/L$ bestimmte Öffnungswinkel 2γ des scharf zeichnenden Bündels (im Bildraum gemessen) ein Maximum ist, da man dann bei jeder verlangten und durch Abänderung der Systemgröße erzielten Vergrößerung den größtmöglichen Gegenstandsbereich abbildet. Die Größe B_0/L bezeichnete Johanson [212] als Gütefaktor η [V, 20, 22].

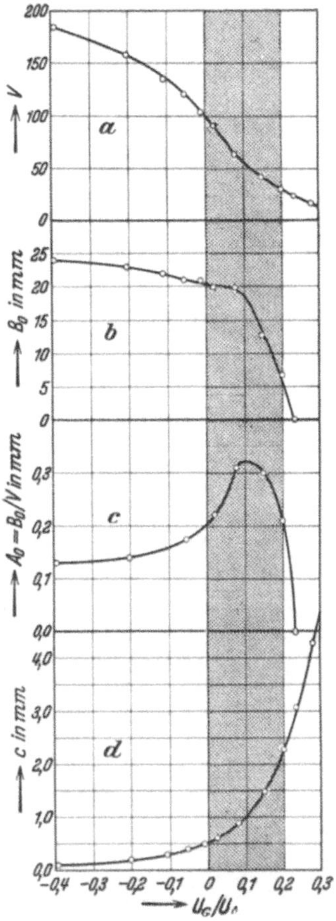

Abb. 245. Eichkurven des Immersionsobjektivs von Abb. 243 [212].

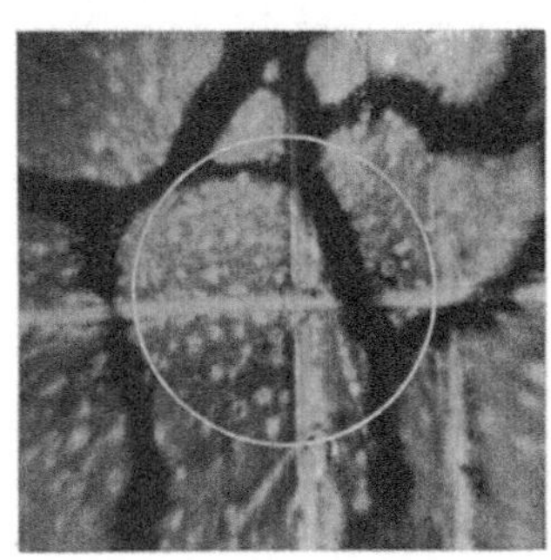

Abb. 246. Scharf abgebildeter Bereich ($V_e = 70$) [212].

Natürlich ist die Güte einer bestimmten Systemform durch den Gütefaktor η allein noch nicht hinreichend charakterisiert. Es muß noch ein Maß für die *Schärfe* der Abbildung hinzutreten. Ein solches Maß gibt etwa die Größe $\delta = V \cdot \Delta/L$, in der Δ den Abstand zweier Punkte in der Objektebene bedeutet, die auf dem Bilde oder gegebenenfalls auf einer lichtoptischen Weitervergrößerung desselben gerade noch als getrennt erscheinen [VI, 23]. Die *Vergrößerung* selbst ist als Kriterium für die Güte eines Systems *nicht* geeignet, da man ja ein kleines, aber scharfes elektronenoptisches Bild lichtoptisch weitervergrößern kann.

Eine wesentliche Verbesserung der optischen Eigenschaften des Immersionsobjektivs erzielte Johannson [212] dadurch, daß er die ebene Gitterblende durch eine Profilblende ersetzte, die in ihrer Form dem erwünschten Potentialfeld angepaßt ist. Johannson ging dabei so vor, daß er im elektrolytischen Trog das Potentialfeld dicht vor der Kathode für eine Anzahl verschieden gestalteter Gitterblenden gleicher lichter Öffnung ermittelte (Abb. 247). Diejenige Anordnung wird danach für die Kathodenabbildung günstig sein, bei der die Potentialflächen auch noch in größerem Abstand von der Achse Kugelflächen sind. Aus diesen Modellmessungen wurde das System Abb. 248 abgeleitet. Schon bei diesem an sich noch verbesserungsfähigen System ist das Gesichtsfeld gegenüber dem einfachen System mit ebener Blende um 70% im Durchmesser geweitet, d. h. die abgebildete Fläche A_0 ist auf das Dreifache gewachsen.

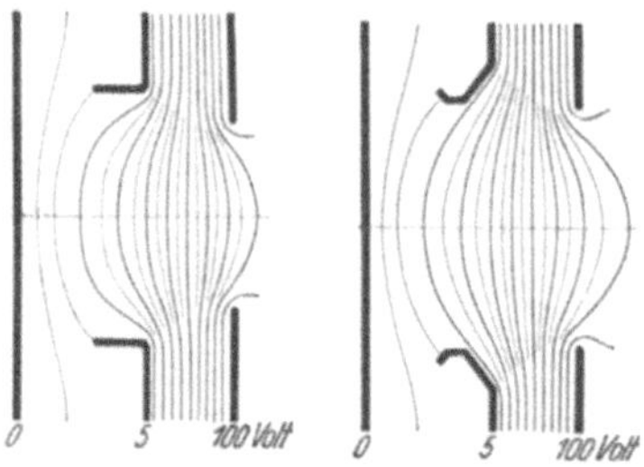

Abb. 247. Einfluß des Profils der Gitterblende auf das Potentialfeld.

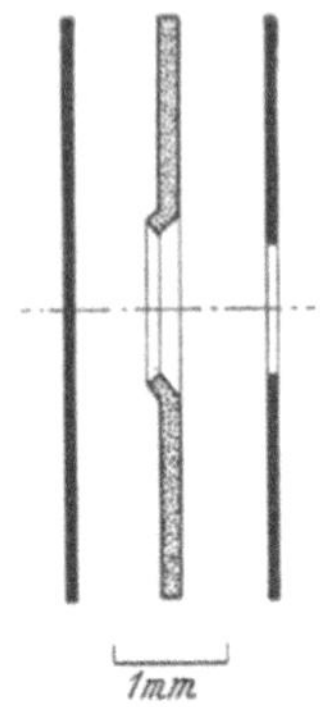

Abb. 248. Immersionsobjektiv mit Profilblende [212].

Da ein elektrisches Elektronenmikroskop mit seiner optischen Bank und seinen Reitern ein relativ kompliziertes Instrument ist, liegt es nahe, nachdem jetzt der Einfluß der Abstände usw. genau bekannt ist, die günstigen Abstände fest zu wählen und das so erhaltene System in ein Rohr einzubauen, ähnlich wie den optischen Aufbau bei der Braunschen Röhre. Um wenigstens eine gewisse geometrische Variationsmöglichkeit zu behalten, wird man die Kathode verstellbar einrichten, was sich leicht mittels Tombakrohr und drei Einstellschrauben erreichen läßt. Eine solche Kathodenverstellvorrichtung (Abb. 249) hat noch einen weiteren Vorteil. Sie erlaubt durch Drehung einer der drei Schrauben, die Kathode unter dem Objektiv vorbeizuführen und so ähnlich, wie es beim magnetischen Mikroskop durch Verkanten der Linsen möglich ist, verschiedene Bereiche der Kathode abzubilden. Daß der „verstellbare Objekttisch" sich auch beim Präzisions-Elektronenmikroskop mit optischer Bank anwenden läßt, liegt auf der Hand (Abb. 262 und Titelbild).

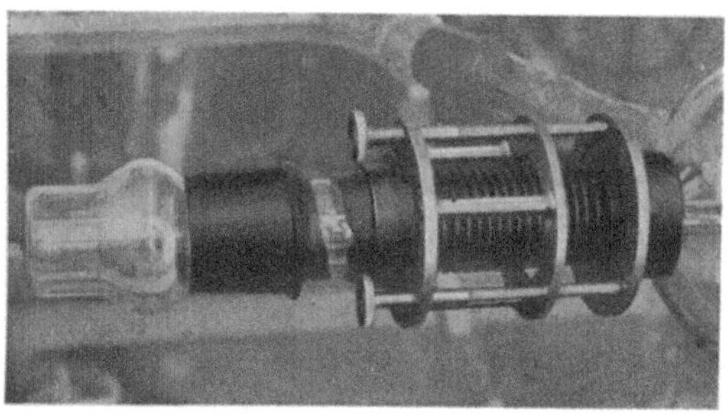
Abb. 249. „Objekttisch" des Elektronenmikroskops.

Eine Abart der soeben beschriebenen Anordnung hat kürzlich Zworykin [450] benutzt, indem er an die Gitterblende einen Zylinder ansetzte (Abb. 250), so daß jetzt das Potentialfeld bis nahe an die Anodenblende heran sammelnd wirkt.

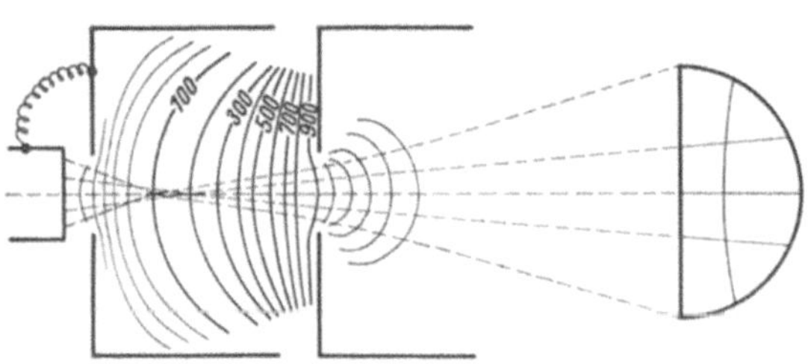

Abb. 250. Immersionsobjektiv mit Zylinder an der Gitterblende [450].

Alle bisher bekannten Immersionsobjektive arbeiten ohne „Okularlinse", da die mit ihnen erzielten Vergrößerungen bereits sehr erheblich sind; erreicht man doch z. B. bei dem System Abb. 244 unter Annahme von 1 m Mikroskoplänge bereits mit einer Stufe bis 800fache Vergrößerung. Der Anwendung der „Okularlinse" steht an sich nichts im Wege [VI, 1], doch wird man zu prüfen haben, ob man sich mit der Erzwingung extremer Vergrößerungen nicht in gewissem Maße einer Selbsttäuschung hingibt ähnlich demjenigen, der ein zu schwaches Mikroskopbild mit dem Projektionsapparat vergrößert.

3. **Weitere Eigenschaften des Immersionsobjektivs.** Wir lernten in früheren Abschnitten wichtige Eigenschaften des Immersionsobjektivs kennen. So wurden bereits zusammengestellt: die Vergrößerung und die notwendigen Gitterspannungen in Abhängigkeit von dem Abstand der Gitterblende von der Kathode [VI, 2], die Brennweitenkurve [III, 8], die Fehler des Abbildungssystems [III, 12], die Größe des abgebildeten Bereiches bzw. die optimale Vergrößerung eines gegebenen Systems [VI, 2]. Diese optischen Betrachtungen seien nun noch durch einige nichtoptische Angaben ergänzt, die der erwähnten Untersuchung JOHANNSONS [212] entnommen sind und die sich ebenfalls auf das einfache Lochblendensystem [VI, 2] beziehen, dessen Daten wir bereits kennen.

Für die Kenntnis des Elektronenmikroskops wird außer den optischen Daten interessieren, welche Gesamtemission der Kathode zum Betriebe erforderlich ist und welcher Bruchteil des Stromes zur Bilderzeugung benutzt wird. Abb. 251 zeigt bei Betrieb des Mikroskops mit 750-Volt-Elektronen und konstanter Kathodenheizung ein Meßbeispiel über die Stromverteilung in Abhängigkeit von dem Abstand c der Gitterblende von der Kathode bzw. der Gitterspannung U_G, die zur Erzielung eines scharfen Bildes für das gewählte c erforderlich ist. Wie es zu erwarten ist, sind die Ströme bei negativen Gitterspannungen sehr klein, da in diesem Falle die Elektronen von dem größten Teil der Kathode überhaupt nicht fortgelangen können.

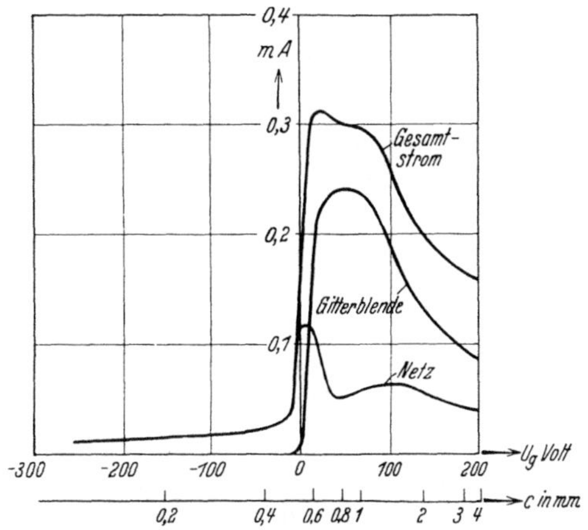

Abb. 251.
Stromkurven beim Immersionsobjektiv Abb. 244 [212].

Um eine Aussage über die spezifische Strombelastung der Kathode zu erhalten, wollen wir annehmen, daß der gemessene Strom im Falle negativer Gitterpotentiale gleichmäßig[1] von dem emittierenden Bereich[2] F_1 der Kathode ausgeht, wie ihn Abb. 252 für $c = 0{,}2$ mm zu $F_1 = 0{,}38$ mm^2 ergibt. So erhalten wir als Emissionsbelastung der Kathode im Gebiet negativer U_G-Werte spezifische Ströme von der Größenordnung 1 mA/cm^2.

Bei positiven U_G-Werten sind die Gesamtströme ein Vielfaches der Ströme bei negativem U_G. Rechnen wir auch jetzt wieder z. B. für das Maximum der Gesamtstromkurve (Abb. 251) die spezifische Emission unter der Annahme aus, daß die *gesamte* Vorderseite der Kathode von 5 mm Durchmesser gleichmäßig emittiert, so erhalten wir die gleiche Größenordnung wie im Gebiet negativer Gitterspannungen, was insofern auch ganz plausibel ist, als sich das Potential-

[1] In Wirklichkeit wird natürlich die Belastung der Kathode im Zentrum wegen der höheren Feldstärke merklich größer sein als in den Randbezirken. Dagegen wird, da der scharf abgebildete Bereich F_2 nur sehr klein gegen die gesamte emittierende Fläche der Kathode ist (Abb. 252a), die spezifische Emission im Bildbereich konstant sein, wie es übrigens auch das elektronenmikroskopische Bild durch seine gleichmäßige Helligkeit erkennen läßt.

[2] Wir verstehen hier im Gegensatz zu [VI, 2] unter „Bereich“ F die Fläche und nicht die Linearausdehnung des betrachteten Bezirks.

gefälle — U_G und c sind in gleichem Sinne gewachsen! — nicht sehr wesentlich geändert haben wird.

Aus diesen Abschätzungen ergibt sich, daß wir bei den elektronenmikroskopischen Untersuchungen durchaus noch nicht im technisch gebräuchlichen Emissionsgebiet sind, das um 1 A/cm², also 2—3 Zehnerpotenzen höher liegt (Abb. 282). Da die Kathodentemperatur indessen bei der Elektronenmikroskopie normal ist, bedeutet das, daß wir mit dem Elektronenmikroskop weit unterhalb der Sättigung arbeiten. Daraus ist zu schließen, daß kräftige negative Raumladungsschichten dicht vor der Kathodenoberfläche vorhanden sein werden, die den Elektronenaustritt behindern.

Neben der Frage nach dem Stromhaushalt der Kathode ist auch die Frage nach dem zur *Bild*erzeugung dienenden Strom von Wichtigkeit. Leider sind in dieser Hinsicht noch keine einigermaßen einwandfreien Messungen durchgeführt worden. Dazu wäre der Schirm — oder bei ungleichmäßiger Emission ein entsprechender Schirmbereich — durch einen FARADAY-Käfig zu ersetzen. Messungen,

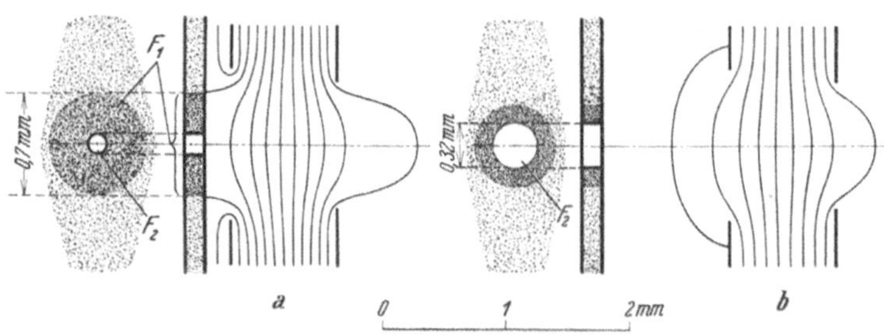

a) negatives Gitterpotential b) positives Gitterpotential

Abb. 252. Emittierender Bereich F_1 und scharf abgebildeter Bereich F_2 beim Immersionsobjektiv bei verschiedener Blendenstellung [212].

die mit leitenden Schirmen durchgeführt wurden, ergaben, daß der gesamte Schirmstrom von der Größenordnung 10^{-3} mA ist.

Nehmen wir einmal an, daß diese Größenordnung richtig ist, und versuchen wir nun, rückwärts auf die spezifische Emission der Kathode zu schließen. Da sich wegen der Richtwirkung des Beschleunigungsfeldes praktisch *alle* von einem Kathodenpunkt ausgehenden Elektronen wieder am Bildpunkt vereinigen, dividieren wir einfach den gemessenen Schirmstrom durch den aus Vergrößerung und ausgeleuchtetem Schirmbereich errechenbaren Kathodenbereich. Wir erhalten so spezifische Emissionsströme von der Größenordnung 1 mA/cm², also Ströme, die unseren obigen Abschätzungen entsprechen.

Der *spezifische* Schirmstrom ist beim Elektronenmikroskop sehr gering. Er beträgt bei 10^{-3} mA Schirmstrom und bei 10 cm Schirmdurchmesser im Mittel nur rund 10^{-5} mA/cm². Die Unterschiede zwischen der spezifischen Emission einzelner Bildteile können dabei sehr groß sein. Es ist auch aus diesem Grunde erwünscht, genauere Messungen (Käfigmessungen) durchzuführen und auf diese Weise z. B. die Emissionsfähigkeit einer kristallinen Metallfläche [VI, 21] abzutasten.

4. Das magnetische Elektronenmikroskop. Das magnetische Elektronenmikroskop ist auf dem Wege über den Hochspannungsoszillographen entstanden. Nach dem experimentellen Beweise, daß das Magnetfeld einer Spule die von BUSCH geforderte Abbildungseigenschaft besitzt, und nachdem *geeignete* Magnetspulen konstruiert waren, konnte ein Kathodenstrahl-Oszillograph unmittelbar als Elektronenmikroskop benutzt werden.

Das erste magnetische Mikroskop, das KNOLL und RUSKA [245] benutzt haben, ist daher auch aus Teilen von Hochspannungsoszillographen ähnlich wie diese Instrumente aufgebaut. Abb. 253 zeigt die Apparatur. Die Elektronen wurden in einer Gasentladungsröhre mit kalter Kathode erzeugt und auf 50—80 kV zu einer Blende beschleunigt, die gleichzeitig Anode der Gasentladung, Strömungswiderstand für das Gas und Objekt für die Abbildung darstellt. Das gesamte Metallgefäß unterhalb dieser Blende hat das gleiche Potential. Der Druck im Gasentladungsrohr wurde durch Zustrom auf etwa 0,01 mm Hg gehalten, während er durch Benutzung einer kräftigen Pumpe am Hauptgefäß auf 0,001 mm Hg gesenkt wurde. Die ganze Apparatur war rund $1^1/_4$ m lang.

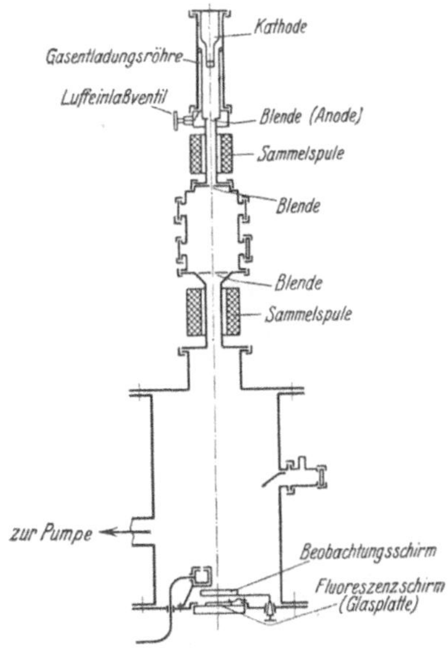

Abb. 253. Hochspannungsoszillograph als magnetisches Elektronenmikroskop [245].

Als magnetische Linsen, deren Lage aus der Zeichnung zu erkennen ist, wurden bei dieser ersten Anordnung ungepanzerte Spulen verwendet, die durch Kardangelenke leicht in die gewünschte Lage einstellbar waren. Als Schirm konnte bei den hohen Energien von 50—80 kV eine durch Kathodenzerstäubung metallisierte Glasplatte für die Photographie Verwendung finden [VI, 10]. Mit der Apparatur wurde bis 16fache Vergrößerung erzielt. Es wurden die kalte Kathode (Abb. 237), vorzugsweise aber Blenden (Abb. 254) und Netze abgebildet.

Abb. 254. Abbildungen einer T-Blende (V_m = 13 bis 1) [245].

Eine spätere von KNOLL, HOUTERMANS und SCHULZE [241] beschriebene Apparatur bringt den Übergang zu kleineren Elektronengeschwindigkeiten von der Größenordnung 1 kV zwecks Anpassung an die Erfordernisse der Oxydkathodenuntersuchung.

Die Apparatur ist in Abb. 255 dargestellt. Sie unterscheidet sich äußerlich von der ersten Anordnung durch die Einfachheit des Aufbaus, die Umlegung des Strahlenganges in die Horizontale und die damit in Verbindung stehende Anordnung aller Teile (einschließlich des photographischen Apparates) auf einer optischen Bank. Man erkennt auf der Abbildung die beiden eisengekapselten Spulen und das ca. 6 cm weite Versuchsrohr, das im Innern metallisch ausgekleidet ist. Es enthält außer der Kathode, auf die wir [VI, 10] noch besonders zu sprechen kommen, ein senkrecht

Abb. 255. Magnetisches Elektronenmikroskop zur Untersuchung von Oxydkathoden [241].

zur Rohrachse gespanntes Netz, das zwischen den beiden Spulen angeordnet ist und als Okularmikrometer dienen kann (Abb. 241). Das Rohr wird, wie üblich, durch einen Fluoreszenzschirm vervollständigt, der direkt als Abschlußplatte des Rohres dient.

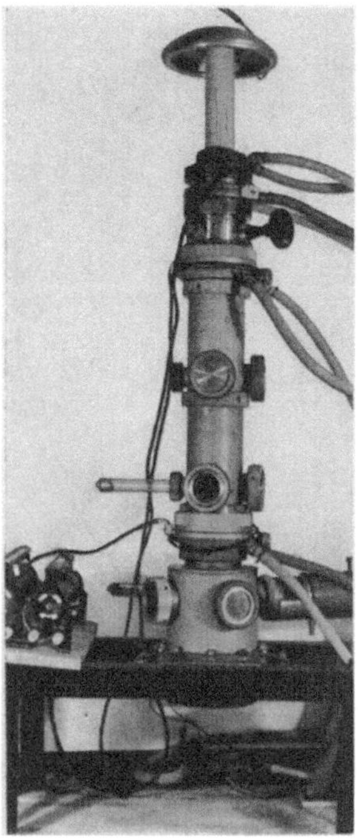

Abb. 256. Magnetisches Mikroskop für sehr hohe Vergrößerungen [342].

Für die beiden Magnetspulen, die den wichtigsten Bestandteil des magnetischen Mikroskops darstellen, hat sich die [III, 17] bereits beschriebene und in Abb. 101 maßstäblich dargestellte Ausführung bewährt. Das Arbeiten mit diesen Spulen wird durch ihren kardanischen Aufbau (Abb. 255) sehr bequem gemacht.

Der Wunsch, auch mit dem magnetischen Mikroskop in einer Stufe hohe Vergrößerungen zu erzielen, hat zur Anwendung ins Rohr eingebauter Spulen geführt, wie sie Abb. 105 und 260 zeigen. Das mit solchen Spulen ausgerüstete zweistufige Instrument Ruskas [342] von 1,20 m Höhe (bis Kassettenboden gemessen) zeigt Abb. 256. Es stellt ein gut durchkonstruiertes technisches Instrument dar, bei dessen Bau die reichen Erfahrungen des Berliner Hochspannungsinstituts über Braunsche Hochspannungsoszillographen Anwendung fanden. Die schnellen Elektronen (40—70 kV), die durch ein Gasentladungsrohr erzeugt werden, werden durch eine wassergekühlte Vorkonzentrationsspule auf das Objekt (Metallfolie von rund 1 μ Dicke) gerichtet, für dessen Wärmeableitung durch eine besondere Einspannung in Blenden von 0,2 mm aus Goldplatin gesorgt ist (Abb. 257). Das ganze System ist in die Objektspule (Abb. 260) mit eingeschraubt, so daß eine sehr genaue Zentrierung möglich ist. Die in der Abbildungsspule entstehende Joulesche Wärme und die vom Elektronenaufprall herrührende Wärme werden durch eine Wasserkühlung abgeführt. In etwa 40 cm Abstand entsteht das Bild, das durch eine zweite gleichartige magnetische Linse abermals vergrößert wird. Da jede dieser Linsen etwa 100fache Vergrößerung erlaubt, ist es möglich, das durchstrahlte Objekt in 10000facher Vergrößerung abzubilden. Das ist die höchste durch rein elektronenoptische Mittel bisher erreichte Vergrößerung. Auf die Frage, ob eine so hohe Vergrößerung auch einen physikalischen Sinn hat, werden wir später [VI, 23] eingehen.

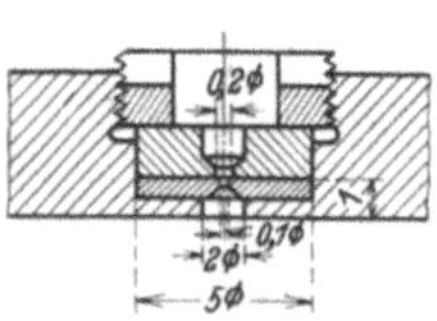

Abb. 257. Objekteinspannung beim Elektronenmikroskop Abb. 256 [342].

5. Feststehende Mikroskopsysteme einstellbarer Vergrößerung. Bei den meist benutzten elektrischen und magnetischen Instrumenten sind die Elektronenlinsen geometrisch verstellbar angeordnet. Auf diese Weise ist es möglich, die Vergrößerung eines Instrumentes bei konstanter Entfernung Gegenstand—Schirm in gewissen Grenzen zu variieren. Schiebt man z. B. die Linse an das Objekt heran[1], so wird man durch entsprechendes Nachstellen der Brechkräfte wieder ein Bild, und zwar ein größeres als vorher, auf dem Schirm erzeugen können. Diesen Instrumenten stehen andere gegenüber, bei denen man auf die

[1] Statt dessen kann man auch das Objekt (die Kathode) durch besondere Schraubvorrichtungen (Abb. 249) der Linse annähern.

Verstellmöglichkeit der Vergrößerung durch Verschiebung der Linsen verzichtet hat (z. B. das Mikroskop Abb. 256).

Da die Änderungsmöglichkeit der Vergrößerung in gewissen Grenzen zweifellos nützlich ist, so wird man sich die Frage vorlegen, ob auch Systeme möglich sind, die feste Anordnung im Raum mit Wählbarkeit der Vergrößerung vereinen. Tatsächlich lassen sich zwei Wege zur Erreichung dieses Zieles angeben.

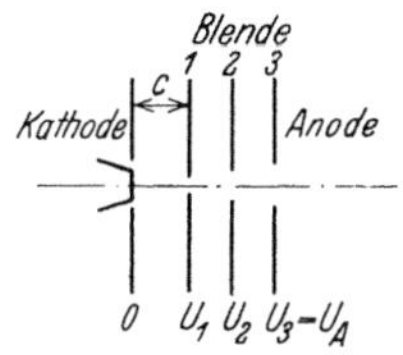

Abb. 258. Schema des 4-Elektroden-Immersionsobjektivs [213].

Der in praktischer Beziehung einfachste Weg ist die Anwendung einer zusätzlichen Einzellinse, wie wir sie beim magnetischen Mikroskop als Regel kennengelernt haben [VI, 1, 4]. Jetzt kann man durch zunehmende Beteiligung der „Okularlinse" an der zur Bilderzielung insgesamt erforderlichen Brechkraft die Lage der Ersatzlinse von Objektiv und Okular mehr und mehr vom Objektiv zum Okular hinrücken und damit die Vergrößerung fortschreitend verringern. Entsprechend läßt sich die Vergrößerung bei Erzielung eines Zwischenbildes erhöhen. Wir finden dabei die Brennweitenformeln für die Verwendung zweier relativ weit voneinander entfernter Linsen recht gut erfüllt [235].

Der zweite Weg besteht in der alleinigen Verwendung *eines* Objektivs, dessen Hauptebenen sich verschieben lassen. Hier haben sich drei Lösungen als recht brauchbar erwiesen, nämlich das 4-Elektroden-Immersionsobjektiv von JOHANNSON [213], das magnetische Doppelobjektiv von RUSKA [342] und das kombinierte elektrisch-magnetische Objektiv von KNECHT [235].

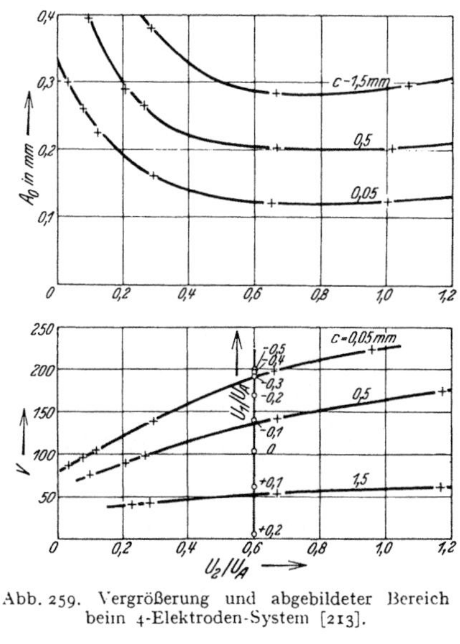

Abb. 259. Vergrößerung und abgebildeter Bereich beim 4-Elektroden-System [213].

Das 4-Elektroden-Objektiv ist ein Immersionsobjektiv, bei dem außer den notwendigen zwei Lochblenden noch eine dritte Lochblende vorgesehen ist[1]. Mit Hilfe dieser dritten Lochblende, die man sich zum Schirm hin dicht vor den zwei normalen Blenden angeordnet denken möge (Abb. 258), gelingt es, das sammelnde Feldgebiet von der Kathode fortzurücken und so die Vergrößerung gegenüber dem normalen System zu verringern. JOHANNSON [213] hat ein solches System in entsprechender Weise wie das normale Immersionsobjektiv genauer untersucht. Der Abstand der Blenden 2 und 3 von 1 mm Öffnung war zu 0,72 mm gewählt worden. Der Abstand c zwischen Kathode und erster Blende war veränderlich, wozu das ganze System in üblicher Weise auf einem Reiter verschiebbar angeordnet war. Wir entnehmen den in Abb. 259 wiedergegebenen Kurven eines 24 cm langen Strahlenganges, daß sich die Vergrößerung bei konstanter Gesamtenergie $U_A = U_3 = 750$ V in recht weiten Grenzen mit dem Potential U_1 bzw. U_2 der beiden kathodennahen Blenden ändern läßt, wobei der scharf abgebildete Kathodenbereich A_0 sich so ändert, daß der scharfe Bildbereich $B_0 = A_0 \cdot V$ in erster Näherung konstant ist [VI, 2].

[1] Wir kommen mit dieser Anordnung bereits der Immersionslinse nahe. Schneiden wir das Objektiv zwischen Blende 1 und 2 entzwei und entfernen die beiden Teile voneinander, so ist das Objektiv in eine Beschleunigungsanordnung und eine Immersionslinse zerfallen.

Entsprechendes gilt für das magnetische Objektiv einstellbarer Vergrößerung. Abb. 260 zeigt eine solche „Doppellinse", wie sie bei dem neuesten magnetischen Mikroskop [VI, 4] Anwendung gefunden hat. Die magnetische Linse besteht aus zwei als ein einheitliches Ganzes wirkenden Einzellinsen[1]. Durch verschieden kräftige Strombeschickung der beiden getrennten Wicklungen gelingt es, das Schwergewicht der Linsenwirkung zwischen den beiden verschieden vergrößernden Einzellinsen zu verschieben.

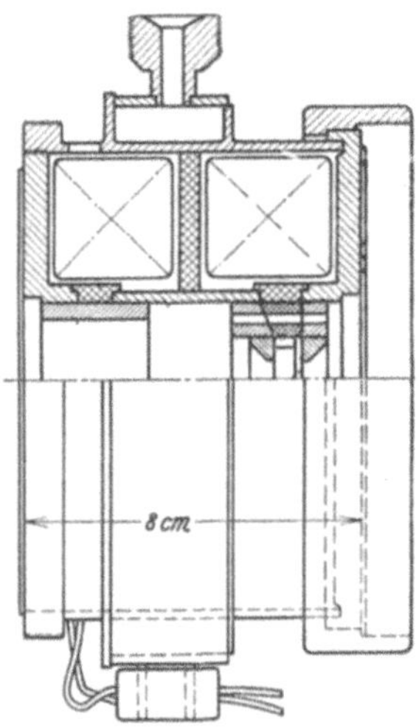

Abb. 260. Magnetische Doppellinse[1] [342].

Betrachten wir schließlich noch das kombinierte elektrisch-magnetische Objektiv. Hier wird die insgesamt erforderliche Sammelwirkung zwischen einem Immersionsobjektiv und einer der Kathode etwas ferner liegenden magnetischen Linse aufgeteilt. So läßt sich die Vergrößerung zwischen der des Immersionsobjektivs und der der magnetischen Linse wählen, wobei dann das elektrische System nach Kurzschluß der beiden Blenden nur noch als Beschleunigungssystem (mit seiner geringen Linsenwirkung) arbeitet. Die Versuchsreihe Abb. 261 zeigt als erstes Bild die „rein" elektrische, als letztes Bild die „rein" magnetische Abbildung[2], während das Zwischenbild durch die kombinierte Wirkung eines elektrischen und eines magnetischen Feldes erzeugt ist. Dabei zeigt sich jedoch, daß im Gegensatz zu den beiden zuvor besprochenen Objektiven eine Weitung des Gesichtsfeldes mit abnehmender Vergrößerung nicht im entsprechenden Maße erfolgt. Der Grund ist leicht ersichtlich: Das Blendensystem des Immersionsobjektivs wirkt für die magnetische Linse als Gesichtsfeldblende.

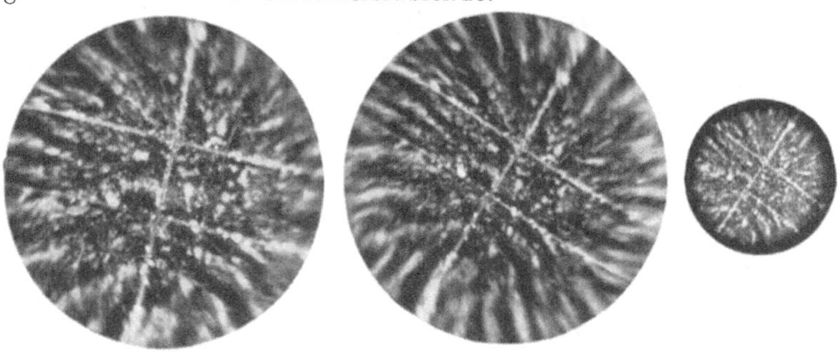
a) ($V_e = 26$) b) ($V_{e,m} = 19$) c) ($V_m = 10{,}5$)

Abb. 261. Abbildung mit kombiniertem elektrisch-magnetischen System [235].

6. **Das kombinierte Licht- und Elektronenmikroskop.** Wir unterscheiden heute drei Mikroskope: Das Lichtmikroskop, das elektrische und das magnetische Elektronenmikroskop. Normalerweise benutzten wir zur Untersuchung eines Vorganges jeweils nur eins dieser Instrumente, denn ein Wechsel des Beobachtungsinstrumentes bedeutet die Überführung des Objekts durch den Luft-

[1] In der gezeichneten Doppellinse sind nur bei der Einzellinse rechts Polschuhe (Abb. 105) eingeschraubt, während die Linse links durch einen Eisenring „kurzgeschlossen" ist.

[2] Wir lernen hier eine dritte Möglichkeit [III, 8] kennen, die unzureichende Sammelwirkung des Beschleunigungsfeldes zu verstärken. Die drei Möglichkeiten sind: Konkave Krümmung der Kathode, Krümmung der Potentialflächen bei ebener Kathode und Überlagerung einer magnetischen Sammelwirkung.

raum von einem zum anderen Instrument. Dadurch sind aber unbeabsichtigte Veränderungen in den Objekten (z. B. den Kathoden mit ihren empfindlichen Bariumschichten), ganz abgesehen von zeitlichen Schwierigkeiten, bedingt.

Zur Beseitigung dieses empfindlichen Mangels, der um so merkbarer ist, als man noch gar nicht weiß, in welchem Maße die Aussagen der drei Instrumente einander entsprechen, hat KNECHT [235] ein kombiniertes Mikroskop gebaut, bei dem wechselweise eine elektrische, eine magnetische und eine Abbildungsoptik für Licht zur Anwendung kommen konnte. Das Schema der Anordnung zeigt Abb. 262. Vor der Kathode K, die mit einem Schutzring bzw. Schutzzylinder 1 umgeben ist, liegt das elektrische System aus zwei Blenden bestehend, die nach den Erfahrungen über die zweckmäßige Gestaltung solcher Blenden [VI, 2] gewählt sind. Die Dimensionen des Systems sind doppelt so groß wie bei Abb. 248, so daß die Vergrößerung halb so groß ist wie die dieses Systems [III, 2]. Der vor die Anodenblende gesetzte Zylinder 2 ist bei elektronenoptischer Abbildung durch die ebenfalls auf Anodenpotential gehaltenen Zylinder 3, 4, 5 fortgesetzt. Eine magnetische Linse, die um das Rohr herumgreift, gestattet, in dem Bereich des Immersionsobjektivs ein starkes magnetisches Abbildungsfeld zu erzeugen. Eine zweite magnetische Linse kann als „Okular" für das elektrische oder magnetische System dienen. Wird magnetisch abgebildet, so sind auch die Gitterblende und der Schutzzylinder 1 auf Anodenpotential gebracht. Für lichtmikroskopische Beobachtungen können Immersionsobjektiv und Zylinder 3 aus dem Strahlengang seitwärts heraus-

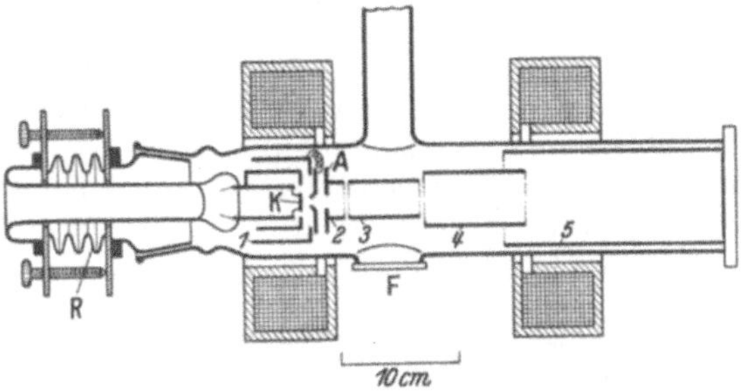

Abb. 262. Kombiniertes Licht-Elektronen-Mikroskop [235].

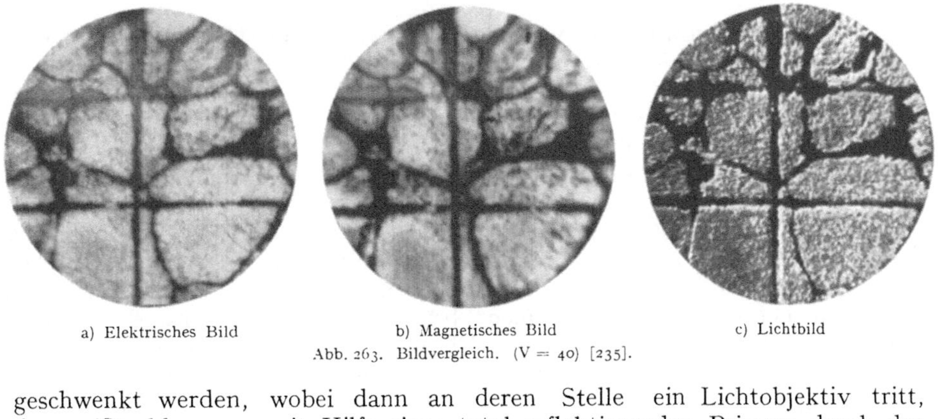
a) Elektrisches Bild b) Magnetisches Bild c) Lichtbild

Abb. 263. Bildvergleich. (V = 40) [235].

geschwenkt werden, wobei dann an deren Stelle ein Lichtobjektiv tritt, dessen Strahlengang mit Hilfe eines total reflektierenden Prismas durch das Fenster F herausgeführt wird. Die Schwenkung geschieht mittels Drahtzügen durch Drehung von Schliffen, die Einstellung der Kathode mittels der in Abb. 249 dargestellten Anordnung R.

Ein Beispiel für die Anwendung des kombinierten Mikroskops zeigt Abb. 263, in der ein elektrisches Bild, ein magnetisches Bild und ein Lichtbild wiedergegeben sind, die mit lichtoptischen Mitteln auf gleiche Vergrößerung gebracht wurden [VI, 7, 8].

b) Methodisches zur elektronenmikroskopischen Abbildung.

7. Vergleich zwischen elektrischer und magnetischer Abbildung. Da wir zwei Typen von Elektronenmikroskopen besitzen, die so wesentlich verschieden hinsichtlich physikalischer Grundlage und Art des Aufbaus sind, ist ein Vergleich in doppelter Beziehung wünschenswert. Erstens: Wie weit stimmen die von dem elektrischen und magnetischen Instrument entworfenen Bilder überein? Zweitens: Welches Instrument ist für die Benutzung vorzuziehen?

Zu der ersten Frage liegen die erwähnten Versuche von KNECHT [235] vor, der mit dem [VI, 6] beschriebenen kombinierten Instrument arbeitete. Betrachten wir z. B. die Aufnahmen der Abb. 261, die wir auf gleiche Größe bringen wollen. Die drei Vergrößerungen (Abb. 264), deren erste rein elektrisch, deren letzte rein[1] magnetisch erhalten ist, sind praktisch identisch. Bei den vielen sonst noch untersuchten Fällen erscheint manchmal das magnetische Bild etwas schärfer. Sichergestellt ist jedoch nur, daß die Randfehler der elektrischen Linse stärker sind als die der magnetischen, eine Beobachtung, die uns nicht

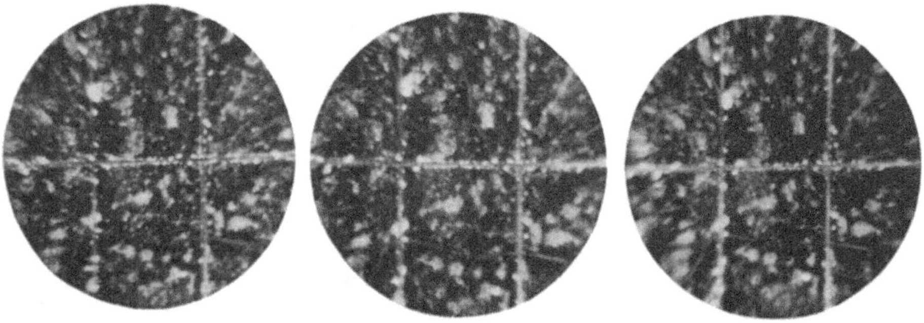

a) Rein elektrisch b) Kombiniert c) Rein magnetisch

Abb. 264. Bildvergleich. (V = 40) [235].

wundern wird, wenn wir an die verschieden große ausgenutzte Öffnung der beiden verglichenen Linsen denken. Wir werden nach den Beobachtungen KNECHTS, die keine Anhaltspunkte für prinzipielle Unterschiede zwischen elektrischer und magnetischer Abbildung bei seiner speziellen Anordnung ergeben haben, mit großer Wahrscheinlichkeit folgern, daß man auch in anderen normalen Fällen die beiden Instrumente mit gleichem Ergebnis benutzen kann.

Zur zweiten Frage ist zunächst zu erinnern, daß die Vergrößerung, die mit den heute meist gebräuchlichen Instrumenten Abb. 244 und 255 bei einer bestimmten Gesamtlänge des Strahlenganges erzielt wird, beim elektrischen System sehr viel stärker ist als beim magnetischen. Man wird daher, wenn man nur ein einstufiges Instrument benutzen will, für stärkere Vergrößerungen das Immersionsobjektiv, für Übersichtsbilder das magnetische Mikroskop vorziehen. — In apparativer Beziehung ist das magnetische Mikroskop von größerer Einfachheit in Bau und Bedienung als das elektrische. Die feinen Blenden des Immersionssystems, die mit größter Genauigkeit zentriert und in den Entfernungen festgelegt sein müssen, werden beim magnetischen Instrument durch robuste Spulen vertreten, die im Luftraume leicht justiert und verschoben werden können. Dieser praktische Vorzug des magnetischen Instrumentes ermöglicht es, auch die Vergrößerungen schnell zu wechseln und

[1] Das ist natürlich nicht ganz richtig, da der magnetischen Linse noch das Beschleunigungsfeld vorgeschaltet ist.

durch geringe Verkantung der Magnetspule nacheinander verschiedene Bereiche der Kathode zur Abbildung zu bringen.

Erst wenn man bei dem magnetischen Mikroskop zu den höchsten Vergrößerungen übergehen will, muß man, ähnlich wie beim elektrischen Immersionsobjektiv, kleine Linsen wählen, die in den Versuchsraum bis nahe an den Strahlengang heranreichen. In diesem Stadium scheint die elektrische Methode von größerer Bequemlichkeit zu sein, denn wenn Elektronenlinsen teilweise oder ganz ins Vakuum gebracht werden müssen, dann werden die einfach gebauten und eventuell auch entgasbaren elektrischen Linsen gegenüber den magnetischen Linsen mit ihren Wicklungen usw. die geringeren Komplikationen bedingen.

8. Vergleich zwischen Elektronen- und Lichtbild. Der Vergleich zwischen Elektronen- und Lichtbild hat unter zwei Gesichtspunkten zu erfolgen. Erstens:

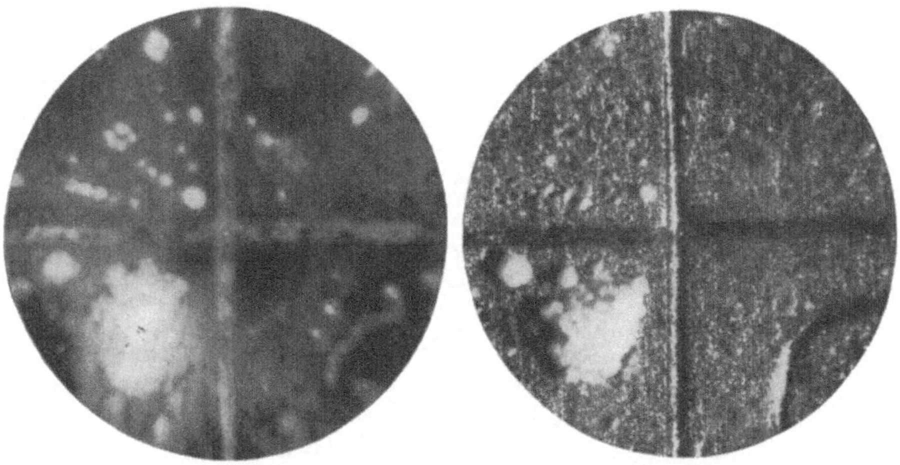

a) Elektrisches Elektronenbild b) Lichtbild

Abb. 265. Bildvergleich (V = 150) [64].

Wie weit sind Elektronen- und Lichtbilder geometrisch ähnlich? Zweitens: Wie weit entsprechen Elektronen- und Lichtbilder einander in den Einzelheiten?

Die erste Frage nach der geometrischen Ähnlichkeit ist durch die früheren Betrachtungen geklärt. Wir wissen, daß im Idealfalle fehlerfreier Linsen das Lichtbild und das Elektronenbild geometrisch ähnliche Abbildungen der Objektebene sind, wie es nochmals Abb. 265 an dem Beispiel einer Kathode mit eingekratztem rechtwinkligen Koordinatensystem[1] und einzelnen Oxydbrocken veranschaulicht.

Während die erste Frage eine Frage der Abbildungsoptik ist, ist die zweite eine Frage der abbildenden Strahlung. Wenn schon ein Ultrarotbild anders als ein Ultraviolettbild aussieht, so werden wir zwischen Elektronen- und Lichtbild keinerlei Gleichartigkeit in den Einzelheiten mehr zu erwarten haben. Schichten, die die Lichtstrahlung stark reflektieren, brauchen nicht zu emittieren und umgekehrt.

[1] Wenn man auf den späteren Bildern gelegentlich die Achsen des Elektronenbildes schwach gegeneinander geneigt findet, z. B. bei Abb. 268b, so ist das auf den Einfluß eines konstanten magnetischen Störfeldes zurückzuführen, das als unbedenklich geduldet werden kann.

Eine genaue Untersuchung zu dieser zweiten Frage ist ebenfalls durch KNECHT [235] mit seinem kombinierten Instrument [VI, 6] durchgeführt worden, bei dem — wie erwähnt — außer einem elektrischen und magnetischen Elektronenmikroskop noch ein Lichtmikroskop vorhanden war, so daß wechselweise mit Licht- und Elektronenstrahlen abgebildet werden konnte.

Unterschiede zwischen Licht- und Elektronenbild werden sich zeigen können entweder durch Fehlen von Emission dort, wo wir die Emission nach dem Lichtbild erwarten, oder an dem Auftreten von Emission dort, wo wir sie nach dem Lichtbild nicht erwarten. Uns interessiert vorwiegend der zweite Punkt, d. h. ob wir im Elektronenmikroskop etwas dem Lichtmikroskop Verborgenes sehen. Hier sind nach den bisherigen Untersuchungen zwei Hauptfälle zu unterscheiden. Erstens: Emission von Substanzschichten, die von solcher Feinheit sind, daß sie lichtmikroskopisch nicht mehr sichtbar sind. Zweitens: Einflüsse von „Übergangsschichten" zwischen Oxyd und Metallunterlage, die die Elek-

a b c d

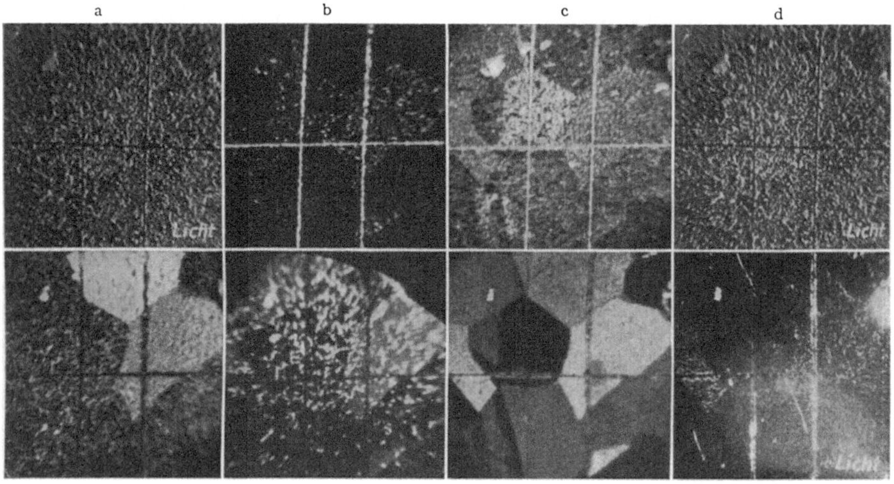

e f g h

Abb. 266. Bildvergleich bei Unähnlichkeit zwischen Licht- (a, d, h) und Elektronenbild (b, c, e, f, g) (V = 30) [235].

tronenemission beeinflussen, aber so tief liegen, daß sie dem Lichtmikroskop verborgen sind.

Die Versuchsreihe Abb. 266 gibt uns bereits Beispiele für mehrere solcher Erscheinungen. Das Lichtbild a zeigt eine frisch pastierte Oxydkathode, in deren Oberfläche nach der Pastierung ein Koordinatennetz eingekratzt ist. Demgegenüber zeigt das erste Elektronenbild b, daß nicht die pastierten Flächenteile, sondern die Striche stark emittieren. Auf dem freigelegten Metall hat sich eine sehr feine Bariumschicht gebildet [VI, 17], die lichtmikroskopisch unsichtbar ist, denn das mit dem Lichtbild a identische Lichtbild d, das nach den Elektronenbildern b und c aufgenommen wurde, läßt nichts von der inzwischen erfolgten Überdampfung von Barium in die Striche erkennen. Noch überzeugender werden solche unsichtbaren Bariumschichten durch Bild g demonstriert, das ihr Vorhandensein durch die verschieden starke Emission der kristallinen Metallfläche beweist, während das Lichtbild h nur eine von den Kristallgrenzen unterteilte Fläche erkennen läßt. Ein anderes deutliches Beispiel für den letzten Fall gibt Abb. 267, auf der die kristalline Struktur der Kathode im Lichtbild vollständig unsichtbar ist. Dagegen erkennt man eine Insel von Bariumoxyd auf beiden Bildern.

Der Einfluß von Übergangsschichten, den wir eingangs den besprochenen Erscheinungen als zweite große Gruppe gegenüberstellten, ist ebenfalls auf der Serie Abb. 266 zu erkennen. Auf Bild c prägt sich bereits die kristalline Struktur der Unterlage in verschieden starker Flächenemission aus, ohne daß von diesem Vorgang auch nur das geringste bei Lichtbild d wahrnehmbar ist. Während man bei diesem Bild vielleicht einwenden könnte, daß es sich hier bereits um eine Vorstufe von g und damit um nichts prinzipiell anderes[1] handele, gibt Abb. 268 einen Fall, bei dem der Unterschied wohl unanzweifelbar ist. Das Elektronenbild zeigt ausgeprägt die Kristallfugen, während das sofort danach aufgenommene Lichtbild eine gleichmäßige, dicke Oxydschicht erkennen läßt. Bemerkenswert ist an dem Elektronenbild noch, daß sich die Korngrenzen als dreifache Striche zeigen, und zwar als dunkler Strich, der von zwei hellen Punktreihen eingefaßt ist. Die Erscheinung erinnert damit an ähnlich aussehende Abbildungen von tiefen Scharten in der Oxydschicht, woraus man entweder ebenfalls auf Scharten am Ort der Korngrenze (Kristallfuge) oder auf Potentialverhältnisse, die denen an Scharten ähnlich sind, schließen könnte[2].

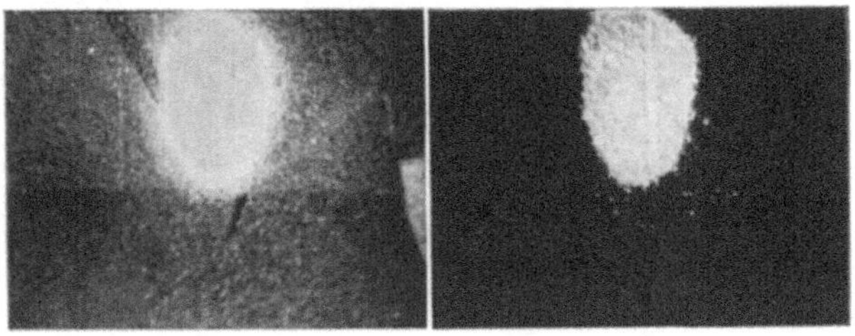

a) Elektronenbild b) Lichtbild

Abb. 267. Bildvergleich (V = 30) [235].

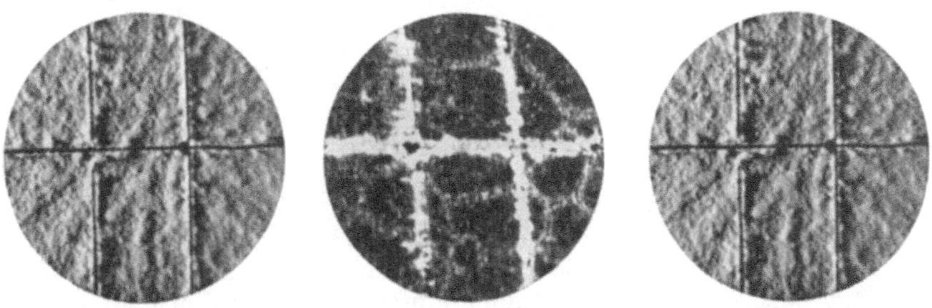

a) Lichtbild b) Elektronenbild c) Lichtbild

Abb. 268. Bildvergleich in zeitlicher Reihenfolge (V = 40) [235].

9. **Zur Anwendung des Elektronenmikroskops.** Bevor wir daran gehen, die mit dem Elektronenmikroskop erzielten Ergebnisse im einzelnen zu besprechen, ist noch zu untersuchen, wie weit die Realität elektronenmikroskopischer Beobachtungen gesichert ist. Dabei wollen wir von vornherein von der Diskussion solcher Fehler (Linsenfehler) absehen, die jedes Mikroskop zeigt [III, 11, 12] und solcher Mängel, die sich bei der Abbildung sehr kleiner Objekte als Auflösungsschwierigkeiten bemerkbar machen [VI, 22].

Abgesehen von der leicht erkennbaren und vermeidbaren Beeinflussung der Bilder durch äußere Störfelder — so durch das Erdfeld, durch das magnetische Feld der Kathodenheizung und durch Abstoßungskräfte zwischen den Strahlen [II, 6] — hat das Elektronenmikroskop, wenn man es zur Abbildung selbst-

[1] Man beachte, daß die kristalline Struktur bei c und g den umgekehrten Einfluß auf die Stärke der Emission hat.

[2] Auch unsere ,,Übergangsschichten" werden wahrscheinlich durch die Auswirkungen verschieden hohen Oberflächenpotentials bedingt sein.

emittierender Objekte anwenden will, mit zwei ihm eigentümlichen Fehlerquellen zu kämpfen: Der Linsendeformation, die erstens durch Unebenheiten des Objektes und zweitens durch ungleichmäßige Raumladungen bedingt sein kann.

Bei dem Lichtmikroskop wird die Abschlußlinse des Objektivs geschliffen und ist dann in ihren Daten für alle Zukunft festgelegt. Beim Elektronenmikroskop, dessen elektrisches Feld sich bis zum Objekt erstreckt, ist die „erste brechende Fläche" des Objektivs die Oberfläche der Äquipotentialkathode selbst. Ist das Objekt, d. h. im allgemeinen die Kathode, plan, so ist das anschließende Potentialfeld als eine Folge konzentrischer Rotationsflächen anzusehen, wie sie für die Abbildung erwünscht sind. Zeigt die Kathodenfläche dagegen Unebenheiten, wie es z. B. bei Oxydkathoden immer der Fall ist, so schmiegen sich die brechenden Flächen diesen Unebenheiten an, und es entstehen in der Abbildung mehr oder minder grobe Verzerrungen, die, wie es GOLDSTEINS Versuche [IV, 10] zeigen, direkt zur Abbildung von Münzen usw. benutzt werden können. Zum Beispiel erzeugt eine Furche auf der Kathode, wie es die schematische Abb. 269 andeutet, kleine Auswölbungen in den Potentialflächen und damit eine entsprechende Bündelung der Elektronenbahnen. Diese Erscheinung, die durch normale optische Effekte bei unscharfer Einstellung noch verstärkt wird, bedingt es, daß Gitterfurchen auf einer sonst gleichmäßig emittierenden Fläche (Oxydkathode) hell oder dunkel erscheinen können (Abb. 270), je nachdem, auf welche Ebene das Elektronenmikroskop eingestellt wird. Von Bedeutung ist dieser Fehler im allgemeinen nicht, denn er läßt sich durch Heben und Senken der Gegenstandsebene leicht feststellen; auch besteht nicht die Gefahr, daß eine Täuschung durch unscharfe Einstellung zustande kommt, denn es ist durchaus eindeutig, wann das Bild wirklich scharf ist (Abb. 271).

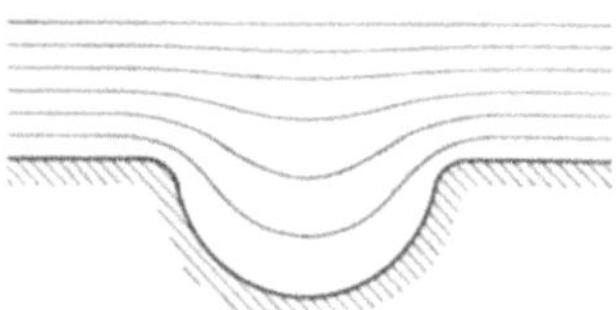

Abb. 269. Einfluß einer Furche auf das Potentialfeld vor der Kathode.

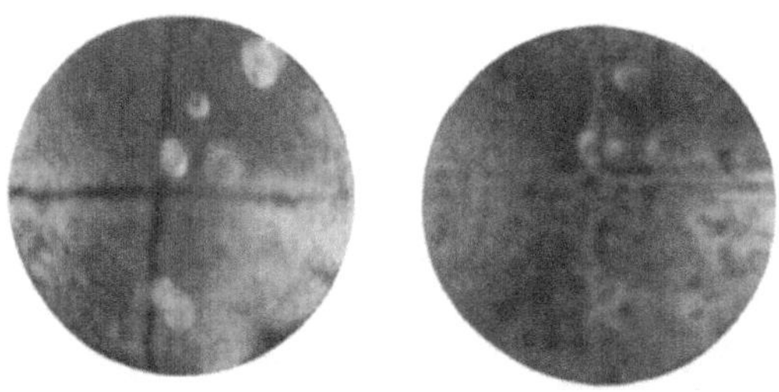

Abb. 270. Helle und dunkle Striche auf der Kathode je nach Einstellung der Abbildungsebene ($V_m = 9$) [308].

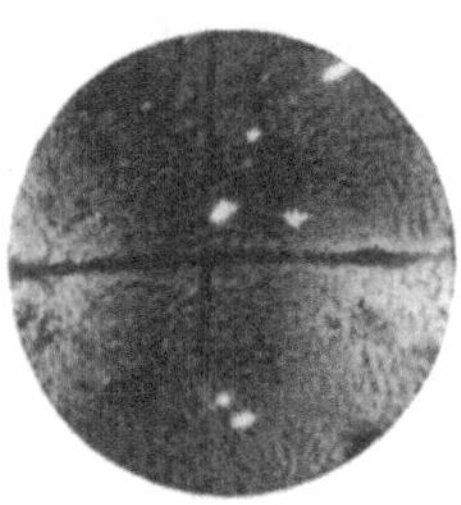

Abb. 271. Kathode (Abb. 270) scharf eingestellt ($V_m = 9$) [308].

Eine zweite Eigentümlichkeit der elektronenmikroskopischen Abbildung, die man kennen muß, um fehlerhafte Schlüsse zu vermeiden, sind die Verzerrungen der Linsen durch Raumladungen. Solche Fehler treten auf, wenn die Emissionsströme zu groß werden [II, 6] oder wenn erhebliche Gasreste in dem Mikroskop vorhanden sind. Die Linsendeformationen, die sich als Abbildungsfehler auswirken, sind daran zu erkennen, daß das Bild stark vom Emissionsstrom abhängig ist. Ist ein Koordinatennetz auf der Kathodenfläche eingekratzt, so sieht man im elektrischen Mikroskop eine Zusammenziehung der Netzstriche zum Störungszentrum (Abb. 311), im magnetischen Mikroskop einen Wirbel (Abb. 272). Lokale Raumladungswolken über der Kathode sind bei Abbildungen der ganzen Kathode leicht an der Unschärfe, die sie im Bildfeld hervorrufen, zu erkennen. Eine besonders schöne Aufnahme dieser Art gibt Abb. 273.

Störende Raumladungswirkungen wird man durch Verringerung der Emission im allgemeinen beseitigen können, Bildverzerrungen durch Unebenheiten der Kathode dagegen nur in beschränktem Maße, indem man sich bemüht, die emittierende Fläche möglichst plan zu machen. Bei Oxydkathoden mit ihrer rauhen Oberfläche werden wir diese Forderung nie ganz zu erfüllen vermögen.

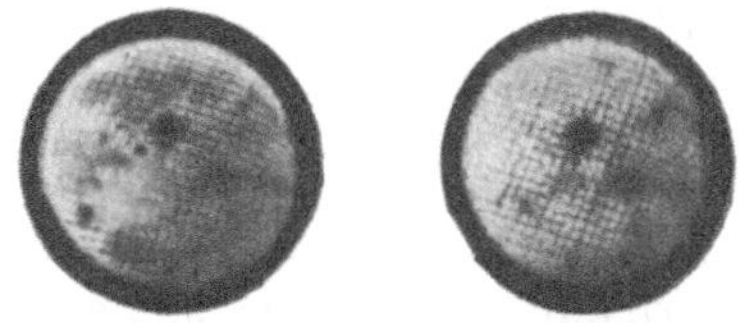

a) ohne Raumladung b) mit Raumladung

Abb. 272. Bildverzerrung durch Raumladungswolken [241].

Diese Überlegung führt uns zu einer allgemeineren Frage, die wir uns ebenfalls stellen müssen, wenn wir mit Elektronenstrahlen mikroskopieren wollen: Ist das Mikroskop, das wir für einen bestimmten Zweck benutzen wollen, denn überhaupt genügend leistungsfähig und weitgehend in Ordnung? Zur Beantwortung dieser Frage brauchen wir ebenso wie in der Lichtoptik ein Testobjekt, und zwar ein Testobjekt, das von sich aus möglichst keine Fehler in der Abbildung bedingt. Als Testobjekte — insbesondere für Immersionsobjektive — müssen wir nach obigen Feststellungen plane Kathoden verwenden.

a) ohne Raumladung b) mit Raumladung

Abb. 273. Raumladungswolke vor einer Glühinsel [241].

Das allen heutigen Anforderungen gerecht werdende Testobjekt ist für das normale Immersionsobjektiv die Plankathode mit kristalliner Struktur [67], die Einzelheiten in einer erstaunlichen Schärfe zu zeigen vermag (Abb. 274).

Eine solche Testkathode wird folgendermaßen[1] hergestellt: Ein Nickelplättchen (Abb. 277) wird plan geschliffen, auf Hochglanz poliert, auf 1200^0 C

Abb. 274. Nickelkathode mit Kristallstruktur ($V_e = 135$) [67].

[1] Anm. bei der Korr. Nach neueren Versuchen, die indessen noch nicht abgeschlossen sind, scheint das Aufdampfen einer dünnen Bariumschicht im Vakuum ein noch bequemeres Verfahren zur Aktivierung darzustellen.

(schwarze Temperatur) im Vakuum geglüht, angeätzt und im Lichtmikroskop auf seine Kristallstruktur hin untersucht. Zeigt sich eine ausgeprägte kristalline Fläche, deren Kristalle die passende Größe besitzen, so wird das Material als Kathodenmaterial gewählt. Die nötigenfalls abermals plan geschliffene und auf Hochglanz polierte Fläche wird entweder durch Bariumazid oder Bariumoxyd aktiviert. Dazu wird sie im ersten Fall in Sauerstoff von einigen Millimetern Druck mit einer dünnen Oxydhaut (gelbe Anlauffarbe) versehen, dann mit dünner Bariumazidlösung bestrichen. Im anderen Falle [235] wird eine durchscheinend dünne Bariumoxydaufschwemmung auf die Metallfläche gebracht. Die ins Elektronenmikroskop eingebaute Kathode wird wiederholt auf 1200° C hochgeheizt, bis das grobe Korn und alles überflüssige Barium abgedampft sind, wobei zweckmäßigerweise größere Pausen vor der Erzielung des Endstadiums einzuschalten sind. So läßt sich eine feinste Bariumschicht auf die Metalloberfläche auflagern, die die Struktur des Nickels in großer Schärfe hervortreten läßt.

10. Kathode und Leuchtschirm. Wir haben bisher stets von den Mikroskoplinsen, ihrer Zusammenstellung und ihrem Aufbau zu technisch brauchbaren Systemen gesprochen. Für den Praktiker fehlen noch Angaben darüber, wie der ,,Objektträger" zu gestalten und wie das Elektronenbild aufzufangen und zu fixieren ist.

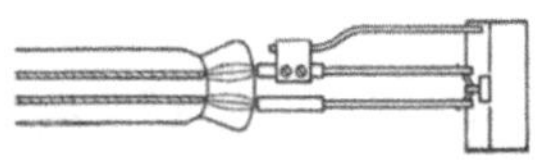

Abb. 275. Kathode mit Schutzring auf Glühlampensockel [241].

Nach Möglichkeit wird man eine große ebene Fläche als emittierendes Objekt wählen, da die davor entstehende regelmäßige Potentialverteilung zur Erzielung eines fehlerfreien Bildes erforderlich ist. Das läßt sich jedoch nur bei kalten Kathoden bzw. Durchstrahlungsversuchen leicht erfüllen, während man Glühkathoden nur so groß wählen wird, wie es unbedingt erforderlich ist. Kreisflächen von etwa 5 mm Durchmesser haben sich dabei als zweckmäßig erwiesen, wobei bei einem Mikroskop, das die ganze Kathodenfläche zeigen soll, die Anbringung eines Schutzringes (Abb. 275) empfehlenswert ist. Betrachten wir eine solche Kathode im magnetischen Mikroskop bei schwacher Vergrößerung, so sehen wir die Kathodenflächen, von dem Kathodenrande ausgehende Bündel[1] und als dunklen kreisförmigen Abschluß des Gesichtsfeldes den Schutzring (Abb. 276).

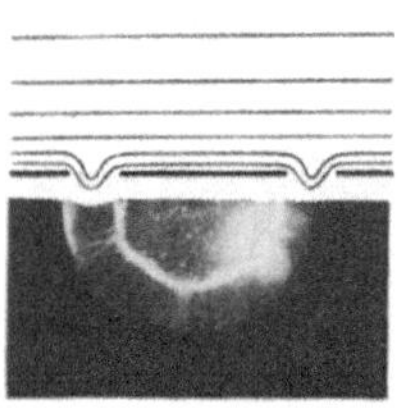

Abb. 276. Randstrahlen zwischen Objektträger und Schutzring [241].

Werden nur sehr kleine Bereiche stark vergrößert abgebildet, wie z. B. beim elektrischen Mikroskop in kathodennaher Stellung, so genügen recht kleine Kathodenflächen. Beispielsweise wurden für die Wolframuntersuchung [VI, 12] direkt geheizte Bänder von 2,5 mm Breite benutzt. Im allgemeinen soll beim elektrischen Mikroskop, wenn irgend möglich, die Kathode mindestens den dreifachen Durchmesser der kathodennahen Objektivblende besitzen.

Die normalen Kathoden, die sich im elektrischen (Abb. 244) und magnetischen (Abb. 255) Mikroskop bewährt haben, sind Äquipotentialkathoden, wie sie bei Anregungsuntersuchungen von HERTZ und seinen Schülern benutzt werden. Die Kathode Abb. 277a, die aus einer einfacheren Form ENDES [129] unter der Forderung großer Widerstandsfähigkeit gegen Verziehen beim Glühen für das elektrische Mikroskop entwickelt wurde, besteht aus zwei 0,2 mm starken

[1] Daß diese Strahlen auf dem Leuchtschirm ,,sichtbar" werden, überrascht zunächst, und es ist auch nicht klar, wie das möglich ist. Man wird wohl anzunehmen haben, daß durch die höhere Feldstärke am Kathodenrand seitlich aus der Kathode heraustretende Elektronen durch das Beschleunigungsfeld so abgelenkt werden, daß sie aus dem Bereich zwischen Kathode und Schutzring zu kommen scheinen.

Wolframdrähten, die zu einer Brücke gebogen sind, auf der ein mit den Drähten verschweißtes Nickelplättchen von 0,3 mm Dicke ruht. Kathode Abb. 277b, die für die Oxydkathodenuntersuchungen mit dem magnetischen Mikroskop benutzt wurde, ist pilzförmig gestaltet. Der Pilz, der z. B. aus Nickel gedreht ist, wird durch zwei 0,3 mm starke Wolframdrähte gehalten, die in seinen Stiel geklemmt sind. Beide Kathoden wurden indirekt durch die glühenden Wolframdrähte geheizt. Der Strombedarf ist 10—15 Amp. Diese Kathoden sind stets den Bandkathoden vorzuziehen, da kleine Verziehungen des glühenden Bandes besonders beim elektrischen Elektronenmikroskop unverhältnismäßig große Bildverzerrungen bedingen.

Um die Vergrößerung feststellen und sich auf der abgebildeten Kathode orientieren zu können, pflegt man auf der Kathode ein Koordinatennetz mit einer scharfen Nadel einzuritzen, wobei sich ein Strichabstand von 0,2 mm als geeignet erwiesen hat (Abb. 266). Je nachdem, ob bei einer Oxydkathode das Ritzen vor oder nach dem Pastieren durchgeführt wird, können die späteren Beobachtungen verschieden ausfallen [VI, 16, 17].

Gehen wir nun vom Gegenstand zum Bild über. Die auf den Schirm treffende geringe Elektronenmenge [VI, 3] reicht im allgemeinen aus, um ein gut sichtbares Bild zu erzeugen. Es bestand aus diesem Grunde und weil die bisher erzielte Genauigkeit ausreichte, auch noch keine Notwendigkeit, das elektronenmikroskopische Bild durch Innenphotographie aufzunehmen, wie es beim Hochspannungsoszillographen oft geschieht. Über die Innenphotographie genüge daher hier der Hinweis auf KLEMPERERS [233, S. 36] übersichtliche Zusammenstellung über die photographische Wirkung der Elektronen.

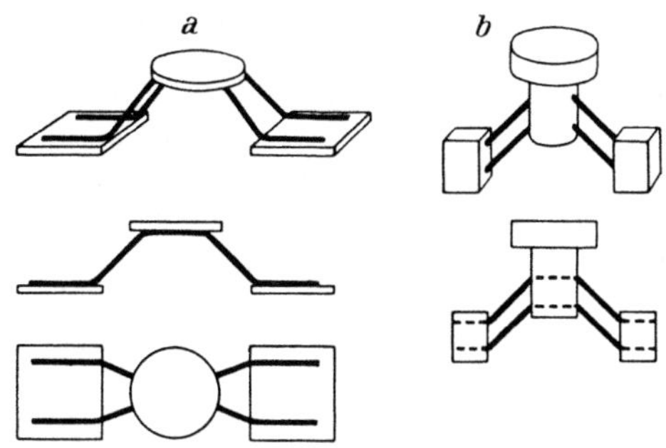

Abb. 277. Kathodenaufbau für elektronenmikroskopische Untersuchungen.

Auch Kontaktphotographie unmittelbar am Schirm hat man noch nicht versucht. Vielmehr sind alle bisherigen Aufnahmen so zustande gekommen, daß man das Schirmbild mit einer lichtstarken Kamera photographiert hat. Je lichtstärker dabei das Objektiv ist, desto kürzer sind natürlich die Belichtungszeiten. Das in dieser Hinsicht günstigste Objektiv ist nach unseren Erfahrungen in der Nordlichtphotographie das Objektiv Astro RK 1 : 1,4, das sich vor anderen Objektiven gleicher Öffnung durch die geringe Linsenzahl und daher geringe Reflexionsverluste auszeichnet. Ebenso ist das Objektiv Astro Tachon 1 : 0,95, das bei besserem Korrektionszustand etwa gleiche Lichtstärke hat, zu empfehlen. Beide Objektive sind wegen der kleinen Bildgröße (Filmformat 18 × 24 mm) in ihrer Verwendung beschränkt.

Bei der Wahl des Fluoreszenzstoffs[1] für den Leuchtschirm wird man zu fragen haben, ob man das Bild nur visuell beobachten oder auch photographieren will. Im ersten Falle ist gutes Zinksilikat (SIDOTsche Blende) [157] zu empfehlen, im letzteren Kalziumwolframat [180], Kadmiumwolframat oder — noch besser — einer der neuen Fluoreszenzstoffe, z. B. Zinksulfidsilber. Bei der Beurteilung einer phosphoreszierenden Substanz pflegt man außer der Helligkeit und Be-

[1] Über Phosphore siehe P. LENARD, F. SCHMIDT und R. TOMASCHEK: Handbuch der Experimentalphysik **23**, 1928. P. PRINGSHEIM: Fluoreszenz und Phosphoreszenz. Berlin 1929.

ständigkeit auch nach der Nachleuchtdauer und der Empfindlichkeit gegen Röntgenstrahlen zu fragen. Für die Elektronenmikroskopie spielt im Gegensatz zur Oszillographie große Nachleuchtdauer keine Rolle. Es sei daher nur erwähnt, daß CaS-Phosphor und Zinksilikat im Gegensatz zu Kalziumwolframat stark nachleuchten. Dafür reagiert Kalziumwolframat wieder sehr kräftig auf Röntgenstrahlen, was bei der Elektronenmikroskopie mit sehr schnellen Elektronen zu beachten ist.

Die Aufbringung des Leuchtstoffes läßt sich in sehr gleichmäßiger dünner Schicht entweder dadurch erzielen, daß man ihn aus einer alkoholischen Aufschwemmung auf den horizontalliegenden Schirm sich absetzen läßt, oder dadurch, daß man ihn auf die mit einer dünnen Kaliumwasserglasschicht benetzte Fläche aufstäubt. Vor der Benutzung des Schirms muß größte Sorgfalt darauf verwendet werden, daß Wasserreste aus der Schicht entfernt sind, da der Schirm sonst sehr schnell ermüdet[1].

Die Frage nach der geeigneten Platte zur Photographie des Leuchtschirmbildes ist nicht allgemein zu beantworten, denn die Wahl der Platte wird sich nach der Wahl des Schirmmaterials richten[2]. Blauempfindliche Platten sind schon deswegen zu bevorzugen, weil sie durch das rötliche Licht der Glühkathode nicht verschleiert werden. Bei den Aufnahmen mit dem elektrischen Elektronenmikroskop unter Benutzung eines ZnS-Schirmes hat sich die Persensoplatte[3] bewährt. Ist das Kathodenlicht sehr kräftig, so wird man noch besondere Filter einzuschalten haben, wie es z. B. bei der Wolframuntersuchung [VI, 12] geschah.

Außer den soeben besprochenen Methoden, das elektronenmikroskopische Bild dadurch sichtbar zu machen, daß man den Schirm mit einer besonderen phosphoreszierenden Substanz versieht, gibt es bei schnellen Elektronen noch zwei andere Möglichkeiten. Sind Elektronen sehr energiereich, so vermögen sie in gewissem Grade alle Stoffe zum Leuchten anzuregen. Knoll und Ruska konnten daher bei ihren ersten Abbildungsexperimenten [245] mit 50 kV-Elektronen anstatt der besonderen Leuchtschirme Glasplatten benutzen, die durch Kathodenzerstäubung mit einem dünnen Metallüberzug versehen waren und die sich bereits beim Hochspannungsoszillographen bewährt hatten [244]. Die Autoren geben an, daß auf diese Weise die Bildgüte nicht nur wegen der Vermeidung der Kornstruktur verbessert wird, sondern besonders auch, weil sekundäre, abgestreute und andere langsame Elektronen den Schirm nicht mehr zum Leuchten bringen. Trotz der wesentlich geringeren Empfindlichkeit solcher Schirme betrugen bei Elektronenenergien von 40 kV, bei Strahlströmen von 10—100 mA und üblichen photographischen Bedingungen die Belichtungszeiten zur Fixierung der elektronenmikroskopischen Bilder zum Teil nur wenige Sekunden. Diese Schirme haben außerdem den Vorteil, daß sie eine definierte Potentialfläche darstellen, die beliebig gewählt werden kann[4].

Ein anderer Nachweis des Elektronenbildes hat ebenfalls Elektronen sehr hoher Geschwindigkeit zur Voraussetzung. Dabei benutzt man anstatt der Um-

---

[1] Am wenigsten ausgeprägt scheinen diese Ermüdungseffekte infolge Feuchtigkeit bei Zinksilikat zu sein, das sich daher zu Vorversuchen, bei denen die Apparatur oft geöffnet werden muß, gut eignet.

[2] Vgl. die Zusammenstellung bei v. Ardenne [5. S. 220] sowie v. Borries und Knoll [40b].

[3] Über die wichtigsten photographischen Eigenschaften von Platten und Filmen vgl. die Untersuchungen von Schmieschek [354, 355].

[4] Eine Fehlermöglichkeit bei Beobachtungen mit Leuchtschirmen ist die Reflexion des Lichtes in der Glasplatte. Bei Braunschen Röhren zeigt sich gelegentlich in Abhängigkeit von der Schirmdicke um den Leuchtfleck ein Hof bzw. ein Ring [206, 7]. In der Elektronenmikroskopie mit ihren geringeren Leuchtintensitätsunterschieden sind große Täuschungen durch solche Erscheinungen jedoch kaum zu befürchten.

setzung der Elektronenstrahlung in Lichtstrahlung die Umsetzung in Röntgenstrahlung [110, 432]. Man hat z. B. folgenden Versuch zur Prüfung von Röntgenröhren durchgeführt. Die von der Kathode K (Abb. 278) aus gerichtet beschleunigten Elektronen bilden auf der Antikathode A ein (unscharfes) kleines Abbild der Ausgangsglühspirale. Dieses Bild ist natürlich nicht zu sehen und kann bei der fertigen Röhre auch nicht unmittelbar durch einen Fluoreszenzschirm sichtbar gemacht werden. Bedenkt man aber, daß von den einzelnen Punkten des unsichtbaren Bildes Röntgenstrahlen ausgehen, so erkennt man sofort den Weg zur Sichtbarmachung. Man bildet, wie man es sonst mit Lichtstrahlen getan hätte, jetzt mit Röntgenstrahlen die Auftrefffläche ab, d. h. man stellt der Antikathode eine bleigeschirmte Lochkamera R gegenüber und photographiert wie üblich.

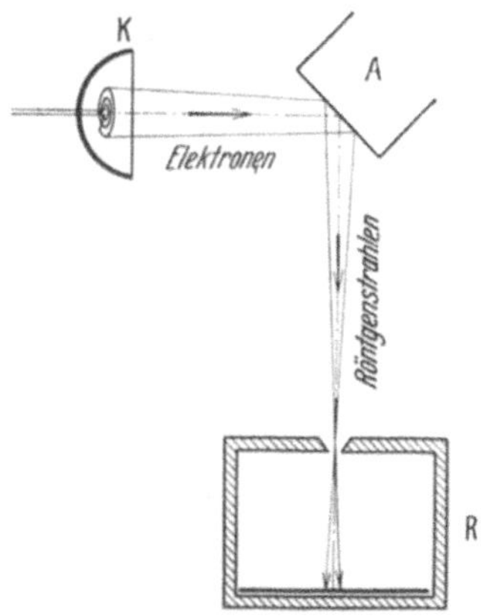

Abb. 278. Photographie eines Elektronenbildes mittels Röntgenstrahlen.

Die Methode hat bei der Herstellungstechnik der Röntgenröhren Bedeutung gewonnen, da sie die Güte der Fokussierung des Elektronenbündels in einfacher Weise zu prüfen gestattet,. So zeigt z. B. Abb. 279a nach einer Aufnahme von SEEMANN und SCHOTZKY [369] den Brennfleck einer einfachen Glühdrahtschleife, die aus einer Schutzscheibe ein wenig hervorragt. Der Strahl ist gut[1] fokussiert, während bei Abb. 279b außer dem scharfrandigen Brennfleck eine Anzahl von Nebenbrennflecken erkennbar ist. Diese Nebenbrennflecke entsprechen den in BRAUNschen Röhren gelegentlich beobachtbaren Nebenleucht-

a

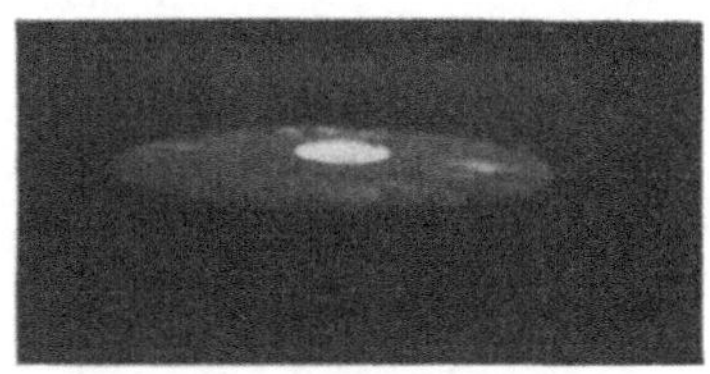
b

Abb. 279 a und b. Lochkameraabbildungen einer Antikathode durch die von den Elektronen ausgelösten Röntgenstrahlen [369].

flecken Beide Erscheinungen haben ihre Ursache in Emissionseigentümlichkeiten der Kathode. Bei beiden handelt es sich um primitive Formen elektronenoptischer Abbildung[2].

c) Elektronenmikroskopie von Glühkathoden.

11. Emissionsvorgang als Gegenstand elektronenmikroskopischer Untersuchung. Sehen wir von den Methoden ab, die zur Auslösung positiver Teilchen[3] oder negativer Ionen dienen, und beschränken wir uns auf die Elektronenauslösung an Kathodenflächen. Hier werden wir vier große Gruppen zu unterscheiden haben, nämlich Elektronenauslösung durch Glühen, durch Lichtbestrahlung,

[1] Daß auch die Antikathode außerhalb des Brennflecks schwach zu erkennen ist, rührt von Elektronen her, die aus dem Brennfleck reflektiert sind.

[2] Tatsächlich ist auch die Röntgenmethode zu Schlüssen über die Emissionsstruktur einer Drahtkathode verwendet worden [VI, 12].

[3] Hier käme z. B. die Untersuchung von Lithium und Kaliumanoden in Frage. Auch der Ausgangspunkt von Positronen ließe sich untersuchen.

durch Korpuskelstoß und durch hohe Felder. Von diesen Methoden ist bisher vorwiegend die Elektronenauslösung durch Glühen mit dem Elektronenmikroskop untersucht worden.

Glühkathoden sind aus zwei Gründen bei den elektronenmikroskopischen Untersuchungen bevorzugt worden. Erstens, weil hier fein strukturierte Bilder zu erwarten sind, die in ihren Änderungen Aufschlüsse über den Mechanismus der Emission einer Kathode erwarten lassen, zweitens wegen der großen technischen Wichtigkeit der Glühkathoden. Auch wir wollen uns daher im folgenden zunächst auf die Glühkathodenuntersuchung beschränken und erst im letzten Teil des Kapitels auf kalte Kathoden eingehen.

Um die Wirkungsweise der Glühkathode[1] zu verstehen, wird man sich die Kathode als einen Kasten vorstellen, der nach außen durch eine ,,Doppelschicht" [II, 2] begrenzt ist. Diese Doppelschicht ist ein Kondensator mit der negativen Belegung nach außen, an dem eine Potentialdifferenz von der Höhe der Austrittsarbeit[2] w liegt. Im Inneren des Kastens bewegen sich die Elektronen umher, ohne normalerweise die Potentialwand durchdringen zu können. Das veranschaulicht Abb. 280, bei der wie früher das Potentialfeld durch das Potentialgebirge ersetzt ist. Sollen die Elektronen den Rand des Potentialnapfes erreichen und damit aus dem Metall herausgelangen, so muß ihre Energie mindestens der Austrittsarbeit w gleich sein. Erhöhung der kinetischen Energie der Elektronen im Metall, d. h. Erhöung der Temperatur der Kathode, ist daher der eine Weg, um die Emission zu erhöhen, künstliche Herabsetzung der Austrittsarbeit der andere.

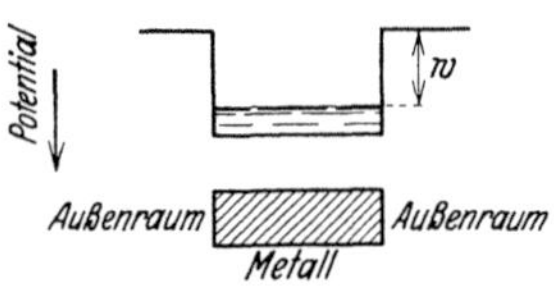

Abb. 280. Potentialverlauf an der Metallgrenze

Leider führt die einfache Temperaturerhöhung insofern nur mangelhaft zum Ziele, als erst bei sehr hohen Temperaturen Emissionen erreicht werden, wie sie für technische Zwecke erwünscht sind. Diese Temperaturen liegen bereits so hoch (Größenordnung 2000° C), daß nur wenige Materialien, wie z. B. das hochschmelzende Wolfram, ihre Erreichung überhaupt ermöglichen. Man wird also danach streben müssen, die Potentialwand zu erniedrigen, die den Austritt des Elektronengases der Metallkathode verhindert.

Experimentell hat sich nun gezeigt, daß sich die äußere Austrittsarbeit außer durch hohe Feldkräfte [VI, 20] auch dann erniedrigt, wenn man eine Schicht geeigneter Metallatome auf der Metalloberfläche anlagert. Ist diese Schicht sehr dick, so ist es im wesentlichen so, als ob die Kathode aus dem aufgedampften Metall bestände. Wird die Schicht allmählich abgedampft, so sinkt die Austrittsarbeit sehr stark, wie es in besonders schöner Form die Versuche von Langmuir und Kingdon [251, 252] an einer mit Zäsium bedampften Wolframkathode zeigen, und zwar sowohl unter den Wert reinen Wolframs als auch unter den Wert reinen Zäsiums. Es läßt sich zeigen, daß beim Maximum der Emission die auf der Wolframkathode vorhandene Zahl der Zäsiumatome gerade zu einer monomolekularen Schicht auf dem Wolfram ausreicht.

Zur Deutung dieser Erscheinung nimmt man an, daß sich die Zäsiumatome auf dem Wolfram als Dipole mit der positiven Seite nach außen angelagert haben. Sie bilden dann eine Doppelschicht, die eine Herabsetzung der Austrittsarbeit bewirkt. Wie das im einzelnen zustande kommt, ist schwer zu über-

[1] Alle die Kathode betreffenden Fragen können hier nur gestreift werden. Es sei daher auf die beiden zusammenfassenden Berichte im Handbuch der Experimentalphysik XIII/2 (1928) verwiesen: W. Schottky und H. Rothe: Physik der Glühkathoden; H. Simon: Herstellung der Glühkathoden.

[2] Der Leser verwechsle nicht Austritts*arbeit* w und Austritts*energie* ε [III, 8].

sehen, so daß hier der Hinweis auf das schematische Potentialgebirge dieses Falles (Abb. 281) genüge, wo der noch übriggebliebene hohe Potentialwall an der Grenze des Metalls infolge eines früher [I, 9] erwähnten wellenmechanischen Effektes überschritten werden kann. Ist die Schicht dicker als monomolekular, so findet eine teilweise Entpolarisierung statt. In diesem Falle und entsprechend, wenn die Schicht Lücken aufweist, wie es bei weiterem Abdampfen eintritt, wird also die Austrittsarbeit zu der des reinen Zäsiums bzw. des reinen Wolframs hin wachsen.

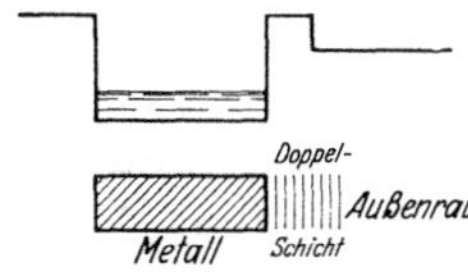

Abb. 281. Potentialverlauf an der Metallgrenze bei Vorhandensein einer Doppelschicht.

Formelmäßig wird der Zusammenhang zwischen Emissionsstrom i, absoluter Temperatur T und Austrittsarbeit durch die RICHARDSON-Gleichung [306] gegeben:

$$i = A T^2 e^{-\frac{B}{T}}.$$

In dieser Gleichung, die sich am einfachsten nach SOMMERFELD [383] aus der Verteilung der Elektronen im Metall nach der FERMI-Statistik oder auch nach SCHOTTKY [360] und v. LAUE [254] aus rein thermodynamischen Betrachtungen über die Verteilung der Elektronen innerhalb und außerhalb des Metalls ableiten läßt, ist nach der Theorie A eine universelle Konstante[1]:

$$A = 2\,\frac{2\pi m e k^2}{h^3} = 120\,\frac{\text{Amp}}{\text{cm}^2\ \text{Grad}^2},$$

während B der Richardsonarbeit w proportional ist:

$$B = \frac{e w}{k}.$$

Setzen wir die Zahlenwerte $e = 1{,}59 \cdot 10^{-19}$ Coulomb, BOLTZMANN-Konstante $k = 1{,}37 \cdot 10^{-23}$ Joule/Grad und w in Volt ein, so wird

$$B = 1{,}16 \cdot 10^4 w\ [\text{Grad}].$$

Während die allgemeine Form der RICHARDSON-Gleichung experimentell gut bestätigt ist, ist eine befriedigende Übereinstimmung der experimentell ermittelten Werte von A mit dem oben angegebenen Wert von 120 Amp/cm² Grad² nicht vorhanden. Theoretisch wäre es verständlich[2], wenn die experimentellen Werte kleiner wären, denn bei der Ableitung der RICHARDSON-Gleichung ist vorausgesetzt, daß wirklich alle Elektronen, die genügend große Energie haben, das Metall verlassen. Experimentell hat man bei vielen Metallen (Wo, Mo, Ta, Th) für A Werte der Größenordnung 60 gefunden, während sich bei anderen Metallen zum Teil außerordentlich hohe Werte ($A > 10^3$) ergaben. Wir wollen hier auf die anschließenden Erklärungsversuche[2] [145] nicht näher eingehen, sondern uns praktischen Fragen zuwenden.

Um eine Vorstellung davon zu bekommen, wie sich die Besetzung einer Metallfläche mit Fremdatomen zahlenmäßig in der Emission auswirkt, ist in Abb. 282 eine Zusammenstellung von Meßwerten gegeben, die für Vertreter der drei wichtigsten Kathodengruppen, reines Wolfram, thoriertes Wolfram und die Oxydkathode, erhalten wurden. Danach unterscheiden sich die spezifischen Emissionsströme der beiden Extreme um etwa 8 Zehnerpotenzen.

Wir sahen bereits, daß es sich bei diesen gewaltigen Emissionsunterschieden um Oberflächeneffekte handelt, über deren Mechanismus man sich bei den

[1] Ohne Berücksichtigung des Elektronenspins wäre $A = 60$ Amp/cm² Grad².
[2] Siehe auch zu diesen Fragen A. SOMMERFELD und H. BETHE im Handbuch der Physik XXIV/2, Kap. 3, Ziff. 4 und 18 und REIMANN [305b].

verschiedenen speziellen Kathoden bestimmte Anschauungen gebildet hat. Diese Anschauungen basieren zum Teil auf recht indirekten Schlüssen und sind daher, wie z. B. LANGMUIRS Vorstellungen über das Aktivieren thorierten Wolframs, auch nicht überall anerkannt worden [VI, 13].

Im Elektronenmikroskop haben wir jetzt ein Instrument in der Hand, die emittierende Oberfläche *unmittelbar zu betrachten* und so manche Vorstellungen einer direkten Prüfung zu unterziehen.

Wir wollen nun zur Besprechung des geordneten Beobachtungsmaterials übergehen, das nach den vier Gruppen eingeteilt sei:

1. Kathoden aus reinen Metallen und einheitlichen Legierungen, z. B. Wolfram, Platin-Rhodium.

2. Kathoden aus Metallen mit Zusätzen starker Emissionsfähigkeit, z. B. thoriertem Wolfram.

3. Kathoden aus Metall mit stark emittierendem metallischen Oberflächenbelag, z. B. Bariumazidkathode und Aufdampfkathode.

4. Oxydkathoden.

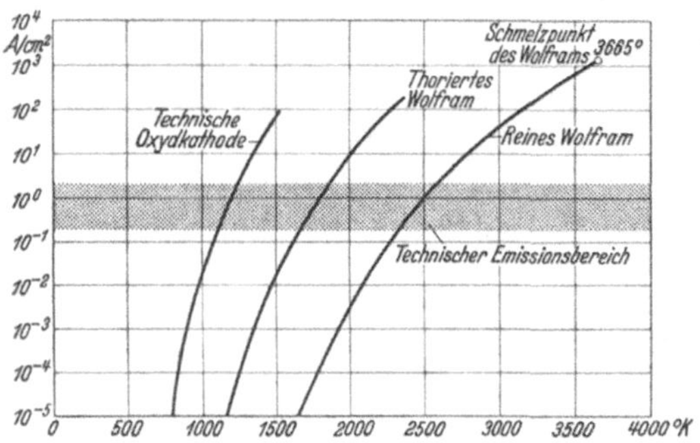

Abb. 282. Spezifische Sättigungsströme verschiedener Kathoden in Abhängigkeit von der Temperatur[1].

12. Metallkathoden ohne besonderen Emissionsbelag. Bei einer Kathode, bei der kein besonderer Emissionsbelag aufgebracht worden ist, sind die einfachsten Emissionsverhältnisse zu erwarten, die bei Kathoden überhaupt auftreten können.

Als erstes Untersuchungsobjekt wird man Wolfram wählen, denn wir wissen, daß wir wegen des hohen Schmelzpunktes dieses Metalls die zur Bilderzeugung notwendige spezifische Emission erreichen können, ohne daß das Metall schmilzt. Allerdings kommen wir wegen der geringen Emissionsfähigkeit des reinen Metalls (Abb. 282) — Wolfram[1] emittiert bei gleicher Temperatur 8 Zehnerpotenzen weniger als die Oxydkathode — zu Temperaturen, bei denen das Wolfram bereits weißglühend und damit ein intensiver Lichtstrahler ist. Die dadurch hervorgerufene Erschwerung der Beobachtung des elektronenmikroskopischen Bildes läßt sich jedoch beseitigen, wenn man einen blauleuchtenden Fluoreszenzschirm (Kalziumwolframat oder Zinksulfid-Silber), blauempfindliche photographische Platten und entsprechende Filter wählt. Wenn man eine so aufgenommene Platte entwickelt hat, erkennt man, daß sie wesentlich mehr zeigt, als das Auge bei direkter Schirmbeobachtung wahrzunehmen vermochte. Ein Umkopieren der Aufnahme auf eine Platte steiler Gradation (Diapositivplatte) verstärkt die Kontraste noch weiter, so daß die Aufnahme schließlich den sonst üblichen Aufnahmen nichts nachgibt.

Für die Wolframuntersuchungen, die BRÜCHE und JOHANNSON [66] mit dem elektrischen Elektronenmikroskop durchführten, wurde ein 2 mm breites Band einer 0,01 mm dicken Folie benutzt. Das elektrische Elektronenmikroskop, das sich mit seinen engen Blenden zur Abbildung stark leuchtender Kathoden relativ gut eignet, wurde mit 600-Volt-Elektronen betrieben.

Drei typische Elektronenbilder von Wolfram in rund 75 facher Vergrößerung

[1] Die Wolframkurve ist in Abb. 282 und im Original [65] versehentlich falsch eingetragen Man denke sich die Kurve um rund 200° nach rechts verschoben. Richtige Kurve siehe Abb. 315.

der Folie zeigt Abb. 283. Wir erkennen zunächst, daß das Elektronenbild ein dem Ätzbild ähnliches Aussehen hat. Aus weiteren Versuchen wissen wir heute, daß es sich hier tatsächlich um das Strukturbild des kristallinen Materials handelt.

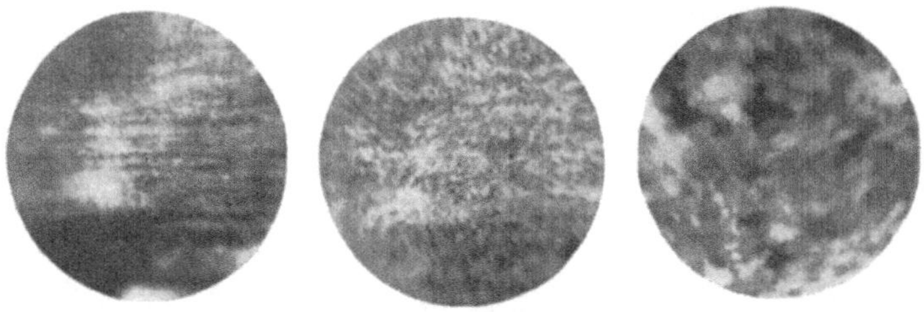

a b c

Abb. 283. Rekristallisation des Wolframs im Elektronenmikroskop ($V_e = 75$) [66].

Betrachten wir die drei Bilder Abb. 283 der Reihe nach, so sehen wir deutlich die während des Glühens der Kathode fortschreitende Rekristallisation des gezogenen Wolframs. Während bei Bild a die streifige Struktur von den beim Walzen des Metalls deformierten Kristallen vorhanden ist, zeigt Bild b beginnende Bildung größerer Kristallite und Bild c grobkristallines Gefüge.

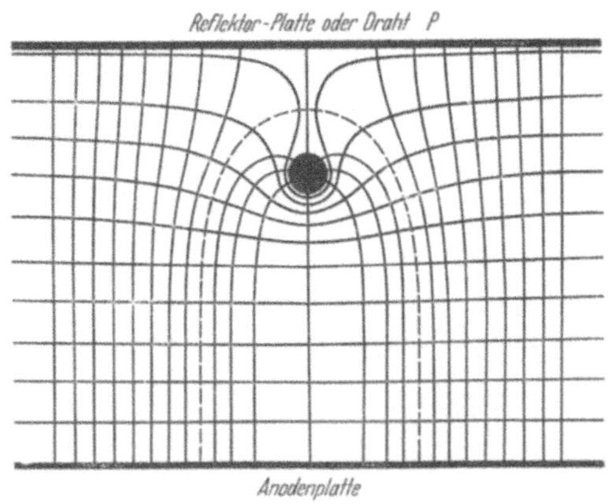

Abb. 284. Anordnung zur elektrischen „Abbildung" eines Drahtes nach SEEMANN [367].

In einer etwa gleichzeitig durchgeführten Arbeit hat SEEMANN [367, 368] teils nach einer primitiven elektronenoptischen Methode (Abb. 284), teils nach der Lochkameramethode „Abbildungen" von Wolframdrähten vorgenommen, wobei er auch die [VI, 7] erwähnte Photographie des Bildes durch die von den schnellen Elektronen ausgelösten Röntgenstrahlen benutzte. Er fand ebenfalls, daß die durch die Abbildungsanordnung erhaltenen Bilder „makroskopisch eine ähnliche Struktur wie die Drahtoberfläche mikroskopisch" zeigen. Abb. 285 gibt zunächst eine Röntgenstrahlphotographie des Brennfleckbildes eines 0,2 mm dicken Wolframdrahtes, Abb. 286 eine direkte Lochkameraaufnahme wieder. Bei beiden Abbildungen werden gewöhnliche Wolframdrähte benutzt, die im Gegensatz zu ebenfalls untersuchten PINTSCH-Kristalldrähten eine ungleichmäßige Emission der Oberfläche zeigten. Die direkte Lochkameraaufnahme Abb. 286 erlaubte den Schluß, daß die Emission von einzelnen Kratern auf dem Draht ausging. SEEMANN brachte seine Beobachtungen mit Kerben in Zusammenhang, die sich beim Kristallisieren des Drahtes bilden und die dann Feldverzerrungen

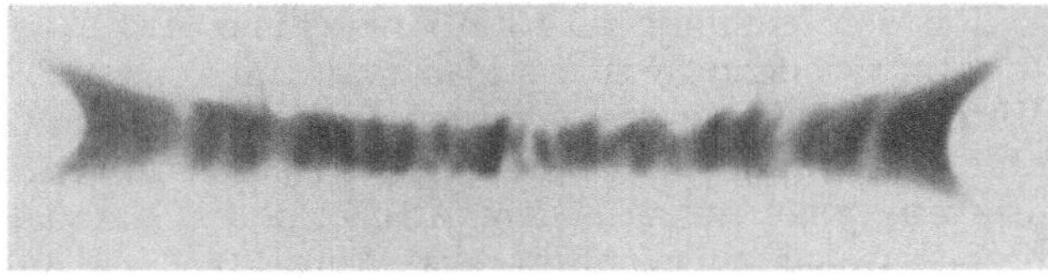

Abb. 285. „Abbildung" eines Wolframdrahtes mit dem System Abb. 284 ($V_e \approx 170$) [367].

bedingen, so daß ähnlich wie bei GOLDSTEINS Experimenten [IV, 10, 11] „Abbildungen" zustande kommen. Darüber hinaus wissen wir heute, daß die verschieden geschnittenen Kristalle auch ohne die Mitwirkung von Unebenheiten verschieden emittieren.

Leider war jedoch SEEMANNS elektronenoptische Anordnung zu wenig durchgebildet — die Durchbildung macht in dem Falle zylindrischer Drähte besondere Schwierigkeiten (Abb. 293) —, als daß diese ins einzelne gehenden Folgerungen möglich gewesen wären.

Die an sich nicht selbstverständliche Tatsache, daß Kristallstrukturbilder in der elektronenmikroskopischen Abbildung auftreten, steht mit Emissionsmessungen von DILLON [113] und NITZSCHE [283] in Übereinstimmung, die an Einkristallen durchgeführt worden sind. Diese Messungen zeigten, daß die Austrittsarbeit von der Schnittrichtung der Kristalle abhängig ist, und gaben damit eine Erklärungsmöglichkeit für die Unterschiede, die in den Meßergebnissen noch so sorgfältig durchgeführter Emissionsbeobachtungen auftreten.

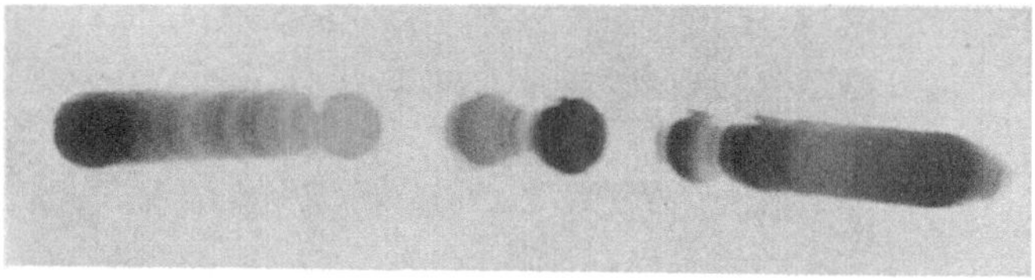

Abb. 286. Direktes Lochkamerabild eines Wolframdrahtes [367].

Nicht nur bei reinem Wolfram ist elektronenoptisch nachgewiesen, daß die Kathode die Kristallstruktur zu zeigen vermag. Auch bei Platin-Rhodium ist diese Erscheinung beobachtet worden. Bei dieser Untersuchung von BRÜCHE und JOHANNSON [61] trat das Kristallbild (Abb. 287) bereits bei relativ tiefer Temperatur (890° C) und in ganz besonderer Klarheit auf. Da es außerdem bei Übergang zu höchsten Temperaturen verschwand und auch nicht mehr in der anfänglichen Stärke zu erhalten war, ist zu vermuten, daß hier Verunreinigungen oder Beimengungen eine Rolle gespielt haben. Dabei scheint es nach dem Aussehen und Verhalten der Elektronenbilder sich weniger um aktive metallische Beimengungen zu der Legierung (wie bei thoriertem Wolfram) als um Oberflächenerscheinungen gehandelt zu haben, wie wir sie bei Bariumauflagen auf Nickelflächen noch kennenlernen werden [VI, 14, 17].

Abb. 287. Strukturbild von Platin-Rhodium ($V_e = 65$) [61].

Für den Metallurgen ist die Feststellung, daß das Emissionsbild die Kristallstruktur wiederzugeben vermag, von Interesse. Scheint ihm doch jetzt ein Mittel in die Hand gegeben zu sein, Vorgänge beim Glühen — z. B. Rekristallisationen — während des Glühprozesses selbst zu verfolgen. Ob die Folgerungen, die man aus den nach dem Abkühlen des Materials erhaltenen Schliff- und Ätzbildern zu ziehen pflegt, der Wirklichkeit entsprechen, wird man jetzt in einer Reihe von Fällen nachprüfen können [VI, 21].

13. Thorium-Wolfram-Kathode. Diese Kathode nimmt in mehrfacher Beziehung eine Zwischenstellung zwischen den im vorhergehenden Abschnitt behandelten Kathoden und den Oxydkathoden ein. Thoriertes Wolfram hat eine plane metallische Oberfläche; hinsichtlich der Emission ist jedoch nicht das Grundmetall selbst, sondern das dem Wolfram bei der Herstellung beigemischte Thorium maßgebend.

Wenn auch die Emissionsverhältnisse nicht so einfach wie beim reinen Wolfram sein werden, so sind doch noch relativ übersichtliche Verhältnisse zu erwarten. Man hat daher gerade diese Kathode eingehenden Untersuchungen unterzogen und sich genaue Vorstellungen von dem Mechanismus der Aktivierung, der Emission usw. gebildet. Besonders LANGMUIR [250] hat seit vielen Jahren an dem Problem der thorierten Wolframkathode gearbeitet[1].

Über die Aktivierung hat LANGMUIR folgende Anschauung entwickelt: Die dem Wolfram beim Herstellungsprozeß beigemengten 1—1,5% Thoroxyd zersetzen sich bei 2700—2800° K. Der frei werdende Sauerstoff entweicht. Gleichzeitig diffundiert das Thor an die Oberfläche der Wolframkathode, von wo es bei der hohen Temperatur ebenfalls verdampft. Wird dieses gewaltsame Heraustreiben des Thors (Formieren) unterbrochen, indem man die Temperatur der Kathode auf etwa 2100° K senkt, so verdampft das Thor langsamer als das Nachdiffundieren erfolgt, und es bildet sich auf dem Wolfram eine (monomolekulare) Thoriumschicht aus. Diese Doppelschicht bedingt eine Steigerung der Emission gegenüber reinem Wolfram um 3—4 Zehnerpotenzen (Abb. 282). Aus den ins einzelne gehenden Emissionsmessungen ist auf eine Verringerung der Austrittsarbeit von 4,5 Volt bei reinem Wolfram auf 2,6 Volt bei thoriertem Wolfram geschlossen worden. Würden wir die Temperatur weiter erniedrigen, so hörten schließlich Thoroxydreduktion, Diffusion und Verdampfung auf. LANGMUIR hat sich diese Anschauungen aus Aktivierungs- und Abklingungskurven des thorierten Wolframs gebildet, wobei ihm der Umstand zugute kam, daß die genannten drei Vorgänge in bestimmten Temperaturbereichen jeweils einzeln vorherrschen.

Einen wichtigen Bestandteil der LANGMUIRschen Theorie bildet die Vorstellung, daß die Thoratome aus dem Innern des Wolframs an die Oberfläche diffundieren. Gegen diese Vorstellung hat GEHRTS [153, 154] schwerwiegende Bedenken geäußert, und wir werden später sehen, daß die elektronenmikroskopischen Beobachtungen seine Einwände stützen. GEHRTS weist nach, daß der Verlauf der Aktivierungskurven nicht zwangläufig auf LANGMUIRS Vorstellung von der Diffusion aus dem Kristallinnern führt, sondern auch der Vorstellung des „Gleitens" der Thoratome längs der Kornbegrenzungsflächen entspricht. Er stützt dabei seine Schlüsse auf Versuche von CLAUSING [83] und VAN LIEMPT und BURGERS [261]. Bei diesen Versuchen war um zwei thorierte Wolframdrähte eine Wolfram-Einkristallschicht bzw. eine Wolfram-Vielkristallschicht gelegt worden. Bei dem ersten Draht war nur eine sehr geringe Emission, bei dem zweiten dagegen die gute Emission des thorierten Wolframs durch den Wolframmantel hindurch zu erreichen. Aus diesem Verhalten wird man schließen müssen, daß die Kristallfugen für die Emissionsfähigkeit thorierten Wolframs von ausschlaggebender Bedeutung sind.

Gehen wir zu den Aussagen des elektrischen Elektronenmikroskops zu dieser Frage über. Die Beobachtungen wurden durch BRÜCHE und JOHANNSON [66] in ähnlicher Weise wie beim reinen Wolfram mit direkt geheizten Bändern durchgeführt. Besondere Schwierigkeiten, wie sie beim reinen Wolfram durch das helle Leuchten des Metalles bedingt waren, traten beim thorierten Wolfram nicht auf. Zwei Reihen der erhaltenen Bilder sind bei 60facher Vergrößerung in den Abb. 288 und 289 zusammengestellt.

Als die Kathode angeheizt wurde, trat zunächst eine schnell wandernde und bald wieder verschwindende Emission bei der Betriebstemperatur einer Oxydkathode auf, die von allmählich verschwindenden „Schmutzschichten" auf der Metalloberfläche herzurühren schien. Dann erst begann bei wesentlich höherer

[1] Vgl. auch W. SCHOTTKY und H. ROTHE: Handbuch der Experimentalphysik XIII/2, 1928 und K. T. COMPTON und J. LANGMUIR: Reviews of Modern Physics 2, 138 (1930).

Temperatur (1350° C schwarze Temperatur) die eigentliche Thoriumemission. An einzelnen Punkten der Kathode, die etwa 0,05 mm Abstand hatten, bildeten sich Emissionszentren (Abb. 288a). Zuerst sehr klein, wuchsen sie bei weiterer Heizung und „flossen" zu größeren Emissionsgebieten zusammen (Abb. 288c). Die Kathode überzog sich schließlich mit einer fast gleichmäßig emittierenden Schicht, auf der sich bei weiterem Betrieb die bei den Oxydkathoden [IV, 18] noch genauer zu besprechenden Ausbrennerscheinungen zeigten.

Die beschriebenen Beobachtungen waren an einer Kathode gemacht worden, die nicht im eigentlichen Sinne aktiviert war. Vielmehr handelte es sich um das

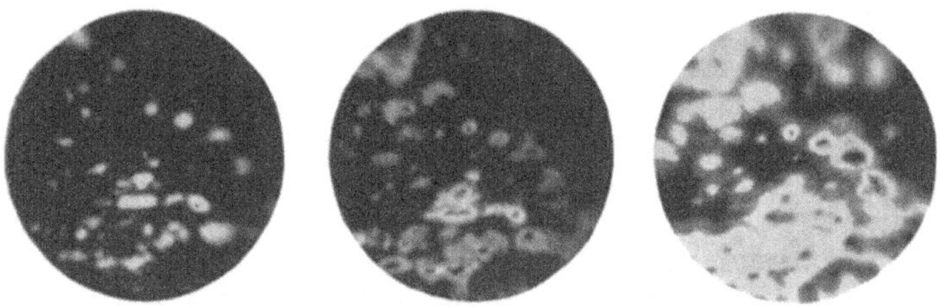

a b c

Abb. 288. Anheizen einer Kathode aus thoriertem Wolfram im Elektronenmikroskop ($V_e = 60$) [66].

erste Auftreten des emittierenden Thoriums bei relativ niedriger Heizung Gerade diese Beobachtungen sind aber für unsere Vorstellung über den Emissionsmechanismus wichtig, denn sie zeigen, daß das Thorium — jedenfalls in dem hier untersuchten Falle — nicht etwa gleichmäßig aus der Oberfläche herausdiffun-

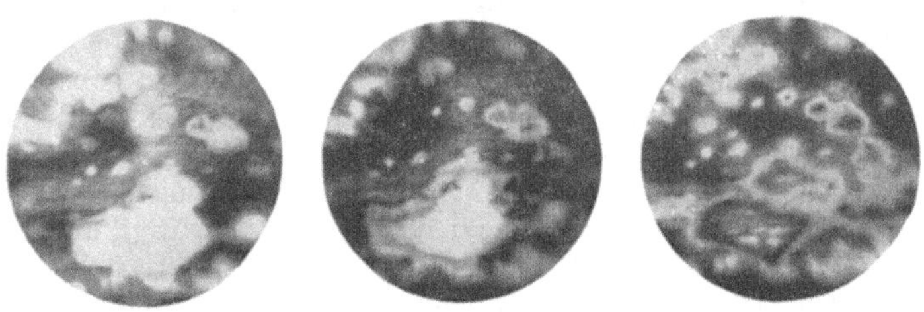

Abb. 289. Abheizen einer Kathode aus thoriertem Wolfram im Elektronenmikroskop ($V_e = 60$) [66].

diert, sondern von einzelnen Punkten aus (Korngrenzen ?) hervorquillt und sich ähnlich schmelzendem Wachs auf der warmen Unterlage ausbreitet.

Besonderes Interesse beanspruchen Erscheinungen, die bei Heizungsverringerung der noch unvollständig aktivierten Kathode auftraten (Abb. 289). Bei langsamer Abkühlung der Kathode durch Verringerung der Heizung begann der Mittelbezirk intensiver zu emittieren. Dann bildeten sich in ihm kleine dunkle, nicht emittierende Bezirke. Die Emission zog sich schließlich fast ganz zu den Randbezirken des ursprünglichen Emissionsfleckes zurück.

Diese Erscheinungen erinnern an das Zerreißen einer künstlich erzeugten Wasserhaut auf einer fettigen Glasfläche oder an die Zerstörung von Seifenblasenlamellen, die, in einen Drahtring gespannt, dünner und dünner werden. Ob diesem Anschein ein physikalischer Vorgang entspricht, vermag noch nicht entschieden zu werden. Es ließe sich denken, daß das aus Metallporen tretende Thorium unter Mitwirkung von Kapillarkräften Gebiete auf der Oberfläche überschwemmt, daß es an den Rändern fester haftend sich bei Abkühlung der Kathode zu diesen Rändern hinzieht, um bei Wiedererhitzung durch Kapillarkräfte getrieben wieder den ganzen Bezirk zu überziehen. Man könnte die beschriebenen Erscheinungen aber auch durch den Einfluß ungleichmäßiger Bedeckung ohne Substanzwanderungen deuten. Auf jeden Fall scheinen Thoriumschichten von bestimmter, geringer Dicke für den Elektronenaustritt von besonderem Vorteil zu sein, eine Folgerung, die mit LANGMUIRS Anschauungen über die Bedeutung monomolekularer Schichten im Einklang steht.

Wir sprachen bisher nur von den Erscheinungen, die *vor* dem vollständigen Aktivieren der Kathode zu beobachten sind. Formieren wir die Kathode längere Zeit, indem wir sie bei hoher Temperatur ohne Emission brennen lassen, so erhalten wir ein Elektronenbild (Abb. 290), das eine körnige Struktur der Metalloberfläche zeigt. Überheizt man die Kathode in Emissionsschaltung, so verdampft das Thorium schneller, als es nachgeliefert wird, und es bildet sich ein von der Kathodenmitte her wachsendes emissionsfreies Gebiet aus. HESS [198] hat die Wiederaktivierung einer solchen, vollständig „ausgebrannten" Kathode im magnetischen Elektronenmikroskop genauer beobachtet. Auf den mit schwacher Vergrößerung aufgenommenen Bildern (Abb. 291) ist das 2 mm breite Wolfram-Thorium-Band als ein horizontal liegender Streifen zu erkennen. Darüber und darunter sieht man in einigem Abstand die parallel zum Bande gespannten „Schutzstreifen", die für Streufeldkompensierung sorgen sollen. Allgemein interessant ist an den Elektronenbildern noch, daß nur ein kleiner Mittelbezirk des Bandes überhaupt emittiert und daß starke Strahlung von den Rändern der Folie nach den Seiten ausgeht. Die Bilder lassen in ihrer Folge das Auftauchen einer körnigen Emissionsschicht erkennen.

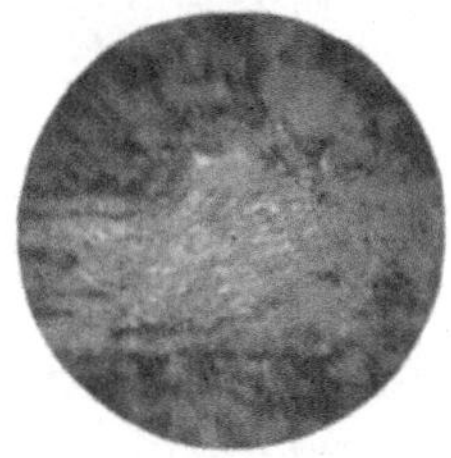

Abb. 290. Gutformierte Kathode aus thoriertem Wolfram ($V_e = 60$) [66].

Auch HAMACHER [182, 183] hat die körnige Emissionsstruktur von thoriertem Wolfram in besonderer Weise nachgewiesen. Er benutzte dabei ein sehr kompliziertes magnetisches Abbildungssystem, so daß quantitative Schlüsse nicht gezogen werden können. Wir denken uns einen Glühdraht in größerer Entfernung hinter dem durch Abb. 292 dargestellten Schirm horizontal und parallel zu ihm ausgespannt; zwischen dem Draht und dem Leuchtschirm (Zeichenebene) befinde sich noch eine magnetische Spule, deren Achse die Bildmitte trifft. Heizen wir den Glühdraht, so wird nur ein sehr enger Mittelbereich des Drahtes zur Emission gelangen, wie wir es bereits auf den Bildern Abb. 291 sahen. Die Elektronenstrahlen bilden eine von diesem Bereich ausgehende, zur Zeichenebene senkrechte Scheibe, die den Leuchtschirm in dem auf dem Bild (Abb. 292) sichtbaren vertikalen Strich schneidet. Beim Einschalten der Spule wird man ein Bild des Glühdrahtes erzeugen. Dieses Bild wird indessen bei einem Draht mit seiner gewölbten Oberfläche auch dann kaum optisch brauchbar sein, wenn man durch zwei parallel zum Draht angeordnete Bleche die Störungen im Potentialfeld auszugleichen sucht (Abb. 293). HAMACHER hat deswegen nicht auf ein Bild eingestellt, sondern hat durch Wahl sehr kurzer Brennweiten seiner Linse die Emissionsscheibe so deformiert, daß infolge der Linsenfehler ihre

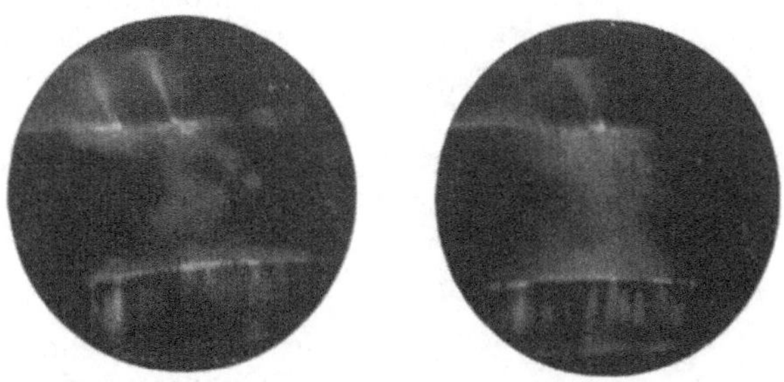

Abb. 291. Reaktivieren einer Thorium-Wolfram-Kathode ($V_m = 7$) [198].

Schnittfigur eine 8 wird. In dem „Strich“ dieser Acht sind dann viele kleine Striche zu erkennen. Das bedeutet, daß *einzelne* Emissionszentren längs der Mantellinien des Drahtes vorhanden sind.

Es ist zu hoffen, daß die Fortführung der Untersuchungen mit dem Elektronenmikroskop unter Berücksichtigung der neueren Erfahrungen (polierte Kathode usw.) weitere Aufschlüsse zum Thorium-Wolfram-Problem bringen wird.

14. Bariumazidkathode. Als Übergang von der Kathode aus thoriertem Wolfram zur Oxydkathode können wir zwei Arten von Kathoden ansehen, bei denen die Kathodenoberfläche *von außen her* mit einer Metallauflage versehen wird, wie sie zur Erzielung hoher Emission dienlich ist. Derartige Kathoden — die Bariumazid- und die Bariumaufdampfkathode — unterscheiden sich vom thorierten Wolfram dadurch, daß bei letzterem die aktive Metallschicht *vom Innern* des Kathodenmetalls aus aufgebaut wird, während sie hier gleichsam bis zur richtigen Dicke abgetragen wird; von der eigentlichen Oxydkathode dadurch, daß bei letzterer die aktive Schicht erst durch einen komplizierten elektrolytischen Vorgang aus dem Oxyd entsteht.

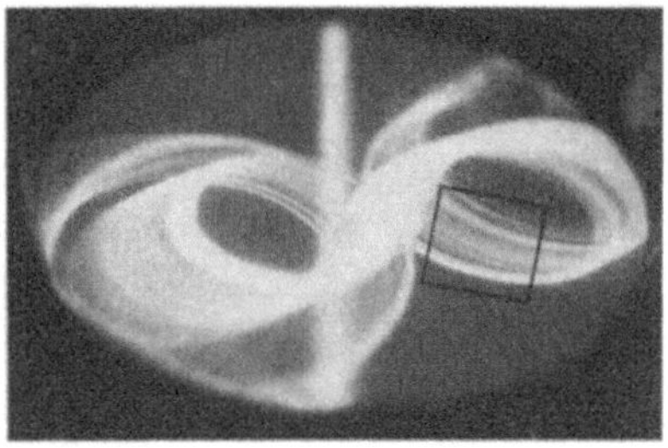

Abb. 292. Versuch von HAMACHER [182].

Wir sprachen soeben einschränkend von der „eigentlichen“ Oxydkathode und verstanden darunter eine Oxydkathode, auf der die metallische Kathodenfläche durch eine mehr oder minder dicke Oxydschicht zugedeckt ist, wie es im allgemeinen der Fall ist. Es läßt sich jedoch auch bei der Oxydkathode ein Endzustand erzielen, bei dem nur noch reines Barium auf der Kathodenfläche vorhanden ist [VI, 18]. In diesem Stadium, das durch Auftreten der Kathoden-Kristallstruktur charakterisiert wird, ist kein Unterschied mehr zwischen Oxyd-, Azid- und Aufdampfkathode vorhanden. Es ist der gemeinsame Endzustand, der auf verschiedenen Wegen erreichbar ist.

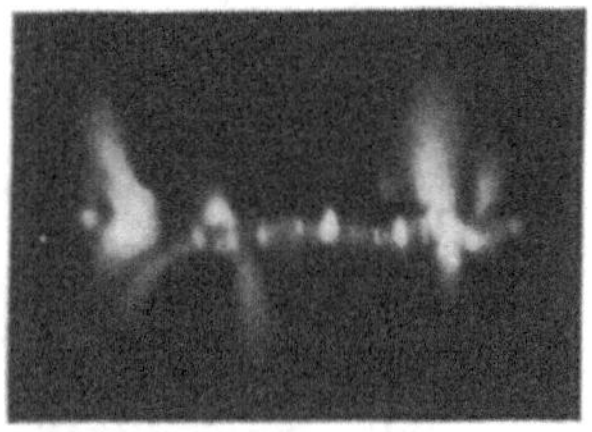

Abb. 293. Versuch, einen stellenweise emittierenden Draht mit einem Immersionsobjektiv abzubilden.

Zur Herstellung von Azidkathoden, von denen wir in diesem Abschnitt allein sprechen wollen, bringt man etwas wäßrige Bariumazidlösung, die man sich aus Kaliumazid und Barytlauge selbst herstellen kann, auf die Kathode, trocknet und erhitzt die Kathode nach dem Auspumpen auf etwa 180° C. Dabei wird das Barium unter Abgabe des Stickstoffes frei. Heizt man nun die Kathode im Vakuum auf helle Rotglut, so schmilzt das Barium zu einer gleichmäßigen Schicht zusammen, die zum Teil wieder verdampft, bis schließlich eine „monomolekulare Schicht“ erreicht wird. Zur Verbesserung der Wirkung dieser Kathoden kann man noch zwischen Unterlagemetall und Bariumschicht eine dünne Schicht von Bariumoxyd lagern, wodurch schließlich die Austrittsarbeit einer Wolframkathode von 4,5 auf 1 Volt erniedrigt wird. Von diesen beiden Arten der Bariumazidkathode steht die zweite Kathodenart der Oxydkathode nahe, mit der sie bei genügend dicker Oxydschicht die dauernd fortschreitende Formierung aus dem Oxyd heraus gemeinsam hat[1].

[1] Dieser Unterschied zwischen den beiden Arten der Azidkathode macht sich übrigens auch in der Emission bemerkbar. Nur die reine Metallkathode läßt einen ausgesprochenen Sättigungscharakter erkennen.

Die ersten Untersuchungen von Bariumazidkathoden führten KNOLL, HOUTERMANS und SCHULZE [241] nach der magnetischen Methode durch. Sie benutzten Azidkathoden der der Oxydkathode nahestehenden Art. Zwei der von solchen Kathoden bei Anheizen erhaltenen Emissionsbilder zeigt Abb. 294. Die Bilder deuten auf die Ausbildung von Schichten ungleichmäßiger Dicke hin. Erst durch längeres Heizen ohne Spannung wird die Schicht gleichmäßiger und gewinnt dann eine sehr feinkörnige Struktur. Bei einer anderen Azidkathode wurde durch eine Argonentladung von 4 mm Druck bei 0,75 A und 30 V in einer Brenndauer von rund 10 Minuten die Zusammenziehung der ursprünglich weitgehend gleichmäßig emittierenden Schicht zu einem stark emittierenden Fleck in Kathodenmitte beobachtet (Abb. 295a). Stärkere Vergrößerungen lassen die körnige Struktur dieser „Glühinsel" erkennen (Abb. 295b, c).

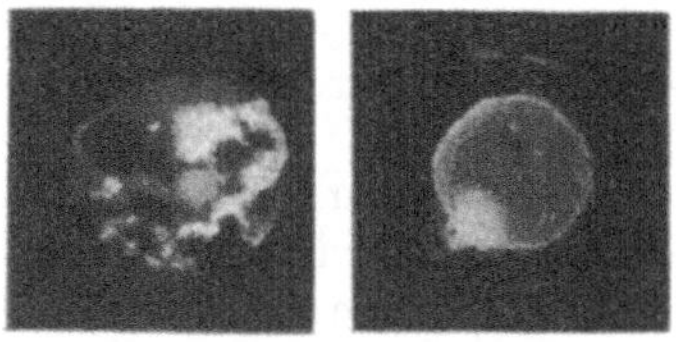

Abb. 294. Bariumazid-Kathoden [241].

Später sind auch Untersuchungen nach der elektrischen Methode von BRÜCHE und JOHANNSON [67] in üblicher Weise unternommen worden, die zu neuen Ergebnissen führten. Die Untersuchungen zeigten als Wichtigstes, daß eine Bariumazidkathode im Endstadium die kristalline Struktur der Metallunterlage in überraschender Schärfe zu zeigen vermag. Wie schon an anderer Stelle [VI, 9] ausgeführt wurde, war bei dieser Untersuchung die Metallunterlage zunächst auf Hochglanz poliert, dann im Sauerstoffstrom gleichmäßig aber sehr schwach oxydiert (blau angelassen) und schließlich mit einer dünnen Bariumazidschicht versehen worden. Während der Beobachtung wurden diese Schicht und die Oxydschicht vollständig zum Verschwinden gebracht, so daß schließlich nur die blanke Metallfläche übrigblieb, deren Kristallite jedoch beim Formierungsprozeß so viel Barium angelagert hatten, daß sie zur Emission fähig wurden.

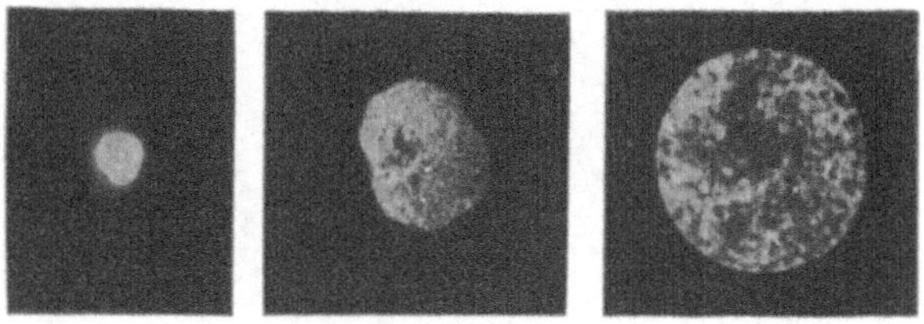

Abb. 295. Aktiver Fleck einer Azidkathode mit dicker Schicht in verschiedener Vergrößerung [241] ($V_{el} = 4, 10, 30$).

Verfolgen wir den Aktivierungsvorgang genauer. Zunächst ist in Abb. 296a links das Lichtbild der Kathode vor dem Versuchsbeginn gegeben, auf dem wir in 30facher Vergrößerung die *vor* dem Aufbringen des Bariumazids eingekratzten Striche und die feinen Kristallnadeln des Bariumazids selbst erkennen. Nach dem Anheizen (Abb. 297a), bei dem sich das Bariumazid zersetzt hat, beginnt dann allmählich (890° C schwarze Temperatur) von der Strichkreuzung aus die Fläche mehr und mehr zu emittieren, bis bei Abb. 297b eine gewisse Gleichmäßigkeit erreicht ist. Die Kathode wurde nun einige Minuten bei gleicher Temperatur ohne Spannung gebrannt, wonach die Emission weitgehend zurückging. Stärkeres Heizen (930° C schwarze Temperatur) brachte das Emissionsbild in größerer Gleichmäßigkeit wieder zum

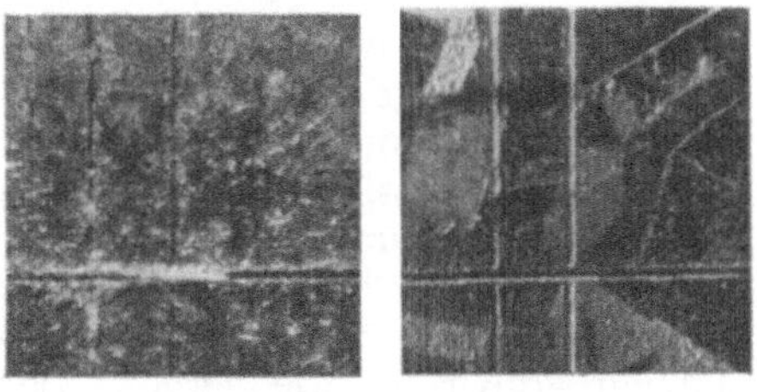

a) Lichtbild vor dem Anheizen. b) Ätzbild nach der Aktivierung.

Abb. 296. Bariumazid-Kathode ($V = 30$) [67].

Vorschein, bis sich abermals Ermüdungserscheinungen zeigten. Nochmalige Heizungserhöhung (970° C) ergab Bild c, das überraschenderweise wie das Lichtbild (Abb. 296a) die einzelnen Kristallnadeln zeigt, nachdem die vorhergehenden Bilder ergeben zu haben schienen, daß sich bereits eine weitgehend gleichmäßige, dünne Emissionsschicht ausgebildet hatte.

Mit Bild c war ein wichtiges Stadium im Leben dieser Azidkathode erreicht, denn von hier ab führte eine stetige Entwicklung zum „Strukturbild" der Metallkathode. Bei Bild d waren Temperatur und Strombelastung so stark, daß sich Ausbrennerscheinungen in der Mitte des Bildes zeigten. Das Barium verdampfte von den größeren, stark emittierenden Körnern, wobei es sich an anderen Stellen der Kathode als sehr dünne gleichmäßige Schicht niederschlug[1]. Bei Bild f (1040° C schwarze Temperatur) zeigte sich beim Anheizen der Kathode nach vorherigem Abschalten des Stromes erstmalig eine Andeutung der kristallinen Struktur des Metalls in dem auf dem Bilde dunklen Mittelbezirk. Ver-

a b c d

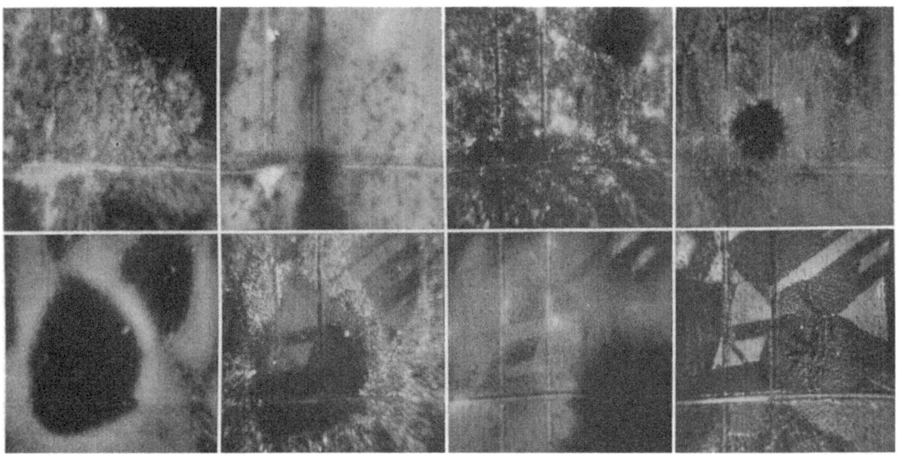

e f g h

Abb. 297. Aktivierung einer Bariumazid-Kathode ($V_e = 30$) [67].

mutlich waren die von den Seitengebieten her auf den Mittelbezirk getroffenen Bariumatome noch nicht fest genug an die Oberfläche gebunden, so daß sie bei höherer Temperatur wieder fortdampften. Am folgenden Tage war der Zustand der Unterlageemission stabil geworden. Nach längerem Heizen bei praktisch gleicher Temperatur (990° C) verschwanden die größeren Bariumbrocken, wie es Bild g erkennen läßt. Die Kristallstruktnr der Nickelunterlage, die schon im letzten Bilde angedeutet war, trat am folgenden Tage (Bild h) im Emissionsbild mit großer Schärfe hervor. Der außerordentlich stabile Endzustand der Kathode war erreicht (Abb. 274). Wiederholungen dieses Aktivierungsexperimentes verliefen gleichartig und ergaben die Reproduzierbarkeit des Verfahrens.

Der Vergleich des letzten elektronenmikroskopischen Bildes mit dem später erhaltenen Ätzbild der Nickelfläche (Abb. 296b) zeigt, daß das Elektronenbild wirklich das Strukturbild der Nickeloberfläche in metallurgischem Sinne ist. Er zeigt ferner, daß im allgemeinen diejenigen Kristallite besser emittiert haben, die durch die Ätzsäure weniger angegriffen worden waren. Weitere kristallo-

[1] Daß ein solches Überdampfen wirklich eintreten kann, ist durch elektronenoptische Versuche von RICHTER [308] bewiesen [VI, 17].

graphische Schlüsse wollen wir in einem besonderen Abschnitt [VI, 21] behandeln.

15. Bariumaufdampfkathode. Bei der Aufdampfkathode[1] läßt man Bariumdampf, der durch Erwärmen von Barium, in einem besonderen kleinen Heizöfchen gebildet wird, sich im Hochvakuum auf der gut gereinigten Kathodenfläche niederschlagen[2].

Bei der Untersuchung einer solchen Kathode durch BRÜCHE und JOHANNSON [68] zeigte sich bei dunkler Rotglut zunächst Abb. 298a. Die Emission in den Strichen war außerordentlich kräftig, lange bevor die übrige Kathodenfläche überhaupt zu emittieren begonnen hatte. Ferner zeigte sich unabhängig von den eingekratzten Strichen eine Aderung in schwacher Emission. Nach kurzem Brennen (ohne weitere Temperaturerhöhung) hatte sich das Bild stark geändert (Abb. 298b). Die eingekratzten Striche und die Kathodenfläche emittierten nun fast gleichmäßig, die Aderung dagegen nicht mehr. Sie zeigte sich — ohne Rücksicht auf die Kreuzung der in die Nickelunterlage eingekratzten Striche — in dunklen Streifen. In diesem Stadium wurde die Kathode ausgebaut und lichtmikroskopisch untersucht.

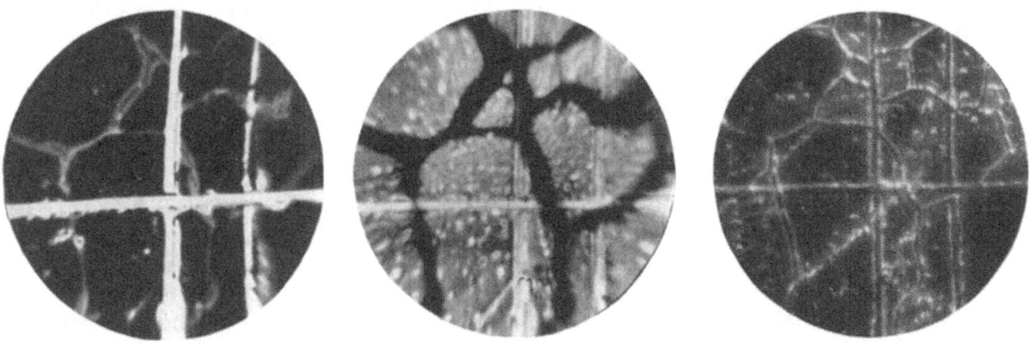

a) Elektrisches Elektronenbild beim Anheizen   b) Elektronenbild nach längerem Brennen   c) Lichtbild der Kathode nach dem Anätzen

Abb. 298. Abbildungen einer Bariumaufdampf-Kathode (V = 70) [68].

Die Adern waren sogleich an feinen Farbunterschieden in der Schicht zu erkennen. Deutlicher wurden sie, nachdem die Kathode angeätzt worden war (Abb. 298c). Wir schließen aus diesem Versuche, daß die Korngrenzen der Metallkathode auf die Emission einer aufgedampften Bariumschicht einen wesentlichen Einfluß ausüben. Dieser Einfluß ist nicht auf die Korngrenzen allein beschränkt, sondern erstreckt sich auch auf die zu beiden Seiten der Korngrenzen liegenden Gebiete, die er um so mehr erfaßt, je länger die Kathode in Betrieb ist.

Die ins einzelne gehende Erklärung der Beobachtungen steht noch aus. Es kann sich um eine Erscheinung handeln, die durch das Aufdampfen selbst, oder um eine Erscheinung, die durch die Emissionsfähigkeit der Schicht bedingt ist. Die verschiedenartige Färbung der Oberflächenschicht, die die Adern erkennen ließ, deutet darauf hin, daß schon die Ausbildung der Bariumschicht auf der Metallunterlage ungleichmäßig erfolgt ist. Abgesehen davon, daß anderes gegen diese Annahme spricht, wäre mit dieser Klarstellung über den Mechanismus des Vorganges natürlich noch nichts gesagt.

Die untersuchte Aufdampfkathode war sogleich aus der Apparatur entfernt worden, nachdem sich Abb. 298b gezeigt hatte, also nach sehr kurzer Brennzeit.

[1] Vgl. H. SIMON: Herstellung der Glühkathoden. Handb. der Experimentalphysik XIII/2.

[2] HINTSCH [199] ging so vor, daß er die zylindrische Anode um einen Platindraht mit Bariumazidlösung bestrich und das Barium von der Anode aus auf die Kathode dampfte.

Die Untersuchung einer zweiten Kathode wurde leider nicht mehr durchgeführt, so daß wir an sich nichts darüber wissen, welche Erscheinungen bei weiterem Brennen auf der Kathode zu beobachten gewesen wären. Nach den Erfahrungen bei Azid- und Oxydkathoden [VI, 14, 17] werden wir jedoch vermuten, daß auch bei der Aufdampfkathode schließlich ein sehr dünner, übrigbleibender Bariumfilm die kristalline Struktur in verschiedener spezifischer Emission der einzelnen angeschnittenen Kristalle hervortreten läßt[1].

16. **Aktivierung der Oxydkathode.** Wir kommen nun zu der technisch wichtigsten Kathode, der Oxyd- oder WEHNELT-Kathode [412, 413]. Sie unterscheidet sich von den bisher behandelten Kathoden durch die mehr oder minder dicke Oxydschicht, die das Unterlagemetall der Kathode überzieht und die als Reservoir für das aktive Barium dient.

Nach BECKER [27] unterscheidet man zwei Arten von Oxydkathoden: Die normale und die eingebrannte Oxydkathode. Die in der Technik meist übliche normale Oxydkathode wird durch Auftragen des z. B. in Öl aufgeschwemmten weißen Erdalkalioxydes (BaO) hergestellt. Das Öl wird dann vorsichtig abgedampft. Bei der eingebrannten Kathode, die sich durch Unempfindlichkeit gegen Kohlensäure und Wasserdampf (Luft) auszeichnet, läßt man während des Oxydauftragens durch starkes Heizen Reaktionen zwischen dem Unterlagematerial und dem Oxyd stattfinden. Die Kathode sieht dann grau bis braun aus.

Man hält es heute nach FREDENHAGEN [147], ROTHE [329, 330], ESPE [134], DETELS [111], DAVISSON-PIDGEON [102] für bewiesen, daß auch bei der Oxydkathode das metallische Barium (bzw. Ca oder Sr) der Träger der Emission ist [152, 154]. Der Nachweis des freien metallischen Bariums auf der Kathode ist in verschiedener Weise erbracht worden. Zunächst ist schon auffällig, daß die Bariumoxydkathode den gleichen Wert der Austrittsarbeit von 1 Volt aufweist wie metallisches Barium. Der direkte Beweis ist dadurch erbracht, daß man die aktive Substanz der Kathode auf gegenübergestellten inaktiven Teilen (Drähte, Gitter, Glaswand) nachweisen konnte. Die Empfindlichkeit der Kathode gegenüber Sauerstoff und der spektroskopische Nachweis lichtstarker grüner Bariumlinien im Leuchten des Gases vor der Kathode vervollständigen den Beweis.

Wenn wir eine Oxydkathode durch Glühen in Sauerstoff (Luft) vollständig oxydiert haben, so kommt sie nur bei gleichzeitig angelegter Anodenspannung zur Emission. Das weist darauf hin, daß das aktive Barium erst geschaffen und zur Oberfläche transportiert werden muß. Die Schaffung des Bariums soll dabei entweder durch Reduktion des Bariumoxydes oder durch Elektrolyse mittels des durch das Oxyd fließenden Stromes erfolgen. Wenn wir eine Kathode stark überheizen, so dampft das Barium fort und die Emissionsfähigkeit geht zurück. Glühen wir darauf die Kathode bei ca. 600° C, so steigt die Emissionsfähigkeit wieder, da die aktive Oberflächenschicht aus dem Innern der Oxydschicht wiederhergestellt wird.

Wir wollen nun die Oxydkathode, und zwar die normale, nichteingebrannte Oxydkathode im Elektronenmikroskop untersuchen. Dabei werden wir uns in diesem Abschnitt zunächst einen Überblick über das Anheizen usw. zu verschaffen suchen. Im folgenden Abschnitt soll dann eine Gruppe von Einzelbeobachtungen besprochen werden, die für das Verständnis der Oxydkathode von besonderer Bedeutung ist. In einem dritten Abschnitt wollen wir schließlich die „Ausbrennerscheinungen" betrachten, die zur Zerstörung der Oxydsubstanz führen.

Für unsere Untersuchungen verwenden wir das elektrische und magnetische Elektronenmikroskop in der Weise, daß wir für Gesamtaufnahmen die magne-

---

[1] Anm. b. d. Korr. Inzwischen experimentell nachgewiesen.

tische Methode, für die Verfolgung von Einzelheiten in starker Vergrößerung im allgemeinen die elektrische Methode benutzen. Wir entnehmen das Material den Arbeiten von BRÜCHE und JOHANNSON [64, 65], KNOLL, HOUTERMANS und SCHULZE [241], RICHTER [308] und KNECHT [235].

Heizen wir eine Oxydkathode an, so erwarten wir Elektronenbilder, die dem Lichtbild in der Verteilung des Oxyds usw. entsprechen. Das trifft auch oft zu. So sieht man bei unregelmäßiger Pastierung einzelne Brocken von Oxydsubstanz (Abb. 265) und bei sparsamer aber gleichmäßiger Pastierung im allgemeinen eine dünne, gleichmäßig emittierende Schicht (Abb. 299). Wählt man die Schicht sehr dick, so daß sie die Metallkathode wie eine Kruste überzieht, so reißt sie unter Umständen auseinander und es bilden sich (Abb. 300) z. B. an den Randpartien solcher Kathoden stark emittierende Risse aus. Die Elektronenbilder können jedoch auch ganz anders, nämlich gerade umgekehrt, als man es erwartet, aussehen (Abb. 301). Begründet ist diese auffällige Erscheinung, die bei ihrer Auffindung zu der Bezeichnung „umgekehrtes" Bild geführt hat, in dem Mechanismus der Oxydkathode. Bei Verletzungen der Oxydschicht können je nach den Temperatur- und Strombedingungen entweder die unverletzte Oxydschicht oder die freigelegten Metallflächen stärker emittieren [VI, 17].

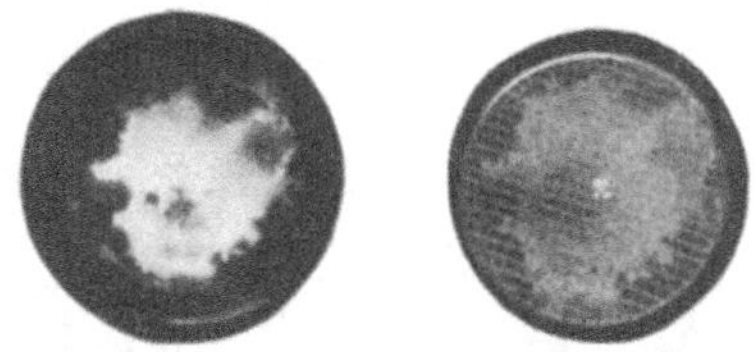

a) Elektronenbild b) Lichtbild

Abb. 299. Oxydkathode mit dünner Schicht ($V \approx 4$) [241].

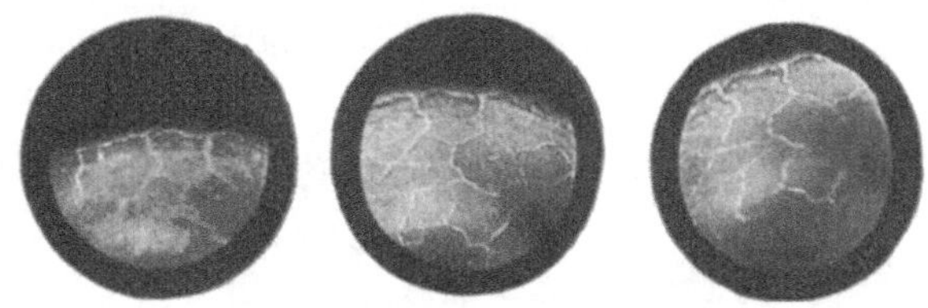

Abb. 300. Stark emittierende Risse in einer dicken in der Gasentladung formierten Oxydschicht ($V_m \approx 30$) [241].

Das Unterlagematerial der Oxydschicht spielt für das vom Lichtbild unterschiedliche Aussehen des Emissionsbildes eine wichtige Rolle. Besteht die Kathode aus grob kristallinem Nickel, so können die Korngrenzen (Abb. 268) oder die einzelnen Kristallite in verschieden starker Emission (Abb. 266c) hervortreten. Das Eigentümliche ist dabei, daß das Lichtmikroskop nichts derartiges zeigt, sondern nur eine gleichmäßig zusammenhängende Oxydschicht erkennen läßt.

Die Erscheinungen, die wir bei längerem Betrieb auf der Kathode beobachten, werden natürlich von der Behandlung abhängen. Heizen wir z. B. die Kathode stark, ohne Spannung anzulegen, so entsteht eine feinkörnige Struktur, während bei Heizung unter Spannung sich die Emission zu einzelnen Bezirken zusammenzuschnüren pflegt; es treten „Glühinseln" auf. Oder setzen wir die normale Oxydkathode einige Minuten einer Argonentladung aus, so schnürt sich die Emission ebenfalls zu ungleichmäßig verteilten Bereichen zusammen (Abb. 302). An dicken Schichten zeigen sich nach der Gasentladung oft auch die in Abb. 300

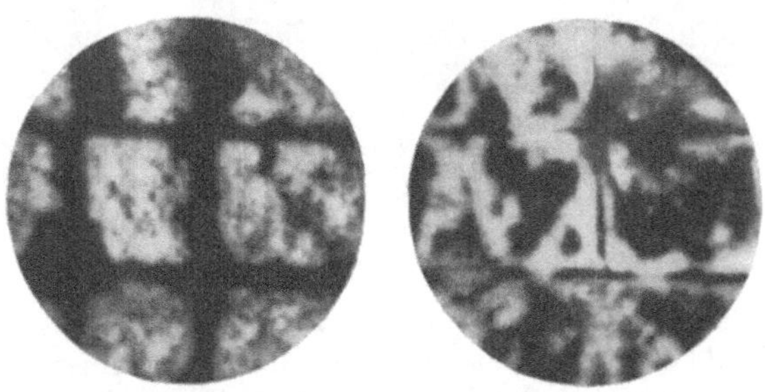

Abb. 301. „Positives" und „Negatives" Elektronenbild einer nach dem Pastieren geritzten Oxydkathode ($V_e = 65$) [65].

bereits gezeigten Risse mit besonders kräftiger Emission. Die Strukturänderungen sind an dünnen Oxydschichten meist nicht so auffallend wie an dicken Schichten.

Was sich auf Oxydkathoden im Laufe von Stunden abspielt, während die Kathode dauernd in Emissionsschaltung brennt, ist mehrfach im elektrischen Elektronenmikroskop verfolgt und kinematographisch festgelegt worden [65]. Bei Belichtungszeiten von einigen Sekunden pro Bild wurden von einzelnen Kathoden über 1000 Bilder aufgenommen. Bei der Kinoprojektion dieser Zeitrafferaufnahmen erhält man einen anschaulichen Eindruck von den immerwährenden Veränderungen auf der Kathodenoberfläche.

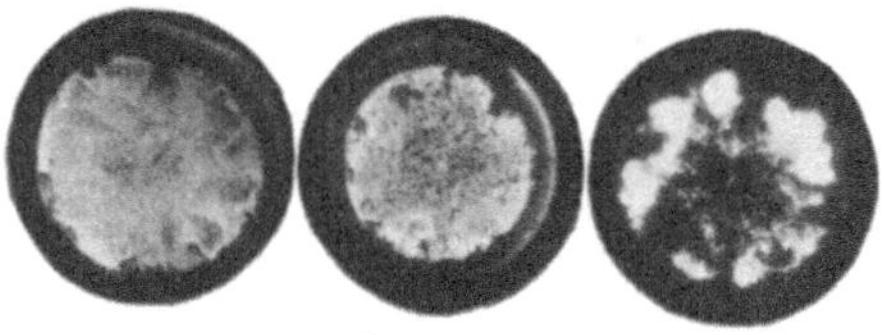

Abb. 302. Veränderung einer Oxydkathode mit dünner Schicht durch Gasentladung (V_m = 3) [241].

Eine solche Aufnahmeserie, die mehrfach Beispiele der „Bildumkehr" gab, zeigt Abb. 303 in acht ausgewählten Bildern[1]. Insgesamt wurden in diesem Falle über 1700 Bilder aufgenommen. Während der Aufnahme, die in 5 Sekunden Abstand mit $3^1/_2$ Sekunden Belichtung pro Bild erfolgte, stieg die schwarze Temperatur von 920 auf 1150° C. Als die Kathode vorsichtig angeheizt wurde, wobei von vornherein die Beschleunigungsspannung von 650 Volt angelegt war, zeigte sich zunächst ein Bild so, wie es zu erwarten war. Die Kathodenfläche emittierte in dem Mittelbezirk relativ gleichmäßig. Allein dort, wo die Emissionssubstanz vorher mit einer

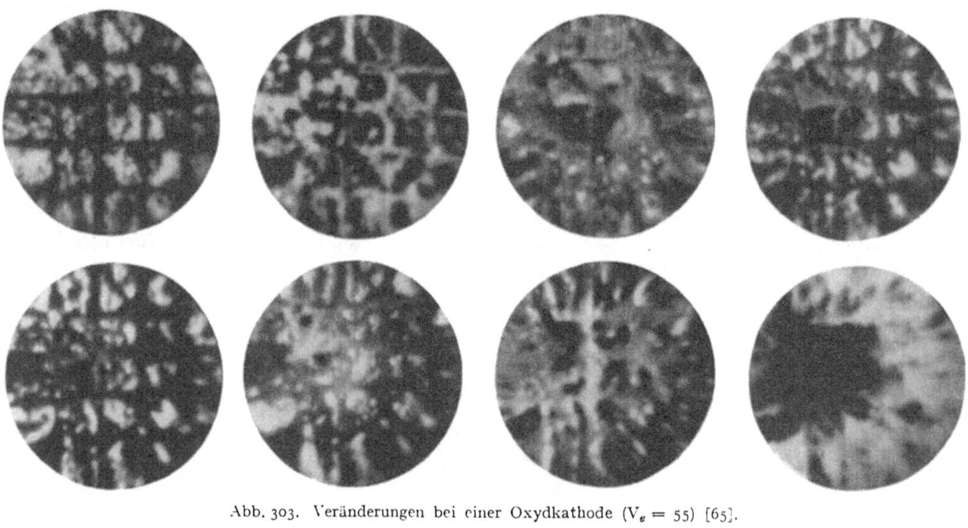

Abb. 303. Veränderungen bei einer Oxydkathode (V_e = 55) [65].

scharfen Nadel fortgekratzt worden war, blieb die Kathode emissionsfrei. Dieses Bild wurde ungleichmäßiger, und die Emission trat an den ursprünglich gut emittierenden Bezirken zurück. Dafür begannen die frei gekratzten Gitterstriche zu emittieren, bis sich das Emissionsbild fast vollständig umgekehrt hatte. Nach einiger Zeit wiederholte sich der Vorgang in umgekehrter Richtung.

Die Zusammenstellungen dieses Abschnittes haben uns gezeigt, daß das Emissionsbild der Oxydkathode von vielerlei Faktoren abhängt: Struktur des Unterlagemetalls, Dicke der aufgebrachten Oxydschicht, Behandlung durch Heizung, Spannung, Gasentladung. Es wäre wegen der technischen Wichtigkeit dieser

[1] Weitere Reihen geben die Abb. 311 und 313.

Kathode zu wünschen, daß alle Einflüsse auf die Emissionsschicht einmal einer gründlichen, systematischen Experimentaluntersuchung unterzogen würden, um so die günstigsten Bedingungen für Aufbau der Schicht, Aktivierung und Betrieb kennenzulernen.

17. Aktivierung und Überdampfung. Wir wollen an die bei Abb. 301 erwähnte Beobachtung anknüpfen, die sich kurz dahin charakterisieren läßt: Das Elektronenbild der Kathode sieht unter Umständen gerade umgekehrt aus, als man es erwarten sollte. Die in die Oxydschicht eingekratzten Striche, an denen uns das Lichtmikroskop das blanke Metall der Unterlage zeigt, emit-

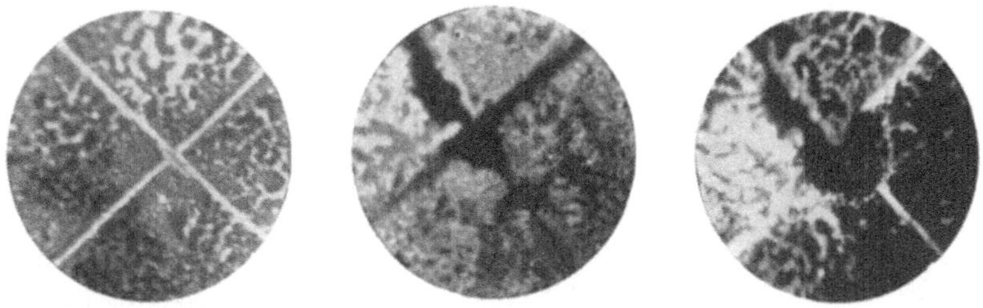

Abb. 304 a) ,,Negatives“ Bild b) ,,Positives“ Bild c) ,,Negatives“ Bild einer Oxydkathode in zeitlicher Reihenfolge aufgenommen ($V_{m} = 9$) [308].

tieren stärker als die vollen Oxydflächen zwischen den Strichen. Diese ,,Umkehr“ der Bilder, die in gleicher Weise bei elektrischer (Abb. 301) und magnetischer (Abb. 304) Abbildung zu beobachten ist, vermag während einer Beobachtungsreihe hin und her zu erfolgen (Abb. 303).

Man könnte zunächst vermuten, daß diese Erscheinung durch die Unebenheiten der Kathode bedingt ist [VI, 9], denn die Striche sind in die Oxydschicht tief eingekratzt. Doch auch, wenn man kleine mit Oxyd gefüllte Näpfchen auf der Kathode anbringt, so daß die Metall- und Oxydoberflächen in einer Ebene liegen, erhält man diese Erscheinung (Abb. 305).

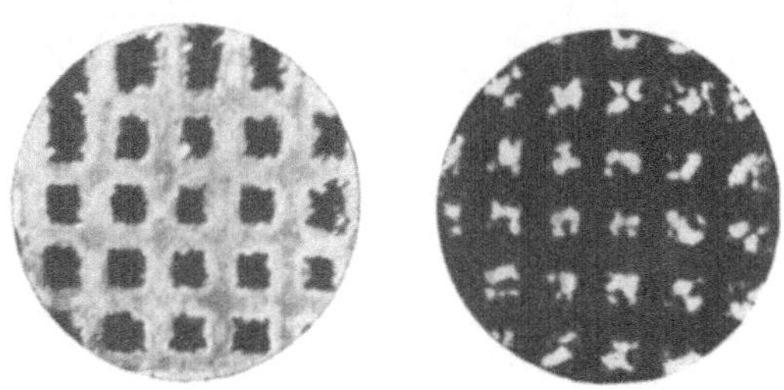

Abb. 305. ,,Bildumkehr“ an der ,,Näpfchenkathode“ ($V_{m} = 11$) [308].

Brüche und Johannson, die diese Erscheinung zuerst [64] beobachteten, gingen bei dem Versuch, eine Deutung für das Verhalten der Kathode zu finden [65], von der Vermutung aus, daß es sich um ein Wandern aktiver Substanz durch Überdampfen handele, wobei sie vorzugsweise an Bariumoxyd dachten. Der Nachweis gelang indessen nicht. Die Erklärung der Erscheinung wurde erst nach ausgedehnten Untersuchungen mit dem elektrischen und magnetischen Mikroskop durch Richter [308] gegeben, der zeigte, daß es sich um einen Vorgang handelt, der nach den heutigen Vorstellungen vom Mechanismus der Kathode *zu erwarten* ist.

Richter ging davon aus, daß das aktive Barium, wie es aus den [VI, 16] erwähnten Arbeiten bekannt ist, verdampft und sich an einer Stelle tieferer Temperatur niederschlägt. Die Emission in den oxydfreien Strichen wäre danach so zu deuten, daß Barium zu diesen Gebieten hinübergedampft ist und die

Emission nun dort besonders kräftig erfolgt. Diese Überdampfung setzt voraus, daß zunächst die Temperatur auf dem blanken Metall merklich geringer ist als auf den Oxydflächen. Das erscheint auch plausibel, wenn man an die Aufheizung der Oxydschicht durch den von der Kathode fließenden Elektronenstrom denkt, dem die Oxydschicht einen merklichen Widerstand entgegensetzt (Abb. 306b). Daß die Oxydbedeckung, nachdem die Überdampfung eingetreten ist, nicht mehr oder wenigstens nicht so kräftig wie die neu bedampften Metallflächen emittiert, soll dadurch bedingt sein, daß durch das vorherige kräftige Heizen die Kathodenflächen selbst an aktiver Substanz, die nur langsam aus dem Inneren herangeschafft wird, verarmt sind.

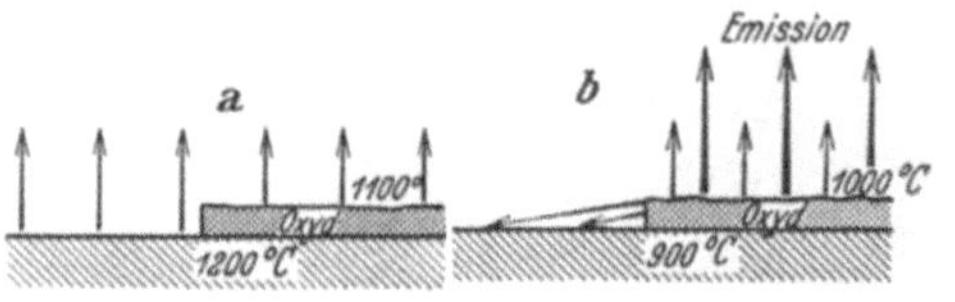

a) ohne angelegte Spannung, überheizt (alles Barium dampft ab) b) mit angelegter Anodenspannung (Barium dampft auf die blanken Kathodenbezirke)

Abb. 306. Zum Verhalten einer teilweise pastierten Oxydkathode.

Zur Prüfung dieser Vorstellung wird man erstens bei geeignet gewählten Spezialkathoden die Überdampfung im Elektronenmikroskop in den Einzelheiten verfolgen und zweitens das Auftreten „positiver" und „negativer" Bilder nach den aus diesen Vorstellungen folgenden Regeln hervorzurufen versuchen.

Gehen wir von einer ohne angelegtes Potential stark überheizten Kathode aus (Abb. 306a). Die Metallunterlage sei auf 1200° C gebracht, während die Oberfläche der Oxydschicht wegen der schlechten Wärmeleitung des Oxyds eine etwas geringere Temperatur besitzen wird. Nach einigem Heizen wird alles metallische Barium sowohl von der blankgekratzten Kathodenunterlage als auch von der Oxydschicht abgedampft sein[1]. Legen wir nun nach Temperaturerniedrigung Spannung an, so emittiert die Kathode zunächst nicht. Erst allmählich wird wieder so viel Barium an die Oxydoberfläche gelangen, daß die Emission beginnt. Gleichzeitig dampft aber auch Barium als Atomstrahl auf die blankgekratzten Kathodenteile, die sich mehr und mehr an der Emission der Kathode beteiligen werden. Diesen Vorgang kann man tatsächlich mit dem Elektronenmikroskop genau verfolgen.

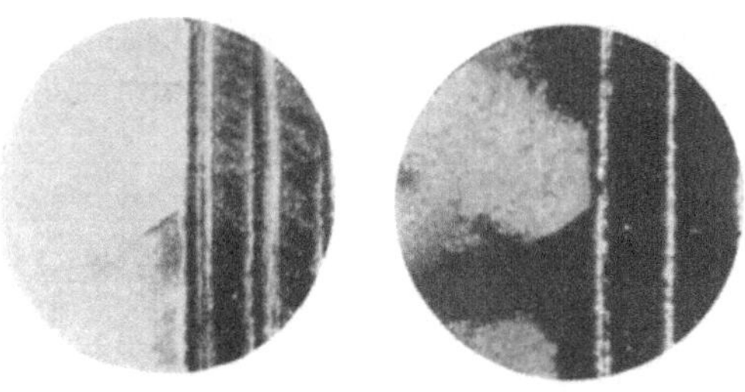

a) vor dem Versuch b) nach dem Versuch

Abb. 307. Lichtbilder einer auf der linken Hälfte pastierten Kathodenfläche (V = 36) [308].

Wir werden dazu Kathoden benutzen, die nur in einzelnen Bezirken aktiviert sind. Eine solche Kathode, in deren oxydfreie Hälfte Rillen eingekratzt sind, ist in Abb. 307 im Lichtbild vor und nach dem Experiment dargestellt. Abb. 308 zeigt diese Kathode in beginnender Emission und in späteren Stadien, in denen das Barium bereits hinübergedampft ist. Eine entsprechende Untersuchungsreihe für ein Kreissystem, bei dem nur die innere Kreisfläche und ein Teil des anschließenden Ringbezirks pastiert war, gibt die Abb. 309. Ein besonderer dritter Versuch wurde durchgeführt, um den möglichen Einwand zu entkräften, es handele sich nicht um Überdampfungen, sondern um die bei hoher Temperatur beginnende Emission von Schmutzschichten. Dazu wurde über die eine frei gekratzte Kathodenhälfte ein Platinblech gespannt, das vorher gründlich geglüht

[1] Bei einer erstmalig geglühten Kathode werden wir den gleichen Zustand haben.

und gereinigt worden war. Auch jetzt zeigte sich (Abb. 310) deutlich die Überdampfung.

Die drei Versuchsreihen bestätigen also die entwickelten Anschauungen. Sie zeigen im besonderen, daß das Barium in mehr oder minder geradlinigen

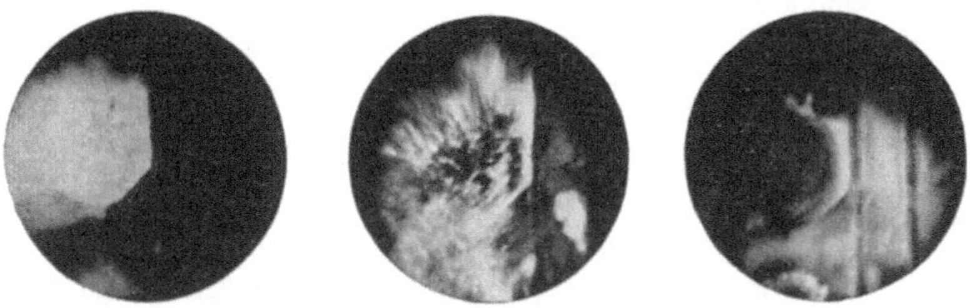

a) beim ersten Anheizen b) nach längerem Brennen bei beginnender Überdampfung c) nach sehr langem Brennen bei weitgehender Überdampfung

Abb. 308. Elektronenbilder der Kathode Abb. 307 ($V_e = 36$) [308].

Strahlen von dem „Oxydgebirge" fortdampft, so daß die Substanz in querliegende Furchen nicht zu gelangen vermag, die daher von Emission frei bleiben.

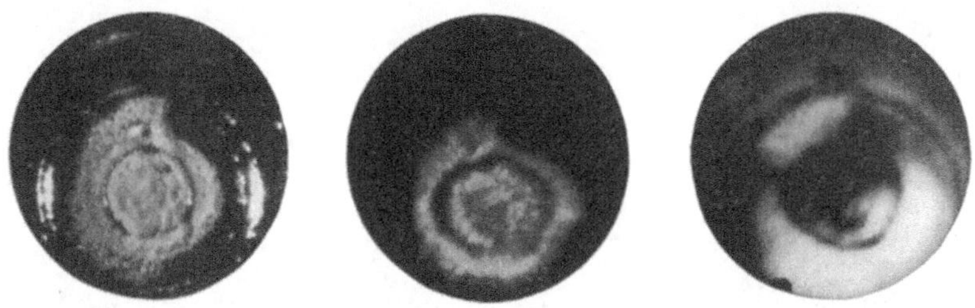

a) Lichtbilder vor dem Versuch b) beim Anheizen c) nach längerem Brennen

Abb. 309. Überdampfen des Bariums vom Zentrum eines Kreissystems aus ($V_e = 30$) [308].

Da sich ferner zeigte, daß sich das „negative" Bild stets durch Überheizen der Kathode wieder in das normale „positive" zurückverwandeln läßt, scheint die gegebene Deutung sichergestellt zu sein.

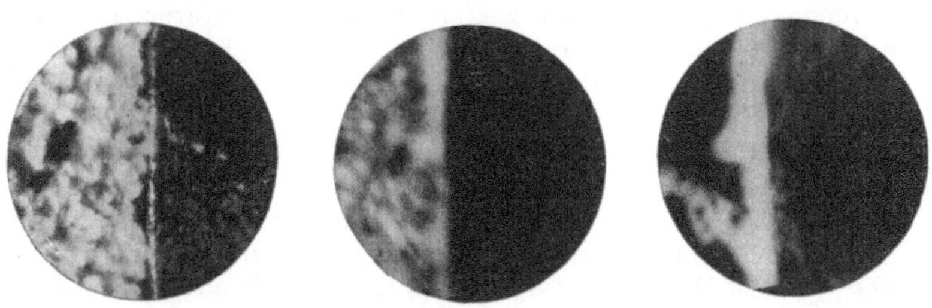

a) Lichtbild vor dem Versuch b) beim Anheizen c) nach längerem Brennen

Abb. 310. Überdampfen des Bariums auf ein Platinband, das über die rechte Seite als Kathode gespannt ist. ($V = 40$) [308].

18. Ausbrennen des Oxyds und Aktivierung des Kathodenmetalls. Setzen wir die Betrachtungen über die Oxydkathode fort, indem wir uns den Erscheinungen zuwenden, die sich bei langem Brennen oder hoher Beanspruchung der Kathode zeigen und die zu der Zerstörung der Oxydsubstanz auf der Kathode führen. Dabei haben wir zweierlei zu unterscheiden. Erstens die Zerstörung der Oxydschicht und damit die Zerstörung der Kathode überhaupt. Zweitens die Zerstörung der Oxydschicht bei gleichzeitiger Aktivierung der Oberflächenschicht des Kathodenmetalls bis zum Emissionsbild der kristallinen Struktur des Unterlagemetalls.

Ein besonders charakteristischer Zerstörungsvorgang der Oxydsubstanz ist die Ausbildung der bereits [VI, 14] erwähnten Glühinsel, die wir hier zunächst etwas ausführlicher behandeln wollen. Die Glühinsel, die schon seit HORTONS [203] Untersuchungen im Jahre 1906 durch die gegenüber der Umgebung erhöhte Temperatur bekannt war und insbesondere von WEHNELT [414] bereits genauer untersucht worden ist, führt zu einer immer stärkeren Konzentrierung der Emission zu einzelnen Kathodenstellen, die nun einer starken Beanspruchung und damit schnellen Zerstörung ausgesetzt sind. Daß Glühinseln beim Vorhandensein von merklichen Gasresten in der Apparatur auftreten können, ist

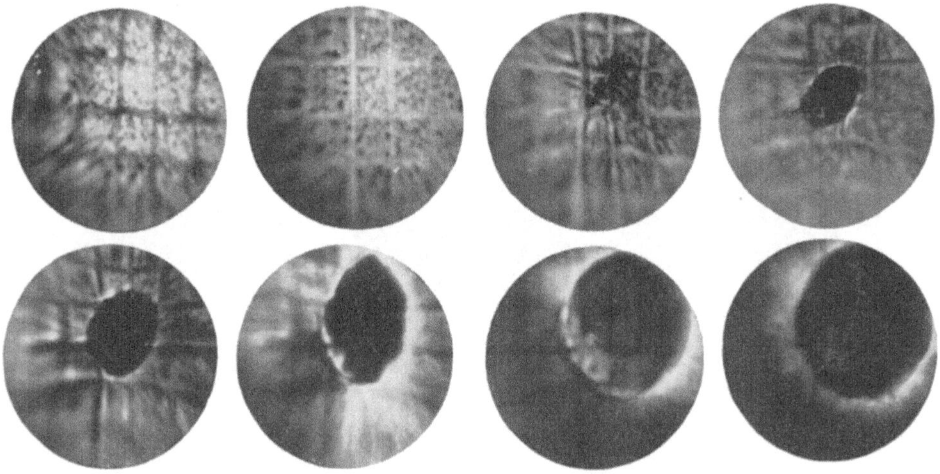

Abb. 311. Vorgänge auf einer Oxydkathode unter Raumladungseinfluß ($V_e = 55$) [65].

verständlich, wenn man an das Aufprallen der positiven Ionen denkt. Sind bereits kleine Unregelmäßigkeiten in der Emission vorhanden, so werden durch den dort verstärkten Ionenstrom weitere lokale Temperaturerhöhungen und damit Emissionserhöhungen eintreten können. Beispiele für Glühinseln bei Gasresten geben die ersten Aufnahmen der Abb. 311, die allerdings durch Raumladung stark verzerrt sind [65].

Schwieriger ist die Deutung der Erscheinung im hohen Vakuum. ROTHE [329, 330], der bei seiner Erklärung ebenfalls von zufällig etwas stärker emittierenden Stellen ausgeht, legt auf den Elektronenstrom selbst das Hauptgewicht [134]. Hat die Oxydschicht einen negativen Temperaturkoeffizienten des Widerstandes, so wird der von der Metallfläche durch das Oxyd fließende Strom eine gleichartige Aufschaukelung der Emission bedingen, wie es im Gas der Strom positiver Teilchen bedingt, der zur Kathode fließt.

Elektronenmikroskopisch sind solche Glühinseln zuerst von KNOLL, HOUTERMANS und SCHULZE [241] zwischen 0,01 und 5 mm² Größe nachgewiesen worden (Abb. 312). Die großflächigen Glühinseln, die an dünneren Oxydschichten auftreten, pflegen bei ihrem Entstehen die gesamte Emission der Kathode auf diese eine Stelle zu konzentrieren, wobei dann die übrigen Kathodenteile in ihrer Emission zurückgehen. Dabei kann um die Glühinseln ein dunkler Hof auftreten. Haben sich zufällig mehrere Glühinseln entwickelt, so wächst schließlich nur noch eine weiter, bis die übrigen allmählich erloschen sind.

Einen gewissen Beweis für die Richtigkeit der Vorstellungen über die Glühinseln kann man in folgenden Beobachtungen sehen [241]. Während bei angelegter

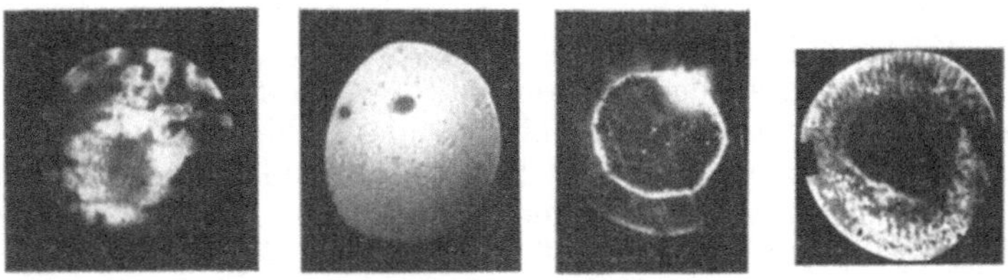

Abb. 312. Glühinseln auf Oxydkathoden [241].

Beschleunigungsspannung die Glühinseln auftreten, lassen sie sich beim sehr starken Durchglühen der Kathode ohne Spannung mindestens vorübergehend wieder zum Verschwinden bringen. Schaltet man nach einer derartigen Reakti-

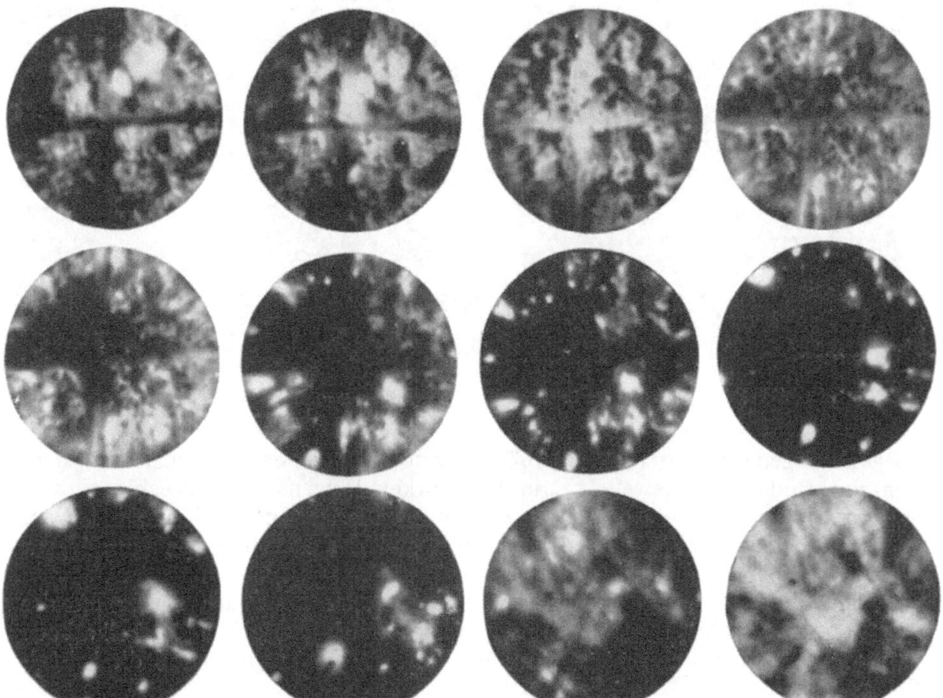

Abb. 313. Vorgänge auf der Oxydkathode ($V_e = 50$) [65].

vierung der Kathode, wie sie dem Kathodenfachmann geläufig ist, die Spannung wieder an, so emittiert die Kathode in den ersten Sekunden gleichmäßig.

Wir kommen nun zu Erscheinungen, bei denen mit der Zerstörung der Oxydsubstanz der Aufbau einer neuen, sehr stabilen Emissionsschicht parallel geht. Nachdem bei der Herstellung von Glühkathoden schon öfter beobachtet worden war, daß Oxydkathoden gelegentlich in einen Zustand geringer, aber sehr gleichmäßiger Emission zu kommen vermögen, haben elektronenmikroskopische Beobachtungen ergeben, daß es sich hier um eine Einlagerung von Barium in das Unterlagemetall handelt, wie wir es bereits bei der Bariumazidkathode [VI, 14] kennenlernten.

Schon bei den letzten Bildern der Abb. 313, die aus einer kinematographischen Reihe von 1170 Einzelbildern entnommen sind [65], zeigt sich kurz vor dem Durchbrennen eine gleichmäßige Emission, obwohl es vorher den Anschein hatte, als ob die Kathode bereits vollständig ausgebrannt sei. Diese Erscheinung ist damals nicht gedeutet worden. Später hat dann Richter [308] gelegentlich der erwähnten Untersuchungen zur Erklärung der „Bildumkehr" [VI, 17] nachgewiesen, daß Barium aus einem Oxydblock herauszudampfen und sich auf einer sauberen Metallfläche niederzuschlagen vermag, wobei solche Schichten eine sehr stabile Emission ergeben. Knecht [235] hat schließlich das Ausbrennen der Oxydmasse und gleichzeitige Eigenaktivieren von Nickelkathoden an mehreren

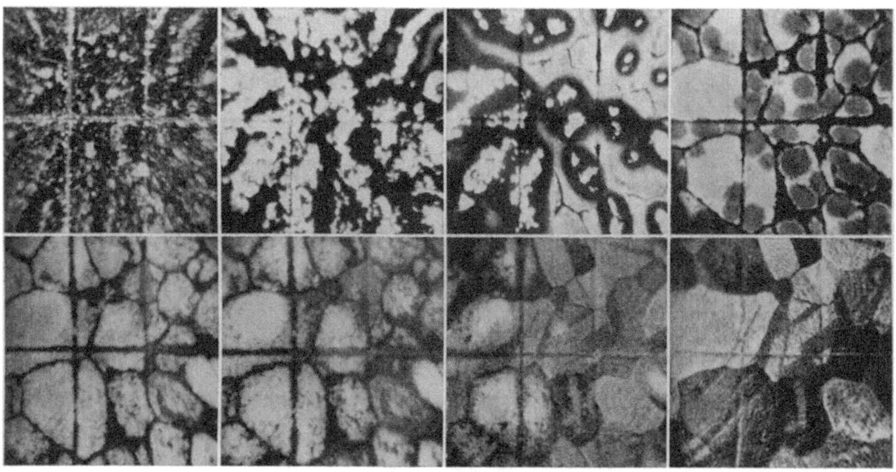

Abb. 314. Auftauchen der Kristallstruktur bei einer Oxydkathode ($V_m = 27$) [235].

Beispielen genauer untersucht. Abb. 314 zeigt eine seiner Versuchsreihen, deren einzelne Bilder nach jeweils 5 Minuten starken Heizens ohne Beschleunigungspotential aufgenommen wurden. Die Aufnahmen lassen deutlich den stufenweise fortschreitenden Abbau des Bariumoxyds und des Bariums bis zum klaren Strukturbild des Metalls erkennen.

Nach diesem Versuch scheint es so zu sein, als ob durch verdampfendes Barium — ganz gleichgültig, woher es kommt — sich eine blanke Nickelkathode mit einer feinen Bariumschicht versehen läßt, durch deren Einfluß die kristalline Struktur des Nickels hervortritt.

Es seien noch einige Bemerkungen über weitere Untersuchungsaufgaben angeschlossen, soweit sie sich auf die Kathoden beziehen. Da sind natürlich in erster Linie die Oxydkathoden zu nennen, deren Untersuchung in verschiedenen Richtungen ein sehr weites Betätigungsfeld darstellt.

Die Emission bei reinen, hochschmelzenden Metallen wie Tantal und Molybdän liegt nach Abb. 315 in derselben Größenordnung wie bei Wolfram, so daß auch ihr Emissionsbild ohne besondere Aktivierung untersucht werden könnte.

In der Gruppe des thorierten Wolframs wäre das Grundmetall zu variieren und der Thorzusatz durch Zäsium usw. zu ersetzen, insbesondere wären Molybdänkathoden mit Thorzusatz zu untersuchen.

Bei den Aufdampfkathoden ist nachzuprüfen, ob sich wirklich auf diese Weise Strukturbilder des kristallinen Kathodenmaterials erzielen lassen. Ferner dürfte die Behandlung der Wolframkathode mit Zäsiumdampf, wie sie besonders LANGMUIR und KINGDON [251, 252] studiert haben, lohnend sein.

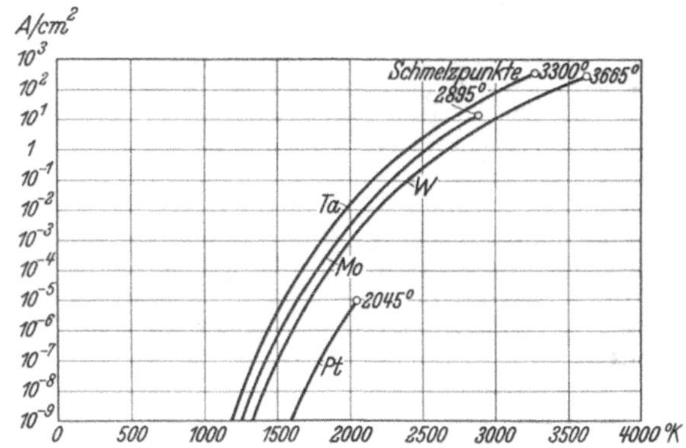

Abb. 315. Spezifische Sättigungsströme verschiedener hochschmelzender Metalle.

Die genaue Untersuchung des Übergangs zum Kristall-Emissionsbild und die Festlegung der Eigenschaften, z. B. der spezifischen Emission der einzelnen Kristallite in Abhängigkeit von der Schnittrichtung, ist ein weiteres großes Arbeitsfeld.

Bisher wurde stets von emittierenden *festen* Kathoden gesprochen. Man wird sich jedoch nicht auf diesen Aggregatzustand zu beschränken brauchen. Bereits bei der thorierten Wolframkathode vermuteten wir, daß flüssiges Thor der Träger der Emission sei. Im Prinzip steht nichts im Wege, auch flüssige Metalle, Legierungen usw. auf ihr Emissionsbild zu untersuchen.

d) Ausbau der Elektronenmikroskopie.

19. Abbildung kalter Selbstleuchter. Für die Abbildung hatten wir drei Gruppen von Objekten unterschieden, je nachdem, ob das Objekt ein Eigenstrahler ist, ob es durchstrahlt wird oder ob es durch reflektierte Elektronenstrahlung abgebildet wird. Wir haben bisher allein Eigenstrahler, und zwar Glühkathoden, behandelt, die wegen ihrer großen technischen Wichtigkeit und ihres physikalischen Interesses bisher vorwiegend Untersuchungsobjekte waren, und wollen nun die Betrachtungen im Hinblick auf zukünftige Entwicklungen ergänzen. Dazu werden wir zunächst die Abbildung *kalter* Selbstleuchter und dann [VI, 20] die Abbildung durch- oder bestrahlter Objekte zu diskutieren haben. — Bei der Abbildung kalter Selbstleuchter kann die Elektronenauslösung durch Ionenstoß, durch Lichtstrahlung, durch Röntgenstrahlung und durch hohe Feldkräfte erfolgen.

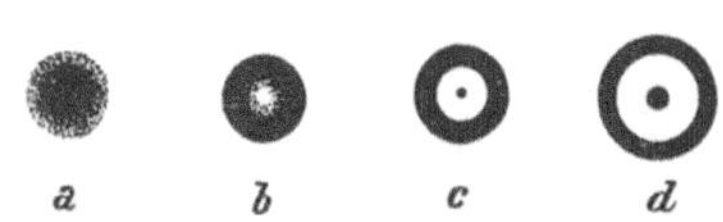

Abb. 316. Elektronenbilder des Kathodenbrennflecks eines Hochspannungsoszillographen [245].

Die *kalte Kathode,* bei der die Elektronen durch den *Stoß positiver Ionen* ausgelöst werden, war der natürliche, erste Untersuchungsgegenstand des magnetischen Elektronenmikroskops, das sich wie erwähnt [VI, 4] aus dem Hochspannungsoszillographen mit kalter Kathode entwickelt hat. In Abb. 237 lernten wir bereits zwei solcher Kathodenaufnahmen, die nach verschiedener Brenndauer der Kathode erhalten wurden, kennen. Eine vollständigere Reihe, die KNOLL und RUSKA [245] nach ihren Aufnahmen, die teils magnetisch, teils durch Lochkamera mit 50—80 kV-Elektronen erzielt wurden, zeichneten, gibt Abb. 316. Die Autoren bemerken zu diesen Bildern, daß die Entwicklung des Kathodenbildes von *a* bis *c* sehr schnell vor sich geht, das bedeutet, daß die ursprünglich blank polierte Kathodenfläche sehr schnell bei Inbetriebnahme angegriffen wird (Abb. 317). Bei einer späteren Untersuchung der gleichen Autoren [246] wurde die kalte Kathode, die mit einem eingekratzten Strichgitter von 0,3 mm Strichabstand versehen wurde, mit 65 kV-Elektronen abgebildet und photographiert (Abb. 318).

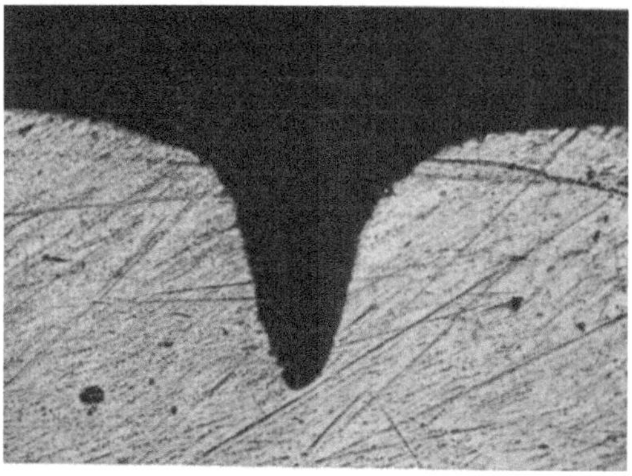

Abb. 317.
Krater einer Aluminiumkathode (Schnitt stark vergrößert) [332].

Aus älteren Arbeiten [1] weiß man, daß die *Befreiung von Elektronen durch ultraviolettes Licht* durchaus zur Ausleuchtung eines Fluoreszenzschirmes ausreicht, wenn die Elektronen mit einigen zehntausend Volt beschleunigt werden. Brüche [59] hat einen entsprechenden Abbildungsversuch mit einer magnetischen Linse unternommen. Er bildete (Abb. 319) eine mit dem Licht einer Quarzlampe bestrahlte Zinkplatte ab, die mit Bohrungen versehen war. Diese Experimente sind von J. Pohl [291] wesentlich verbessert und erweitert worden. Es wurden verschiedene Materialien, so Aluminium, Kalium, Kupfer, Ruß, Zink, auf ihre Emissionsfähigkeit untersucht (Abb. 320, 321). Ein besonderes Augenmerk wurde auf den Einfluß der Reinigung und Vorbehandlung gerichtet. Es ließ sich die bekannte Empfindlichkeit lichtelektrischer Platten gegenüber dünnsten Schmutzschichten bestätigen. Buchstaben, die mit einem Fettstift auf die Platten geschrieben worden waren, zeigten sich deutlich im elektronenoptischen Bild (Abb. 321). Aber auch Abdrücke eines sauber gewaschenen Daumens auf einer gut geschabten Zinkplatte waren im Elektronenbild sichtbar, obwohl von ihnen lichtoptisch nichts zu erkennen war (Abb. 322).

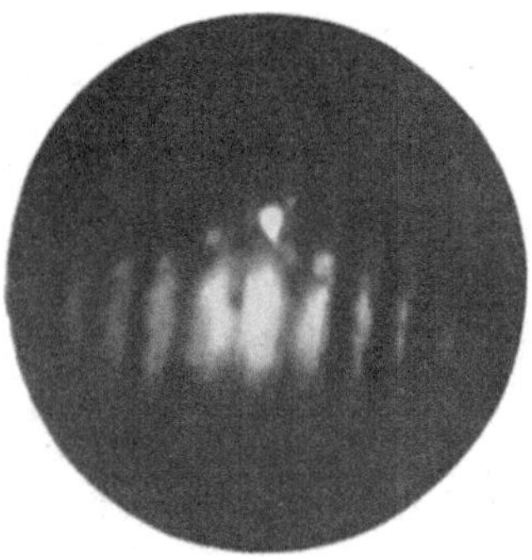

Abb. 318. Elektronenbild einer geritzten kalten Kathode ($V_m = 15$) [246].

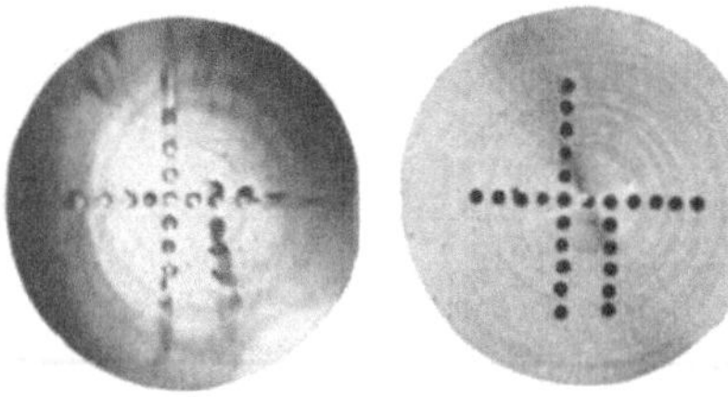

a) Elektronenbild b) Lichtbild

Abb. 319. Lichtelektrische Zinkplatte mit Bohrungen ($V = 2$) [59].

Die Tatsache, daß eine lichtelektrische Platte sich elektronenoptisch abbilden läßt, wird vielleicht später insofern technische Bedeutung erlangen, als es jetzt auch möglich sein muß, einen lichtoptischen Strahlengang in einen elektronenoptischen Strahlengang umzuwandeln. Projizieren wir etwa das Bild mittels eines Achromaten auf eine plane Kaliumschicht und erzeugen mit den ausgelösten lichtelektrischen Elektronen ein elektronenoptisches Bild, so werden wir für die „Steuerung" und das „Auffangen" dieses Bildes alle die Vorteile besitzen, die der elektronenoptische Strahlengang gegenüber dem lichtoptischen aufweist [II, 4]. Pohl hat den ersten Versuch in dieser Richtung durchgeführt (Abb. 323), indem er ein mit dem Licht einer Quecksilberlampe durchstrahltes Netz von 0,6 mm Maschenweite über eine Platinkathode auf dem Leuchtschirm abbildete.

Elektronenoptische Abbildungen mit Elektronen, die durch *Röntgenstrahlung* und durch *hohe Feldkräfte* befreit werden, sind bisher noch nicht durchgeführt worden. Dabei scheint gerade die Untersuchung der Elektronenauslösung durch hohe Feldkräfte eine besonders in prinzipieller Hinsicht interessante Aufgabe zu sein. — Legen wir ein hohes Feld an die Kathode an, so wird nach SCHOTTKY [359] der in Abb. 324 ausgezogene, zackige Potentialverlauf durch die Wirkung der „Bildkraft" im Sinne der gestrichelten Kurve abgerundet. Die dadurch entstehende Erniedrigung der Austrittsarbeit beträgt $\Delta w = 3{,}8 \cdot 10^{-4} \sqrt{U'}$ Volt, wo U' die angelegte Feldstärke in Volt/cm bedeutet, also $\Delta w = 1{,}2$ Volt für $U' = 10^7$ Volt/cm. Während für die Emissionserhöhung bei relativ schwachen Feldern und hohen Temperaturen der „SCHOTTKY-Effekt" ausschlaggebend ist, tritt bei hohen Feldern

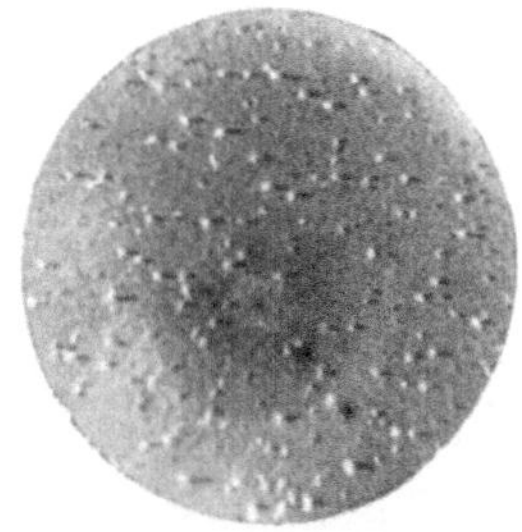

Abb. 320. Elektronenbild einer lichtelektrischen Kaliumschicht mit Schatten werfenden Kaliumkügelchen ($V_m = 7$) [291].

a) Zink ($V_m = 6$) [59] b) Aluminium ($V_m = 5$) [291] c) Lichtbild zu b ($V = 5$)

Abb. 321. Geschabte Kathoden mit Schrift.

und niedrigeren Temperaturen (kalten Kathoden) erhöhte Emission infolge des eingangs [I, 9] erwähnten wellenmechanischen Effektes ein: Durch den bei hohen Feldern immer schmaler werdenden, in Abb. 324 punktierten Bereich können auch solche Elektronen das Metall verlassen. deren Energie sie klassisch nicht zum Austritt befähigen würde,

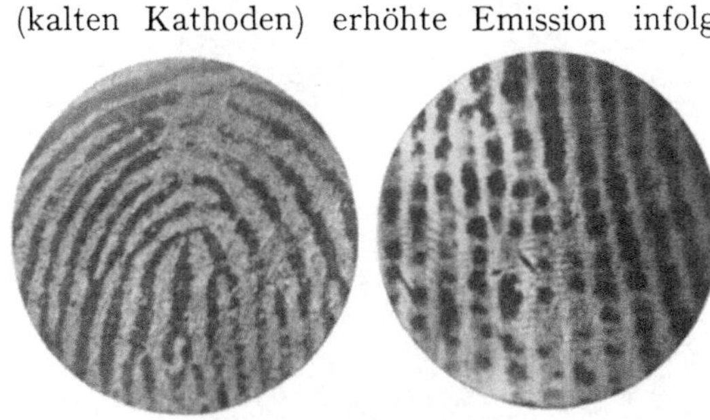

Abb. 322. Fingerabdrücke mit lichtelektrischen Elektronen abgebildet ($V_m = 5$) [291].

20. Abbildung von Nichtselbstleuchtern. Den Selbstleuchtern steht die große Gruppe der Nichtselbstleuchter gegenüber, die die üblichen Objekte lichtmikroskopischer Forschung darstellen. Sehen wir von der Abbildung durchleuchteter Netze ab, die nur „Schwarz-Weiß-Bilder" ergeben[1], so bleiben auch hier nur relativ wenige Experimente.

---

[1] Das „Schwarz-Weiß-Bild" ist ein richtiges scharfes Bild, das jedoch wie ein Schattenbild keine Struktur hat.

Zunächst ist in Abb. 325 das Ergebnis des ersten Versuchs einer *Foliendurchstrahlung* wiedergegeben, bei dem BRÜCHE und JOHANNSON [66, Anm. 1] ein mit 30 kV-Elektronen durchleuchtetes Lenard-Fenster in geringer Vergrößerung magnetisch abbildeten. Die Elektronen wurden von einer Glühkathode geliefert. Das Fenster bestand aus Blattgold, das auf einer wabenartig durchbohrten Kupferplatte ausgespannt war. Die intensive Elektronenstrahlung hatte das Fenster bald zerstört, so daß man auf dem Bild außer dem Schatten der Kupfernetzunterlage nur Fetzen der Folie erkennt.

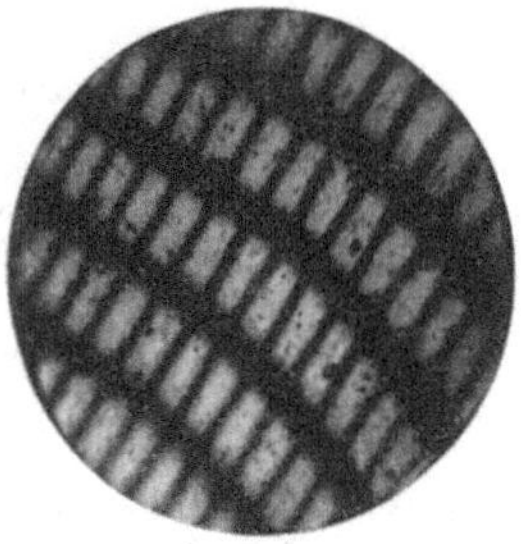

Abb. 323. Elektronenoptische Abbildung eines auf eine Platinfolie lichtoptisch projizierten Gitters [291].

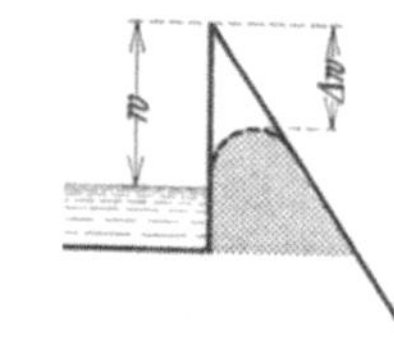

Abb. 324. Zur Verringerung der Austrittsarbeit durch hohe Felder.

Einen wesentlichen Fortschritt bedeuten Abbildungen, die v. BORRIES und RUSKA [40a] mit 70 kV-Elektronen erhielten. Eine Aluminiumfolie von 1 μ, die das Gesichtsfeld halb ausfüllte, wurde durch die magnetische Linse 20fach vergrößert abgebildet. Die Aufnahme (Abb. 326) läßt recht gut Einzelheiten erkennen. Bemerkenswert ist die sehr scharfe Randabbildung.

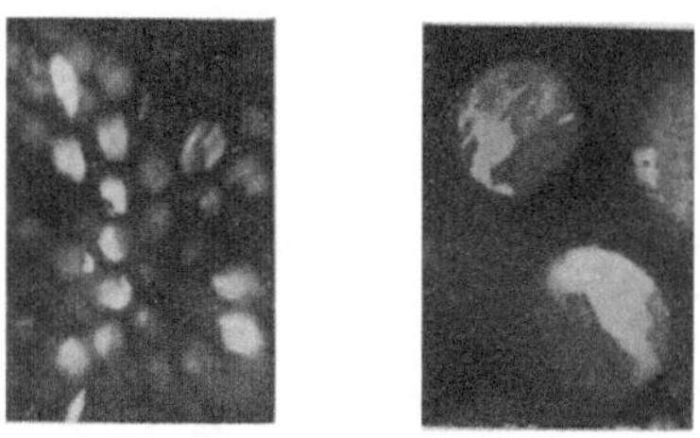

a) $V_m = 2$ b) $V_m = 9$

Abb. 325. Elektronenbilder eines teilweise zerstörten Lenardfensters [60].

RUSKA [342] hat später seine Untersuchungen weiter ausgebaut und nach Verbesserung der Apparatur mit 75 kV-Elektronen Durchstrahlungsbilder von 1 μ starken Aluminiumfolien und „Schwarz-Weiß-Bilder" von verkohlten Baumwollfasern erhalten, die bei etwa 100facher magnetischer Vergrößerung eine sehr gute Schärfe zeigten[1]. RUSKA hat solche Bilder durch eine gleichartige magnetische Linse abermals 100fach vergrößert und durch dieses „zweistufige" System [VI, 4] Bilder der höchsten bisher durchgeführten Vergrößerung erhalten, die noch eine Menge Einzelheiten erkennen lassen[2] (Abb. 327) [VI, 21.]

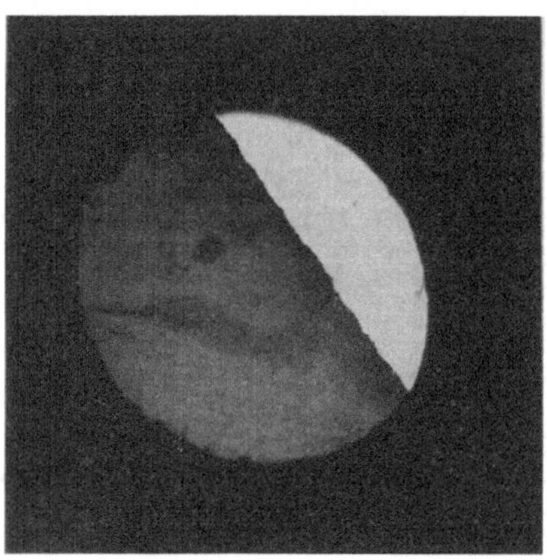

Abb. 326. Elektronenbild einer durchstrahlten Aluminium-Folie ($V_m = 20$) [40a].

Über die Abbildung *bestrahlter* Objekte sind erst zwei Versuche bekanntgeworden. Der erste Versuch wurde von ZWORYKIN [450] durchgeführt, der die mit 20 Volt beschleunigten Elektronen einer Glühkathode schräg von der Seite auf eine Nickelplatte fallen ließ, die das Objekt für ein elektrisches Elektronenmikroskop darstellte (Abb. 328). Die abzubildende Nickelfläche war berußt

[1] Anm. b. d. Korr. Inzwischen gelangen MARTON [268b] Durchstrahlungsbilder von organischen Substanzen, die wie bei biologischen Untersuchungen mit Osmium „getränkt" waren. Die Bilder, die magnetisch erhalten wurden, zeigen die Zellstruktur eines Blattes der Drosera intermedia.

[2] Nach persönlicher Auskunft von Herrn RUSKA sind auf den Leuchtschirm gelegentlich auch im „Schwarz-Weiß-Bild" der Baumwollfasern noch gewisse Einzelheiten erkennbar.

worden. Auf die Rußfläche war ein *A* geschrieben worden, so daß hier wieder die blanke Metallfläche zum Vorschein kam. Das Elektronenmikroskop bildete diesen Buchstaben wenig vergrößert auf den Leuchtschirm ab (Abb. 329). Den zweiten Versuch dieser Art führte gleichzeitig RUSKA [341] durch. Die erhaltene Abbildung einer mit 60 kV-Elektronen bestrahlten Gold-Platin-Scheibe zeigt Abb. 330. Die unter 60° bestrahlte Scheibe wurde in 10facher Vergrößerung magnetisch abgebildet. Einige Kratzer auf der Metallfläche treten im Bilde deutlich hervor. Noch interessanter ist die in Abb. 331 gezeigte Abbildung eines durchbohrten 0,4 mm starken Kupferbleches mit oxydierter Oberfläche. Der Grat einer Bohrung von 1 mm Durchmesser wirft bei dem angewandten streifenden Einfall der Elektronen (15° gegen die Fläche) einen langen „Elektronenschatten"[1].

Abb. 327. Elektronenbild einer durchstrahlten Folie ($V_m = 5500$) [342].

Erwähnt seien schließlich noch die Versuche von KNOLL und LUBSZYNSKI [243] über die Abbildung von Netzen, aus denen durch starke Bestrahlung mit Elektronen Sekundärelektronen ausgelöst wurden. Strahlenquelle der Primärelektronen, Netz, elektrische Linse und Leuchtschirm waren in einer Richtung orientiert. Mit der Elektronenlinse konnte das Netz als Durchstrahlungsbild dunkel auf hellem Grunde oder als Bild der Sekundärstrahlung hell auf dunklerem Grunde erhalten werden. Die Anordnung wurde benutzt, um die Stärke der Sekundäremission von verschiedenen Netzmaterialien zu untersuchen. So wurde z. B. gezeigt, daß ein mit Zirkonmetall zur Hälfte überzogenes Gitter eines anderen Metalls nur dort emittiert, wo kein Zirkon aufgebracht war.

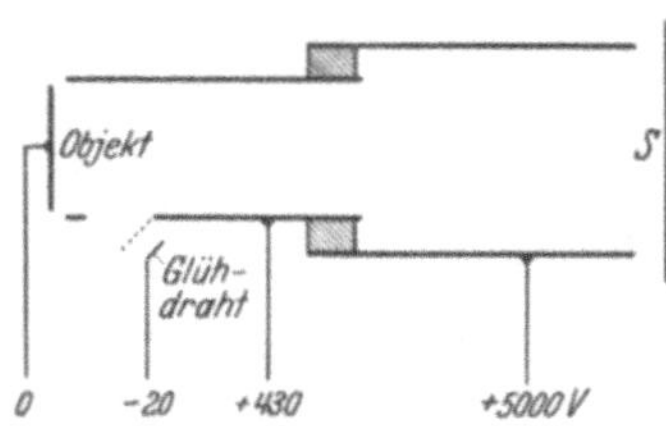

Abb. 328. Elektronenmikroskopische Anordnung zu Abb. 329 [450].

21. Untersuchung von Kristallgefügen. Bevor wir zur Besprechung der *prinzipiellen* Möglichkeiten der Elektronenmikroskopie übergehen, sei auf eine praktische Anwendungsmöglichkeit eingegangen, die in greifbare Nähe gerückt ist. Es ist die bereits mehrfach erwähnte Abbildung des Kristallgefüges von Metallflächen (Abb. 332).

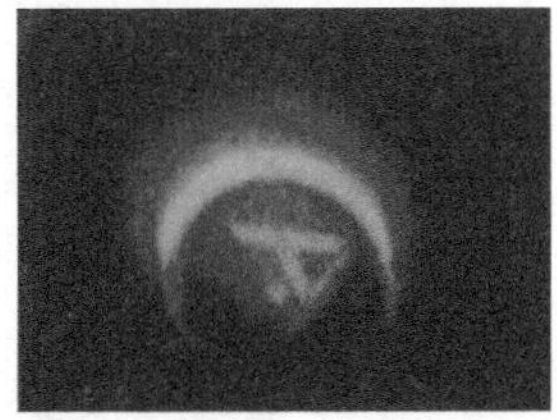

Abb. 329. Abbildung einer teilweise berußten Nickelfläche durch reflektierte bzw. sekundäre Elektronen ($V_e = 2$) [450].

Erstmalig wurde bei Wolfram [VI, 12] beobachtet, daß die Kristallstruktur des Kathodenmaterials im elektronenmikroskopischen Bild zum Vorschein kommen kann. Viel ausgeprägter lernten wir dann diese Erscheinung bei Platin-Rhodium [VI, 12] und bei geeignet präparierten Nickelkathoden [VI, 14, 18] kennen.

Abbildungen des Kristallgefüges durch Korpuskularstrahlungen — allerdings nach ganz anderer Methode — haben zuerst TAMMANN und v. LÖWIS OF MENAR

[1] Vgl. auch Abb. 320, bei der der Schatten allerdings ein Lichtschatten war.

[397] durchgeführt[1]. Die Autoren fällten aus einer Lösung von poloniumhaltigem Bleinitrat durch Silberspäne das Polonium aus und schmolzen nun das mit Polonium beladene Silber. Die Oberfläche des erstarrten Metalls wurde plan geschliffen, poliert und auf eine photographische Platte gelegt, auf der sich nach 50—120stündiger Exposition und anschließender Entwicklung ein Strukturbild zeigte (Abb. 333a). Das radioaktive Polonium (Halbwertszeit 136 Tage) hatte sich bei der Auskristallisation des Silbers in die Kristallfugen eingelagert und durch die ausgesandte α-Strahlung auf der photographischen Schicht Schwärzung hervorgerufen. Auch für andere Metalle und für Legierungen wurden nach dieser interessanten Methode ähnliche Bilder erhalten (Abb. 333b, c, d), die sich mit den Ätzbildern in Übereinstimmung zeigten.

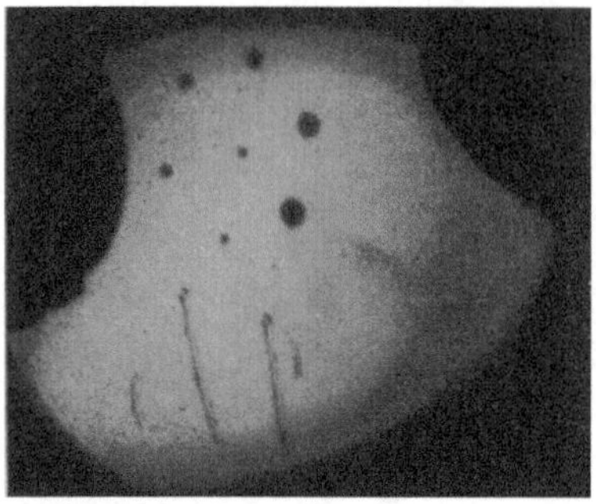

Abb. 330. Abbildung einer Scheibe mit Löchern durch reflektierte bzw. sekundäre Elektronen ($V_m = 10$) [341].

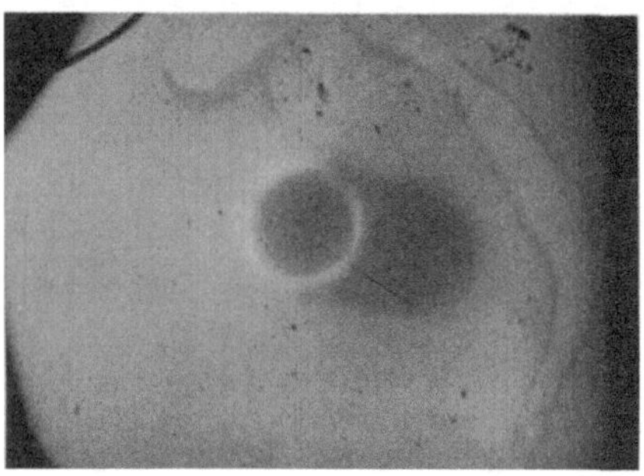

Abb. 331. Abbildung eines durchbohrten Kupferblechs durch reflektierte Elektronen ($V_m = 8$) [341].

Für den Metallurgen ist durch die elektronenmikroskopischen Feststellungen ein vermutlich ausbaufähiges Beobachtungsverfahren gegeben. Wir sehen gleichsam das „Ätzbild", ohne die Oberfläche durch Ätzen angegriffen zu haben; wir sehen es *während des Glühens* und können Strukturänderungen verfolgen. Ein Beispiel aus den [VI, 18] erwähnten Untersuchungen von KNECHT [235] möge das Gesagte erläutern. In Abb. 334 sind zwei Strukturbilder einer Nickelkathode wiedergegeben. Zwischen den Aufnahmen der beiden Bilder war die Kathode längere Zeit geglüht worden[2]. Wir sehen auf beiden Bildern die gleichen Kristalle. Wenn wir sie aber in ihrer Lage zum eingekratzten Koordinatensystem betrachten, so erkennen wir deutliche Veränderungen. Das ist besonders an dem kleinen dunklen Dreieck zu sehen, das in der Mitte

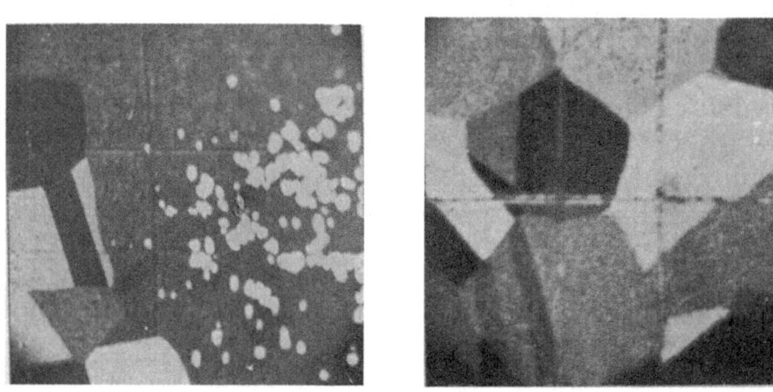

Abb. 332. Elektronenoptische Strukturbilder einer Nickelfläche ($V_m = 35$) [62].

[1] Kürzlich ist von HAHN im physikalischen Kolloquium der T. H. Berlin über ähnliche Untersuchungen vorgetragen worden.

[2] Außerdem war die Kathode inzwischen ausgebaut und neu pastiert worden.

des Bildes bei Abb. 334a von links her die horizontale Koordinatenachse berührt, während es bei Abb. 334b mit dem unten anschließenden hellen Kristall bereits merklich daneben aufhört[1].

Ein zweites, nicht minder anschauliches Beispiel aus der [VI, 14] besprochenen Barium-Azid-Untersuchung von BRÜCHE und JOHANNSON [67] sei noch gegeben. Würden wir die Nickelkathode nur nach den üblichen Methoden untersuchen können, so hätten wir sie im kalten Zustande anätzen müssen und dann Abb. 296b

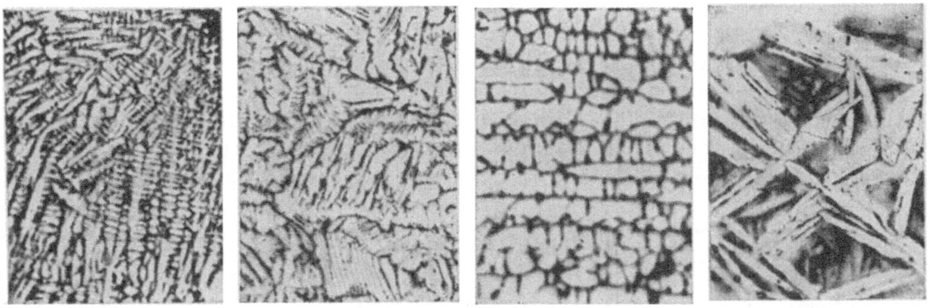

a) Ag b) Bi c) Sn d) Po-haltige Bi-Te-Legierung

Abb. 333. Strukturbilder von Metallen durch radioaktive Einlagerungen erzeugt nach TAMMANN und v. LÖWIS OF MENAR (vergrößerte Kontaktdrucke) (V = 5) [397].

erhalten. Die Elektronenbilder Abb. 335, die vor dem Anätzen bei glühender Kathode erhalten wurden, zeigen demgegenüber eine Eigenart im Kristallgefüge, die uns bei alleiniger lichtmikroskopischer Untersuchung entgangen wäre. In Abb. 335a, die zeitlich zuerst aufgenommen wurde, durchdringen sich die breite, unterbrochene, hellleuchtende Nadel und das von oben in das Bildfeld ragende dunkle Dreieck. Es scheint sich um eine Zwillingsbildung zu handeln. Bei Abb. 335c, die nach starkem Glühen erhalten wurde, ist das Übergangsgebiet zugunsten der Nadel verschwunden. Beim Ätzbild Abb. 296b zeigt sich im Gegensatz dazu das Dreieck vollständig. Die einfachste Erklärung der unterschiedlichen Aussage zwischen Elektronen- und Lichtbild ist die, daß die Nadel eine sehr dünne Zunge über das Dreieck gestreckt hatte, die durch das Anätzen zerstört worden ist[2]. Das Anätzen

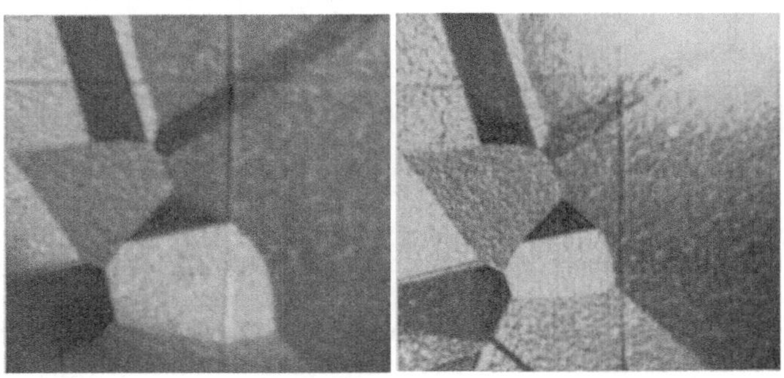

a b

Abb. 334. Strukturänderungen einer Nickelfläche im Elektronenmikroskop beobachtet ($V_m = 60$).

[1] Der große helle Fleck bei Abb. 334b und bei dem Titelbild, von dem Abb. 334b einen Teil bildet, ist ein „Bariumsee", der inzwischen künstlich auf die Kathode gebracht worden war. Er hat für unsere Diskussion nichts zu bedeuten.

[2] Ist diese Erklärung richtig, so kann man das Übergangsgebiet von Abb. 335a auch so deuten: Die Zunge ist noch so dünn, daß sie „durchsichtig" ist, d. h. der darunter liegende Kristall beeinflußt die Emission der Zunge. — Ungeklärt bleibt auf jeden Fall Abb. 335c, bei der das nichtemittierende Dreieck gleichsam die Emission der Nadel zum Teil unterbindet.

war also in diesem Falle ein so gewaltsamer Eingriff, daß er das wirkliche Oberflächenbild zerstört hat. Das Elektronenmikroskop erweist sich hier wertvoller als das Lichtmikroskop. Natürlich darf man nun aber nicht vermuten, daß das Elektronenmikroskop das Lichtmikroskop für solche Untersuchungen zu verdrängen vermag. Vielmehr wird das Elektronenmikroskop immer ein umständlicher Apparat bleiben, der das Arbeiten im Vakuum verlangt und der daher dem Lichtmikroskop gegenüber in der Einfachheit der Bedienung stets im Nachteil bleiben muß. Außerdem wissen wir heute noch gar nicht, ob die notwendige Aktivierung einer kristallinen Metallfläche wirklich allgemein durchführbar ist. Unsere bisherigen Erfahrungen beziehen sich nur auf *Nickel*flächen, die sich in verschiedener Weise zu der erwünschten, nach der Kristallage verschiedenen Emission bringen ließen.

Bevor wir im Anschluß an diese metallurgischen Bemerkungen noch einige Fragen physikalischer Natur streifen, die durch die elektronenmikroskopischen Beobachtungen angeregt werden, sei noch das Strukturbild eines großen Bezirks

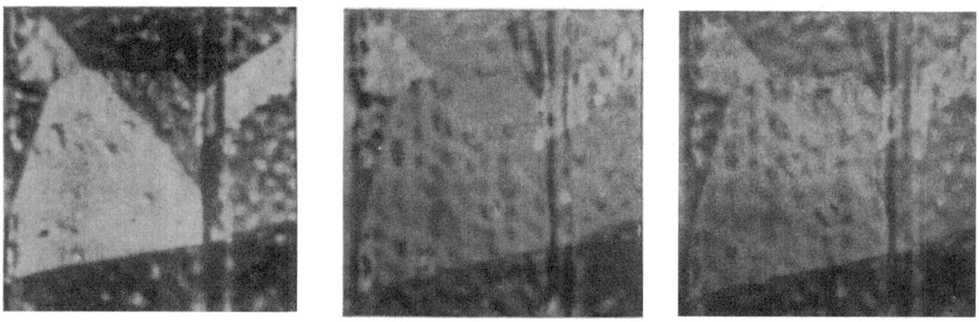

a b c

Abb. 335. Strukturänderungen einer Nickelfläche im Elektronenmikroskop beobachtet ($V_e = 150$) [67].

einer Kathode erwähnt, das aus 13 einzelnen Aufnahmen KNECHTS [235] zusammengesetzt wurde[1] (Titelbild). Die Nickelkathode war zu diesen magnetischen Aufnahmen auf einem „beweglichen Objekttisch" (Abb. 249, 262) aufgebaut worden. Die einzelnen Aufnahmen schlossen bis auf wenige Ausnahmen sehr gut aneinander an, so daß bei dem Zusammensetzen keine bedenklichen „Verbesserungen" erforderlich waren. Zum Zusammensetzen der Aufnahmen wurden die Schnitte stets *quer* durch die Kristallitbilder gelegt[2]. Es bedarf kaum der Erwähnung, daß man bei einiger Übung die Aufnahmen noch gleichmäßiger zusammensetzen könnte, doch vermittelt auch dieses Bild bereits einen guten Eindruck von der Struktur der Kathode und von der sehr verschiedenen Emission der einzelnen Bezirke der abgebildeten $1^1/_2$ mm² Kathodenfläche.

Über die Natur solcher Strukturbilder ist die Kenntnis heute noch gering. Es ist im einzelnen nicht klargestellt, warum eigentlich die einzelnen Kristallite verschieden stark emittieren. Bei reinem Wolfram wird es die von der Schnittrichtung der Kristalle abhängige Austrittsarbeit [283] sein, aber bei den aktivierten Nickelflächen ist auch der Einfluß einer verschieden starken Beladung

[1] Natürlich kann man auch ein solches Übersichtsbild durch eine Einzelaufnahme erhalten, doch wird das Bild dann kaum so scharf sein.
[2] Wo solche Schnitte liegen, erkennt man übrigens leicht bei genauerem Betrachten des Bildes.

mit Bariumatomen denkbar[1]. Daß solche Einflüsse berücksichtigt werden müssen, zeigen die Serienaufnahmen Abb. 297 und Abb. 314, in deren einzelnen Bildern bald die einen, bald die anderen Kristallite stärker emittieren. Beim genaueren Studieren wäre zunächst die Reproduzierbarkeit des Endzustandes nachzuweisen und die spezifische Emission der verschiedenen Kristallite zu messen, was bei der beliebig großen Apertur von Elektronenmikroskopen ohne Schwierigkeit durch Führen eines Käfigs in der Bildebene bzw. Vorbeischieben des Bildes am Käfig [VI, 19] gelingen muß.

Deutungsschwierigkeiten bestehen besonders auch bei dem Auftauchen der Kristallstruktur, wenn noch eine dicke undurchsichtige Oxydschicht über der Kathode liegt (Abb. 266) und bei dem Hervortreten der Korngrenzen (Abb. 268). Als eine besonders eigenartige Erscheinung lernten wir die Markierung der Korngrenzen bei dicker Schicht als zwei stark emittierende Striche mit einem Strich schwacher Emission dazwischen kennen. Wir erwähnten bei dieser Aufnahme bereits [VI, 8], daß die Erscheinung an die Verzerrung des Potentialfeldes durch Vertiefungen auf der Kathode erinnert. Natürlich sind, um solche Erscheinungen hervorzurufen, wirkliche Vertiefungen nicht erforderlich, es genügt vielmehr, daß entsprechende Feldverzerrungen auf irgendeine Art entstehen. Potentialunterschiede auf einer kristallinen Kathodenfläche scheinen aber nach der Theorie der Elektronenemission durchaus nicht unverständlich. Verschieden starke Emission der einzelnen Kristallite unter sonst gleichen Bedingungen kann durch verschieden große Austrittsarbeit, d. h. durch verschieden große Potentialschwellen zwischen dem Metallinnern und dem Außenraume (Abb. 280) gedeutet werden. Haben aber die Kristallite an der Oberfläche der Kathode verschiedene Potentiale (Größenordnung der Unterschiede 1 Volt), so müssen an den Korngrenzen Feldverzerrungen auftreten. Abgesehen davon, daß Folgerungen dieser Art sehr mit Vorsicht betrachtet werden müssen, sind überzeugende Experimente für ihre Richtigkeit bisher nicht anzugeben. Es wäre festzustellen, ob bei kristallinen Kathoden etwas andere Gitterpotentiale zur Scharfstellung auf die einzelnen Kristallite gehören, und ob die Scharfstellung auf die Korngrenzen besondere Schwierigkeiten bereitet.

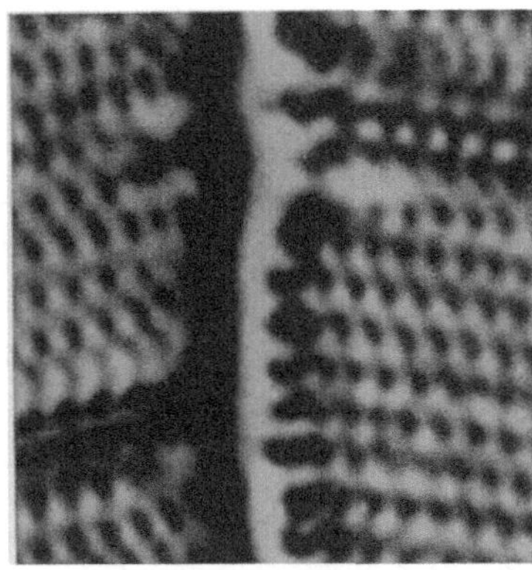

Abb. 336. Stark vergrößertes Lichtbild einer Surirella gemma (V = 7800).

22. Das Problem des Übermikroskops. Die Hoffnung der Elektronenmikroskopie ist es, die prinzipiellen Möglichkeiten auszunutzen, die sich bei der Verwendung der kurzwelligen Elektronenstrahlung zur Abbildung bieten.

Versucht man, die Vergrößerung eines Lichtmikroskops weiter und weiter zu steigern, so wird das von einer gewissen Grenze ab illusorisch. So zeigt z. B. Abb. 336 die mit einem guten Leitz-Mikroskop erhaltene Aufnahme einer Surirella gemma, die mit photographischen Mitteln auf 7800fache Vergrößerung weitervergrößert wurde. Wir erkennen, daß die einzelnen diskreten Punkte verwaschene Flecke ohne scharfe Kontur bilden, so daß eine abermalige Weitervergrößerung dieses Bildes uns nichts Neues zeigen könnte. Aus dem Bild ent-

[1] Es sei an die Feststellungen bei Abb. 297h erinnert: Die im Endstadium stärker emittierenden Kristallite waren die, die von der Ätzsäure weniger angegriffen wurden. Ob diese Feststellung ein allgemeines Gesetz ist, ist noch nicht nachgeprüft worden.

nehmen wir, daß Punkte in rund 3 mm Abstand noch einwandfrei getrennt werden, was bei 7800facher Vergrößerung einem Abstand von 4000 Å (Wellenlänge des blauen Lichts) entspricht. Tatsächlich haben wir in diesem Bild die Auflösungsgrenze des Mikroskops fast erreicht, die man zu rund 2000 Å anzugeben pflegt[1].

Der Grund für das Versagen des Mikroskops bei hohen Vergrößerungen ist die Beugung des Lichtes, das zur Durch- oder Beleuchtung dient, an den einzelnen Objektpunkten. Denken wir uns ein Gitter als Objekt, so gelangen bei geringen Vergrößerungen der Hauptstrahl *und* die den einzelnen Ordnungen entsprechenden abgebeugten Strahlen in das Objektiv des Mikroskops. Abbe hat gezeigt, wie aus diesen Strahlen schließlich das Bild des Objekts (Gitter) entsteht, und hat nachgewiesen, daß zur Erzeugung eines *naturgetreuen* Bildes diese abgebeugten Strahlen erforderlich sind. Während nun bei nicht zu starken Vergrößerungen die abgebeugten Strahlen der groben Objekte (Gitter) bis zu hohen Ordungen durch die Objektivlinse ins Mikroskop gelangen, wird bei feinsten Objekten (Gittern) der Winkel zwischen optischer Achse und den abgebeugten Strahlen bereits so groß, daß nur noch der abgebeugte Strahl erster Ordnung durch die Objektivöffnung zu treten vermag. Gelangt auch er nicht mehr ins Mikroskop, so ist das Bild „leer". So erhalten wir den Satz über die Vergrößerungsgrenze des Mikroskops: Striche im Abstand d werden noch getrennt beobachtet, wenn

$$\frac{\lambda}{d} < n \sin \alpha ,$$

wobei n den Brechungsindex am Objekt und $n \sin \alpha$ die numerische Apertur des Objektivs bedeutet.

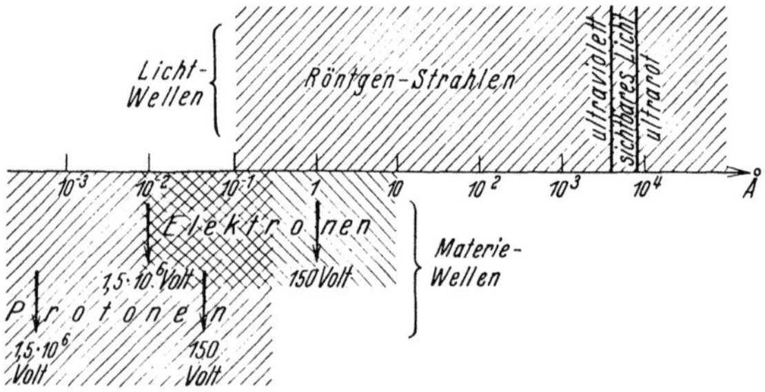

Abb. 337. Wellenlängenskala von Licht- und Materiewellen.

Bei der genaueren Diskussion der Frage nach der Auflösungsgrenze eines Mikroskops ist noch zu unterscheiden zwischen Objekten im durchscheinenden Lichte und solchen Objekten, die im eigenen oder reflektierenden Licht leuchten. Obwohl letztere im Gegensatz zu ersteren inkohärentes Licht aussenden, so daß man nicht die Beugung am Objekt, sondern vielmehr an der Eintrittsblende des Mikroskops zu betrachten hat, liefert die Rechnung dennoch ein ähnliches Ergebnis, so daß sich allgemein sagen läßt, daß die „Auflösung" zweier einzelner Punkte oder Striche unmöglich wird, wenn ihr Abstand d und die Wellenlänge λ der abbildenden Strahlung von gleicher Größenordnung werden.

Abbes Überlegungen zeigen, daß die Leistungsfähigkeit des Mikroskops gesteigert wird, wenn man die Wellenlänge λ der abbildenden Strahlung verkleinert oder die Apertur $n \sin \alpha$ des Objektivs vergrößert. Zur Erfüllung der ersten Forderung hatte man bisher nur die Möglichkeit, zu ultraviolettem Licht bzw. zur Röntgenstrahlung überzugehen. Das „Ultraviolettmikroskop" wird jedoch kaum neue Aufschlüsse ermöglichen. Demgegenüber dürfte das „Röntgenstrahlmikroskop", wenn seine Durchbildung gelänge, einen wesentlichen Fortschritt bedingen, ist doch die Wellenlänge der Röntgenstrahlen um Zehnerpotenzen kleiner als die des sichtbaren Lichtes (Abb. 337).

---

[1] Abb. 336 ist in 7800facher Vergrößerung wiedergegeben. Über 2000fache Vergrößerung zur Darstellung zu wählen, hat im allgemeinen keinen Wert.

Einen anderen Weg zum Sichtbarmachen ultramikroskopischer Größen eröffnet das Elektronenmikroskop. Nach DE BROGLIES Formel [I, 5]

$$\lambda = \frac{h}{m v} = \frac{12{,}3}{\sqrt{U}} \text{ Å}$$

hat ein Elektron, das mit $U = 150\ V$ beschleunigt ist, gerade die Wellenlänge $\lambda = 1$ Å. Gehen wir zu Elektronen von 15 kV oder gar 1,5 Millionen Volt über, so erhalten wir Elektronen von $\lambda = 0{,}1$ bzw. 0,01 Å. Die letztgenannten Wellenlängen liegen also über 3—5 Zehnerpotenzen unter denen des sichtbaren Lichtes (Abb. 337). Berücksichtigen wir, daß ein gutes Mikroskop[1] noch Körperchen von einer halben Wellenlänge getrennt zu beobachten gestattet, so erkennen wir die prinzipiellen Möglichkeiten des Elektronenmikroskops, mit dem wir demnach — im Prinzip jedenfalls — in Moleküldimensionen (Durchmesser des Argonatoms etwa 3 Å) kommen können.

Nachdem wir festgestellt haben, daß die ABBEsche Mikroskopbedingung grundsätzlich gestattet, mit dem Elektronenmikroskop höhere Auflösungen zu erzielen als mit dem Lichtmikroskop, werden wir die vorläufig gegenstandslose Frage zu stellen haben, welche anderen Schwierigkeiten uns bei der Überschreitung der Vergrößerungsgrenze des Mikroskops entgegentreten können.

Eine prinzipielle Schwierigkeit dieser Art stellen die Folgen dar, die der Meßvorgang selbst bedingt. Bestrahlen wir unsere sehr kleinen Objekte, z. B. einzelne Moleküle, mit Elektronen, so werden die Moleküle angeregt, ionisiert oder sonstwie beeinflußt. Wenn wir einmal annehmen, daß die Stöße zwischen den freien Molekülen und Elektronen rein elastisch sind, so würde ein vorher ruhend angenommenes Molekül mit sehr großer Geschwindigkeit fortgeschleudert werden. So erteilt ein z. B. 10 kV-Elektron einem zunächst ruhenden Argonmolekül nach dem Impulssatz bereits eine Geschwindigkeit von etwa 4 km/sec. Das bedeutet, daß die Beobachtung einzelner Moleküle — ganz abgesehen von anderen Schwierigkeiten — hoffnungslos ist.

Wir brauchen uns daher auch keine Sorgen über den Einfluß der Ungenauigkeitsrelation [I, 7] zu machen, die wir hier nur der Vollständigkeit halber erwähnen[2]. Nach dieser Relation soll es in atomaren Dimensionen nicht möglich sein, Lage und Impuls eines Teilchens (Moleküls) gleichzeitig mit beliebig hoher Genauigkeit festzulegen. Würde es uns etwa gelungen sein, den Ort x eines Argonmoleküls bis auf seinen Durchmesser $d = 3$ Å genau festzulegen, so bliebe bei dem Versuch, auch den Impuls p festzulegen, eine prinzipiell nicht vermeidbare Ungenauigkeit von

$$\Delta v = \frac{h}{M \Delta x} \approx 10^3 \text{ cm/sec}.$$

Doch werden wir uns, weil die Impulsübertragung der Elektronen auf die Moleküle bei freien Teilchen bereits die Ortsfestlegung unmöglich macht, diese Aufgabe erst gar nicht stellen.

Andererseits wissen wir aber, daß es durchaus möglich ist, Submikronen[3]

[1] Das *Ultra*mikroskop können wir nicht als ein Mikroskop in diesem Sinne ansehen. Es erlaubt nur noch die Feststellung, daß an einzelnen Punkten des Gesichtsfeldes Körperchen sitzen. Welche Gestalt sie haben, weiß man nicht oder kann es doch nur in Annäherung erschließen.

[2] Die Ungenauigkeitsrelation stellt im Grunde genommen keine weitere Einschränkung dar. Sie ergibt sich vielmehr aus dem Zusammenwirken der Auflösungsbegrenzung durch die endliche Elektronenwellenlänge und der Impulsübertragung auf das bestrahlte Molekül.

[3] Unter Submikronen versteht man Teilchen unter 1000 Å Durchmesser.

bis zu 40 Å Durchmesser im Ultramikroskop sichtbar zu machen[1]. Der scheinbare Widerspruch rührt daher, daß wir es beim Ultramikroskop mit Teilchen zu tun haben, die entweder festgehalten (Gold in Glas) oder doch in ihrer Bewegung sehr stark gebremst sind (Suspensionen), und daß wir den *Ort* dieser Teilchen ja gar nicht auf 40 Å genau messen.

23. Heutiger Stand in der Entwicklung des Übermikroskops. Heute stehen wir am Anfang der Entwicklung des Übermikroskops. Wir müssen uns zunächst darüber klar werden, ob wir auf hohe Vergrößerungen einer *Oberflächen*struktur oder der eines „*Körperinnern*" hinzielen wollen[2]. Im ersten Falle werden wir vom Immersionsobjektiv ausgehen oder mit sekundären oder auch reflektierten Elektronen zu arbeiten versuchen. Im zweiten Falle ist die Durchstrahlungsmethode zu wählen.

Die praktischen Schwierigkeiten, die auf beiden Wegen zu überwinden sind, sind merklich verschieden. Bei Oberflächenuntersuchungen dürften die Unebenheiten des Objektes [VI, 9] die größten Hindernisse bei der Auswertung der prinzipiellen Möglichkeiten sein. Bei Durchstrahlungsuntersuchungen fällt

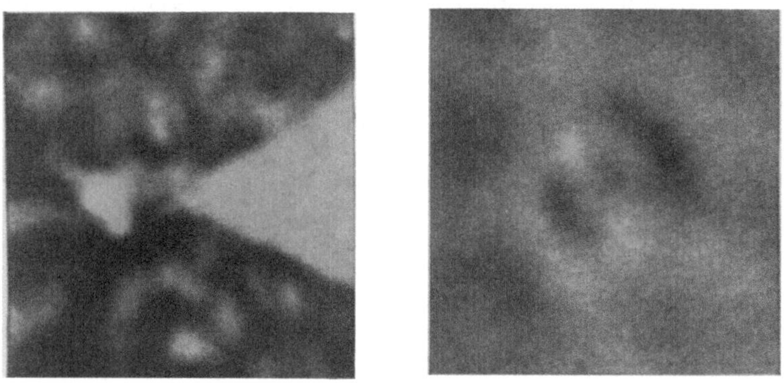

a) (V = 500) b) (V = 1000)

Abb. 338. Stark vergrößerte Einzelheiten des Kathodenbildes Abb. 274 [67].

zwar diese Schwierigkeit fort, doch wird es fast ebenso schwierig sein, Untersuchungsobjekte von geeigneter Feinheit zu finden. Außerdem sind hier Störungen infolge der chromatischen Fehler der Abbildungslinsen zu befürchten.

Wenn somit wichtige Resultate in der Übermikroskopie erst nach langer Entwicklungsarbeit zu erwarten sind, so können wir trotzdem mit dem zufrieden sein, was in der dreijährigen Entwicklung seit Erzielung der ersten elektronenmikroskopischen Bilder erreicht worden ist.

Mit dem Immersionsobjektiv lassen sich heute in einer Vergrößerungsstufe Bilder kristalliner Oberflächen erzielen, und bei 1 m Mikroskoplänge 250—1000 fache Vergrößerung erreichen. Auf solchen Bildern sind Punkte in 5 μ Abstand gut getrennt[3], wie es Abb. 338b zeigt, in der ein Krater von 5 μ Durchmesser (lichtoptische Weitervergrößerung eines Elektronenbildes) wiedergegeben ist [67].

[1] Die Bewegung dieser Teilchen (BRAUNsche Molekularbewegung) hat bekanntlich nichts mit der Impulswirkung der beleuchtenden Strahlung zu tun (Photophorese), sondern ist durch den Anprall der Flüssigkeitsmolekeln bedingt.

[2] Es handelt sich hier um ähnliche Unterschiede wie bei Beugungsuntersuchungen, bei denen man auch Oberflächen- und Körperinterferenzen unterscheidet, die auftreten, je nachdem, ob die Elektronen an der Oberfläche einer Folie reflektiert oder durch sie hindurchgegangen sind.

[3] Anm. b. d. Korr. Inzwischen sind unter günstigen Bedingungen Aufnahmen gelungen, bei denen Emissionspunkte im Abstande 1 μ getrennt sind.

Mit der Durchstrahlungsmethode und magnetischen Linsen wurde, wie wir [VI, 20] bereits besprachen, in einer Stufe über 100fache Vergrößerung erzielt. Die Weitervergrößerung eines Elektronenbildes von 100facher Vergrößerung durch eine zweite Magnetspule abermals um das 100fache ergab Durchstrahlungsbilder von 1 μ starken Aluminiumfolien, die durchaus deutlich eine Anzahl von Einzelheiten erkennen ließen (Abb. 327). RUSKA [342] gibt an, daß im Bilde einer verkohlten Baumwollfaser (Abb. 339a), die als dunkler Strich erscheint, der Intensitätsabfall an den Rändern des Faserbildes in 0,2—0,3 mm erfolgt.

Rechnen wir sehr vorsichtig[1] nach dem bei Abb. 336 und Abb. 338 angewandten Schema, so werden wir auf Abb. 327 Einzelheiten in $2\frac{1}{2}$ mm Abstand entsprechend 4000 Å noch als getrennt bezeichnen. Wir sind also bei durchstrahlten Objekten über eine Zehnerpotenz weiter in der Auflösung als bei selbstemittierenden. Diesen Vorteil vermag man indessen vorläufig noch nicht recht auszunutzen, da es an Objekten mangelt, für die man diese hohen Vergrößerungen nützlich verwenden könnte.

Mit der Durchstrahlungsmethode sind wir, was auch der Vergleich der Abb. 327 und Abb. 336, die dieselbe Vergrößerung haben, ergibt, an die Grenze der licht-

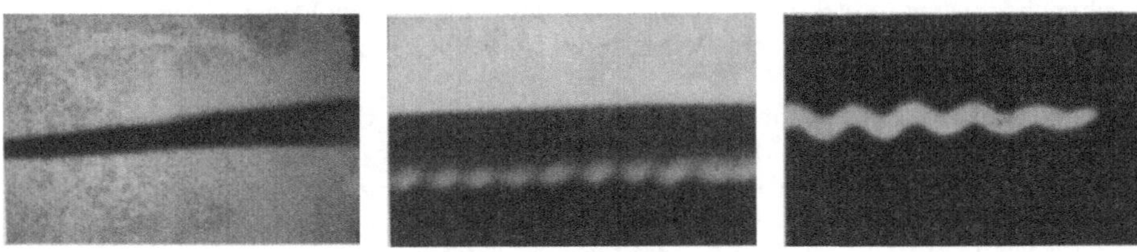

a) Elektronenbild einer Baumwollfaser bei Durchstrahlung [342] (V_m = 5600)

b) Lichtbild der Kante einer Surirella gemma (Abb. 336) (V = 8000)

c) Dunkelfeldlichtbild einer Spirochaeta pallida (V = 8000)

Abb. 339. Vergleich hochvergrößerter Elektronen- und Lichtbilder.

mikroskopischen Vergrößerung gekommen. Das zeigt noch besonders Abb. 339, in der das elektronenoptische Bild einer verkohlten Baumwollfaser mit den lichtmikroskopischen Bildern[2] einer Kante der in Abb. 336 gezeigten Surirella gemma und mit einer Spirocheta pallida bei Dunkelfeldaufnahme verglichen ist[3].

Die Untersuchungen RUSKAS haben zwei für die Erreichung des gesteckten Zieles *sehr* wichtige Ergebnisse gebracht. Sie haben erstens gezeigt, daß es Objekte gibt, die (bei guter Wärmeableitung) die zu 10000facher Vergrößerung notwendigen Elektronenbestrahlungen aushalten, ohne zerstört zu werden, und sie haben zweitens gezeigt, daß selbst bei diesen hohen Vergrößerungen chromatisch unkorrigierte Linsen ausreichen, um durchstrahlte Folien abzubilden.

Die Erklärung für diese beiden erfreulichen Feststellungen gibt die Tatsache, daß bei Elektronenenergien von einigen 10 kV die Absorption und Ge-

---

[1] Der Autor selbst schließt aus seinen Aufnahmen auf eine Auflösung von etwa 300 Å, d. h. auf eine höhere Auflösung, als sie beim Lichtmikroskop möglich ist. Wir halten diese Aussage für zu optimistisch.

[2] Infolge eines Versehens (vgl. S. 215, Anm. 4) wurden die lichtmikroskopischen Vergleichsbilder zu hoch vergrößert.

[3] Man wird aus der Schärfe der Grenzkonturen keine Schlüsse ziehen dürfen, denn eine Übergangskontur von Weiß zu Schwarz läßt sich beliebig scharf erhalten. In die elektronenoptische Aufnahme gehen die Gradationskurven der Schirmanregung, der photographischen Platte, des photographischen Papiers und des Druckrasters ein. Unter günstigen Bedingungen vermag auf diese Weise aus einem in Wirklichkeit weichen Übergang eine sehr harte Kontur zu werden.

schwindigkeitsverluste sehr hinter der Streuung zurücktreten. Das hat zunächst zur Folge, daß die in der Folie verbleibende Elektronenenergie und damit die Erhitzung relativ gering ist. Ferner bleibt die Strahlung weitgehend monochromatisch, so daß der chromatische Linsenfehler sich nicht auszuwirken vermag. Die wenigen verlangsamten Elektronen haben außerdem geringe Wirkung, da sie den Leuchtschirm nicht so stark anregen wie die schnellen.

Der Leser wird vielleicht fragen, wie denn allein durch Streuung die Einzelheiten einer durchstrahlten Folie überhaupt sichtbar werden könnten. Um diese Möglichkeit zu verstehen, werden wir die Folie am besten mit einer Glasscheibe vergleichen, die in ihren einzelnen Bezirken verschieden stark mattiert ist. Durch nahezu paralleles Licht von rückwärts beleuchtet, werden uns die stark mattierten Stellen dunkler erscheinen, da von ihnen ein größerer Teil des Lichtes abgestreut wird, das nun nicht mehr in die Pupille unseres Auges gelangt. Je kleiner wir die Pupille machen, um so kräftiger werden die Kontraste werden.

VII. Der Spektrograph.

Die beiden vorstehenden Kapitel behandelten die BRAUNsche Röhre und das Elektronenmikroskop. Damit haben wir jedoch das Gebiet der praktischen Elektronenoptik noch nicht erschöpft. Zu den wichtigsten Instrumenten der Optik gehört neben dem Mikroskop noch das Fernrohr und der Spektralapparat.

Das Elektronenfernrohr — natürlich ebenso wie das Elektronenmikroskop ein Projektionsinstrument für objektive Beobachtung — wäre zwar ohne prinzipielle Schwierigkeit konstruierbar, doch scheint es zweifelhaft, ob seine Diskussion einen Sinn hat. Seine Anwendung — so verlockend sie auch wäre — ist durch die Elektronenabsorptionsfähigkeit unserer Atmosphäre praktisch versperrt. Nordlichter reichen bestenfalls 60 km an die Erdoberfläche heran [391], aber die Anwendung eines solchen Fernrohrs zur Beobachtung der Höhenstrahlung verspricht auch kaum lohnende Ergebnisse.

Wenden wir uns also sogleich dem Spektralapparat der Elektronenoptik zu, der für die Entwicklung unserer heutigen Physik von großer Bedeutung gewesen ist. Der Spektralapparat, der uns in verschiedenen Formen, insbesondere auch als Monochromator entgegentritt, hat auf mehreren Gebieten der modernen Physik Anwendung gefunden. Er diente zur (e/m)-Bestimmung von Elektronen und Ionen, zur Geschwindigkeitsanalyse der von radioaktiven Präparaten ausgehenden Korpuskularstrahlen, zur Massenanalyse von Isotopen, zur Herstellung von Elektronenbündeln bestimmter Geschwindigkeit für atomphysikalische Untersuchungen usw [1]. Das Gesamtgebiet, das soeben umschrieben wurde, ist so ausgedehnt, daß die einzelnen Arbeitsrichtungen sich zum Teil ohne die wünschenswerte enge Fühlung entwickelten. Die Zusammengehörigkeit des ganzen Fragenkomplexes kommt auch in den verschiedenen zusammenfassenden Darstellungen nicht zum Ausdruck, da diese im allgemeinen nach dem Ziel der Messung und nicht nach der Methodik orientiert sind. Dabei steht es außer Zweifel, daß in der Spektroskopie von Materiestrahlen die Methodik mehr als auf manchem anderem Gebiet für das Erreichbare und Erreichte von Bedeutung ist. Man denke nur an den Impuls, den ASTONS Massenspektrograph für die Forschungen auf diesem Gebiete brachte.

---

[1] Hier macht sich ein wirklicher Mangel (vgl. S. 1, Anm. 3) der Bezeichnung „Elektronenoptik" bemerkbar, denn sie soll auch die Optik *positiver*, kurz aller Materialstrahlung, umfassen. Vielleicht würde man heute lieber von „Materieoptik" oder „Korpuskeloptik" sprechen.

a) Spektrographie von Materiestrahlen.

1. Allgemeine Spektrographie. Die Aufgabe der Spektrographie ist in der Elektronenoptik im Prinzip die gleiche wie in der Lichtoptik. Gegeben ist ein Strahlungsgemisch, das in seine Bestandteile zerlegt werden soll, sei es, daß man die Zusammensetzung des Gemisches feststellen will (Spektroskop, Spektrograph, Spektrometer), sei es, daß man eine bestimmte Strahlung aus dem Gemisch zur weiteren Verwendung aussondern will (Monochromator). Die Lösung der Aufgabe ist in der Elektronenoptik wesentlich komplizierter als in der Lichtoptik. Das hat seinen Grund darin, daß ein Materiestrahl nicht durch *einen* Parameter charakterisiert werden kann wie ein Lichtstrahl. Mit der Angabe der Lichtwellenlänge im Vakuum ist das Verhalten des Lichtstrahls eindeutig bestimmt. Haben wir indessen einen Materiestrahl von bestimmter DE BROGLIE-Wellenlänge $\lambda = h/mv$, so besagt das nur, daß alle Strahlteilchen den gleichen Impuls mv besitzen, und daß sie, seien sie geladen oder ungeladen, sich hinsichtlich der *Beugungs*vorgänge gleichartig verhalten. Im magnetischen Feld dagegen verhalten sie sich je nach der Ladung und im elektrischen je nach der Ladung und Geschwindigkeit verschieden.

Materiestrahlen sind erst durch die Angabe von *drei* Parametern in ihrem Verhalten eindeutig bestimmt. Als diese Parameter wählen wir in Anlehnung an die Gepflogenheiten der Mechanik die Geschwindigkeit v, die Masse m und die Ladung e nach Vorzeichen und Größe. Um diese *drei* Angaben von einem gegebenen Materiestrahl machen zu können, bedürfen wir *dreier* Beeinflussungsmethoden, wobei für jede dieser Methoden eine andere mathematische Kombination der drei charakterisierenden Größen maßgebend sein muß, es sei denn, daß eine besondere Methode eine Einzelgröße direkt zu bestimmen gestattet[1]. Die drei eigentlichen sprektrographischen Methoden, die uns die drei verlangten Wertekombinationen liefern, sind die Beugung, die magnetische und die elektrische Ablenkung.

Für die Beugung ist der Impuls mv maßgebend, gemäß der DE BROGLIE-Wellenlänge

$$\lambda = \frac{1}{mv} h .$$

Für die magnetische Ablenkung ist Impuls durch Ladung, also mv/e maßgebend, da die Ablenkung Θ_m eines Strahles bei kleinen Winkeln nach [III, 23]

$$\Theta_m = \frac{e}{mv} l \mathfrak{H} \tag{1}$$

ist, wenn $\mathfrak{H}$ die magnetische Feldstärke und l die wirksame Feldlänge bedeutet.

Für die elektrische Ablenkung ist die Energie, dividiert durch die Ladung, also mv^2/e die ausschlaggebende Größe, entsprechend der für kleine Winkel gültigen Ablenkformel [III, 23]:

$$\Theta_e = \frac{e}{mv^2} l \mathfrak{E} , \tag{2}$$

in der $\mathfrak{E}$ und l die entsprechende Bedeutung für das elektrische Feld haben.

Die beiden letzten Gesetzmäßigkeiten, die noch besonders durch Abb. 340, in der ein α-Strahlenbündel der Ablenkung durch ein elektrisches bzw. durch ein magnetisches Feld ausgesetzt wurde [345], veranschaulicht werden, sind für die Spektroskopie von Materiestrahlen von größerer Bedeutung als die Beugung. Glücklicherweise brauchen wir nämlich im allgemeinen gar nicht alle drei Para-

[1] Die Methoden zur Bestimmung von Einzelgrößen, z. B. von e nach MILLIKANS Öltröpfchenmethode, v nach der WIECHERT-Methode [VII, 11], sind nicht zu den eigentlichen spektrographischen Methoden zu zählen und sollen uns daher hier erst in zweiter Linie interessieren.

meter zu bestimmen, denn die Ladung der Strahlteilchen ist nicht kontinuierlich verteilt, sondern hat in den meisten Fällen[1] einen festen Betrag, so daß wir uns nicht um sie zu kümmern brauchen. Wir wollen daher von jetzt ab nur von den *zwei Parametern* sprechen, die durch das elektrische und magnetische Feld bestimmbar sind, nämlich von der Geschwindigkeit v und der spezifischen[2] Ladung e/m.

a) elektrisch aufgespaltet

b) magnetisch aufgespaltet

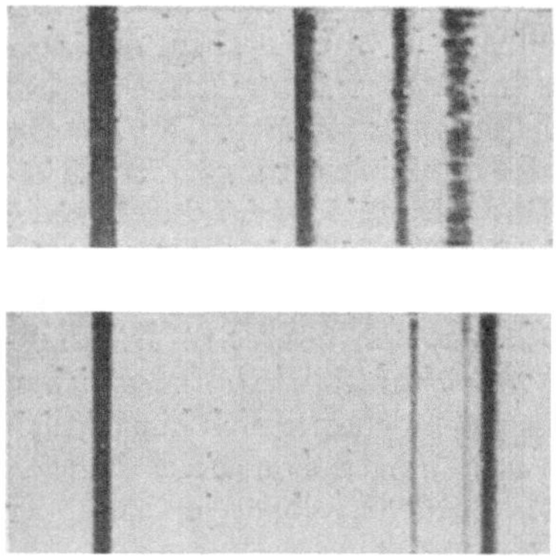

Abb. 340. Ablenkung eines aus Strahlen diskreter Geschwindigkeit zusammengesetzten α-Strahlbündels [345].

Das magnetische Feld liefert uns einen Impulsspektrographen, das elektrische einen Energiespektrographen. Wir werden uns nun fragen, wie wir diese beiden Methoden zu verwenden haben, um unsere allgemeine spektrographische Aufgabe zu lösen, die lautet: Ein gegebener Strahl geladener Materieteilchen soll nach v und e/m aufgespalten, und es soll eine Analyse der Bestandteile nach Art und Intensität durchgeführt werden.

Von vornherein sehen wir schon, daß ein Apparat, der diese zwei Größen in ähnlicher Weise mißt wie der optische Spektralapparat die Wellenlänge, statt der Wellen*skala* ein *flächen*haftes (v, e/m)-Diagramm besitzen muß. Zur Erreichung der Anzeige in dieser Form lassen wir die beiden Felder auf den zu analysierenden Strahl so wirken, daß die Ablenkungen senkrecht zueinander erfolgen. Der Strahl wird dann *räumlich* aufgespalten. Stellen wir ihm (senkrecht zur ursprünglichen Richtung) einen Schirm entgegen, auf dem sich die Endpunkte der einzelnen Strahlen markieren, so ist damit unser Spektralapparat fertig, der uns in der Physik als KAUFMANNS Methode zur (e/m)-Bestimmung [VII, 14] oder als THOMSONS Parabelmethode [VII, 15] entgegentritt.

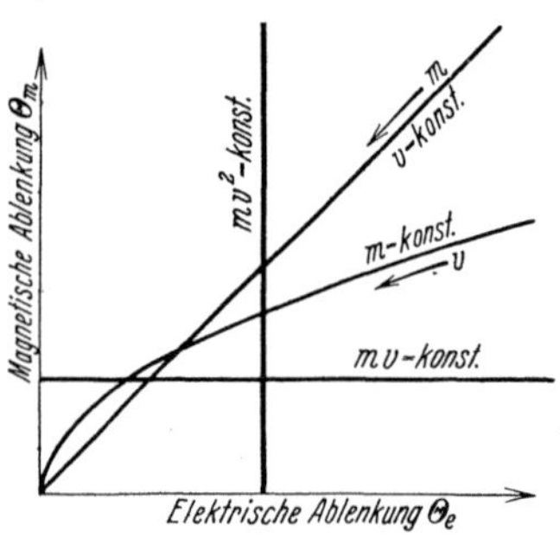

Abb. 341. Flächendiagramm des KAUFMANN-THOMSONschen Spektralapparates.

Um das Parabeldiagramm im einzelnen zu erläutern, ist in Abb. 341 zusammengestellt, wie sich Teilchenstrahlen, die verschiedene Bedingungen erfüllen, verhalten:

a) Ist für die Strahlteilchen des zu analysierenden Strahlungsgemisches die Energie mv^2 konstant, so spaltet nur das magnetische Feld auf. Es entsteht eine vertikale Gerade (das gilt z. B. für alle Teilchen, die das gleiche Beschleunigungsfeld durchlaufen haben, gleichgültig, welche Maße sie besitzen).

b) Ist für ein Bündel der Impuls mv (bzw. die DE BROGLIE-Welle) konstant, so spaltet nur das elektrische Feld auf. Es entsteht eine horizontale Gerade (das gilt z. B. für Teilchen, die durch einen Beugungsversuch oder ein magnetisches Feld vorher ausgewählt sind).

c) Ist die Lineargeschwindigkeit v der Teilchen konstant, die Masse aber verschieden, so entsteht eine Ursprungsgerade.

---

[1] Wir sehen davon ab, daß auch ganze Vielfache der Elementarladung vorkommen.

[2] Um ohne weitere Überlegungen zu erkennen, daß nicht die Ladung oder die Masse für sich, sondern nur der Quotient e/m für die elektrische und magnetische Ablenkung maßgebend ist, denke man sich etwa zwei Teilchen zusammengebunden. Sie beschreiben dann trotz der doppelten Ladung und der doppelten Masse die gleiche Bahn wie jedes allein.

d) Ist die Masse m konstant, die Geschwindigkeit der Teilchen aber verschieden, so entsteht eine Parabel[1].

2. Spektralapparate für spezielle Zwecke. Die Aufgabe, einen Materiestrahl zu analysieren, führte uns zu THOMSONS Anordnung, die man als den eigentlichen Spektrographen der Elektronenoptik[2] bezeichnen kann. Von seinem Prinzip ausgehend, wollen wir nun Vereinfachungen in zwei Richtungen besprechen, die für die Spektrographie von Materiestrahlen allgemeine Bedeutung haben. Wir beschränken uns dabei zunächst auf die prinzipiellen Erörterungen, die wir dann in späteren Abschnitten durch die Besprechung bestimmter Anordnungen ergänzen werden.

Vom allgemeinen Spektrographen können wir sogleich zum Monochromator übergehen, d. h. einer Einrichtung, die uns Strahlen von bestimmtem v und e/m liefert. Dazu bohren wir an der betreffenden Auftreffstelle ein Loch in den Leuchtschirm, durch das dann nur ein monochromatischer Strahl treten kann. Tatsächlich kommen die Einrichtungen der verschiedenen Monochromatoren letzten Endes immer wieder auf diese Maßnahme heraus. Ein solcher Monochromator ist gleichzeitig Spektrometer, denn wir vermögen in der Elektronenoptik die Brechkraft der ,,Prismen" nach Wunsch einzustellen und so das Spektrum in kontrollierbarer Weise an der Durchtrittsöffnung vorbeizuschieben und mit Hilfe einer hinter dem Loch aufgestellten Auffangvorrichtung die Intensitätsverteilung auszumessen. Auch dieses Prinzip werden wir oftmals angewendet finden.

Während wir soeben nur den Apparat vereinfachten und das allgemeine Prinzip der Zerlegung nach zwei Richtungen beibehielten, wollen wir jetzt mögliche Vereinfachungen *des Prinzips selbst* betrachten. Der THOMSONsche Spektrograph zerlegt ein Bündel von Materiestrahlen nach $(m/e)v^2$ und $(m/e)v$ und gestattet damit die interessierenden Größen v und e/m zu bestimmen. Für viele Zwecke wird ein so gründliches Vorgehen gar nicht erforderlich sein. Entweder hat man von einem Bündel bereits eine Angabe und braucht daher zur vollständigen Analyse nicht die komplizierte Methodik, oder man interessiert sich nur für *eine* Angabe, entweder für v oder für e/m. Dann wird man die Methodik derart zu vereinfachen suchen, daß sie nicht mehr räumlich, sondern wie der Lichtspektrograph in einer Ebene arbeitet. Damit vereinfacht sich die Anzeigefläche wieder zur gewohnten Anzeigeskala. Aus dem allgemeinen Spektrographen wird der Geschwindigkeits- oder der Massenspektrograph oder eine der vielen Methoden zur (e/m)-Bestimmung.

Die Voraussetzung für die Vereinfachung ist natürlich, daß die Angabe des Spektrographen eindeutig bleibt. Würden wir etwa beim THOMSON-Spektrographen nur das magnetische Feld einschalten, so erhielten wir zwar auch die Anzeige auf einer Skala, aber an die Skala ließen sich nur die Impulswerte anschreiben, während wir über e/m und v selbst nichts auszusagen vermöchten.

Anders, wenn wir von vornherein wissen, daß wir es nur mit Teilchen von bestimmter Energie zu tun haben. Spalten wir den Strahl jetzt magnetisch auf, so lassen sich v und e/m aus den beiden Beziehungen (1) und (2) errechnen:

$$v = \frac{2U}{l\mathfrak{H}}\,\Theta_m \quad \text{und} \quad \frac{e}{m} = \frac{2U}{l^2\mathfrak{H}^2}\,\Theta_m^2\,,$$

wobei wir wieder unter U die Energie gemäß der Formel $U = \frac{1}{2}\,m v^2/e$ verstehen.

---

[1] Diese ,,Massenparabel" hat der Methode den Namen gegeben.

[2] Vgl. S. 274, Anm. 1.

Wir können also an unsere Θ_m-Skala (Abb. 342) die v-Werte *und* die (e/m)-Werte heranschreiben[1].

Der soeben behandelte Fall setzte Gleichheit der Energie aller Teilchen im Strahl voraus. Diese Bedingung ist natürlich nur ausnahmsweise erfüllt, so daß der Vorteil der eindimensionalen Skala selten erreichbar erscheint. Das ist an sich richtig, doch kann man leicht aus einem allgemeinen Strahlungsgemisch künstlich ein Bündel von Teilchen konstanter Energie dadurch machen, daß man den Strahl zunächst durch einen elektrischen Monochromator sendet. So entstehen Anordnungen, bei denen man erst hinsichtlich mv^2 (oder mv) monochromatisiert und dann hinsichtlich mv (bzw. mv^2) aufspaltet.

Eine solche künstliche Monochromatisierung hat den großen Nachteil des Intensitätsverlustes. Man ist daher bestrebt gewesen, durch geschickte Benutzung elektrischer und magnetischer Felder eine Skala zu erhalten, auf der sich Teilchen der verschiedenen Geschwindigkeiten, aber gleicher Masse, wieder in einem Punkte treffen. Eine solche Skala ist also im Gegensatz zu der Skala der Abb. 342 nur hinsichtlich der (e/m)-Werte eindeutig[2]. Ein Beispiel für ein solches Vorgehen gibt der Massenspektrograph von ASTON [VII, 17].

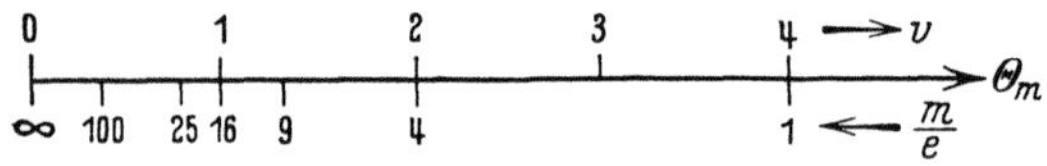

Abb. 342. Skala des Spektralapparates bei bekannter Energie.

Noch ein Spezialfall ist von großer praktischer Bedeutung und sei daher hier hervorgehoben. Es ist die (e/m)-Bestimmung von Elektronen. Hier weiß man von vornherein, daß es sich nur um eine Strahlengattung von konstantem e/m handelt[3]. Wie groß dies e/m ist und welche Geschwindigkeit bzw. Geschwindigkeiten die Strahlteilchen besitzen, ist hingegen unbekannt. Jetzt ist es die Aufgabe, das e/m der Teilchen mit höchstmöglicher Genauigkeit zu messen.

Da wir weder e/m noch v kennen, haben wir es im Prinzip mit einer Frage der allgemeinen Spektroskopie zu tun, die nur durch die Anwendung einer elektrischen und einer magnetischen Beeinflussung lösbar ist. Wir könnten also die Parabelmethode, die wir eingangs kennenlernten, unmittelbar anwenden. Tatsächlich ist sie auch lange vor THOMSON [401] durch KAUFMANN [221] zur (e/m)-Bestimmung benutzt worden. Die mit dieser Methode erzielte Genauigkeit in der Messung war indessen nicht befriedigend. Die Schwierigkeit des Problems liegt gerade darin, das zahlenmäßige Ergebnis mit jener hohen Genauigkeit zu erreichen, die wohl am anschaulichsten darin zum Ausdruck kommt, daß die ersten drei Stellen des Wertes $e/m = 1{,}760 \cdot 10^7$ el. magn. CGS heute als sichergestellt gelten [230].

Bei dem Bestreben, diese Naturkonstante möglichst genau zu bestimmen, hat man fast alle in Frage kommenden Kombinationen des elektrischen und magnetischen Feldes angewandt. Tabelle 8, in die auch die Methoden zur Massenanalyse aufgenommen wurden, zeigt, daß es rein formal sechs Hauptkombinationen gibt, wenn man zwischen Quer- (transversalem) und Längs- (longitudinalem) Felde oder mit anderen Worten zwischen einem trans- und kongradienten Brechungssystem unterscheidet.

---

[1] Für alle Stellen der Skala hat, wie es sein muß, die Kombination $(m/e)\,v^2$ den gleichen Wert.

[2] Der Übergang vom Spektrographen zum Monochromator bzw. zum Spektrometer erfolgt natürlich ebenso wie im allgemeinen Falle.

[3] Später [VII, 14] werden wir auch den Fall extrem schneller Elektronen betrachten, bei dem die Elektronenmasse nicht konstant ist, sondern mit der Elektronengeschwindigkeit wächst.

Tabelle 8. Feldkombinationen zur Spektrographie.

Feld-komb.	Elektr. Feld	Magnet. Feld	Stellung zueinander	Verwendet zur (e/m)-Bestimmung	Verwendet zur eigentlichen Massenanalyse
I	Quer	Quer	nacheinander wirksam[1]	1897 J. J. THOMSON	1918 ASTON
II	Quer	Quer	gleichgerichtet	1901 KAUFMANN	1913 J. J. THOMSONS Parabelmethode
III	Quer	Quer	gekreuzt	1897 W. WIENS kompensierte Strahlen (BUCHERER)	1933 BAINBRIDGE
IV	Quer	Längs	—	—	—
V	Längs	Längs	—	1921 BUSCH	—
VI	Längs	Quer	—	1884 SCHUSTER (WIECHERT, KAUFMANN) 1899 J. J. THOMSON	1916 DEMPSTER

3. **Dispersion und Fokussierung.** Der wichtigste Bestandteil des optischen Monochromators oder Spektralapparates ist das Dispersionsprisma, dem in der Elektronenoptik das elektrische und das magnetische Querfeld entsprechen.

Zu einem brauchbaren optischen Spektralapparat gehören jedoch nicht nur Prismen, sondern auch Linsen. Erinnern wir uns an den normalen optischen Spektrographen, wie ihn Abb. 343 schematisch zeigt. Er besteht aus dem Blendenspalt B, der als Selbstleuchter aufzufassen ist, der Linse L_1, die die Strahlen von B parallelisiert, dem Ablenkprisma P, das das Strahlenbündel zerlegt, der Linse L_2, die die verschiedenen Bündel konvergent macht und auf dem Schirm S scharfe monochromatische Bilder des Spaltes entwirft. Diese Bilder bezeichnen wir als Linien des Spektrums.

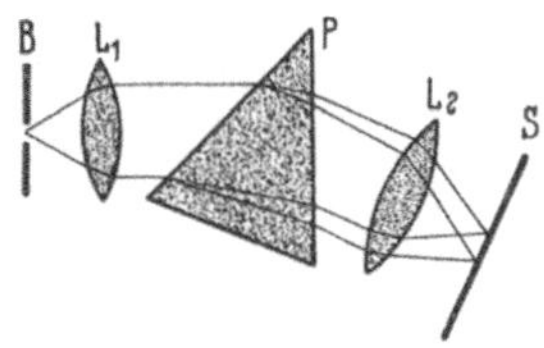

Abb. 343. Optischer Spektralapparat.

Analoge Anordnungen mit kongradienten Einzellinsen sind in der Spektroskopie von Materiestrahlen bisher nicht angewandt worden, obwohl ihre Durchführung durchaus möglich und für bestimmte Zwecke vorteilhaft erscheint. Die Abbildungslinse als kongradientes System hat allein in Spezialfällen, so bei BUSCHS Methode zur (e/m)-Bestimmung [VII, 9] und neuerdings beim Beugungsspektrographen [VII, 10] gelegentliche Benutzung gefunden.

Bei den vielerlei Methoden der (e/m)-Bestimmung und auch bei manchen Monochromatoren, ebenso bei der Parabelmethode von THOMSON, hat man sich damit begnügt, den Strahlengang mit Strahlenbündeln durchzuführen, die in ihrer Richtung durch enge Blenden weitgehend definiert waren. Ein solches Vorgehen ist aber nur dann möglich, wenn eine sehr große Strahlintensität zur Verfügung steht, und auch dann bringt der Verzicht auf Linsen immer noch Mängel mit sich, da das „Schattenbild" der maßgebenden Definitionsblende nie ganz scharf sein wird.

Wie bei der BRAUNschen Röhre [V, 1], so haben auch bei der Spektrographie von Materiestrahlen erhöhte praktische Bedürfnisse zur Anwendung fokussierender Systeme geführt. Fokussierungsanordnungen finden wir beim Geschwindigkeits- und beim Massenspektrographen verwendet. Erst durch die hierdurch bedingte Vergrößerung der Apertur und Verringerung der Linienbreite haben diese Instrumente ihre Bedeutung als wichtige Präzisionsinstrumente der modernen Physik erhalten.

[1] Zeitlich (THOMSON) oder räumlich (ASTON) nacheinander.

Diese beiden spektrographischen Anordnungen — und damit natürlich auch die von ihnen abgeleiteten Monochromatoren und Spektrometer — arbeiten, wie bereits erwähnt, nicht mit eigentlichen Linsen, sondern sie benutzen die fokussierende Eigenschaft von Querfeldern. Solche Felder [III, 24—27], die wir Fokussierungslinsen nannten [II, 8], wirken wie Zylinderlinsen. Die Verwendung von Zylinderlinsen genügt aber in der Spektrographie vollauf, denn es kommt ja nicht darauf an, ein getreues Bild jedes einzelnen Spaltpunktes auf dem Schirm oder der photographischen Platte zu erhalten, sondern nur darauf, den Spalt als Ganzes in eine Linie abzubilden. Kommt dazu große Disperion, so können wir zufrieden sein.

Von diesen Querfeldern, die also gleichzeitig Dispersionsprisma *und* optische Zylinderlinse vertreten, ist am bekanntesten und wichtigsten das homogene Magnetfeld, in dem sich die von einem Punkte ausgehenden Elektronen nach Durchlaufen eines Halbkreises (Abb. 113b) wieder in einem Punkte treffen. Von Wichtigkeit ist auch der elektrische Zylinderkondensator (Abb. 126) mit der Fokussierung nach 127^0, während die übrigen früher behandelten Fälle [III, 27] bisher weniger Anwendung gefunden haben.

Bevor wir zur Besprechung der einzelnen spektrographischen Anordnungen kommen, seien nochmals die Haupteigenschaften der fokussierenden Dispersionsfelder [III, c] zusammengestellt:

Wir haben drei wichtige Angaben zu unterscheiden, nämlich: Dispersion D, Strichbreite B und reduzierte Dispersion $\delta = |D/B|$. Die Dispersion gibt an, um wieviel sich der Fokussierungspunkt verschieben würde, wenn wir die Geschwindigkeit bzw. die Masse der Teilchen auf das Doppelte vergrößern würden. Die Strichbreite gibt die Breite der Fokussierungslinie infolge der ursprünglichen durch den Strahlöffnungswinkel α beschriebenen Strahldivergenz. Für die praktische Anwendung ist große Dispersion bei kleiner Strichbreite wichtig, also große reduzierte Dispersion $|D/B|$.

Im homogenen Magnetfeld, in dem die Fokussierung nach 180^0 auftritt, wird $\delta = 2/\alpha^2$, im elektrischen Zylinderfeld, das nach 127^0 fokussiert, ist $\delta = \frac{3}{2}/\alpha^2$. Durch Überlagerung beider Felder kann man Fokussierung nach beliebigen Winkeln zwischen 0 und 180^0 erreichen. Besonders wichtig ist der Fall, daß die elektrische Kraft der Zentrifugalkraft gleich und gleichgerichtet ist. Dann tritt ebenfalls Fokussierung nach 127^0 ein, und zwar werden hier auch die Strahlen abweichender Geschwindigkeit fokussiert ($D = 0$, $\delta = 0$), so daß sich diese Anordnung zur Massenanalyse eignet. Nimmt man zu den betrachteten Feldern noch das magnetische Dipolfeld hinzu, so kann man Fokussierung nach jedem Winkel erreichen und gleichzeitig die erreichte Dispersion von der Größe des Fokussierungswinkels weitgehend unabhängig machen.

b) Spektrographie einparametriger Strahlung.

4. **Übersicht über die Fragestellungen.** Eine Materiestrahlung soll im Sinne der einleitenden Ausführungen [VII, 2] als einparametrig bezeichnet werden, wenn nur einer der zwei Parameter, die zur Charakterisierung der Materiestrahlung gehören, von Teilchen zu Teilchen veränderlich oder unbekannt ist. Ein Beispiel für einen solchen Fall ist die β-Strahlung des Radiums. Die Strahlung ist einparametrig, denn wir wissen bereits, daß wir es nur mit Elektronen zu tun haben. Da wir das e/m der Elektronen kennen, können wir durch eine einfache Aufspaltung des Bündels die gewünschten Aussagen über das Geschwindigkeitsspektrum der β-Strahlung machen.

Dieses Beispiel zeigt uns den einen allgemeinen Fall einparametriger Strahlung und die Aufgabe, die damit der Spektrographie gestellt ist: Gegeben ist eine Strahlung von bekanntem e/m, gesucht ist die Geschwindigkeitsverteilung dieser Strahlung. Der andere Fall dieser Art ist: Gegeben ist eine Strahlung von bekanntem v oder mv oder mv^2, gesucht ist die Massenverteilung der Strahlung. Bei der inneren Verwandtschaft der beiden Fragestellungen ist zu erwarten, daß ein Spektralapparat, der eine dieser Fragen beantwortet, oft auch die zweite zu lösen vermag. Wir finden das auch bestätigt. So entspricht DEMPSTERS magnetische Methode zur Isotopenbestimmung [VII, 7] vollständig dem magnetischen Geschwindigkeitsspektrographen [VII, 5, 6].

Die Methode, nach der man die Aufspaltung einer einparametrigen Strahlung vornehmen wird, kann verschiedenartig sein. Handelt es sich um eine Geschwindigkeitsanalyse einer Strahlung von bekanntem e/m, so sind anwendbar:

Die Beugung, durch die eine mv-Analyse durchgeführt wird,

die magnetische Ablenkung zur $(m/e)\,v$-Analyse,

die elektrische Ablenkung zur $(m/e)\,v^2$-Analyse.

Schließlich ist noch die Möglichkeit einer unmittelbaren v-Analyse zu erwähnen, wie sie sich in Anlehnung an die Methoden der Lichtgeschwindigkeitsmessung durchführen läßt [VII, 11].

Bei der Analyse eines aus Teilchen verschiedener Masse zusammengesetzten Strahls könnten wir ebenso einfach verfahren, wenn statt des e/m die *Geschwindigkeit* des Strahls einheitlich wäre (Abb. 341). Statt dessen wissen wir aber normalerweise nur, daß die Teilchenenergie oder der Impuls einheitlich ist. Gleiche Energie haben die Strahlteilchen, wenn sie wie bei DEMPSTER [VII, 7] alle von der Geschwindigkeit Null aus beschleunigt wurden oder auch, wenn der Strahl durch einen elektrischen Monochromator gegangen ist. Gleichen Impuls haben die Strahlteilchen, wenn ein magnetischer Monochromator benutzt wurde. In solchen Fällen sind wir in der Wahl der aufspaltenden Anordnung natürlich nicht mehr frei. Ein Strahl von gleichem mv^2 verlangt das magnetische Feld zur Aufspaltung, ein Strahl von gleichem mv das elektrische.

Noch etwas muß erwähnt werden, bevor wir uns den angedeuteten Fragen im einzelnen zuwenden. Es ist die besondere Bedeutung des Monochromators in der Materiespektrographie. Die Möglichkeit in der Elektronenoptik, die Brechkraft einer Dispersionsanordnung in einfacher und wählbarer Weise zu ändern, hat dazu geführt, neben dem Spektralapparat, der das ganze Spektrum gleichzeitig auf der photographischen Platte aufzeichnet, den Monochromator zu dem gleichen Zweck zu benutzen, indem man das Spektrum in bekannter Weise an dem Monochromatorspalt vorbeischiebt. Die mit dem Elektrometer, dem Spitzenzähler usw. gemessenen Intensitäten werden dann über der Geschwindigkeit bzw. Masse aufgetragen, so daß man eine Darstellung erhält, wie sie sich auch durch Photometrieren des photographischen Spektrogramms erhalten ließe. Als Beispiel für die beiden Methoden der elektronenoptischen Spektrographie seien die übliche Geschwindigkeitsanalyse der radioaktiven α- und β-Strahlung, die wir in den folgenden Abschnitten kennenlernen werden, und die bereits erwähnte Methode DEMPSTERS zur Massenanalyse genannt. Der Spektrograph im engeren Sinn und der Monochromator sind in der Elektronenoptik gleichwertige Instrumente zur Analyse einer einparametrigen Strahlung; der Monochromator kann als Spektralapparat und der Spektrograph als Monochromator benutzt werden.

5. Entwicklung des magnetischen Geschwindigkeitsspektrographen. Nachdem PLÜCKER seine Versuche über Entladungsröhren durchgeführt und 1869 HITTORF [200] die Kathodenstrahlen und ihre magnetische Ablenkbarkeit entdeckt hatte, begann eine lebhafte Entwicklung, die zunächst darauf hinzielte, die Natur der neuen Strahlung aufzuklären. Um die Jahrhundertwende war dieses erste Ziel erreicht, denn es war sichergestellt, daß es sich um negativ geladene Teilchen von $e/m \approx 2 \cdot 10^7$ el. magn. CGS handelt.

Mit der Entdeckung der Radioaktivität durch BECQUEREL im Jahre 1896 setzte auf einem eng benachbarten Gebiet eine neue Entwicklung ein, die uns insofern besonders interessiert, als sie zum magnetischen Spektralapparat führte. Nachdem zwischen 1899 und 1900 durch die Arbeiten von ELSTER und GEITEL, von MEYER und SCHWEIDLER, von GIESEL und von BECQUEREL die magnetische Ablenkbarkeit der radioaktiven Strahlung festgestellt war, ergaben genauere Untersuchungen durch DORN [118] und BECQUEREL [28] im homogenen transversalen Magnetfelde das erste magnetische Spektrum. Allerdings war damit eine (e/m)- und eine Geschwindigkeitsbestimmung noch nicht möglich, denn in der β-Strahlung des Radiums liefert uns die Natur nicht Teilchen von der Geschwindigkeit Null, die wir auf eine dann bekannte Geschwindigkeit beschleunigen können, sondern einen fertigen Strahl unbekannter Geschwindigkeit. Es ist also noch eine besondere elektrische *Ablenkungs*messung erforderlich. Die elektrische Ablenkung, die J. J. THOMSON bereits 1897 für Kathodenstrahlen anwandte, führten für β-Strahlen ebenfalls DORN und BECQUEREL durch, die auf diese Weise nachwiesen, daß die β-Strahlen sehr schnelle Elektronen sind. Mit diesem Ergebnis war ein wichtiger Schritt für die Radium- *und* Kathodenstrahlforschung getan. Auf dem Gebiet der Radioaktivität war der Weg zur Analyse der von einem Präparat ausgesandten leicht ablenkbaren Strahlungen frei geworden, denn an die Stelle der komplizierten allgemeinen Analyse konnte nun die einfach durchführbare Geschwindigkeitsanalyse treten. Auf dem Gebiet der Kathodenstrahlforschung eröffneten sich neue Möglichkeiten für die Untersuchung des Durchgangs von Elektronen durch Materie; denn so schnelle und durchdringungsfähige Elektronen, wie sie die radioaktiven Substanzen liefern, waren durch Beschleunigungsfelder vordem nicht zu erhalten. Auf beiden Gebieten drängte die Entwicklung zum einfachen Geschwindigkeitsspektrographen hin, dem fokussierenden magnetischen Querfeld.

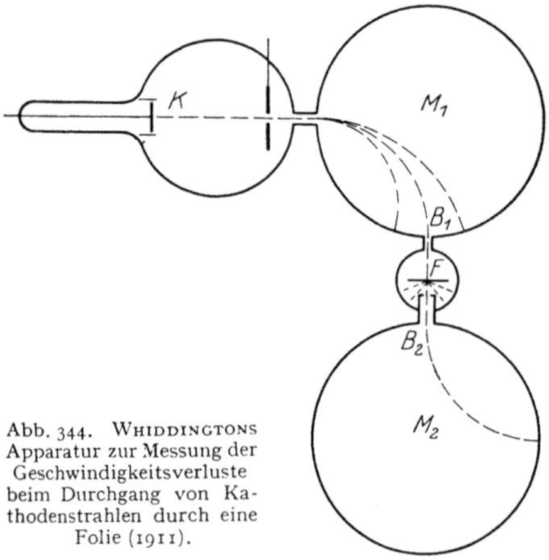

Abb. 344. WHIDDINGTONS Apparatur zur Messung der Geschwindigkeitsverluste beim Durchgang von Kathodenstrahlen durch eine Folie (1911).

Sehen wir von den älteren spektrographischen Apparaturen ab, z. B. derjenigen von MEYER und SCHWEIDLER [272], die erstmalig Elektronenstrahlen in Halbkreisen führten und dann auf eine photographische Platte fallen ließen, derjenigen von DORN [118], der erstmalig enge Blenden zur Definierung eines Elektronenbündels anwandte und derjenigen von CLASSEN [82], der die erste Halbkreisführung mit deutlicher Fokussierung anwandte (Abb. 350), so sind als eine der ersten fortschrittlichen Anordnungen die von WILSON [435] und WHIDDINGTON [420, 421] zu nennen. Bei WHIDDINGTONS Anordnung (Abb. 344) aus dem Jahre 1911 wird die Kathodenstrahlung in einem Halbkreis geführt. In die Mitte des Strahlenganges ist senkrecht zum Strahlengang eine Folie F gebracht. Es soll untersucht werden, welches Geschwindigkeitsspektrum die ursprünglich monochromatische Elektronenstrahlung nach dem Durchgang durch die Folie aufweist. In den Anordnungen von WILSON und WHIDDINGTON werden erstmalig bewußt ein Monochromator und ein Spektrometer in Gestalt zweier transversaler Magnetfelder benutzt. Durch das erste Magnetfeld M_1 vor der Folie wird die Geschwindigkeit der Versuchsstrahlung gewählt. Durch Änderung des zweiten Magnetfeldes M_2 hinter der Folie wird das Geschwindigkeitsspektrum, in das diese monochromatische Strahlung nach dem Durchgang durch die Folie verwandelt ist, analysiert.

Einen wesentlichen meßtechnischen Fortschritt bringt die Anordnung von DANYSZ [93, 94, 96] (Abb. 345), der die Elektronenstrahlen nach einem $\frac{3}{4}$-Kreis auf eine photographische Platte fallen ließ. Mit diesem ersten Spektrographen im eigentlichen Sinne der Definition konnte er bei einem Präparat von Ra B + C 27 scharf begrenzte Linien feststellen. Die gleiche Anordnung wurde dann auch zur Untersuchung des Strahlungsdurchganges durch Materie mit Erfolg benutzt [95].

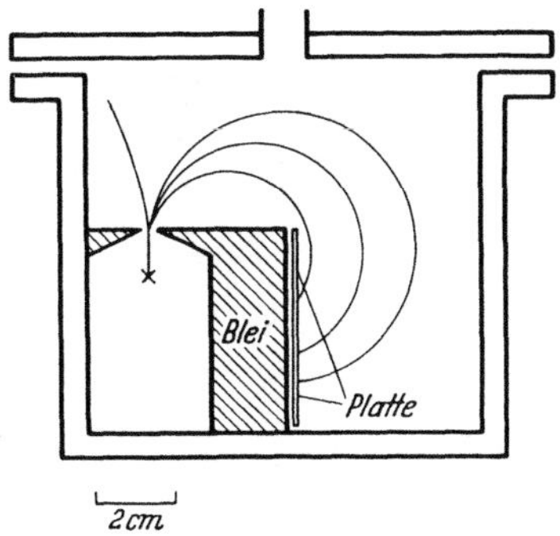

Abb. 345. Magnetischer Spektrograph von DANYSZ (1912).

RUTHERFORD und Mitarbeiter [344, 347] erzielten den in methodischer Beziehung abschließenden Gewinn. Sie erkannten die fokussierende Eigenschaft des homogenen Magnetfeldes und wandten sie an, indem sie die geladenen Teilchen zwischen Ausgangspunkt und Endpunkt gerade einen Halbkreis durchlaufen ließen [III, 23].

Den Apparat von RUTHERFORD, den man als Normaltyp des Geschwindigkeitsspektrographen für Untersuchungen radioaktiver Substanzen bezeichnen kann, stellt Abb. 346 dar. Bei R liegt der lineare Strahler in Gestalt eines kleinen, die radioaktive Substanz enthaltenen Röhrchens senkrecht zur Zeichenebene. B ist eine Schutzblende, die bei richtiger Lage der photographischen Platte nicht als Gegenstandsblende, sondern nur als Intensitätsblende wirkt. Die Grenze ihrer Öffnung ist durch die wachsenden Aberrationsfehler bestimmt [III, 25].

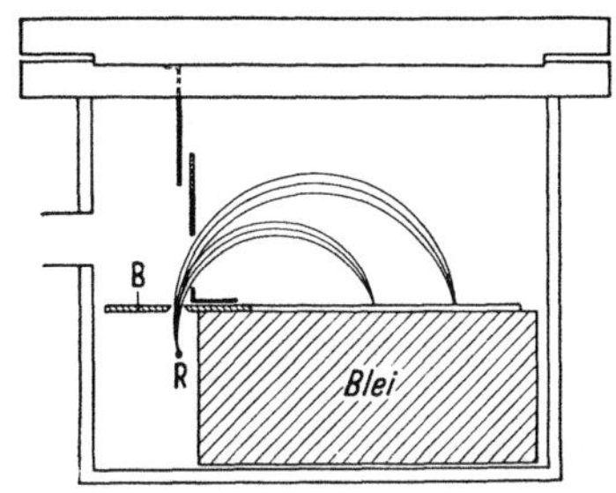

Abb. 346. Magnetischer Spektrograph nach RUTHERFORD-ROBINSON-RAWLINSON (1914).

Abb. 347. β-Strahlspektrum von Radium B nach ELLIS [125].

Messungen des β-Strahlspektrums radioaktiver Substanzen sind seither in großer Zahl durchgeführt worden. Es seien die Untersuchungen von ELLIS [125, 126] (Abb. 347) und von MEITNER und Mitarbeitern [181, 270, 271] (Abb. 348) hervorgehoben, die bis in die jüngste Zeit reichen[1].

[1] Weitere Literatur über die Benutzung des magnetischen Spektrographen zur Analyse von β-Strahlspektren s. L. MEITNER: Handbuch der Physik XXII/1 (1933).

Aber auch α-Strahl-Spektren sind nach dieser Methode untersucht worden, wofür Abb. 349 ein besonders schönes Beispiel gibt. Auf dem von RUTHERFORD, LEWIS und BOWDEN [346] aufgenommenen Spektrogramm, bei dem das Spektrum

a) von Ra D b) von Th B + C

Abb. 348. β-Strahlspektren nach MEITNER [271, 270].

am Monochromatorspalt vorbeigeschoben wurde, sind 11 Linien des Ra C' zu erkennen.

6. Anwendung des magnetischen Geschwindigkeitsspektrographen mit Fokussierung. Andere Anwendungen als zur Untersuchung radioaktiver Substanzen hat der magnetische Geschwindigkeitsspektrograph in der Kathodenstrahlphysik gefunden. Dabei ist die experimentelle Anordnung insofern nicht so einfach wie bei radioaktiven Untersuchungen, als hier nur selten ein punkt- bzw. linienförmiger Strahler vorgegeben ist und die Teilchen auch meist noch beschleunigt werden müssen. Relativ einfach ist die Anordnung bei Anwendung eines *dünnen* Glühdrahtes, an dem die Beschleunigungsspannung angelegt ist. Da der Hauptpotentialabfall dicht vor dem Draht liegt, kann RUTHERFORDS Apparatur praktisch ungeändert übernommen werden. Andernfalls wird man die Schlitzblende eng machen und als Gegenstand für die Abbildung wählen, wobei man die photographische Platte dann in die Ebene der Schlitzblende legen muß. Die erste Anordnung der letzten Art geht auf CLASSEN [82] zurück, der bereits 1908, also lange vor DANYSZ und RUTHERFORD [VII, 5] die Fokussierungsmethode in dieser Form anwandte (Abb. 350), ohne allerdings wohl die fokussierende Wirkung seiner Anordnung erkannt zu haben[1]. Eine Anordnung der ersten Art ist der Spektrograph von COLE [86] (Abb. 351). Hier ist der Glühdraht in der Ebene der photographischen Platte angeordnet.

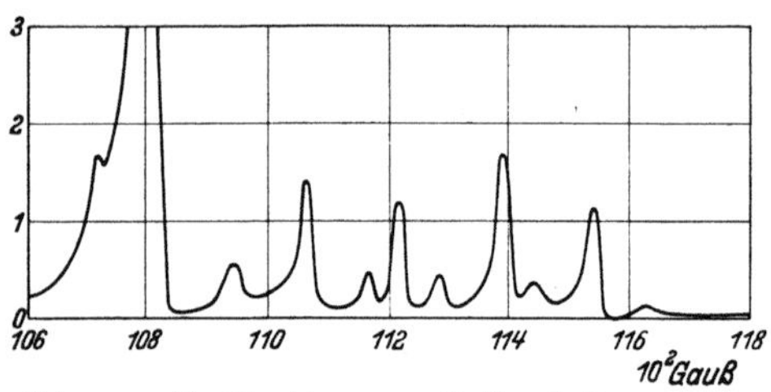

Abb. 349. α-Strahlspektrum von Ra C' nach RUTHERFORD, LEWIS und BOWDEN [346].

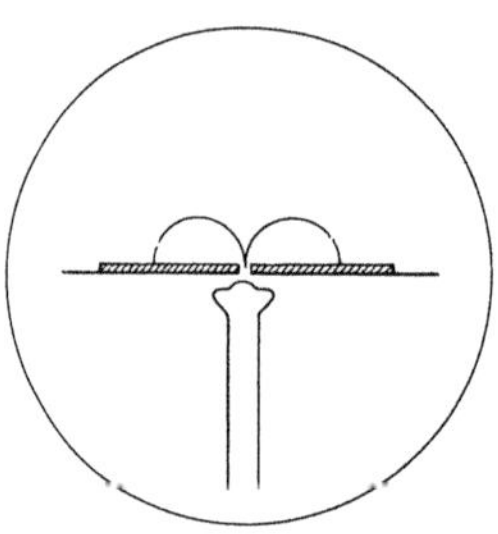

Abb. 350. CLASSENS Methode zur (e/m)-Bestimmung [82].

CLASSENS Anordnung diente zur (e/m)-Bestimmung. COLE benutzte seinen Spektrographen zur Untersuchung verschiedener photographischer Emulsionen auf ihre Empfindlichkeit gegenüber Elektronen von 15—100 Volt Geschwindigkeit (Abb. 122).

Außer zu diesen beiden Zwecken hat der Geschwindigkeitsspektrograph mit Fokussierung noch bei den Messungen der Geschwindigkeitsverluste beim Elektronendurchgang durch Materie (WILSON, WHIDDINGTON, Abb. 344) und schließlich bei der Analyse der durch

[1] Die ersten, die die Elektronenstrahlen in Halbkreisen führten und dann auf eine photographische Platte fallen ließen, waren MEYER u. SCHWEIDLER [272], doch konnte der methodische Gewinn damals noch nicht in Erscheinung treten.

Röntgenstrahlen ausgelösten photoelektrischen Elektronen Anwendung gefunden. Für dieses letzte Gebiet ist er von besonderer Bedeutung geworden.

Durch Analyse der von Röntgenstrahlen ausgelösten Elektronen maß KLEMPERER [232] unter Zuhilfenahme der Quantengleichung [I, 3], Gl. (11) indirekt die Wellenlänge der Strahlung (Abb. 352). Auch die Geschwindigkeitsverluste und Anregungsspannungen beim Durchtritt der Elektronen durch eine dünne Gasschicht sind auf diese Weise von WHIDDINGTON und Mitarbeitern [217, 312, 399] untersucht worden. Die beim Auftreffen von Röntgenstrahlen auf eine Metallfolie ausgelösten Photoelektronen [318, 347, 43 bis 46] wurden ebenso wie die rückwärts austretenden Streuelektronen [38, 370, 371, 372, 411] sehr genau analysiert.

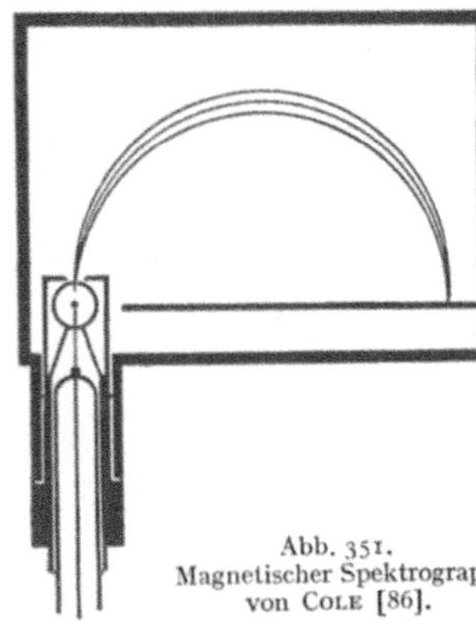

Abb. 351. Magnetischer Spektrograph von COLE [86].

Besonders erwähnt seien noch die Arbeiten von DE BROGLIE [43, 45], der bei seinen Geschwindigkeitsanalysen der durch Röntgenstrahlen ausgelösten Photoelektronen zuerst den fokussierenden Spektrographen mit *weitem* Spalt und kleiner Emissionsfläche (Abb. 353) benutzte. Später ging er, um die Röntgenstrahlintensität besser ausnützen zu können, zur Abbildung des kräftig bestrahlten Spaltes über, den er entsprechend eng wählte. DE BROGLIE verwendete außerordentlich dünne Metallschichten (≈ 0,01 mm), an denen er die Elektronen auslöste, so daß er sehr schmale Linien (≈ 0,2 mm breit) erhielt (Abb. 354). Die Technik der Methode ist dann von LEDRUS [257], ROBINSON [313 bis 317, 422], BECKER [24, 25] und anderen ausgestaltet worden. — Der Geschwindigkeitsspektrograph mit Fokussierung ist zu einem unentbehrlichen Hilfsmittel auf den verschiedenen genannten Gebieten geworden.

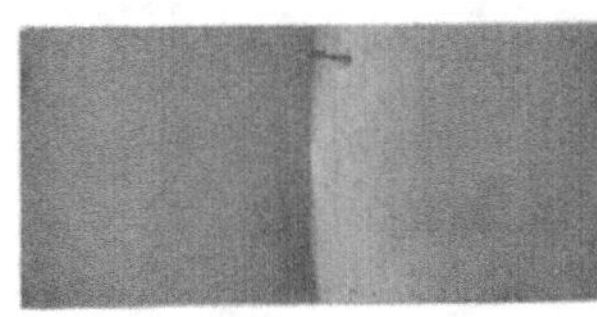

Abb. 352. Geschwindigkeitsspektrum nach KLEMPERER [232].

7. Der magnetische Massenspektrograph mit Fokussierung. Der magnetische Geschwindigkeitsspektrograph kann als Massenspektrograph benutzt werden [VII, 3], wenn die Strahlung einparametrig ist, d. h. wenn wir von ihr bereits wissen, daß für alle Teilchen v oder mv^2 konstant ist.

DEMPSTER [104 bis 107] hat seine Methode zur Massenanalyse von diesem Gesichtspunkte aus entwickelt. Er beschleunigte die positiven Ionen, deren Massenverteilung er analysieren wollte, von Null aus und sandte sie dann in einen magnetischen Halbkreismonochromator, den er ähnlich wie z.B. CHADWICK für β-Strahlen (Abb. 357) und RUTHERFORD für α-Strahlen (Abb. 349) als Spektrometer benutze, indem er das Spektrum durch Änderung des Magnetfeldes am Auffangespalt vorbeischob.

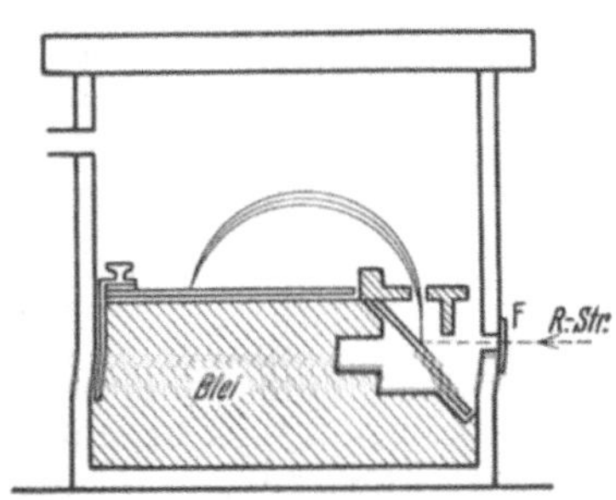

Abb. 353. Magnetischer Spektrograph nach DE BROGLIE [45].

Über DEMPSTERS Anordnung (Abb. 355) ist im einzelnen noch folgendes zu sagen. Die Massenstrahlen werden durch Erhitzen von Metallsalzen bei G erzeugt [25], aus denen dann positive Teilchen austreten. Diese Teilchen werden durch eine Potentialdifferenz von z. B. 100 Volt nach P beschleunigt und treten dann durch den Schlitz S_1 in das Magnetfeld ein. Das magnetische Feld, das zur Massenspektroskopie durch kräftige Elektromagneten erzeugt wird, spaltet nun das

Strahlenbündel nach der Massenverschiedenartigkeit (in Wirklichkeit nach mv) auf. Nur der dem gewählten Magnetfeld entsprechende Massenstrahl wird durch den Spalt S_2 in den Elektrometerkäfig gelangen, wobei wie bei Elektronen von der sammelnden Eigenschaft des homogenen Magnetfeldes Gebrauch gemacht werden kann. Ändert man das Magnetfeld von kleinen zu großen Werten, so werden nacheinander die leichten und schweren Massen in den Käfig gelangen und man erhält das Massenspektrogramm[1]. DEMPSTER fand mit seiner Methode die Isotope von Li, Mg, K, Ca und Zn. Später [108] hat er durch Beschießung einer Lithiumanode mit Elektronen H^+-Strahlen (Protonen) hergestellt und untersucht. Abb. 356 zeigt ein solches Massenspektrum von H^+, H_2^+, He^+. Die Protonenherstellung wurde von RAMSAUER, KOLLATH und LILIENTHAL verbessert, und die Protonen werden für die Messung des Wirkungsquerschnittes von Gasen benutzt [303]. Bei allen diesen Arbeiten wird der magnetische Halbkreismonochromator benutzt, ebenso wie bei späteren Messungen der DEMPSTER-Schule [90, 120, 225, 403], von KALLMANN und ROSEN [220] und von WOLF [438, 439].

Abb. 354. Spektrum der durch Wolfram-K-Röntgenstrahlen aus Silber ausgelösten Elektronen nach DE BROGLIE [45].

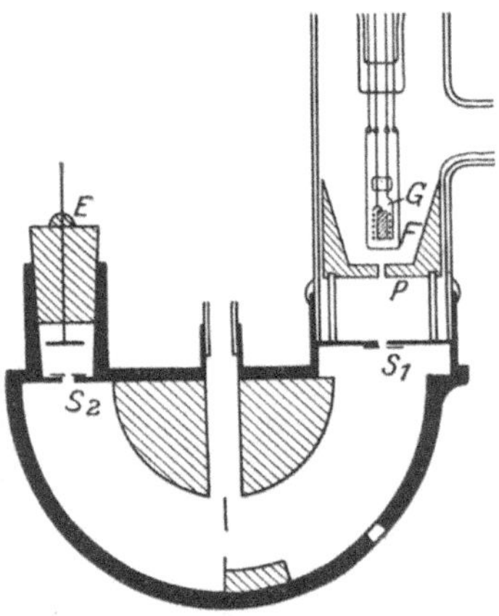

Abb. 355. Massen-Spektrograph von DEMPSTER [104].

8. Der magnetische Querfeld-Monochromator. Die magnetischen Spektrographen werden zu Monochromatoren, wenn man am Orte einer Linie auf der Skala einen Durchgangsschlitz anbringt. Das lernten wir bereits [VII, 7] beim DEMPSTERschen Massenspektrographen kennen, der außerdem zeigte, wie sich ein solcher Monochromator auch zur Spektrographie benutzen läßt, indem man das Spektrum durch Ändern des Magnetfeldes am Monochromatorspalt vorbeischiebt. Ein weiteres Beispiel gibt uns CHADWICKS Anordnung (Abb. 357), die der Geschwindigkeitsspektrographie von Elektronen diente [80, 356, 284, 285]. In seiner eigentlichen Bestimmung finden wir den Monochromator z. B. in den bereits erwähnten Anordnungen von WHIDDINGTON (Abb. 344) und WILSON benutzt.

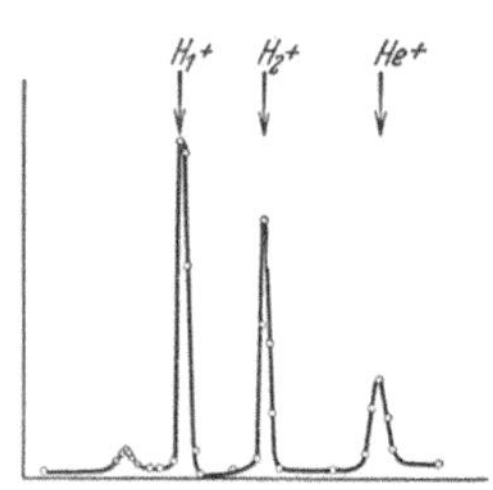

Abb. 356. Massenspektrogramm nach DEMPSTER [108].

Bei hohen Geschwindigkeiten spielt der magnetische *Monochromator* für Elektronen im allgemeinen keine große Rolle, denn es bietet keine Schwierigkeit, sich ein in der Geschwindigkeit weitgehend einheitliches Elektronenbündel durch Beschleunigung langsamer Elektronen herzustellen. Bedenken wir, daß die natürliche Geschwindigkeitsverteilung glühelektrischer oder lichtelektrischer Elektronen sich etwa bis zu 2 Volt erstreckt, so ergibt sich, daß bei der Verschiebung der Geschwindigkeitsverteilung als

[1] Anstatt das Magnetfeld zu ändern, kann man natürlich auch so verfahren, daß man das Beschleunigungspotential ändert, während das Magnetfeld konstant bleibt. Die Masse der in den Käfig gelangenden Teilchen ist dann dem Beschleunigungspotential umgekehrt proportional.

Ganzes zu höheren Energien von z. B. 1000 V die Verteilung dann nur noch 0,2 % in der Energie bzw. 4 % in der Geschwindigkeit ausmacht[1] [III, 11]. Je weniger wir beschleunigen, um so geringer wird die spektrale Reinheit der Elektronenstrahlung sein. Unterhalb 50 Volt wird die Anwendung eines besonderen Monochromators, der von der natürlichen Elektronenverteilung nur das Intensitätsmaximum hindurchläßt, zur Notwendigkeit. Gerade dieser Geschwindigkeitsbereich interessiert aber besonders, denn hier prägen sich die Erscheinungen aus, die für die Wechselwirkung zwischen Atom und Elektronenwelle so charakteristisch sind und deren eine Gruppe wir als RAMSAUER-Effekt bereits [I, 5, 8] kennenlernten. Es ist daher ganz natürlich, daß dieser Effekt überhaupt erst entdeckt werden konnte, nachdem RAMSAUER seinen sehr selektiven Monochromator für langsame Elektronen entwickelt hatte.

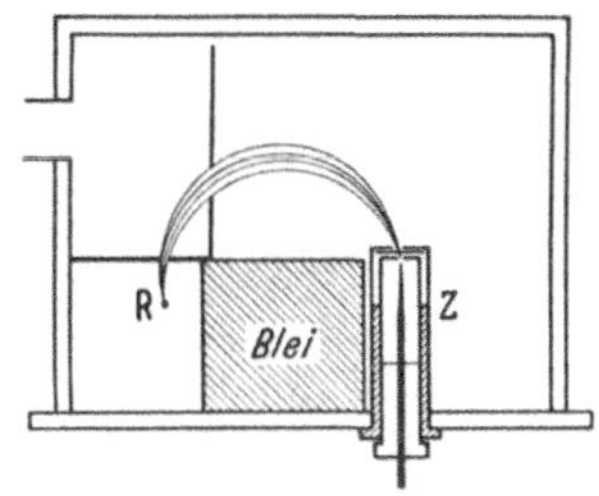

Abb. 357. Magnetischer Spektrograph von CHADWICK [80].

Der Monochromator von RAMSAUER [296] war ursprünglich zur Analyse der lichtelektrischen Geschwindigkeitsverteilung erdacht. Später erst [297] wurde die Anordnung dazu angewandt, um mit definierten Bündeln den Wirkungsquerschnitt [I, 8] der Edelgase gegenüber langsamen Elektronen zu ermitteln.

Abb. 358. RAMSAUER-Kästchen.

Das endgültige „Meßkästchen" [298, 299] zeigt Abb. 358 in der Photographie, Abb. 359a als Schema. Das von rechts durch einen Spalt auf eine Zinkplatte auffallende Lichtbündel löst Elektronen aus, die gegen den vertikal zur Zeichenebene orientierten Spalt 1 von ca. 1 mm Breite beschleunigt und nun auf einem durch Blenden festgelegten Kreis zu den FARADAYschen Käfigen V und H geführt werden, von denen der vordere als Durchgangskäfig ausgebildet ist. Der Halbkreis 1—5 dient als Monochromator. Gemessen wird, wieviele Elektronen definierter Geschwindigkeit beim Durchlaufen des Viertelkreises 5—7 verloren gehen, wenn die Apparatur mit Gas eines bekannten kleinen Drucks gefüllt ist. Die Messung geschieht so, daß erstens beide Käfige V + H ans Elektrometer geschaltet werden, zweitens der Käfig V allein. Definitionsgemäß sollen in H nur Elektronen aufgefangen werden, die weder Richtungs- noch Geschwindigkeitsverluste erlitten haben. Die Anordnung erfüllt auch diese zweite Bedingung, denn bei der Intensitätsmessung des Käfigs H wirkt V als Monochromator.

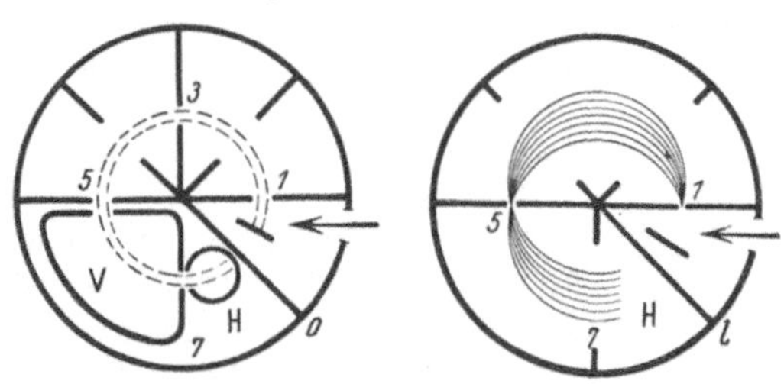

Abb. 359. Schema der Anordnung zur Wirkungsquerschnittsmessung.

Von der fokussierenden Wirkung des homogenen Magnetfeldes kann bei dieser Anordnung leider kein Gebrauch gemacht werden. Denken wir uns die Blende 3 fort, so wird dadurch zwar der Querschnitt des Bündels bei 5 nicht vergrößert (Abb. 359b), doch werden wir jetzt

[1] Zum Vergleich sei erwähnt, daß der prozentuale Wellenlängenunterschied der beiden Natrium-D-Linien 0,1 % beträgt.

bei 7 den gleich breiten Querschnitt wie bei 3 erhalten. Das ist aber nicht angängig, denn die Erweiterung des Spaltes 7 würde die monochromatisierende Wirkung des Quadranten *V* sehr beeinträchtigen. Es scheint danach nichts übrig zu bleiben, als bei 3 eine enge Intensitätsblende in den Strahlengang einzuschalten, die damit automatisch den Bündelquerschnitt bei 7 verengt[1].

Der Grund, weswegen wir die Fokussierungswirkung des homogenen Magnetfeldes nicht auszunutzen vermochten, war letzten Endes der, daß die magnetische Fokussierung gerade nach einem Halbkreis erfolgt. Wäre es möglich, den Ausgangspunkt der Elektronenstrahlung (Blende 1), den Eintritt in den ersten Käfig (Blende 5) und den Eintritt in den zweiten Käfig (Blende 7) so gegeneinander versetzt zu legen, daß die Knoten der sich überschneidenden Elektronenbahnen an diese Stellen kommen, so könnte die Apertur des Monochromators wesentlich gesteigert werden.

Wir wissen heute, daß diese Forderung zwar nicht im homogenen, rein magnetischen, jedoch im elektrischen Felde eines Zylinderkondensators oder im kombinierten Felde erfüllt werden kann [III, 26, 27]. Würden wir rein elektrische Fokussierung im Zylinderkondensator anwenden, so blieben also für die Einrichtung zur Elektronenbeschleunigung und für den Auffangkäfig noch $360^0 - 2 \cdot 127^0$, also rund 100^0 übrig, so daß sich, wie es Abb. 360 andeutet, wohl eine Apparatur bauen ließe, die bei genügender Ausblendung im ersten Fokussierungspunkt große Apertur mit hoher Selektivität vereinigt.

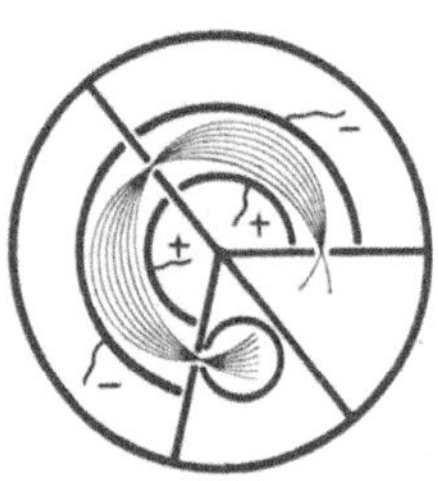

Abb. 360. Anordnung mit elektriscker Fokussierung.

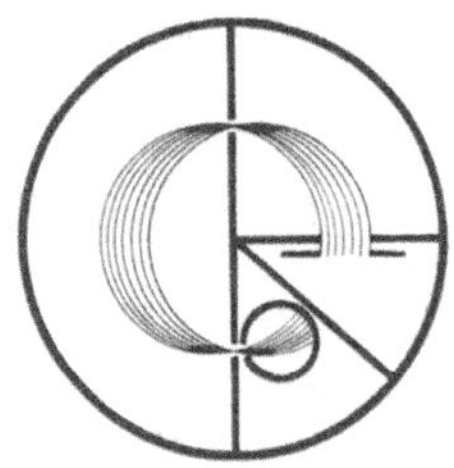

Abb. 361. Anordnung mit magnetischer Fokussierung.

Eine Apparatur, bei der ein Zylinderkondensator benutzt wird, ist experimentell nicht so einfach zu handhaben wie das homogene Magnetfeld. Anstatt durch einen elektrischen Kondensor den Eintrittsspalt zu beleuchten und diesen Spalt dann — cum grano salis — abzubilden, können wir jedoch auch, wie es Abb. 361 andeutet, ein Beschleunigungssystem in Art eines Immersionsobjektivs [III, 8] anwenden, das uns ein bereits parallelisiertes Elektronenbündel liefert. Dieses System läßt sich in der einen Hälfte des ersten Quadranten unterbringen, so daß uns die zweite Hälfte für den Auffangkäfig noch zur Verfügung steht. Die Dispersion der Anordnung ist nur halb so groß wie bei Ramsauers Apparatur, doch dürfte dieser Nachteil durch die Verwendbarkeit enger Spalte überkompensiert sein.

9. **Verschiedene Monochromatorprinzipien.** Außer dem magnetischen Querfeld, das wir im vorhergehenden Abschnitt als Monochromator kennenlernten, gibt es noch eine Anzahl von Prinzipien zum Bau von Geschwindigkeitsmonochromatoren, die hier summarisch behandelt seien.

Zur Monochromatisierung der Strahlung kennt die Optik zwei grundsätzlich verschiedene Methoden. Entweder schaltet man ein Filter in den Strahlengang, das nur die gewünschte Strahlung durchläßt, oder man zerlegt die Strahlung in ein Spektrum und wählt sich daraus die gewünschte Strahlungsgruppe aus. Auch die Elektronenoptik hat im Prinzip beide Möglichkeiten zur Verfügung. Ein

[1] Wir haben das Entsprechende durchgeführt, wie beim Übergang vom Knoten- zum Fadenstrahl, wo wir ebenfalls eine Blende am Ort des ersten Bauches einschalteten [IV, 5].

Filter im optischen Sinne wäre z. B. eine Argonschicht, die Elektronen von 1 Volt bevorzugt durchläßt. In der älteren Kathodenstrahlforschung hat man oft die Filterwirkung einer Folie, die langsame Strahlen stets stärker absorbiert, benutzt. Der gläserne Leuchtschirm ohne besondere Leuchtsubstanz, der bei der Elektronenmikroskopie mit schnellen Kathodenstrahlen Verwendung findet und nur auf die schnellsten Elektronen anspricht [VI, 10], ist letzten Endes auch solch ein Filter, das die Verschleierung des Bildes durch langsame Elektronen verhindern soll.

Unter den *Monochromatoren mit spektraler Zerlegung* sind diejenigen von besonderer Wichtigkeit, die mit Querfeldern arbeiten. Wir können dabei die magnetische [III, 8], aber auch die elektrische Aufspaltung zugrunde legen; wenn wir besondere Effekte — z. B. Geradlinigkeit des Strahlenganges — erzielen wollen, die magnetische mit der elektrischen kombiniert [III, 27].

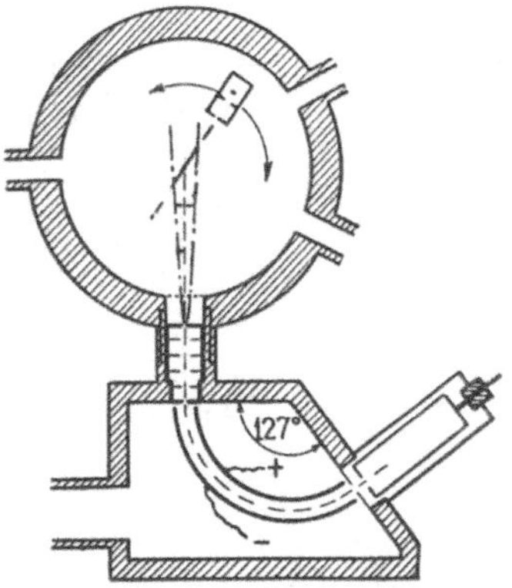

Abb. 362. Anordnung von HUGHES und McMILLEN zur Analyse gestreuter Elektronen [208].

Der elektrische Monochromator hat bei weitem nicht die Bedeutung erlangt wie der magnetische. Er taucht in der Literatur überhaupt erst 1929 in der [III, 26] erwähnten Arbeit von HUGHES und Mitarbeitern [209, 207] über die Fokussierung im Zylinderkondensator auf[1]. Der elektrische Monochromator als Spektralapparat hat sich bei Messungen der Streuverteilung und der Anregung von Molekülen [274, 208] als recht brauchbar erwiesen (Abb. 362). Die vom Mittelpunkt des Versuchsgefäßes kommenden, an den Gasmolekeln gestreuten Elektronen treten durch ein Blendensystem in den Analysator, in dem durch Wahl verschiedener Feldstärken das Geschwindigkeitsspektrum der gestreuten Elektronen abgetastet wird. Entsprechend läßt sich auch das Spektrum analysieren, das ein durch eine Gasschicht gegangener, ursprünglich monochromatischer Strahl zeigt [331, 274, 16].

Der Monochromator, bei dem ein elektrisches und ein magnetisches Feld überlagert wird, hat bisher nur zur (e/m)-Bestimmung in der Methode der „kompensierten Strahlen" bei W. WIEN und BUCHERER [VII, 14] Anwendung gefunden.

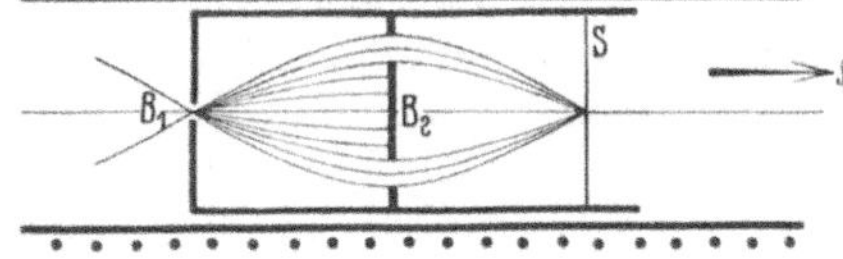

Abb. 363. Schema der Anordnung von BUSCH zur (e/m)-Bestimmung.

Den bisher besprochenen transgradienten Methoden (Querfelder) stehen die Anordnungen mit kongradienten Systemen gegenüber. Im Jahre 1921 veröffentlichte BUSCH [77, 1], fußend auf den Erkenntnissen, die RIECKE [309] und ROBINSON [319, 320] über die Elektronenbewegung in magnetischen Feldern gewonnen hatten [III, 14] und auf den praktischen Erfolgen mit der Konzentrationsspule der BRAUNschen Röhre [V, 1], eine Praktikumsmethode zur (e/m)-Bestimmung, die einen vorzüglichen Monochromator benutzt.

Das Prinzip dieser Methode ist in Abb. 363 dargestellt, wobei nicht die erste Ausführungsform — eine einfache BRAUNsche Röhre mit kalter Kathode —, sondern eine später von WOLF [438] benutzte verbesserte Ausführung zugrunde gelegt ist. Aus einer Kreisblende B_1 dringt ein Elektronenbündel gleicher hoher

[1] Vgl. auch H. LÖHNER [264], der das elektrische Feld als Monochromator, aber ohne Fokussierung benutzte.

Geschwindigkeit, das durch Beschleunigung von Glühelektronen auf einige tausend Volt gewonnen ist. Das Bündel wird durch ein besonderes Wechselfeld vor der Blende diffus[1] gemacht. Durch die um das Versuchsgefäß gelegte Spule wird ein homogenes Magnetfeld erzeugt, das die Öffnung B_1 auf den Schirm S in natürlicher Größe abzubilden vermag, wie es BUSCH durch folgenden Satz erläutert, der die schon damals erreichte Klarheit über die quasioptischen Gesetzmäßigkeiten erkennen läßt: „Alle von einem Punkte der Diaphragmenöffnung ausgegangenen Kathodenstrahlen treffen wieder in einem Punkte zusammen; befindet sich an dieser Stelle der Fluoreszenzschirm, so muß der Fluoreszenzfleck ein scharfes Bild des Diaphragmas darstellen[2].“ Eine Blende B_2 blendet die mittleren Strahlen des „diffusen“ Bündels aus, so daß nur Strahlen eines engen Randbezirkes zur Abbildung benutzt werden. Dadurch wird eine sehr genaue Einstellung ermöglicht, denn die Strahlung längs der Achse, die auch ohne Linse an den Ort des Bildes gelangen würde, ist jetzt ausgeschieden. Ist α der Winkel, unter dem die Bahn gegenüber der Kraftrichtung geneigt ist und d der Abstand von Gegenstand und Bild (Knotenabstand), so gilt nach [III, 14] im Falle scharfer Abbildung:

$$\frac{e}{m} = \frac{2\pi}{\mathfrak{H} d} v \cos\alpha = \frac{8\pi^2 U}{\mathfrak{H}^2 d^2} \cos^2\alpha .$$

Eine Methode, die unter der Annahme bekannter Elektronengeschwindigkeit e/m zu messen gestattet, kann auch als Monochromator Verwendung finden. TRICKER [404] benutzte die Schraubenmethode[3] von BUSCH in der Radioaktivität und erreichte auf diese Weise große Intensität und große Dispersion. RUSCH [339] benutzte die Methode zur Monochromatisierung eines Bündels sehr langsamer Elektronen und führte, ebenso wie später GÄRTNER [151] mit einer solchen entsprechend vervollständigten Anordnung, Wirkungsquerschnittsmessungen [I, 8] durch.

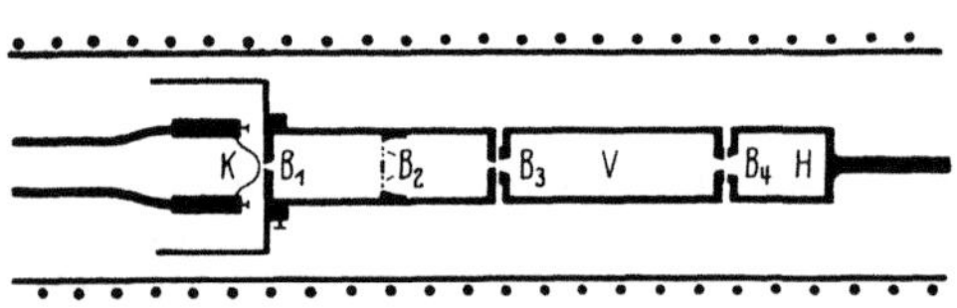

Abb. 364. Monochromator von RUSCH [339].

Die Anordnung von RUSCH ist sehr ähnlich der oben beschriebenen. Abb. 364 läßt die Einzelheiten erkennen. Die Anwendung einer Ringblende B_2 zwischen den beiden Knoten des Elektronenbündels ist beim Monochromator unbedingt erforderlich. Ließe man diese Blende fort, so würden die Achsenstrahlen beliebiger Geschwindigkeit den Monochromator zu passieren vermögen. Bei B_3 liegt der erste, bei B_4 der zweite Knoten des monochromatisierten Strahls [VII, 8].

Eine Angabe über die Dispersion derartiger rotationssymmetrischer Anordnungen ist insofern nicht einwandfrei zu machen, als es sich nicht um eine *Ausscheidung* der Teilchen benachbarter Geschwindigkeit handelt, sondern gleichsam um eine Verdünnung. Das Bild der ersten Lochblende deckt sich für die interessierende Gruppe von Teilchen genau mit der Öffnung der zweiten Lochblende. Für alle anderen Gruppen ist das Bild mehr oder minder groß, so daß

[1] BUSCH benutzte dazu ein magnetisches Drehfeld, WOLF ein kompliziertes elektrisches Querfeld. In Wirklichkeit ist das Bündel gar nicht diffus, sondern die Beleuchtung der Blende erfolgt *nacheinander* mit verschieden geneigten Bündeln.

[2] Hier liegt der eigentliche Ausgangspunkt unserer heutigen geometrischen Elektronenoptik.

[3] Gelegentlich so bezeichnet, weil die Elektronen Schraubenbahnen beschreiben (Abb. 95).

die Blende nur einen kleinen Teil ihrer Intensität durchläßt, der um so geringer ist, je weiter die Bildebene von der Ebene der Blende entfernt ist [V, 14].

Wenn wir es optisch ausdrücken, so hat RUSCH bei seiner Monochromatisierungsmethode die chromatische Aberration der langen magnetischen Linse benutzt. Damit ist aber auch gesagt, daß es noch vielerlei methodische Abarten geben muß, die zur (e/m)-Bestimmung bzw. als Strahlmonochromator dienen können.

An die Stelle der langen magnetischen Linse kann die kurze Linse treten. Ferner kann die magnetische durch die elektrische Linse ausgewechselt werden. Der Vorteil aller dieser Anordnungen ist ihre große Apertur.

10. Der Beugungsspektrograph. Seit dem einleitenden Kapitel haben wir vom Elektron als Welle nur wenig gehört. Jetzt bei der Spektroskopie müssen wir nochmals auf den Wellencharakter des Elektrons zurückkommen.

Die Beugungsversuche sind ursprünglich nicht zur (mv)-Bestimmung bzw. Geschwindigkeits-Analyse der Elektronen durchgeführt worden [VII, 1], doch ist ihre Methode typisch spektrographisch, so daß wir sie nicht übergehen wollen.

RUPP [335] hatte sich 1928 die Aufgabe gestellt, Elektronenbeugung an einem geritzten Metallgitter zu erhalten[1]. Wir können seine Anordnung als den ersten elektronenoptischen Beugungs-Spektrographen auffassen. Die Methode entspricht COMPTONS Methode des streifenden Einfalls, wie sie bei der Beugung von Röntgenstrahlen benutzt worden ist. Abb. 365 zeigt das Versuchsschema von RUPPS Anordnung mit der praktisch in die Ebene des Gitters gestellten BUSCHschen Spule L, die auf Abbildung der Schlitzblende B eingestellt ist. Bei S müssen die Bilder des direkten Strahls und der unter verschiedenen diskreten Winkeln abgelenkten Strahlen, die die Beugungsbilder erster, zweiter Ordnung usw. darstellen, entstehen. Wir haben hier eine ganz ähnliche Anordnung vor uns, wie wir sie bei der BRAUNschen Röhre mit ruhender Optik kennenlernten Hier wie dort ergibt sich die größte Ablenkung und damit die größte Dispersion, wenn die Ablenkung in der Linsenebene erfolgt [V, 9]. Wenn nicht praktische Gesichtspunkte (Leuchtschirmkorn) dagegen sprechen, wird man Linse und Gitter möglichst nahe dem Schirm anzuordnen suchen [V, 7].

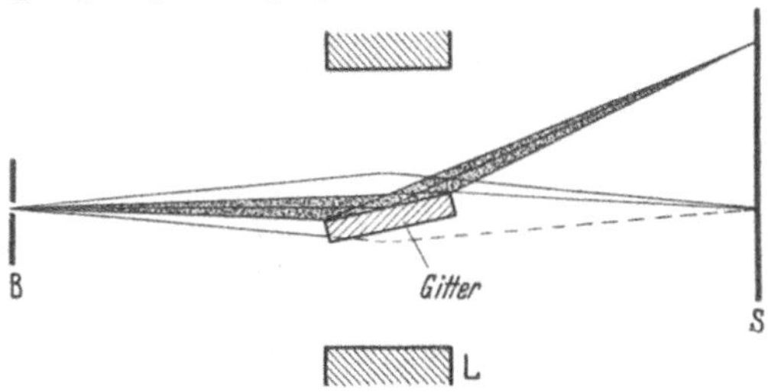

Abb. 365. Beugungsspektrograph mit Strichgitter [335].

Bei der Kleinheit der Elektronenwellenlänge wird man Beugungsuntersuchungen im allgemeinen an dem natürlichen Gitter der Kristalle durchführen. Man wird hierzu in Analogie zum BRAGGschen Verfahren den Einfallswinkel gegenüber einer bestimmten Netzebene des Kristalls variieren und die Reflexion beobachten, die man an dieser Ebene erhält. LASS und RUPP [253] haben eine mechanische Anordnung mit einem Zahnradgetriebe angegeben, bei der beim Verstellen des Einfallswinkels die Gleichheit von Einfalls- und Ausfallswinkel automatisch erzielt wird. Die Beugungsaufnahmen wurden ohne besondere Linsen vorgenommen, durch deren Einführung sich der Apparat vermutlich wesentlich „lichtstärker" machen ließe.

Neben der Beugung am Kristallgitter, das der Elektronenstrahl *streifend* trifft, hat man auch das Durchstrahlungsverfahren (DEBYE-SCHERRER) bei der

[1] Vgl. auch WORNSOP [444].

Beugung der Elektronen angewandt [I, 8]. Hierzu wird der Elektronenstrahl senkrecht auf eine sehr dünne vielkristalline Folie geschossen. Trifft er dann nach größerem Abstand auf einen Schirm, so zeigt sich ein System konzentrischer Kreise, das einem gleichmäßigen Intensitätsabfall vom Zentrum aus überlagert ist (Abb. 13, 14, 21). Das Beugungsbild, das um so schärfer wird, je monochromatischer die Elektronenstrahlung ist, wird vorzugsweise zur Strukturanalyse des Folienmaterials verwandt. Der Beugungs-Spektralapparat dient also im allgemeinen nicht, wie die früher besprochenen Apparate, der Analyse der Strahlung, sondern der Analyse des streuenden Materials. Doch auch diese Eigentümlichkeit hat er durchaus mit den entsprechenden Apparaten der Röntgenstrahl-Physik gemeinsam [I, 8].

Bei diesen Elektronen-Beugungs-Aufnahmen nach dem Debye-Scherrer-Verfahren arbeitet man im allgemeinen ohne Linsen, indem man ein scharf ausgeblendetes Bündel auf die zu untersuchende Folie auftreffen läßt. Das Ergebnis ist ein relativ lichtschwaches „Schattenbild". Leider können uns in diesem Falle die entsprechenden optischen Apparate nicht dafür zum Vorbild dienen, wie wir es besser machen könnten, denn die Röntgenphysik kennt keine Linsen. Es ist jedoch nicht schwer zu sagen, wie man bei Elektronen vorzugehen hat, denn auch die in den Strahlweg gestellte Folie ist, ebenso wie der Ablenkkondensator der Braunschen Röhre mit ruhender Optik und ebenso wie das Strichgitter beim Versuch von Rupp, als komplizierte Ablenkungsanordnung aufzufassen und zu behandeln. Man wird also eine kleine, Elektronen emittierende Kreisfläche magnetisch abbilden und dann in den Strahlengang die richtungsändernde Folie stellen.

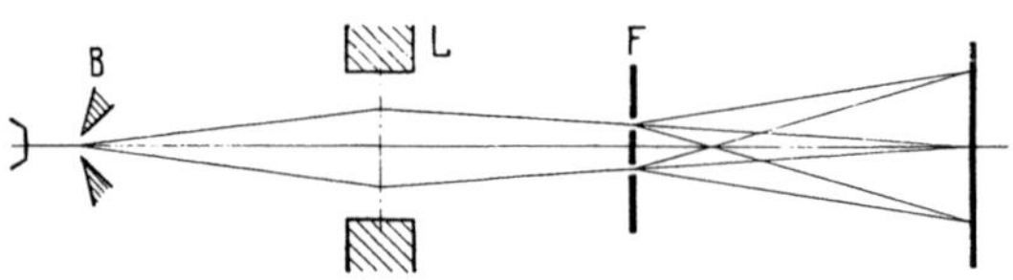

Abb. 366. Beugungsspektrograph für Debye-Scherrer-Aufnahmen nach Lebedeff [256].

Lebedeff [256] hat entsprechende Experimente (Abb. 366) mit gutem Erfolge durchgeführt. Eine Kreisblende B von 0,2 mm Öffnungsdurchmesser, die durch glühelektrische Elektronen, die auf 20—60 kV beschleunigt sind, bestrahlt wird, dient als Objekt. Die Folie F ist nicht in der Mittelebene der Spule L, sondern wesentlich dahinter aufgestellt, so daß zwar die Auflösung nicht voll ausgenutzt wird [V, 9], dafür aber die Auswertung der Aufnahme gegenüber der üblichen Schattenaufnahme nicht komplizierter wird, da die Strahlen zwischen Folie und Schirm Geraden sind. Die Spule steht dem Gegenstand näher als dem Bilde, so daß sie vergrößernd wirkt. Trotzdem erreicht Lebedeff eine Ringbreite (Dicke der Beugungskreislinie) von 0,05 mm[1]. Das ist überraschend, denn aus Gegenstands-, Bildweite und Objektdurchmesser ergibt sich, wenn wir die Blende von 0,2 mm Durchmesser als Objekt ansehen, 0,4 mm.

Die gleiche Methodik wie Lebedeff und die gleiche Elektronengeschwindigkeit von 20—50 kV hat Mongan [278] für Beugungsuntersuchungen an amorphem Kohlenstoff benutzt. Der apparative Aufbau ist ganz ähnlich wie bei Lebedeff. Als Gegenstand wird eine Kreisblende von 0,1 mm benutzt. Das Kohlenstoffpulver wird auf ein feinmaschiges Kupferdrahtnetz von 0,04 mm Drahtdurchmesser und 64 Maschen pro mm^2 oder ein feinmaschiges Seidennetz oder einen schneidenförmigen Stahlträger aufgebracht. Das Elektronenbündel hatte an der Stelle des Präparates 10 mm^2 Querschnitt.

[1] Die Schärfe von Beugungsringen steht mit der Dispersion einer Anordnung in engem Zusammenhang. Man vgl. E. Schöbitz [357] und F. Kirchner [229].

In prinzipiell anderer Weise benutzte BÜHL [74 75, 76] die magnetische Linse. Auch hier soll eine Intensitätssteigerung erzielt werden, um Messungen mit langsamen Elektronen von 50—500 V durchführen zu können. BÜHL wendet jedoch die Linse nicht an, um die Apertur des Eintrittsbündels zu vergrößern, sondern um die Intensität, die sich normalerweise auf einen Beugungsring verteilt, zur Messung in einem Achsenpunkt zu konzentrieren. Dazu wird die sphärische Aberration der langen Linse ausgenutzt. Die Strahlen treffen sich dabei auf der Achse in einem Abstand d von der Folie, für den nach III, 14 gilt:

$$d = 2\pi \frac{m v}{e \mathfrak{H}} \cos\alpha ,$$

wenn α den Winkel bedeutet, unter dem die Strahlung zur Achse ausgeht[1].

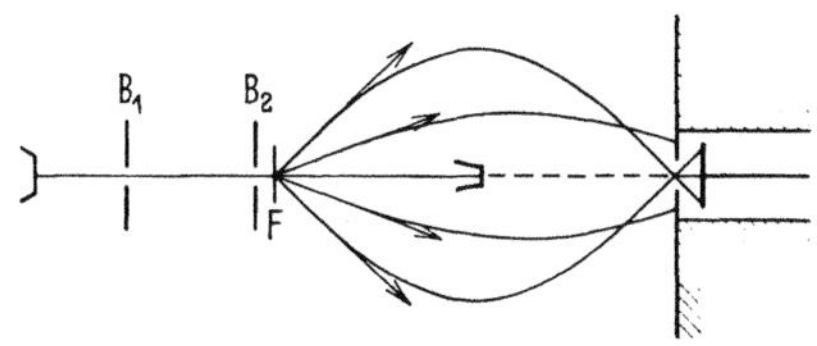

Abb. 367. Anordnung von BÜHL [75].

Die Apparatur ist schematisch in Abb. 367 dargestellt. Ein durch Blenden (B_2 = 0,1 mm Durchmesser) in seiner Richtung definierter Strahl von Glühelektronen trifft auf die Folie[2] F. Die unter steilen Winkeln (bis zu 60°) aus der Folie austretenden Elektronen werden zur Achse zurückgebogen. Je nach Einstellung der Linsenbrennweite gelangen die steileren oder weniger steilen Strahlen, die sonst einen Ring gebildet hätten, in den Käfig. Ist der Mittelstrahl vorher ausgeschieden und ist die Käfigöffnung sehr klein (1 mm Öffnung), so ist der Spektrograph recht brauchbar, wie es die von BÜHL aufgenommenen Kurven zeigen.

Der Vereinigung der Aperturvergrößerung nach LEBEDEFF mit dem Gedanken von BÜHL scheint keine wesentliche Schwierigkeit gegenüberzustehen. Das Schema eines solchen Zweilinsensystems mit der Beugungsfolie zwischen den Linsen gibt Abb. 368. Natürlich wäre noch im einzelnen zu überlegen, wo die Teile der elektronenoptischen Anordnung am besten hinzustellen sind. — Mit der zu erwartenden abermaligen Intensitätssteigerung ist es vielleicht möglich, Beugungsuntersuchungen bei noch kleineren Geschwindigkeiten durchzuführen.

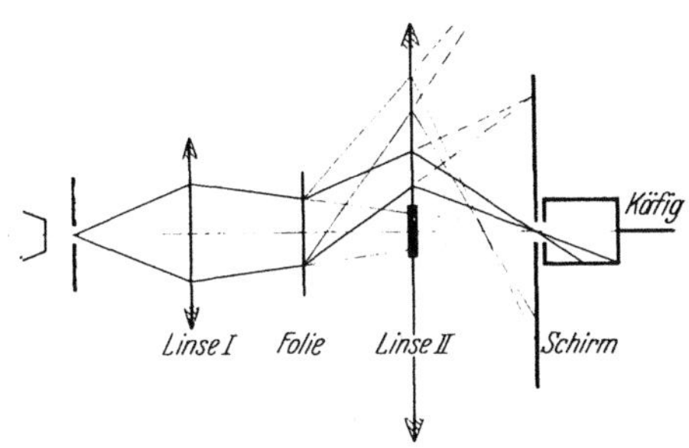

Abb. 368.
Kombination der Anordnungen Abb. 366 und 367.

Schließlich ist noch ein anderer Weg zur Erzielung eines scharf zeichnenden und lichtstarken Spektrographen zu erwähnen. In der Optik benutzt man gelegentlich an Stelle eines ebenen Gitters und einer Abbildungsoptik ein zylindrisch gekrümmtes Gitter, das eine besondere Abbildungsoptik erspart. Für DEBYE-SCHERRER-Aufnahmen ist dieses Prinzip in der Röntgenphysik von SEEMANN und BOHLIN verwandt worden. Auf die Elektronenoptik wurde es durch v. FRIESEN [148] übertragen (Abb. 369). Die von einem Spalt, der senkrecht zur Zeichenebene steht, ausgehende diffuse Elektronenstrahlung trifft auf einen zylindrischen Metallspiegel (r = 50 cm), der mit der zu untersuchenden Substanz, z. B. Zinkoxyd, bestäubt ist. Die von verschiedenen Kristallen mit

[1] Vgl. auch die Methode zur (e/m)-Bestimmung von BUSCH [VII, 9].

[2] In Wirklichkeit benutzte BÜHL keine Folie, sondern bestäubte den Rand der Blende B_2 mit dem zu untersuchenden Stoff (MgO, Ag, Cu).

gleicher Winkeländerung gebeugten Strahlen schneiden sich auf der entsprechend gestalteten und entsprechend gelegten photographischen Platte und ergeben dort, falls die Strahlung monochromatisch ist, ein Beugungsbild.

11. Geschwindigkeitsmessung nach der „Zahnradmethode". In den beiden folgenden Abschnitten sei auf eine Gruppe von einparametrigen Spektrographen eingegangen, die sich grundlegend von den bisher behandelten unterscheiden. Während das optische Analogon zu dem Hauptorgan der bisher besprochenen Anordnungen das Dispersionsprisma war, kommen wir nun zu Anordnungen, deren optisches Analogon mit mechanisch bewegten Teilen arbeitet.

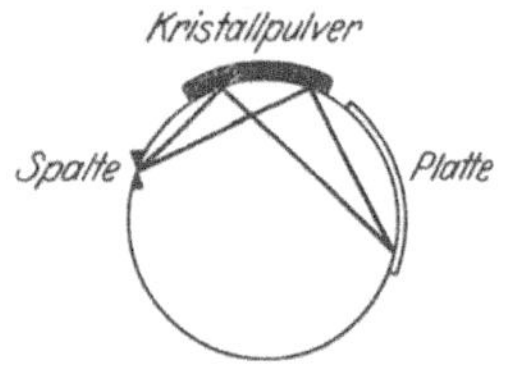

Abb. 369. Fokussierender Kristallpulverspektrograph nach v. FRIESEN [148].

Das einfache Prinzip, das den zu besprechenden Anordnungen zugrunde liegt, ist bereits von FIZEAU bei seiner Zahnradmethode zur Messung der Lichtgeschwindigkeit benutzt worden. FIZEAU sandte einen Lichtstrahl zwischen zwei Zähnen eines schnell rotierenden Zahnrades hindurch und ließ ihn in der Entfernung s in seine Einfallsrichtung zurückreflektieren. Wenn das Licht wieder zum Zahnrad kam, war die Zeit $2\,s/c$ vergangen, und es versperrte jetzt unter Umständen ein Zahn den Wiederdurchtritt. Beobachtete er, bei welchen Radgeschwindigkeiten das Licht gerade durchgelassen wurde, so ließ sich daraus die Geschwindigkeit c des Lichtes bestimmen.

Diese Methode ist von WIECHERT [425] in modifizierter Form auf die Geschwindigkeitsmessung von Kathodenstrahlen übertragen worden, nachdem bereits DES COUDRES [89] derartige Messungen vorgeschlagen hatte. An Stelle des Spiegelrades benutzte WIECHERT entsprechend den Möglichkeiten der Elektronenoptik die magnetische Ablenkung einer Stromschleife, durch die ein Wechselstrom floß. Der Strahl wurde auf diese Weise im Tempo der hochfrequenten Wechselspannung über eine Lochblende geführt. Ein überlagertes konstantes Magnetfeld sorgte dafür, daß das gerade in den positiven Maxima der Wechselspannung geschah. WIECHERT benutzte an Stelle des einen FIZEAUschen Zahnrades, das gleichzeitig Taktgeber und Analysator war, die bequemere Anordnung mit *zwei* magnetischen Ablenkspulen, die er in passender Entfernung im Strahlweg anordnete (Abb. 370). Beim Versuch wird man die Phasendifferenz zwischen den gleichfrequenten Schwingungen so wählen, daß die zweite Stromschleife M_2 gerade stromfrei ist, wenn der bei M_1 durchgelassene Kathodenstrahl durch M_2 hindurchkommt. Da dieser Fall gerade eintritt, wenn die Phasendifferenz $\lambda/4$ ist, wozu die Zeit $T/4$ gehören möge, so gilt $v = 4s/T$, wenn s den Abstand der beiden magnetischen „Zahnräder" bedeutet, der in WIECHERTS Anordnung bis zu 1 m betragen konnte.

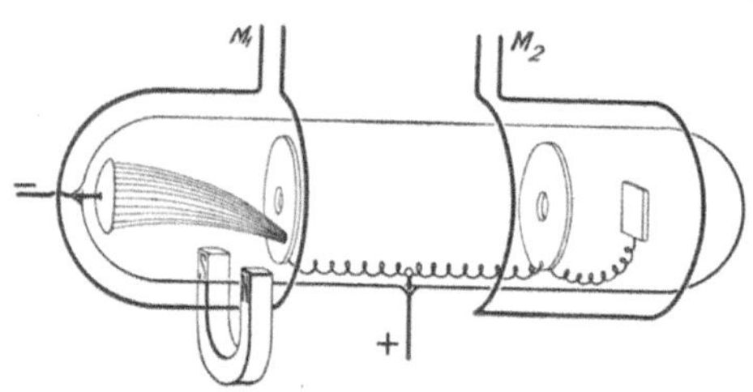

Abb. 370. Geschwindigkeitsbestimmung von Kathodenstrahlen nach WIECHERT [424, 425].

Später ist diese Methode in der Optik und Elektronenoptik zu einer Präzisionsmethode ausgebildet worden, wobei die WIECHERTsche Trennung von Taktgeber und Analysator übernommen wurde.

MITTELSTAEDT [276] benutzte zur Bestimmung der *Licht*geschwindigkeit zwei KERR-Zellen, die ähnlich wie bei WIECHERT durch einen elektrischen Schwingungskreis gesteuert wurden.

KIRCHNER [228, 230] wandte zur Geschwindigkeitsmessung von *Elektronen* zwei Ablenkkondensatoren von 3 cm Plattenlänge in einem Versuchsrohr von 125 cm Gesamtlänge an. Er arbeitete mit 1600 Volt Anodenspannung. Das Wechselfeld wurde durch einen Röhrensender erzeugt. Kennt man genau die Beschleunigungsspannung, so kann man aus diesen Messungen natürlich auch e/m erhalten. KIRCHNER fand den sehr genauen Wert $(1{,}7585 \pm 0{,}0012) \cdot 10^7$ el. magn. CGS. Die gleiche Methode zur v- und (e/m)-Bestimmung benutzen auch PERRY und CHAFFEE [295], ohne indessen eine größere Genauigkeit zu erreichen.

In einer Variante hat sich DENNINGTON [109] der gleichen Methodik zur (e/m)-Bestimmung bedient. Er benutzte im Gegensatz zu den bisher genannten Autoren nicht Quer- sondern elektrische Längsfelder. Der Taktgeber war das Beschleunigungsfeld, der Analysator das Gegenfeld vor einem Auffangekäfig. Die Anordnung wurde dadurch sehr leistungsfähig, daß nicht ein gerader Strahlweg, sondern eine Kreisführung durch ein magnetisches Querfeld benutzt wurde, das als Monochromator wirkte. Der vorläufig bestimmte Wert $e/m = (1{,}7592 \pm 0{,}0006) \cdot 10^7$ el. magn. CGS steht mit KIRCHNERS Wert in bester Übereinstimmung.

FIZEAUS Methode ist nicht nur auf Elektronenstrahlen angewandt worden. Auch die Geschwindigkeit von Kanalstrahlen wurde von HAMMER [184, 185] so gemessen.

12. Weitere Anwendungen der „Zahnradmethode". Eine Anordnung, die zur Messung der Elektronengeschwindigkeit dient, kann auch als Monochromator benutzt werden[1] [VII, 2]. Das gilt auch von den im vorhergehenden Abschnitt behandelten Anordnungen.

In ursprünglicher Form haben ESTERMANN, FRISCH und STERN [135] die Zahnradmethode benutzt. Mit zwei synchron laufenden Zahnrädern sonderten sie aus einem ungeladenen Molekülstrahl ein Bündel bestimmter Geschwindigkeit aus.

In der in das elektrische Gebiet übertragenen Form wurde die Methode von SMYTHE und MATTAUCH [381] zur Massenspektrographie verwendet. Hierbei wurde das Bündel geladener Teilchen zunächst durch Kondensatoren gesandt, an denen eine phasenverschobene Wechselspannung lag. Die nun einparametrige Strahlung wurde dann in dem Felde eines Zylinderkondensators [III, 26] nach ihrer Massenverteilung aufgespalten[2].

Eine sehr geistreiche Anwendungsmöglichkeit der „Zahnradmethode" ergibt sich nach dem Vorschlage von WIDEROE [423], wenn wir ähnlich wie DENNINGTON [VII, 11] die ablenkenden Querfelder in beschleunigende oder verzögernde Längsfelder umändern. Es gelingt auf diese Weise, mit geringem Spannungsbedarf geladene Teilchen auf sehr hohe Geschwindigkeiten zu bringen.

Die einfachste Anordnung dieser Art besteht aus einer Reihe von Röhrchen, die in wachsender Länge so hintereinandergeschaltet sind, wie es Abb. 371 andeutet. Die Röhrchen werden abwechselnd mit dem einen und dem anderen Pol einer Wechselstromquelle verbunden. Befindet sich ein Elektron innerhalb des ersten Rohres, das gerade negativ aufgeladen ist, so wird es vor sich nicht nur freie Bahnen finden, sondern zu dem nächsten Zylinder sogar hingezogen werden[3]. Nach dem Eintritt in diesen Zylinder ist der Ausweg gesperrt, aber bevor das Elektron diese Sperre erreicht hat, hat das Potential gewechselt

---

[1] Für Licht verschiedener Farben ist wegen der Gleichheit der Lichtgeschwindigkeit eine spektrale Auswahl auf diese Weise natürlich nicht möglich.

[2] Eine ausführliche theoretische Behandlung dieser Anordnung gaben jüngst HERZOG und MATTAUCH [196], die u. a. die Rechnungen im elektrischen Zylinderfeld auf den Fall verallgemeinerten, daß das Feld begrenzt ist — vgl. die analoge Behandlung des Magnetfeldes durch BARBER [19], [III, 24]. Anmerkung bei der Korrektur: Vgl. auch eine Arbeit von STEPHENS [384 a].

[3] Außerdem tritt Fokussierungswirkung ein (S. 312).

und das Elektron wird abermals beschleunigt[1]. Es ist klar, daß Wechselfrequenz und wachsende Röhrchenlänge in bestimmtem Verhältnis zueinander stehen müssen. SLOAN und LAWRENCE [380] benutzten eine Anordnung mit 30 Röhrchen zur Erzeugung schneller Quecksilberionen. Sie erreichten mit 40 kV angelegter Wechselspannung Ionen von 1200 kV Energie.

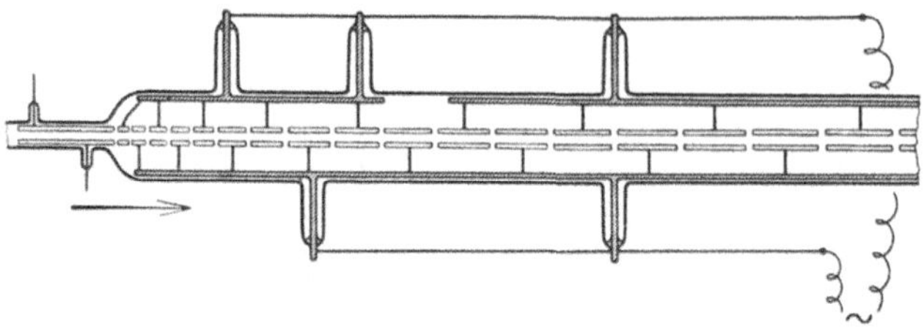

Abb. 371. Beschleunigung geladener Teilchen nach WIDEROE, SLOAN und LAWRENCE [380].

Eine Variante dieser Anordnung haben LAWRENCE und LIVINGSTON [255] entwickelt, indem sie den geraden Strahlweg durch ein magnetisches Querfeld zu einer Spirale aufrollten (Abb. 372). An Stelle der aufeinanderfolgenden Plattenpaare treten nun die unterteilten Polschuhe des Magneten[2], an die die Wechselspannung gelegt ist. Die erforderliche Vergrößerung der Wege zwischen den einzelnen Beschleunigungsfeldern wird in diesem Fall automatisch durch die geringere Bahnkrümmung der Ionen erreicht, die von großer Krümmung beginnend eine sich öffnende Spirale in beschleunigter Bewegung durchlaufen. Wichtig für diese Anordnung ist die Tatsache, daß die Zeit, in der ein Ion einen Halbkreis im Magnetfeld beschreibt, unabhängig von seiner Geschwindigkeit nur durch die Größe des Magnetfeldes gegeben ist [Anhang k], so daß ein Ion, welches einmal einen Halbkreis in einer halben Wechselperiode durchlaufen hat, dies auch weiterhin tut. Mit der ursprünglichen Anordnung wurden bei 150 Umläufen von 4 kV angelegter Wechselspannung Ionen von 1200 kV Energie erzielt, mit verbesserter Apparatur [255a] Ionen bis zu 5000 kV.

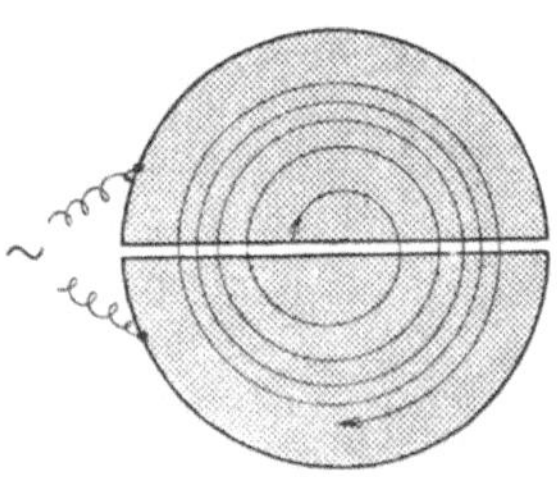

Abb. 372. Beschleunigung geladener Teilchen nach LAWRENCE und LIVINGSTON [255].

c) Spektrographie zweiparametriger Strahlung.

13. Einfache (e/m)-Bestimmungsmethoden in historischer Übersicht. Wir wiederholen aus [VII, 1]: Zweiparametrig soll eine Materiestrahlung heißen, wenn von ihr weder die Teilchengeschwindigkeit v noch die spezifische Ladung e/m bekannt ist. Zur Bestimmung dieser zwei Parameter bedarf es zweier Beeinflussungsmethoden. Die gebräuchlichsten dieser Methoden sind die elektrische und magnetische Ablenkung, deren erste die Energie mv^2/e, deren zweite den Impuls mv/e zu bestimmen gestattet. Kennt man aber Energie und Impuls eines Teilchens, so kennt man auch seine Geschwindigkeit und seine Masse[3] [VII, 2].

Die Aufgabe, die zweiparametrige Strahlung auszumessen, tritt uns zunächst bei der normalen (e/m)-Bestimmung von Elektronen entgegen. Dabei ist die Aufgabe allerdings insofern vereinfacht, als man von einer Schar von Elektronen *gleicher* (unbekannter) Geschwindigkeit ausgeht. Um die Mannigfaltig-

[1] Es gleicht damit einem Autofahrer, der die Friedrichstraße in Berlin hinunterfährt. Die stets gerade vor ihm das Freizeichen gebenden Verkehrsampeln ermuntern ihn zu immer schnellerer Fahrt.

[2] Die Polschuhe hatten einen Durchmesser von rund 30 cm.

[3] Dabei ist bekannte Ladung vorausgesetzt, anderenfalls ist natürlich nur e/m berechenbar.

keit der Methoden, die sich bei der Anwendung der beiden erforderlichen Beeinflussungen ergeben, zu zeigen, war an den Schluß der einleitenden Betrachtungen [VII, 2] eine Tabelle gestellt worden, die sechs Hauptmöglichkeiten unterschied, je nachdem, ob ein Quer- oder Längsfeld verwandt wurde, und ob zwei Querfelder gekreuzt oder gleichgerichtet waren. Wie diese Methoden nacheinander in der Forschungsgeschichte des Elektrons benutzt worden sind, wollen wir nun kurz betrachten.

Bereits 1884 hat SCHUSTER [365, 366], wenn auch ohne gute Ergebnisse, die einfachste Methodik (VI)[1] angegeben und angewandt. Ein beschleunigendes Potential U erzeugt Kathodenstrahlen, die durch das magnetische Feld $\mathfrak{H}$ zum Kreis vom Radius r gekrümmt werden, wobei dann gilt:

$$\frac{e}{m} = \frac{2\,U}{\mathfrak{H}^2 r^2} \quad \text{und} \quad v = \frac{2\,U}{\mathfrak{H} r}\,.$$

WIECHERT [424, 425] führte 1897 die erste brauchbare (e/m)-Bestimmung für Elektronen nach dieser Methode durch, wobei er $4 \cdot 10^7$ el. magn. CGS fand. KAUFMANNS [221] Messungen mit der gleichen Methode brachten im gleichen Jahre den schon wesentlich besseren Wert $1{,}8 \cdot 10^7$ el. magn. CGS.

Im Jahre 1897 führte J. J. THOMSON [401] eine neue Methodik (I) ein,

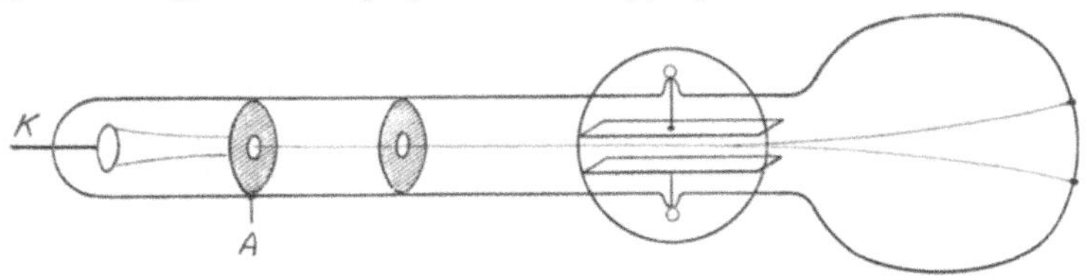

Abb. 373. Anordnung von J. J. THOMSON zur (e/m)-Bestimmung [401].

indem er einen Strahl herstellte, dessen Ablenkung er erst in einem elektrischen und dann in einem magnetischen Feld maß (Abb. 373).

Ebenfalls 1897 wandte W. WIEN [428 bis 430] erstmalig seine Methode der kompensierten Strahlen (III) an, die er später auch für die (e/m)-Bestimmung von Kanalstrahlen benutzte [431]. Die Felder wirken gleichzeitig und entgegengesetzt [III, 27]. Er beobachtete, wann der Strahl gerade unbeeinflußt blieb, d. h. wann die Wirkung der beiden Felder sich gerade kompensierte [VII, 14].

Auch eine 1899 von J. J. THOMSON [401] angegebene Methode der *Überlagerung* des elektrischen Längs- und magnetischen Querfeldes (VI), auf die wir jedoch wegen ihrer Unübersichtlichkeit nicht näher eingehen wollen, ist zu erwähnen. Im Gedanken gleichartig ist eine später entwickelte Magnetronanordnung [177], bei der Elektronen von einem axialen Glühdraht aus gegen eine koaxiale Zylinderfläche beschleunigt werden, wobei gleichzeitig ein homogenes magnetisches Feld in Richtung des Glühdrahtes wirkt [210].

Schließlich ist die 1901 von KAUFMANN [222] eingeführte „Parabelmethode" (II) zu nennen, die wir im folgenden Abschnitt gesondert behandeln wollen.

Mit diesen ersten Arbeiten um 1900, durch die vier Feldkompositionen (I, II, III, VI) in verschiedener Weise benutzt worden waren, war eine Grundlage für die weiteren Untersuchungen geschaffen. Das wichtigste Ziel dieser Untersuchungen war es, e/m bei der betreffenden Versuchsgeschwindigkeit genau festzulegen, um so den Zahlenwert dieser Naturkonstanten für das ruhende Elektron mit höchster Präzision zu erhalten. Es würde viel zu weit führen,

[1] Die Ziffern in den runden Klammern beziehen sich auf die in der Tabelle 8, S. 279 angegebenen Feldkompositionen.

einen vollständigen Überblick über die Präzisionsuntersuchungen zu geben, es genüge vielmehr, einige Stufen dieser Entwicklung herauszuheben[1].

Die erste Präzisionsuntersuchung führte CLASSEN [81, 82] durch (Abb. 350), der glühelektrische Elektronen beschleunigte und dann magnetisch zu Halbkreisen bog. Er ist, wie es schon [VII, 6] erwähnt wurde, der erste, der die magnetische Fokussierung erfolgreich anwandte. An diese Untersuchung schließen, wenn wir von den Arbeiten zur Erfassung der Geschwindigkeitsabhängigkeit absehen, die Untersuchungen von BESTELMEYER [30 bis 32] und ALBERTI [1] an.

In methodischer Hinsicht etwas Neues bedeutete die Untersuchung von BUSCH [77], der mit einem homogenen magnetischen Längsfeld (V) arbeitete [VII, 9]. Er erhielt den schon sehr genauen Wert von $e/m = 1{,}768 \cdot 10^7$ el. magn. CGS.

Andere Feldkombinationen als die erwähnten sind nicht zur Anwendung gekommen und zum Teil (IV) auch sinnlos. Die Entwicklung ist in neuerer Zeit andere Wege gegangen. Der Ausbau der Zahnradmethode durch KIRCHNER [VII, 11], durch deren Anwendung v bekannt wird, ist besonders bemerkenswert.

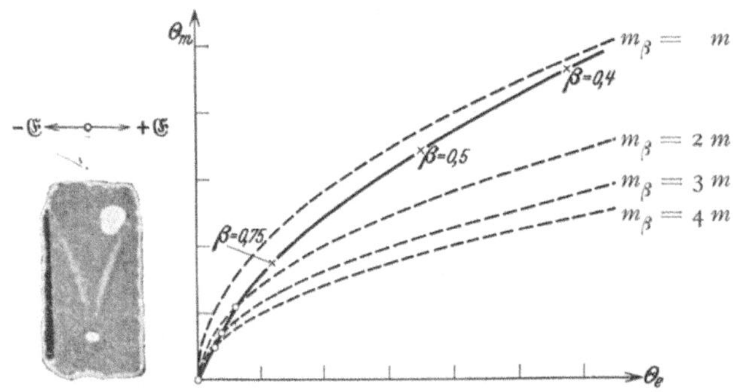

a) Orginalaufnahme KAUFMANN b) Massenparabeln und Kurve mit geschwindigkeitsabhängigem e/m

Abb. 374. Zur Geschwindigkeitsabhängigkeit von e/m.

14. Massenanalyse der Elektronen. Der soeben behandelten Aufgabe steht eine schwierigere gegenüber. Das zu untersuchende Bündel bestehe nicht nur aus Strahlung gleicher Art, sondern setze sich aus vielen solchen Strahlungen von unbekanntem v und e/m zusammen. Die Analyse dieser Bündel ist erstens das Problem bei der (e/m)-Bestimmung von Elektronen *hoher* Geschwindigkeit, wo die Geschwindigkeitsabhängigkeit der Elektronenmasse eine Rolle spielt, zweitens das Problem der Massenspektrographie. Mit dem ersten Problem wollen wir uns nun befassen.

KAUFMANNS Versuche [222] brachten 1901 die Entdeckung, daß die Elektronenmasse bei hohen Geschwindigkeiten zunimmt. KAUFMANN hatte sich bei seinen Untersuchungen der eingangs [VII, 1] als allgemeiner Materiespektrograph eingeführten „Parabelmethode“ (II) bedient, die diesen Namen erhalten hat, weil Teilchen gleicher Masse aber verschiedener Geschwindigkeit in dem Impuls-Energie-Diagramm Parabeln bilden. Statt einer Parabel — wie sie bei konstanter Elektronenmasse zu erwarten wäre — erhielt KAUFMANN eine Kurve (Abb. 374), die verschiedene Massenparabeln im Sinne einer mit der Geschwindigkeit zunehmenden Elektronenmasse schneidet. Diese Feststellung gab den Anstoß zu den Theorien von ABRAHAM und H. A. LORENTZ. Während ABRAHAM von einem „starren“ Elektron ausgehend für die Massenveränderlichkeit die Formel

$$m_\beta = m \frac{3}{4\beta^2}\left\{\frac{1+\beta^2}{2\beta}\ln\frac{1+\beta}{1-\beta} - 1\right\}$$

[1] Weiteres über die Entwicklung und die Einzelheiten der Methoden s. W. GERLACH im Handbuch der Physik XXII.

aufstellte, fand LORENTZ aus allgemeinen Gesetzen, die in engstem Zusammenhang mit der „LORENTZ-Transformation“ stehen[1], die einfachere Formel

$$m_\beta = m \frac{1}{\sqrt{1-\beta^2}}.$$

In beiden Gleichungen bedeutet $\beta = v/c$ das Verhältnis der Elektronengeschwindigkeit zur Lichtgeschwindigkeit, m_β die Masse für beliebiges $v = c\beta$, m die für $v = 0$ (Ruhmasse).

Die von den beiden Theorien gegebenen Formeln zeigen für kleine v geringe, dagegen für größere v beträchtliche Abweichungen. Die Aufgabe, die in diesem Falle der Elektronenspektroskopie gestellt wurde, war die, von einem inhomogenen Bündel schneller Elektronen die zu jeder Geschwindigkeit gehörige Masse *mit höchster Genauigkeit* zu ermitteln.

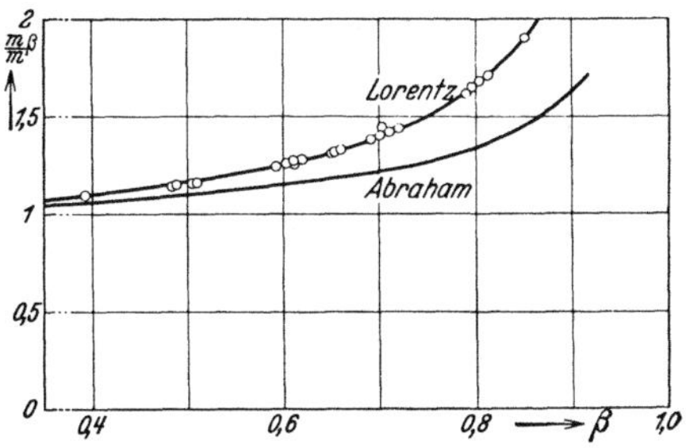

Abb. 375. Geschwindigkeitsabhängigkeit der Elektronenmasse nach ABRAHAM, LORENTZ und dem Experiment. (Nach CL. SCHAEFER: Einführung in die theoretische Physik Bd. III/1.)

Zur genauen Bestimmung der Geschwindigkeitsabhängigkeit, die die Entscheidung zugunsten der Formel von LORENTZ brachte (Abb. 375), benutzte — nach BESTELMEYERS [30] Vorarbeiten — BUCHERER [71] WIENS Methode der kompensierten Strahlen [III, 27], bei der auf den Elektronenstrahl eine elektrische Kraft $e\mathfrak{E}$ und eine gleich große, entgegengesetzt gerichtete magnetische Kraft $ev\mathfrak{H}$ wirkt, die die erste für die bestimmte Geschwindigkeit $v = \mathfrak{E}/\mathfrak{H}$ gerade in ihre Wirkung kompensiert. Die Elektronen anderer Geschwindigkeit, die in gleicher Richtung, also senkrecht zu den beiden Feldern, eintreten, werden aus dem Strahl ausgeschieden.

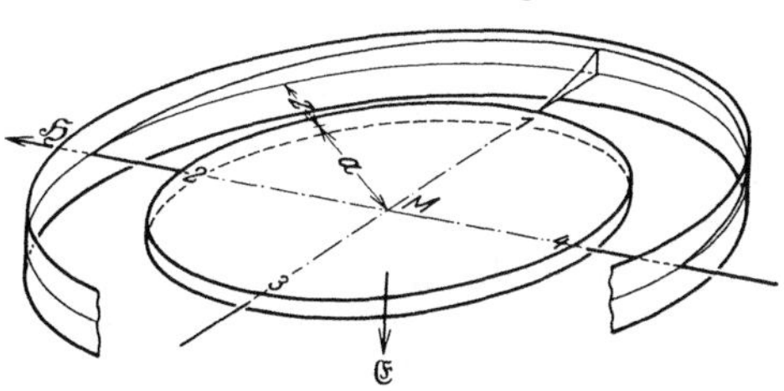

Abb. 376. Zur Methode von BUCHERER [71].

Was werden nun diejenigen Elektronen tun, die zwar senkrecht zu den elektrischen Kraftlinien, aber schräg zu den magnetischen ausgehen? Für diese Strahlen wird offensichtlich die Bedingung geradlinigen Verlaufes

$$e\mathfrak{E} = e\mathfrak{H}v\sin\alpha$$

sein, wenn α den Winkel zur Richtung der magnetischen Kraftlinien bedeutet. Bei vorgegebenen Feldstärken gibt es demnach in jeder Richtung zum magnetischen Feld (aber senkrecht zum elektrischen Feld) eine Strahlgeschwindigkeit, für die die Strahlenbahn eine Gerade ist [440][2].

Bei BUCHERERS Anordnung (Abb. 376) war bei M in einen Kondensator von $a = 4$ cm Plattenradius bei rund 0,25 mm Plattenabstand ein radioaktives Präparat gebracht, das β-Strahlen eines weiten Geschwindigkeitsbereiches aussandte. Das starke elektrische Feld im Kondensator von einigen 100 Volt/mm und das kompensierende homogene magnetische Feld von rund 100 Gauß wirken gemäß den angegebenen Gleichungen sehr kräftig monochromatisierend. So gelangen bei 1 nur Strahlen heraus, die die Bedingung $v = \mathfrak{E}/\mathfrak{H}$ erfüllen, während

[1] Die LORENTZ-Transformation bildet bekanntlich den Kernpunkt der speziellen Relativitätstheorie.

[2] Strahlen, die nicht genau senkrecht zum elektrischen Felde verlaufen, werden über kurz oder lang auf die Kondensatorplatten treffen und damit ausscheiden.

in der Nähe von 2 und 4 nur Strahlen mit extrem hoher Geschwindigkeit austreten können. Nach dem Austritt[1] aus dem Kondensator wirkt das magnetische Feld weiter und lenkt die Strahlen bei 1 kräftig, bei 2 und 4 gar nicht ab. So entsteht auf dem im Abstand von $a + z = 9$ cm konzentrisch um M aufgestellten Film eine Sinuskurve. Eine auf diese Weise erhaltene Aufnahme von BUCHERER zeigt Abb. 377. Bei dieser Aufnahme wurde durch Feldumkehr auch die spiegelbildlich nach unten liegende Sinuslinie erhalten. Ferner hat die unabgelenkte γ-Strahlung des Präparates die Mittellinie beschrieben. Da jeder Abszisse der Abbildung eine bestimmte Geschwindigkeit zugeordnet ist, besteht im Prinzip die Möglichkeit, aus dieser einen Aufnahme e/m in seiner Geschwindigkeitsabhängigkeit zu errechnen.

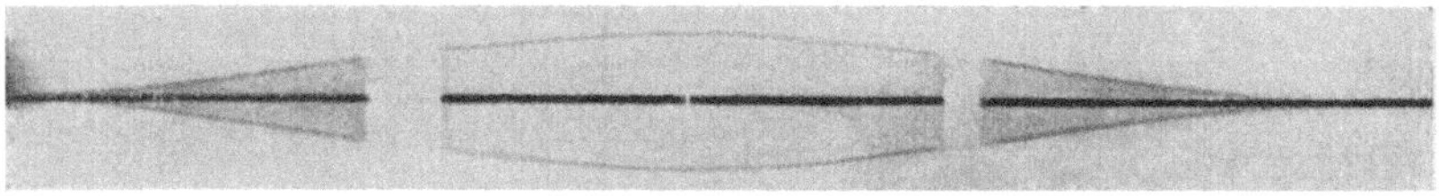

Abb. 377. BUCHERER-Aufnahme [71].

In Wirklichkeit zieht man es vor, durch Änderung von $\mathfrak{E}/\mathfrak{H}$ eine Strahlung anderer Geschwindigkeit an die Stelle des Auslenkungsmaximums zu bringen, also stets nur die Maxima der erhaltenen Sinuskurven auszumessen.

15. Massenspektrographie ohne Fokussierung. Die beiden diskutierten Methoden — die Parabelmethode und die Methode der kompensierten Strahlen — wollen wir nun auch für die Spektrographie eines Materiestrahls verwenden, der sich aus Teilchen verschiedener Ruhmasse zusammensetzt.

Während uns die Parabelmethode in ihrer Eignung zur allgemeinen Massenspektrographie bereits geläufig ist [VII, 2], muß über die Anwendung der Methode der kompensierten Strahlen zu diesem Zweck noch einiges vorausgeschickt werden. Zunächst sind zwei Fälle zu unterscheiden, je nachdem der „kompensierte Strahl" eine Gerade oder ein Kreis ist [III, 27]. Nur von dem ersten Fall wollen wir an dieser Stelle sprechen, während der zweite uns erst später [VII, 18] interessieren wird. Der Kondensator mit dem überlagerten magnetischen Felde, wie er bei der Methode der kompensierten Strahlen Anwendung findet, ist ein sehr selektiver Monochromator, der nur Strahlen hindurchläßt, die der Bedingung $v = \mathfrak{E}/\mathfrak{H}$ genügen [VII, 14]. Eine Strahlung, die den Monochromator durchlaufen hat, läßt sich also unmittelbar im elektrischen oder magnetischen Felde nach der Masse eindeutig aufspalten[2].

BAINBRIDGE [18] hat einen Massenspektrographen nach diesem Prinzip benutzt. Das durch die Schlitze B_1 und B_2 in seiner Richtung ausgewählte Kanalstrahlenbündel (Abb. 378) tritt in den Monochromator. Die bei B_3 austretende, nur noch einparametrige Strahlung wird nun durch ein magnetisches Querfeld in üblicher Weise aufgespalten und als Massen-Linien-Spektrum auf der photographischen Platte aufgezeichnet [17]. Ein auf diese Weise von BAINBRIDGE [18] erhaltenes Spektrum, das die große Dispersion der Anordnung erkennen läßt, zeigt Abb. 379.

Doch auch die alte Parabelmethode ist heute kaum weniger leistungsfähig. Zur Massenspektrographie wurde sie erstmalig von J. J. THOMSON [402]

[1] Hier liegt eine Fehlerquelle der sonst so präzisen Methode. Es sind sehr genaue Untersuchungen vorgenommen worden, um den Einfluß des Felddurchgriffs aus dem Kondensator zu erfassen.

[2] Es wäre natürlich nicht gerade erforderlich, einen solchen Monochromator zu wählen. Ein elektrischer Monochromator mit einem dahinter geschalteten magnetischen Dispersions- und Fokussierungsfeld ließe sich im Prinzip ebensogut verwenden.

angewandt, der mit ihr die ersten Isotope fand. Eine seiner Aufnahmen mit den Neonisotopen Ne^{20} und Ne^{22} zeigt Abb. 380[1]. Die Methode ist besonders durch CONRAD [87, 88, 124] zu einer Präzisionsmethode ausgestaltet worden. CONRAD verwendete zur Richtungsdefinierung des Kanalstrahls 2 Lochblenden von 0,1 mm Durchmesser bei 20 cm Abstand (Abb. 381). Eins seiner für Benzol erhaltenen Bilder ist in Abb. 382 wiedergegeben. Bei der Aufnahme, die sechs Gruppen von Kohlenwasserstoffparabeln erkennen läßt, fällt auf, daß die Parabeln erst in einem gewissen Abstand von der vertikalen Achse beginnen. Denken wir uns das magnetische Feld abgeschaltet, so würden die Parabeln zu einer Leuchtlinie auf der horizontalen Achse zusammenschrumpfen, die durch die Ablenkung der verschieden schnellen Strahlen im elektrischen Feld entsteht. Die schnellsten Strahlen werden dabei am wenigsten abgelenkt, liegen also dem Ursprung näher. Schnellere Strahlen, als dem durchfallenen Beschleunigungspotential entsprechen, kann es natürlich nicht geben. Der Kopf der Leuchtlinie oder, wenn das magnetische Feld eingeschaltet ist, der Einsatzpunkt der Parabel, wird demnach von den voll beschleunigten Teilchen gebildet.

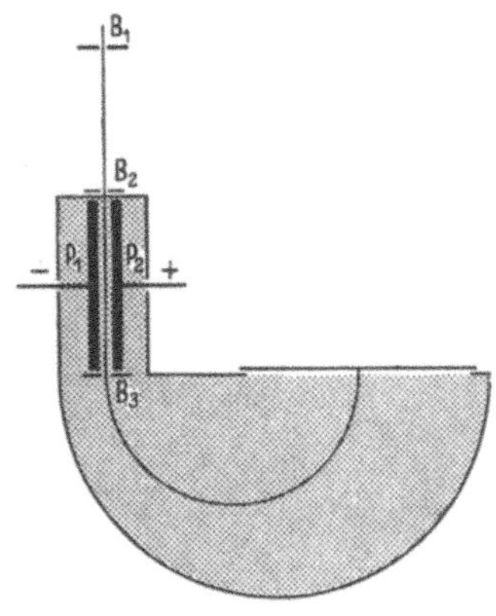

Abb. 378. Massenspektrograph von BAINBRIDGE [18].

Abb. 379. Massenspektrogramm von BAINBRIDGE (verkleinert) [18].

Weiter verbessert wurde die Parabelmethode im HERTZschen Institut durch LUKANOW und SCHÜTZE [265], welche die dem Ablenkfeld nahe gelegene Blende auf den Bruchteil eines Zehntel Millimeters verengten. Zwei ihrer Aufnahmen geben Abb. 383 und 384. Aus Abb. 384 ist ein Stück der der Masse $M = 2$ entsprechenden Parabel herausgeschnitten und 20fach vergrößert in Abb. 385 wiedergegeben. Die feine Linie neben der Hauptlinie ist die des doppelt ionisierten Heliums. Die Aufnahme veranschaulicht sehr deutlich die reduzierte Dispersion der Anordnung. Da der Unterschied in m/e von H_2^+ und He^{++} nur $^1/_{300}$ (bezogen auf Sauerstoff 16) beträgt, trennt die Anordnung also noch einwandfrei Massen, die sich um $\Delta m/m = {}^1/_{600}$ unterscheiden.

Zum Vergleich diene die in Abb. 379 gezeigte Aufnahme von BAINBRIDGE mit der zuerst beschriebenen Anordnung (Abb. 378), die zu beweisen scheint, daß diese Anordnung noch eine etwas höhere reduzierte Dispersion

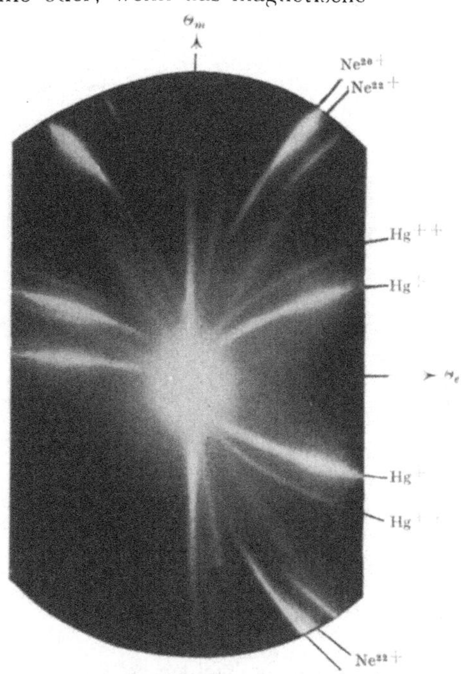

Abb. 380. Massenparabeln von J. J. THOMSON [402].

[1] Daß die Parabeln im Gegensatz zu 374 beiderseitig ausgeschrieben werden, erzielt man durch Umkehr der magnetischen Feldrichtung.

hat, sind doch die Linien von H_2^+ und He^{++} hier bereits ohne Vergrößerung als deutlich getrennt scharfe Linien erkennbar.

16. Massenspektrographie mit Richtungsfokussierung. Ebensowenig wie die Lochkamera auf die Dauer befriedigen wird, auch wenn ihre Abbildungsschärfe durch starke Verringerung der Blendenöffnung sehr gesteigert ist, ebensowenig kann die Parabelmethode befriedigen. Auch sie erkauft ein „scharfes Bild" durch außerordentliche Intensitätsverluste. Ähnliches gilt von den massenspektrographischen Methoden, die den in seiner Richtung definierten Strahl zunächst durch einen Monochromator senden, sei es, daß sie mit einem Geschwindigkeits-Monochromator beginnen, wie bei der Methode von BAINBRIDGE, oder mit einem Energie-Monochromator (elektrisches Feld) oder mit einem Impuls-Monochromator (magnetisches Feld).

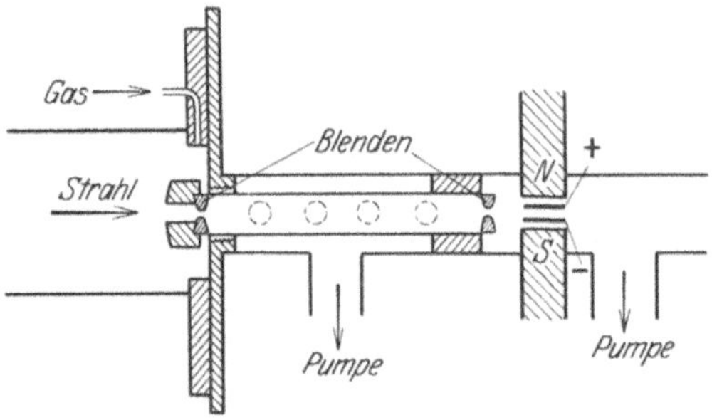

Abb. 381. Massenspektrograph von CONRAD (Parabelmethode) [87].

Die Verschwendung, die diese Methoden mit der gegebenen Intensität treiben, indem sie nur Teilchen bestimmter Richtung und bestimmter Geschwindigkeitsauswahl zur Bildung des Spektrums benutzen, wird man in zweifacher Weise zu beseitigen suchen. Man wird versuchen, ein Bündel von verschiedenen Strahlrichtungen zu benutzen, d. h. mit Richtungsfokussierung zu arbeiten, oder versuchen, eine weniger scharfe Auswahl von Teilchengeschwindigkeiten zu benutzen, d. h. mit Geschwindigkeitsfokussierung zu arbeiten.

12 13 14 15 16
C^+ CH^+ CH_2^+ CH_3^+ CH_4^+

Abb. 382. Massenparabeln von Kohlenwasserstoffen (Benzol) nach CONRAD [87].

Die Methode von BAINBRIDGE läßt sich nach Erkenntnissen, die wir [III, 27] über die richtungsfokussierende Wirkung des benutzten Monochromators gewonnen haben, unmittelbar mit Richtungsfokussierung anwenden. Wenn BAINBRIDGE diese Möglichkeit auch nicht erkannt haben mag, so ist es doch wahrscheinlich, daß er seine Anordnung durch Probieren auf diesen Fall hoher Intensität eingestellt hat, deren Strahlengang Abb. 386a schematisch zeigt.

Doch auch in anderer Weise könnten wir die Richtungsfokussierung anwenden, so z. B. durch Benutzung der fokussierenden Eigenschaften eines Zylinderkondensators (Abb. 386b). Methoden, die die Felder in umgekehrter Reihenfolge (also: erst magnetisch, dann elektrisch) wirken lassen, scheinen indessen kein praktisches Interesse zu haben. Außer den Zylinderlinsen wären im Prinzip auch normale Elektronenlinsen anwendbar, wobei die chromatischen Fehler der elektrischen und magnetischen Linse auszunutzen wären. —

Ein neues Beispiel für die Verwendung der magnetischen Linse zur Richtungsfokussierung bei der Massenspektrographie gibt eine Methode RUPPS [338] zur (e/m)-Bestimmung positiver Elektronen (Abb. 387). Es ist in A ein relativ schwacher Strahler gegeben, der eine Mischung positiver und negativer Elektronen in breiter Geschwindigkeitsverteilung aussendet. Die Strahlung wird durch eine magnetische Linse L gesammelt, wobei Elektronen *und* Positronen von gleichem mv/e gleichartige Bahnen von entgegengesetztem Drehsinn beschreiben [III, 14, 15]. Je nach der Geschwindigkeit der Teilchen, wobei es auf das Vorzeichen ihrer Ladung *nicht* ankommt, liegen die Bilder von A an verschiedenen Stellen der optischen Achse. Auf einem Schirm S wird sich also kein scharfes Bild von A, sondern nur ein verwaschener Fleck ausbilden, in dem Teilchen einer bestimmten Geschwindigkeit maximal vertreten sind, während die langsameren und schnelleren Teilchen einen Hof um diesen Fleck bilden. Man wird dabei die Brennweite der Linse so einstellen, daß man einen möglichst intensiven Fleck erhält. Machten sich bis jetzt die Positronen gegenüber den Elektronen in keiner Weise bemerkbar, so muß bei einer zusätzlichen *elektrischen* Einwirkung sich der Unterschied in der Ladung zeigen. Legt man an das Ablenkplattenpaar P eine Spannung, so werden die Elektronen nach der einen, die Positronen nach der anderen Seite abgelenkt,

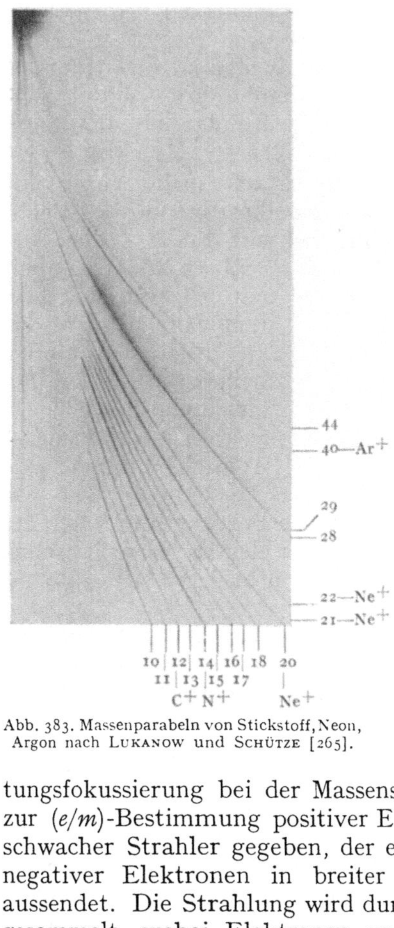

Abb. 383. Massenparabeln von Stickstoff, Neon, Argon nach LUKANOW und SCHÜTZE [265].

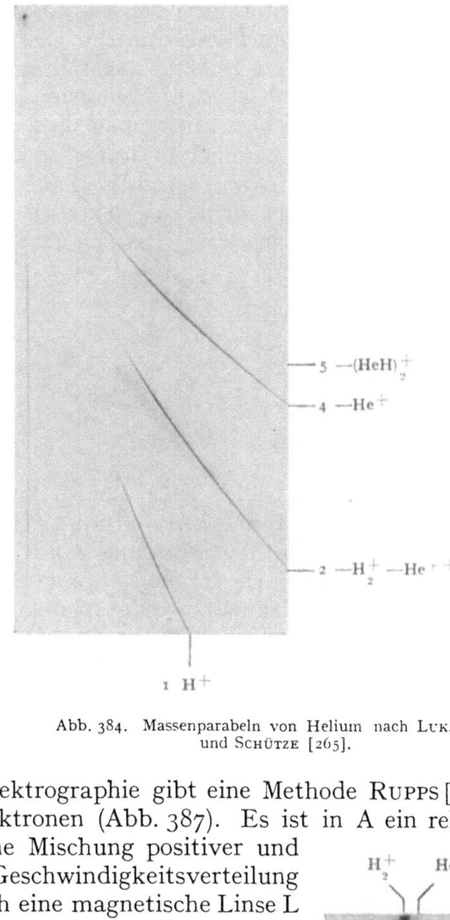

Abb. 384. Massenparabeln von Helium nach LUKANOW und SCHÜTZE [265].

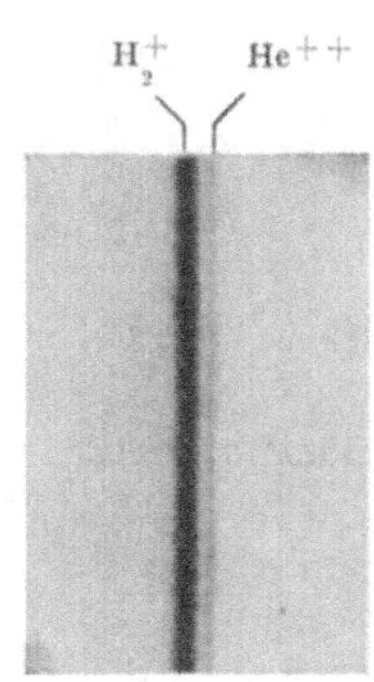

Abb. 385. 20fach vergrößerter Ausschnitt der Abb. 384 [265].

und es entstehen *zwei* Leuchtflecke auf dem Schirm. Daraus, daß sie gleich scharf und ihre Abstände vom Fleck des unabgelenkten Strahls (Achsenpunkt) gleich groß waren, konnte RUPP schließen, daß die Positronen gleiches mv/e und gleiches mv^2/e und damit zahlenmäßig das gleiche e/m wie die Elektronen haben[1]. Das bedeutet aber, daß bei der Versuchsgeschwindigkeit e/m für Elektronen und Positronen zahlenmäßig gleich ist.

Im Sinne unserer früheren Ausführungen ist es naheliegend, die RUPPsche Anordnung etwas abzuändern. Die nächstliegende Variante wäre wohl folgende: Man ersetzt den Schirm durch eine Lochblende[2], d. h. benutzt die Anordnung als Monochromator. Dann bildet man die Blendenöffnung mit einer zweiten magnetischen Linse auf den Schirm ab und spaltet gleichzeitig den Strahl mit einem elektrischen Felde (Ablenkplatten möglichst nahe an der Linse [V, 9]) senkrecht zur Schlitzrichtung auf. — Massenspektrographie mit Richtungsfokussierung läßt sich mit den uns bekannten Linsen, Zylinderlinsen und Fokussierungslinsen in vielerlei verschiedener Weise durchführen. Von den verschiedenen früher besprochenen Anordnungen erscheint die Methode von BUCHERER [VII, 14] und BAINBRIDGE [VII, 15] für eine Präzisionsuntersuchung besonders geeignet. Die Strahlung würde zunächst im elektrisch-magnetischen Überlagerungsfeld [III, 27] monochromatisiert und dann nach Austritt aus dem Kondensator im Magnetfeld aufgespaltet werden[3].

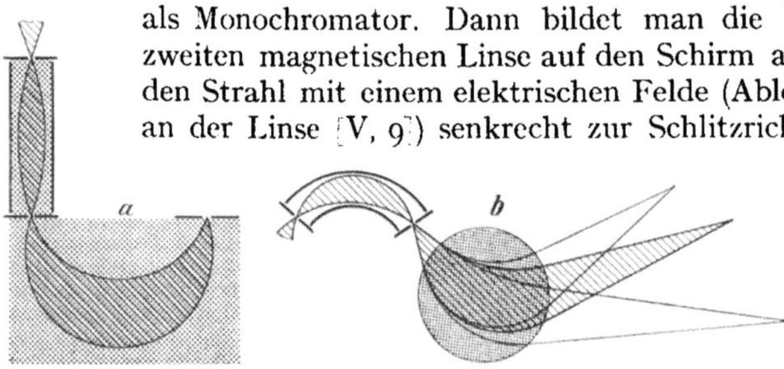

Abb. 386. Zur Anwendung der Fokussierung bei der Massenspektrographie.

17. Massenspektrographie mit Geschwindigkeitsfokussierung. Von den im letzten Abschnitt vorgeschlagenen Massenspektrographen mit Richtungsfokussierung ist der von ASTON [10 bis 14] eingeführte Massenspektrograph mit Geschwindigkeitsfokussierung zu unterscheiden. ASTON geht von einem Strahlenbündel aus, in dem alle Teilchen die *gleiche Richtung* haben. Dieses durch zwei enge Blenden B_1 und B_2 (Abb. 388a) in der Richtung definierte Bündel tritt in den Kondensator C, der das Bündel nach mv^2 aufspaltet. Das aufgespaltete Bündel gelangt nun in ein Magnetfeld, das die Strahlen gleicher Masse (und verschiedener Geschwindigkeit) auf einer Platte S fokussiert.

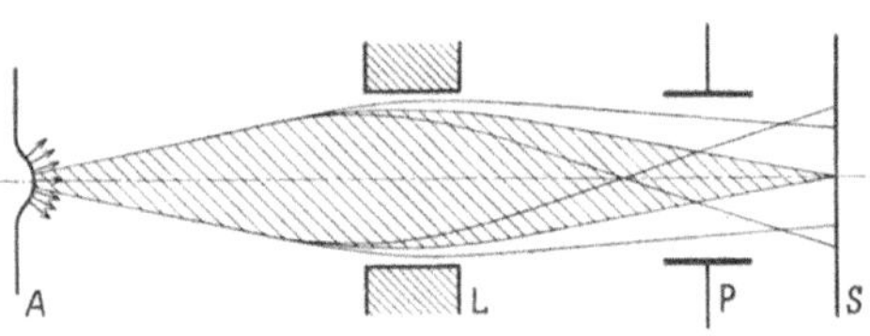

Abb. 387.
(e/m)-Bestimmung von positiven Elektronen nach RUPP [338].

Es ist nicht ganz leicht, sich die „Fokussierung" dieser Art wirklich ganz klarzumachen, denn sie ist gänzlich anderer Art als die *Richtungs*fokussierung, von der bisher allein gesprochen wurde. Man kann fast sagen, daß wir durch die Benutzung des gleichen Wortes — Fokussierung — uns das Verständnis noch besonders erschweren.

Durch ein rundes Loch falle ein nahezu paralleles Bündel Sonnenstrahlen in

[1] An Stelle von mv^2/e wäre eigentlich der relativistische Ausdruck [Anhang f] zu setzen, doch macht das hier nichts aus, da sich die Ablenkformel für positive und negative Teilchen in gleicher Weise modifiziert.

[2] Vielleicht wäre es auch von Vorteil, an Stelle der Abbildungslinse ein anamorphotisches System [V, 15] und an Stelle der Lochblende einen Schlitz zu benutzen.

[3] Natürlich wäre mit Fokussierung zu arbeiten, wobei eine Schlitzblende vor dem Strahler als Objekt dienen könnte.

ein verdunkeltes Zimmer (Abb. 389). Wir zerlegen dieses Bündel durch ein Prisma PR_1 so, daß wir auf einem Schirm dahinter ein Spektrum auffangen könnten. Statt dessen bringen wir ein zweites Prisma PR_2 in den Strahlengang, das eine höhere Dispersion als das erste hat. Dann werden die einzelnen Farbstrahlen wieder konvergieren und sich schließlich an der Stelle F treffen, wo wir also weißes Licht beobachten. Wählen wir eine entsprechende Ausdrucksweise wie in der Elektronenoptik, so hätten wir den Vorgang als „Farben-Fokussierung" zu bezeichnen[1].

Wir wollen hier nicht die exakte mathematische Theorie [15] behandeln, sondern nur ASTON bei seiner vereinfachten Darstellung [13] folgen, um erstens zu beweisen, daß wirklich Geschwindigkeitsfokussierung auftritt, und zweitens Aussagen über den Ort der Fokussierungspunkte (Bildfeld) zu erhalten.

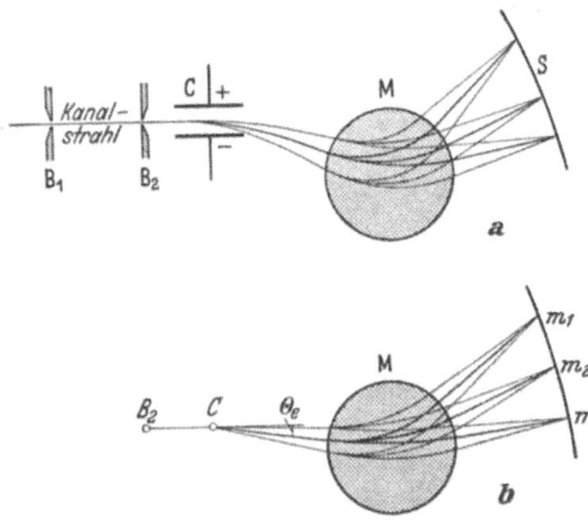

Abb. 388. Schema des Massenspektrographen von ASTON.

Ein Beobachter, der mitten zwischen C und M das aus dem Ablenkkondensator kommende Bündel analysiert, würde es so beschreiben: Von einem Punkte C, der in der Mitte des Kondensators C liegt (Abb. 388b), kommen Strahlen verschiedener Masse und Geschwindigkeit, wobei die Beziehung erfüllt ist, daß in einer bestimmten Richtung nur Teilchen gleicher Energie fliegen und daß diese Energie mit dem Winkel Θ_e, den die Teilchen mit der Richtung der (unabgelenkten) Strahlen unendlicher Energie bilden, für kleine Ablenkungen nach Gl. (2), S. 275, in Zusammenhang steht:

$$\Theta_e = \text{const}\,\frac{e}{m\,v^2}\,. \qquad (2a)$$

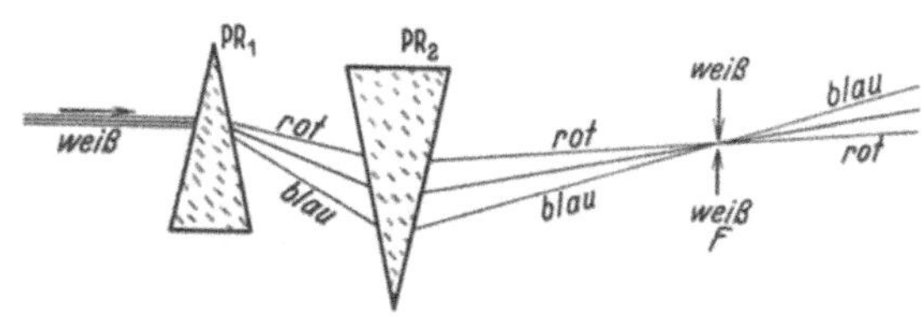

Abb. 389.
Optisches Ersatzschema des ASTONschen Massenspektrographen.

ASTONS Verdienst ist es, erkannt zu haben, daß bei Erfüllung dieser Bedingung ein magnetisches Feld M hinsichtlich der Masse trennend, hinsichtlich der Geschwindigkeit fokussierend wirkt, wie es in Abb. 388b angedeutet ist.

[1] ASTON selbst [13] veranschaulicht die Wirkung seines Massenspektrographen in gleicher Weise, indem er sagt: „Um das Prinzip des Apparates verständlich zu machen, ist es zweckmäßig, den Materiestrahl mit einem Strahl weißen Lichtes zu vergleichen. Das elektrische und magnetische Feld seien Glasprismen, die das Licht in entgegengesetzten Richtungen ablenken. Das Spaltsystem ist dann Kollimator. Wenn das Glas des ersten Prismas eine doppelt so große Dispersion hat als das des zweiten, wird die Verschiedenartigkeit der Lichtstrahlen eine Zerlegung des Strahles bedingen, gleichartig der, die im Falle der Kanalstrahlen durch die Verschiedenartigkeit (bezüglich der Geschwindigkeit) verursacht wird. Wenn wir nun den brechenden Winkel des zweiten Prismas mehr als doppelt so groß machen wie den des ersten, so werden wir ein achromatisches Bild bei F erhalten können. — Da das Instrument ein nahes Analogon zum gewöhnlichen Spektrographen darstellt und ein „Spektrum" gibt, das von der Masse allein abhängt, wurde es „Massenspektrograph", und das Spektrum, das es erzeugt, „Massenspektrum" genannt. Es besitzt einen großen Vorteil gegenüber dem optischen Spektrographen, weil wir, obwohl wir niemals das Verhältnis der Dispersion ändern können, durch Veränderung von $\mathfrak{E}$ und $\mathfrak{H}$ beliebige Brechungen herstellen und daher jeden gewünschten Bereich des Spektrums auf die Platte bringen können."

Zur Diskussion der Fokussierung fragen wir, wo ein von B_2 (Abb. 388b) ausgehendes Bündel von Teilchen *gleicher* Masse fokussiert wird. Aus Gl. (2a) folgt:

$$\frac{d\Theta_e}{dv} = -\frac{2\,\Theta_e}{v}.$$

Entsprechend folgt aus dem Ablenkungsgesetz im magnetischen Feld, Gl. (1), S. 275, wobei wir wieder kleine Ablenkungen voraussetzen:

$$\frac{d\Theta_m}{dv} = -\frac{\Theta_m}{v}.$$

Aus den beiden Beziehungen läßt sich die im Bündel variable Geschwindigkeit eliminieren:

$$\frac{d\Theta_m}{\Theta_m} = \frac{1}{2}\,\frac{d\Theta_e}{\Theta_e}. \qquad (3)$$

Die Frage nach der Möglichkeit der Fokussierung ist also unter der Voraussetzung kleiner Winkel positiv beantwortet, denn die letzte Beziehung sagt aus, daß bei gleicher Masse die magnetische Mehrablenkung der elektrischen Mehrablenkung proportional ist[1], so daß bei passend gewähltem Proportionalitätsfaktor $\Theta_m/2\,\Theta_e$ die vom Punkte C unter verschiedenen Winkeln ausgehenden Teilchen gleicher Masse nach Passieren der magnetischen Ablenkung M wieder in einem Punkte zusammenlaufen.

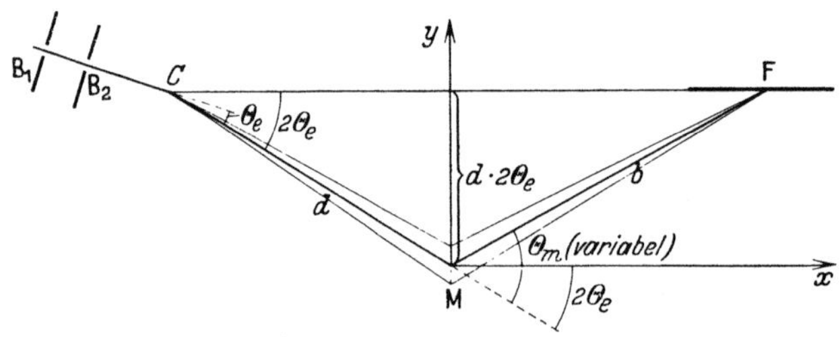

Abb. 390. Zur Wirkungsweise des Massenspektrographen.

Um nun festzustellen, wo die Strahlenschnittpunkte für Bündel verschiedener Masse liegen, verfolgen wir ein Bündel konstanter Masse von der Öffnung $d\Theta_e$ bei seiner Ablenkung durch das im Punkte M (Abb. 390)[2] konzentriert gedachte Magnetfeld. Das Bündel hat nach Durchlaufen der Strecke $C\,\mathrm{M} = d$ die Breite $d\,d\Theta_e$. Nach Durchlaufen einer anschließenden Strecke $\mathrm{M}F = b$ ist seine Breite unter der Wirkung des Magnetfeldes geworden:

$$d\,d\Theta_e + b(d\Theta_e - d\Theta_m).$$

Unter Verwendung der Beziehung (3) wird daraus:

$$d\Theta_e\left[d + b\left(1 - \frac{1}{2}\,\frac{\Theta_m}{\Theta_e}\right)\right].$$

Die Bündelbreite wird Null, wenn die eckige Klammer Null wird, d. h. für

$$b_0 = \frac{2\,\Theta_e}{\Theta_m - 2\,\Theta_e}\,d.$$

Rechnen wir b_0 auf das in Abb. 390 eingezeichnete Koordinatensystem um,

[1] Man könnte im Prinzip also auch zuerst das magnetische und dann das elektrische Feld wirken lassen.

[2] Die Zeichnung ist schematisch! Θ_e und Θ_m werden für die Rechnung als klein vorausgesetzt.

dessen Lage durch d und Θ_e bestimmt ist, so erhalten wir für die Koordinaten des Brennpunktes:

$$x = b_0 \cos(\Theta_m - 2\Theta_e) \approx b_0 = 2d\Theta_e / (\Theta_m - 2\Theta_e)\,,$$
$$y = b_0 \sin(\Theta_m - 2\Theta_e) \approx b_0 (\Theta_m - 2\Theta_e)\,.$$

Hält man also durch eine zwischen C und M eingeschaltete Blende (in Abb. 390 nicht eingezeichnet) den Winkel Θ_e praktisch konstant, so liegen, da Θ_m variabel bleibt, die Brennpunkte in Annäherung auf einer Geraden durch C. Allerdings liegt diese Gerade für jedes Θ_e verschieden. ASTON konnte zeigen, daß sich nach Einschieben der Blende und Aufstellung der Platte in der angegebenen Richtung scharfe Linien der Massen erhalten ließen.

Ein ASTONscher Massenspektrograph neuerer Ausführungsform [14] ist in Abb. 391 dargestellt[1]. Man erkennt die Spaltblenden S_1 und S_2, die 0,02 mm Weite haben, die Kondensatorplatten J_1 und J_2, das Blendensystem K_1, K_2, den einen sichelförmig geformten Magnetpolschuh M und die photographische Platte W. Die exakte Theorie des Instrumentes ergibt, daß bei Erfüllung der Bedingung $\Theta_m = 4\Theta_e$ die Massenskala linear wird, welche Beziehung daher bei

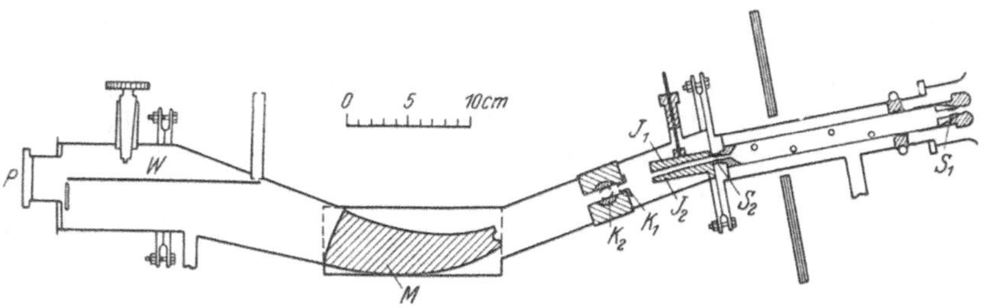

Abb. 391. Massenspektrograph von ASTON [14].

der Konstruktion berücksichtigt ist (es wird dann $b = d$). Einige in Abb. 392 zusammengestellte Spektrogramme[2] zeigen die hohe reduzierte Dispersion des Instrumentes. Die letzte Reihe der Abb. 392 gibt Spektrogramme (b und d), in denen der Massenunterschied zwischen He und $2\,H_2$ gezeigt ist. Da die Intensität von He^{++} stets sehr gering ist (Abb. 385), verglich ASTON nicht He^{++} mit H_2^+, sondern H_2^+ mit He^+, wobei er von folgender Überlegung ausging. Läßt man zuerst einen H_2^+-Strahl ein bestimmtes elektrisches Feld durchlaufen und sodann einen H_1^+-Strahl ein halb so großes Feld, so werden beide, da für die Ablenkung $(e/m)\mathfrak{E}$ maßgebend ist, im selben Punkt des Spektrogramms fokussiert werden. Wählt man nun für den H_1^+-Strahl zwei Felder, die um einen geringen gleichen Betrag kleiner bzw. größer sind als das oben genannte, so müssen die entstehenden H_1^+-Linien die H_2^+-Linie genau symmetrisch umrahmen (Abb. 392a, c). Führt man den entsprechenden Versuch mit H_2 und He durch, wobei man z. B. die He-Linie von den H_2-Linien umrahmen läßt, so findet man (Abb. 392b), daß die He-Linie nicht in der Mitte liegt, sondern ein wenig nach kleineren Massen verschoben ist. Aus der Größe der Verschiebung läßt sich der Massendefekt des Heliums leicht berechnen. ASTON gibt an, daß sich mit seiner Apparatur Massenbestimmungen mit einer Genauigkeit von 1 : 10000 durchführen lassen[3].

[1] Bei dieser Zeichnung kommt im Gegensatz zu unseren bisherigen Bildern die Strahlung von rechts.

[2] Vgl. auch den Beitrag von K. PHILIPP: Handbuch der Physik, 2. Aufl., XXII/1. 1933.

[3] Der Spektrograph ist von STETTER [386, 387] auch zur (e/m)-Bestimmung für natürliche H-Strahlen und Atomtrümmer benutzt worden.

Ohne auf eine Diskussion im einzelnen einzugehen, sei daran erinnert, daß die Parabelmethode und die Methode von BAINBRIDGE [VII, 15] ebenfalls eine einwandfreie Messung des Massendefekts von Helium gestatteten (Abb. 379, 385 und 392).

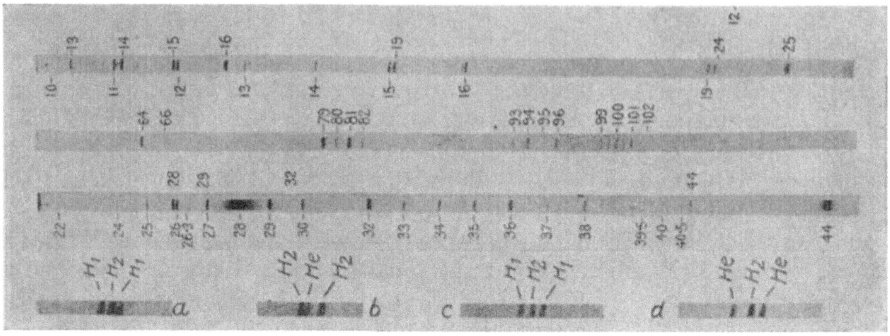

Abb. 392. Massenspektren nach ASTON.

18. Massenspektrographie mit Richtungs- und Geschwindigkeitsfokussierung. Wir wenden uns nun der Frage zu, ob es nicht möglich ist, die ,,Lichtstärke" des Massenspektrographen abermals zu verbessern, indem wir gleichzeitig Richtungs- *und* Geschwindigkeitsfokussierung anwenden. Zur Konstruktion eines solchen Massenspektrographen stehen verschiedene Wege offen.

Abb. 393. Massenspektrometer nach BONDY und POPPER.

In den Abschnitten über die Theorie der Fokussierungslinsen [III, 27] lernten wir bereits eine solche Möglichkeit kennen. Wir sahen, daß ein Zylinderkondensatorfeld, dem ein magnetisches Feld überlagert ist, unter bestimmten Bedingungen die verlangte Eigenschaft besitzt, wie es BARTKY und DEMPSTER [21] erkannten. Kürzlich haben BONDY und POPPER [39] Vorversuche durchgeführt, um diese Erkenntnisse zur Massenspektrographie zu verwerten. Ein von der Siebanode A kommender Ionenstrahl (Abb. 393) wird durch einen Zylinderkondensator C von 4 cm mittlerem Radius geführt, dem ein magnetisches Feld so überlagert ist, daß die Wirkungen sich zum Teil kompensieren. Am Ende des 127^0-Kondensators wird der Strahl in einem Käfig K aufgefangen. In diesem Falle der Verwendung eines Kondensators wird also nicht gleichzeitig das ganze Massenspektrum aufgefangen, sondern es wird das Massenspektrum an dem Spalt des entstandenen Monochromators vorbeigeschoben [VII, 2]. Eine Massenkurve der mit 100 Volt beschleunigten Na-Ionen bei 0,11 mm weitem Auffangespalt zeigt Abb. 394. Die Kurve läßt die recht gute Selektivität erkennen, die einer reduzierten Dispersion $\Delta m/m = 0{,}06/23 = 1/400$ entspricht, wenn wir für Δm die Halbwertsbreite der Massenkurve einsetzen[1].

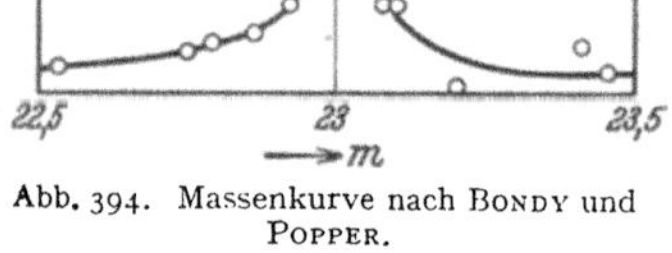

Abb. 394. Massenkurve nach BONDY und POPPER.

[1] Vgl. auch die nach Abschluß dieses Buches erschienene Arbeit von SMYTHE, RUMBAUGH und WEST [382], bei der die Richtwirkung des Beschleunigungsfeldes [III, 8] und seine monochromatisierende Wirkung [VII, 8] ausgenutzt werden. Die Autoren verwandten besonders geformte Magnetpole zur Erzeugung eines fehlerfrei fokussierenden Magnetfeldes, das gleichzeitig die Massen trennt. Die Verfasser haben bereits wägbare Mengen von Li^6 und Li^7 mit dieser Apparatur herstellen können. — Anm. b. d. Korr. Inzwischen ist auch die ausführliche Beschreibung der Apparatur und der Ergebnisse erschienen [382a].

Daß man von einem Bündel ausgeht, das von einer Anode aus beschleunigt wird und daher nur eine sehr geringe Verschiedenartigkeit hinsichtlich der Energie aufweist, ist keine prinzipielle Beschränkung der Methode. Im Falle, daß ein Kanalstrahlbündel gegeben ist, wird man zunächst durch einen groben Monochromator (z. B. eine Linse) eine Vorauswahl durchzuführen haben, so daß die Teilchen, deren Energie sehr stark von der mittleren Energie abweicht, ausgeschieden werden, bevor das Bündel in den doppelt fokussierenden Kondensator tritt. Man wird abzuwarten haben, ob dieses Prinzip der Massenspektrographie, das als eine Verbesserung der alten DEMPSTERschen Anordnung aufzufassen ist, sich bis zur praktischen Reife entwickeln läßt.

Wir hatten soeben den Übergang von einer Apparatur mit Richtungsfokussierung zu einer Apparatur betrachtet, die sowohl Richtungs- als auch Geschwindigkeitsfokussierung erzielt. Nun möge der Massenspektrograph ASTONS als Ausgangspunkt gewählt und hier entsprechend versucht werden, zu der Geschwindigkeitsfokussierung die Richtungsfokussierung hinzutreten zu lassen. Wie bei der Veranschaulichung der ASTONschen Methode [VII, 17] versuchen wir, uns das Problem durch einen optischen Vergleich klarzumachen.

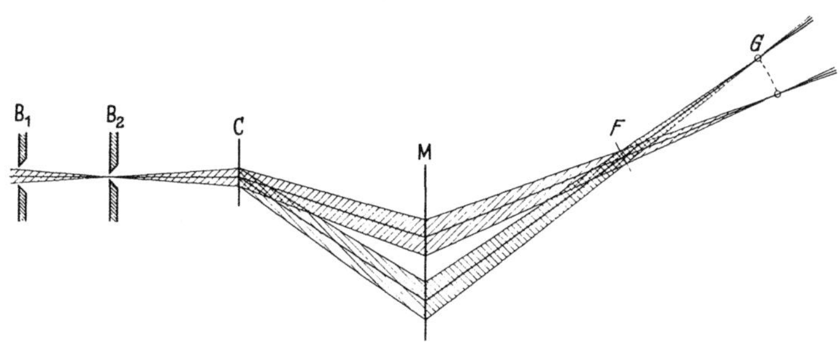

Abb. 395. Zur Richtungsfokussierung beim ASTON-Spektrographen.

Bei der üblichen Anordnung ASTONS mit den zwei engen Eingangsblenden B_1 und B_2 (Abb. 390) rechnen wir mit einem streng parallelen Bündel, das nach seiner Farbaufspaltung wieder in F — wir sprechen nur von Teilchen gleicher Masse! — fokussiert wird, so daß wir an dieser Stelle einen scharfen weißen Leuchtstrich auf einem Schirm finden würden. Laufen indessen die Strahlen bei ihrem Durchtritt durch die Blende B_2 merklich auseinander (Abb. 395), so wird bei F ein verwaschenes „Schattenbild" der Blende B_2 entstehen. Durch die Mitwirkung von Linsen im Strahlengang, wie sie infolge des magnetischen Feldes M stets vorhanden sind, wird in Wirklichkeit das Bündel nicht dauernd divergieren, sondern es wird z. B. in G ein chromatisches Bild der Blende B_2 entstehen. Unsere Aufgabe ist es, G und F an den gleichen Raumpunkt zu bringen, denn dann wäre die doppelte Fokussierung durchgeführt.

Wir wollen hier nicht die Lösung dieser Aufgabe in allen Einzelheiten diskutieren, sondern nur die Wege zur Lösung andeuten. Dazu erinnern wir uns an die Gesetzmäßigkeiten der früher [III, 24] behandelten Richtungsfokussierung eines homogenen Magnetfeldes, in dem das Strahlenbündel nur auf einem Teil seines Weges verläuft, wie es in ASTONS Apparat der Fall ist. Fassen wir wieder nur *eine* Masse[1] und *eine* Geschwindigkeit ins Auge (Abb. 396). Vernachlässigen wir eine eventuelle Linsenwirkung des Dispersionskondensators C, dann wird ein Beobachter zwischen den beiden Ablenkfeldern glauben, daß das divergierende Bündel (eigentlich die divergierenden Bündel) von $\bar{B}_2$ käme. Das Bild dieses

[1] Was hinsichtlich einer Masse gilt, gilt auch hinsichtlich der benachbarten Massen.

Spaltes B_2 wird durch das Magnetfeld in G erzeugt werden, wobei nach BARBERS Rechnungen [III, 24] die Punkte B_2, G und Q (Mittelpunkt des Bahnkreises im Magnetfeld) auf einer Geraden liegen müssen.

Betrachten wir nun die ASTON-Apparatur und ziehen die Verbindungslinie B_2Q, um den Bildort G zu finden (Abb. 396a), so erkennen wir, daß es zu keinem reellen Schnittpunkt kommt, d. h. die Fokussierungswirkung des Magnetfeldes ist zu gering, als das ein reelles Spaltbild zustande kommen könnte. Damit ist aber auch schon gesagt, was wir tun müssen, um unsere Konstruktionsforderung zu erfüllen. Wollen oder können wir die Brechkraft unserer magnetischen Zylinderlinse nicht erhöhen, so müssen wir nach dem Linsengesetz die Gegenstandsweite a vergrößern, d. h. den Blendenspalt fortschieben (Abb. 396b). Oder wir erhöhen die Brechkraft der Linse, indem wir den Bahnkrümmungsradius verkleinern (Abb. 396c), wobei wir aber die magnetische Gesamtablenkung Θ_m konstant halten müssen, damit sich der achromatische Punkt F nicht verschiebt. Das Ergebnis unserer Überlegung ist in jedem Falle ein Instrument mit unorganischen Dimensionen.

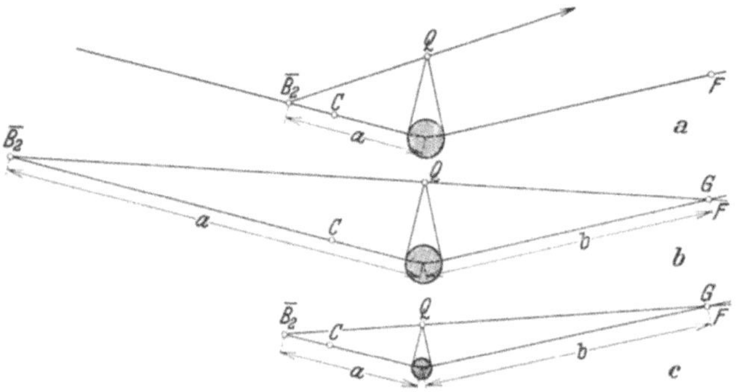

Abb. 396. Zur Spaltabbildung beim ASTONschen Massenspektrographen.

Die Brechkrafterhöhung der magnetischen Zylinderlinse selbst ist zwar nicht möglich, da dadurch auch der Ablenkwinkel Θ_m geändert würde[1]. Wir können aber versuchen, die für die Abbildung zu geringe Brechkraft dadurch zu erhöhen, daß wir zusätzliche Sammellinsen, die den Strahlengang als Ganzes nicht ablenken, in den Strahlengang bringen. Bei den verschiedenen möglichen Fällen dieser Art kommt es immer darauf an, daß durch eine Einschiebung der Linsen an der Stelle $\bar{B}_2$ ein Bild des Spaltes $\bar{B}_2$ entsteht (Abb. 397). Nach der BARBERschen Regel muß dann in F auch das Spaltbild liegen. Eine Schwierigkeit bei der Einführung der Linsen besteht in den Komplikationen, die die Linsen durch ihre (chromatischen) Fehler in den Strahlengang bringen können. So müßte eine zwischen B_2 und C eingeschaltete Linse, die von der Blende $\bar{B}_2$ ein virtuelles Bild in B_2 entwerfen soll, achromatisch[2] sein.

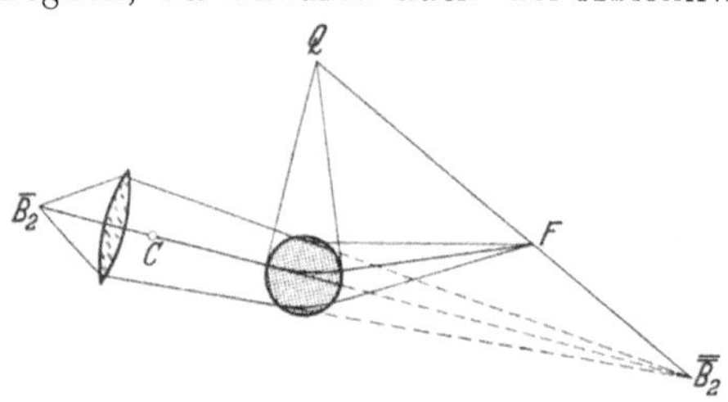

Abb. 397. Zum Linseneinbau beim ASTONschen Massenspektrographen.

[1] Einen Ausweg bietet vielleicht die Veränderung des (bisher 90° großen) Winkels zwischen der Begrenzung des Magnetfeldes und der Ein- bzw. Austrittsrichtung des Strahles, doch liegt hierüber noch keine Abschätzung vor.

[2] Die Forderung der Achromasie ist in diesem Falle vermutlich nicht so wichtig, da doch nur relativ geringe Geschwindigkeitsunterschiede und relativ schmale Bündel auftreten werden [III, 11].

Schlußwort.

Wir haben die drei großen Gebiete kennengelernt, die heute der praktischen Elektronenoptik zuzuordnen sind, und auf denen sie begonnen hat, durch ihre klaren und leicht anwendbaren Gesetzmäßigkeiten Ordnung zu schaffen und Fortschritte zu bedingen. Durchstreifen wir das Gebiet der Elektronen- und der Atomphysik, so finden wir noch mancherlei, dessen Behandlung von unserem Gesichtspunkt wünschenwert erscheint. Mit einigen Bemerkungen über zwei immer wiederkehrende Elemente physikalischer Apparaturen, deren elektronenoptische Eigenschaften heute kaum berücksichtigt sind, wollen wir unsere Betrachtungen abschließen. Diese beiden Apparaturelemente sind Netz und Blende.

Während eine Metallfolie als Grenze zwischen zwei Feldern ein konstantes (bekanntes) Potential längs dieser Grenze bedingt, führt der Ersatz der Folie durch ein Netz zu den aus der Radiotechnik bekannten Durchgriffserscheinungen. Liegt z. B. das Netz auf einem zur Kathode der Röhre (wenig) negativen Potential und bildet es die Grenze zwischen einem Verzögerungs- und einem Beschleunigungsfeld, so werden die Potentialmulden, die sich an den einzelnen Netzmaschen ausbilden, trotz des zur Kathode negativen Netzpotentials die Elektronen durch das Netz hindurchgelangen lassen. Das kann auch bei atomphysikalischen Untersuchungen (z. B. Bestimmung von Anregungsenergien) eine Rolle spielen, worauf WALTHER und INGE [408] hingewiesen haben.

Gleichzeitig mit dem Durchgriff tritt noch ein zweiter Effekt auf, den man bei der Radioröhre nicht zu berücksichtigen braucht. Ein Netz stellt eine Fülle einfacher, fehlerhafter Elektronenlinsen dar. Auf die Ordnung in einer Schar parallel fliegender Elektronen wird ein aufgeladenes Netz zerstörend wirken (Butzenscheibe). Das hat nicht nur für einen Abbildungsstrahlengang, sondern auch für atomphysikalische Apparaturen Bedeutung. Betrachten wir z. B. ein Verzögerungsfeld vor einer Auffangeplatte, dadurch hergestellt, daß vor die Platte ein Netz gelegt ist und daß die Platte dagegen negativ aufgeladen wurde. Das Netz soll an sich nur dazu dienen, mitgeführte langsame Teilchen abzuhalten, wird aber auch diejenigen Elektronen von der Auffangplatte fernhalten, die zwar eine höhere Energie besitzen als dem angelegten Gegenpotential entspricht, die aber durch die Linsenwirkung des Netzes in so schräge Bahnrichtungen gelangt sind, daß ihre Geschwindigkeitskomponente senkrecht zur Platte zu stark reduziert ist.

Während man sich bei dem Netz — wohl wegen seiner technischen Bedeutung für die Radioröhre — über die erwähnten Erscheinungen im allgemeinen klar ist, hat man bei dem einfacheren Element, der Loch- bzw. Schlitzblende, bisher kaum an diese Effekte gedacht. So beachteten z. B. HUGHES und MCMILLEN [208] bei ihren Streumessungen nur, daß ein Elektronenbündel bei der Verzögerung zwischen zwei Blenden seine Öffnung wegen der Reduktion der axialen Geschwindigkeitskomponente vergrößert [III, 4]. In Wirklichkeit wird aber wegen der Linsenwirkung der Blenden auch die radiale Geschwindigkeitskomponente geändert.

Eine Erwähnung der Linsenwirkung finden wir bei LAWRENCE und LIVINGSTON [255] bei der Diskussion ihrer genialen Anordnung [VII, 12] gegeneinander aufgeladener Zylinder, mit deren Hilfe sie schnelle Ionen durch stufenweise Beschleunigung in Wechselfeldern erzeugten. Sie bemerkten, daß das Streufeld eines Magneten und die in Abb. 398 gezeigte Beschleunigungsanordnung auf die positiven Ionen nicht nur beschleunigend, sondern auch sammelnd wirken müsse, wie sie es durch die eingezeichnete Bahn andeuteten. Wir brauchen uns hier an Stelle der Kraftlinien nur die dazu senkrechten Potentiallinien vorzustellen, um die früher [III, 4] beschriebene Immersionslinse wiederzuerkennen.

Es ist selbstverständlich, daß man ein richtiges Bild von der Wirkungsweise atomphysikalischer Apparaturen, in denen aufgeladene Blenden verwandt werden — und das ist fast in jeder solchen Apparatur der Fall (vgl. z. B. Abb. 110) — nur erhalten kann, wenn man sich über das Vorhandensein der Blenden und über ihre heute leicht angebbaren Brechkräfte klar ist. Als erstes Beispiel hierfür diene die gelegentliche Beobachtung von RUPP[1], daß sich bei Beugungsuntersuchungen Leuchtflecke für den noch ungebeugten Strahl zeigen, die kleiner sind, als man es nach den angewandten Blenden erwarten sollte. Als zweites Beispiel sei die sonst unverständliche Erscheinung erwähnt, daß es im Endeffekt durchaus nicht dasselbe ist, ob man in einer Beschleunigungsanordnung die Elektronen einer Kathode direkt zur Anodenblende auf 10 Volt beschleunigt oder sie zuerst auf 100 Volt bringt und nun wieder auf 10 Volt verzögert.

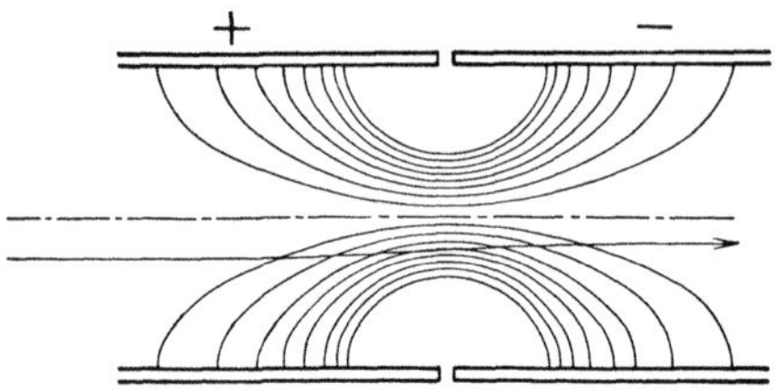

Abb. 398. Sammelwirkung zweier gegeneinander aufgeladener Zylinderelektronen nach LAWRENCE und LIVINGSTON [255].

Hat man erst das Auftreten von Linsenwirkungen in Apparaturen erkannt, so wird man diese Wirkungen auch auszunutzen suchen, wie es in neuerer Zeit in Einzelfällen bereits geschehen ist. Es sei zuerst auf die Verwendung von Elektronenlinsen bei den Beugungsexperimenten von LEBEDEFF und BRÜHL [VII, 10] hingewiesen. Ein anderes Beispiel bietet die „Protonenlinse" von RAMSAUER und KOLLATH[2], mit deren Hilfe eine wesentliche Steigerung der Strahlintensität erzielt wurde.

Auf alle diese und manche andere Fragen wollen wir nicht weiter eingehen, denn dieses Buch soll und kann keine erschöpfende Darstellung aller in diesem Zusammenhang interessierenden Probleme bringen. Das Ziel der Verfasser war, mit der quasioptischen Betrachtungsweise der Bewegung geladener Teilchen vertraut zu machen, denn für die Zukunft wird diese natürliche und einfache[3] Betrachtungsweise bei Problemen der Elektronenbewegung ebenso unumgänglich sein, wie es die optische für die Strahlengänge des Lichtes ist.

[1] RUPP, E.: Z. Physik 78, 722 (1932).
[2] RAMSAUER, C., u. R. KOLLATH: Ann. Physik 17, 755 (1933).
[3] Daß die geometrische Elektronenoptik in zahlreichen Fällen eine wesentliche Vereinfachung gegenüber der Betrachtung einzelner Elektronenbahnen darstellt, steht fest. Stark verwunderlich ist es, wenn trotzdem noch kürzlich behauptet wurde, daß die geometrische Elektronenoptik nach dem Grundsatze verfahre: „Warum einfach, wenn es auch kompliziert geht."

Anhang über Vorzeichen und Zahlenwerte.

Zwischen den allgemeinen Erwägungen und ihrer Anwendung liegt noch eine Stufe, deren Überschreitung erfahrungsgemäß besondere Schwierigkeiten bereitet. Es sind die für den Praktiker (leider) so wichtigen Fragen nach den Vorzeichen und den Zahlenwerten. Die „schwierigsten" dieser Fragen und einige ähnliche Probleme seien in diesem Anhang zusammengestellt, wobei wir hoffen wollen, daß die Verfasser sie fehlerfrei beantwortet und diskutiert haben.

a) Stromrichtung. Ein elektrischer Strom soll vom positiven Pol zum negativen einer Batterie fließen, vom Punkt hohen (positiven) Potentials zur Potentialsenke. Dabei ist der positive Pol, d. h. der Ort positiver Elektrizität, von den Zeiten der Reibungselektrizität her definiert. Als positiv hat man damals die Glaselektrizität, als negativ die Harzelektrizität bezeichnet. Später stellte sich dann heraus, daß durch diese historisch bedingte Definition eine unangenehme Komplikation in alle Überlegungen kam, die sich mit Ladungstransport beschäftigten. Das Vorzeichen des später entdeckten Elektrons war nach dieser Definition negativ, d. h. die Elektronen fließen in einem Stromkreis vom negativen zum positiven Pol. So ergibt sich der auch für die Elektronenoptik störende Gegensatz: Die Elektronen, die eigentlichen Träger des Stromes, fließen dem elektrischen Strom entgegen. Sie bewegen sich in einem elektrischen Kraftfeld der Kraftrichtung entgegen, in einem elektrischen Potentialfeld „den Berg hinauf".

Um dieser Schwierigkeit bei der Darstellung des Potentialfeldes durch ein Gebirge, in dem die Elektronen als Kugeln rollen [III, 3, 5], zu entgehen, ist in diesem Buch dort, wo es auf Anschaulichkeit ankam, statt des Potentials das „Fallpotential" als negatives Potential zur Darstellung gewählt. In dem Felde des Fallpotentials „fallen" nun die Elektronen nach unten zu den Gebieten tiefen Fallpotentials (d. h. hohen Potentials). Auch in den Formeln sind wir so verfahren, daß wir stets mit *Elektronen* gerechnet haben. Das bedeutet z. B., daß eine Lochblende, die wir schlechthin als Sammellinse bezeichnen, eine *Elektronen*sammellinse ist, dagegen eine Zerstreuungslinse für positive Teilchen.

b) Richtung des magnetischen Feldes. Ebenso wie die Richtung des elektrischen ist auch die des magnetischen Feldes willkürlich festgelegt worden. Man hat seit alters her die Spitze der Kompaßnadel, die nach Norden weist, als Nordpol bezeichnet[1] und entsprechend als Richtung eines magnetischen Feldes die Richtung, in die sich ein freier Nordpol im Felde bewegen würde. Der freie Nordpol übernimmt also für die Definition eine ähnliche Funktion wie die positive Ladung. Wie der elektrische Strom — dargestellt durch eine positive Ladung — von Plus nach Minus fließt, so ensprechend der magnetische Fluß — dargestellt durch einen wandernden Nordpol — vom magnetischen Nordpol zum magnetischen Südpol.

c) Magnetisches Feld eines Stromes. Ein elektrischer Strom erzeugt senkrecht zu sich ein magnetisches Feld, dessen Richtung man sich am besten durch

[1] Das hat auch die Konsequenz, daß im Norden unserer Erdkugel der erdmagnetische Südpol liegt.

die ,,Korkzieherregel" merkt. Ein freier Nordpol wird um einen Stromleiter (Abb. 399a) im Sinne des Uhrzeigers oder der Bewegung eines Korkziehers herumgewirbelt. Biegt man den Leiter zu einem Kreis, so ergibt sich sofort (Abb. 399b) die Feldrichtung, die man sich ebenfalls durch die ,,Korkzieherregel", die man hier meist als ,,Rechte-Hand-Regel" bezeichnet, merken kann: Legt man die rechte Hand so an eine Spule (Abb. 399c) an, daß die Finger in die Stromrichtung weisen, so gibt der Daumen die Feldrichtung.

d) Stromablenkung im Magnetfeld. Wir kommen nun zur Ablenkung eines Stromes durch ein Magnetfeld, welche senkrecht zur Kraftlinienrichtung und senkrecht zur Bewegungsrichtung des Stromes erfolgt. Es sei $\mathfrak{H}$ die vorgegebene magnetische Feldrichtung (Abb. 400 a) und i der Strom. Dann würde das Eigenfeld des Stromleiters bei A eine Feldstärkenerhöhung, bei B eine Feldstärkenverringerung bewirken, der die Natur durch Verdrängung des Stromleiters nach B entgegenzuwirken sucht oder in Formeln: $\mathfrak{K}$ hat die Richtung von $[i, \mathfrak{H}]$. Diese Gesetzmäßigkeit ist in der ,,Dreifingerregel der rechten[1] Hand" festgelegt, nach der die drei ersten zueinander senkrecht gestellten Finger Strom (Daumen), Feldstärke $\mathfrak{H}$ (Zeigefinger) und Bewegungsrichtung $\mathfrak{K}$ (Mittelfinger) be-

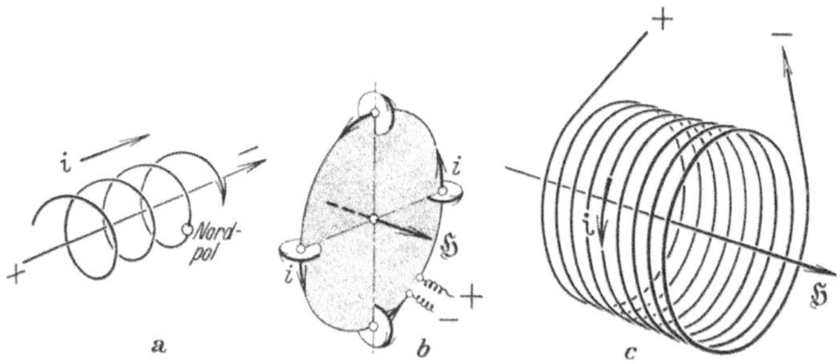

Abb. 399. Strom und Magnetfeld.

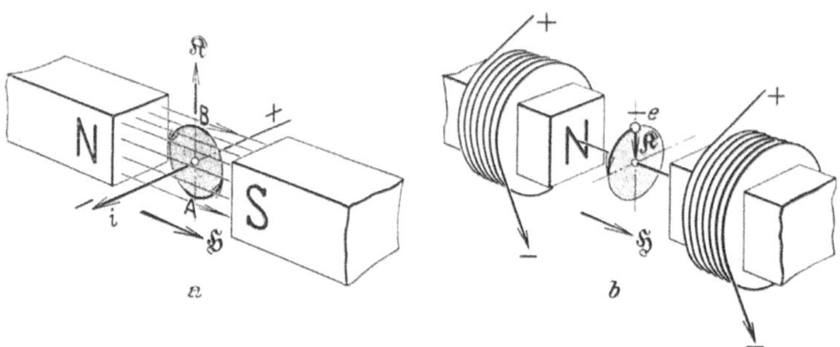

Abb. 400. Ablenkung eines Stromes im Magnetfeld.

deuten sollen und die man sich durch den Satz [224] merken kann: (Ein) $\overset{1}{\text{Strom}}$ im (magnetischen) $\overset{2}{\text{Feld}}$ gibt eine $\overset{3}{\text{Bewegung}}$[2]. Für die *Elektronen*bewegung (entgegengesetzt dem Strom) gilt danach die Darstellung der Abb. 400b. Man merkt sich zweckmäßigerweise die Regel, daß in einem homogenen Magnetfeld (bei senkrechter Bewegung zu den Kraftlinien) die Teilchen gleichen Vorzeichens das felderzeugende Spulenpaar und den Ablenkungskreis entgegengesetzt durch-

[1] Man beachte: Wir haben es hier (*c* und *d*) stets nur mit der rechten Hand zu tun!

[2] Entsprechend, ebenfalls für die rechte Hand: (Eine) $\overset{1}{\text{Bewegung}}$ im (magnetischen) $\overset{2}{\text{Feld}}$ gibt einen $\overset{3}{\text{Strom}}$. Man überzeugt sich leicht, daß die durch den so erzeugten Strom hervorgerufene Kraft $\mathfrak{K}$ der Bewegung entgegenwirkt (LENZsches Gesetz).

laufen, daß also die Elektronen die Elektronenkreisbahn in derselben Richtung durchlaufen wie der Strom die Magnetspule.

e) Maßsystem. Nach Erledigung der Vorzeichen und Richtungsfragen wollen wir Einheiten und Maßzahlen betrachten. Für unser Buch war bei diesen Fragen die Forderung einfacher Anwendbarkeit der angegebenen Formeln unter Benutzung eines gebräuchlichen Maßsystems ausschlaggebend. Wir haben uns für das konventionelle elektromagnetische Maßsystem entschieden. Dieses System unterscheidet sich von rationellen Systemen dadurch, daß „4π" in der Potentialgleichung $\Delta\varphi = -4\pi c^2\varrho$ und nicht im COLOUMBschen Gesetz $\mathfrak{K} = c^2\frac{e_1 \cdot e_2}{r^2}$ auftritt. Es unterscheidet sich vom elektrostatischen System durch den Faktor $c^2 = 9 \cdot 10^{20}\,\mathrm{cm}^2/\mathrm{sec}^2$.

Durch die Festlegung auf das konventionelle elektromagnetische Maßsystem können wir das geläufige $e/m = 1{,}761 \cdot 10^7$ el. magn. CGS unmittelbar für die Formeln verwenden. Bei dem Einsetzen der Werte der magnetischen Feldstärken haben wir Gauß, bei dem Einsetzen der Potentialwerte die elektromagnetische Potentialeinheit zu wählen, die 10^{-8} Volt beträgt. Ist also das Potential in Volt gegeben, z. B. $U = 5$ Volt, so müssen wir diesen Zahlenwert zum Einsetzen in die Formeln, in denen φ oder Φ das Potential bedeutet, noch mit 10^8 multiplizieren, also $\varphi = 5 \cdot 10^8$ el. magn. CGS. Ist in einer Formel der Übergang bereits durchgeführt, so daß wir für das Potential bzw. die Elektronenenergie (bezogen auf die Kathode) direkt einsetzen können, so haben wir für Potential bzw. Elektronenenergie [Anhang f] den Buchstaben U geschrieben.

f) Elektronengeschwindigkeit und Energie. Die Geschwindigkeit v des Elektrons in cm/sec läßt sich nach diesen Vorbereitungen sofort mit Hilfe des im elektromagnetischen System gemessenen $e/m = 1{,}761 \cdot 10^7$ el. magn. CGS zahlenmäßig angeben. Nach der Energiegleichung

$$\frac{m v^2}{2} = e\varphi \tag{1}$$

gilt bei Übergang zu dem in Volt gemessenen Beschleunigungspotential $U = 10^{-8}\varphi$

$$v = \sqrt{2\frac{e}{m}10^8 U} = \sqrt{2 \cdot 1{,}76 \cdot 10^7 \cdot 10^8 U} = 0{,}593 \cdot 10^8 \sqrt{U}\ \mathrm{cm/sec}\,.$$

100 Volt-Elektronen umlaufen also den Erdäquator in 6 Sekunden.

Die Gleichung gilt nur für „langsame" Elektronen bis etwa 10 kV. Für hohe Geschwindigkeiten haben wir von der exakten Energiegleichung [I, 6] Gl. (26)

$$e\varphi = (m_\beta - m)\,c^2 = m c^2\left(\frac{1}{\sqrt{1-\beta^2}} - 1\right) \tag{2}$$

auszugehen, in der $\beta = v/c$ das Verhältnis von Geschwindigkeit v zu Lichtgeschwindigkeit c, m die „Ruhmasse", m_β die Masse bei der Geschwindigkeit v bedeutet. Zwischen m und m_β besteht die Beziehung [VII, 14]:

$$m_\beta = \frac{m}{\sqrt{1-\beta^2}}\,.$$

Entwickeln wir die allgemeine Energiegleichung (2) nach β unter der Annahme kleiner β, so erhalten wir die vorher benutzte einfache Beziehung (1).

Zur Berechnung des Zusammenhanges zwischen β und φ bzw. U bei beliebigem β haben wir Gl. (2) nach β aufzulösen:

$$\beta^2 = \frac{2+\sigma}{(1+\sigma)^2}\,\sigma \qquad \text{mit } \sigma = \frac{e\varphi}{m c^2}\,. \tag{3}$$

Messen wir das Potential U in Volt, so ist $\sigma = 1{,}76 \cdot 10^7 \frac{10^8\,U}{9 \cdot 10^{20}} = 1{,}96 \cdot 10^{-6}\,U$. Nach dieser Formel ist Tabelle 2, S. 49, errechnet.

Ist im besonderen $\sigma = 1$, so wird $e\varphi$ gleich der „Ruhenergie" mc^2 der Elektronen; diese entspricht also einer Voltenergie[1] $U_0 = 0{,}51 \cdot 10^6$ Volt ($\approx \frac{1}{2}$ Million Volt). Ferner sehen wir, daß nach Gl. (3) wird:

$$\beta \approx \sqrt{2\sigma} = 1{,}98 \cdot 10^{-3} \sqrt{U} \qquad \text{für } \sigma \ll 1 \ (U \text{ klein}),$$

$$\beta = \sqrt{1 - \frac{1}{\sigma^2}} = 1 - \frac{1}{2\sigma^2} = 1 - 0{,}13 \frac{10^{12}}{U^2} \qquad \text{für } \sigma \gg 1 \ (U \text{ groß}).$$

Schließlich geben wir noch einige die Energie betreffende Zahlenwerte wieder. Unter Benutzung des Wertes der Elektronenladung $e = 1{,}59 \cdot 10^{-20}$ el. magn. CGS findet man für die Energie[1]

$$E = e\varphi = 1{,}59 \cdot 10^{-12}\, U \text{ erg} = 3{,}80 \cdot 10^{-20}\, U \text{ cal}, \tag{4}$$

wobei U wieder in Volt gemessen ist. Die entsprechende absolute Temperatur, die z. B. in der Richardson-Gleichung vorkommt, wird aus $T = \frac{e\varphi}{k}$ mit k = Boltzmann-Konstante $= 1{,}37 \cdot 10^{-16}$ erg/grad bestimmt zu

$$T = 11600^0 \cdot U.$$

Wird ein Elektron von einem Atom eingefangen und dabei die frei werdende Energie φ bzw. U in Licht umgesetzt, so entsteht ein Lichtquant der Frequenz $\nu = e\varphi/h$ oder

$$\nu = 2{,}43 \cdot 10^{14}\, U \text{ sec}^{-1}$$

und der Wellenlänge $\lambda = c/\nu$:

$$\lambda = \frac{1{,}233 \cdot 10^{-4}}{U} \text{ cm} = \frac{1{,}233 \cdot 10^4}{U} \text{ Å}.$$

g) Der Brechungsindex eines elektronenoptischen Mediums, der an früherer Stelle [II, 5] definiert wurde, wird zahlenmäßig durch die Gleichung gegeben:

$$n = \frac{\beta}{\sqrt{1-\beta^2}} = \sqrt{\sigma(2+\sigma)} = 1{,}98 \cdot 10^{-3} \sqrt{U + 0{,}98 \cdot 10^{-6}\, U^2},$$

$$n \approx \sqrt{2\sigma} \approx \beta \qquad \text{für } \sigma \ll 1 \qquad (U \text{ klein}),$$

$$n \approx \sigma \qquad \text{für } \sigma \gg 1 \qquad (U \text{ groß}),$$

nach welcher Tabelle 2, S. 49, berechnet wurde. (Eine multiplikative Konstante beim Brechungsindex ist belanglos.)

h) Die Wellenlänge λ eines Materieteilchens ist nach DE BROGLIE [I, 6] gegeben durch $\lambda = h/m_\beta v$. Da nun $m_\beta = m/\sqrt{1-\beta^2}$ und $v = \beta c$ ist, wird $\lambda = \lambda_0/n$ mit $\lambda_0 = h/mc = 12{,}2$ Å. Diese Größe λ_0 ist aus der Atomtheorie als COMPTON-Wellenlänge bekannt. Für kleine Geschwindigkeit ist also $\lambda = h/mv$ oder bei Übergang zur Voltenergie U von Elektronen

$$\lambda = \frac{12{,}3}{\sqrt{U}} \text{ Å} = \frac{12{,}3}{\sqrt{U}}\, 10^{-8} \text{ cm},$$

150 Volt-Elektronen haben demnach gerade 1 Å Wellenlänge.

i) Elektrische Kraftwirkung auf fliegende Elektronen. Bewegt sich ein Elektron der Anfangsgeschwindigkeit v, der die Voltenergie U entsprechen möge, in einem homogenen elektrischen Feld von $\mathfrak{E}$ Volt/cm, das senkrecht zu seiner

---

[1] Wir bezeichnen oft die in Volt gemessene Größe U bzw. die elektromagnetisch gemessene Größe φ als Elektronenenergie, obwohl eigentlich erst die durch Gl. (4) gegebene Größe $E = e\varphi$ die Energie darstellt.

ursprünglichen Bewegung gerichtet sei, so beschreibt es eine Parabel wie beim waagerechten Wurf. Ist x die ursprüngliche Bewegungsrichtung des Elektrons, y die Feldrichtung, so lautet die Parabelgleichung

$$x = vt = \sqrt{\frac{2e}{m}}\sqrt{U}\,t; \qquad y = \frac{1}{2}\frac{e}{m}\mathfrak{E}t^2,$$

in der wir ausnahmsweise e/m nicht in elektromagnetischen Einheiten, sondern in technischen Einheiten ($e/m = 1{,}76 \cdot 10^8$ Coul/g) messen wollen, da U und $\mathfrak{E}$ in Volt bzw. Volt/cm gemeint sind[1]. Der Krümmungskreis im Scheitel der Parabel hat dann den Radius:

$$r = \frac{v^2}{\frac{e}{m}\mathfrak{E}} = \frac{2\frac{e}{m}U}{\frac{e}{m}\mathfrak{E}} = 2\frac{U}{\mathfrak{E}}\ \text{cm}.$$

100 Volt-Elektronen beginnen demnach bei senkrechtem Eintritt in ein Feld von 10 Volt/cm ihre Bahn mit einem Krümmungskreis von 20 cm Radius.

k) Magnetische Feldkraft auf fliegende Elektronen. Schießen wir Elektronen der Geschwindigkeit v in ein homogenes Magnetfeld der Feldstärke $\mathfrak{H}$ senkrecht zu den Kraftlinien, so beschreiben sie darin Kreise, deren Radius durch

$$r = \frac{m}{e}\frac{v}{\mathfrak{H}}$$

gegeben ist. Bei Einsetzen von e/m und Übergang von v zu φ bzw. U wird[1]:

$$r = \frac{1}{1{,}76 \cdot 10^7}\,\frac{0{,}593 \cdot 10^8 \sqrt{U}}{\mathfrak{H}} = 3{,}37\,\frac{\sqrt{U}}{\mathfrak{H}}.$$

100 Volt-Elektronen (wie in einer BRAUNschen Röhre) beschreiben im Erdfeld (0,47 Gauß) senkrecht zu den Kraftlinien einen Kreis von

$$r = 3{,}37\,\frac{10}{0{,}47} = 72\ \text{cm}.$$

Es sei noch erwähnt, daß man zur Charakterisierung des Verhaltens von Elektronen in magnetischen Feldern (z. B. bei der Nordlichttheorie) das Produkt $\mathfrak{H}r = 3{,}37\sqrt{U}$ als „Steifigkeit" des Strahls anzugeben pflegt.

Die Winkelgeschwindigkeit ω, mit der die Elektronen die Kreise im Magnetfeld beschreiben, ist, unabhängig von ihrer Geschwindigkeit v, gegeben durch $\omega = (e/m)\,\mathfrak{H} = 1{,}76 \cdot 10^7\,\mathfrak{H}\,\text{sec}^{-1}$; ihre Umlaufszeit ist also

$$\tau = \frac{2\pi}{\omega} = \frac{3{,}57 \cdot 10^{-7}}{\mathfrak{H}}\ \text{sec}.$$

Im Erdfeld (0,47 Gauß) erfolgen $1{,}3 \cdot 10^6$ Umläufe in der Sekunde.

l) Übergang von Elektronen zu Protonen. Eine gewisse Schwierigkeit bedeutet gelegentlich auch die Anwendung eines bis zum Zahlenfaktor für Elektronen ausgerechneten Gesetzes auf Teilchen größerer Masse. Dabei ist zwischen Teilchen zu unterscheiden, die das gleiche Potentialfeld U wie die Elektronen bei der Beschleunigung durchfallen haben, und dem selteneren Fall von Teilchen, die die gleiche Geschwindigkeit wie die Elektronen besitzen. Im ersten Falle gleicher Energie gilt nach der Energiegleichung

$$2e\varphi = m_1 v_1^2 = m_2 v_2^2 \qquad \text{oder} \qquad v_2 = v_1\sqrt{\frac{m_1}{m_2}}.$$

Bei Elektronen und Protonen gleicher Energie verhalten sich demnach die Geschwindigkeiten wie $\sqrt{m_2} : \sqrt{m_1} = 43 : 1$.

[1] Für höhere Geschwindigkeiten wäre wieder die Geschwindigkeitsabhängigkeit der Elektronenmasse zu berücksichtigen.

In elektrischen Feldern verhalten sich Teilchen gleicher Energie stets gleichartig [III, 2]. Wieviel kräftiger muß man aber ein *magnetisches* Feld wählen, um einen für Elektronen erzielten Einfluß in gleicher Weise auch bei schwereren Teilchen auszuüben? Wären die linearen Geschwindigkeiten beider Teilchengruppen gleich, so hätte man, da für die magnetische Beeinflussung stets der Impuls maßgebend ist, die Feldstärken im Verhältnis der Massen zu wählen. Im normalen Falle gleicher Energie gilt:

$$\frac{\mathfrak{H}_2}{\mathfrak{H}_1} = \frac{m_2 v_2}{m_1 v_1} = \frac{m_2}{m_1}\sqrt{\frac{m_1}{m_2}} = \sqrt{\frac{m_2}{m_1}}\,.$$

Eine magnetische Protonenlinse[1] muß demnach 43mal kräftiger (hinsichtlich der Feldstärke) gemacht werden als eine Elektronenlinse, wenn die Beschleunigung der Teilchen in beiden Fällen durch Potentiale von gleichem Absolutbetrag erfolgten soll.

m) Sammel- oder Zerstreuungslinse. Mit einer Vorzeichenfrage, die für den praktischen Elektronenoptiker von größter Bedeutung ist, wollen wir diesen Anhang abschließen. Es ist die Frage: Stellt ein durch die Elektroden und ihre Potentiale vorgegebenes Feld eine Sammel- oder eine Zerstreuungslinse dar? Oder genauer: Welche Einflüsse haben die einzelnen Gebiete eines gegebenen Potentialfeldes auf die Elektronen?

Die Beantwortung solcher Fragen würde uns leicht, wenn wir das betreffende Potentialfeld kennen und in Form eines Potentialgebirges vor uns sehen würden, in dem wir dann die Bahnen der Elektronen als Bahnen rollender Kugeln in Gedanken verfolgen könnten. Sich das Potentialgebirge genügend deutlich vorzustellen, wenn nur die Elektronen und deren Potentiale gegeben sind, macht uns jedoch Schwierigkeiten. Glücklicherweise gibt es nun eine andere Modellvorstellung, die uns leichter zugänglich ist, und die wir unmittelbar für unseren Fall verwerten können. Dazu denken wir uns über die in ihrer Höhe ihrem Potential[2] entsprechenden Elektroden ein elastisches Gummituch gespannt, das nun in seiner Fläche das gewünschte Potentialfeld als Potentialgebirge bildet[3]. Wir wollen das Gesagte durch einige Beispiele der wichtigsten Fälle verdeutlichen.

Aus dem Modell Abb. 401a für die Lochblende, auf deren einer Seite das Potential konstant ist, ersehen wir folgendes: Parallel zur Achse laufende Elektronen, die aus dem Beschleunigungsfeld (schiefe Ebene links) kommen, werden im Gebiet der Lochblende auf einem Grat laufen und daher nach außen abgelenkt werden. Die Lochblende ist in diesem Falle ebenso wie bei beiderseitig von der Lochblende aus ansteigendem Potentialgebirge eine Zerstreuungslinse. Erst, wenn das Potentialgefälle auf der rechten Seite stärker fällt als auf der linken (Abb. 401b), senkt sich das Gummituch nach unten durch und bildet eine Mulde, d. h. eine Sammellinse.

Einen etwas komplizierteren Fall gibt die Immersionslinse Abb. 402. In welcher Richtung sie auch durchlaufen wird, stets ist sie eine Sammellinse.

---

[1] Um die in Kapitel III angeschriebenen Formeln für Protonen verwenden zu können, muß man, abgesehen von der durch die verschiedenen Massen bedingten Änderung, noch auf die Vorzeichen des Potentials achten. Dabei hat man für die unter der Wurzel vorkommenden Potentiale stets ihren Absolutwert, also $\sqrt{|\Phi|}$ proportional v, zu setzen.

[2] Genauer: Dem negativen oder Fallpotential [Anhang a].

[3] In Wirklichkeit erhalten wir auf diese Weise das Potentialgebirge von *Schlitz*blenden (ebenes Problem). Doch ist das für uns insofern gleichgültig, als wir aus unserem Modell keine Zahlenwerte, sondern nur das Vorzeichen ableiten wollen, das für entsprechende Linsen und Zylinderlinsen stets dasselbe ist. — Anm. b. d. Korr. SMYTHE, RUMBAUGH u. WEST [382a] benutzten Gummituchmodelle zur Auffindung geeigneter Fokussierungszylinderfelder mit Hilfe rollender Kugeln.

Kommen die Elektronenkugeln von links, so finden sie beim Eintritt in das Beschleunigungsfeld eine sammelnde Mulde vor, der ein zerstreuender Grat beim Austritt entspricht. Dieses Zerstreuungsfeld wird jedoch mit hoher Geschwindig-

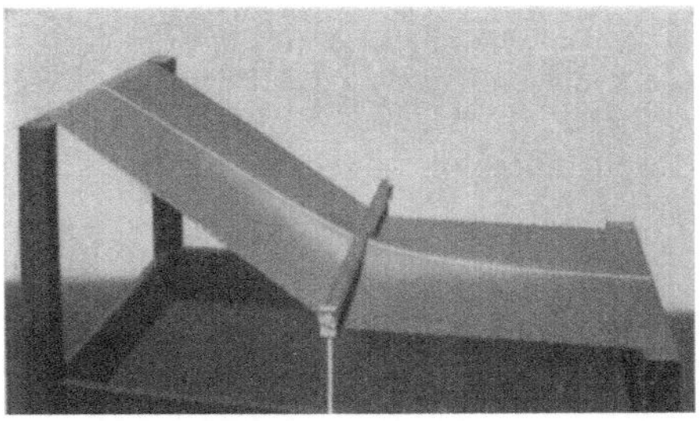

a) „Zerstreuungslinse“

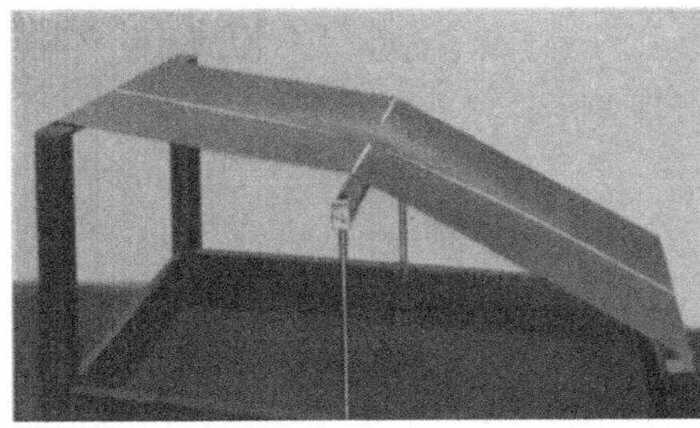

b) „Sammellinse“

Abb. 401. Modell der Lochblendenlinse.

keit passiert, so daß insgesamt doch die Sammelwirkung überwiegt. Lassen wir die Elektronenkugeln von rechts mit hoher Geschwindigkeit in die Immersionslinse hineinrollen, so gilt das gleiche mit dem Unterschiede, daß jetzt zuerst die schwach wirksame Zerstreuung, dann die kräftige Sammelwirkung auf die verlangsamten Elektronen ausgeübt wird[1]. Resultat: Sammelwirkung.

Abb. 402. Modell der Immersionslinse.

Zum Schluß sei noch die Einzellinse betrachtet, die unabhängig vom Potential der mittleren Elektrode eine Sammellinse sein soll. Sie besteht bei negativem Potential an der Mittelelektrode (Abb. 403a) aus zwei zerstreuenden Graten schwacher Wirkung (da hohe Elektronengeschwindigkeit) und einer besonders wirksamen Mulde (da geringe Geschwindigkeit und beiderseitiger Ge-

a) bei „negativem Linsenpotential“

b) bei „positivem Linsenpotential“

Abb. 403. Modell der Einzellinse.

birgsabfall). Im Falle positiven Linsenpotentials (Abb. 403b) handelt es sich um zwei stark wirkende Mulden außen und einen schwach wirkenden Grat zwischen ihnen. Also ergibt sich auch hier eine Sammelwirkung.

[1] Wir merken uns den Satz, daß eine elektronenoptische Sammellinse auch bei Änderung der Durchlaufungsrichtung eine Sammellinse bleibt, wenn die Elektronen an gleichen Punkten gleiche Geschwindigkeit haben. Das entsprechende gilt für die Zerstreuungslinse.

Bedeutung der Buchstaben

s. S. XII.

Nachweis der Druckstöcke,

die ohne Nennung des Entnahmeortes benutzt wurden.
(Die Nummern der Abbildungen beziehen sich auf dieses Buch.)

ALBERTI, E.: BRAUNsche Kathodenstrahlröhen und ihre Anwendung.
Abb. 38, 94, 100, 117, 130, 168, 169, 172, 173, 174, 176, 213, 214, 217, 222, 233.

ARDENNE, M. v.: Die Kathodenstrahlröhre und ihre Anwendung in der Schwachstromtechnik.
Abb. 192, 234.

KLEMPERER, O.: Elektronik.
Abb. 7, 16a, 118, 374, 350, 354, 369, 374a.

Ergebn. d. exakt. Naturw.
KIRCHNER: Abb. 14, MINKOWSKI u. SPONER: Abb. 11.

Handbuch der Physik (GEIGER-SCHEEL):
BEHNKEN: Abb. 219, BOTHE: Abb. 344, FRANZ u. BOTHE: Abb. 22, GEIGER: Abb. 340, GERLACH: Abb. 373, 377, GUTH: Abb. 12, 17, KOTTLER: Abb. 44, MEITNER: Abb. 348, PANETH: Abb. 380, PHILIPP: Abb. 355, 391, RAMSAUER u. KOLLATH: Abb. 356, RÜCHARDT: Abb. 381.

Literaturverzeichnis.

ALBERTI, E.:
[1] Ann. Physik **39**, 1133 (1912).
[2] Die Braunsche Röhre und ihre Anwendung. Berlin: Julius Springer 1932.
ANDERSON, C. D.:
[3] Physic. Rev. **41**, 405 (1932).
ARDENNE, M. v.:
[4] Fernsehen **1**, 200 (1930).
[5] Die Kathodenstrahlröhre und ihre Anwendung in der Schwachstromtechnik. Berlin: Julius Springer 1933.
[6] Z. Physik **86**, 802 (1933).
[6a] Z. techn. Physik **14**, 461 (1933).
[7] Z. Hochfrequenz u. Elektroakustik **42**, 113, 226 (1933).
[7a] Z. Physik **88**, 251 (1934).
ARNOLD, H. D.:
[8] Physic. Rev. **16**, 70 (1920).
ARNOT, F. L.:
[9] Proc. Roy. Soc., Lond. **130**, 655 (1931).
ASTON, F. W.:
[10] Proc. Cambridge Philos. Soc. **19**, 317 (1919).
[11] Philos. Mag. **38**, 707 (1919); **39**, 449, 611 (1920); **40**, 628 (1920).
[12] Ebenda **45**, 934 (1923).
[13] Isotope. Leipzig: Hirzel 1923.
[14] Proc. Roy. Soc., Lond. **115**, 487 (1927).
— u. R. H. FOWLER:
[15] Philos. Mag. **43**, 514 (1922).
ATTA, C. V. v.:
[16] Physic. Rev. **38**, 876 (1931).

BAINBRIDGE, K. T.:
[17] Physic. Rev. **39**, 847 (1932); **42**, 1 (1932); **43**, 103 (1933).
[18] J. Franklin Inst. **215**, 509 (1933).
BARBER, N. F.:
[19] Proc. Leeds Philos. Soc. **2**, 427 (1933).
BARKHAUSEN, H., u. J. v. BRÜCK:
[20] Elektrotechn. Z. **54**, 175 (1933).
BARTKY, W., u. A. J. DEMPSTER:
[21] Physic. Rev. **33**, 1019 (1929).
BARTON, H. A., C. P. HORNWELL u. C. H. KUNSMAN:
[22] Physic. Rev. **27**, 739 (1926).
BECKER, A.:
[23] Ann. Physik **78**, 209 (1925).
BECKER, J. A.:
[24] Physic. Rev. **22**, 524 (1923).
BECKER, J. A.:
[25] Ebenda **24**, 478 (1924).
[26] Ebenda **28**, 341 (1926).
[27] Ebenda **34**, 1323 (1929).
BECQUEREL, H.:
[28] C. R. **130**, 206, 372 (1900).
BEDELL, F., u. J. KUHN:
[29] Physic. Rev. **36**, 993 (1930).
BERGER, K.:
[29a] Bull. Schweiz. Elektrotechn. Ver. **19**, 292 (1928).
BESTELMEYER, A.:
[30] Ann. Physik **22**, 429 (1907); **35**, 909 (1911).
[31] Verh. dtsch. physik. Ges. **13**, 984 (1911).
[32] Physik. Z. **12**, 972 (1911).
BETHE, H.:
[33] Naturwiss. **15**, 786 (1927).
[34] Ann. Physik **87**, 55 (1928).
BIJL, J. v. D.:
[35] Amer. Pat. 1565873.
BIRKELAND, KR.:
[36] The Norwegian Aurora Polaris Expedition **2**. Christiania 1913.
BLACKETT, P. M. S., u. G. P. S. OCCHIALINI:
[37] Proc. Roy. Soc., Lond. **139**, 699 (1933).
BLESS, A. A.:
[38] Physic. Rev. **29**, 918 (1927); **30**, 871 (1927).
BONDY, H., u. K. POPPER:
[39] Ann. Physik **17**, 425 (1933).
BORRIES, B. v., u. E. RUSKA:
[40] Z. Physik **76**, 649 (1932).
[40a] ebenda **83**, 187 (1933).
— u. M. KNOLL:
[40b] Physik. Z. **35**, 279 (1934).
BRAUN, F.:
[41] Wied. Ann. **60**, 552 (1897).
BRILLOUIN, L.:
[42] Ann. Physik **44**, 203 (1914).
BROGLIE, L. DE:
[43] Ann. Physique **3**, 22 (1925) (Thèses, Paris; Masson u. Co., 1924).
— u. M. DE BROGLIE:
[44] C. R. **172**, 746 (1921).
BROGLIE, M. DE:
[45] C. R. **172**, 274, 806 (1921), **173**, 1157 (1921).
[46] J. Physique **2**, 265 (1921).
BRÜCHE, E.:
[47] Z. angew. Chem. **43**, 1 (1930).
[48] Forschung und Technik **23**. Berlin: Julius Springer 1930.

Brüche, E.:
[49] Z. Physik **64**, 168 (1930).
[50] Naturwiss. **18**, 1085 (1930).
[51] Z. techn. Physik **12**, 94 (1931).
[52] Terr. Magn. and Atm. El. **36**, 41 (1931).
[53] Naturwiss. **20**, 49 (1932).
[54] Z. Physik **78**, 26 (1932).
[55] Ebenda **78**, 177 (1932).
[56] Ann. Physik **16**, 377 (1933).
[57] Arch. Elektrotechn. **27**, 266 (1933).
[57a] Ebenda **27**, 609 (1933).
[58] Z. techn. Physik **14**, 49 (1933).
[59] Z. Physik **86**, 448 (1933).
[60] Jb. d. AEG-Forsch.-Inst. **3**, 111. Berlin: Julius Springer 1933.
[61] AEG-Mitt. 45 (1934).
[62] Arch. Elektrotechn. **28**, 384 (1934).
[63] Z. Physik im Druck (1934).
— u. H. Johannson:
[64] Naturwiss. **20**, 353 (1932).
[65] Ann. Physik **15**, 145 (1932).
[66] Physik. Z. **33**, 898 (1932).
[67] Z. techn. Physik **14**, 487 (1933).
[68] Z. Physik **84**, 56 (1933).
— u. O. Scherzer:
[69] Z. techn. Physik **14**, 464 (1933).
Bruns, H.:
[70] Abh. Physik **46**, 372 (1900).
Bucherer, A. H.:
[71] Ann. Physik **28**, 513 (1909).
Bullard, E. C., u. H. S. W. Massey:
[72] Proc. Roy. Soc., Lond. **13**, 579 (1931).
Buchta, J. W.:
[73] J. opt. Soc. Amer. **10**, 581 (1925).
Bühl, A.:
[74] Naturwiss. **20**, 317 (1932).
[75] Helv. phys. Acta **5**, 214 (1932).
[76] Physik. Z. **33**, 842 (1932).
Busch, H.:
[77] Physik. Z. **23**, 438 (1922).
[78] Ann. Physik **81**, 974 (1926).
[79] Arch. Elektrotechn. **18**, 583 (1927).

Calbick, C. J. u. C. J. Davisson:
[79a] Physic. Rev. **45**, 764 (1934).
Chadwick, J.:
[80] Verh. dtsch. physik. Ges. **16**, 384 (1914).
Classen, J.:
[81] Verh. dtsch. physik. Ges. **10**, 700 (1908).
[82] Physik. Z. **9**, 762 (1908).
Clausing, P.:
[83] Physica **7**, 193 (1927).
Coffin, J. G.:
[84] Proc. Amer. Acad. **39**, Nr. 19 (1903).
Compton, A. H., u. A. W. Simon:
[85] Physic. Rev. **25**, 306 (1925).
Cole, K.:
[86] Physic. Rev. **28**, 781 (1926).
Compton, K. T., u. J. Langmuir:
[86a] Rev. of Mod. Phys. **2**, 138 (1930).
Conrad, R.:
[87] Physik. Z. **31**, 888 (1930).
[88] Z. Physik **75**, 504 (1932).
Coudres, Th. des:
[89] Verh. dtsch. physik. Ges. **14**, 85 (1895).
Cox, J. W.:
[90] Physic. Rev. **34**, 1426 (1929).
Crookes, W.:
[91] Philos. Trans. Roy. Soc., Lond. 170 (1879).
[92] Strahlende Materie oder der vierte Aggregatzustand. Leipzig: Barth 1879.

Danysz, J.:
[93] C. R. **153** (II), 339, 1066 (1911).
[94] Radium **9**, 1 (1911).
[95] C. R. **154**, 1502 (1912).
[96] Ann. Chim. Phys. **30**, 241 (1913).
Davisson, C. J., u. C. J. Calbick:
[97] Physic. Rev. **38**, 585 (1931).
[98] Ebenda **42**, 580 (1932).
— u. L. H. Germer:
[99] Proc. nat. Acad. Soc. USA. **14**, 317, 619 (1928).
[100] Physic. Rev. **30**, 705 (1927).
— u. C. H. Kunsman:
[101] Physic. Rev. **22**, 242 (1923).
— u. G. A. Pidgeon:
[102] Physic. Rev. **15**, 533 (1920).
Debye, P., L. Bewilogua u. F. Ehrhardt:
[103] Physik. Z. **30**, 84 (1929).
Dempster, A. J.:
[104] Physic. Rev. **11**, 316 (1918).
[105] Ebenda **18**, 415 (1921).
[106] Ebenda **20**, 631 (1922).
[107] Ebenda **21**, 209 (1923).
[108] Philos. Mag. **3**, 115 (1927).
Dennington, F. G. D.:
[109] Physic. Rev. **42**, 734 (1932).
Dessauer, F., u. P. Cermak:
[110] DRP. 287287.
Detels, F.:
[111] Jb. drahtl. Telegr. **30**, 10, 52 (1927).
Didlaukis, M., u. K. Engel:
[112] DRP. a. 61964.
Dillon, J. H.:
[113] Physic. Rev. **38**, 408 (1931).
Dirac, P. A. M.:
[114] Proc. Roy. Soc., Lond. **117**, 610 (1928).
[115] Ebenda **126**, 360 (1930).
Diesselhorst, H.:
[116] Elster-Geitel-Festschr., S. 318. 1915.
Dobke, G.:
[117] Z. techn. Physik **13**, 432 (1932).
Dorn, F.:
[118] Physik. Z. **1**, 337 (1900).
Drewanz, E.:
[119] DRP. a. 64381.
Durbin, F. M.:
[120] Physic. Rev. **30**, 844 (1927).
Dye, D. W.:
[121] Proc. Phys. Soc., Lond. **37**, 158 (1925).

Ebert, H.:
[122] Wied. Ann. **64**, 240 (1898).

EINSTEIN, A.:
[123] Ann. Physik 17, 132 (1905).
EISENHUT, O., u. R. CONRAD:
[124] Z. Elektrochem. 36, 654 (1930).
ELLIS, C. D.:
[125] Proc. Roy. Soc., Lond. 99, 261 (1921).
[126] Ebenda 101, 1 (1922).
[127] Ebenda 138, 318 (1932).
ELSASSER, W.:
[128] Naturwiss. 13, 711 (1925).
ENDE, W.:
[129] Z. Physik 56, 504 (1929).
[130] Physik. Z. 32, 942 (1931).
— u. M. H. GLÖCKNER:
[131] Flugtechnik u. Motorluftschiff 23, 603 (1932).
ENGEL, K.:
[132] Z. Physik 79, 231 (1932).
[133] DRP. a.
ESPE, W.:
[134] Wiss. Veröff. Siemens-Konz. 5, 29 (1927).
ESTERMANN, J., R. FRISCH u. O. STERN:
[135] Z. Physik 73, 348 (1931).
ESTORFF, W.:
[136] Elektrotechn. Z. 37, 61 (1916).
[137] Ebenda 39, 53, 62, 78 (1918).

FISCHER, G.:
[138] Physik. Z. 9, 221 (1908).
[139] Z. physik. chem. Unterr. 29, 204 (1916).
FLAMM, L.:
[140] Physik. Z. 27, 600 (1926).
[141] Naturwiss. 15, 569 (1927).
FÖRSTER, R.:
[142] Arch. Elektrotechn. 2, 175 (1914).
FORTESCUE, C. L., u. S. W. FARNSWORTH:
[143] Proc. Amer. I. E. E. 32, 757 (1913).
FOURNIER, M. G.:
[144] J. physic. Chem. 6, 29 (1925).
FOWLER, R. H.:
[145] Proc. Roy. Soc., Lond. 122, 36 (1929).
FRANK, PH.:
[146] Z. Physik 80, 4 (1933).
FREDENHAGEN, H.:
[147] Leipzig. Ber. math.-phys. Kl. 65, 42 (1913).
FRIESEN, S. v.:
[148] Naturwiss. 19, 361 (1931).

GABOR, D.:
[149] Forsch. Hefte Höchstsp. Stud. Ges. Heft 1, 7, 47, 62 (1927).
GAMOW, G.:
[150] Der Bau des Atomkerns. Leipzig 1932.
GÄRTNER, H.:
[151] Ann. Physik 8, 134 (1931).
GEHRTS, A.:
[152] Z. techn. Physik 11, 246 (1930).
[153] Ebenda 12, 66 (1931).
[154] Naturwiss. 20, 732 (1932).
GEORGE, R. H.:
[155] J. Amer. I. E. E. 48, 534 (1929).
GERLACH, W., u. O. STERN:
[156] Z. Physik 9, 353 (1922).
GIESEL, F., u. J. ZENNECK:
[157] Physik Z. 10, 377 (1909).
GLASER, A.:
[158] Z. techn. Physik 13, 549 (1932).
GLASER, W.:
[159] Z. Physik 80, 451 (1933).
[160] Ebenda 81, 649 (1933).
[161] Ebenda 83, 104 (1933).
[162] Ann. Physik 18, 557 (1933).
GOLDSTEIN, E.:
[163] Berl. Ber. 74, 279, 465 (1876).
[164] Philos. Mag. 4, 353 (1877).
[165] Eine neue Form elektrischer Abstoßung. Berlin: Julius Springer 1880.
[166] Berl. Ber. 106 (1880).
[167] Ebenda 781 (1881).
[168] Wied. Ann. 12, 90 (1881).
[169] Ebenda 15, 254 (1882).
[170] Sitzgsber. preuß. Akad. Wiss. 691, (1886).
[171] Wied. Ann. 64, 38 (1898).
[172] Verh. dtsch. physik. Ges. 4, 228 (1902).
[173] Ebenda 12, 661 (1910).
[174] Ebenda 16, 545 (1914).
GRAUPNER, H.:
[175] Arch. Elektrotechn. 26, 725 (1932).
GREGOR-MORRIS, MC u. R. MINES:
[176] J. I. E. E. Lond. 63, 1065 (1925).
GREINACHER, H.:
[177] Verh. dtsch. physik. Ges. 14, 856 (1912).
GULLSTRAND, A.:
[179] Kungl. Sv. Vetenskap. Hand. 43, 24 (1908).
GUIJE, CH. ENG., S. RATNOWSKI u. CH. LAVANCHY:
[178] Mém. Soc. Phys. Gen. 39, 273 (1921).
GÜNTHERSCHULZE, A., u. F. KELLER:
[180] Z. Physik 77, 528 (1932).

HAHN, O., u. L. MEITNER:
[181] Z. Physik 26, 161 (1924).
HAMACHER, F.:
[182] Arch. Elektrotechn. 26, 215 (1932).
[183] Ebenda 27, 47 (1933).
HAMMER, W.:
[184] Physik. Z. 12, 1077 (1911).
[185] Ann. Physik 43, 653 (1914).
HAMILTON, W. R.:
[186] Trans. Roy. Irish Acad. 15, 69 (1828); 16, 3, 93 (1830); 17, 1 (1837).
[187] Abhandlungen zur Strahlenoptik. Leipzig 1933.
HARTEL, H. v., u. H. REIBEDANZ:
[188] Jb. drahtl. Telegr. 36, 196 (1930).
HEHLGANS, F.:
[189] DRP. a. 63538.

HEIMANN, W.:
[190] ENT **10**, 476 (1933).
[191] Z. Hochfrequenztechn. u. Elektroakustik **40**, 127 (1932).
HEISENBERG, W.:
[192] Die physikalischen Prinzipien der Quantentheorie. Leipzig: Hirzel 1930.
HENNEBERG, W.:
[193] Ann. Physik **19**, 335 (1934).
[194] Ebenda, **20**, 1 (1934).
[194a] Z. Physik im Druck (1934).
HERTZ, H.:
[195] Wied. Ann. **19**, 816 (1883).
HERZOG, R., u. J. MATTAUCH:
[196] Ann. Physik **19**, 345 (1934).
HESS, A.:
[197] C. R. **119**, 57 (1894).
HESS, E.:
[198] Bisher unveröffentlicht.
HINTSCH, W.:
[199] Z. techn. Physik **12**, 528 (1931).
HITTORF, W.:
[200] Pogg. Ann. **136**, 8, 17, 197 (1869).
HOLLMANN, H. E.:
[201] Arch. Elektrotechn. **25**, 688 (1931).
HOLLMANN, H. E., u. W. SARAGA:
[202] Z. Hochfrequenztechn. u. Elektroakustik **40**, 53 (1933).
HORTON, F.:
[203] Philos. Mag. **11**, 505 (1906).
HOWES, D. E.:
[204] Amer. Pat. 1810018.
HUDEC, E.:
[205] ENT **10**, 215 (1933).
HUGHES, J. V.:
[206] Proc. Physic. Soc., Lond. **45**, 434 (1933).
HUGHES, A. L., u. J. H. MCMILLEN:
[207] Physic. Rev. **34**, 291 (1929).
[208] Ebenda **39**, 585 (1932).
— u. V. ROJANSKI:
[209] Physic. Rev. **34**, 284 (1929).
HULL, A. W.:
[210] Physic. Rev. **18**, 31 (1921).

ITTERBECK, H. v.:
[211] Naturwiss. Tijdschr. **10**, 161 (1928).

JOHANNSON, H.:
[212] Ann. Physik **18**, 385 (1933).
[212a] Z. Physik im Druck (1934).
[213] Ann. Physik im Druck (1934).
— u. W. KNECHT:
[214] Z. Physik **86**, 367 (1933).
— u. O. SCHERZER:
[215] Z. Physik **80**, 183 (1933).
JONES, L. T., u. H. G. TASKER:
[216] J. opt. Soc. Amer. **9**, 471 (1924).
JONES, J., u. R. WHIDDINGTON:
[217] Philos. Mag. **6**, 889 (1928).
JOHNSON, J. B.:
[218] Physic. Rev. **17**, 420 (1920).
[219] J. opt. Soc. Amer. **6**, 701 (1922).

KALLMANN, H., u. B. ROSEN:
[220] Z. Physik **61**, 61 (1930); **64**, 806 (1930).
KAUFMANN, W.:
[221] Ann. Physik **62**, 569 (1897).
[222] Physik. Z. **4**, 55 (1903).
[223] Ann. Physik **19**, 487 (1906).
[224] Physik. Z. **33**, 227 (1932).
KENNARD, R. B.:
[225] Physic. Rev. **31**, 423 (1928).
KIRCHHOFF, G.:
[226] Gesammelte Abhandlungen, S. 101.
KIRCHNER, F.:
[227] Physik. Z. **30**, 773 (1929).
[228] Ann. Physik **8**, 975 (1931).
[229] Ebenda **11**, 741 (1931).
[230] Ebenda **12**, 503 (1932).
[231] Erg. exakt. Naturwiss. **11**, 64 (1932).
KLEMPERER, O.:
[232] Z. Physik **34**, 532 (1925).
[233] Einführung in die Elektronik. Berlin: Julius Springer 1933.
KLEIN, F.:
[234] Z. Math. u. Physik **46**, 372 (1901).
KNECHT, W.:
[235] Ann. Physik **20**, 161 (1934).
KNIPP, C. T., u. L. A. WELO:
[236] Philos. Mag. **32**, 381 (1916).
KIPPING, N. V.:
[237] Proc. Phys. Soc. **37**, 265 (1925).
KNOLL, M.:
[238] Z. techn. Physik **12**, 54 (1931).
[239] ATM **1**, 834 (1932).
[240] Arch. Elektrotechn. **28**, 1 (1934).
— u. F. G. HOUTERMANS u. W. SCHULZE:
[241] Z. Physik **78**, 340 (1932).
— u. H. KNOBLAUCH u. B. v. BORRIES:
[242] Elektrotechn. Z. **51**, 966 (1930).
— u. G. LUBSZYNSKI:
[243] Physik. Z. **34**, 671 (1933).
— u. E. RUSKA:
[244] Z. techn. Physik **12**, 396 (1931).
[245] Ann. Physik **12**, 607 (1932).
[246] Z. Physik **78**, 318 (1932).
KOSSEL, W.:
[247] Jb. Radioaktivität u. Elektronik 1921.
KULENKAMPFF, H.:
[248] Ann. Physik **87**, 597 (1928).

LANDAU, L. R.:
[249] Franz. Pat. 686142.
LANGMUIR, J.:
[250] Physic. Rev. **22**, 357 (1923).
— u. K. H. KINGDON:
[251] Physic. Rev. **21**, 380 (1923).
[252] Ebenda **23**, 112 (1924).
LASS, J., u. E. RUPP:
[253] Ann. Physik **11**, 611 (1931).
LAUE, M. v.:
[254] Jb. Radioaktivität u. Elektronik **15**, 205, 257 (1918).

LAWRENCE, E. O., u. M. S. LIVINGSTON:
[255] Physic. Rev. 40, 19 (1932).
[255a] Ebenda 45, 608 (1934).
LEBEDEFF, A. A.:
[256] Nature, Lond. 128, 491 (1931).
LEDRUS, R.:
[257] C. R. 176, 383 (1923).
LENARD, P.:
[258] Nobelvortrag, 2. Aufl. Berlin: Ver. wiss. Verl. 1906.
[259] Wied. Ann. 51, 225 (1894).
[260] Quantitatives über Kathodenstrahlen aller Geschwindigkeiten. Heidelberg: C. Winter 1925.
LIEMPT, J. A. M. v., u. W. G. BURGERS:
[261] Z. anorg. allg. Chem. 193, 144 (1930).
LILIENFELD, E.:
[262] DRP. 373834 (1915).
[263] Ber. sächs. Akad. Leipzig 71, 113 (1919).
LÖHNER, H.:
[264] Ann. Physik 6, 50 (1930); 9, 1004 (1931).
LUKANOW, H., u. W. SCHÜTZE:
[265] Z. Physik 82, 610 (1933).
LUTZE, E.:
[266] Ann. Physik 9, 853 (1931).

MALSCH, F., u. E. WESTERMANN:
[267] Arch. Elektrotechn. 28, 63 (1934).
MARK, H., u. R. WIERL:
[268a] Die physikalischen und theoretischen Grundlagen der Elektronenbeugung aus: Fortschr. d. Chem., Phys. u. phys. Chem. 21, Heft 4, S. 47 (1931).
MARTON, L.:
[268b] Nature 133, 911 (1934) Bull. de Belg. 439 (1934).
MAXWELL, C.:
[269] Treatise on Electricity and Magnetism 1, 3. Aufl. Oxford 1904.
MEITNER, L.:
[270] Z. Physik 9, 131, 145 (1922).
[271] Ebenda 11, 35 (1922).
MEYER, S., u. E. SCHWEIDLER:
[272] Physik. Z. 1, 90 (1899).
MIE, G.:
[273] Ann. Physik 25, 377 (1908).
MCMILLEN, J. H.:
[274] Physic. Rev. 36, 1034 (1930).
MILLIKAN, R. A.:
[275] Physik. Z. 17, 218 (1916).
MITTELSTAEDT, O.:
[276] Ann. Physik 2, 285 (1929).
MÖLLER, H. G.:
[277] MÜLLER-POUILLET: Lehrbuch der Physik 4, 2. Teil, 193. Braunschweig: Vieweg 1932.
MONGAN, CH.:
[278] Helv. phys. Acta 5, 341 (1932).
MURAWKIN, H.:
[279] Ann. Physik 8, 203, 353 (1931).
MYLO, R.:
[280] DRP. 371528.

NACKEN, M., u. P. ZADE:
[281] Verh. dtsch. physik. Ges. 13, 34 (1932).
NEUMANN, G.:
[282] Ann. Physik 45, 529 (1914).
NITZSCHE, A.:
[283] Ann. Physik 14, 463 (1932).

OLIPHANT, M. L. E.:
[284] Proc. Roy. Soc., Lond. 124, 288 (1929).
[285] Ebenda 127, 373 (1930).
OLLENDORF, F.:
[286] Potentialfelder der Elektrotechnik. Berlin: Julius Springer 1932.
— u. G. WENDT:
[287] Z. Physik 76, 655 (1932).

PAULI, W.:
[288] Z. Physik 80, 573 (1933).
PICHT, J.:
[289] Ann. Physik 15, 926 (1932).
[290] Z. Instrumentenkde 53, 274 (1933).
PLANCK, M.;
[290a] Der Kausalbegriff in der Physik. Leipzig: Barth 1932.
POHL, J.:
[291] Bisher unveröffentlicht.
POINCARÉ, H.:
[292] Theorie du Potentiel Newtonien. Paris 1899.
POINCARÉ, M.:
[293] C. R. 123, 930 (1896).
POSENER, L.:
[294] Z. Physik. 80, 813 (1933).
PERRY, CH. T., u. E. C. CHAFFEE:
[295] Physic. Rev. 36, 904 (1930).

RAMSAUER, C.:
[296] Ann. Physik 45, 961 (1914).
[297] Ebenda 64, 513 (1921).
[298] Ebenda 66, 545 (1921).
[299] Ebenda 72, 345 (1923).
[300] Ebenda 83, 1129 (1927).
— u. R. KOLLATH:
[301] Physik. Z. 32, 867 (1931).
[302] Ann. Physik 12, 529, 837 (1932).
— R. KOLLATH u. D. LILIENTHAL:
[303] Ann. Physik 8, 702, 709 (1931).
RANKIN, R.:
[304] Amer. Pat. 838273.
[305] Electr. Club J. 2, 620 (1905).
RANZI, J.:
[305a] Nuovo Cimento 7, 254 (1930).
REIMANN, A. L.:
[305b] Nature 133, 833 (1934).
RICHARDSON, O. W.:
[306] Proc. Cambridge Philos. Soc. 11, 286 (1901), Phil. Mag. 28, 644 (1914).
RICHTER, E. F.:
[307] Physik. Z. 34, 457 (1933).

RICHTER, E. F.:
[308] Z. Physik **86**, 697 (1933), **87**, 686 (1934).
RIECKE, E.:
[309] Wied. Ann. **13**, 192 (1881).
[310] Ann. Physik **4**, 378 (1901).
[311] Ebenda **7**, 401 (1902).
ROBERTS, J. E., u. R. WHIDDINGTON:
[312] Philos. Mag. **12**, 962 (1931).
ROBINSON, H.:
[313] Proc. Roy. Soc., Lond. **104**, 455 (1923).
[314] Philos. Mag. **50**, 241 (1925).
[315] Nature, Lond. **115**, 945 (1925).
[316] Ebenda **118**, 224 (1926).
— u. A. M. CASSIE:
[317] Proc. Roy. Soc., Lond. **113**, 282 (1926).
— u. W. F. RAWLINSON:
[318] Philos. Mag. **28**, 227 (1914).
ROBINSON, J.:
[319] Ann. Physik **31**, 792 (1910).
[320] Physik. Z. **13**, 276 (1912).
ROGOWSKI, W.:
[321] Elektrotechn. u. Maschinenb. **51**, 249 (1933).
ROGOWSKI, W., u. E. FLEGLER:
[322] Brit. Pat. 295710.
— E. FLEGLER u. R. TAMM:
[323] Arch. Elektrotechn. **18**, 513 (1927).
— u. H. GRAUPNER:
[324] Arch. Elektrotechn. **26**, 807 (1932).
— u. W. GRÖSSER:
[325] Arch. Elektrotechn. **15**, 377 (1925).
— u. F. MALSCH:
[326] Arch. Elektrotechn. **27**, 131 (1932).
ROLLWAGEN, W.:
[327] Z. Physik **86**, 157 (1933).
ROSING, B.:
[328] DRP. 209320.
ROTHE, H.:
[329] Z. techn. Physik **6**, 633 (1925).
[330] Z. Physik **36**, 737 (1926).
RUDBERG, E.:
[331] Proc. Roy. Soc., Lond. **129**, 628 (1930); **130**, 182 (1930).
RÜHLEMANN, E.:
[332] Arch. Elektrotechn. **25**, 505 (1931).
RÜDENBERG, E.:
[333] Naturwiss. **20**, 522 (1932).
RUPP, E.:
[334] Ann. Physik **85**, 981 (1928).
[335] Z. Physik **52**, 8 (1928).
[336] Ann. Physik **1**, 773, 801 (1929).
[337] Ebenda **10**, 927 (1931).
[338] Bisher unveröffentlicht.
RUSCH, M.:
[339] Ann. Physik **80**, 707 (1926).
RUSKA, E.:
[340] Ann. Physik **12**, 650 (1932).
[341] Z. Physik **83**, 492 (1933).
[342] Ebenda **87**, 580 (1934).
[342a] Ebenda **89**, 90 (1934).
— u. M. KNOLL:
[343] Z. techn. Physik **12**, 396 (1931).
RUTHERFORD, E., u. W. F. RAWLINSON:
[344] Philos. Mag. **28**, 277 (1914).
— u. H. ROBINSON:
[345] Wien. Ber. IIa **122**, 1855 (1913).
— u. W. B. LEWIS u. B. V. BOWDEN:
[346] Proc. Roy. Soc., Lond. **142**, 347 (1933).
— H. ROBINSON u. W. F. RAWLINSON:
[347] Philos. Mag. **28**, 281 (1914).

SCHAEFER, CL., u. G. GROSS:
[348] Ann. Physik **32**, 648 (1910).
— u. J. MERZKIRCH:
[349] Z. Physik **13**, 166 (1923).
SCHELLER, O.:
[350] DRP. 349334 (1920).
SCHERZER, O.:
[351] Z. Physik **82**, 697 (1933).
[352] Ebenda **80**, 193 (1933).
SCHLESINGER, K.:
[353] Fernsehen **1**, 202 (1930).
SCHMIESCHEK, M.:
[354] Jb. dtsch. Versuchsanst. Luftf. **1933**.
[355] Z. techn. Physik **14**, 284 (1933).
SCHNEIDER, G.:
[356] Ann. Physik **11**, 357 (1931).
SCHÖBITZ, E.:
[357] Physik. Z. **32**, 37 (1931).
SCHOTT, G. A.:
[358] Elektromagnetic radiation. Cambridge 1912.
SCHOTTKY, W.:
[359] Z. Physik **14**, 63 (1923).
[360] Ebenda **34**, 645 (1925).
SCHRÖDINGER, E.:
[361] Ann. Physik **79** 361 (1926).
[362] Ebenda **79**, 489 (1926).
[362a] Der Grundgedanke der Wellenmechanik, veröff. in: Die moderne Atomtheorie S. 19. Leipzig: Hirzel 1934.
SCHRÖTER, F.:
[363] DRP. 535163.
SCHULZ, H.:
[364] Z. Physik **78**, 17 (1932).
SCHUSTER, A.:
[365] Proc. Roy. Soc., Lond. **37**, 331 (1884).
[366] Ebenda **47**, 545 (1890).
SEEMANN, H.:
[367] Z. Physik **79**, 742 (1932).
[368] Erg. techn. Röntgenkde **3**, 80 (1933).
— u. K. F. SCHOTZKY:
[369] Z. Physik **71**, 1 (1931).
SEITZ, W.:
[370] Physik. Z. **25**, 546 (1924).
[371] Ebenda **26**, 610 (1925).
[372] Ann. Physik **73**, 182 (1924).
SELÉNYI, P.:
[372a] Z. Physik **47**, 895 (1927/28).
[372b] Z. techn. Physik **9**, 451 (1928); **10**, 486 (1929).
SEMENOFF, N., u. A. WALTHER:
[373] Z. Physik **17**, 67 (1923).
[374] Ebenda **19**, 136 (1923).

SEYFARTH, H.:
[375] Z. Physik **76**, 395 (1932).
SIEBERTS, K.:
[376] Physik. Z. **33**, 895 (1932).
Siemens-Schuckert A.G.:
[377] Schweiz. Pat. 142777.
[378] Franz. Pat. 737716, 737816.
SKAUPY, F.:
[379] DRP. 349838.
SLOAN, D. H., u. E. O. LAWRENCE:
[380] Physic. Rev. **38**, 2021 (1931).
SMYTHE, W. R., u. J. MATTAUCH:
[381] Physic. Rev. **40**, 429 (1932).
— L. H. RUMBAUGH u. S. S. WEST:
[382] Physic. Rev. **45**, 220 (1934).
[282a] Ebenda **45**, 724 (1934).
SOMMERFELD, A.:
[383] Z. Physik **47**, 1 (1928).
[384] Ann. Physik **44**, 177 (1914).
STEPHENS, W. E.:
[384a] Physic. Rev. **45**, 513 (1934).
— u. A. L. HUGHES:
[385] Physic. Rev. **45**, 123 (1934).
STETTER, G.:
[386] Z. Physik **34**, 158 (1925).
[387] Ebenda **42**, 741 (1927).
STÖRMER, C.:
[388] Vid. Selsk. Skr., Christiania **1907**, Nr 4.
[389] Ebenda I **1913**.
[390] Arch. Sci. phys. nat., Genf **1907**, **1911**.
[391] Physik. Z. **32**, 543 (1931).
[392] Erg. kosm. Phys. **1**, 50 (1931).
[393] Physik. Z. **33**, 543 (1932).
[394] Ann. Physik **16**, 685 (1933).
SZCEPANIK, J., u. S. DZILOWSKI:
[395] Österr. Pat. 83175.
SZEGHÖ, K.:
[396] Arch. Elektrotechn. **26**, 291 (1932).

TAMMANN, G., u. A. v. LÖWIS OF MENAR:
[397] Z. anorg. allg. Chem. **205**, 145 (1932).
THIBAUD, M. J.:
[398] J. Physique **10**, 161 (1929).
TAYLOR, J. E., u. R. WHIDDINGTON:
[399] Proc. Leeds Phil. Soc. **2**, 383 (1933).
THOMSON, G. P.:
[400] Proc. Roy. Soc., Lond. **117**, 600 (1928).
THOMSON, J. J.:
[401] Philos. Mag. **44**, 293 (1897); **48**, 547 (1899).
[402] Nature, Lond. **90**, 645, 663 (1913); **91**, 333 (1913).
THOMPSON, J. S.:
[403] Physic. Rev. **35**, 1196 (1930).
TRICKER, R. A. R.:
[404] Proc. Cambridge Philos. Soc. **22**, 454 (1924); Proc. Roy. Soc., Lond. **109**, 384 (1925).

VILLARD, M. P.:
[405] Radium **3**, 97 (1906).
VOGES, H.:
[406] Z. Physik **76**, 390 (1932).

WALTER, A.:
[407] Theorie der atmosphärischen Strahlenbrechung. Leipzig 1898.
WALTHER, A., u. L. INGE:
[408] Z. Physik **19**, 192 (1923).
WARREN, A. G.:
[409] J. I. E. E. **61**, 949 (1923).
WATSON, E. E.:
[410] Philos. Mag. **3**, 849 (1927).
WATSON, E. C.:
[411] Physic. Rev. **30**, 479 (1927).
WEHNELT, A.:
[412] Verh. dtsch. physik. Ges. **5**, 29, 255, 423 (1903).
[413] Ann. Physik **14**, 425, 463 (1904).
[414] Physik. Z. **6**, 609, 732 (1905).
[415] Z. physik. chem. Unterr. **18**, 193 (1905).
— u. E. LIEBREICH:
[416] Physik. Z. **15**, 548 (1914).
WENDT, G.:
[417] Ann. Physik **17**, 445 (1933).
WESTPHAL, W.:
[417a] Verh. dtsch. physik. Ges. **10**, 401 (1908).
[418] Ann. Physik **27**, 571 (1908).
[419] Verh. dtsch. physik. Ges. **14**, 223 (1912).
WHIDDINGTON, R.:
[420] Proc. Cambridge Phil. Soc. **16**, 321 (1911).
[421] Proc. Roy. Soc., Lond. **86**, 360 (1912).
— u. H. ROBINSON:
[422] Philos. Mag. **43**, 1116 (1922).
WIDEROE, R.:
[423] Arch. Elektrotechn. **21**, 387 (1929).
WIECHERT, E.:
[424] Göttinger Nachr. 269 (1898).
[425] Wied. Ann. **69**, 739 (1899).
WIEGAND, A.:
[426] Ann. Physik **85**, 833 (1928).
— u. T. SCHLOMKA:
[427] Ann. Physik **75**, 279 (1924).
WIEN, W.:
[428] Verh. dtsch. physik. Ges. 164 (1897).
[429] Ebenda 10 (1898).
[430] Ann. Physik **65**, 440 (1898).
[431] Ebenda **8**, 260 (1902).
WILLIAMSON, H. M.:
[432] Amer. Pat. 1657292.
WILSON, A. H.:
[433] Philos. Trans. Roy. Soc., Lond. **202**, 258 (1903).
[434] Physic. Rev. **24**, 38 (1924).
WILSON, W.:
[435] Proc. Roy. Soc., Lond. **84**, 141 (1911).
WILSON, C. T. R.:
[436] Proc. Cambridge Phil. Soc. **21**, 405 (1923).
[437] Proc. Roy. Soc., Lond. **104**, 1 (1923).

WOLF, F.:
[438] Ann. Physik **83**, 849 (1927).
[439] Z. Physik **72**, 42 (1931); **74**, 574 (1932).
WOLZ, K.:
[440] Ann. Physik **30**, 273 (1909).
WOOD, A. B.:
[441] Proc. Phys. Soc., Lond. **35**, 109, 249 (1923).
[442] J. Amer. I. E. E. **63**, 1046 (1925).
WOOSTER, W. A.:
[443] Proc. Roy. Soc., Lond. **114**, 729 (1927).
WORNSOP, B. L.:
[444] Nature, Lond. **123**, 164 (1929).
ZENNECK, J.:
[445] Wied. Ann. **68**, 365 (1899).
[446] Ebenda **69**, 838, 854 (1899).
— u. G. GOUBAU:
[447] Z. Hochfrequenz u. Elektroakustik **40**, 1 (1932).
ZSCHAAGE, W.:
[448] Elektrotechn. Z. **46**, 1215 (1925).
ZWORYKIN, V. K.:
[449] Radio News **11**, 905 (1929/30).
[450] J. Franklin. Inst. **215**, 535 (1933)
[451] J. I. E. E. **73**, 437 (1933).
[452] Z. Hochfrequenz u. Elektroakustik **43**, 109 (1934).

Sachverzeichnis.

GPSR Compliance

The European Union's (EU) General Product Safety Regulation (GPSR) is a set of rules that requires consumer products to be safe and our obligations to ensure this.

If you have any concerns about our products, you can contact us on ProductSafety@springernature.com

In case Publisher is established outside the EU, the EU authorized representative is:

Springer Nature Customer Service Center GmbH
Europaplatz 3
69115 Heidelberg, Germany

Batch number: 10683525

Printed by Printforce, the Netherlands